高等学校理工科材料类规划教材

Principles and Methods in Materials Microstructure Analysis

材料微结构分析原理与方法

（第二版） (2nd Edition)

李晓娜 主编

李晓娜 郑月红 羌建兵 陈宗宁 吴爱民 编者

董闯 主审

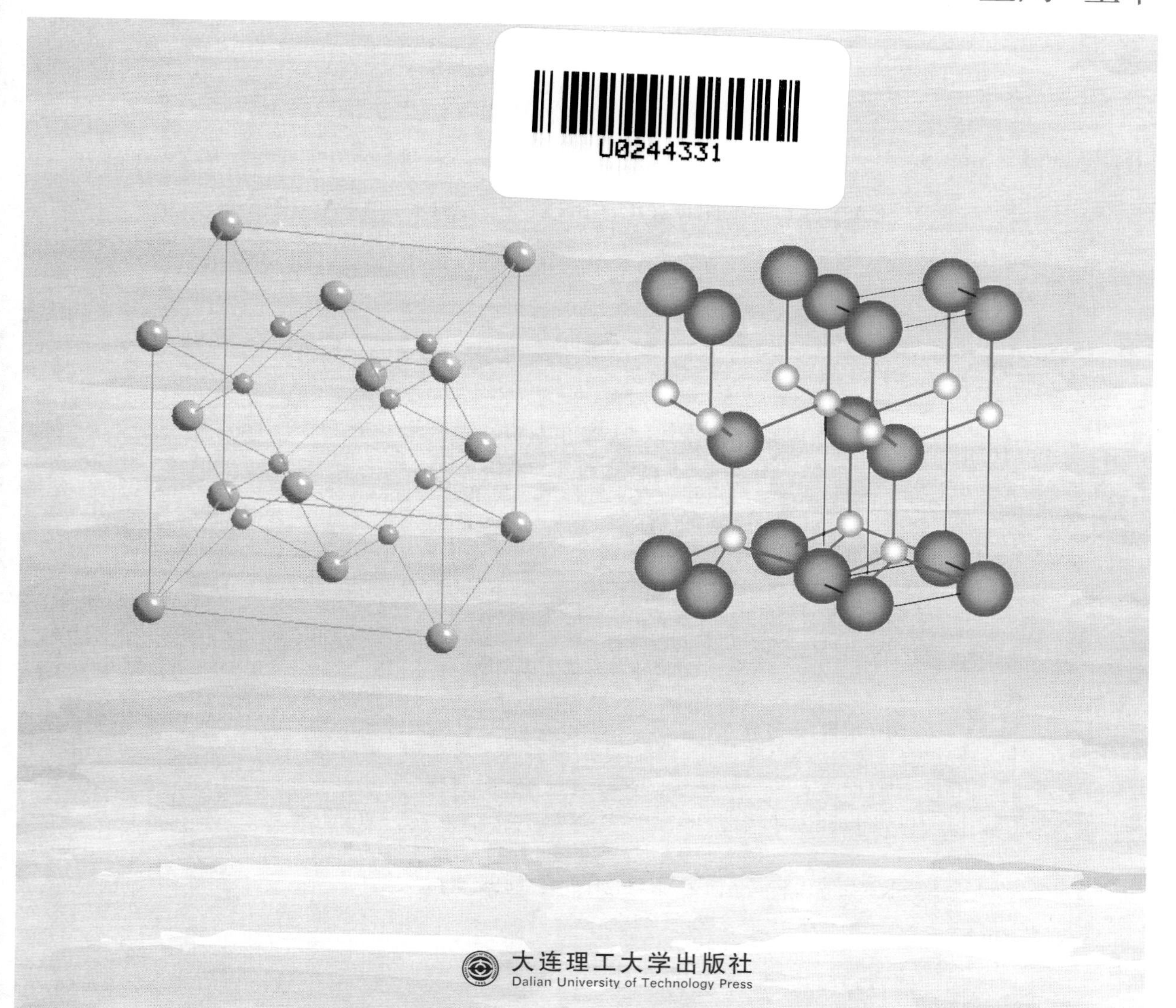

图书在版编目(CIP)数据

材料微结构分析原理与方法 / 李晓娜主编. -- 2 版
. -- 大连 : 大连理工大学出版社, 2022.7
ISBN 978-7-5685-3797-1

Ⅰ. ①材… Ⅱ. ①李… Ⅲ. ①工程材料－结构性能－性能分析－高等学校－教材 Ⅳ. ①TB303

中国版本图书馆 CIP 数据核字(2022)第 061843 号

材料微结构分析原理与方法
CAILIAO WEIJIEGOU FENXI YUANLI YU FANGFA

大连理工大学出版社出版
地址:大连市软件园路 80 号　邮政编码:116023
发行:0411-84708842　邮购:0411-84708943　传真:0411-84701466
E-mail:dutp@dutp.cn　URL:http://dutp.dlut.edu.cn
大连市东晟印刷有限公司印刷　　大连理工大学出版社发行

幅面尺寸:185mm×260mm　印张:29.5　字数:702 千字
2014 年 11 月第 1 版　　2022 年 7 月第 2 版
2022 年 7 月第 1 次印刷

责任编辑:于建辉　　责任校对:李宏艳
封面设计:冀贵收

ISBN 978-7-5685-3797-1　　定　价:69.00 元

序

这是一本读者期待已久的材料微结构分析方面的教科书，经过李晓娜等同事数年的努力，终于和广大读者见面了。材料微结构分析是个涉猎较广的领域，需要全面了解晶体结构、测试原理以及以X射线衍射和电子显微镜为代表的各种测试方法。而近年来，测试技术不断进步，尤其计算机技术的推广，很大程度上简化了相关理论体系和实验方法的运用，迫切需要从内容和形式上对整个教学体系做出调整。我和我的同事们从20世纪90年代中期起从事这个领域的教学，对教学内容和方法深有感悟，但一直苦于没有时间把教学经验总结到一本合适的教材中。我的同事们能够在百忙之中完成这本教材，既是我个人的宿愿，又是广大学生的福音，我也很高兴能够作为主审参与这本教材的编撰。

本书具有如下特点：一是重点突出，内容全面。本书的重点在于晶体学、X射线衍射和透射电子显微镜，这是传统微结构分析的基础，也是目前最为有用的结构分析理论和方法。如果课时有限，这部分内容可作为授课重点。在突出上述重点的同时，本书涵盖了几乎所有流行的微结构分析方法，对于学生拓展分析能力大有帮助。二是含有大量自制的插图，增加了“扩展阅读”部分以体现教材的先进性，并附有习题，有利于学生自学和教师课堂拓展。三是基于我们教学团队多年的教学经验，淘汰了大量不常用的内容，突出了软件的使用。

本书适用于金属和无机非金属材料相关专业本科生教学，也可用于工科类研究生的一般性材料微结构授课。

董闯

于大连

2014年7月22日

前　言

完全掌握一个知识体系并达到应用它来解决实际问题，都需要经历一个打碎和重建的过程，打碎是为了分解消化（做到完全理解），重建是将分散理解的知识点再连接成一个完整体系，这样才能够真正实现应用。这个过程中，对知识点的分解和梳理是同等重要的，教材的编写要着重考虑这两点，这是本书在编写和修订过程中始终致力于完善之处。

本书第一版于 2014 年 11 月出版，已经使用了 7 年多。首先，感谢每一学年使用这本教材的本科生，你们给予了本书直观并细致的使用体验，为我们提供了宝贵的意见。其次，感谢使用本教材的研究生，我们非常荣幸你们将这本教材评价为“非常实用的教材”，获得这样的评价更激励我们将它不断完善。

本书涉及的材料分析方法比较多，虽然在编写的过程中，我们重点考虑让学生掌握基础理论知识，但是更新较快的分析方法需要做适当调整，以免知识点过于陈旧而不解决实际问题。基于此，我们完全删除了对于 PDF 卡片检索的部分内容，因为这已经被计算机完全取代了。我们添加了新型扫描探针型显微镜的完整功能介绍，并相应引入分析实例。

为了方便学生理解，提升教学效果，本书增加了必要的动画以详解部分物理过程，如劳厄法的厄瓦尔德图解等。另外，因为我们在超星平台上建立了数字化习题库和实际案例分析库（一期建设有 8 个完整案例），供学生课下练习和观摩学习，所以本书将课后习题部分全部删除，缩减了篇幅。为增加教材的可读性，提升学生兴趣，我们在教材中着重介绍了我国老一辈科学家在基础理论建设方面的贡献。

本书尽量保持简明扼要的书写风格，依然是 5 篇 30 章，主要内容包括：晶体学基础、X 射线衍射分析、透射电子显微学、扫描电子显微镜与电子探针显微分析，以及其他显微分析方法。全书由李晓娜教授担任主编，董闯教授担任主审。郑月红老师参与了 XRD 部分章节的编写，电子探针部分由羌建兵老师编写，扫描透射电子显微镜部分由陈宗宁老师重新编写，所有动画由吴爱民老师制作。王箫、张君仪、毕林霞、胡莹琳、利助民、杨冕、邵莹莹等同学承担了绘图、资料收集和校对工作。

衷心地感谢董闯教授精心审阅书稿并提出宝贵的建议，感谢各位参编老师以及各名同学为本书的出版付出的辛勤劳动。对于本书编写过程中我们参考的众多国内外相关教材和文献，在此一并表示感谢！

感谢“高等学校本科教学质量工程项目‘材料分析方法’一流课程建设”和“大连理工大

学'材料微结构分析方法'研究生精品课程建设项目"对本书的支持!

本书篇幅较长,涉及的范围也比较广,虽然我们抱着非常严谨的态度,但是由于编者水平有限,难免会有疏漏、错误和不妥之处,敬请广大读者批评指正!

编 者

2021 年 11 月

目　录

第 1 篇　晶体学基础

第 2 篇　X 射线衍射分析

第3篇 透射电子显微学

第4篇 扫描电子显微镜与电子探针显微分析

第 5 篇 其他显微分析方法

扩展阅读

第 1 篇

晶体学基础

材料的性能取决于其微观结构，因此对材料微观结构的研究是妥善应用材料的前提。目前应用的固体材料大多数属于晶体，晶体材料的周期性分布规律与不同的基元(原子或原子团)相结合，能够得到实际晶体中千差万别的结构，进而形成了晶体各种各样的宏观特性。而非晶体材料的组成原子混乱分布，仅存在短程有序，它的性能按照统计规律来显示，所以其结构描述和性能分布相对简单。研究晶体结构的方法一般可直接用于非晶体。因此，本篇着重介绍晶体学基础知识，包括晶体简介、晶体的对称性和倒易点阵。主要内容有：

（1）详细介绍了晶体学的发展历程、晶体的主要特征、晶体和非晶体的差别和周期点阵相关内容。

（2）详细介绍了晶体的宏观、微观对称性，晶体的点群和空间群概念及表示法，晶系和点阵描述相关概念，简要介绍了点群和空间群的推导。

（3）详细介绍了倒易空间概念，基本性质和正、倒空间对应性。

通过本篇内容的学习，读者对晶体学基础会有较系统的了解，为学习晶体结构分析方法打下基础。

第1章

晶体简介

1.1 晶体学发展历程

“晶体(Crystal)”来源于希腊文的“冰”，可见人类最早认识晶体是从冰开始的，认为晶体是具有规则外形的天然矿物。

经典的晶体对称群理论发展得很早，在没有实验证实的情况下，经典晶体学的理论推导已经开始并基本完善了，下面是它发展的一个基本年表[1]：

(1)1669 年丹麦科学家斯丹诺(Steno)发现了晶体的面角守恒定律。该定律认为：晶体从外表面长大，各晶面平行向外发展，因而在生长过程中，各晶面大小虽然都在变化，但晶面间夹角不变。同一物质的不同晶体，其晶面的大小、形状和个数可能不同，但相应的晶面间夹角是相同的。

(2) 斯丹诺的老师巴尔托林(Bartolins)偶然发现冰洲石碎块也和大块晶体一样具有斜方六面体外形，因此发现了晶体具有解理性。解理性是晶体的宏观特性之一。

(3)1784 年法国科学家阿羽衣(Haüy)提出了著名的晶胞学说，即每种晶体都有一个形状一定的、最小的组成细胞，称为晶胞。很遗憾这个学说并没有提到晶胞的具体构成。

(4)1805～1809 年，德国科学家魏斯(Weiss)用实验方法总结出晶体对称定律，指出：晶体只有 1、2、3、4、6 五种旋转对称轴。晶体对称定律可以由空间点阵给出证明，它是空间点阵的必然结果。

(5)1818～1839 年，德国学者密勒(Miller)创立了用以表示晶面空间方向的晶面符号。

(6)1830 年，德国学者赫塞尔(Hessel)推导出了描述晶体外形对称性的 32 种点群。1869 年，俄国科学家加多林(Гадолин)用数学方法证明了晶体多面体外形的对称性有 32 种，称为 32 种对称型，即点群(Point group)。

(7)1855 年法国科学家布拉菲(Bravais)提出空间点阵学说，指出：在晶体内部，组成粒子(原子、分子或离子)排成规则的空间点阵，而晶胞是其中一个重复单元，晶体中只存在 14 种布拉菲点阵。

(8)1885～1890 年，俄国科学家费多罗夫(Фёдоров)以俄文发表了他的 230 种空间群的推导工作。1891 年，德国科学家熊夫利(Schönflies)也推导出了 230 种空间群。他们独立推导，方法不同，但结果完全相同。至此，晶体结构的对称性理论已基本完成。

(9)1895 年，德国物理学家伦琴(Röntgen)发现了 X 射线，并于 1901 年获得第一个诺贝尔物理学奖。

(10)1912 年劳厄(Laue) 完成 X 射线衍射实验,推导出著名的劳厄方程,用实验证实了晶体学理论的正确性,进一步推动了理论的深入发展。1914 年获得诺贝尔物理学奖。

(11)1912 ~ 1914 年布拉格父子(William Henry Bragg,William Lawrence Bragg) 推导出了布拉格方程并且完成首批晶体结构的测定。1915 年获得诺贝尔物理学奖。

(12)1916 年德拜(Debye) 和谢乐(Scherrer) 创立了晶体学衍射法(X 射线粉末法)。德拜于 1936 年获得诺贝尔化学奖(液体和气体中的 X 射线和电子衍射)。

(13)1929 年鲍林(Pauling) 提出鲍林法则。1954 年获得诺贝尔化学奖(化学键的本质)。

(14)1934 年傅里叶(Fourier) 法和帕特森(Patterson) 函数法在晶体学结构分析中得到应用。

(15) 数学家霍普特曼(Hauptman) 和卡尔(Karle) 将直接法应用于晶体结构分析中。1985 年获得诺贝尔化学奖(用直接法获得相角)。

(16)1984 年以色列科学家丹尼尔·舍特曼(Daniel Shechtman) 在急冷凝固的 Al-Mn(Mn 的原子分数为 14%) 中发现含五次旋转轴的二十面体点群对称性,确定准晶是一种介于晶体和非晶体之间的固体。准晶具有与晶体相似的长程有序的原子排列,但是不具备晶体的平移对称性。该发现导致国际晶体学学会于 1992 年对晶体进行了重新定义。由于准晶对物质结构的重大推动作用,舍特曼于 2011 年获得诺贝尔化学奖。

1.2 晶体主要特征

按照宏观形态可将物质分为三类,即固态物质、液态物质和气态物质。固态物质又可分为晶态和非晶态两大类,分别称为晶体和非晶体。由于非晶态一般为亚稳态,所以自然界的大多数固态物质都是晶态。

由于准晶的发现,1992 年,国际晶体学学会在提到晶体时采用了新的表述:晶体是指任何能给出基本上明确衍射图的固体,而非周期性晶体是指无周期性的晶体。

本书涉及的晶体为传统的狭义晶体,即指物质内部质点(原子、离子、分子或原子团) 在三维空间呈周期性重复排列,存在长程有序。晶体通常具有的规则几何外形,是晶体内部规则构造的外在表现。

晶体具有如下基本性质[2]:

(1) 对称性:在某些特定方向上具有异向同性,即相同的性质在不同方向或位置上有规律地重复出现,该现象称为对称性。显然,这是物质内部质点高度有序排列的结果,它使得晶体不仅具有方向上的旋转对称性,而且具有微观上的平移对称性,空间点阵就是平移对称性的几何描述。从某种意义上说,以下叙述的自范性、均一性和各向异性都是晶体对称性的反映。

(2) 自范性:也称自限性。晶体具有自发地形成封闭的几何多面体外形,并以此为其占有空间范围的性质称为自范性。由于外部条件的限制,晶体的规则多面体外形可能表现不出来或表现得不充分,但是,只要外部条件合适,它还是会转变为规则多面体外形的。因此,就本质而言，晶体的自范性是没有例外的。

(3) 均一性：由于晶体内部粒子具有周期性规则排列，因而在晶体的各个不同部位取出相同的足够大的体积，其中粒子性质和排列方式是可以相互重复的，所以由此决定的各项宏观性质也是相同的，这就是晶体的均一性。例如，晶体的各部分都具有相同的密度，这就是均一性的体现。非晶体、液体和气体也有由统计平均而来的均一性，但这与晶体的均一性有本质上的不同。

(4) 各向异性：因观测方向不同而导致晶体性质有所差异的性质称为各向异性。晶体内部粒子沿不同方向看有不同的排列情况，例如粒子间距离不相同，从而导致在不同方向上表现出不同的宏观性质。所以，各向异性也是晶体内部粒子规则排列的反映。非晶体、液体和气体内部粒子，从统计结果看是各向同性的。

(5) 稳定性：晶体内部粒子的规则排列，使得晶体的内能最小，所以它是稳定状态。在这种情况下，无论使粒子间距离增大或减小，都将导致内能的增加。晶体稳定性的表现之一是所有晶体都有确定的熔点。

晶体的主要特性都来源于微观质点的规则排列。晶体在微观上具有空间点阵结构，延伸到整个晶体，这叫长程有序(Long-range order)；而非晶体中只有某种近程配位，这叫短程有序或近程有序(Short-range order)。晶体和非晶体在微观结构上的区别就在于是否具有长程有序。如图 1.1 所示是二维 A_2O_3 型晶体和非晶体的微观结构差异。图中空心的点代表 O，实心的点代表 A。图 1.1(a) 中晶体 A_2O_3 是原子晶体，没有单个小分子；每个 A 与 3 个 O 相连，每个 O 连接 2 个 A，A—O 键的键长和键角一直保持一致。图1.1(b) 中非晶体 A_2O_3 保持了一定的短程有序，即每个 A 连线 3 个 O、每个 O 连接 2 个 A，但是 A—O 键的键长和键角有微小差别。在晶体 A_2O_3 中任意画一条直线，直线上的原子排布都是周期性的，即长程有序；在非晶体 A_2O_3 中任意画一条直线，直线上的原子排布都不具有周期性，即无长程有序。

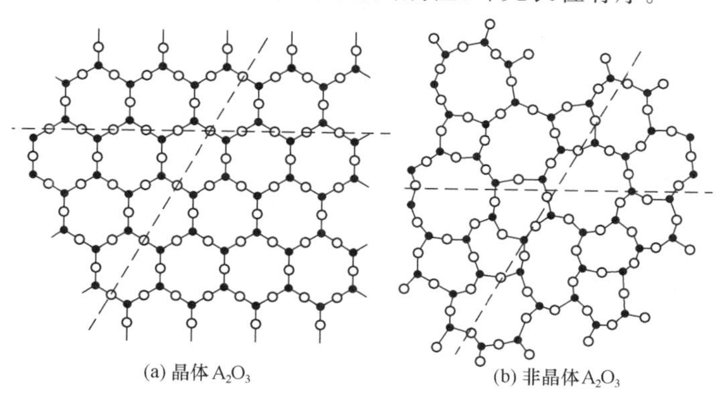

图 1.1　二维晶体 A_2O_3 和非晶体 A_2O_3 微观结构的差异
(空心的点代表 O，实心的点代表 A)

常见晶体不一定是单晶体，很多以多晶体形式出现，含有大量取向不同的晶粒，晶体的各向异性就被掩盖，反而表现出准各向同性。实际晶体里还含有许多缺陷，如杂质、空位、位错、层错和晶界等，它们会在一定程度上干扰和破坏晶体结构的完整性，进而带来性能上的一些变化。在本书的晶体学基础部分我们仅仅处理理想晶体，即没有任何缺陷的无限大晶体。

1.3 周期点阵

为了便于分析研究晶体中质点的排列规律性，须将完整无缺的理想晶体简化，把晶体中按周期重复的、最小的那一部分结构单元抽象成等同几何点，称为阵点(Lattice point)。这些阵点在空间呈周期性规则排列并具有完全相同的周围环境，代表着晶体中的最小结构单元。这种由阵点在三维空间规则排列的阵列称为空间点阵(Space lattice)，简称点阵(Lattice)。图 1.2 是二维晶体 A_2O_3 的结构与点阵，图中空心的点代表 O，实心的点代表 A，每个 A 与 3 个 O 相连，每个 O 连接 2 个 A。由这个晶体结构抽象出点阵，图中虚线圆圈代表抽象的具有相同周围环境的几何点位置，虚线网格指示了阵点的排布规律。点阵是由一组无限数目的结点构成，其基本性质为：沿着连接其中任意两个点的矢量进行平移，点阵均复原。当矢量的一端落在任一点阵点时，矢量的另一端必定也落在另一点阵点上，所以晶体点阵中各个点必定具有相同的环境。

在无限大的三维空间点阵中，选择具有代表性的最小平行六面体基本单元作为点阵的组成单元，称为晶胞(Unit cell)。将晶胞做三维的重复堆砌就构成了空间点阵。图 1.2 中实线平行四边形表示的是二维晶胞。三维空间通常用三个不相平行的单位矢量 $\boldsymbol{a}$、$\boldsymbol{b}$、$\boldsymbol{c}$ 和它们之间的夹角 α、β、γ 即可连成一个平行六面体，如图 1.3 所示，这就是用来描述一个晶胞的六个晶胞参数(或晶格参数，Cell parameter)。注意晶胞矢量 $\boldsymbol{a}$、$\boldsymbol{b}$、$\boldsymbol{c}$ 要满足右手规则，α 代表 $\boldsymbol{b}$ 和 $\boldsymbol{c}$ 的夹角，β 代表 $\boldsymbol{a}$ 和 $\boldsymbol{c}$ 的夹角，γ 代表 $\boldsymbol{a}$ 和 $\boldsymbol{b}$ 的夹角。

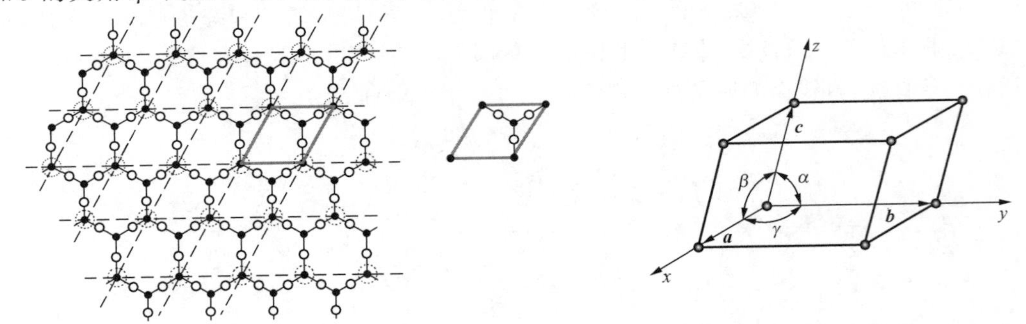

图 1.2　二维晶体 A_2O_3 的结构与点阵

图 1.3　平行六面体晶胞参数 $\boldsymbol{a}$、$\boldsymbol{b}$、$\boldsymbol{c}$ 和 α、β、γ

具有代表性的最小平行六面体可以有很多种选择方法，以平面点阵为例，在图 1.4 所示的晶胞中，同一空间点阵可因选取方式不同而得到不同的晶胞。法国科学家布拉菲给出了最有利于表达晶体对称性的晶胞选取原则：

(1) 选取的平行六面体应反映出点阵的最高对称性。

(2) 平行六面体内的棱和角相等的数目应最多。

(3) 当平行六面体的棱边夹角存在直角时，直角数目应最多。

(4) 在满足上述条件的情况下，晶胞应具有最小的体积。

根据这一晶胞选取原则，显然图 1.4 中的矩形单胞是最佳选择。

空间点阵是晶体中质点排列的几何学抽象，用以描述和分析晶体结构的周期性和对称性，由于各阵点的周围环境相同，它只能有 14 种类型(本篇 2.3 节将详细叙述)。在进一步讨论晶体结构的其他性质时，还需要将空间点阵还原到实际晶体结构中去。此时，一个阵点所对应的就是晶体结构中的一个最小的平移重复单元。这个最小的平移重复单元是一个物理实体，它可能是一个原子，也可能是一个分子或离子团。我们将这种与一个阵点对应的物理实体称为基元。组成基元的实际质点(原子、离子或分子)能组成各种类型的排列，因此，实际存在的晶体结构是无限的。于是，晶体结构可表达为

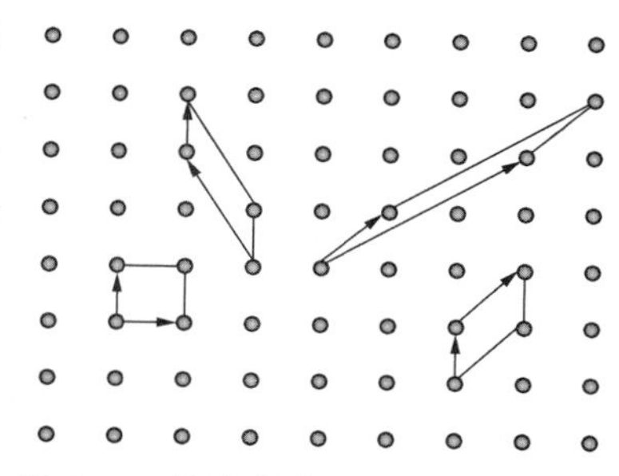

图1.4　晶胞的多种选取方法(按照最有利于表达晶体对称性的晶胞选取原则，这里的矩形单胞显然是最佳选择)

$$晶体结构 = 空间点阵 + 基元$$

图1.5所示为一个Cu面心立方晶胞，将基矢坐标系的原点放在任意一个Cu的位置上，这时每个基元只含有一个Cu。

图1.6所示晶体结构也是一个面心立方晶胞。NaCl晶体和Cu晶体有相同的空间点阵，但NaCl晶体的基元由一个Cl^-和一个Na^+组成。如果我们将基矢坐标系的原点放在一个Cl^-的位置上，那么基元中两个离子的内坐标为：Cl^- (0,0,0)、Na^+ (1/2,1/2,1/2)。

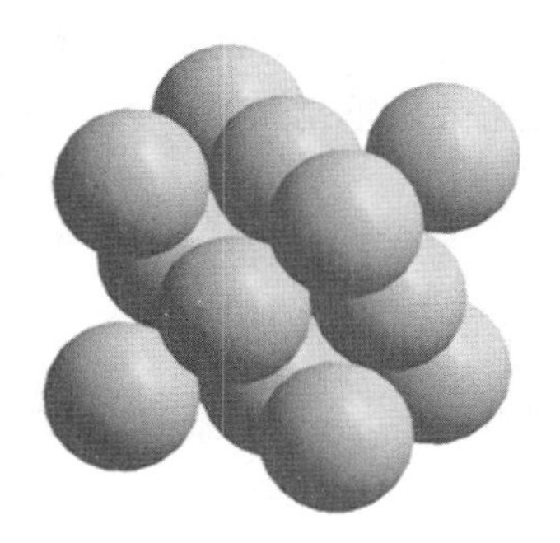

图1.5　面心立方Cu的单胞结构

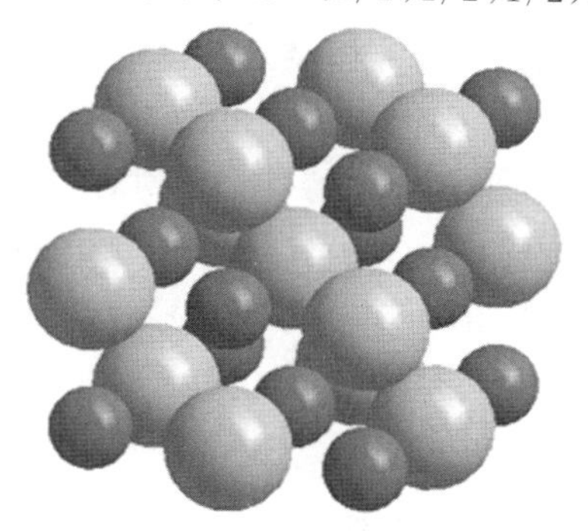

图1.6　面心立方NaCl单胞(大球代表Cl^-，小球代表Na^+)

第2章

晶体的对称性

对称是晶体所特有的性质[3]。晶体具有的复杂多样的对称由其内部结构的三维周期特性所决定。本节只讨论晶体的宏观对称性，即多面体外形的对称性。

对称(Symmetry)：物体(或图形)的各个相同部分借助于一定的操作而有规律的重复。晶体的几何外形等外部性质上的对称，是其内部晶格构造对称的外在表现。

呈现一定形式对称的图形称为对称图形。几何晶体学研究的是一个有限空间的晶体多面体外形，它是一个有限的对称图形。有限对称图形中各个独立部分依赖于某种几何要素，通过某一种(或多种)操作之后使之相互重合，而且不断地循环重复使整个对称图形复原。这种使对称图形复原的特性称为对称操作的封闭性。

对称操作(Symmetry operation)：能够使对称物体(或图形)中的各个相同部分间做有规律重复的变换动作。

对称要素(Symmetry elements)：进行对称变换时所凭借的几何要素——点、线、面等。

2.1 宏观对称性

2.1.1 宏观对称性的种类

晶体的宏观对称性[4]包括以下四种：

(1) 对称中心(Symmetry center，国际符号：$\bar{1}$)：为一假想的几何点，相应的对称操作为对于这个点的倒反。图2.1中C点就是左、右两个图形的对称中心。过对称中心作任意直线，直线上距对称中心等距离的两端可以找到性质相同的两个对称等效点。

(2) 对称面(Symmetry plane，国际符号：m)：为一假想的几何平面，相应的对称操作为对此平面的反映。如图2.2所示，两只手中间的镜面为对称面。对称面将图形平分为互为镜像的两个相等的部分。对称面图形中的任意一点作为初始点向该几何平面作垂线，并向平面另一方延伸等距离，此端点与初始点的性质完全相同(即等效)。

(3) 对称轴(Symmetry axis，国际符号：n)：为一假想的直线，相应的对称变换为围绕此直线的旋转。每转过一定的角度，各个相同部分就发生一次重复，亦即整个物体复原一次。将具有对称轴的图形称为轴对称图形，以轴对称图形中的任意点作为初始点，绕假想的直线

旋转一个 α 角后与另一点重合，此点与初始点性质完全相同(即等效)。角度 α 称为基转角。上述操作经 n 次之后，回复到原来的初始点，这条假想的直线就称为 n 次旋转对称轴(简称旋转轴：Rotation axis)。图 2.3 为一个轴对称图形，对称轴位于图形正中心垂直于纸面。

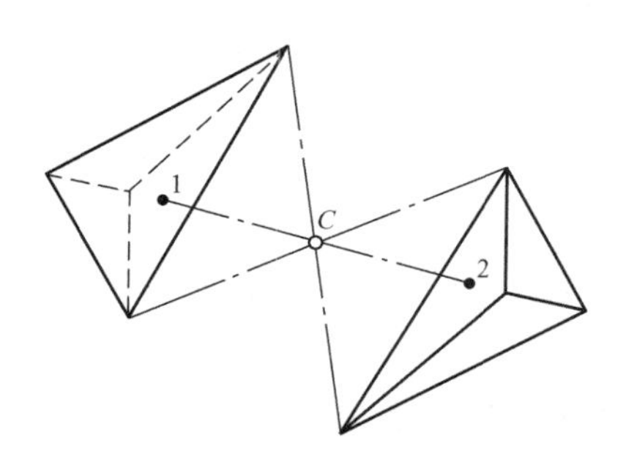

图 2.1　对称中心

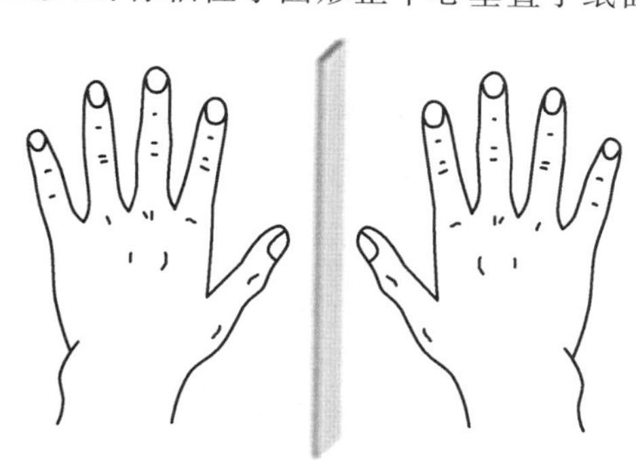

图 2.2　对称面

在晶体中，只可能出现轴次为一次、二次、三次、四次和六次的对称轴，而不可能存在五次及高于六次的对称轴。这就是著名的晶体对称定律(Law of crystal symmetry)。即轴次 $n=1$、2、3、4、6；它们的基转角 α 分别为 360°、180°、120°、90° 及 60°。

晶体对称定律证明：如图 2.4 所示，A 和 B 为某晶体点阵两个相邻阵点，因为晶体点阵中各个阵点必然性质相同，所以如 A 处存在一个垂直于纸面的基转角为 α 的旋转轴，B 处必然也存在一个垂直于纸面的基转角为 α 的旋转轴。用 A 处的旋转轴操作阵点 B 得到等效点 C，同样用 B 处的旋转轴操作阵点 A 得到等效点 D，则 A、B、C、D 必为等效点，即都是阵点。连接 A、B、C、D 成一等腰梯形，$AB \parallel CD$，其中

$$AC = BD = AB$$

图 2.3　轴对称图形

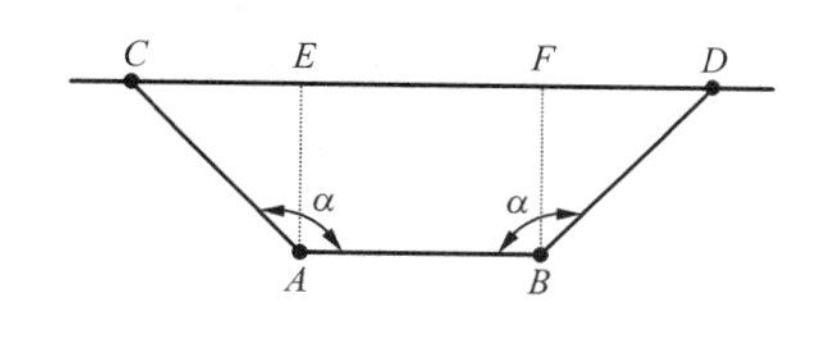

图 2.4　晶体对称定律证明

由于晶体中相邻阵点间距必然相等，所以

$$CD = K \cdot AB \qquad (K \text{ 必为整数})$$

$$\begin{aligned} CD &= CE + EF + FD \\ &= AC \cdot \cos(180° - \alpha) + AB + BD \cdot \cos(180° - \alpha) \\ &= AB(1 - 2\cos\alpha) \end{aligned}$$

所以 $K = 1 - 2\cos\alpha$，必为整数。则有

$$\cos\alpha = (1 - K)/2$$

将具体的 K 值带入上式计算出可能的 α 取值，结果列于表 2.1 中。

表 2.1　基转角 α 的可能值和对称轴的可能轴次

K	$\cos\alpha=(1-K)/2$	α	K	$\cos\alpha=(1-K)/2$	α
>3	<-1	无相当值	0	1/2	60°
3	-1	180°	-1	1	0° 或 360°
2	$-(1/2)$	120°	<-1	>1	无相当值
1	0	90°			

从表 2.1 可知，晶体学中基转角 α 只可能取 360°、180°、120°、90° 及 60°，所以晶体中只可能出现轴次为一次、二次、三次、四次和六次对称轴。

图 2.5 显示了各个旋转轴平行于纸面和垂直于纸面放置的对称配置图。因为一次轴基转角为 360°，操作后相当于没动，所以图中没有表示一次轴。注意图中旋转轴标记与其轴次相关。垂直于纸面放置的对称配置图中，空心圆圈代表一般等效点的位置，"+" 表示此点位于纸面以上。

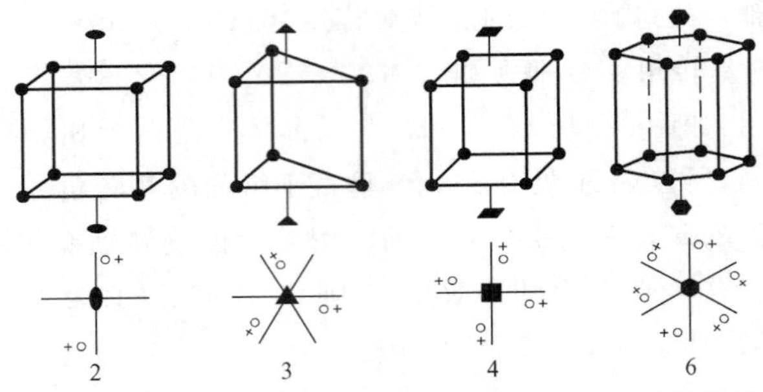

图 2.5　旋转轴平行于纸面和垂直于纸面放置的对称配置图

(4) 旋转反伸轴(Rotation-inversion axis，国际符号：$\bar{n}$)：简称反轴，这是一个复合的对称操作，由一个旋转轴加轴上的一个对称中心组成。对称图形中某独立部分绕旋转轴转动一定的基转角后，再经轴上的对称中心实施中心对称操作后图形复原。反轴的轴次 n 及基转角 α 都与其所包含的旋转轴相同，即其轴次 n 也只能是一次、二次、三次、四次和六次。

① 一次反轴 $\bar{1}$：如图 2.6 所示，操作时先将一般起始点 1 绕一次轴转 360°，然后相对于轴上的对称中心做中心对称操作后得到等效点 2。因为转 360° 相当于没动，即一次反轴的操作完全等效于对称中心，所以国际符号中这两个对称要素使用一个符号 $\bar{1}$ 来标记。

② 二次反轴 $\bar{2}$：如图 2.7 所示，操作时先将一般起始点 1 绕二次轴转 180°，然后相对于轴上的对称中心做中心对称操作后得到等效点 2。二次反轴的操作正好与一个垂直于此轴且过对称中心的对称面等效($\bar{2}=m$；$\bar{2}\perp m$)。

③ 三次反轴 $\bar{3}$：如图 2.8(a) 所示，操作时先将一般起始点 1 绕三次轴转 120°，然后相对于轴上的对称中心做中心对称操作后得到等效点 2，依次继续操作下去，一共可以得到 6 个等效点。三次反轴的操作则等效于一个三次旋转轴加一个对称中心，即 $\bar{3}=3+\bar{1}$，它也是一个非独立对称要素。图 2.8(b) 表示的是三次反轴操作的对称配置投影图，实心和空心的点代表不同高度，中心是三次反轴的投影符号。

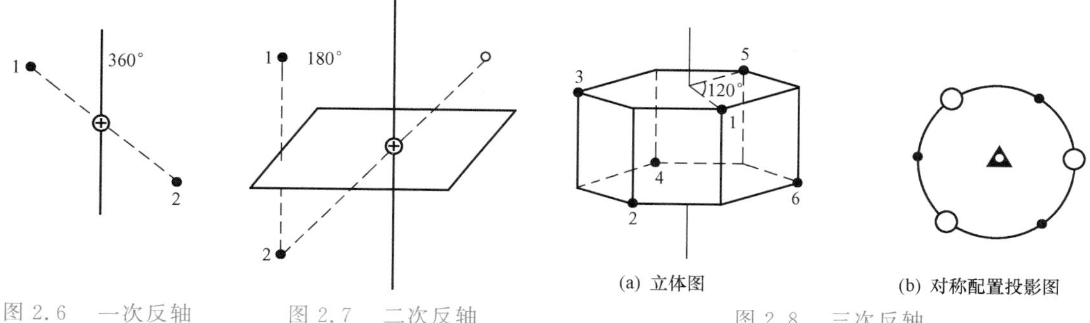

图 2.6　一次反轴　　图 2.7　二次反轴　　图 2.8　三次反轴

④ 四次反轴 $\bar{4}$：如图 2.9(a) 所示，操作时先将一般起始点 1 绕四次轴转 90°，然后相对于轴上的对称中心做中心对称操作后得到等效点 2，依次继续操作下去，一共可以得到 4 个等效点。四次反轴的操作是一个独立对称要素，它不相当于任何其他的对称要素或对称要素的组合。图 2.9(b) 表示的是四次反轴操作的对称配置投影图，实心和空心的点代表不同高度，中心是四次反轴的投影符号。

⑤ 六次反轴 $\bar{6}$：如图 2.10(a) 所示，操作时先将一般起始点 1 绕六次轴转 60°，然后相对于轴上的对称中心做中心对称操作后得到等效点 2，依次继续操作下去，一共可以得到 6 个等效点。六次反轴的操作等效于一个三次旋转轴加一个垂直于此轴的对称面，即 $\bar{6}=3+m$，它也是一个非独立对称要素。图 2.10(b) 表示的是六次反轴操作的对称配置投影图，实心和空心的点代表不同高度，投影时上、下两层的点重合，中心是六次反轴的投影符号。

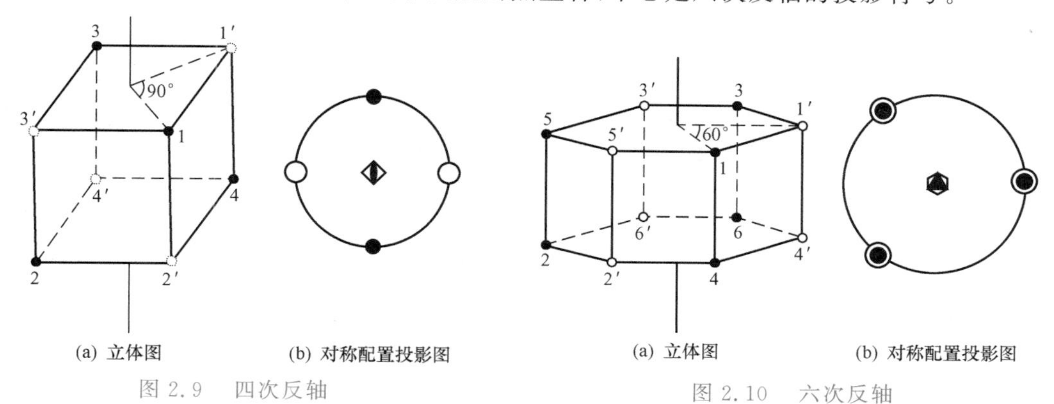

图 2.9　四次反轴　　图 2.10　六次反轴

综上，将晶体学中的所有宏观对称要素总结于表 2.2 中，包括所有宏观对称要素的国际符号、习惯符号(晶体学推导时常用）和投影国际图示符号。所有宏观对称要素中独立的对称要素只有八个：1、2、3、4、6、$\bar{1}$、m、$\bar{4}$。因为对称中心等效于一次反轴，对称面等效于二次反轴，所以晶体学中经常有所有宏观对称要素就是包含十根轴(5 个正轴、5 个反轴）的说法。

表 2.2 晶体学中的所有宏观对称要素

对称要素		基转角 α	国际符号	习惯符号	等效对称要素	投影国际图示记号
旋转（对称）轴	1	360°	1	L^1		
	2	180°	2	L^2		⬮
	3	120°	3	L^3		▲
	4	90°	4	L^4		■
	6	60°	6	L^6		⬢
对称中心			$\bar{1}$	C	L_i^1	○
对称面			m	P	L_i^2	双线或粗线
反轴	3	120°	$\bar{3}$	L_i^3	L^3+C	
	4	90°	$\bar{4}$	L_i^4		
	6	60°	$\bar{6}$	L_i^6	L^3+P	

扩展阅读 1：五次对称与准晶

传统晶体学认为，晶体中原子排列是不允许出现五次或高于六次的旋转对称性的。但是，1984 年中国、美国、法国和以色列等国家的学者几乎同时在淬冷合金中发现了五次对称轴，证实这些合金相是具有长程有序、而没有周期平移性的一种封闭的正二十面体相，并称之为准晶体。以后又陆续发现了具有八次、十次、十二次对称的准晶结构。五次对称和准晶的发现对传统晶体学产生了强烈的冲击，它为物质微观结构的研究增添了新的内容，为新材料的发展开拓了新的领域。2009 年 7 月 15 日，据美国《科学》杂志在线新闻报道，自从科学家在 25 年前首次制造出这种物质以来，他们一直在寻找自然界是否也有能力形成这种物质。最终科学家在一种名为 Khatyrkite 的岩石中找到了准晶。这一发现也使得准晶被划为一种真实存在的矿物质。2011 年诺贝尔化学奖授予以色列科学家丹尼尔·舍特曼，以表彰他“发现了准晶”这一突出贡献。瑞典皇家科学院称，准晶的发现从根本上改变了以往化学家对物体的构想。以郭可信院士为首的我国科学家在准晶研究中做出了国际瞩目的贡献。

2.1.2 点 群

在对称操作过程中至少有一个点保持不动的对称操作叫作点对称操作。从 2.1 节关于晶体宏观对称性的描述中不难看出，它们有一个共同特点，即进行对称操作时，至少有一个点不动，所以它们都属于点对称操作。表面上看，晶体中所有点对称操作（宏观对称要素）包含 5 个正轴和 5 个反轴，似乎它们的组合方式有很多种；但实际上，晶体中点对称操作在组合时需要遵循以下规定：

（1）遵守晶体对称定律

即在晶体中，只可能出现轴次为一次、二次、三次、四次和六次的对称轴，而不可能存在五次及高于六次的对称轴。

（2）各要素共点（相交于一点）

即要将晶体宏观对称要素通过一个公共点按一切可能性组合起来。

(3) 满足对称要素组合定理

即任意两个或两个以上的对称要素相交,它们组合的结果必然会产生另一个或多个新的对称要素。而且,新派生的对称要素的性质(种类)及其坐标位置将由原始的那些对称要素的性质(种类)及其坐标位置决定。从数学概念上讲,每个具有特定位置的对称要素的对称操作均可由一个数学变换来描述。两个变换的乘积将导出一个新的变换,这个新的变换表达了具有特定坐标位置的新派生对称要素所具有的对称操作。对称轴之间的组合很容易从欧拉定理(Euler theorem)导出结果。

欧拉定理:任意两个旋转轴相交,一定产生第三个通过这个交点的新的旋转轴;新旋转轴的操作等于前两个旋转轴的操作之积,而新旋转轴的轴次以及它和前两个旋转轴的交角取决于前两个旋转轴的轴次和它们之间的交角。

如图 2.11 所示,设 OA、OB 为两个旋转轴,基转角依次为 α 和 β,它们之间的交角为 ω。在球面上总可以找到一点 C,它在 OB 旋转轴顺时针旋转操作下变换到 C',而后在 OA 旋转轴顺时针旋转操作下又回到 C。因此,在两个旋转轴的连续操作下,OC 是一条不动的直线;但与此同时,在两个旋转轴的连续操作下,B 变换到 B'。因此,两个旋转轴连续操作的效果等于以 OC 为旋转轴直接对 B 操作的效果,即 OC 是新产生的第三个旋转轴。令 OC 的基转角为 γ,OC 与 OA、OB 之间交角为 ν 和 u,则由球面三角公式可证明有

$$\cos\frac{\gamma}{2}=\cos\frac{\alpha}{2}\cos\frac{\beta}{2}-\sin\frac{\alpha}{2}\sin\frac{\beta}{2}\cos\omega \tag{2-1}$$

$$\cos\nu=\frac{\cos\frac{\beta}{2}-\sin\frac{\alpha}{2}\cos\frac{\gamma}{2}}{\sin\frac{\alpha}{2}\sin\frac{\gamma}{2}} \tag{2-2}$$

$$\cos u=\frac{\cos\frac{\alpha}{2}-\cos\frac{\beta}{2}\cos\frac{\gamma}{2}}{\sin\frac{\beta}{2}\sin\frac{\gamma}{2}} \tag{2-3}$$

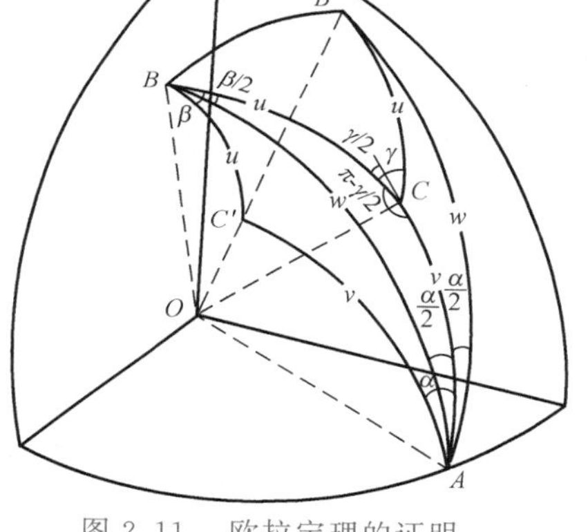

图 2.11　欧拉定理的证明

欧拉定理是最基本的对称要素组合定理,其他所有的对称要素组合定理都是欧拉定理在特定条件下的特殊形式。欧拉定理同样也适用于反轴。当两个反轴组合时,由于两次手性变化等于手性不变,因而产生的是旋转轴;当一个反轴和一个旋转轴组合时,则产生的是反轴。

在晶体多面体这一有限图形中,对称性可以包含一个对称要素,也可以是多个对称要素相交于晶体的几何中心,同时存在于一个晶体多面体中。在上述规定的限制下,把宏观对称要素通过一个公共点按一切可能性组合起来,共可得 32 种组合方式,称为 32 种点群。点群(Point group)是点对称操作的集合,简言之,将宏观对称要素集合于一点的所有组合状况。以下列出了 32 种点群(关于点群符号的详细意义,在本节稍后的内容叙述):

$$1,\bar{1}$$

$$2,m,2/m$$

$$222,mm2,2/m2/m2/m$$

$$3,\bar{3},32,3m,\bar{3}2/m$$

$$4,\bar{4},4/m,422,4mm,\bar{4}2m,4/m2/m2/m$$

$$6,\bar{6},6/m,622,6mm,\bar{6}m2,6/m2/m2/m$$

$$23,2/m\bar{3},432,\bar{4}3m,4/m\bar{3}2/m$$

扩展阅读 2:含五次等非周期对称性的点群

实际存在的准周期结构可以用高维空间晶体的一个特定条带向物理空间投影得到,或与之等价地由具有特定原子形状的高维空间晶体被物理空间切割得到,这便是准晶的高维空间描写法。因此,准周期结构的对称操作也可以由相应高维空间的对称操作得到。由六维空间投影至三维空间而得到的三维准晶,共有 60 种点群。它们是:

(1) 全由晶体学点对称操作生成的 32 种晶体学点群。

(2) 包含非晶体学点对称操作的 28 种非晶体学点群,即二十面体点群 235、m35 和含有五次、八次、十次、十二次对称的 26 种点群。

扩展阅读 3:点群的极射赤面投影图表示

32 种点群经常用极射赤面投影图表示,由于点群中所有元素的对称元素交于一点,以此点为球心作单位球,并称此球面为投影球面,这样除了对称中心外,所有的对称元素都与投影球面相交。例如,旋转轴与球面相交于两点;镜面与球面相交于一个大圆。现在过球心建立直角坐标系,XY 面位于水平面,它与单位球相交于一个大圆,称之为投影圆。Z 轴与球面交于 N、S 两点,分别称之为北极和南极。对于单位球 $+Z$ 半球上一点,它在 XY 平面上的投影点就是它与南极点的连线在 XY 平面上的交点,用实心点“•”表示;如果被投影的点在 $-Z$ 半球上,就需要用北极点与它相连,用“o”表示,如图 K.1 所示。如图 K.2 所示为点群 222 的极射赤面投影,左图表示等效点分布,右图表示对称要素分布。

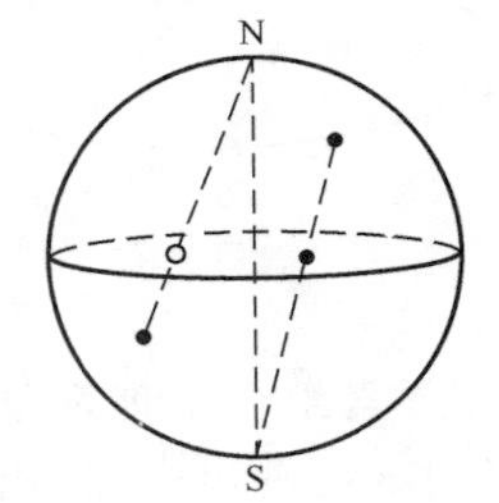

图 K.1 极射赤面投影图

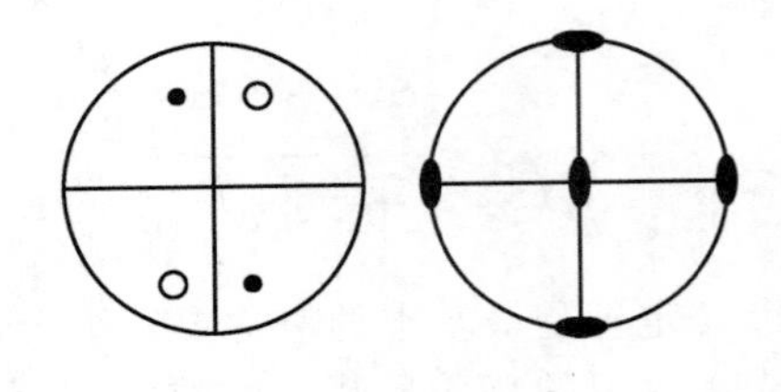

图 K.2 点群 222 的极射赤面投影

2.1.3 晶 系

几何晶体学中的对称要素都是为了阐述晶体对称性的几何要素,它们是几何点、线及面。既然对称要素表达了晶体固有的对称特性,它们就应该与反映晶体内部结构特性的晶体点阵相对应。对称要素的点、线及面与晶体点阵的原点、通过原点的阵点列及阵点平面的概念相一致,而且对称面和对称轴往往与晶体点阵中阵点密度最大的一些阵点平面和阵点列相一致。

晶体定向就是将描述晶体的晶胞参数(a、b、c 和 α、β、γ) 与一些重要的晶体学对称方向相结合。不难理解，对称面的法线方向及对称轴的方向往往是晶体中 a、b、c 优先选择的重要依据，因为它们都是晶体中一些最主要的阵点列方向。

晶胞参数（点阵参数）表达了晶体点阵的特征，而晶体的对称性是晶体内部结构特征的一种表现，它也包含着晶胞的各种特征。因此，晶胞参数必然要与表达晶体对称性的点群相对应。晶体定向能指出各个点群的对称性对晶胞的制约，即各个点群都有与其对称性相应的晶胞参数选择。归纳可知，32 种点群共有 7 种晶胞参数选择，根据晶体具体的特征对称性可将晶体分成三大晶族（Crystal class）、7 种不同形状的平行六面体类型，即 7 种晶系（Crystal system），见表 2.3。若仅根据晶胞各轴长（或轴比）和轴间夹角划分晶胞往往会导致错误结果，晶系的分类必须按晶体对称性进行分类，不能按晶胞形状进行分类。

表 2.3　晶族、晶系和点群及其特征对称要素

晶族	晶系	晶胞参数	特征对称要素	所属点群
低级晶族	三斜	$a \neq b \neq c$ $\alpha \neq \beta \neq \gamma$	对称中心或自身	$1, \bar{1}$
	单斜	$a \neq b \neq c$ $\alpha = \gamma = 90° \neq \beta$	一个二次轴或对称面	$2, m, 2/m$
	正交	$a \neq b \neq c$ $\alpha = \gamma = \beta = 90°$	三个互相垂直的二次轴或两个互相垂直的对称面	$222, mm2, 2/m2/m2/m$
中级晶族	菱方	$a = b = c$ $\alpha = \beta = \gamma \neq 90°$	三次轴或三次反轴	$3, \bar{3}, 32, 3m, \bar{3}2/m$
	四方	$a = b \neq c$ $\alpha = \gamma = \beta = 90°$	四次轴或四次反轴	$4, \bar{4}, 4/m, 422, 4mm, \bar{4}2m, 4/m2/m2/m$
	六方	$a = b \neq c$ $\alpha = \beta = 90°, \gamma = 120°$	六次轴或六次反轴	$6, \bar{6}, 6/m, 622, 6mm, \bar{6}m2, 6/m2/m2/m$
高级晶族	立方	$a = b = c$ $\alpha = \beta = \gamma = 90°$	四个三次轴按立方对角线排列	$23, 2/m\bar{3}, 432, \bar{4}3m, 4/m\bar{3}2/m$

2.1.4　点群符号

表 2.4 列出了 32 种晶体点群采用的三种符号系统：习惯符号、国际符号或赫曼 - 莫根（Hermann-Mauguin）符号和熊氏（Schönflies）符号。熊氏符号因逐渐被国际符号替代，所以这里只做对照而不介绍。

习惯符号的优点是可以一目了然地看到该点群中包括哪几种对称要素，每种对称要素各有几个；缺点是不能反映出各对称要素间的相对组合关系，书写较复杂。习惯符号主要用于在分析点群时以及在与其他符号对照时配合使用。主要形式有：L^n（旋转轴，n 表示轴次）、L_i^n（旋转反轴，n 表示轴次）、P（对称面）和 C（对称中心）。

点群符号书写方法：

（1）依点群实际对称性的高低排列：旋转对称要素、对称面、对称中心。

（2）旋转对称要素按轴次高低依次排列。

（3）在各对称符号之前，以数字标明该对称要素在点群中共有几个。

例如：$2/m$（习惯符号 L^2PC），$\bar{4}2m$（习惯符号 $L_i^4 2L^2 2P$）。

表 2.4　32 种晶体点群

晶族（对称特点）	晶系（对称特点）	点群					国际符号的特征
		序号	熊氏符号	国际符号		习惯符号	
				全写	简写		
低级（无高次轴）	三斜（无 L^2 和 P）	1	C_1	1	1	L^1	只有一位，且为一次轴
		2	$C_i(S_2)$	$\bar{1}$	$\bar{1}$	C	
	单斜（L^2 和 P 不多于 1 个）	3	C_2	2	2	L^2	只有一位，且非 2 即 m
		4	$C_s(C_{1h})$	m	m	P	
		5	C_{2h}	$2/m$	$2/m$	L^2PC	
	正交（斜方）	6	D_2	222	222	$3L^2$	全是三位，且第一、二位非 2 即 m
		7	C_{2v}	$mm2$	mm	$L^2 2P$	
		8	D_{2h}	$2/m2/m2/m$	mmm	$3L^2 3PC$	
中级（必定有且只有一个高次轴）	菱方（三方）（唯一的高次轴为三次轴）	9	C_3	3	3	L^3	第一位全是三次轴
		10	$C_{3i}(S_6)$	$\bar{3}$	$\bar{3}$	L^3C	
		11	D_3	32	32	$L^3 3L^2$	
		12	C_{3v}	$3m$	$3m$	$L^3 3P$	
		13	D_{3d}	$\bar{3}2/m$	$\bar{3}m$	$L^3 3L^2 3PC$	
	四方（正方）（唯一的高次轴为四次轴）	14	C_4	4	4	L^4	第一位全是四次轴，第二位非 2 即 m
		15	S_4	$\bar{4}$	$\bar{4}$	L_i^4	
		16	C_{4h}	$4/m$	$4/m$	L^4PC	
		17	D_4	422	42	$L^4 4L^2$	
		18	C_{4v}	$4mm$	$4mm$	$L^4 4P$	
		19	D_{2d}	$\bar{4}2m$	$\bar{4}2m$	$L_i^4 2L^2 2P$	
		20	D_{4h}	$4/m2/m2/m$	$4/mmm$	$L^4 4L^2 5PC$	
	六方（六角）（唯一的高次轴为六次轴）	21	C_6	6	6	L^6	第一位全是六次轴
		22	C_{3h}	$\bar{6}$	$\bar{6}$	L_i^6	
		23	C_{6h}	$6/m$	$6/m$	L^6PC	
		24	D_6	622	62	$L^6 6L^2$	
		25	C_{6v}	$6mm$	$6mm$	$L^6 6P$	
		26	D_{3h}	$\bar{6}m2$	$\bar{6}m2$	$L_i^6 3L^2 3P$	
		27	D_{6h}	$6/m2/m2/m$	$6/mmm$	$L^6 6L^2 7PC$	
高级（高次轴多于一个）	立方（等轴）（必定有四个三次轴）	28	T	23	23	$4L^3 3L^2$	至少有两位，且第二位均为三次轴
		29	T_h	$2/m\bar{3}$	$m\bar{3}$	$4L^3 3L^2 3PC$	
		30	O	432	43	$3L^4 4L^3 6L^2$	
		31	T_d	$\bar{4}3m$	$\bar{4}3m$	$3L_i^4 4L^3 6P$	
		32	O_h	$4/m\bar{3}2/m$	$m\bar{3}m$	$3L^4 4L^3 6L^2 9PC$	

国际符号的优点是可以一目了然地看出其规定的三个主要方向对称要素分布情况，它的三位分别对应着三个主要方向。在国际符号中对各个晶系三个主要方向的规定是不一致

的，表 2.5 列出了国际符号对不同晶系对称性方向的规定，例如在正交晶系中国际符号的三位分别对应 $\boldsymbol{a}$、$\boldsymbol{b}$、$\boldsymbol{c}$ 方向，而在立方晶系中国际符号的三位分别对应 $\boldsymbol{a}$、$\boldsymbol{a}+\boldsymbol{b}+\boldsymbol{c}$、$\boldsymbol{a}+\boldsymbol{b}$ 方向。晶体学中，国际符号用 1、2、3、4、6 分别表示相应旋转轴次的旋转轴；用 $\bar{1}$、$\bar{2}$、$\bar{3}$、$\bar{4}$、$\bar{6}$ 表示反轴；m 表示镜面；当旋转轴与镜面垂直时用 x/m 表示（$x=1$、2、3、4、6）；若旋转轴为反轴 $\bar{x}$，则用 $\bar{x}/m$ 表示，$\bar{x}$ 可以是 $\bar{1}$、$\bar{2}$、$\bar{3}$、$\bar{4}$、$\bar{6}$；若镜面分别含有旋转轴和反轴（x 和 $\bar{x}$），则分别表示为 xm、$\bar{x}m$。

表 2.5　点群国际符号标记的三个主要方向

晶系	对称性方向		
	第一方向	第二方向	第三方向
三斜	任意	—	—
单斜	$\boldsymbol{b}$	—	—
正交	$\boldsymbol{a}$	$\boldsymbol{b}$	$\boldsymbol{c}$
四方	$\boldsymbol{c}$	$\boldsymbol{a}$	$\boldsymbol{a}+\boldsymbol{b}$
菱方（取菱形晶胞）	$\boldsymbol{a}+\boldsymbol{b}+\boldsymbol{c}$	$\boldsymbol{a}-\boldsymbol{b}$	—
菱方（按六方取）*	$\boldsymbol{c}$	$\boldsymbol{a}$	—
六方	$\boldsymbol{c}$	$\boldsymbol{a}$	$2\boldsymbol{a}+\boldsymbol{b}$
立方	$\boldsymbol{a}$	$\boldsymbol{a}+\boldsymbol{b}+\boldsymbol{c}$	$\boldsymbol{a}+\boldsymbol{b}$

注：* 菱方晶系的单胞常按照六方取，详见本篇的后续部分。

表 2.4 还列出了国际符号的特征，以及晶族、晶系与点群的对应关系，将点群的国际符号的特征与晶系相对应，可以很方便地用符号区分点群所属的晶系，便于记忆。

2.2　点阵描述

空间点阵中各阵点列的方向实际上代表着晶体中原子排列的方向，我们把这些方向称为晶向（Crystal orientation）。通过空间点阵中任意一组阵点的平面称为晶面（Crystal plane）。国际上采用密勒（Miller）指数标定晶向和晶面，即晶向指数（Indices of crystal direction）和晶面指数（Indices of crystal plane，或者 Planar indices）。

2.2.1　晶向指数

如图 2.12 所示，空间点阵中某一阵点的指标，可作从原点至该点的向量 $\boldsymbol{r}$，并将 $\boldsymbol{r}$ 用基础矢量 $\boldsymbol{a}$、$\boldsymbol{b}$、$\boldsymbol{c}$ 表示：

$$\boldsymbol{r}=u\boldsymbol{a}+v\boldsymbol{b}+w\boldsymbol{c} \tag{2-4}$$

式中，u、v、w 是阵点的坐标，也称晶向指数，可以是正值也可以是负值。

晶向指数的建立方法如下（图 2.12）：

（1）以晶胞中的某一阵点 O 为原点，以过原点的晶轴为坐标轴 x、y、z，分别以晶胞的点阵常数 a、b、c 为 x、y、z 轴上的长度单位，建立坐标系。

(2) 过原点 O 作一直线 OP，使其平行于待定的晶向，在 OP 上选取距原点 O 最近的一个阵点 P，确定出 P 的三个坐标值。

(3) 化整数并加方括号：括号，即$[uvw]$为待定晶向的晶向指数。若 u、v、w 中的某一数为负值，则在相应的指数上加一负号。

晶向指数存在如下性质：

(1) 一个晶向指数代表所有相互平行、方向一致的一系列晶向。

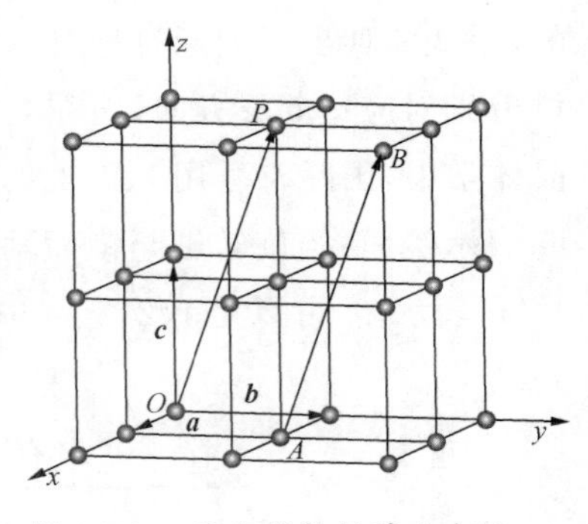

图 2.12 晶向指数的建立方法

(2) 若两晶向平行但方向相反，则晶向指数的数字相同，而符号相反，如$[111]$和$[\bar{1}\bar{1}\bar{1}]$。

(3) 晶体中因对称关系而等同的各个晶向属于同一晶向族(Family of directions)，用$\langle uvw\rangle$表示。同晶向族的原子排列情况相同，但空间位向不同。如立方晶系中典型的$\langle 111\rangle$晶向族包括如下晶向：

$$\langle 111\rangle:[111]、[\bar{1}11]、[1\bar{1}1]、[11\bar{1}]、[\bar{1}\bar{1}\bar{1}]、[1\bar{1}\bar{1}]、[\bar{1}1\bar{1}]、[\bar{1}\bar{1}1]$$

(4) 对于立方结构的晶体，改变晶向指数的顺序，各晶向上的原子排列情况完全相同，而对于其他结构的晶体则不适用。

2.2.2 晶面指数

晶面指数表示晶体中每一个实际的或可能的晶面与3个晶轴 a、b、c 的取向关系，每一个晶面以3个整数加圆括号(hkl)来表示。

晶面指数的建立方法如下(图2.13)：

(1) 建立坐标系，确定方法与晶向指数相同，将坐标原点 O 选在距离待定晶面最近的阵点上，但是不能选在该晶面上，以防止出现零截距。

(2) 求出特定晶面在三个坐标轴上的截距(OA、OB、OC)。若该晶面与某坐标轴平行，则其截距为 ∞；若晶面与某坐标轴负方向相截，则在此轴上的截距为负值。

(3) 取三个截距的倒数。

(4) 将上述三个截距的倒数按比例化为互质的整数 h、k、l，并加圆括号，即为待定晶面的晶面指数(hkl)。

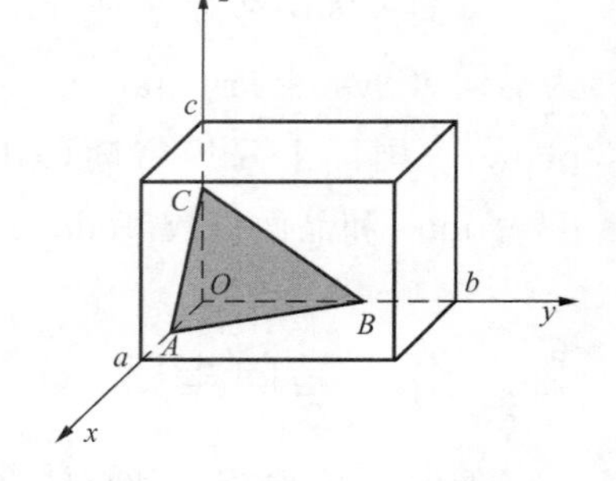

图 2.13 晶面指数建立方法

根据上述建立方法，晶面在晶轴上的截距是与晶面指数成反比的，晶面在某晶轴上的截距越小，晶面指数中对应于这一轴的指数值就越大。当晶面平行于某一晶轴，即其截距为 ∞，则其相应于此轴的指数等于零。

晶面指数存在如下性质：

(1) 一个晶面指数(hkl)代表一组相互平行的晶面，经过所有阵点。

(2) 平行晶面的晶面指数相同，或数字相同而符号相反，如(hkl)与$(\bar{h}\bar{k}\bar{l})$。

(3) 晶体中晶面上的原子排列情况相同、晶面间距完全相同而空间位向不同的各组晶面称为晶面族(Family of crystal planes)，用$\{hkl\}$表示。它代表由对称性相联系的若干组等效晶面的总和，所有晶面的性质是相同的。例如立方晶系的$\{110\}$晶面族包括以下晶面：$\{110\}$：(110)、(101)、(011)、$(\bar{1}10)$、$(\bar{1}01)$、$(0\bar{1}1)$、$(1\bar{1}0)$、$(10\bar{1})$、$(01\bar{1})$、$(\bar{1}\bar{1}0)$、$(\bar{1}0\bar{1})$、$(0\bar{1}\bar{1})$

(4) 立方晶系中，相同指数的晶向和晶面垂直。

扩展阅读 4：六方晶系指数标定及高维空间晶体学

六方晶系的晶面指数和晶向指数一般用上述三轴坐标法标定。如图 K.3 所示，a_1、a_2、c为三个坐标轴，a_1与a_2的夹角为 120°，c与a_1、a_2相垂直。但这样表示有缺点，如图 K.4 所示，六方晶胞的六个柱面是等同的，但按上述三轴坐标系，其晶面指数分别为(100)、(010)、$(\bar{1}10)$、$(\bar{1}00)$、$(0\bar{1}0)$、$(1\bar{1}0)$，不容易看出它们之间的等同关系。为充分体现六方晶系的独特对称性，对其晶面和晶向还可以采用米勒-布拉菲(Miller-Bravais)指数来表示。

如图 K.4 所示，在确定晶面指数时，采用a_1、a_2、a_3和c四个坐标轴，a_1、a_2、a_3之间的夹角均为 120°。这样，其晶面指数就以$(hkil)$四个指数来表征，根据立体几何，三维空间独立的坐标轴不超过 3 个，故前三个指数中只有两个是独立的，它们之间存在如下关系：

$$\begin{cases} i = -(h+k) \\ h+k+i=0 \end{cases}$$

采用这种标定方法，等同的晶面就可以从指数上反映出来。这样六方晶胞的六个柱面分别为$(10\bar{1}0)$、$(01\bar{1}0)$、$(\bar{1}100)$、$(\bar{1}010)$、$(0\bar{1}10)$、$(1\bar{1}00)$，属于$\{10\bar{1}0\}$晶面族。

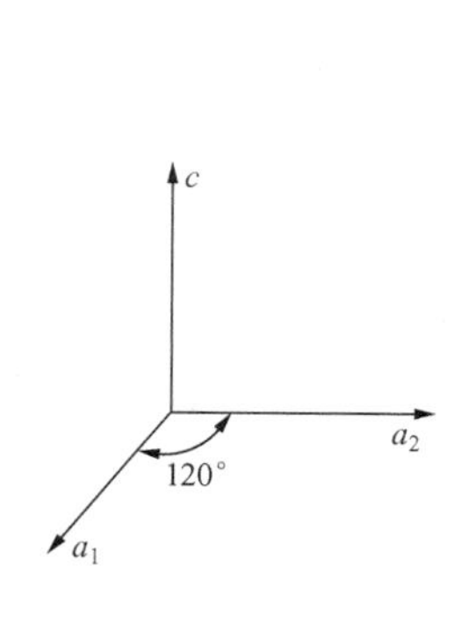

图 K.3　六方晶系的三轴坐标

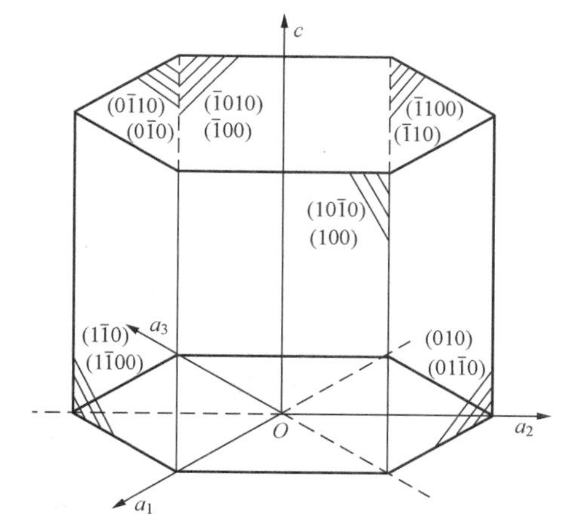

图 K.4　六方晶系晶面指数标定

六方晶系的晶向指数用四坐标轴标定较为麻烦(图K.5)，简单的方法是用三个坐标轴求出晶向指数$[UVW]$，然后再根据如下关系换算成四坐标轴的表示方法$[uvtw]$：

$$\begin{cases}U=u-t\\V=v-t\\W=w\end{cases}\quad 或 \quad \begin{cases}u=\dfrac{2}{3}U-\dfrac{1}{3}V\\v=\dfrac{2}{3}V-\dfrac{1}{3}U\\t=-(u+v)\\w=W\end{cases}$$

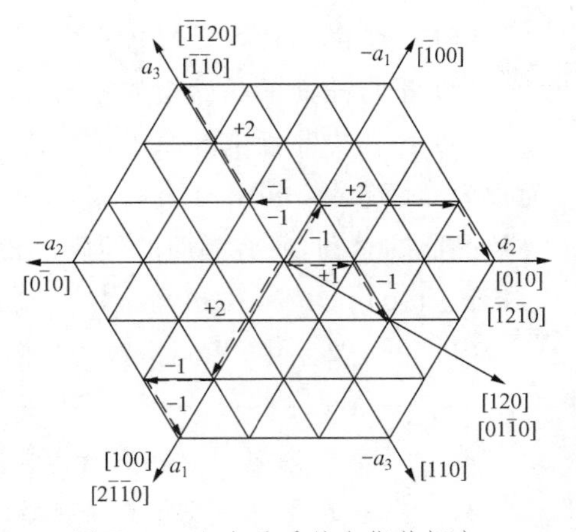

图 K.5　六方晶系晶向指数标定

由于计算机的普遍运用，各种晶体均统一使用三指数表述，六方晶系的四指数表述已经很少使用了。

六方晶系的四指数表达方法，某种程度上相当于在正常的三维空间又引入了另外一个维度，共同表达晶体点阵，充分体现了结构的对称性。这样的处理方式实际上是晶体学的一个近代发展方向，即高维空间晶体学。它与准晶的发展息息相关，因为自从发现了具有准周期结构的准晶之后，人们发现这种在二维或者三维空间中的准周期点阵，对应于更高维数空间中的周期结构，是某种具有严格对称性的高维点阵的低维空间投影。

2.2.3 晶面间距与晶面夹角

前面讲到一个晶面指数(hkl)代表一组相互平行的晶面，经过所有阵点，实际上所有指数为(hkl)的晶面以等间距排列，两相邻平面间的垂直距离称为晶面间距(Interplanar distance)，用 d_{hkl} 或简写 d 表示。晶面间距越大，晶面上原子的排列就越密集，晶面间距最大的晶面通常是原子最密排的晶面。晶面族$\{hkl\}$表示的由对称性相联系的若干组等效晶面的晶面间距完全一致，晶面族指数不同，其晶面间距也不相同，通常低指数晶面的间距较大。图 2.14 给出了简单立方点阵不同晶面的晶面间距的平面图，其中(100)面的晶面间距最大，而(320)面的晶面间距最小。已知晶面指数，可利用公式直接计算晶面间距。如，立方晶系晶面间距计算公式为

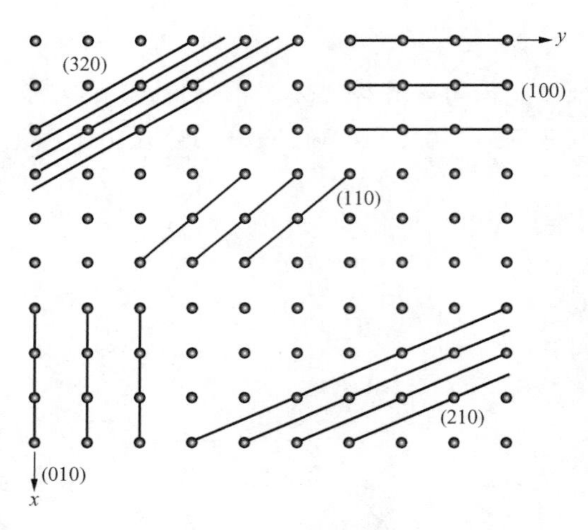

图 2.14　简单立方点阵晶面间距示意图

$$\frac{1}{d_{hkl}^2}=\frac{h^2+k^2+l^2}{a^2} \tag{2-5}$$

晶系不同，晶面间距的计算公式就不同，七大晶系所对应的晶面间距计算公式见附录Ⅰ。

设晶面($h_1k_1l_1$)和晶面($h_2k_2l_2$)的晶面间距分别为 d_1、d_2，则两晶面的夹角 ϕ 也可以用

公式计算得出，如立方晶系晶面夹角计算公式为

$$\cos\phi=\frac{h_1h_2+k_1k_2+l_1l_2}{\sqrt{(h_1^2+k_1^2+l_1^2)(h_2^2+k_2^2+l_2^2)}} \tag{2-6}$$

晶系不同，晶面夹角的计算公式就不同，七大晶系所对应的晶面夹角计算公式见附录Ⅱ。

2.2.4 晶 带

平行于或经过某一晶向的所有晶面的组合称为晶带(Crystal zone)；该晶向叫作晶带轴(Zone axis)，用晶向指数标定；这一组合中所有的晶面都叫作晶带面(Zone planes)。同一晶带的晶面，其晶面指数和晶面间距可能完全不同，但它们都与晶带轴平行，即晶带面法线均垂直于晶带轴。因此，晶带轴[uvw]与该晶带的晶面(hkl)之间有如下关系：

$$hu+kv+lw=0 \tag{2-7}$$

凡是满足此关系的晶面都属于以[uvw]为晶带轴的晶带，故此关系式也称为晶带定律(Zone law)，又称魏斯晶带定律(Weiss zone law)。

若已知两个不平行的晶面($h_1k_1l_1$)和($h_2k_2l_2$)，则其共属的晶带轴指数[uvw]可用下式求出：

$$\begin{cases}u=k_1l_2-k_2l_1\\v=l_1h_2-l_2h_1\\w=h_1k_2-h_2k_1\end{cases} \tag{2-8}$$

上式是根据晶带定律用下面的行列式形式求解的，可用十分容易的记忆方式来确定uvw：

$$\begin{array}{c|cccc|c} h_1 & k_1 & l_1 & h_1 & k_1 & l_1 \\ & \multicolumn{4}{c|}{\times \quad \times \quad \times} & \\ h_2 & k_2 & l_2 & h_2 & k_2 & l_2 \\ \hline \multicolumn{6}{c}{(k_1l_2-k_2l_1)(l_1h_2-l_2h_1)(h_1k_2-h_2k_1)} \end{array}$$

2.3 晶体微观对称性及空间群

2.3.1 晶体的微观对称性

与前面的点对称操作相对应，将没有不动点的对称操作称为非点式对称操作，如包含平移(Translation)的对称操作。宏观上具有有限大小的物体只可能有点式对称操作，因为它有边界，所以不可能有平移对称；只有从微观上看晶体结构，才有可能有非点式对称操作。因为晶体尺寸相对于微观的原子间距可视为无限大，从而晶体结构可视为是无限延伸的。晶体中的平移不是任意距离的，所有的移动都要满足晶体对称性的要求[5]。

含平移的非点式对称操作，即晶体的微观对称性共有三大类：

1. 平移轴

平移轴(Translation axis)为一直线,图形沿此直线移动一定距离,可使晶体复原。晶体结构沿着空间点阵中的任意一个行列移动一个或若干个阵点间距,可使每一个阵点与其相同的阵点重合。因此,空间点阵中的任一行列就代表平移对称的平移轴。

阵点在微观空间中不连续地、但却严格周期性地排列,这种严格周期性是晶态物质微观空间结构所特有的性质。阵点的分布具有严格周期性,而表征晶态物质对称性的对称要素在微观空间中的分布也同样具有严格周期性,并具有三维空间分布的特征。

显然,在晶体学中平移(周期平移以及以后需要讨论的其他平移)总是与晶体学轴方向相关地进行,因而晶体内部微观空间中,包括周期平移在内的所有平移均可由下式表达:

$$\boldsymbol{R}_{mnp} = m\boldsymbol{t}_a + n\boldsymbol{t}_b + p\boldsymbol{t}_c \tag{2-9}$$

式中,$\boldsymbol{t}_a$、$\boldsymbol{t}_b$ 及 $\boldsymbol{t}_c$ 是单位晶胞与 $\boldsymbol{a}$、$\boldsymbol{b}$ 及 $\boldsymbol{c}$ 平行的基本矢量(周期平移矢量);m、n 及 p 是系数。

周期平移:式(2-9)中,当 m、n 及 p 分别是 0 或整数(±1、±2、…)时,所表达的平移是单位晶胞周期的重复,称为周期平移。

平移是一切点阵都具有的对称动作,它所具有的对称要素是点阵本身。

平移包括简单点阵的沿点阵矢量的平移,还包括复杂点阵(有心点阵)由顶角到面心或体心的平移,即小于一个点阵矢量的平移。晶体空间点阵中,各个方向上所有平移轴的集合所构成的对称群叫平移群(Translation group)。14 种布拉菲(Bravias)点阵描述了晶体中所有周期平移可能出现的情况,如图 2.15 所示。

根据 7 种晶系选择点阵单胞,7 种晶系共有 14 种空间点阵形式,或称 14 种布拉菲点阵形式。如果只在单位平行六面体的八个顶点分布有阵点,称简单点阵(P);平行六面体中心有阵点,称体心点阵(I);只在一组对应面中心有阵点,称底心点阵(A、B 或 C);若所有对应面中心有阵点,称面心点阵(F)。这样 7 种晶系都可推导出简单、体心、底心和面心四种类型的点阵。后三种有心点阵又统称为复杂点阵。

如果将 7 种晶系和四种类型点阵(简单、体心、面心和底心)相结合,应该会产生 28 种布拉菲点阵,但是在实际结合中可以发现有很多点阵是不存在的,如底心立方点阵等效于简单四方点阵。因此去除相互等效的点阵,实际的布拉菲点阵只有 14 种。如图 2.15 所示为这 14 种布拉菲点阵的示意图。需要特殊指出的是简单菱方点阵和简单六方点阵的关系,如果将简单菱方点阵沿阵点[图 2.16(a) 的空心点] 分布向外放大一圈观察,不难发现它也是六方的,但是这个六方结构比简单六方结构中间多了六个阵点,所以晶体学中常常称简单菱方点阵为有心六方点阵或菱心点阵(将简单菱方点阵看作六方点阵时),用 R 心标记。在实际中,由于计算机的广泛使用,通常把菱方点阵转换成六方点阵表述。

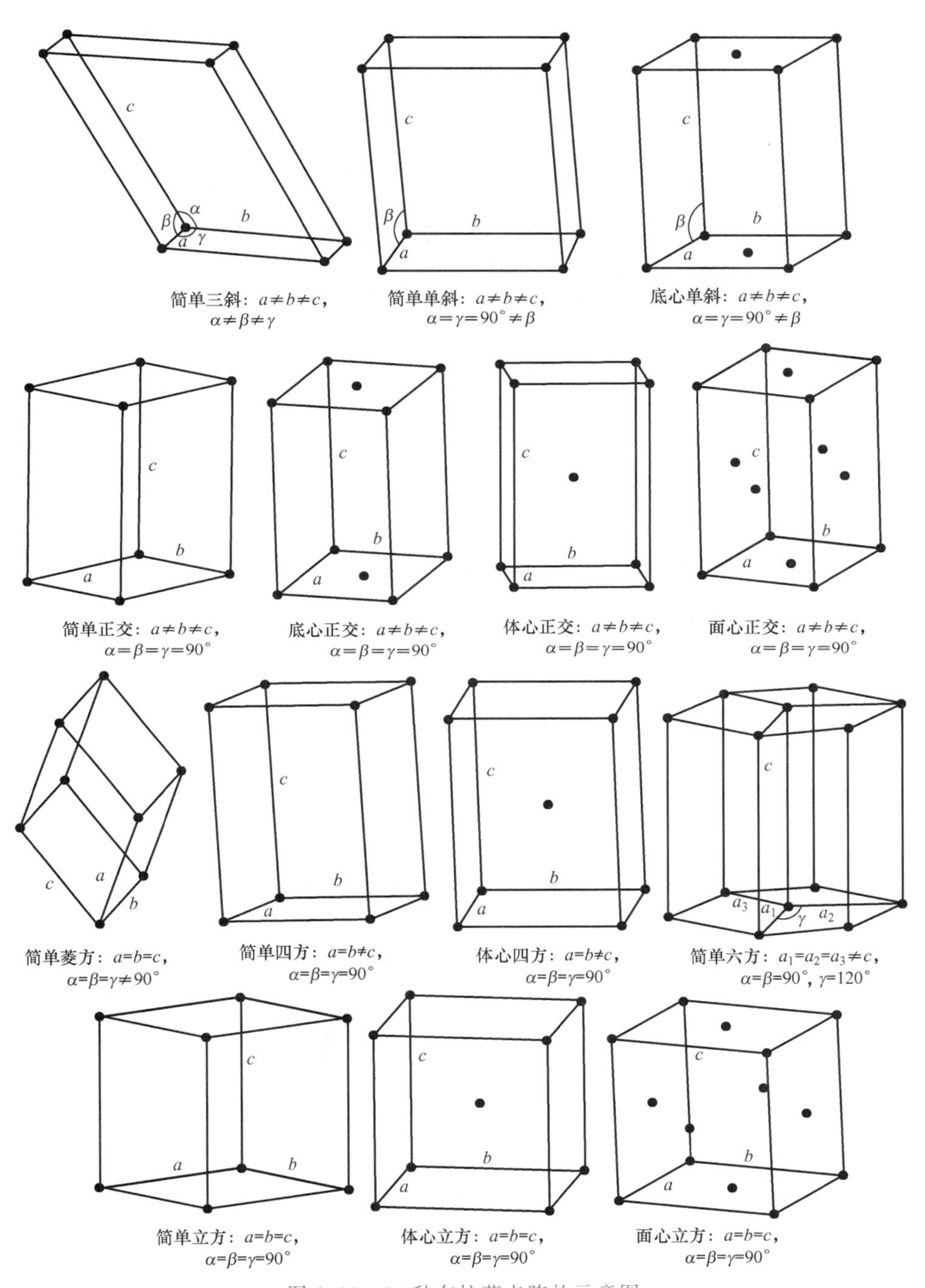

图 2.15　14 种布拉菲点阵的示意图

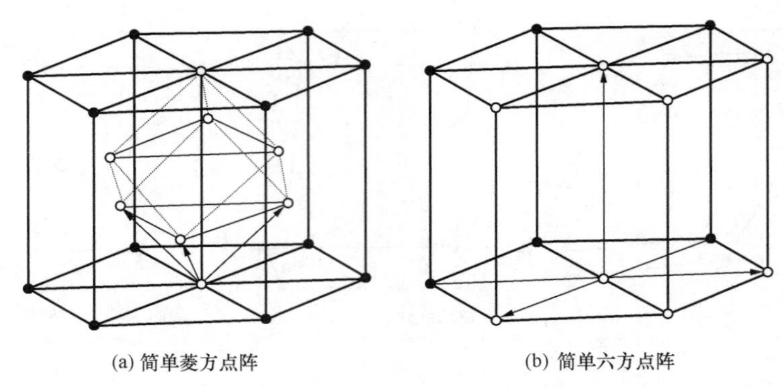

(a) 简单菱方点阵　　(b) 简单六方点阵

图 2.16　简单菱方点阵和简单六方点阵的关系

[图(a) 的空心点表示简单菱方点阵的阵点,图(b) 的空心点表示简单六方点阵的阵点]

2. 螺旋轴

螺旋轴(Screw axis) 是旋转加平移的复合对称操作。它包括一个 n 次旋转轴和与此轴平行并具有一定移距($\tau = s/n$) 的平移操作。n 为旋转轴的轴次,只能有 1、2、3、4、6 次,而 s 是一个小于等于 n 并只能等于 1、2、3、4、5 的数列。螺旋轴的复合操作可以是旋转操作在前,平移操作在后;也可以是平移操作在前,旋转操作在后,其结果完全相同。

通常,螺旋轴根据其轴次和平移移距的不同,共有 12 种,以下是它们的国际符号:

$$1_1$$

$$2_1$$

$$3_1, 3_2$$

$$4_1, 4_2, 4_3$$

$$6_1, 6_2, 6_3, 6_4, 6_5$$

其中 1_1 是旋转一周并沿此轴上移一个原子间距,这样相当于没动,所以不存在,实际有效的螺旋轴只有 11 种。图 2.17 给出了所有螺旋轴对称配置投影图。需要指出的是,由于所有左旋情况都可以被不同移距的右旋替代,所以上述国际符号只记右旋情况。

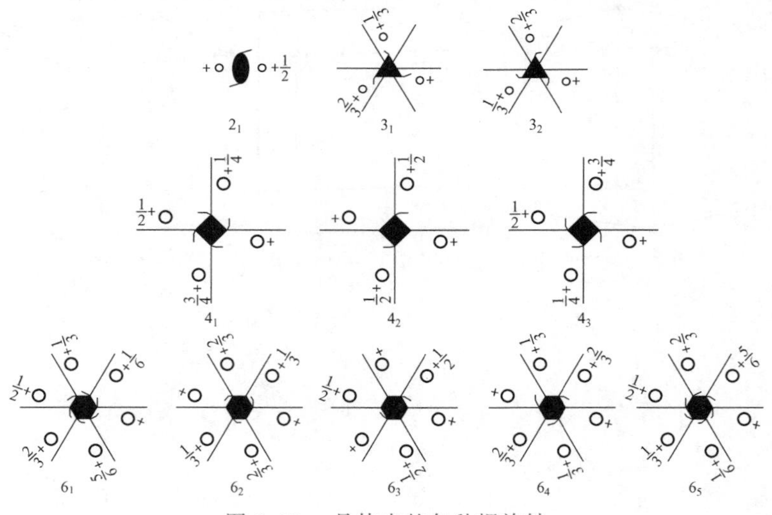

图 2.17　晶体中的各种螺旋轴

合并所有的宏观对称要素里的轴对称操作，可以将晶体中所有可能存在的轴对称操作统计于表 2.6 中：晶体对称性中共包括 5 种正轴、5 种反轴和 11 种螺旋轴。它们的对称操作、符号和投影标记都列于表 2.6 中。

表 2.6　晶体中的所有轴对称操作

对称轴	记号	对称操作	垂直纸面符号
一次旋转轴	1	0 或 360°	
二次旋转轴	2	180°	
三次旋转轴	3	120°	
四次旋转轴	4	90°	
六次旋转轴	6	60°	
一次反轴	$\bar{1}$	0 或 360°＋一个对称中心	
二次反轴	$\bar{2}$	180°＋一个对称中心	
三次反轴	$\bar{3}$	120°＋一个对称中心	
四次反轴	$\bar{4}$	90°＋一个对称中心	
六次反轴	$\bar{6}$	60°＋一个对称中心	
二次螺旋轴	2_1	180°＋1/2	
三次螺旋轴	3_1	120°＋1/3	
	3_2	120°＋2/3	
四次螺旋轴	4_1	90°＋1/4	
	4_2	90°＋1/2	
	4_3	90°＋3/4	
六次螺旋轴	6_1	60°＋1/6	
	6_2	60°＋2/6	
	6_3	60°＋3/6	
	6_4	60°＋4/6	
	6_5	60°＋5/6	

3. 滑移面

滑移面(Glide plane)是镜面反映加平移的复合对称操作。它包括一个镜面和沿平行于镜面的某方向的平移，移距是该方向平移周期的一半或四分之一。滑移面的复合操作可以是镜面反映在前，平移在后；也可以是平移在前，镜面反映在后，其结果完全相同，如图 2.18 所示。

晶体中对称面总是与晶体点阵中某一主要阵点平面平行或重合，平移总是与阵点列的方向重合。如果滑移面复合操作中的平移总是沿着晶体中 a 轴方向施行的，则称之为 a 滑移面(图 2.18)；同理，沿 b 轴方向施行的，称之为 b 滑移面[图 2.19(a)]；沿 c 轴方向施行的，称之为 c 滑移面；沿对角线方向施行的，称之为 n 滑移面[图 2.19(b)]。a 滑移面、b 滑移面、c 滑移面和 n 滑移面

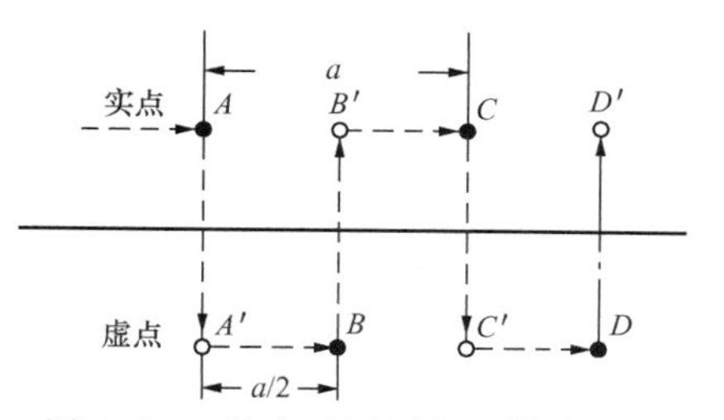

图 2.18　垂直于纸面的 a 滑移面

的移距是所指定方向周期的一半，d 滑移面的移距是所指定方向周期的 1/4。前述滑移面的国际符号分别用 a，b，c，d，n 表示。这里需要指出的是，滑移面可以垂直纸面放置[图 2.19(a) 中虚线表示垂直于纸面的 b 滑移面的投影]，也可以平行于纸面放置或直接与纸面重合[图 2.19(b) 中右上角的标记表示 n 滑移面与纸面重合，所以在图中起始在纸面上方的点，滑移一次后到纸面下方，用点旁边的正、负号分别表示其在纸面上或纸面下，也可由空心圆圈中的点来区分等效点的高度不同]。

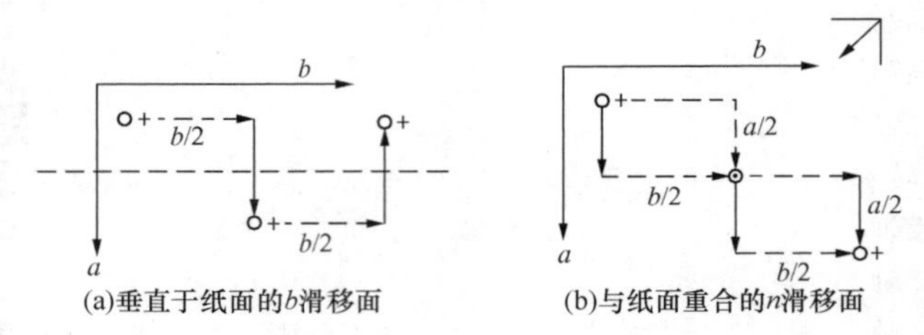

图 2.19　垂直于纸面的 b 滑移面和与纸面重合的 n 滑移面

合并所有宏观对称要素里的面对称操作，可以将晶体中所有可能存在的面对称操作统计于表 2.7 中。晶体对称性中共 6 个面对称操作，其对称操作、符号和投影标记都列于表中。

表 2.7　晶体中的所有面对称操作

对称面	记号	移距	垂直纸面符号	平行纸面符号
镜面	m			1/4
轴滑移面	a	$a/2$		
	b	$b/2$		
	c	$c/2$		
对角滑移面	n	$(a+b)/2$，$(a+c)/2$，$(b+c)/2$，$(a+b+c)/2$ *		
金刚石滑移面（一对面，仅出现于有心晶胞中）	d	$(a\pm b)/4$，$(a\pm c)/4$，$(b\pm c)/4$，$(a\pm b\pm c)/4$ *		3/8　1/8

注：* 表示仅存在于四方和立方晶系中；图示符号旁的数字 1/4、3/8、1/8 表示该面相对于投影面的高度(以投影面法向的点阵平移矢量为单位)。

表中仅金刚石滑移面的符号需要说明：滑移面垂直于投影面(即绘图的纸面)，这时约定 d 滑移的铅垂分量由纸面指向读者，箭头则指示 d 滑移在投影面上的分量的方向；滑移面平行于投影面，这时的 d 滑移方向用箭头直接指出，滑移面相对于投影面的高度则在图示符号旁用数字标出。注意：d 滑移面的面间距是惯用晶体学单胞(简称惯用单胞)的边长或对角线长度的 1/4，滑移方向则交替取两种对角线方向之一，这一规律已反映在 d 滑移面的图示符号中；其他滑移面和镜面的间距都是这些面垂直方向上平移周期的 1/2。

2.3.2 空间群

晶体学中所有对称要素[包括宏观对称要素(点式)和微观对称要素(非点式)]组合的所有可能性构成的集合,称为空间群(Space groups)[6]。即能使晶体结构(无限图形)复原的所有对称变换之集合。

1. 空间群推导简介

只要将 32 种晶体点群和 14 种布拉菲点阵直接组合起来就可导出 73 种点式空间群。点式空间群是指构成空间群的对称要素中不含有小于一个点阵矢量的平移(如螺旋轴和滑移面)。每一种点群都可以与所属晶系可能有的布拉菲点阵 P、I、F、C… 相结合,但是要考虑点群元素与布拉菲点阵之间的取向关系。如底心正交点阵与 $mm2$ 组合时,沿 C 方向的 2 次轴既可能垂直于有心面,也可能平行于有心面,前一种情况得到的是 C 心,后一种情况得到的是 A 心和 B 心。非点式空间群是至少有一个小于一个点阵矢量的非初基平移来描述的空间群,只要在点式空间群的基础上引入螺旋轴和滑移面等微观对称要素就可以得到 157 种非点式空间群。

32 种晶体点群和 14 种布拉菲空间点阵,再加上含有小于一个点阵矢量的非初基平移对称操作(包括螺旋轴和滑移面)合理组合就可以推导出 230 种空间群。

2. 空间群国际符号

空间群国际符号由两部分组成:前一部分(第一位)表示点阵类型,用字母 P、A、B、C、I、F、R 分别表示简单、A 型底心、B 型底心、C 型底心、体心、面心、菱心点阵;后一部分(后三位)表示原始对称要素的分布,空间群符号后三位所代表的方向与表 2.5 中规定的点群符号的方向完全一致。点群符号的规律与空间群符号基本一致,所不同的就是,空间群符号中多出了螺旋轴和滑移面的符号。例如:

$Pmma$ 表示简单正交点阵,在 $\boldsymbol{a}$、$\boldsymbol{b}$、$\boldsymbol{c}$ 方向上分别有与轴向垂直的两个对称面和一个 a 滑移面;

$P2_1/c$ 表示简单单斜点阵,在 $\boldsymbol{b}$ 方向上有 2_1 螺旋轴和与此轴垂直的 c 滑移面;

$F432$ 表示面心立方点阵,在 $\boldsymbol{a}$、$\boldsymbol{a}+\boldsymbol{b}+\boldsymbol{c}$、$\boldsymbol{a}+\boldsymbol{b}$ 方向上分别有四次轴、三次轴和二次轴。

3. 空间群的描述方法

描述空间群有两种基本方式:一种是图解法,一种是数学法。

(1) 图解法

图解法描述空间群至少包含两张图。如图 2.20 所示,左图一般表示等效点的分布:首先画出单胞轮廓,原点选在左上角,坐标采用右手规则,a 轴指向页底,b 轴向右,c 轴从页面穿出;用圆圈来表示每一个阵点上的对称性的作用结果,圆圈内的逗号表示有手性变化,圆圈旁边的正、负号表示其高度高于或低于页面。右图主要用来画出所有的对称要素配置情况,包括所有原始对称要素(Original elements of symmetry)和派生对称要素(Derived symmetry elements)。对于对称要素比较多、对称性比较复杂的空间群,图解表示时可以采用在不同方向投影的方式，用多张图来清晰地表示。

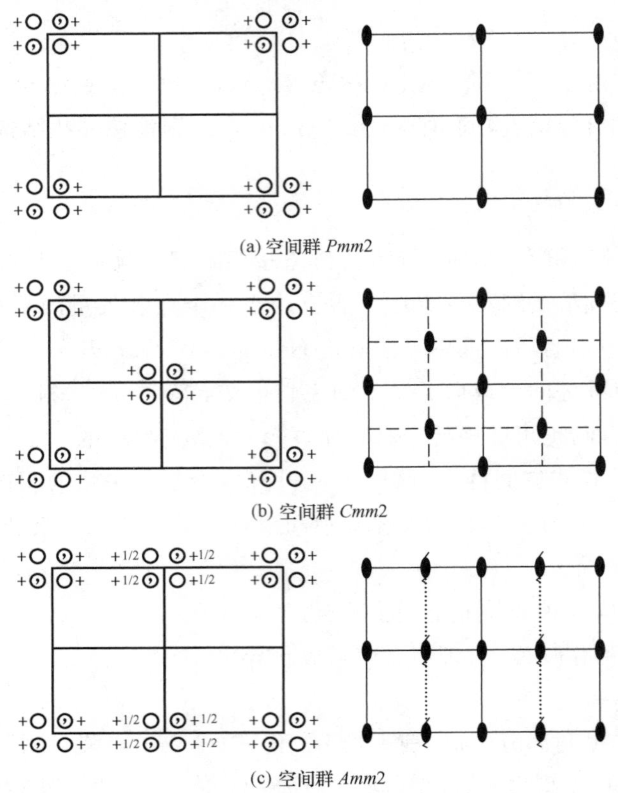

图 2.20　空间群图解表示举例

图 2.20 中画出了空间群 $Pmm2$、$Cmm2$ 和 $Amm2$ 的图解表示。空间群 $Pmm2$ 表示简单正交点阵，在 $\boldsymbol{a}$、$\boldsymbol{b}$ 方向上分别有与轴相垂直的两个对称面，而在 $\boldsymbol{c}$ 方向上有一个二次轴。在这三个原始对称要素的操作下，能够将位于单胞内的某一个一般起始点操作出四个等效点。这里要注意的是：对称面操作含有手性变化，用圆圈内的逗号区分手性不同；二次轴操作没有手性变化，所以在坐标原点周围有四个等效点。进一步根据平移对称性，进行阵点到阵点的平移可以得出左图中的单胞其他顶点处的等效点分布。右图的对称要素配置图中，a、b 轴有对称面，所以这里的实线表示对称面；c 轴有二次轴，所以原点处有实心椭圆投影标记。按照平移对称性可以理解在单胞的轮廓都有对称面，单胞的各顶点都有二次轴。这里要注意的是：棱心和面心处的二次轴和经过面心的相互垂直的两个对称面是派生对称要素，也要表达出来。因此，在右图的对称要素配置图中，实心椭圆表示有垂直于纸面的二次轴，实线表示有垂直于纸面的对称面。

依照上面的理解方法，可以方便地理解 $Cmm2$ 和 $Amm2$ 的图解表示。$Cmm2$ 中的虚线表示派生对称要素 a 滑移面和 b 滑移面，$Amm2$ 中的点状虚线表示派生对称要素 c 滑移面。

（2）数学法

空间群的数学表示法起源于所有的点式对称操作都可以用矩阵来表示。

设空间一点的位置矢量 $\boldsymbol{r}=x\boldsymbol{a}+y\boldsymbol{b}+z\boldsymbol{c}$，其点坐标可表示为$(x,y,z)$，经点对称操作可将 $\boldsymbol{r}$ 变为 $\boldsymbol{r}'$，$\boldsymbol{r}'$ 点坐标为(x',y',z')，则可用矩阵算式表示为

$$\begin{bmatrix} x' \\ y' \\ z' \end{bmatrix} = \begin{bmatrix} R_{11} & R_{12} & R_{13} \\ R_{21} & R_{22} & R_{23} \\ R_{31} & R_{32} & R_{33} \end{bmatrix} \begin{bmatrix} x \\ y \\ z \end{bmatrix} \tag{2-10}$$

或简化为

$$\boldsymbol{r}' = R\boldsymbol{r} \tag{2-11}$$

毫无疑问，在选定坐标系之后，各种点对称操作矩阵 R 都可以具体写出来。

进一步地，晶体中的非点式对称操作均可以分解成相应的点式对称操作加平移，因此，全部空间群操作都可以很方便地用塞兹算符(Seitz operator)来描述。塞兹算符由点对称操作矩阵 R 和平移 $\boldsymbol{t}$ 定义。它对一般位置矢量的作用可以写为

$$\{R \mid t\}\boldsymbol{r} = R\boldsymbol{r} + \boldsymbol{t} \tag{2-12}$$

如图 2.21 所示，空间群 $P4_2$ 的原始对称要素为平行于 c 轴的 4_2，它作用于坐标原点旁的一般起始点 $p(x,y,z)$ 的结果可用塞兹算符和矩阵表达式写成：

$$\{4[001] \mid t(0,0,2/4)\}\boldsymbol{r}$$

$$\begin{bmatrix} 0 & \bar{1} & 0 \\ 1 & 0 & 0 \\ 0 & 0 & 1 \end{bmatrix} \begin{bmatrix} x \\ y \\ z \end{bmatrix} + \begin{bmatrix} 0 \\ 0 \\ 2/4 \end{bmatrix} = \begin{bmatrix} -y \\ x \\ 2/4+z \end{bmatrix} \tag{2-13}$$

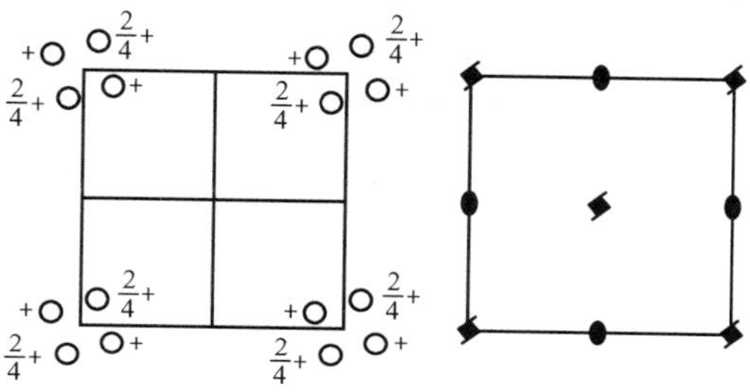

图 2.21　空间群 $P4_2$

式中，4[001] 表示平行于 c 轴的四次轴。

得到第二个等效点的坐标为$(-y,x,2/4+z)$，再用相同旋转变换矩阵和相同的平移来操作第二个等效点，可得第三个等效点的坐标：

$$\begin{bmatrix} 0 & \bar{1} & 0 \\ 1 & 0 & 0 \\ 0 & 0 & 1 \end{bmatrix} \begin{bmatrix} -y \\ x \\ 2/4+z \end{bmatrix} + \begin{bmatrix} 0 \\ 0 \\ 2/4 \end{bmatrix} = \begin{bmatrix} -x \\ -y \\ 1+z \end{bmatrix}$$

以此类推，可得坐标原点旁的四个等效点的坐标分别为：(x,y,z)，$(-y,x,2/4+z)$，$(-x,-y,z)$，$(y,-x,2/4+z)$。而单胞其他顶点周围的等效点坐标只要在上述四个坐标点的基础上增加平移量即可。

因此，在晶体点阵中任意选择一个点(位置)，经该点阵所具有的所有对称要素作用后产生的所有等效点的坐标都可用上述数学方法求出。

4. 空间群国际表

230 种空间群全部被推导出来以后，其包含的所有信息都被按编号顺序固定地编入了空间群国际表中。国际晶体学联合会(International Union of Crystallography，IUCr)最早于 1952 年出版了《X 射线晶体学国际表》(*International tables for X-Ray crystallography*)[7]，后来逐渐改版记录在《晶体学国际表》第 A 卷(*International tables for crystallography* A)中[8]。

目前有手册版和软件版的空间群国际表，但无论哪个版本都包含以下主要信息(图 2.22 给出了《晶体学国际表》第 A 卷中第 75 号空间群 $P4$ 的资料)：

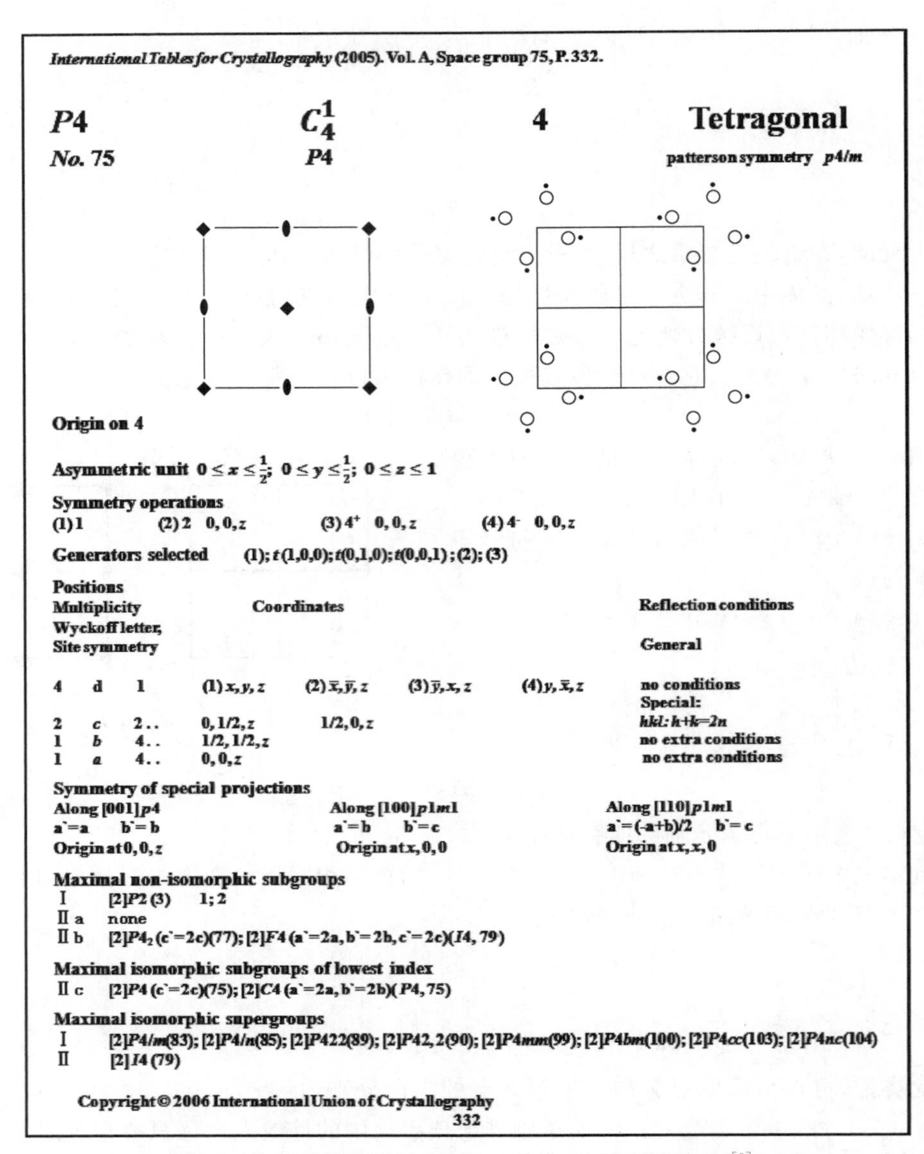

International Tables for Crystallography (2005). Vol. A, Space group 75, P. 332.

P4 C_4^1 4 **Tetragonal**

No. 75 P4 patterson symmetry p4/m

Origin on 4

Asymmetric unit $0 \le x \le \frac{1}{2}$; $0 \le y \le \frac{1}{2}$; $0 \le z \le 1$

Symmetry operations

(1) 1 (2) 2 0, 0, z (3) 4^+ 0, 0, z (4) 4^- 0, 0, z

Generators selected (1); t(1,0,0); t(0,1,0); t(0,0,1); (2); (3)

Positions

Multiplicity

Wyckoff letter,

Site symmetry

Coordinates

Reflection conditions

General

4	d	1	(1) x, y, z	(2) $\bar{x}, \bar{y}$, z	(3) $\bar{y}$, x, z	(4) y, $\bar{x}$, z	no conditions
							Special:
2	c	2..	0, 1/2, z	1/2, 0, z			hkl: h+k=2n
1	b	4..	1/2, 1/2, z				no extra conditions
1	a	4..	0, 0, z				no extra conditions

Symmetry of special projections

Along [001] p4 a`=a b`=b Origin at 0, 0, z

Along [100] p1m1 a`=b b`=c Origin at x, 0, 0

Along [110] p1m1 a`=(-a+b)/2 b`=c Origin at x, x, 0

Maximal non-isomorphic subgroups

I [2]P2(3) 1; 2

Ⅱa none

Ⅱb [2]$P4_2$(c`=2c)(77); [2]F4 (a`=2a, b`=2b, c`=2c)(I4, 79)

Maximal isomorphic subgroups of lowest index

Ⅱc [2]P4 (c`=2c)(75); [2]C4 (a`=2a, b`=2b)(P4, 75)

Maximal isomorphic supergroups

I [2]P4/m(83); [2]P4/n(85); [2]P422(89); [2]P42, 2(90); [2]P4mm(99); [2]P4bm(100); [2]P4cc(103); [2]P4nc(104)

Ⅱ [2]I4 (79)

332

图 2.22 《晶体学国际表》第 A 卷中 75 号空间群 $P4$[8]

(1) 简短国际符号、熊氏符号、点群、晶系。

(2) 空间群序号、完整国际符号。

(3) 空间群图示，包括几个方向的对称要素正投影图和一个一般等效点系分布图。

(4) 原点的位置对称性。

(5) 空间群的基本对称操作，包括对称操作序号、对称要素符号及其轨迹，由初始的一般点出发，在这些对称操作作用下可以找到一般等效点系中的所有点。

(6) 晶胞中一般点和特殊点的位置对称性，其中给出了各种未知的等效点数、乌科夫(Wyckoff) 符号、位置对称性、等效点坐标和衍射条件。

等效点系(Equivalent point system)：指晶体结构中由一原始点经空间群中所有对称要

素的作用所推导出来的规则点系。这些点所分布的空间位置称为等效点系位置。

重复点数：一套等效点系在一个单位晶胞中所拥有的等效点系的数目。重复点数与原始点在晶胞中所处的位置有关，该点的对称性称为点位置的对称性。如原始点处在某个（些）对称要素位置上，则得到的等效点系位置被称为特殊等效点系位置；反之，处在一般位置上（点对称为 1），则称为一般等效点系位置。

不同的等效点系，分别给予不同的符号，按照位置对称性从高到低用字母 a、b、c、d、e、f… 表示，称其为乌科夫（Wyckoff）符号。具有同一个乌科夫符号的位置，属于同一个等效点系。与乌科夫符号在一起的数字就是它所代表的等效点系的点数，也就是由空间群对称性联系起来的对称相关位置数。

综上所述，由晶体宏观对称要素（5 个旋转轴，5 个旋转反轴）按照规定组合在一点可以得到 32 种点群；再根据特征对称要素归属为 7 种晶系；进一步根据 7 种晶系选择点阵单胞，共 7 种晶格类型 P、I、F、A、B、C、R，14 种布拉菲点阵；最后由 32 种点群加平移操作（微观对称要素：平移、螺旋轴、滑移面）推导出了 230 种空间群。

2.4 实际晶体结构

2.4.1 实际晶体结构举例

（1）铁素体铁（α-Fe）：体心立方点阵；空间群：$Im\bar{3}m$（229 号）；每个单胞包括 2 个阵点：(0,0,0) 点群 $m\bar{3}m$，(1/2,1/2,1/2)（图 2.23）。

（2）奥氏体铁（γ-Fe）：面心立方点阵；空间群：$Fm\bar{3}m$（225 号）；每个单胞包括 4 个阵点：(0,0,0) 点群 $m\bar{3}m$，(1/2,1/2,0)，(0,1/2,1/2)，(1/2,0,1/2)（图 2.24）。

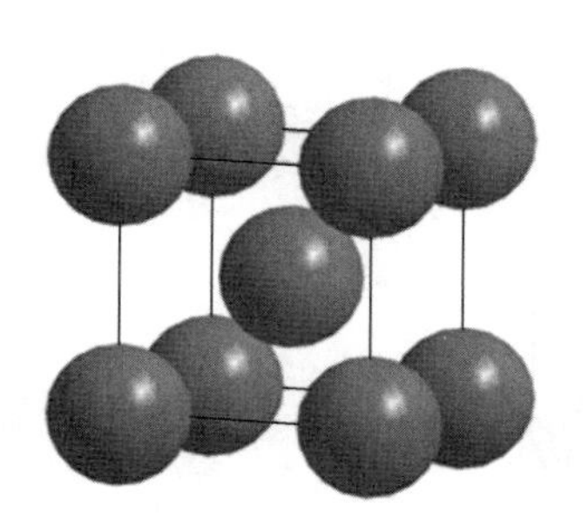

图 2.23　α-Fe 体心立方点阵

图 2.24　γ-Fe 面心立方点阵

（3）金刚石：金刚石立方结构（面心立方点阵）；空间群：$Fd\bar{3}m$（227 号）；由两个面心立方套构而成，两个面心立方沿体对角线方向平移 1/4 阵点单位（图 2.25）。

（4）NaCl：面心立方点阵；空间群：$Fm\bar{3}m$（225 号）；由 Na 构成的面心立方和由 Cl 构成的面心立方套构而成，两个面心立方沿体对角线方向平移 1/2 阵点单位（图 2.26）。这个结构也相当于 Na 构成的面心立方骨架中所有的八面体间隙都被 Cl 填充，或正好相反。

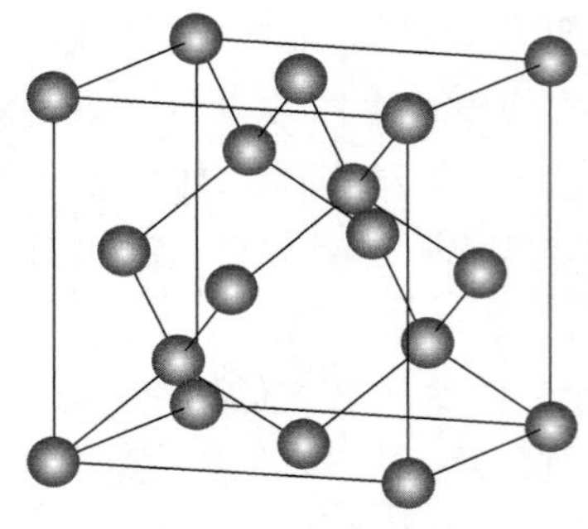

图 2.25　金刚石结构

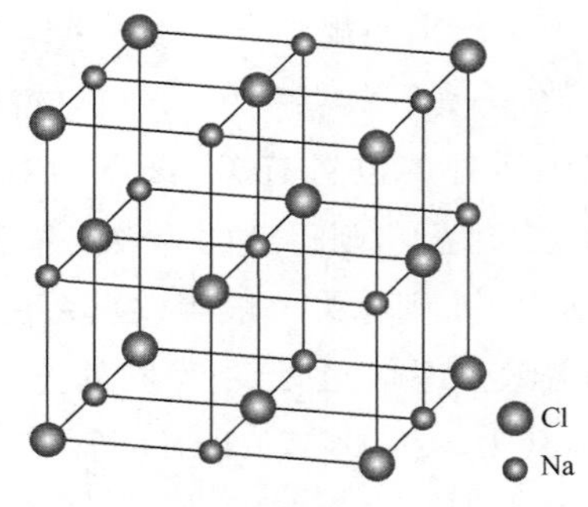

图 2.26　NaCl 型结构

(5)CsCl：简单立方点阵；空间群：$Pm\overline{3}m$ (221 号)；由 Cs 构成的简单立方体心填充 Cl 构成(图 2.27)。

(6) 立方 ZnS(闪锌矿)：面心立方点阵；空间群：$F\overline{4}3m$ (216 号)；由 Zn 构成的面心立方和由 S 构成的面心立方套构而成，两个面心立方沿体对角线方向平移 1/4 阵点单位(图 2.28)。如果把两套面心点阵都放置同样的原子，此结构立刻等同于金刚石立方。这个结构也相当于 Zn 构成的面心立方骨架中只有 1/2 的四面体间隙被 S 填充，或正好相反。

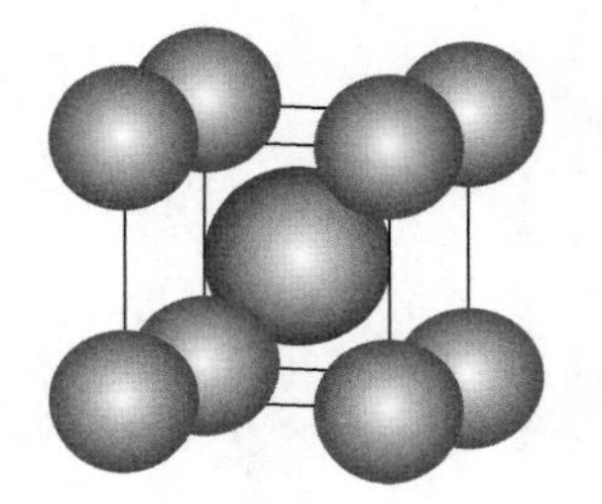

图 2.27　CsCl 型结构的立方晶胞
(中心位置为 Cs，顶点位置为 Cl)

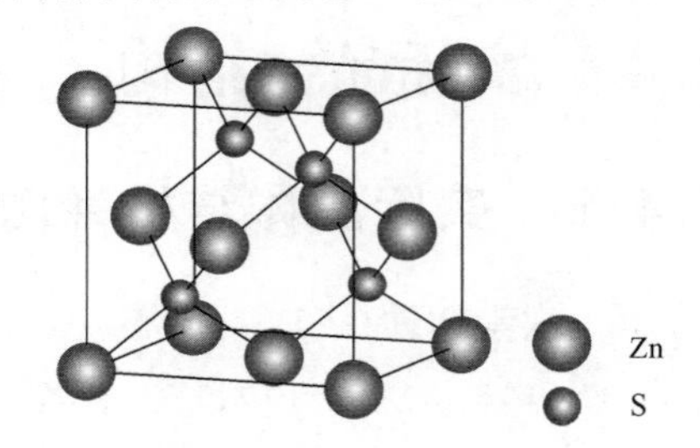

图 2.28　立方 ZnS 型结构

(7) 萤石(CaF_2)和反萤石(Na_2O)：面心立方点阵；空间群：$Fm\overline{3}m$ (225 号)；萤石结构是由 Ca 构成的面心立方构架，F 填充了其中所有四面体间隙，构成简单立方结构(图 2.29)；反萤石结构是以简单立方 Na 为骨架，O 部分填充了简单立方的体心间隙(图 2.30)。

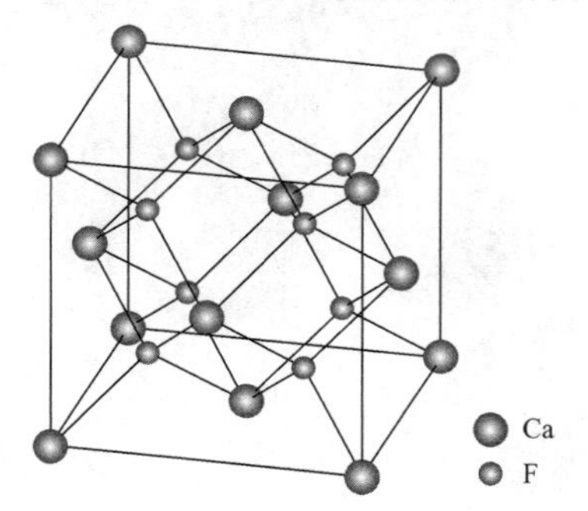

图 2.29　CaF_2(萤石)结构

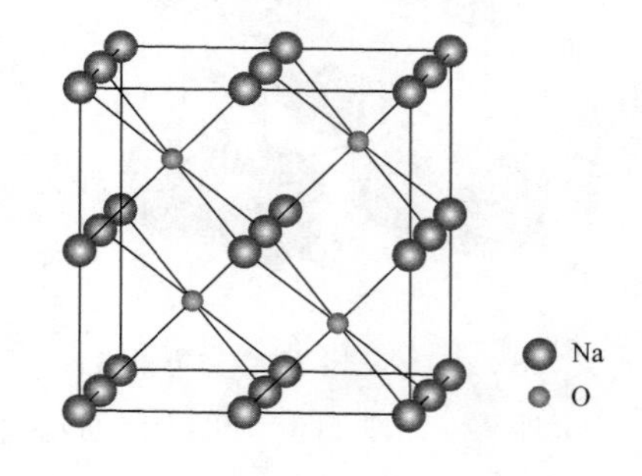

图 2.30　Na_2O(反萤石)结构

很多实际晶体结构往往是在某一个相同的基础点阵上，由于填隙方式不同，而产生很多变化。如图 2.31 所示，由面心立方点阵出发，如果所有的四面体间隙都被填充则会产生 CaF_2(萤石)结构；如果只有 1/2 的四面体间隙被填充则会产生立方 ZnS结构；如果所有的八面体间隙都被填充则会产生 NaCl 结构；如果所有的四面体和八面体间隙都被填充则会产生 Li_3Bi 结构。

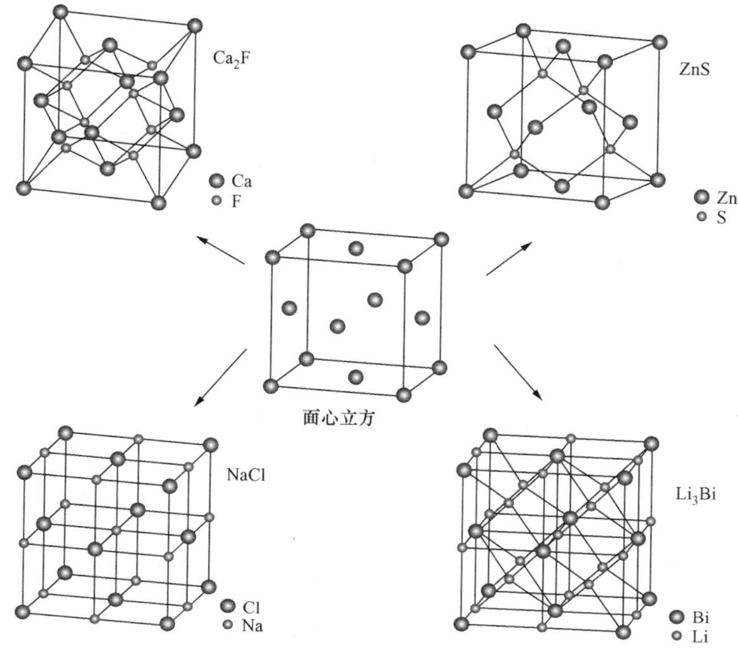

图 2.31　面心立方填隙的差别造成的结构变化

(8) 六方 ZnS(纤锌矿)：密排六方结构(简单六方点阵)；空间群：$P6_3mc$(186 号)；由 Zn 构成的密排六方和由 S 构成的密排六方套构而成，两个密排六方沿 c 轴方向平移 1/3 基矢长度(图 2.32)。这个结构也相当于 Zn 构成的密排六方骨架中所有的四面体间隙被 S 填充，或正好相反。

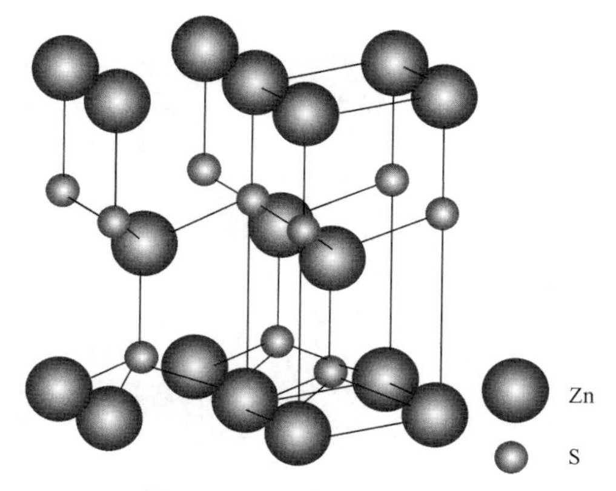

图 2.32　六方 ZnS 型结构

2.4.2　常用晶体学手册及软件介绍

1. 晶体学手册

Pearson's Handbook(皮尔森手册) 是最常用的晶体学手册之一，全称为 Pearson's handbook of crystallographic data for intermetallic phases，是由 Pearson(1921 ~ 2005) 编

纂的一本关于合金相的晶体学数据手册[9]。它的首页为元素周期表(图 2.33),在此选取特定的元素,可直接链接到与选取元素相关的合金相(图 2.34)。

以 Al 为例,在图 2.33 中选择 Al 后,会链接到与 Al 相关的各种合金相,分别给出了这些合金相的晶体学信息。图 2.34 所示为 AlFe 相的晶体学信息。

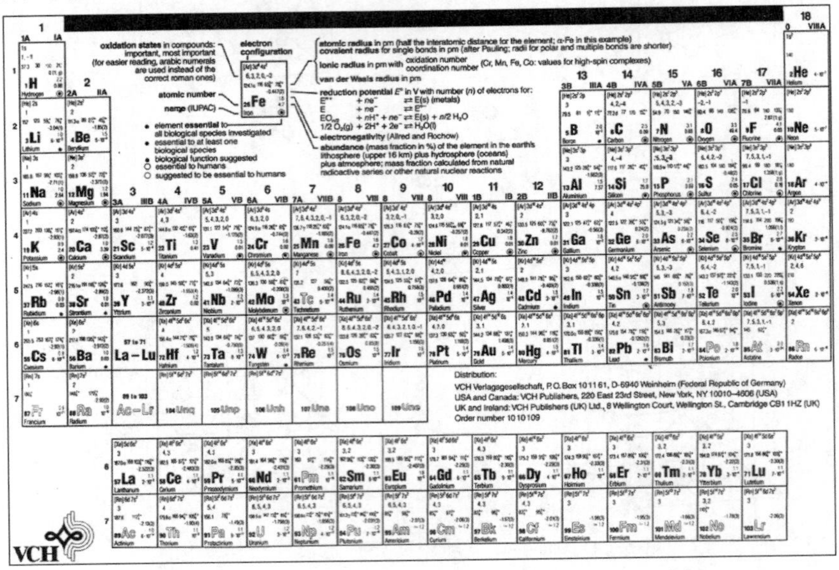

图 2.33 Pearson's Handbook 首页的元素周期表[9]

图 2.34 中,AlFe 为相名称,一般由希腊字母和成分式两部分组成,如 β-AlFe、$AuCu_3$、CaO_3Ti 等;后面的 ClCs 为该合金相的结构类型,结构类型一般以典型结构作为代表;$cP2$ 称作 Pearson 符号,其中 cP 表示简单立方,常见的还有 $hP6$(hP 为密排六方)、$cF24$(cF 表示面心立方)等;$Pm\bar{3}m$ 为该合金相所属的空间群,描述该合金相的对称性分布;221 为此空间群编号;a=0.290 80 nm 为该合金相的晶格常数。图 2.34 中(a)部分为 AlFe 相晶胞内各原子的占位情况,(b)部分为上述晶体学数据的测试方法及参考文献等信息。

AlFe			Structure Type		Pearson Symbol	Space Group	No.
			ClCs		cP2	$Pm\bar{3}m$	221
a=0.29080 nm							
Al	1a	$m\bar{3}m$	x=0	y=0	z=0	occ.=1	(a)
Fe	1b	$m\bar{3}m$	x=1/2	y=1/2	z=1/2	occ.=1	

(b)

Miscellaneous: d_x=5.528 g/cm^3

Diffraction data: Powder

Preparation: Starting components are Al(99.995%) and Fe (3N); induction melted under vacuum, weight loss negligible; annealed in evacuated quartz tube at 1173K for 5 hours and at 1073 K for 50 hours; oven cooled

Comments: Presumably ClCs type, assinged by the editor

T-, p- or concen.dependence: Al_xFe_{1-x}, x=0.30~0.51, a=0.28964~0.29067 nm, non linear dependence

Reference: A.N.Bashkatov, F.A. Sidorenko, L.P.Zelenin, T.N. Gal'perina, P.V. Gel'd and T.D. Zotov," *MAGNETIC PROPERTIES OF THE beta PHASE OF THE IRON-ALUMINIUM SYSTEM.*" PHYSICS OF METALS AND METALLOGRAPHY, TRANSLATED FROM FIZIKA METALLOV, METALLOVEDENIE, 32(3), 118-123(1971)

图 2.34 AlFe 相的晶体学信息[9]

Pearson's Handbook 给出了几乎所有常见合金相的晶体学信息,使用便捷,是材料科学及晶体学研究中不可多得的实用工具。

2. 晶体学计算软件

目前,众多可视化晶体学模型软件对晶体理论模拟分析做出了巨大贡献。

CaRIne Crystallography 是一款优秀的晶体学模型可视化软件,自从 1989 年推出了 CaRIne Crystallography 1.0 版,到现在已发展到了 4.0 版。CaRIne 主要用于涉及晶体学教学的材料学、化学、地质学等方向的研究，已在 30 多个国家的 800 多个实验室得到运用。CaRIne 作为一款晶体学计算软件，既适合于教学，也适合于科研。此软件可以调用已有的晶体结构库，展示各种结构晶体的三维原子排列规律，以及对应的极射赤面投影图和倒易点阵结构；同时可以计算晶体点阵参数，计算不同晶面晶向间的夹角、面间距等；能够根据原子占位构造新相的晶体学库，算出单晶和粉末衍射谱。

3. 晶体结构立体模型建构软件

Diamond 软件是德国波恩大学 Crystal Impact GbR 公司开发研制的一款对原子和分子进行操作与功能计算的可视化软件。自开发至今，已经历了几代产品，其功能在不断完善。

应用 Diamond 软件，根据合金晶体结构的基本参数（包括空间群、原子半径、占位等），可以实现搭建合金的原子团簇结构模型、分析合金的局域结构特点、确定原子之间的成分关系等功能。

Diamond 软件可以从原子量级上构建晶体结构，让人直观观察晶体的具体原子立体结构图，图形美观清晰，并可以将所做模型保存为数种图片格式。图 2.35 即为 CuZr（ClCs 型）合金相的单胞 2×2×2 结构图。

在使用 Diamond 软件构造晶体模型时，需要知道晶体的结构数据，即晶体的空间群、晶胞参数和原子坐标。晶体结构数据可以手动输入（大部分晶体结构数据可以从 Pearson's Handbook 中得到），也可以直接从晶体信息文件中获得。在所画结构模型中，Diamond 软件还能添加晶向、晶面，测量原子间距、晶面间距及所需的原子多面体结构。利用该软件不仅能创建晶体模型，还能以各种形式（线状、球棍状或空间堆积状、多面体形式等）展示晶体模型，而且模型可以根据用户的需要自由旋转、移动和缩放，可以用着色方案对原子进行强调和渲染，也可以对晶体模型进行文字标注。

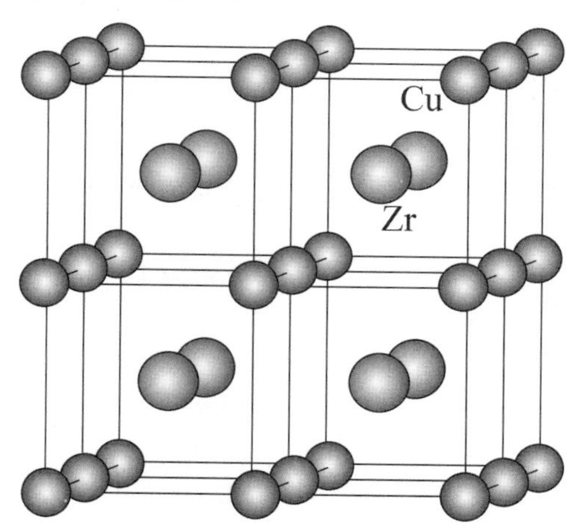

图 2.35　CuZr（ClCs 型）合金相的单胞 2×2×2 结构图

利用 Diamond 软件画出晶体结构图后还能得到各原子位置的距离分布数据以及晶体结构的各种波长 X 射线、中子和电子衍射谱等信息。

常用的晶体学软件还有 Mercury、Chemdraw、Olex、Atoms 等，这里就不再一一介绍，很多晶体学信息可以在国际晶体学联合会（http://www.iucr.org/）和中国晶体学会（http://www.ccrs.net.cn/）网站上获得。

第3章

倒易点阵

晶体点阵是晶体内部结构在三维空间周期平移这个客观存在的数学抽象。反映晶体内部结构这一最重要特点的晶体点阵不但是一种数学表达，而且有严格的物理概念，即对周期性的一种描述，从而具有特定的物理意义。

倒易点阵(Reciprocal lattice)是1921年德国物理学家厄瓦尔德(Ewald)引入到衍射领域的，后逐渐成为处理各种衍射问题的主要研究方法。倒易点阵是晶体点阵的倒易，它是阐述晶体衍射(包括X射线或电子衍射等)原理的基本工具。X射线或电子在晶体中的衍射与可见光的衍射十分类似，衍射过程中，作为主体的光栅与作为客体的衍射像之间存在傅里叶变换关系。晶体点阵描述光栅，倒易点阵描述衍射像。因此，二者之间必然也存在一个傅里叶变换关系，在晶体结构分析中，把真实晶体结构所在空间称为正空间(Real space)，而晶体对X射线或电子的衍射像空间被称为倒易空间(Reciprocal space)。

3.1　倒易点阵的定义

设正点阵的原点为O，基矢(Basis vector)为$\boldsymbol{a}$、$\boldsymbol{b}$、$\boldsymbol{c}$，倒易点阵的原点为O^*，基矢为$\boldsymbol{a}^*$、$\boldsymbol{b}^*$、$\boldsymbol{c}^*$，则有

$$\boldsymbol{a}^* = \boldsymbol{b} \times \boldsymbol{c}/V, \quad \boldsymbol{b}^* = \boldsymbol{c} \times \boldsymbol{a}/V, \quad \boldsymbol{c}^* = \boldsymbol{a} \times \boldsymbol{b}/V \tag{3-1}$$

式中，V为正点阵中单胞的体积：

$$V = \boldsymbol{a} \cdot (\boldsymbol{b} \times \boldsymbol{c}) = \boldsymbol{b} \cdot (\boldsymbol{c} \times \boldsymbol{a}) = \boldsymbol{c} \cdot (\boldsymbol{a} \times \boldsymbol{b}) \tag{3-2}$$

上式表明某一倒易基矢垂直于正点阵中和自己异名的二基矢所成平面。

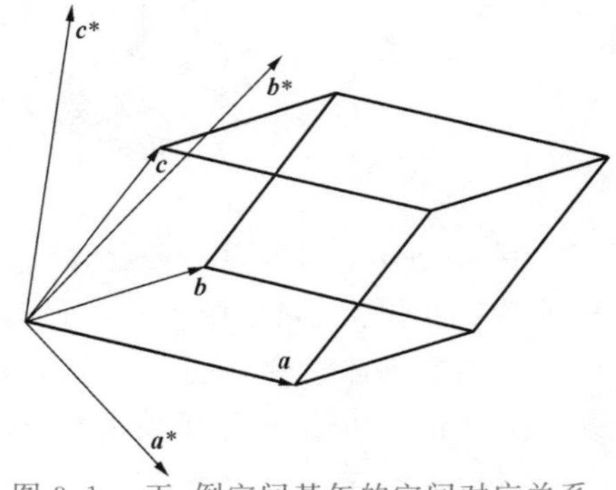

图3.1　正、倒空间基矢的空间对应关系

图3.1所示为正、倒空间基矢的空间对应关系：

$\boldsymbol{a}^* \perp \boldsymbol{b}$ 和 $\boldsymbol{c}$ 所在平面，即(100)面

$\boldsymbol{b}^* \perp \boldsymbol{c}$ 和 $\boldsymbol{a}$ 所在平面，即(010)面

$\boldsymbol{c}^* \perp \boldsymbol{a}$ 和 $\boldsymbol{b}$ 所在平面，即(001)面

根据倒易点阵基矢的数学表达式，正、倒空间基矢

之间存在如下关系：

$$\begin{bmatrix} \boldsymbol{a} \\ \boldsymbol{b} \\ \boldsymbol{c} \end{bmatrix} (\boldsymbol{a}^* \quad \boldsymbol{b}^* \quad \boldsymbol{c}^*] = \begin{bmatrix} 1 & 0 & 0 \\ 0 & 1 & 0 \\ 0 & 0 & 1 \end{bmatrix} \tag{3-3}$$

正点阵和倒易点阵的同名基矢点积为 1，不同名基矢点积为 0，即

$$\begin{cases} \boldsymbol{a} \cdot \boldsymbol{a}^* = \boldsymbol{b} \cdot \boldsymbol{b}^* = \boldsymbol{c} \cdot \boldsymbol{c}^* = 1 \\ \boldsymbol{a} \cdot \boldsymbol{b}^* = \boldsymbol{a}^* \cdot \boldsymbol{b} = \boldsymbol{b} \cdot \boldsymbol{c}^* = \boldsymbol{b}^* \cdot \boldsymbol{c} = \boldsymbol{c} \cdot \boldsymbol{a}^* = \boldsymbol{c}^* \cdot \boldsymbol{a} = 0 \end{cases} \tag{3-4}$$

倒易点阵中任意一个阵点可表示为

$$\boldsymbol{r}_{hkl}^* = h\boldsymbol{a}^* + k\boldsymbol{b}^* + l\boldsymbol{c}^* \tag{3-5}$$

式中，$\boldsymbol{r}_{hkl}^*$ 称为倒易点阵矢量(Reciprocal lattice vector)；h、k、l 表示该倒易阵点在倒易空间中的方位，它们是整数；$\boldsymbol{a}^*$、$\boldsymbol{b}^*$、$\boldsymbol{c}^*$ 为倒易点阵基矢。

3.2　基本性质

(1) 任意倒易矢量 $\boldsymbol{r}_{hkl}^* = h\boldsymbol{a}^* + k\boldsymbol{b}^* + l\boldsymbol{c}^*$ 必然垂直于正空间中它所对应的(hkl)晶面。

证明　图 3.2 中 ABC 表示正空间任意晶面(hkl)，O 为坐标原点，该晶面在基轴 a、b、c 上的截距分别为

$$\overrightarrow{OA} = \boldsymbol{a}/h,\quad \overrightarrow{OB} = \boldsymbol{b}/k,\quad \overrightarrow{OC} = \boldsymbol{c}/l$$

因为 $\boldsymbol{r}_{hkl}^* \cdot \overrightarrow{AB} = (h\boldsymbol{a}^* + k\boldsymbol{b}^* + l\boldsymbol{c}^*)(\boldsymbol{b}/k - \boldsymbol{a}/h) = 1 - 1 = 0$

所以

$$\boldsymbol{r}_{hkl}^* \perp \overrightarrow{AB}$$

同理可证 $\boldsymbol{r}_{hkl}^* \perp \overrightarrow{AC}$，$\boldsymbol{r}_{hkl}^* \perp \overrightarrow{BC}$，所以

$$\boldsymbol{r}_{hkl}^* \perp (hkl)$$

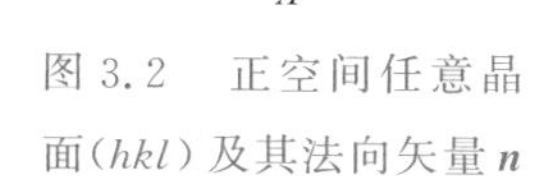

图 3.2　正空间任意晶面(hkl)及其法向矢量 $\boldsymbol{n}$

(2) 倒易矢量 $\boldsymbol{r}_{hkl}^* = h\boldsymbol{a}^* + k\boldsymbol{b}^* + l\boldsymbol{c}^*$ 的长度 $|\boldsymbol{r}_{hkl}^*|$ 等于正空间中它所对应的(hkl)晶面间距的倒数，即

$$|\boldsymbol{r}_{hkl}^*| = 1/d_{hkl} \tag{3-6}$$

证明　如果性质(1)成立，从原点 O 出发作 ABC 面，即(hkl)晶面的垂线，与 ABC 面交于 M 点，则 OM 方向上的单位矢量 $\boldsymbol{n}$ 为

$$\boldsymbol{n} = \boldsymbol{r}_{hkl}^* / |\boldsymbol{r}_{hkl}^*|$$

$$|\overrightarrow{OM}| = d_{hkl} = |\overrightarrow{OA}| \cdot \cos\alpha = \overrightarrow{OA} \cdot \boldsymbol{n}$$

$$d_{hkl} = \overrightarrow{OA} \cdot \boldsymbol{n} = \boldsymbol{a}/h \cdot \left(\frac{h\boldsymbol{a}^* + k\boldsymbol{b}^* + l\boldsymbol{c}^*}{|\boldsymbol{r}_{hkl}^*|}\right) = \frac{1}{|\boldsymbol{r}_{hkl}^*|}$$

根据上述两个基本性质，任一倒易矢量的方向和大小都被正空间中它所对应的晶面完全确定。如图 3.3 所示为正空间晶面和倒易空间阵点间的对应关系，倒易点阵中的一点代表的是正点阵中的一组晶面，倒易点阵的坐标就是正点阵的晶面指数。如图 3.4 所示为晶面与倒易矢量的对应关系，显示了几个晶面在正空间和倒空间的分布。注意，具有公因子指

数的倒易阵点并不对应于真实的晶面，而是源于衍射产生的基本条件，即两个相干波的光程差是波长的整数倍，公因子即为这里的整数倍。

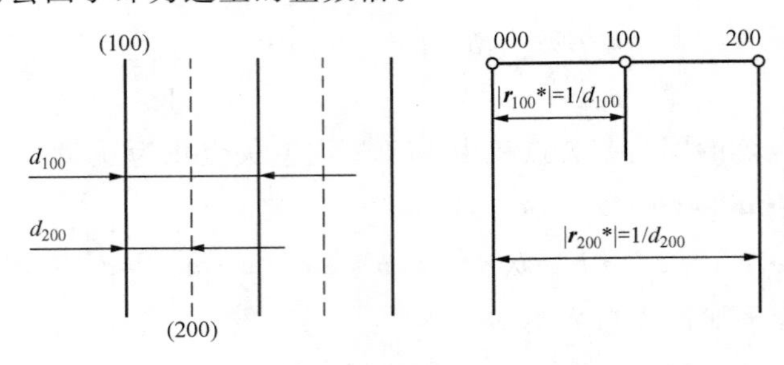

图 3.3　正空间晶面和倒易空间阵点间的对应关系

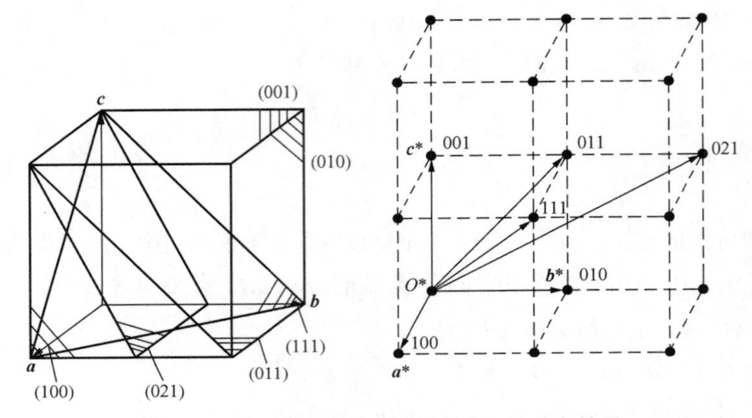

图 3.4　晶面与倒易矢量(倒易点)的对应关系

3.3　倒易点阵与正点阵的转换

由倒易点阵的基本性质已经知道，有一个正空间点阵就会对应唯一一个倒易空间点阵，反之亦然，互为倒易过程可逆。

1. 简单点阵

以简单正交点阵和简单单斜点阵为例加以说明。

(1) 简单正交点阵

首先为了观察方便，将简单正交点阵沿 c 轴投影成二维平面，如图 3.5(a) 所示。图中画出了基轴 a 和 b，c 轴垂直于纸面朝上，图中阴影部分正好表示一个单胞的投影。由倒易点阵的定义：某一倒易基矢垂直于正点阵中和自己异名的两个基矢所成平面，所以 $\boldsymbol{a}^*$、$\boldsymbol{b}^*$、$\boldsymbol{c}^*$ 的方向与基矢 $\boldsymbol{a}$、$\boldsymbol{b}$、$\boldsymbol{c}$ 的方向相同[图 3.5(b)]。进一步需要确定 $\boldsymbol{a}^*$、$\boldsymbol{b}^*$、$\boldsymbol{c}^*$ 的大小，简单地看，在正空间长的在倒空间会变短，而在正空间短的在倒空间会变长，所以正空间平放的矩形单胞，在倒空间会立起来(图中阴影部分)，在图 3.5(c)(d) 所示的正、倒空间立体图中可以更清晰地看出。从倒易原点出发标定各个倒易阵点，其指数与正空间晶面指数相对应，而倒空间的晶面指数 $\boldsymbol{a}^*$、$\boldsymbol{b}^*$、$\boldsymbol{c}^*$ 的真正长度可以由下式获得：

$$|\boldsymbol{a}^*| = |\boldsymbol{r}^*_{100}| = 1/d_{100} = 1/a \tag{3-7}$$

$$|\boldsymbol{b}^*| = |\boldsymbol{r}^*_{010}| = 1/d_{010} = 1/b \tag{3-8}$$

$$|\boldsymbol{c}^*| = |\boldsymbol{r}^*_{001}| = 1/d_{001} = 1/c \tag{3-9}$$

正、倒点阵的对应关系建立得是否正确，可以由图 3.5(a)(b) 所示的某一倒空间矢量和正空间晶面的垂直关系很方便地检验。如将倒空间中的 $\boldsymbol{r}^*_{110}$ 倒易矢量平移到正空间，它应恰好垂直于正空间(110) 晶面。

需要指出的是：具有公因子指数的简单点阵的倒易阵点，如(200)、(220) 等，不对应于真正的晶面，称为伪晶面。

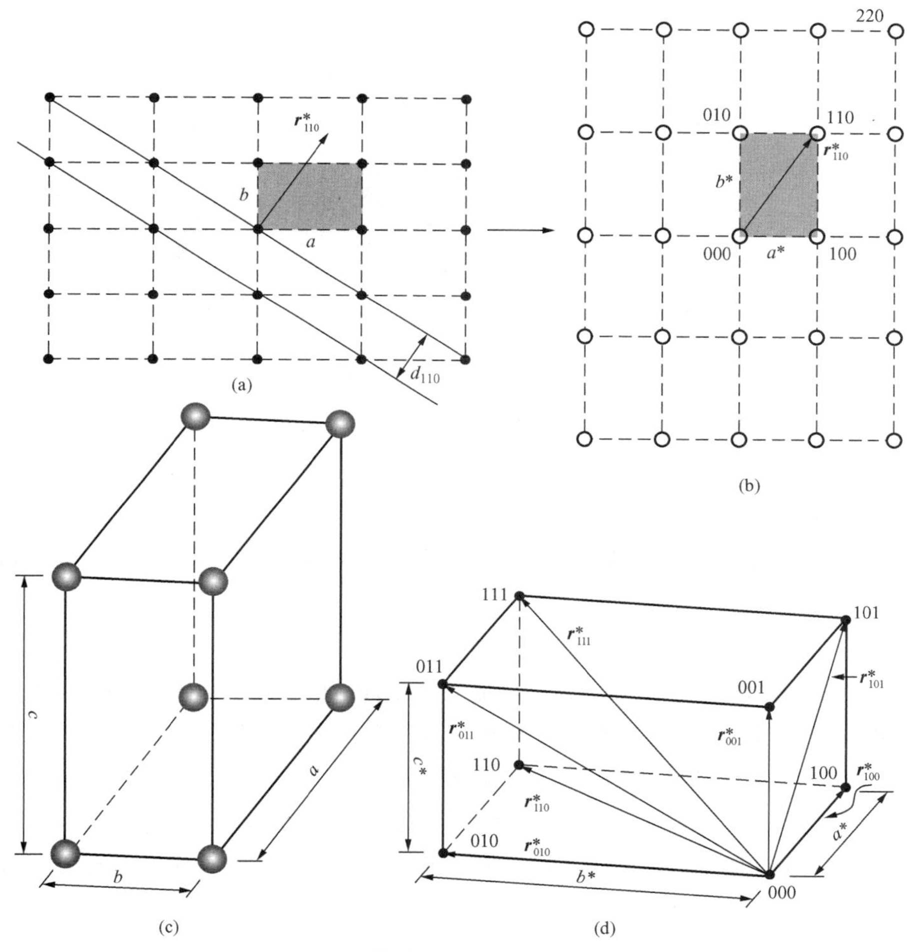

图 3.5　简单正交点阵的正、倒空间

(2) 简单单斜点阵

将 $a \neq b \neq c$、$\alpha = \gamma = 90^\circ \neq \beta$ 的简单单斜点阵沿直立的 b 轴投影成二维平面，如图3.6 所示，图中画出了基轴 a 和 c，b 轴垂直于纸面朝上。为了对比方便，将正、倒空间的原点重合，因为 $\boldsymbol{a}^* \perp \boldsymbol{b}$ 和 $\boldsymbol{c}$ 所在平面，$\boldsymbol{b}^* \perp \boldsymbol{a}$ 和 $\boldsymbol{c}$ 所在的平面，$\boldsymbol{c}^* \perp \boldsymbol{a}$ 和 $\boldsymbol{b}$ 所在平面，所以其倒空间单胞沿 $\boldsymbol{b}^*$ 投影后是一个立起来的平行四边形。这也是因为在正空间长的矢量在倒空间

会变短。倒空间的晶面指数 $\boldsymbol{a}^*$、$\boldsymbol{b}^*$、$\boldsymbol{c}^*$ 的真正长度可以由下式获得：

$$|\boldsymbol{a}^*|=|\boldsymbol{r}^*_{100}|=1/d_{100}=1/[a\cdot\sin(180°-\beta)]=1/(a\cdot\sin\beta) \tag{3-10}$$

$$|\boldsymbol{b}^*|=|\boldsymbol{r}^*_{010}|=1/d_{010}=1/b \tag{3-11}$$

$$|\boldsymbol{c}^*|=|\boldsymbol{r}^*_{001}|=1/d_{001}=1/[c\cdot\sin(180°-\beta)]=1/(c\cdot\sin\beta) \tag{3-12}$$

$$\beta^*=180°-\beta \tag{3-13}$$

其他晶系的简单点阵正、倒空间对应关系就不一一列举了。可以明确的是：正空间是简单点阵的，倒空间也是简单点阵，由正空间向倒空间转化的过程中晶系不变。

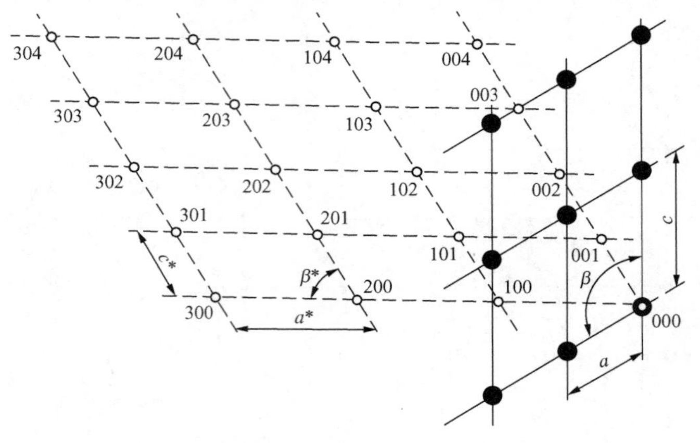

图 3.6　简单单斜点阵的正、倒空间

2. 复杂点阵

复杂点阵包含底心、体心和面心点阵，这里只详细介绍底心点阵的正、倒空间对应过程，以底心正交点阵和底心单斜点阵为例。对于体心和面心点阵在三维方向上都包含着特征的非初基平移（由单胞顶角到体心或面心），所以不能够以投影的方式来表达，一定要画三维立体图，所以这里只介绍一般性原理和正、倒空间对应结果。

(1) 底心正交点阵

选择 C 心正交点阵，将点阵沿 c 轴投影成二维平面，如图 3.7(a) 所示，图中画出了基轴 $\boldsymbol{a}$ 和 $\boldsymbol{b}$，$\boldsymbol{c}$ 轴垂直于纸面朝上。由简单正交结构中的讨论可知 $\boldsymbol{a}^*$、$\boldsymbol{b}^*$、$\boldsymbol{c}^*$ 的方向与基矢 $\boldsymbol{a}$、$\boldsymbol{b}$、$\boldsymbol{c}$ 的方向相同[图 3.7(b)]，但是因为是 C 心正交点阵，所以投影后在 ab 面的中心还有一点。从倒易原点出发标定各个倒易阵点，其指数与正空间晶面指数相对应，为了让倒易单胞中心点的指数满足正空间晶面指数的规定（晶面指数必为整数），只能将其标定为(110)，这样不可避免地倒易空间单胞中的标定中就会缺少一些晶面指数，如(100)、(010)…，在图中以 × 表示。为了完整观察倒易点阵中部分倒易阵点系统地消失的规律，图 3.7(c)(d) 显示了 C 心正交点阵正倒空间的立体图，统计指数消失的规律可知：(hkl) 类型阵点 $h+k=2n+1$ 时倒易阵点消失。而倒易空间的晶面指数 $\boldsymbol{a}^*$、$\boldsymbol{b}^*$、$\boldsymbol{c}^*$ 的真正长度可以由下式获得：

$$|\boldsymbol{a}^*|=|\boldsymbol{r}^*_{200}|=1/d_{200}=2/a \tag{3-14}$$

$$|\boldsymbol{b}^*|=|\boldsymbol{r}^*_{020}|=1/d_{020}=2/b \tag{3-15}$$

$$|\boldsymbol{c}^*|=|\boldsymbol{r}^*_{001}|=1/d_{001}=1/c \tag{3-16}$$

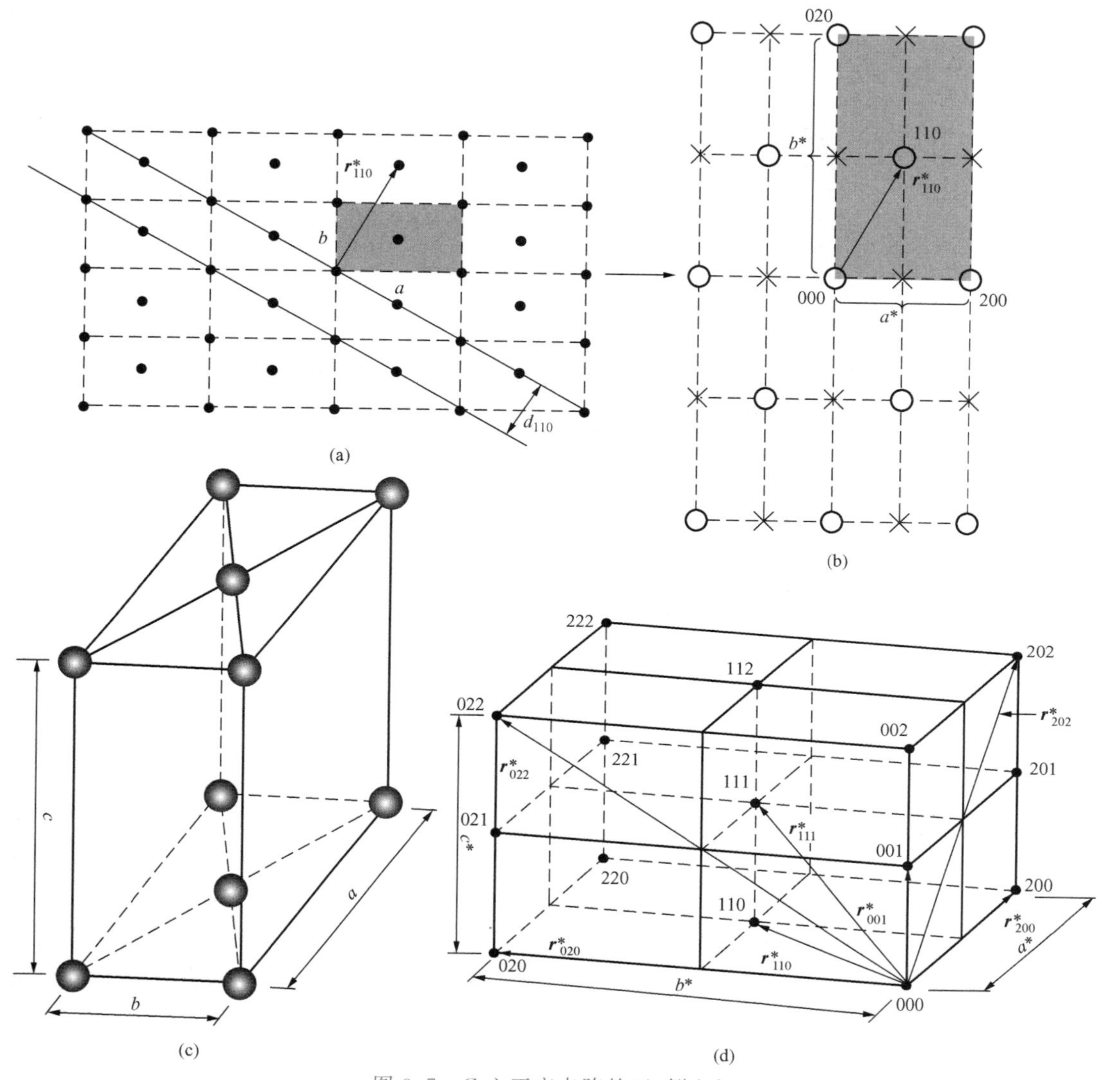

图 3.7　C 心正交点阵的正、倒空间

(2) 底心单斜点阵

选择 $a \neq b \neq c$、$\alpha = \gamma = 90° \neq \beta$ 的 C 心单斜点阵，将点阵沿直立的 b 轴投影成平面，如图 3.8 所示，图中画出了基轴 $\boldsymbol{a}$ 和 $\boldsymbol{c}$，b 轴垂直于纸面朝下。$\boldsymbol{a}^*$、$\boldsymbol{b}^*$、$\boldsymbol{c}^*$ 方向的确定方法同简单单斜点阵。因为是 C 心单斜点阵，所以沿直立的 b 轴投影后(a,b)面的中心点被投影到图中的 a 轴上，图中用另一种标记(*)来表示它的投影高度不同。同样从倒易原点出发标定各个倒易阵点，其指数与正空间晶面指数相对应，为了让中心点(*)的指数满足正空间晶面指数的规定(晶面指数必为整数)，所以只能将其标定为(110)，这样倒易空间单胞的标定中不可避免地就会缺少一些晶面指数，如(100)、(010)…。统计指数消失的规律可知：(hkl) 类型阵点 $h + k = 2n + 1$ 时倒易阵点消失。倒易空间的晶面指数 $\boldsymbol{a}^*$、$\boldsymbol{b}^*$、$\boldsymbol{c}^*$ 的真正长度可以由下式获得：

$$|\boldsymbol{a}^*| = |\boldsymbol{r}^*_{200}| = 1/d_{200} = 2/[a \cdot \sin(180° - \beta)] = 2/(a \cdot \sin\beta) \qquad (3\text{-}17)$$

$$|\boldsymbol{b}^*| = |\boldsymbol{r}_{020}^*| = 1/d_{020} = 2/b \tag{3-18}$$

$$|\boldsymbol{c}^*| = |\boldsymbol{r}_{001}^*| = 1/d_{001} = 1/[c \cdot \sin(180° - \beta)] = 1/(c \cdot \sin\beta) \tag{3-19}$$

$$\beta^* = 180° - \beta \tag{3-20}$$

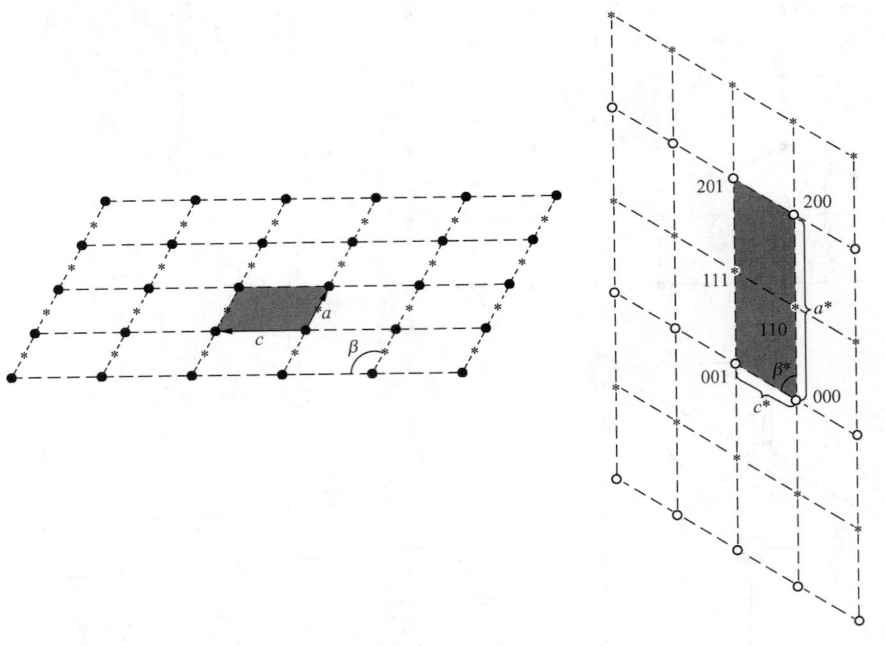

图 3.8 C 心单斜点阵的正、倒空间

其他晶系的底心点阵正、倒空间对应关系就不一一列举了。可以明确的是:正空间是底心点阵,倒空间也是底心点阵,由正空间向倒空间转化的过程中晶系不变。对于底心点阵,由正空间向倒空间转化的过程中,倒易阵点存在系统地消失规律。

与简单点阵不同,复杂的晶体点阵(底心、体心、面心点阵)除了在单胞顶角处有阵点、表达三维周期的平移 a、b 和 c 之外,还包含着特征的非初基平移(由单胞顶角到体心或面心),因而在认识和推导各种复杂晶体点阵的倒易点阵时,除了运用在晶体点阵中反映三维周期特性的(100)、(010) 和(001) 3 个基本晶面推导出 3 个基本的单位倒易矢量 $\boldsymbol{r}_{100}^*$、$\boldsymbol{r}_{010}^*$ 和 $\boldsymbol{r}_{001}^*$ 外,还必须运用与各种非初基平移附加阵点直接相关的(110)、(101)、(011) 和(111)4 个基本晶面推导出相应的单位倒易矢量 $\boldsymbol{r}_{110}^*$、$\boldsymbol{r}_{101}^*$、$\boldsymbol{r}_{011}^*$ 和 $\boldsymbol{r}_{111}^*$。只有依据这 7 个(而不是 3 个)基本的单位倒易矢量所给定的倒易阵点以及它们的周期重复,才能构建一个正确并完整的倒易点阵。由此可知,对于各种复杂的晶体点阵,必须同时运用点阵的周期平移特征和非初基平移(即平移群)特征,才能正确认识和建立其倒易点阵。同理,从倒易点阵出发,只有同时运用倒易点阵的周期平移特征(点阵六参数)和非初基平移特征(倒易点阵中部分倒易阵点系统地消失的规律)才能正确地推导出相应的晶体点阵。

基于上述原理,下面直接给出体心点阵和面心点阵的正、倒空间对应图,如图 3.9 和图 3.10 所示。对于体心点阵,其倒易空间点阵是面心型的,晶面指数之和为偶数的晶面(即 $h+k+l=2n$)所对应的倒易空间阵点才出现;对于面心点阵,其倒易空间点阵是体心型的,晶面指数(hkl)同为偶数或奇数的晶面所对应的倒易空间阵点才出现。由于复合单胞点阵中存在着非初基平移的附加阵点，从而使相应的倒易点阵中部分倒易阵点根本不可能出现。这种部分倒易阵点的缺损涉及整个倒易点阵，是一种系统地、有规律地消失，常被称作系统消光(Systematic extinction)。显然，倒易点阵中指数为 hkl 的部分倒易阵点系统消光规律直接取决于晶体点阵的平移群特征，因而，对倒易点阵中部分 hkl 类型阵点系统消光规律的分析，可以推导出晶体点阵所存在的非初基平移特性，从而确定其平移群。从本节的讨论及图示可以总结出各种晶体点阵的倒易阵点系统消光规律，见表 3.1。

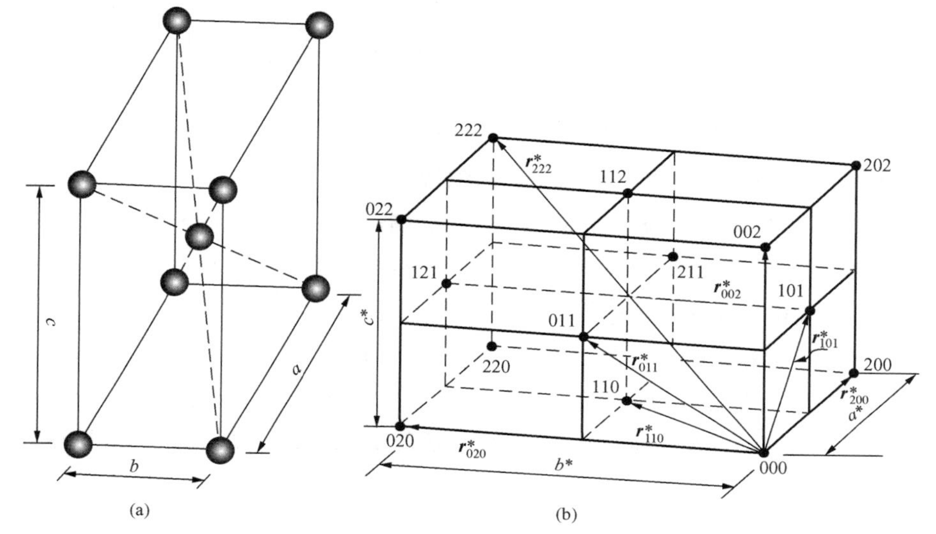

图 3.9　体心点阵的正、倒空间

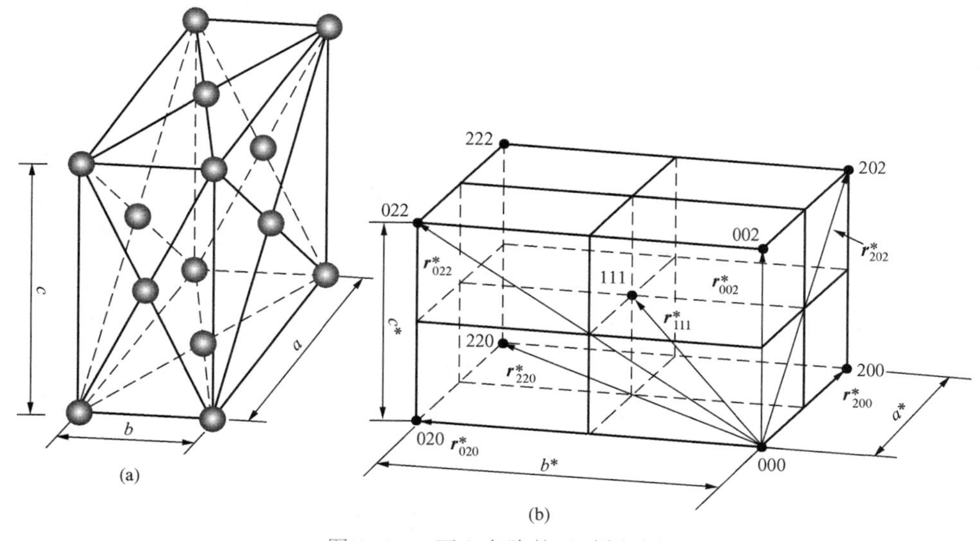

图 3.10　面心点阵的正、倒空间

表 3.1 各种晶体点阵的倒易阵点系统消光规律

正空间点阵	对应的倒空间点阵	倒易点阵中阵点的消光
简单点阵	简单点阵	阵点无消光
A 底心点阵	A 底心点阵	hkl 类型阵点 $k+l=2n+1$ 消光
B 底心点阵	B 底心点阵	hkl 类型阵点 $h+l=2n+1$ 消光
C 底心点阵	C 底心点阵	hkl 类型阵点 $h+k=2n+1$ 消光
体心点阵	面心点阵	hkl 类型阵点 $h+k+l=2n+1$ 消光
面心点阵	体心点阵	hkl 类型阵点 hkl 为奇数和偶数混杂的时候消光

注：h、k、l 为晶面指数，n 为整数。

综上所述，正空间点阵和倒易点阵的关系如下：

(1) 倒易点阵与正空间点阵一样均为无限的周期点阵。

(2) 正空间点阵的晶面对应于倒易点阵的阵点(有公因子指数除外)。

(3) 正、倒空间相互转换时晶系不变，倒空间的点群只有 11 种中心对称的劳厄点群(对称中心的由来将在电子衍射强度部分介绍)。

(4) 正、倒空间相互转换时点阵类型存在下面的转化关系：正空间是简单点阵，倒易空间也是简单点阵；正空间是底心点阵，倒空间也是底心点阵；正空间是体心点阵，倒空间是面心点阵；正空间是面心点阵，倒空间是体心点阵。复杂单胞出现表 3.1 中的倒易点阵系统消光。

扩展阅读 5：晶体学的局限性以及基于第一近邻多面体团簇的结构描述方法

晶体学是基于对称性的几何模型，提供了在周期框架下的原子坐标，可以利用少数几个参量(几个原子坐标加上空间群)处理含有巨大数量原子的宏观晶体的原子结构，对于人类认识物质结构具有重大的推动作用。例如金属的性能在很大程度上依赖于位错种类和运动的晶体几何描述。但是晶体学不能回答原子构型的来源，更不能处理非晶和准晶等非周期结构；甚至对于单胞较大的晶体，晶体学只能给出原子位置的信息，无助于对这些结构的深入理解。近年来的研究表明，以金属玻璃和准晶为代表的复杂合金相存在强烈的短程有序，其结构可以用第一近邻配位多面体团簇及其排列方式加以描述，又称团簇加连接原子模型，取代了传统晶体学中原子位置和对称性的描述方式。

人物简介：郭可信

郭可信(1923—2006)，祖籍福建福州，生于北平。物理冶金学家、电子显微学家、晶体学家，我国高分辨电子显微学研究的主要开拓者与奠基人之一。中国科学院院士，瑞典皇家工程科学院外籍院士。

郭先生1946年毕业于浙江大学化学工程系；1947年公费留学赴瑞典，先后在瑞典皇家工学院物理冶金系、乌普萨拉大学无机化学系学习；1956年响应党的“向科学进军”的号召，毅然回国参加社会主义建设，到中国科学院金属研究所工作。在瑞典留学期间郭先生就取得多项研究成果，在合金钢碳化物结构方面做出了原创性的工作，代表论文已列为国际经典文献。回国后继续从事金属材料研究工作。20世纪60年代初，与其他研究人员一道，率先开拓了透射电镜显微结构研究工作。20世纪70年代以来，郭先生在电子衍射图的几何分析方面做了大量研究工作；同时他在电子衍射图自动标定的计算机程序设计，特别是将“约化胞”用于电子衍射标定未知结构分析的研究工作，达到国际水平。1980年以来，郭先生在中国国内率先引入高分辨电子显微镜，开始从原子尺度直接观察晶体结构的研究。1987年，首先发现八重旋转对称准晶；1988年，首先发现稳定的Al-Cu-Co十重旋转对称准晶及一维准晶；1997年—2000年，获得准晶覆盖理论的实验证据，使我国准晶体的发现与研究在国际上占有重要位置。

郭可信在物理冶金、特别是晶体结构与缺陷及准晶研究等方面取得卓越的成就，于20世纪80年代独立发现准晶，为中国的科研事业做出了突出贡献。(浙江大学评)

郭可信在学术上务实求真，不畏权威；既勃勃雄心，又一丝不苟地部署和治学，在晶体学、电子显微学等领域取得了突出的成就，是中国电子显微镜学会创办人之一，他为中国电子显微界走向世界做出了重要贡献。(中国科学院金属研究所张哲峰评)

此外，郭可信院士为我国培养出大量优秀人才，对我国的金属材料物理研究以及电子显微学研究事业做出了突出贡献。

主要著作有：

(1) 郭可信. 金属与合金中相变的电子显微镜透射观察(相变与晶体缺陷的关系)[M]. 北京：科学出版社，1964.

(2) 郭可信，叶恒强，吴玉琨. 电子衍射图(在晶体学中的应用)[M]. 北京：科学出版社，1983.

(3) 郭可信，叶恒强. 高分辨电子显微学在固体科学中的应用[M]. 北京：科学出版社，1985.

(4) 郭可信. 准晶研究[M]. 杭州：浙江科学技术出版社，2004.

(5) 王仁卉，郭可信. 晶体学中的对称群[M]. 北京：科学出版社，1990.

(6) 周公度，郭可信. 晶体和准晶体的衍射[M]. 北京：北京大学出版社，1999.

第2篇

X射线衍射分析

在了解了晶体学基础知识的前提下，本篇开始介绍材料微结构分析方法。固体材料微结构分析首选X射线衍射，因其对样品无破坏、分析迅速且得到的信息比较全面，所以成为目前微结构分析的最基本方法。本篇主要内容有:

（1）介绍了X射线衍射分析历史，详细介绍了X射线的本质和产生，以及X射线与物质相互作用。

（2）详细推导了劳厄方程、布拉格方程，解决了X射线衍射方向问题，给出了衍射方程的厄瓦尔德图解，并介绍了获得X射线衍射的基本方法。

（3）详细讨论了晶体X射线衍射的强度来源，推导了多晶体X射线衍射线积分强度的定量表达式及相关影响因素，着重介绍了结构因子及消光规律。

（4）介绍了粉末多晶体X射线仪的构造及实验相关内容。

（5）详细介绍了X射线衍射的主要用途，即物相鉴定，包括定性和定量分析。

（6）详细介绍了立方晶系衍射线条指标化程序和利用X射线衍射进行点阵参数精确测定的方法。

（7）介绍了利用X射线进行宏观应力、亚晶粒尺寸和微观应力测量的原理和方法。

（8）介绍了非晶材料X射线分析及结晶度的测定方法。

（9）简要介绍了X射线织构测量的原理及方法。

通过本篇的学习，使读者对X射线衍射原理、功能和应用范围以及谱图分析有较系统的了解。

第1章

X 射线物理基础

1.1 X 射线衍射分析简史[10]

1895 年，德国物理学家伦琴(Rontgen) 在研究真空管中的高压放电现象时，偶然发现了一种穿透能力很强的不可见射线，因当时对它完全不了解，故称之为 X 射线(X-ray)。伦琴因此荣获 1901 年也是首届诺贝尔物理学奖。

1912 年，劳厄(Laue) 利用 X 射线衍射实验，证实了 X 射线的电磁波本质及晶体原子的周期排列，开创了利用 X 射线衍射分析晶体结构的新方法，劳厄因此荣获了 1914 年诺贝尔物理学奖。

1913 年起，英国的布拉格(Bragg) 父子在劳厄研究的基础上，利用 X 射线测定了金刚石、硫化锌、方解石等晶体的结构，并改进了劳厄方程，提出了著名的布拉格方程(Bragg equation)，大大促进了晶体物理学的发展。利用 X 射线可以了解晶体内部原子的排列方式、离子团结构、原子大小及核间距等。布拉格父子还根据晶体密度精确测定了阿伏伽德罗常数。由此，他们荣获了 1915 年诺贝尔物理学奖。

1913 年，厄瓦尔德(Ewald) 根据吉布斯(Gibbs) 的倒易空间概念，提出了倒易点阵的概念，同时建立了 X 射线衍射的反射球构造方法，并于 1921 年又进行了完善。目前，倒易点阵已广泛应用于 X 射线衍射理论中，对解释各种衍射现象起到极为有益的作用。

英国的巴克拉(Barkla) 由于发现了标识元素的次级 X 射线，成为 X 射线波谱学的奠基者，并荣获了 1917 年诺贝尔物理学奖。

瑞典物理学家西格班(Siegbahn) 根据布拉格方程，探明了各种元素的 X 光谱，确立了 X 射线光谱学，荣获了 1924 年诺贝尔物理学奖。

1923 年，美国的康普顿(Compton) 受巴克拉启发，与我国物理学家吴有训合作，发现了 X 射线非相干散射现象，称为康普顿 - 吴有训散射，证明了微观粒子碰撞过程中仍然遵守能量和动量守恒定律。康普顿因此荣获了 1927 年诺贝尔物理学奖。

1.2 X射线的本质与产生

1.2.1 X射线的本质

X射线与无线电波、可见光、紫外线、γ射线以及电子、中子、质子等基本粒子的本质相同，都属于电磁波的一种。因此其具有电磁波最基本的波粒二象性。

1. 波动性

X射线是具有一定波长范围的电磁辐射($10^{-12} \sim 10^{-7}$ m)，它的波长与紫外线和γ射线有一定的交叠。不同用途的X射线的波长范围不同，X射线波长愈短其穿透材料的能力愈强，根据波长不同可分为：

硬X射线：用于晶体结构分析的X射线，波长0.25～0.05 nm；用于金属零件无损探伤的X射线，波长0.1～0.005 nm。

软X射线：用于医学透视及安检的X射线，波长1～100 nm。

电磁波是一种横波，由交替变化的电场和磁场组成。电场强度矢量$\boldsymbol{E}$、磁场强度矢量$\boldsymbol{H}$，总是以相同的周相，在两个相互垂直的平面内作周期振动。电磁波的传播方向与矢量$\boldsymbol{E}$和$\boldsymbol{H}$的振动方向垂直，传播速度等于光速。在X射线衍射分析中，所记录的是电场强度矢量起作用的物理效应。因此，以后只讨论这一矢量强度的变化，而不再提及磁场强度矢量。

2. 粒子性

描述X射线波动性的物理量(如频率ν、波长λ)与描述其粒子特性的光子能量E、动量P之间，遵循爱因斯坦关系式：

$$E = h\nu = hc/\lambda \tag{1-1}$$

$$P = h/\lambda = h\nu/c \tag{1-2}$$

式中，$h = 6.626 \times 10^{-34}$ J·s，为普朗克常量；$c = 2.998 \times 10^{8}$ m/s，为光速。

1.2.2 X射线的产生

实验表明，真空中凡是高速运动的带电粒子撞击到任何物质时，均可产生X射线。产生X射线的几个基本条件为：

(1) 产生自由电子。

(2) 使电子做定向高速运动。

(3) 在电子运动的路径上设置使其突然减速的障碍物。

按照上述基本条件，1913年柯立芝(Coolidge)制成封闭式热阴极管，这是X射线管方面的一大革新。阴极常采用钨丝绕成，通过电流加热，发出电子，管内真空度预先抽至1.33×10^{-4} Pa左右，因此电子在运行中基本上不受阻碍；阳极接地，用水冷却，操作时不需抽真空和放气，极为便利。这类X射线管目前仍在广泛使用，如图1.1所示。

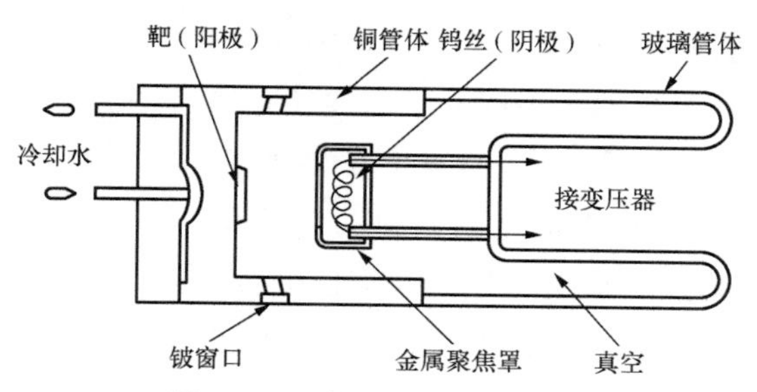

图 1.1　X 射线管的基本构造

因为电子在大气中的平均自由程很短，要使阴极发射的电子在高压的作用下到达阳极靶表面，需要将 X 射线管内部抽真空。在真空条件下，阴极放出的自由电子在 X 射线管高压电场作用下向阳极高速运动，与阳极靶激烈碰撞后，电子部分动能转变为 X 光能，以光子($h\nu$)的形式表现出来。产生的 X 射线从一个窗口引出，为了降低窗口材料对 X 射线的衰减，通常采用轻元素铍(Be)制备引出窗口。

X 射线管的效率非常低。因为高速电子的动能仅有 1% 左右转变为 X 射线，其余都以热能形式释放出来。鉴于此，一般阳极靶皆选用导热性好、熔点高的材料制成，例如 Cu。此外，为获取不同波长的 X 光，多在靶上镶嵌(或镀上)一层过渡金属。按波长增大顺序分别为 W、Ag、Mo、Cu、Ni、Co、Fe 和 Cr。为防止靶面烧毁，X 射线管必须加装循环水冷系统。

20 世纪 40 年代末，泰勒(Taylor)等人研制出旋转阳极，即转靶装置。由于这类靶材不断高速旋转，使靶面受到阴极电子束轰击的部位不断变换，提高了冷却效果，可以大大增加输出功率。

20 世纪 50 年代，埃伦贝格(Ehrenberg)与斯皮尔(Spear)制成细聚焦 X 射线管，其焦斑直径可降至 50 μm 或更小，不但使比功率提高，也提高了衍射工作所需要的分辨率。

此外还有脉冲 X 射线发生器，就是利用脉冲电子源，在热阴极或场发射冷阴极管中产生 X 射线脉冲，每个脉冲的持续时间为亚毫微秒数量级，具有特定的时间结构。这种发生器的瞬时辐射强度很大，可进行瞬时衍射。

20 世纪 70 年代以来最有前途的 X 射线源即同步辐射源，具有通量大、亮度高、频谱宽、连续可调、光束准直性好、无靶材污染所造成的杂散辐射等优点。

1.2.3　两种 X 射线

视频

韧致辐射

由 X 射线管所产生的 X 射线具有复杂的组成，在波长和强度上有明显差异。从产生机理上可分为连续 X 射线和特征 X 射线两种。

1. 连续 X 射线

阴极射出的高速电子与靶材原子碰撞，运动受阻而减速，其损失的动能以 X 射线光子的形式辐射出来，这种辐射称为连续辐射(Continuous radiation)或韧致辐射(Braking radiation)。阴极电子发射出的电子数目极大，即使是 1 mA 的管电流，每秒射向阳极的电子数可达 6.24×10^{15} 个。显然，电子到达阳极靶时的碰撞过程和条件是千差万别的，可以碰撞一次或多次，而每次碰撞损失的动能也不完全相等。因此，大量电子轰击阳极靶所辐射出的X射线光子的波长必然是按统计规律连续分布，覆盖着一个很大的波长范围，所以这种辐射被称为连续辐射(或白色X射线)，如图1.2所示。

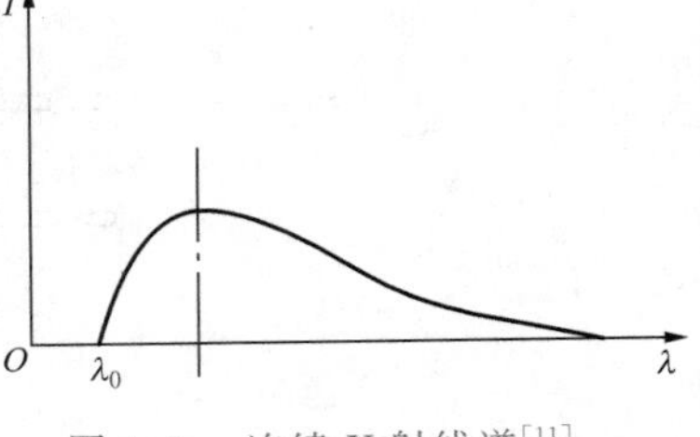

图1.2 连续X射线谱[11]

在管电压V作用下，电子到达阳极靶时动能为eV，若一高速运动的电子将其全部动能皆用以转化为一个X光光子，则此光子将具有最大的能量、最高的频率和最短的波长。此时的波长即为短波限(Short-wavelength limit)λ_0。此时

$$eV = h\nu = \frac{hc}{\lambda_0}, \quad 则\ \lambda_0 = \frac{hc}{eV} \tag{1-3}$$

式中，e为电子的电荷(1.602×10^{-19} C)；V为X射线管管电压，kV；h为普朗克常量；ν为X光频率，1/s；c为真空光速。

代入各项常数得

$$\lambda_0 = \frac{12.40}{V} \quad (10^{-10}\ \mathrm{m}) \tag{1-4}$$

连续X射线谱的强度指的是曲线下所包围的面积，根据实验规律：

$$I_{连} = \int_{\lambda_0}^{\infty} I(\lambda)\mathrm{d}\lambda = K_1 iZV^2 \tag{1-5}$$

式中，K_1为常数($1.4\times10^{-9}\ \mathrm{V}^{-1}$)。X射线管管电压$V$、管电流$i$、阳极靶材的原子序数$Z$都对连续X射线谱产生不同程度的影响，如图1.3所示。管电压越高，相对强度越大，短波限越小；管电流强度越高，相对强度越大，但短波限不变；靶材原子序数越高，相对强度越大，短波限也维持不变。

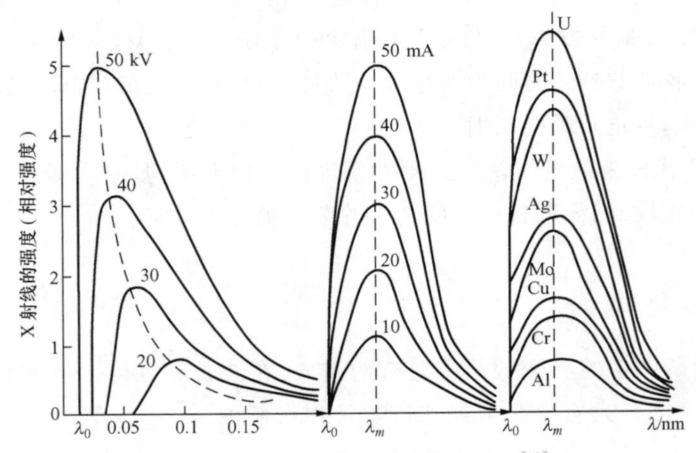

图1.3 连续X射线谱的影响因素[12]

X射线管发射连续X射线的效率η可用下式求出：

$$\eta = 连续X射线总强度/X射线管功率 = K_1 iZV^2/iV = K_1 ZV \tag{1-6}$$

以钨阳极为例($Z=74$)，管电压取100 kV，则$\eta\approx1\%$，可见效率是很低的。电子能量的绝大部分在与阳极撞击时转化为热能而损失掉，因此必须对X射线管采取有效的冷却措施。

为提高 X 射线管发射连续 X 射线的效率，就要选用重金属靶 X 射线管并施以高电压。实验时为获得强连续辐射，常选用钨靶 X 射线管，在 60 ～ 80 kV 高压下工作。

2. 特征 X 射线

当加于 X 射线管两端的电压增高到一定值 V_n 时，阴极射向阳极靶的电子具有足够大的动能，除部分电子仍按上述过程产生连续辐射外，另一些电子有可能将靶材原子的某些内层电子撞离产生空位，使原子处于不稳定的高能激发状态。为使原子系统能量降低，外层电子向内层跃迁填补空位，多余的能量将以 X 射线光子的形式辐射出来，这就是特征 X 射线，如图 1.4 所示。

特征辐射

选定材料的阳极靶，其原子核外每层电子的能量是恒定的，跃迁辐射出的光子波长（能量）也是若干个特征值。这些波长值能反映出该原子的原子序数特征，而与原子所处的物理、化学状态基本无关，故称这种辐射为特征辐射（Characteristic radiation）或者标识辐射。其图谱如图 1.5 所示。

当电子由主量子数为 n_2 的壳层跃迁入 n_1 壳层时，所得 X 光频率由下式决定：

$$h\nu_{n_2\to n_1}=E_{n_2}-E_{n_1}=Rhc(Z-\sigma^2)\left(\frac{1}{n_1^2}-\frac{1}{n_2^2}\right) \tag{1-7}$$

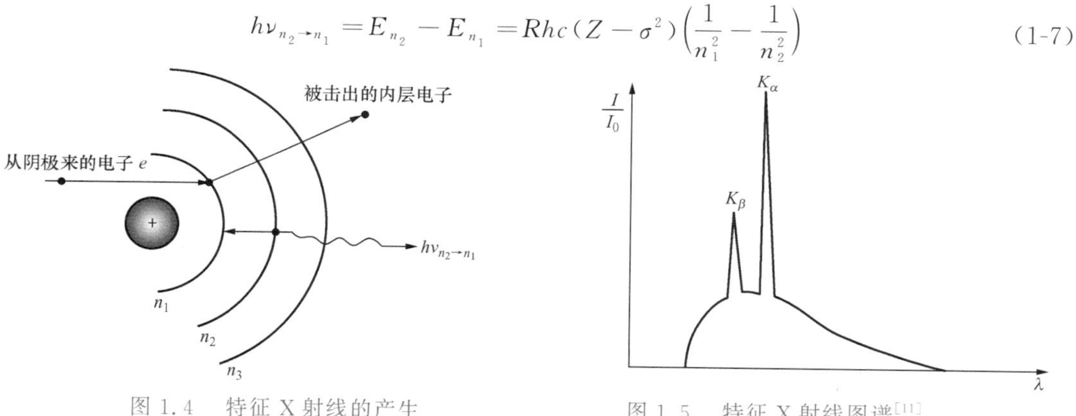

图 1.4　特征 X 射线的产生　　图 1.5　特征 X 射线图谱[11]

所有跃迁到 K 层空位所辐射的特征 X 射线，称为 K 系特征 X 射线。K 系谱线里又分为 K_α、K_β、K_γ、… 谱线，分别对应于由 L、M、N、… 壳层跃迁到 K 层所产生的 X 射线。同理，L、M、N、… 壳层电子被激发后，也将有 L、M、N、… 系特征 X 射线谱产生。从理论上讲，由 M 层跃迁入 K 层所产生的 X 射线强度，应高于 L 层跃迁入 K 层所产生的 X 射线强度；但由于 L 层与 K 层的距离较 M 层与 K 层的距离小，所以，由 L 层填补 K 层的概率大。因此 K_α 的强度比 K_β 高，其比值约为 5 ∶ 1。

原子核外 K、L、M、N 壳层分别由 1 个、3 个、5 个和 7 个子能级构成，如图 1.6 所示。电子在能级间跃迁必须服从下面的选择定则：

$$\begin{cases}\Delta n\neq 0\\ \Delta l=\pm 1\\ \Delta j=\pm 1,0\end{cases} \tag{1-8}$$

式中，n 为主量子数；l 为角量子数；j 为磁量子数。根据跃迁规则，产生概率最大的 K_α 线其实是由 K_{α_1} 和 K_{α_2} 两条谱线所构成的，一般 $I_{K_{\alpha1}}/I_{K_{\alpha2}}=2$。由于二者波长相差很小（约

0.000 4 nm)，所以在低角区难以分开。计算时取 $\lambda_{K_\alpha}=\frac{2}{3}\lambda_{K_{\alpha1}}+\frac{1}{3}\lambda_{K_{\alpha2}}$。用 X 光衍射处理软件(例如 Jade)，通过数据处理可以去掉 $K_{\alpha2}$ 谱线的影响。

特征 X 射线谱的波长(频率)只取决于阳极靶材的原子序数，而与其他外界因素无关。莫塞莱(Moseley)在 1914 年给出了二者之间明确的关系式：

$$\sqrt{\frac{1}{\lambda}}=K_2(Z-\sigma) \tag{1-9}$$

式中，K_2 为与靶材主量子数有关的常数；σ 为屏蔽常数，与电子所在的壳层位置有关。这就是著名的莫塞莱定律(Moseley's law)，它是 X 射线荧光光谱和电子探针微区成分分析的理论基础。

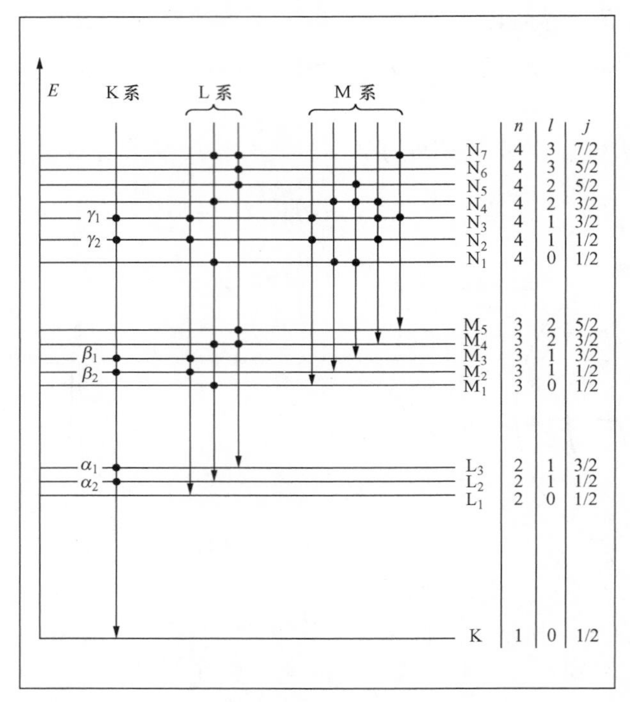

图 1.6 电子在能级间跃迁产生的不同特征 X 射线[11]

特征 X 射线的强度：

$$I_{特}=K_3\,i\,(V-V_n)^m \tag{1-10}$$

式中，K_3 为常数；i 为管电流；V 为管电压；V_n 为某壳层的临界激发电压；m 为常数(1.5～1.7)。

管电压 V 和管电流 i 的升高，都能使 $I_{特}$ 值升高。但在 $I_{特}$ 升高的同时，连续 X 射线的强度 $I_{连}$ 也要升高，X 射线连续谱只增加衍射花样的背底，不利于衍射花样分析，因此总希望特征谱线强度与连续谱线强度之比越大越好。实践和计算表明，当工作电压为 K 系激发电压 V_K 的 3～5 倍时，$I_{特}/I_{连}$ 最大。表 1.1 列出了一些常用 X 光管的适宜工作电压和产生的特征 X 射线的波长。

表 1.1　常用 X 光管的适宜工作电压和产生的特征 X 射线的波长

靶材元素	原子序数	$\lambda_{K_{\alpha1}}$/nm	$\lambda_{K_{\alpha2}}$/nm	$\lambda_{K_{\alpha}}$/nm	$\lambda_{K_{\beta}}$/nm	K 系吸收限 λ_K/nm	K 系激发电压 V_K/kV	工作电压 /kV
Cr	24	0.228 97	0.229 31	0.229 08	0.208 48	0.207 01	5.98	20～25
Fe	26	0.193 60	0.193 99	0.193 73	0.175 65	0.174 38	7.10	25～30
Co	27	0.178 89	0.179 28	0.179 02	0.162 08	0.160 81	7.71	30
Ni	28	0.165 78	0.166 19	0.165 92	0.150 01	0.148 80	8.20	30～35
Cu	29	0.154 05	0.154 43	0.154 18	0.139 22	0.138 04	8.86	35～40
Mo	42	0.070 93	0.071 35	0.071 07	0.063 23	0.061 98	17.44	50～55

1.3　X 射线与物质的交互作用

X 射线照射到物质上时，如果物质不是很厚，一部分可能沿原入射线方向透过物质继续向前传播，其余的将与物质交互作用，在许多复杂物理过程中被衰减吸收，其能量转换和产物如图 1.7 所示。

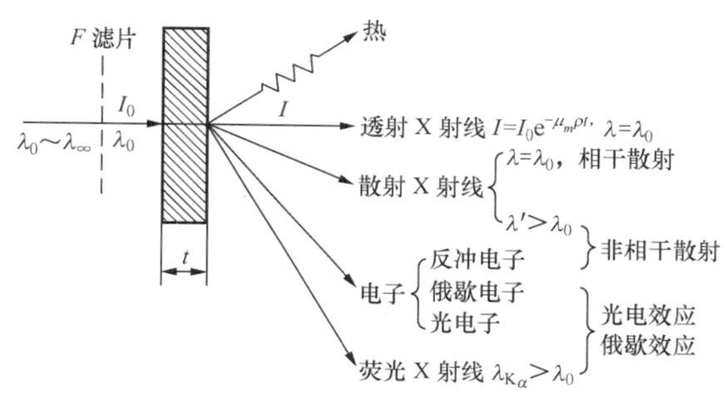

图 1.7　X 射线与物质的交互作用

1.3.1　散射现象

物质对 X 射线的散射主要是电子与 X 射线交互作用的结果。物质中的核外电子有两类，相应产生两种散射。

1. 相干散射

当 X 射线与原子中受核束缚较紧的内层电子相碰撞时，电子受 X 射线电磁波的影响而绕其平衡位置产生受迫振动。于是加速振动着的电子便以自身为中心，向四周辐射新的电磁波，其波长与入射 X 射线波长相同，且彼此间有确定的周相关系，可以发生相互干涉，故称相干散射(Coherent scattering)，又称弹性散射(Elastic scattering) 或汤姆逊散射(Thomson scattering)。相干散射是 X 射线在晶体中产生衍射现象的基础。

2. 非相干散射

当 X 射线光子与原子中受核束缚较弱的电子(如原子中的外层电子) 发生碰撞时，电子被撞离原子，并带走一部分光子能量而成为反冲电子；由于能量损失使光子波长变长，并被撞偏了一定角度 2θ，如图 1.8 所示。散射前后体系的能量和动量守恒，由此可以推导出散射

X 射线的波长增大值：

$$\Delta\lambda=\lambda'-\lambda=0.00243(1-\cos 2\theta) \quad (1\text{-}11)$$

式中，λ' 和 λ 分别为散射线和入射线波长，nm。

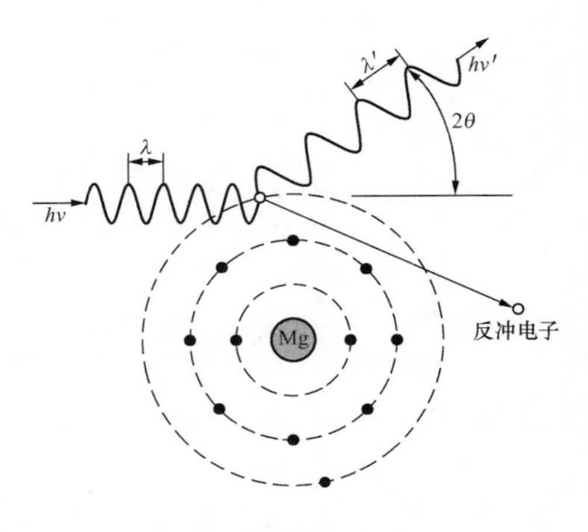

图 1.8　X 射线的非相干散射

上述散射效应使得各原子产生的 X 射线散射波散布于空间各个方向，不仅波长互不相同，并且不存在确定的周相关系，因此它们之间互不干涉，称为非相干散射(Incoherent scattering)。它是由康普顿(Compton)和我国物理学家吴有训首先发现的。

非弹性散射会在衍射图像上形成强度随 $\sin\theta/\lambda$ 增加而增大的连续背底，从而给衍射分析工作带来不利的影响。入射 X 射线波长愈短、被照物质元素愈轻，则非相干散射愈显著。

1.3.2　吸收现象

1. X 射线真吸收与衰减规律

X 射线穿过被照射的物体时，因为散射、光电效应和热损耗的影响，出现强度衰减的现象称为 X 射线的吸收。其衰减的程度与所经过物质的厚度成正比，也与入射 X 射线强度和物质密度密切相关。其衰减过程如图 1.9 所示。强度为 I_0 的入射线穿过厚度为 Δx 的物质后，强度衰减为 I，则

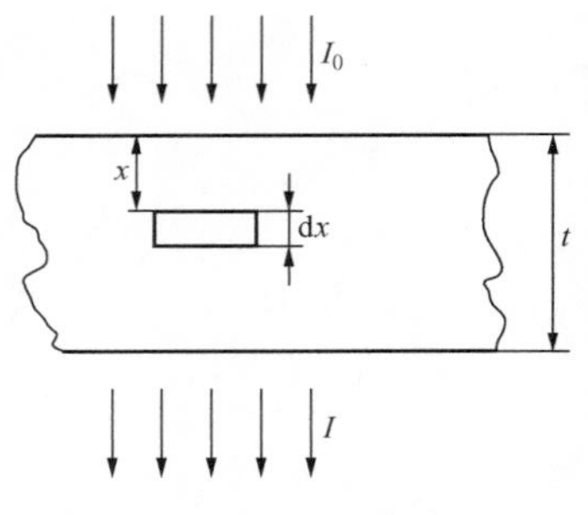

图 1.9　X 射线的衰减

$$\frac{I_0-I}{I_0}=\frac{\Delta I}{I_0}=-\mu_l\Delta x \quad (1\text{-}12)$$

式中，μ_l 为被照射物体的线吸收系数或衰减系数，cm^{-1}。它相当于单位厚度物质对 X 射线的吸收。当 Δx 很小时，$\Delta x\approx dx$，$\Delta I\approx dI$，则 $\frac{dI}{I}=-\mu_l dx$。

μ_l 不但与物质的原子序数 Z 以及 X 射线波长有关，还与物质的密度有关。为了避开线吸收系数随吸收体物理状态不同而改变的困难，通常用 μ_m 代替 μ_l：

$$\mu_l=\mu_m\rho \quad (1\text{-}13)$$

μ_m 为质量吸收系数，单位 cm^2/g。它与物质密度无关，表示单位质量物质对 X 射线的吸收程度，附录 Ⅲ 列出了不同元素的质量吸收系数。

由 $\frac{dI}{I}=-\mu_l dx$，及 $\mu_l=\mu_m\rho$ 得 $\frac{dI}{I}=-\mu_m\rho dx$，积分后得

$$I=I_0 e^{-\mu_m x\rho} \quad 或 \quad \frac{I}{I_0}=e^{-\mu_m x\rho} \quad (1\text{-}14)$$

式中，$\frac{I}{I_0}$ 称为透射系数或透过率。

对于非单质元素组成的复杂物质，如固溶体、金属间化合物等，其质量吸收系数取决于各元素的质量吸收系数 μ_{mi} 及各元素的质量分数 ω_i，为各元素的加和平均值。即

$$\mu_m = \omega_1 \mu_{m_1} + \omega_2 \mu_{m_2} + \omega_3 \mu_{m_3} + \cdots \tag{1-15}$$

对于任一元素，质量吸收系数 μ_m 是 X 射线波长 λ 和原子序数 Z 的函数。其值约为

$$\mu_m \approx K\lambda^3 Z^3 \tag{1-16}$$

式中，K 为系数。

实验证明，连续 X 射线穿过物质时的质量吸收系数，相当于一个称为有效波长 $\lambda_{有效}$ 的波长值所对应的质量吸收系数，有效波长 $\lambda_{有效}$ 与连续 X 射线的短波限 λ_0 有如下关系：

$$\lambda_{有效} = 1.35\lambda_0 \tag{1-17}$$

从式(1-16)看，表面上 μ_m 与 λ 的关系应该呈连续变化，但实际上如图 1.10 所示，随 X 射线波长的降低，μ_m 并非呈连续变化，而是在某些波长位置上突然增加 7 ～ 10 倍，然后又随 λ 的减小而减小。这些突变点的波长称为吸收限(Absorption edge)。这种带有特征吸收限的吸收系数曲线称为该物质的吸收谱。吸收限产生的根源与光电效应相联系。

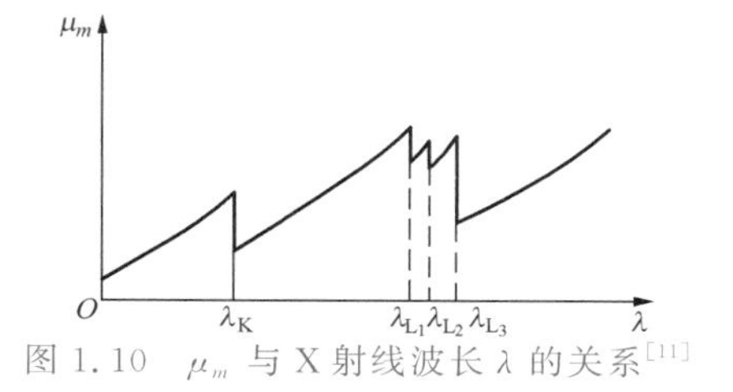

图 1.10　μ_m 与 X 射线波长 λ 的关系[11]

光电效应(Photoelectric effect)：当入射 X 射线光子的能量等于或略大于吸收体原子某壳层电子的结合能时，此光子就很容易被电子吸收，获得能量的电子从内层逸出成为自由电子，称光电子；原子则处于相应的激发态。这种光子击出电子的现象即为光电效应。此效应消耗大量入射能量，表现为吸收系数突增，对应的入射波长即为吸收限。

视频

光电子发射

荧光辐射(Fluorescent radiation)：当入射 X 射线光子的能量足够大时，可以将原子内层电子击出产生光电效应，被击出内层电子的原子则处于激发态，随之将发生外层电子向内层跃迁的过程，同时辐射出一定波长的特征 X 射线。这种由 X 射线激发产生的特征辐射为二次特征辐射。二次特征辐射本质上属于光致发光的荧光现象，故也称为荧光辐射。

视频

荧光 X 射线

欲激发原子产生 K 系、L 系及 M 系等荧光辐射，入射 X 射线光子的能量必须大于等于从原子中击出一个 K、L 及 M 层电子所需做的功 W_K、W_L 及 W_M，例如

$$W_K = h\nu_K = hc/\lambda_K \tag{1-18}$$

式中，ν_K 和 λ_K 为激发 K 系荧光辐射所需要的入射线频率及波长之临界值。

产生光电效应时，入射 X 射线光子的能量被消耗掉，转化为光电子的逸出功及其所携带的动能。因此，一旦产生 X 射线荧光辐射，入射 X 射线的能量必定被大量吸收，所以 λ_K、λ_L 及 λ_M 也称为被照射物质因产生荧光辐射而大量吸收入射 X 射线的吸收限。激发不同的元素，会产生不同谱线的荧光辐射，所需的临界能量条件是不同的，所以它们的吸收限值也不同。原子序数愈大，同名吸收限的波长愈短。另外，荧光辐射光子的能量，一定小于激发它产生的入射 X 射线光子的能量，即荧光 X 射线的波长一定大于入射 X 射线的波长。

在 X 射线衍射分析中，荧光辐射是有害的，因为它会增加衍射花样的背底；但在元素分

析过程中，它又是X射线荧光光谱分析的基础。

俄歇效应(Auger effect)：原子内壳层的电子被入射X射线激发形成一个空位，外壳层电子向内壳层空位跃迁并释放出能量。这个能量一方面可以以光子的形式被释放出来形成荧光辐射；另一方面还可以被转移到另一个电子，导致其从原子中激发出来。这个被激发的电子叫作俄歇电子(Auger electron)，这个过程被称为俄歇效应(以法国物理学家俄歇命名)。

俄歇效应

实际上，如果入射X射线光子将原子中K层电子击出，产生光电效应后，L层电子向K层跃迁，所释放的能量($E_L - E_K$)可以有两种转换方式：一种方式是转换为K系荧光X射线；另一种方式则是被其他L_2层电子吸收，L_2层电子吸收能量($E_L - E_K$)后受激发，逃逸出原子而成为KL_1L_2俄歇电子，这个过程即为俄歇效应，逸出的自由电子就是俄歇电子，如图1.11所示。

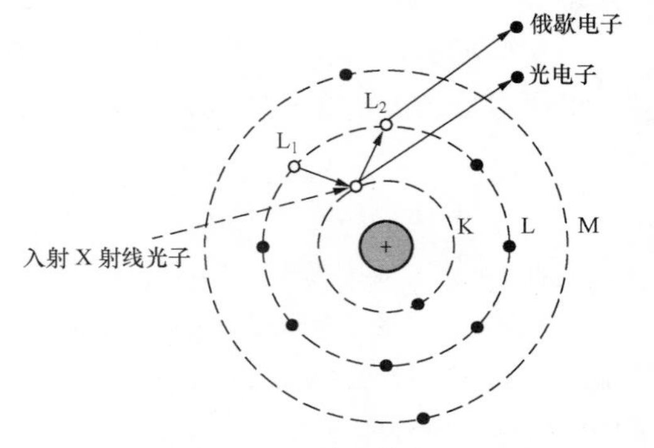

图1.11 俄歇效应

俄歇电子能量主要取决于原子初始产生空位的壳层能态与跃迁壳层能态以及逸出电子所处壳层的终止能态之差[如上面所述的$\Delta E = (2E_L - E_K)$]，即能量值是特征的，与入射X射线波长无关，仅与产生俄歇效应的物质元素种类有关。俄歇电子能量较低，一般只有几百电子伏特，只有表面几层原子所产生的俄歇电子才能逃逸出物质表面，所以俄歇电子谱仪是典型的表面成分分析设备。实验表明，轻元素产生俄歇电子的概率要比产生荧光X射线的概率大，所以轻元素的俄歇效应比重元素强烈。荧光辐射用于重元素($Z > 20$)的成分分析，俄歇效应用于表层轻元素的分析。

除上述过程外，当X射线照射到物质上时，可导致电子运动速度或原子振动速度加快，部分入射X射线能量将转变为热能，从而产生热效应。

综上所述，物质对X射线的吸收有两种方式。一种是原子对X射线的漫散射，形成漫散射的X射线向四周发散，其能量只占吸收能量的极少部分；另一种真正意义的吸收是电子在原子内的迁移所引起的，其能量主要包括光电子发射、荧光X射线辐射、俄歇电子等能量以及热散能量，称之为真吸收。漫散射式的吸收与真吸收构成了由质量吸收系数μ_m所表征的全吸收。

2. X射线吸收效应的应用

(1) 吸收限的应用

① 根据试样化学成分选择靶材

利用X射线衍射进行晶体结构分析时，要求入射X射线尽可能减少激发试样的荧光辐射，以降低衍射背底，使衍射图像或曲线更加清晰。所以根据吸收限，应该使入射线的波长略长于试样的λ_K或者短很多。即要求所选X射线管靶材的原子序数比试样原子序数稍小或者大很多，这样X射线管辐射出的K系谱线波长就会满足上述要求。

实践证明，根据试样化学成分选择靶材的原则是$Z_{靶} \leqslant Z_{样} + 1$或$Z_{靶} \gg Z_{样}$。如果试样中含有多种元素，应在含量较多的几种元素中以原子序数最小的元素来选择靶材。必须指出，上述选择靶材的原则仅从减少试样荧光辐射的方面考虑。在实际中，靶材选择还要顾及其他方面，将在其他章节中进行介绍。

② 滤片选择

X射线管产生的K系特征谱线包括K_α、K_β谱线，它们将在晶体衍射中产生两套花样或衍射峰，使分析工作复杂化，所以最好能从K系谱线中滤去K_β谱线。利用吸收限两侧质量吸收系数相差很大的性质，可选择一种合适的材料，使其吸收限λ_K刚好位于X射线管产生的K_α与K_β谱线波长之间，尽量贴近K_α谱线，即λ_{K_β}(光源)$<\lambda_K$(滤波片)$<\lambda_{K_\alpha}$(光源)。将此材料制成薄片(滤波片，Filter)，置于光路中，滤片将强烈吸收K_β线，而对K_α线吸收很少，这样就可得到基本上是单色的K_α辐射。例如，Ni的吸收限为0.148 nm，对于Cu靶$\lambda_{K_\alpha}=0.154$ nm，稍大于0.148 nm，则大部分被通过；而对于Cu靶K_β线来说，由于$\lambda_{K_\beta}=0.139$ nm，小于Ni的吸收限0.148 nm，于是被大量吸收，从而可以得到CuK_α的单色X射线。一般控制滤波后$I_{K_\alpha}/I_{K_\beta}=600/1$，此时$K_\alpha$线的强度也将降低30%～50%。图1.12为Cu靶X射线通过Ni滤波片前后的强度比较，虚线为Ni的质量吸收系数曲线。表1.2给出了常见靶材K系特征X射线波长以及常用滤波片的相关数据。表中可见，不同靶材需要选择不同类型的滤波片，选择原则是滤波片原子序数应比阳极靶材原子序数小1或2，具体是当靶材原子序数$Z_{靶}<40$时，滤波片原子序数$Z_{滤}=Z_{靶}-1$；而当$Z_{靶}>40$时，则$Z_{滤}=Z_{靶}-2$。

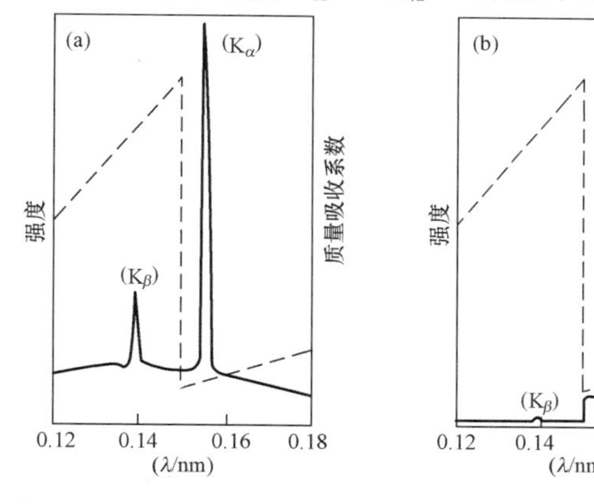

图1.12　Cu靶X射线通过Ni滤波片前(a)后(b)的强度比较(虚线表示Ni的质量吸收系数)[13]

表1.2　常见靶材K系特征X射线波长以及常用滤波片的选择

阳极靶				滤波片				$I/I_0(K_\alpha)$
元素	Z	λ_{K_α}/nm	λ_{K_β}/nm	元素	Z	λ_K/nm	厚度/mm	
Cr	24	0.229 08	0.208 48	V	23	0.226 91	0.016	0.50
Fe	26	0.193 73	0.175 65	Mn	25	0.189 64	0.016	0.46
Co	27	0.179 02	0.162 08	Fe	26	0.174 35	0.018	0.44
Ni	28	0.165 92	0.150 01	Co	27	0.160 81	0.018	0.53
Cu	29	0.154 18	0.139 22	Ni	28	0.148 81	0.021	0.40
Mo	42	0.071 07	0.063 23	Zr	40	0.068 88	0.108	0.31

(2) 薄膜厚度测定

如图1.13(a)所示，基片表面无薄膜时，一束X射线以α角入射到基片，然后以β角反射，当$\alpha=\beta$时即为对称反射。这里所说的反射实际对应的是X射线衍射，在第2章X射线衍射几何中会详细阐述。在图1.13(b)中，基片表面有厚度为t的薄膜，入射线仍以α角入射到样品表面且穿透薄膜到达基片表面，然后仍以β角反射并再次穿透薄膜。不难看出，图1.13(b)中入射线经历了$t/\sin\alpha$路程薄膜的吸收，反射线则经历了$t/\sin\beta$路程薄膜的吸收。根据X射线的吸收原理，可以证明无薄膜基片的反射强度I与有薄膜基片的反射强度I_t之间的关系为

$$I_t=I\mathrm{e}^{-\mu_l t(1/\sin\alpha+1/\sin\beta)} \tag{1-19}$$

$$t=[\mu_l(1/\sin\alpha+1/\sin\beta)]^{-1}\ln(I/I_t) \tag{1-20}$$

式中，μ_l为薄膜的线吸收系数。

如果μ_l、α、β是已知的，I及I_t能够通过实验测量获得，那么利用该公式即可计算出薄膜的厚度t。

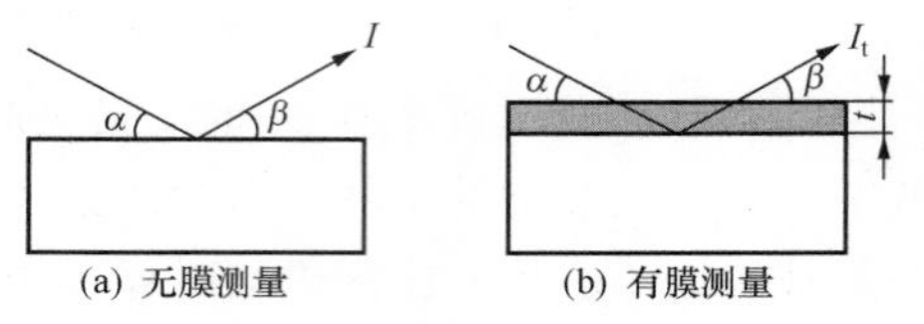

图1.13 薄膜厚度测量原理[13]

1.4 X射线防护

X射线具有相当强的穿透力，几乎不产生折射，折射率约为1；基本无发散产生，不改变传播方向，沿直线传播；可以杀死生物的组织和细胞。

人体受到过量X射线照射时，会受到伤害，引起局部组织灼伤、坏死或带来其他疾患。因此在X射线实验室工作时必须注意安全防护，尽量避免一切不必要的照射。在调整仪器光路系统时，注意不要将身体的任何部位直接暴露在X射线下。

重金属铅可强烈吸收X射线，在需要遮蔽的地方应加上铅屏或铅玻璃屏，必要时可戴上铅玻璃眼镜、铅橡胶手套和铅围裙，以有效地遮挡X射线。由于高压和X射线的电离作用，仪器附近会产生臭氧等对人体有害的气体，所以工作场所通风必须良好。

第2章

X 射线衍射几何

本书第 1 篇中已经叙述过，自然界中的许多固态物质都是晶体物质。晶体物质可以是以单一晶胞的形式存在（即单晶体）；但更多时候，它们是以多晶体的形式存在的，即由许多小的单晶体（即晶粒）聚集而成。利用晶体学知识描述晶体物质的结构是非常重要的了解自然界的过程，这正是 X 射线衍射分析的基础。

X 射线在晶体中的衍射，实质是大量原子散射波互相干涉的结果。每种晶体所产生的衍射花样都是其内部原子分布规律的反映。衍射花样有两大特征：

衍射方向（衍射线在空间的分布规律）：由晶胞的大小、形状和位向决定。

衍射强度：由原子的种类和它在晶胞中所处的位置决定。

所以 X 射线的衍射现象与实际晶体结构之间存在定性和定量的关系[14]。

本章和第 3 章将着重讨论衍射的这两个特征与晶体结构之间的关系，其目的在于利用衍射信息来分析晶体结构。

2.1 X 射线衍射现象

意大利物理学家格里马蒂（Gerry Marty，1618—1663 年）首先观察到了可见光的衍射现象。在 1912 年之前，物理学家对可见光的衍射现象已经有了确切的解释：可见光的衍射现象是光的波动性的一个表现，当一个点光源发出的光的波长与光路前方放置的小孔直径或光栅常数为同一数量级时就可以产生光的衍射。如图 2.1 所示。

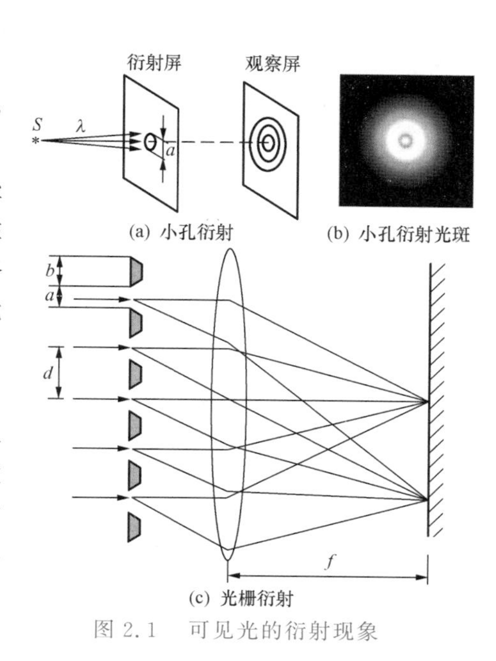

图 2.1　可见光的衍射现象

本书的第 1 篇提到，早在 X 射线发现之前，人们已经猜测到晶体的周期性，且推导出了点群和空间群，但是一直缺乏有效的观察手段来确认原子排列的周期性假设。1895 年伦琴发现 X 射线，人们亦对 X 射线本质争论不休，其中有一种观点认为它是电磁波。1912 年劳厄在上述两个假设的基础上设计了著名的劳厄实验，一箭双雕地验证了上述两个假设的正确性。

人们既然推测晶体中质点是规则排列的，且间距在 0.1 nm，那么如果 X 射线是一种波，且波长与晶体内部质点的间距相当，则用 X 射线照射晶体就应该产生 X 射线衍射。按照这个想法，劳厄建立了一个简单有效的实验方法：即用连续的 X 射线照射一个单晶体，并在晶体前方获得了预期的 X 射线晶体衍射花样。图 2.2 展示了劳厄实验的真实装置和示意图，关于劳厄实验方法细节将在本章的后续内容详细介绍。这个简单的装置一次性验证了两个著名的假设，为晶体学和 X 射线的应用开创了非常广阔的天地，所以爱因斯坦曾经评价，劳厄实验是物理学中最美的实验。

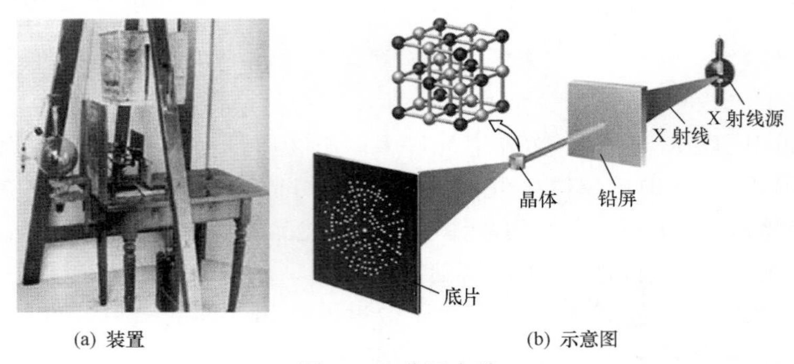

(a) 装置 (b) 示意图

图 2.2 劳厄实验

2.2 劳厄方程和布拉格方程

衍射的物理定义是：光线照射到物体边缘后通过散射继续在空间发射的现象。如果采用单色平行光，则散射后将产生干涉。相干波在空间某处相遇后，因位相不同，相互之间产生干涉作用，引起相互加强或减弱的物理现象。衍射的条件：一是相干波（点光源发出的波）；二是光栅。也就是说能够产生衍射的波必须是相干波源，即同方向、同频率、位相差恒定。因此，相干散射被认为是衍射的基础，而衍射是晶体对 X 射线相干散射的一种特殊表现形式。X 射线在晶体中的衍射现象，实质上是大量的原子散射波互相干涉的结果，每种晶体所产生的衍射花样都反映出晶体内部原子分布规律。

2.2.1 劳厄方程

为了分析问题简便，在推导劳厄方程（Laue equation）之前，做如下假设：

（1）原子不做热振动，原子间距没有任何变化，并理想地按空间点阵的方式排列，无缺陷。

（2）原子中的电子皆集中在原子中心，忽略同原子中电子散射波的周相差。

（3）入射 X 射线束严格地互相平行，并有严格的单一波长。

1. 一维衍射（原子列）

晶体是三维空间周期性排列的，首先推导一维原子列的衍射方向。如图 2.3 所示：假设 A_1 和 A_2 是晶体中某无穷长原子列上两相邻阵点，点阵周期为 a；一束单色平行波长为 λ 的 X 射线从左侧入射，与 A_1 和 A_2 交互作用后向外发出散射波；入射 X 射线与 A_1 和 A_2 所处原子

列的夹角为入射角 α_0，散射线与原子列的夹角为散射角 α。根据衍射原理，散射线相互加强产生衍射的条件是：相邻原子在该方向上散射线的波程差为波长的整数倍。从 A_1 作入射波的垂线 A_1H_1；同样过 A_2 作散射波的垂线 A_2H_2。根据图中显示，相邻原子 A_1、A_2 在该散射线方向上的波程差可由下式求出：

$$A_1H_2 - A_2H_1 = a(\cos\alpha - \cos\alpha_0)$$

相应地，一维原子列产生衍射的条件是：

$$a(\cos\alpha - \cos\alpha_0) = H\lambda, \quad H \text{ 为整数} \tag{2-1}$$

这就是一维的劳厄方程，也称劳厄第一方程。它的物理意义非常清晰，即让一维原子列产生的散射线光程差等于零，满足衍射产生的条件。如果采用已知晶体、已知波长的 X 射线和入射角，经上式可以很容易计算出衍射方向。H 称为劳厄第一干涉指数，理论上它可以取的值为 0、±1、±2、…，但它不是无限的。所以一维劳厄方程的解是一系列同轴不同张角的衍射圆锥簇，如图 2.4 所示。如用 FeK$_\alpha$ 线（$\lambda = 0.1937$ nm）垂直照射 $a = 0.4$ nm 的原子列时，

$$\cos\alpha_0 = 0$$

$$\cos\alpha = H\lambda/a = 0.484H$$

H 可以取 0、±1、±2，共 5 个值。当 $H = \pm 3$ 时，$|\cos\alpha| = 1.453 > 1$，表明不能产生衍射。

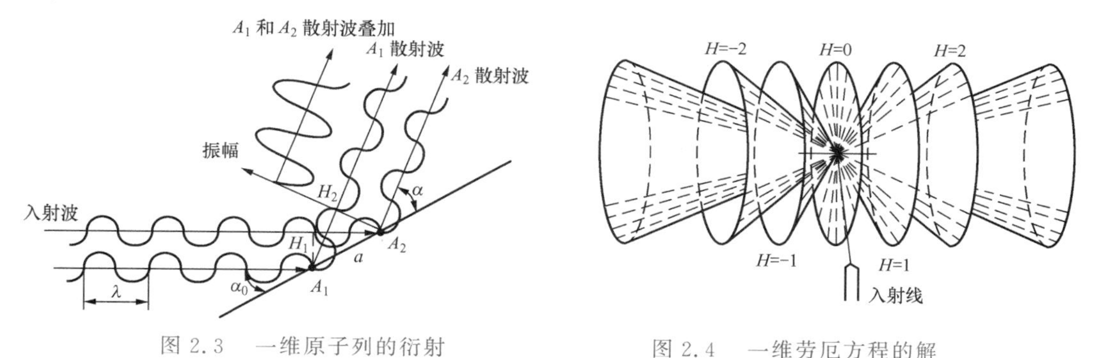

图 2.3　一维原子列的衍射　　　图 2.4　一维劳厄方程的解

如果入射方向上单位矢量用 $\boldsymbol{S}_0$ 来表示，散射（衍射）方向上单位矢量用 $\boldsymbol{S}$ 来表示，A_1A_2 用晶格矢量 $\boldsymbol{a}$ 来标记，劳厄第一方程还可以以矢量形式来表达：

$$\boldsymbol{a} \cdot (\boldsymbol{S} - \boldsymbol{S}_0) = H\lambda \tag{2-2}$$

2. 二维衍射（原子网）

原子的二维排列称为原子网，可视为由一系列平行的原子列所组成。图 2.5 所示即为若干平行于 X 轴的原子列。当 X 射线照射到原子网时，每个原子列的衍射线均分布在其自身的同轴圆锥簇上。在图 2.5 中，圆锥簇只用一个圆锥来代表。比较容易产生的错误认识是，认为原子网所产生的衍射可由原子列所产生的衍射做简单的叠加。必须指出，各系列衍射圆锥面上的衍射线，即使是相互平行的，也并不都能一致加强，因为它们之间仍有光程差，如图中的线束 $O1$ 和 $O'1'$ 衍射线的光程差，显然与 Y 方向上的点阵周期 b 有关，也跟入射线、衍射线与 Y 轴的夹角 β_0 及 β 有关。与讨论 X 方向上原子列的情形相似，这些圆锥面上的衍

射线要能够加强(否则会互相抵消),就必须满足以下条件:

$$b(\cos\beta-\cos\beta_0)=K\lambda \tag{2-3}$$

上式为劳厄第二方程。K 为整数,称为劳厄第二干涉指数,取值与劳厄第一方程中的 H 相似。

因此,当 X 射线照射到原子网时,若要发生衍射,就必须同时满足劳厄第一、第二方程。即在 X 方向和 Y 方向同时满足衍射条件:

$$\begin{cases}a(\cos\alpha-\cos\alpha_0)=H\lambda\\ b(\cos\beta-\cos\beta_0)=K\lambda\end{cases} \tag{2-4}$$

用几何图形来表达,就是衍射线只能出现在沿 X 方向及 Y 方向的两系列圆锥簇的交线或者公共切线上。图 2.6(a) 画出了一对圆锥(某一 H、K 值)及其交线。在平行于原子网的底片上,所有衍射圆锥给出的迹线为双曲线。每对双曲线的交点即为衍射斑点,如图 2.6(b) 所示,它相当于圆锥的交线(衍射线)在底片上的记录。不同的 H、K 值,可得不同的斑点。

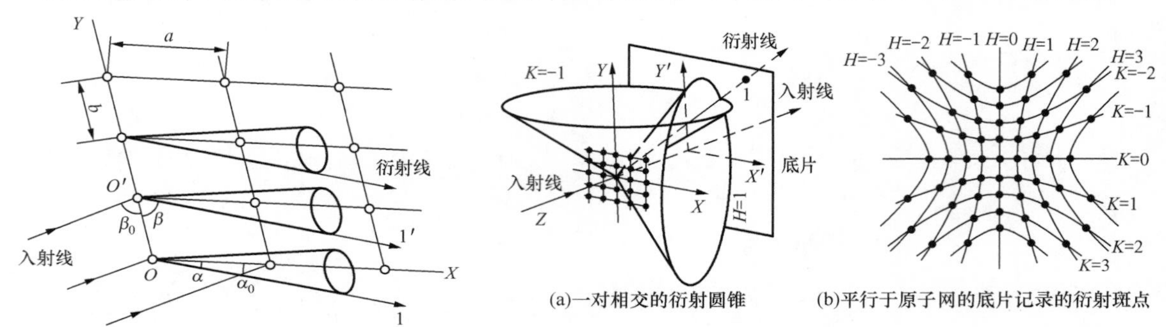

图 2.5 原子网的衍射

图 2.6 一对相交的衍射圆锥(某一 H、K 值)和平行于原子网的底片记录的衍射斑点

同样,劳厄第二方程也可以以矢量形式来表达:

$$\begin{cases}\boldsymbol{a}\cdot(\boldsymbol{S}-\boldsymbol{S}_0)=H\lambda\\ \boldsymbol{b}\cdot(\boldsymbol{S}-\boldsymbol{S}_0)=K\lambda\end{cases} \tag{2-5}$$

3. 三维晶体光栅的衍射条件

对于三维的空间点阵,可看作由一系列平行的原子网所组成。当 X 射线照射到理想晶体(三维点阵)时,各层原子网的衍射线必然有一部分由于相互干涉而被抵消,所能保留下来的那部分衍射线,必然是同时满足以下三个方程的:

$$\begin{cases}a(\cos\alpha-\cos\alpha_0)=H\lambda\\ b(\cos\beta-\cos\beta_0)=K\lambda\\ c(\cos\gamma-\cos\gamma_0)=L\lambda\end{cases} \tag{2-6}$$

上式中最后一个方程称为劳厄第三方程。c 为第三方向(Z 方向)上的点阵周期;γ_0 为入射线与 Z 轴的夹角;γ 为衍射线与 Z 轴的夹角;L 为整数,称为劳厄第三干涉指数,取值与劳厄第一方程中的 H 相似。

用几何图形来表达劳厄方程的解,就是衍射线只能出现在沿 X 方向、Y 方向及 Z 方向的三系列圆锥簇的相交处。图 2.7(a) 画出了三个方向衍射圆锥(某一 H、K、L 值)的相交状况。二维原子网中讨论了两个方向各取一个衍射圆锥可相切或相交产生一或两条衍射线，因此如果是三维晶体，在第三个方向上增加一个衍射圆锥与上述衍射线相交，最终的结果会产生衍射点，如图 2.7(b) 所示。不同的 H、K、L 值，可得不同的斑点。

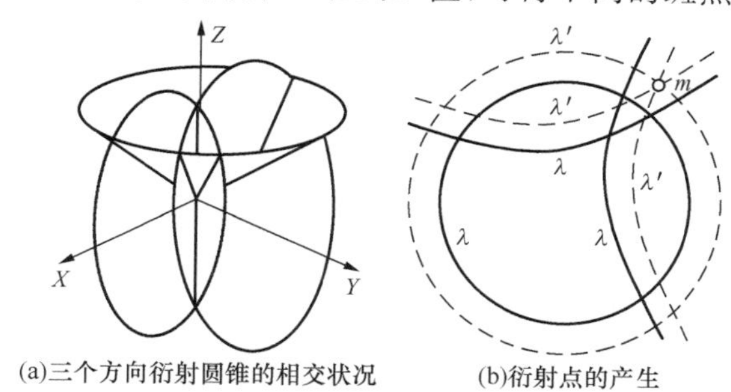

图 2.7　三个方向衍射圆锥的相交状况和衍射点的产生

同样，劳厄第三方程也可以以矢量形式来表达：

$$\begin{cases} \boldsymbol{a} \cdot (\boldsymbol{S} - \boldsymbol{S}_0) = H\lambda \\ \boldsymbol{b} \cdot (\boldsymbol{S} - \boldsymbol{S}_0) = K\lambda \\ \boldsymbol{c} \cdot (\boldsymbol{S} - \boldsymbol{S}_0) = L\lambda \end{cases} \tag{2-7}$$

劳厄方程解决了 X 射线衍射方向问题。当单色 X 射线照射到晶体时，其中的原子便向空间各个方向发射散射线。这些散射线有可能在某些方向上叠加产生衍射，条件是晶体三个重复周期上的相邻原子，其散射线在所考察方向上的光程差同时为波长的整数倍。衍射线与三个基本方向的夹角分别为 α、β、γ，它们取决于晶体的点阵周期 a、b、c，入射 X 射线与三个基本方向的夹角 α_0、β_0、γ_0，X 射线的波长 λ 以及干涉指数 H、K、L。

三维劳厄方程中，除 α、β、γ 外，其余各量均已知或为常数，似乎方程组有唯一的解，但其实 α、β、γ 之间还有一个约束方程，对于直角坐标系：

$$\cos^2\alpha + \cos^2\beta + \cos^2\gamma = 1 \tag{2-8}$$

这样三个劳厄方程与上式联立，共四个方程解三个未知数(α、β、γ)。为了使方程有解，最有效的方式是再引入一个变量：利用连续改变入射角(即连续调整晶体取向)或连续改变入射 X 射线波长(即利用连续谱)的方法。增加一个变量很容易使得劳厄方程有解，获得衍射线(获得衍射线的详细方法将在本章的 2.4 节叙述)。

劳厄方程虽然从本质上解决了 X 射线在晶体中的衍射方向问题，但三维的衍射圆锥，难以表示和想象，三个劳厄方程在使用上亦欠方便，从实用角度来说，理论有简化的必要。

2.2.2　布拉格方程

将三维劳厄方程的矢量表达式做如下的处理：

$$\begin{cases} \boldsymbol{a} \cdot (\boldsymbol{S} - \boldsymbol{S}_0) = H\lambda \\ \boldsymbol{b} \cdot (\boldsymbol{S} - \boldsymbol{S}_0) = K\lambda \\ \boldsymbol{c} \cdot (\boldsymbol{S} - \boldsymbol{S}_0) = L\lambda \end{cases} \tag{2-7}$$

$$\begin{cases} \dfrac{\boldsymbol{a}}{H} \cdot (\boldsymbol{S} - \boldsymbol{S}_0) = \lambda \\ \dfrac{\boldsymbol{b}}{K} \cdot (\boldsymbol{S} - \boldsymbol{S}_0) = \lambda \\ \dfrac{\boldsymbol{c}}{L} \cdot (\boldsymbol{S} - \boldsymbol{S}_0) = \lambda \end{cases} \tag{2-9}$$

将式(2-9)中的式子两两相减可得

$$\begin{cases} \left(\dfrac{\boldsymbol{a}}{H} - \dfrac{\boldsymbol{b}}{K}\right) \cdot (\boldsymbol{S} - \boldsymbol{S}_0) = 0 \\ \left(\dfrac{\boldsymbol{b}}{K} - \dfrac{\boldsymbol{c}}{L}\right) \cdot (\boldsymbol{S} - \boldsymbol{S}_0) = 0 \end{cases} \tag{2-10}$$

式中，H、K、L 为干涉指数，可以取0、±1、±2、…。如果以干涉指数画晶面，在晶胞中(HKL)晶面如图2.8所示，矢量$\left(\dfrac{\boldsymbol{a}}{H} - \dfrac{\boldsymbol{b}}{K}\right)$和$\left(\dfrac{\boldsymbol{b}}{K} - \dfrac{\boldsymbol{c}}{L}\right)$正好代表了($HKL$)晶面与 ab 平面和 bc 平面相交的两个矢量(图中带有箭头的两个矢量)。因为式(2-10)中两式点积为零，矢量$(\boldsymbol{S} - \boldsymbol{S}_0)$垂直于($HKL$)晶面上两相交矢量$\left(\dfrac{\boldsymbol{a}}{H} - \dfrac{\boldsymbol{b}}{K}\right)$和$\left(\dfrac{\boldsymbol{b}}{K} - \dfrac{\boldsymbol{c}}{L}\right)$，所以矢量$(\boldsymbol{S} - \boldsymbol{S}_0)$必然垂直于($HKL$)晶面。将矢量$(\boldsymbol{S} - \boldsymbol{S}_0)$和($HKL$)晶面的关系进一步表达在图2.9中，如图2.9所示，如果矢量$(\boldsymbol{S} - \boldsymbol{S}_0)$垂直于($HKL$)晶面，则入射方向的单位矢量 $\boldsymbol{S}_0$ 和散射(衍射)方向的单位矢量 $\boldsymbol{S}$ 必然以等角配置在矢量$(\boldsymbol{S} - \boldsymbol{S}_0)$两侧，相当于入射线和散射(衍射)线如同镜面反射一般分布在(HKL)晶面上。这就是由布拉格证明的：可以将晶体的衍射现象看作晶体某些晶面“镜面反射”的结果。图中的 θ 为入射角。

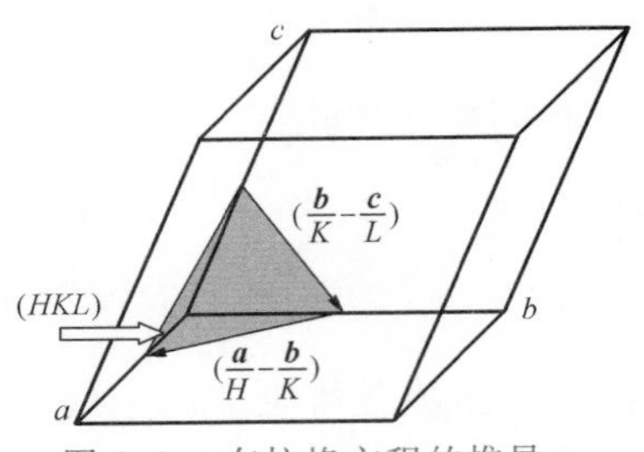

图 2.8　布拉格方程的推导

进一步地，式 $\boldsymbol{a} \cdot (\boldsymbol{S} - \boldsymbol{S}_0) = H\lambda$ 可转化为

$$\boldsymbol{a} \cdot (\boldsymbol{S} - \boldsymbol{S}_0)/\lambda = H \tag{2-11}$$

根据正、倒空间点阵基矢的关系

$$(\boldsymbol{S} - \boldsymbol{S}_0)/\lambda = H\boldsymbol{a}^* \tag{2-12}$$

如果用 $\boldsymbol{k}$、$\boldsymbol{k}_0$ 分别代表 $\boldsymbol{S}/\lambda$ 和 $\boldsymbol{S}_0/\lambda$，称为散射(衍射)波矢和入射波矢，则有

$$(\boldsymbol{S} - \boldsymbol{S}_0)/\lambda = H\boldsymbol{a}^* = \boldsymbol{k} - \boldsymbol{k}_0 = \boldsymbol{K} \tag{2-13}$$

式中，$\boldsymbol{K}$ 表示散射(衍射)波矢和入射波矢的差。要满足三维劳厄方程产生衍射，必须要满足：

$$\boldsymbol{K} = H\boldsymbol{a}^* + K\boldsymbol{b}^* + L\boldsymbol{c}^* \tag{2-14}$$

显然此时 $\boldsymbol{K}$ 是倒易空间矢量，(HKL)为晶面指数。也就是当波矢的差指向倒易空间阵点时，满足三维劳厄方程产生衍射。即

$$(\boldsymbol{S} - \boldsymbol{S}_0)/\lambda = H\boldsymbol{a}^* + K\boldsymbol{b}^* + L\boldsymbol{c}^* \tag{2-15}$$

上式就是衍射条件的矢量方程。该方程的重要性在于：它将入射方向及衍射方向(正空间)与衍射晶面倒易矢量(倒易空间)联系在一起，是利用倒易点阵处理衍射问题的基础。

图 2.10 示出了该方程的入射波矢 $\boldsymbol{k}_0$ 和衍射波矢 $\boldsymbol{k}$，图中矢量差 $\boldsymbol{K}$ 垂直于衍射晶面 (HKL)。根据图示的几何关系以及倒易矢量的基本性质有

$$|\boldsymbol{k}-\boldsymbol{k}_0|=|\boldsymbol{K}|=1/d_{HKL}=2\sin\theta/\lambda \tag{2-16}$$

整理可得著名的布拉格方程：

$$2d\sin\theta=\lambda \tag{2-17}$$

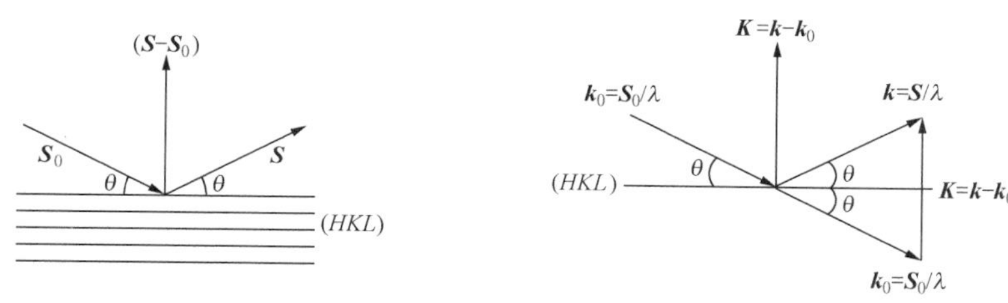

图 2.9　矢量 $(\boldsymbol{S}-\boldsymbol{S}_0)$ 和 (HKL) 晶面的关系　　　图 2.10　衍射条件的矢量方程

布拉格方程是 1912 年由英国物理学家布拉格父子导出的，它形式简单，便于计算，能够说明晶体衍射基本关系。

在推导布拉格方程过程中可以知道，除了必须满足上述 $2d\sin\theta=\lambda$ 的条件，以及入射线与衍射线如镜面反射般等角配置外，还要满足入射线、衍射线和衍射晶面法线必须在同一平面上；另外由于三角函数的取值限制，$\sin\theta$ 的绝对值只能小于等于 1，所以必须有 $\lambda/2d\leqslant 1$、$\lambda\leqslant 2d_{HKL}$，才能得到衍射。

我们虽然习惯把 X 射线的衍射称为 X 射线的反射，但是 X 射线衍射和可见光反射至少在以下几个方面是有本质区别的：

(1) 被晶体衍射的 X 射线是由入射线在晶体中所经过路程上的所有原子散射波干涉的结果，而可见光的反射是在极表层上产生的，可见光反射仅发生在两种介质的界面上。

(2) 单色 X 射线的衍射只在满足布拉格定律的若干个特殊角度上产生（选择衍射），而可见光的反射可以在任意角度产生。

(3) 可见光在良好的镜面上反射，其效率可以接近 100%，而 X 射线衍射线的强度比起入射线强度来说却是微乎其微的（关于衍射强度我们将在第 3 章讨论）。

布拉格方程是进行晶体结构分析和光谱分析的基本计算公式，当波长 λ 和衍射角 θ 已知时，可借此方程测定晶面间距 d，进行晶体结构分析；当晶面间距 d 和衍射角 θ 已知时，可根据此方程测量入射 X 射线的波长，进行 X 射线光谱学分析。

还要注意，布拉格方程只是获得 X 射线衍射的必要条件，而并非充分条件。在第 3 章中，会详细讨论衍射的条件。

2.2.3　布拉格方程的讨论

布拉格方程是晶体衍射分析的最重要关系式，为了更深刻地理解布拉格方程的物理含义，下面将就某些问题进行详细讨论。

1. 衍射级数

布拉格公式 $2d\sin\theta=\lambda$ 中的 d 指的是 d_{HKL}，即 (HKL) 晶面间距。H、K、L 为干涉指

数，可以取值为 0、±1、±2、…。实际上，(HKL) 只是为了使问题简化而引入的虚拟晶面，一般有公约数 n。当 $n=1$ 时，干涉指数即为晶面指数(hkl)。在实际晶体中，有公因子的干涉指数常常不对应真实晶面，例如简单点阵中的(200)、(300)、(400)、… 晶面，这些晶面上通常没有阵点分布(图 2.11)，那又如何理解这些干涉面所产生的衍射呢？

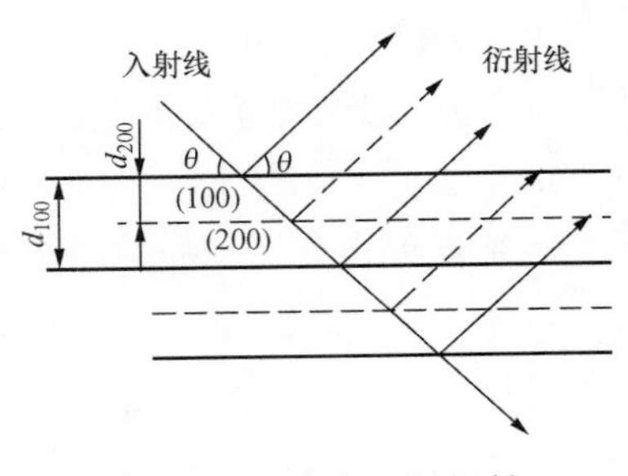

图 2.11　一级和二级衍射

因为 $2d_{200}\sin\theta=\lambda$ 可以写成

$$2(d_{100}/2)\sin\theta=\lambda \tag{2-18}$$

$$2d_{100}\sin\theta=2\lambda \tag{2-19}$$

所以(200) 干涉面的衍射实际上是真实(100) 晶面的二级衍射。即(HKL) 干涉面的衍射实际上是(hkl) 晶面的 n 级衍射，公约数 n 为衍射级数：

$$2d_{HKL}\sin\theta=\lambda \longrightarrow 2(d_{hkl}/n)\sin\theta=\lambda \longrightarrow 2d_{hkl}\sin\theta=n\lambda \tag{2-20}$$

也就是说(hkl) 晶面的 n 级衍射，可看成来自某虚拟晶面[干涉面(HKL)]的一级衍射，其中 $H=nh$，$K=nk$，$L=nl$。干涉指数布拉格方程在使用上极为方便，可认为衍射级数永远等于 1，因为衍射级数 n 实际已包含在 d 之中。

干涉指数一般有公约数，对于立方晶系，晶面间距 d_{hkl} 与晶面指数的关系为

$$d_{hkl}=a/\sqrt{h^2+k^2+l^2}$$

干涉面间距 d_{HKL} 与干涉指数的关系与此相似，即

$$d_{HKL}=a/\sqrt{H^2+K^2+L^2}$$

在晶体结构的衍射分析中，如无特别说明，所用的面间距一般是指干涉面间距。

2. 布拉格角 θ

布拉格角 θ 是入射线或衍射线与衍射晶面的夹角，用以表征衍射的方向。将布拉格方程改写为

$$\sin\theta=\lambda/(2d_{HKL}) \tag{2-21}$$

根据上式，首先，采用单色 X 射线(λ 恒定) 照射多晶体时，具有相同 d 值的晶面将有相同的衍射方向(θ 角)；其次，对于固定的波长 λ，d 值减小则 θ 角增大，这就是说间距较小的晶面，其布拉格角必然较大。

进一步考虑 $|\sin\theta|\leqslant 1$，虽然在晶体中干涉面划取是无限的，但并非所有的干涉面均参与衍射，因为衍射条件为 $d_{HKL}\geqslant\lambda/2$，即只有面间距大于等于 X 射线半波长的那些干涉面才能参与衍射。很明显，当采用短波 X 射线照射时，能够参与衍射的干涉面将会增多。如果将干涉面换成真实晶面，考虑衍射级数 n 应满足 $n\leqslant 2d_{hkl}/\lambda$，即衍射级数也不是无限的，当面间距 d 一定时，λ 减小，则 n 值增大，说明对同一组晶面，当采用短波单色 X 射线照射时，可以获得多级数的衍射效果。

2.3　衍射方程的厄瓦尔德图解

布拉格方程是基于劳厄方程推导出来的，所以它们是等效的。劳厄方程对于理解衍射过程及其物理意义最为清晰；布拉格方程由于简化了劳厄方程的求解过程，所以用于计算衍射方向最为方便。厄瓦尔德球(Ewald sphere)是倒易空间中的一种几何表示方法，它其实是劳厄方程和布拉格方程的几何表达。这个图解可以帮助我们方便、清晰地理解满足劳厄方程和布拉格方程时，入射线和衍射线、正空间和倒空间的对应关系。

如图 2.12 所示，以 $1/\lambda$ 为半径作球，球心为 C，此球称为反射球(Reflection sphere)。令球面通过被照射晶体的倒易原点 O^*，X 射线沿直径$\overrightarrow{AO^*}$方向入射，$\overrightarrow{CO^*}=\boldsymbol{S}_0/\lambda$，即入射方向矢量通过反射球球心，矢量 $\boldsymbol{S}_0/\lambda$ 的端点落在倒易原点 O^* 上。根据劳厄方程或布拉格方程，凡发生衍射的晶面，其倒易点必然落在倒易球面上，衍射线的方向为从反射球心指向该倒易点。入射矢量与衍射矢量的夹角即为衍射角 2θ。由于此表示方法由厄瓦尔德提出，故该球称为厄瓦尔德球，该作图方法被称为厄瓦尔德图解法。

利用前面叙述的倒易空间中的衍射条件的矢量方程式可简便理解厄瓦尔德图解。衍射条件为$(\boldsymbol{S}-\boldsymbol{S}_0)/\lambda=H\boldsymbol{a}^*+K\boldsymbol{b}^*+L\boldsymbol{c}^*$，其中入射单位矢量 $\boldsymbol{S}_0$ 和衍射单位矢量 $\boldsymbol{S}$ 的长度均为 1，倒易矢量 $H\boldsymbol{a}^*+K\boldsymbol{b}^*+L\boldsymbol{c}^*$ 的长度为 $1/d_{HKL}$。图 2.12 中，入射矢量$\overrightarrow{CO^*}=\boldsymbol{S}_0/\lambda$，衍射矢量$\overrightarrow{CB}=\boldsymbol{S}/\lambda$，矢量$\overrightarrow{O^*B}$长度为 $1/d_{HKL}$，从这三个矢量之间的关系看，它们满足衍射条件是必然的。

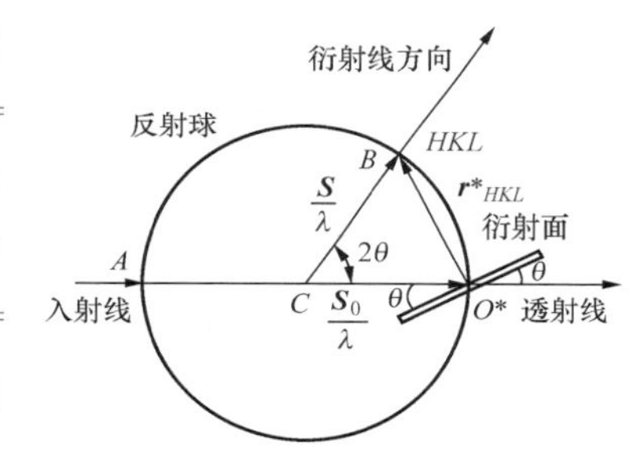

图 2.12　厄瓦尔德图解

基于倒易空间概念，对厄瓦尔德图解可做如下描述：想象在倒易空间中存在一半径为 $1/\lambda$ 的反射球，球面与倒易空间原点 O^* 相切，如果 X 射线沿反射球直径入射并经过倒易空间原点 O^*，则反射球面截到的所有倒易阵点均满足衍射条件(对应的正点阵晶面均发生衍射)，反射球心 C 指向这些倒易点的方向则是衍射方向。

由于反射球半径为 $1/\lambda$，X 射线的波长 λ 值越小，则反射球半径及球面面积越大，可能被反射球球面截到的倒易点数就越多，因此发生衍射的晶面也越多。另外，反射球半径 $1/\lambda$ 越大，则球面上的最大倒易矢量就越大，参加衍射的最小晶面间距就越小，说明采用短波长 X 射线获得多级晶面衍射的机会越多。

2.4　X 射线衍射方法

推导劳厄方程时提到，为了使劳厄方程有解，最有效的方式是再引入一个变量：利用连续改变入射角(即连续调整晶体取向)或连续改变入射 X 射线波长(即利用连续谱)的方法。基于上述考虑，目前常用的 X 射线衍射方法有以下三种：

1. 劳厄法

劳厄等人在 1912 年创用的劳厄法，就是采用连续 X 射线照射不动的单晶体(图 2.13)。根据厄瓦尔德图解(图 2.14)，连续 X 射线的波长在一个范围内变化，从 λ_0 连续变化到 λ_m，对应的反射球半径则从 $1/\lambda_0$ 连续变化到 $1/\lambda_m$，这些反射球的球面都与倒易原点 O^* 相切，不同波长对应于不同的反射球心位置。凡是落到这两个球面之间区域的倒易点均有机会被不同半径的反射球面截到、满足衍射条件而获得衍射。

视频

劳埃法的厄瓦尔德图解

劳厄法主要用于测定晶体的对称性、确定晶体的取向和进行单晶的定向切割。根据实验时安装底片的位置可将劳厄法分为透射劳厄法和背反射劳厄法。如图 2.15 所示，透射劳厄底片安装在样品前方，与入射束相垂直，所得到的劳厄衍射花样为沿椭圆分布的若干衍射斑点；背反射劳厄底片安装在样品后方入射线一侧，接收大角衍射线，所得到的劳厄衍射花样为沿近似双曲线形分布的若干衍射斑点。同一曲线上的劳厄斑属于同一晶带的衍射。

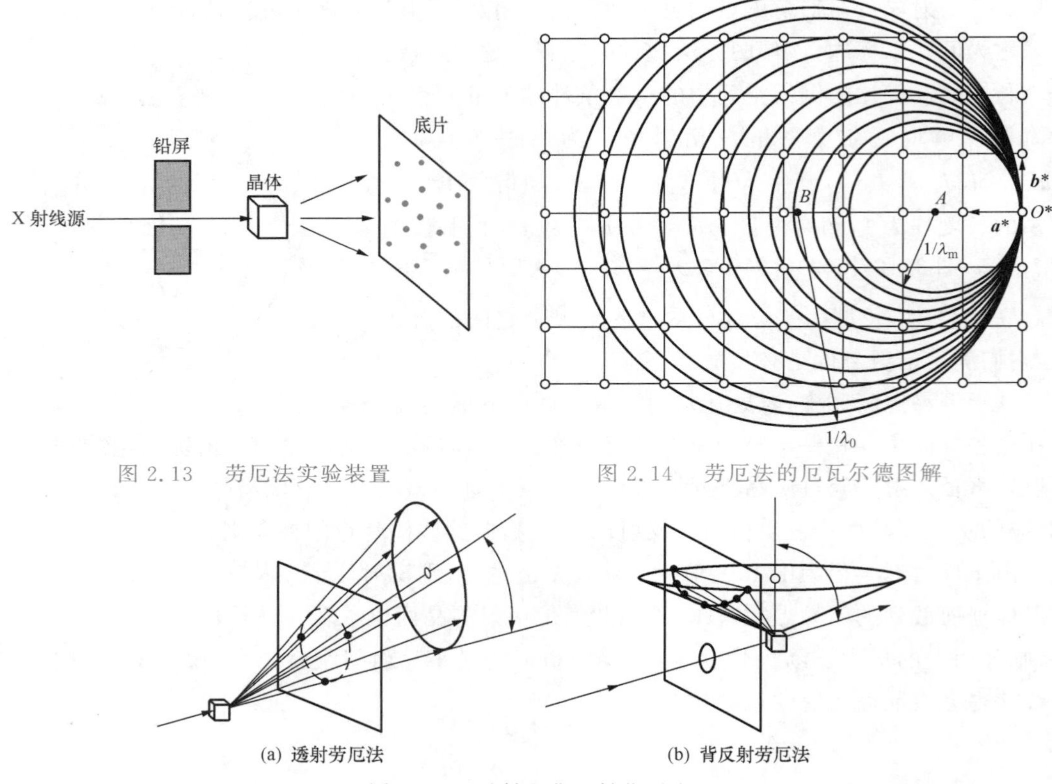

图 2.13 劳厄法实验装置

图 2.14 劳厄法的厄瓦尔德图解

图 2.15 透射和背反射劳厄法

2. 周转晶体法

德布罗意(De Broglie) 于 1913 年首先应用周转晶体法，利用旋转或回摆单晶试样和准直单色 X 射线束进行实验。周转晶体法就是采用单色 X 射线照射转动的单晶体，通常转轴为某一已知的主晶轴，借助圆筒状底片来记录衍射花样，所得的衍射花样为层线，如图 2.16 所示。摄照时让晶体绕选定的晶向旋转，转轴与圆筒状底片的中心轴重合。周转晶体法的特点是入射线的波长 λ 不变，而依靠旋转单晶体来连续改变入射线与各个晶面的夹角（入射角 θ），以满足布拉格方程。

晶体绕某一晶轴旋转，相当于其倒易点阵围绕过倒易原点并与反射球相切的轴线转动，各个倒易点将瞬时通过反射球面的某一位置，处在与旋转轴垂直的同一平面上的倒易点，将与反射球面相交于同一水平的圆周上，所以记录的衍射花样是一层一层的衍射点，称之为层线（Layer line），如图2.17所示。

周转晶体法可用于确定晶体在旋转轴方向上的点阵周期，通过多个方向上点阵周期的测定，即可确定晶体的结构。

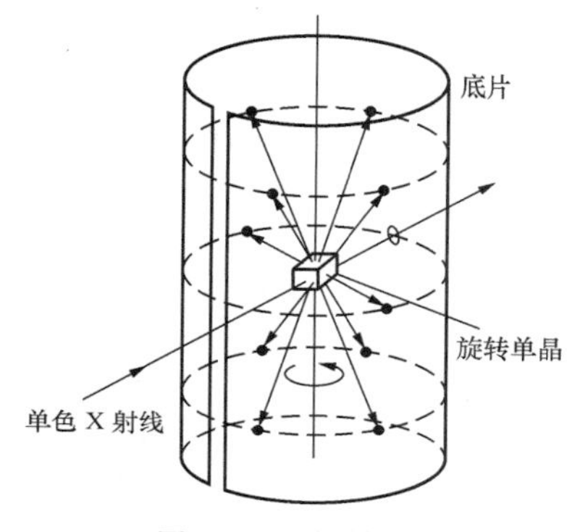

图2.16 周转晶体法

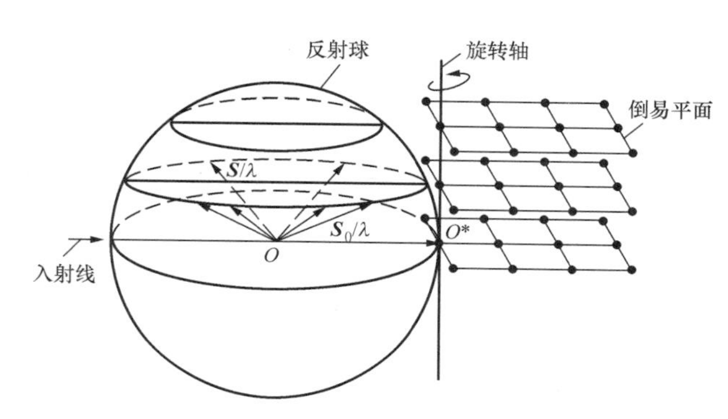

图2.17 周转晶体法的厄瓦尔德图解

3. 粉末法

德拜（Debye）、谢乐（Scherrer）和赫尔（Hull）在1916年首先使用粉末法，利用粉末多晶试样及准直单色X射线进行实验。粉末法就是采用单色X射线照射粉末多晶试样，利用晶粒的不同取向来改变入射角 θ，以满足布拉格方程。

多晶体由无数个任意取向的小单晶即晶粒组成，就其位向而言，相当于单晶体围绕所有可能的轴线旋转，所以其某一晶面（HKL）的倒易点在 4π 立体空间中是均匀分布的，相同倒易矢长度的倒易点（相当于同间距的晶面族）将落在同一个以倒易原点为中心的球面上，构成一个半径为 $1/d_{HKL}$ 的球面，称之为倒易球面。显然此倒易球面对应于一个$\{HKL\}$晶面族。

多晶体中不同间距的晶面，对应于不同半径的同心倒易球面，这些倒易球面与反射球面相交后，将得到一系列同心圆，衍射线由反射球心指向该圆上的各点，从而形成半顶角为 2θ 的衍射圆锥，如图2.18所示。实验过程中即使多晶试样不动，各个倒易球面（相当于不同间距的晶面族）上的结点也有充分的机会与反射球面相交。

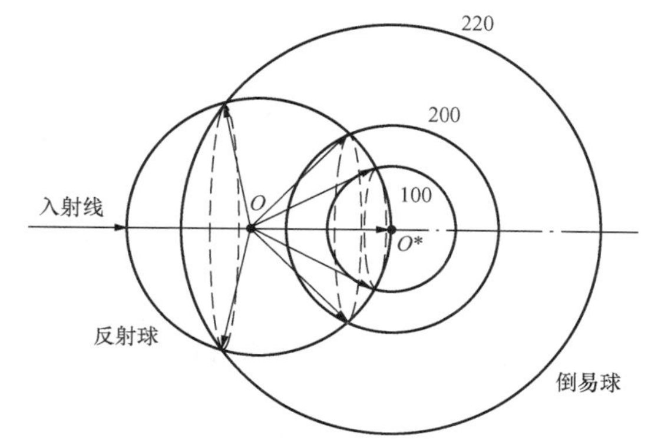

图2.18 粉末法的厄瓦尔德图解

如果沿反射球圆周放置一个围成一圈的条形底片，则条形底片会与所有的衍射圆锥相截，产生弧对花样，即德拜相。每个弧对对应于一组晶面间距 d 值。如果利用衍射仪的计数器，计数器沿反射圆周移动，扫描并接收不同方位的衍射线计数强度，就可得到由一系列衍射峰所构成的衍射谱线，每个衍射峰对应于一组晶面间距 d 值。具体的多晶体分析方法我们将在后面的章节介绍。

粉末法的主要特点是试样获得容易、衍射花样反映晶体的信息全面，可以进行物相分析、点阵参数测定、应力测定、织构测量、晶粒度测定等，因此是目前最为常用的方法[15]。

第3章

X 射线衍射强度

上一章已系统介绍了解决晶体 X 射线衍射方向和发生条件问题的重要工具 —— 劳厄方程、布拉格方程和厄瓦尔德图解。但这些理论方法仅涉及 X 射线波长、晶体样品的晶面间距、晶胞大小以及入射线与晶体晶面间的取向关系等内容，它们只能确定 X 射线的衍射方向，即表明衍射线出现的位置，而有关晶体样品的单胞中原子种类与占位情况等信息均未涉及，后者却是影响 X 射线衍射强度的重要因素。实际上，人们在运用 X 射线衍射技术进行物质研究分析时，往往需要相关衍射线条的强度信息。例如，在材料定量物相分析、固溶体有序度测定以及织构测量等研究中，常涉及衍射线(相对)强度的精确测定问题。本章将着重讨论晶体 X 射线衍射的强度来源，阐述多晶 X 射线积分强度的定量表达式及相关影响因素，除考虑晶体样品的单胞类型和其中的原子种类与占位因素外，还将考虑衍射几何与测试条件对衍射线强度的影响[13]。

当一束 X 射线照射到晶体样品上时，如果"晶体光栅"的方位满足 X 射线衍射发生的几何光学条件，理论上将产生强度各异的衍射束，即在对应于不同干涉指数的衍射方向上，会产生强度不一的 X 射线衍射束。图 3.1 为多晶 Cu 薄膜的 X 射线衍射谱(由衍射仪法获得)，衍射方向(2θ)与强度(I)是描述晶体 X 射线衍射特征的两类重要基本信息。其中，衍射方向数据主要用于解析晶体样品的晶胞形状与点阵常数；衍射强度则更多联系着物质晶体结构的具体信息，如晶胞中的原子种类与实际占位等。

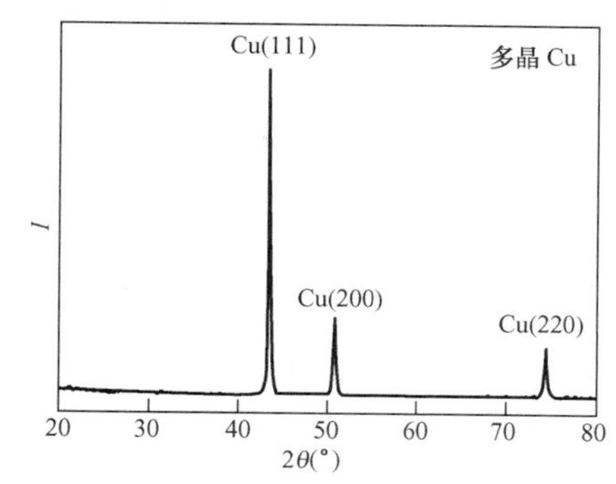

图 3.1　多晶 Cu 薄膜的 X 射线衍射谱[16]

在 X 射线衍射实验中，人们通常碰到的是多晶样品。多晶样品可看作由大量各种取向的单晶体(晶粒)构成的集合体。从晶体学角度而言，晶体单胞(即晶胞)是构成晶体样品的基本结构单元。晶胞在空间中规则排列、铺展就形成了单晶体。因而，理清实际晶体基本结构单元 —— 晶胞对 X 射线的衍射情形，是解决多晶 X 射线衍射问题的基石。前面已经提到：电子对 X 射线的相干散射是 X 射线衍射现象产生的物理基础。对于具体的晶体样品单胞，其中都含有若干按特定位置分布的原子，而每个原子又是由原子核与核外电子组成的。所以说，真实晶体的衍射归根结底是 X 射线经众多电子相干散射并叠加的结果。正因为如此，我们应当基于单个电子对 X 射线的相干散射行为，来逐级分解、综合处理多晶 X 射线衍射强

度问题。如图 3.2 所示,多晶 X 射线衍射强度问题处理过程可分解为:

(1) 单个电子的散射强度。

(2) 原子的散射强度。

(3) 晶胞衍射强度与结构因子。

(4) 小晶体的散射与衍射积分强度。

(5) 多晶体衍射积分强度。

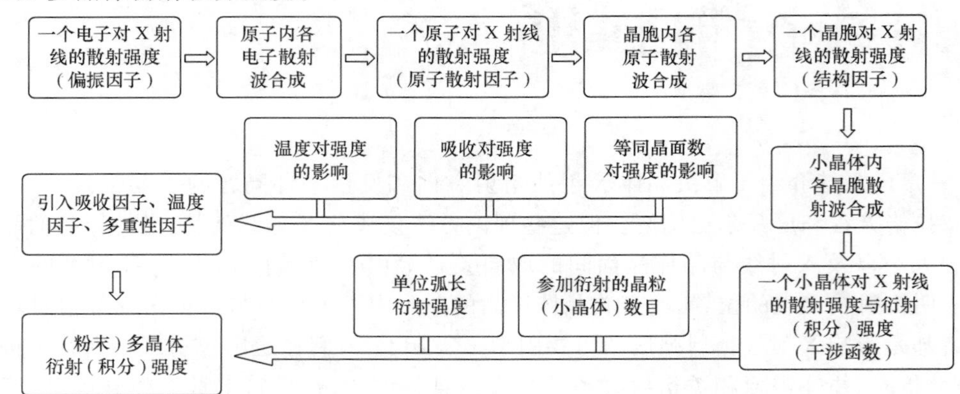

图 3.2 多晶 X 射线衍射强度的分解与处理

下面将依次说明。

3.1 单个电子的散射强度

沿一定方向运动的 X 射线光束碰撞到电子、原子或晶体等物体时都将发生散射现象,如果散射后的 X 射线波长与入射束相同,那么这些散射线就可以相互干涉加强。人们将这种波长不变的散射称为相干散射,它是晶体中发生 X 射线衍射现象的基础。汤姆逊(Thomson)用经典电动力学解释了电子对 X 射线的相干散射现象,即原子中的电子在入射 X 射线电场力的作用下发生受迫振动,其频率与入射线一致,并作为新波源向四周辐射出与入射线波长相同,且有确定周相关系的电磁波。据此,他推导出:一个电荷为 e、质量为 m 的自由电子,受到强度为 I_0 的平面偏振化 X 射线(电场矢量始终在某一方向振动)的作用,则距其 R 处的散射波的电场强度振幅 $\boldsymbol{E}_e$ 为

$$\boldsymbol{E}_e=\boldsymbol{E}_0\left[e^2/(4\pi\varepsilon_0 mRc^2)\right]\sin\phi \tag{3-1}$$

式中,$\boldsymbol{E}_0$ 为入射 X 射线电场矢量;c 为光速;ε_0 为真空介电常数;ϕ 为散射方向与入射 X 射线电场矢量振动方向间的夹角(图 3.3)。

相应地,该处散射波的强度为

$$I_e=I_0\left[e^2/(4\pi\varepsilon_0 mRc^2)\right]^2\sin^2\phi \tag{3-2}$$

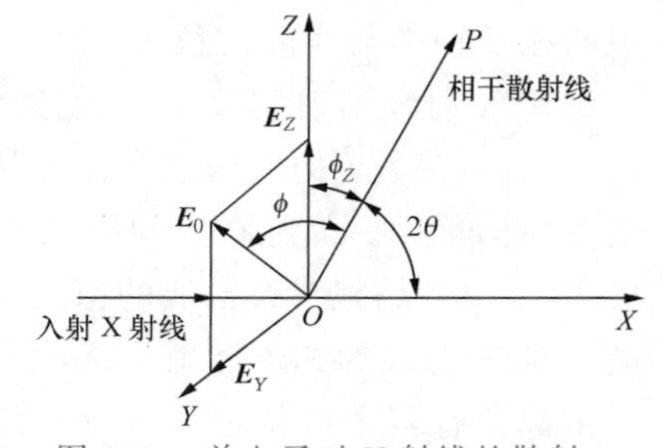

图 3.3 单电子对 X 射线的散射

事实上,入射到晶体上的 X 射线并非是偏振光。由于 X 射线为一种电磁波(横波),其电场矢量始终与传播方向垂直,且可指向任意方向。在与入射 X 射线传播方向垂直的 YOZ 平面内可把任意电场

矢量分解为两个互相垂直的 $\boldsymbol{E}_Y$ 和 $\boldsymbol{E}_Z$ 分量，如图 3.3 所示。相应地，它们与 X 射线散射方向 OP 间的夹角分别为 90° 与 $(90-2\theta)°$。结合式(3-2)可知

$$I_e(Y)=I_Y[e^2/(4\pi\varepsilon_0 mRc^2)]^2 \tag{3-3}$$

$$I_e(Z)=I_Z[e^2/(4\pi\varepsilon_0 mRc^2)]^2\cos^2 2\theta \tag{3-4}$$

其中，$I_0=I_Y+I_Z$；2θ 为 X 射线入射与散射方向的夹角。

如上所述，将非偏振的 X 射线分解为偏振光来处理，并最终将它的偏振分量进行叠加还原。由于入射 X 射线线电场矢量 $\boldsymbol{E}_0$ 在 YOZ 平面内各方向上的概率相等，因此有 $I_Y=I_Z=I_0/2$。继而由式(3-3)与式(3-4)可知图 3.3 中 P 点的 X 射线散射波强度为

$$I_e=I_0[e^2/(4\pi\varepsilon_0 mRc^2)]^2[(1+\cos^2 2\theta)/2] \tag{3-5}$$

人们将上式中的 $(1+\cos^2 2\theta)/2$ 称为偏振因子或极化因子，它表明经电子散射后的 X 射线强度在空间的分布具有方向性。

3.2　原子的散射强度

原子由原子核和核外电子组成，它们对 X 射线都有散射能力。由式(3-5)可知，以电子为代表的基本粒子对 X 射线的散射能力与其质量的平方成反比。由于原子核的质量远大于电子，因此，在计算原子对 X 射线的散射效应时，可忽略原子核而仅考虑核外电子的作用，并以单个电子的 X 射线散射能力为基本单位，对 X 射线衍射强度进行量化处理。

假设一束 X 射线碰到一个原子序数为 Z 的原子，如果这个原子的所有核外电子都集中于一点，则由 Z 个电子造成的散射波之间就无周相差。这时，该原子对 X 射线的散射效果就可视作 Z 个单电子散射的简单叠加。若设 A_e 为一单电子散射波的振幅，则原子序数为 Z 的单个原子散射波的振幅 $A_a=ZA_e$。相应地，由其产生的散射波强度 $I_a\propto(ZA_e)^2$，$I_a=Z^2I_e$，是单个电子散射波强度的 Z^2 倍。

实际上，原子中的电子是以电子云形态分布在核外空间的，不同位置的电子散射波必然存在周相差，如图 3.4 所示。同时，对于普通 X 射线衍射工作，其所用的 X 射线辐射波长与样品的原子直径大小属于同一数量级，这种周相差的影响必须考虑。

如图 3.4 所示，一束波长为 λ 的 X 射线由 L_1、L_2 沿水平方向入射到原子内部，分别与 A 及 B 两个电子作用。当 X 射线入射与散射方向的夹角 $2\theta=0$ 时，即两电子散射波分别散射至 R_1、R_2 点时，两电子散射波周相完全相同，合成波的振幅等于各散射波的振幅之和，即 $A_a=ZA_e$；但大多数情况下 $2\theta>0$，例如两电子散射波以一定 2θ 角度分别散射至 R_3、R_4 点，其间存在一定周相差 $2\pi(BN-AM)/\lambda$，必然引起波的干涉现象的产生，散射线强度将因此而减弱，合成波振幅将小于各电子散射波振幅的代数和，即 $A_a<ZA_e$。

人们将某方向上单个原子 X 射线散射波振幅 A_a 与一个电子的散射波振幅 A_e 的比值定义为原子散射因子 f，即

$$f=\frac{\text{一个原子相干散射波的振幅}}{\text{一个电子相干散射波的振幅}}=\frac{A_a}{A_e} \tag{3-6}$$

相应地，以单个电子的 X 射线散射能力 I_e 为基本单位，一个原子对 X 射线的相干散射强度为其 f^2 倍，即 $I_a=f^2I_e$。

理论分析表明，原子散射因子 f 与原子序数 Z 相关，且是 $\sin\theta/\lambda$ 的函数。当散射角 $\theta=0°$ 时，$f=Z$；当 $\theta\neq0°$ 时，$f<Z$，并随 $\sin\theta/\lambda$ 值单调下降。图 3.5 给出了原子序数 $Z=29$ 的 Cu 元素的原子散射因子 f_{Cu} 随 $\sin\theta/\lambda$ 的变化曲线。事实上，各单质元素的原子散射因子可用量子力学方法计算得到，也可通过实验方法测定。附录 Ⅳ 中列出了常见元素在不同 $\sin\theta/\lambda$ 下的原子散射因子 f 值。

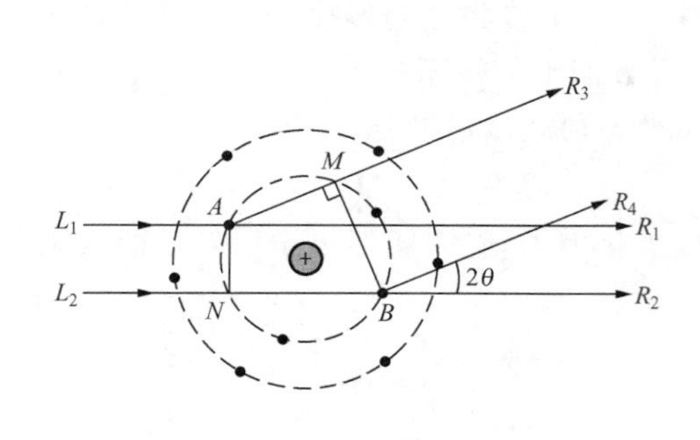

图 3.4 单个原子的 X 射线散射

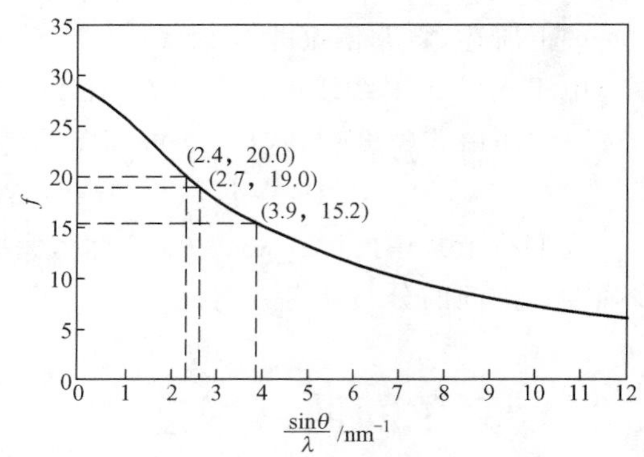

图 3.5 原子序数 $Z=29$ 的 Cu 元素的原子散射曲线

3.3 晶胞的散射强度

简单点阵的每个晶胞仅含有一个等效原子（位置），因此该类点阵晶胞的散射效果就等同于单原子的 X 射线散射情形。对于复杂点阵，由于其每个晶胞中含有多个不同的（等效）原子占位，从而引起各原子的 X 射线散射波间存在周相差，必然导致波的干涉现象的发生，最终使得合成波加强或减弱，甚至出现满足布拉格方程的衍射束消失的情况。

3.3.1 结构因子

这里，引入结构因子（Structure factor）来描述晶胞内原子分布对 X 射线散射波强度的影响。

设某一点阵晶胞中有 n 个原子，其中第 j 个原子的原子散射因子为 f_j，ϕ_j 是该原子与处于晶胞原点位置的原子 X 射线散射波的位相差，则该原子的散射波的振幅可用复数形式表达为：$f_jA_e\cos\phi_j+\mathrm{i}f_jA_e\sin\phi_j=f_jA_e\mathrm{e}^{\mathrm{i}\phi_j}$。通过矢量叠加运算，将晶胞中所有原子的 X 射线散射波的振幅向量合成，得到晶胞散射波的合成振幅 A_c 为

$$A_c=\sum_{j=1}^{n}f_jA_e\mathrm{e}^{\mathrm{i}\phi_j}=A_e\sum_{j=1}^{n}f_j\mathrm{e}^{\mathrm{i}\phi_j} \tag{3-7}$$

以单个电子散射能力为单位，定义一个反映晶胞散射能力的参量 F_{HKL}：

$$F_{HKL}=\frac{\text{一个晶胞所有原子的相干散射波振幅}}{\text{一个电子相干散射波振幅}}=\frac{A_c}{A_e} \tag{3-8}$$

$$F_{HKL}=\sum_{j=1}^{n}f_j\mathrm{e}^{\mathrm{i}\phi_j} \tag{3-9}$$

F_{HKL} 的模量在数值上等于 F_{HKL} 与其共轭复数乘积的平方根：

$$|F_{HKL}|=\left[\sum_{j=1}^{n}f_j \mathrm{e}^{\mathrm{i}\phi_j}\cdot\sum_{j=1}^{n}f_j \mathrm{e}^{-\mathrm{i}\phi_j}\right]^{1/2} \tag{3-10}$$

则

$$|F_{HKL}|^2=F_{HKL}\cdot F_{HKL}^{*}=\sum_{j=1}^{n}f_j \mathrm{e}^{\mathrm{i}\phi_j}\cdot\sum_{j=1}^{n}f_j \mathrm{e}^{-\mathrm{i}\phi_j} \tag{3-11}$$

相应地，一个晶胞的散射波强度 I_c 为单个电子的 $|F_{HKL}|^2$ 倍，即

$$I_c=|F_{HKL}|^2\cdot I_e \tag{3-12}$$

与前述原子散射因子的概念类似，我们将 F_{HKL} 称为结构因子，将 $|F_{HKL}|^2$ 称为结构振幅的平方，它表征了单个晶胞对X射线的散射能力，其值与实测X射线衍射强度相关，直接反映了晶胞中原子的数目、种类及占位对衍射强度的影响。

下面以图3.6所示的晶胞为例，说明 $|F_{HKL}|^2$ 的计算方法。图3.6中晶胞顶点 O 处有一原子，并将 O 设为原点；A 为晶胞中的另一任意原子，其位置坐标矢量为

$$\overrightarrow{OA}=\boldsymbol{r}_j=X_j\boldsymbol{a}+Y_j\boldsymbol{b}+Z_j\boldsymbol{c}$$

其中，$\boldsymbol{a}$、$\boldsymbol{b}$ 及 $\boldsymbol{c}$ 为点阵的基本平移矢量；X_j、Y_j、Z_j 为晶胞内 A 原子的位置坐标，为小于1的非整数。

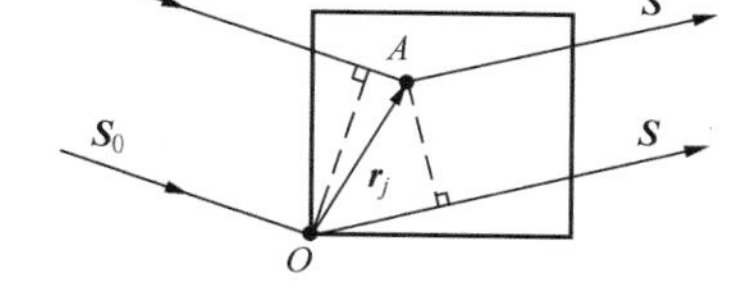

图3.6　复杂点阵晶胞中原子间的X射线相干散射

一束X射线沿 $\boldsymbol{S}_0$ 方向入射到 O 与 A 处的原子上，产生了 $\boldsymbol{S}$ 方向的散射波。根据图示可知，两列散射波的光程差为

$$\delta_j=\boldsymbol{r}_j\cdot(\boldsymbol{S}-\boldsymbol{S}_0)$$

其中，$\boldsymbol{S}_0$ 与 $\boldsymbol{S}$ 分别为X射线入射和散射方向的单位矢量。则对应的衍射波周相差为

$$\phi_j=(2\pi/\lambda)\delta_j=2\pi\boldsymbol{r}_j\cdot(\boldsymbol{S}-\boldsymbol{S}_0)/\lambda \tag{3-13}$$

根据上一章相关X射线衍射方向的基础理论：在满足布拉格方程的衍射方向上，衍射矢量 $(\boldsymbol{S}-\boldsymbol{S}_0)/\lambda$ 等同于干涉指数为 (HKL) 的晶面所对应的倒易矢量，即 $(\boldsymbol{S}-\boldsymbol{S}_0)/\lambda=\boldsymbol{g}_{HKL}^{*}=H\boldsymbol{a}^{*}+K\boldsymbol{b}^{*}+L\boldsymbol{c}^{*}$，这里 $\boldsymbol{a}^{*}$、$\boldsymbol{b}^{*}$ 及 $\boldsymbol{c}^{*}$ 是倒易点阵基矢。

代入式(3-13)可得

$$\phi_j=2\pi(HX_j+KY_j+LZ_j) \tag{3-14}$$

由式(3-11)可知，与干涉晶面 (HKL) 对应的结构振幅的平方为

$$|F_{HKL}|^2=\sum_{j=1}^{n}f_j \mathrm{e}^{\mathrm{i}\phi_j}\cdot\sum_{j=1}^{n}f_j \mathrm{e}^{-\mathrm{i}\phi_j} \tag{3-15}$$

将上式写成三角函数形式：

$$|F_{HKL}|^2=\left[\sum_{j=1}^{n}f_j\cos 2\pi(HX_j+KY_j+LZ_j)\right]^2+\left[\sum_{j=1}^{n}f_j\sin 2\pi(HX_j+KY_j+LZ_j)\right]^2 \tag{3-16}$$

式(3-16)就是晶体样品的结构振幅的平方计算公式。一旦知道晶体点阵的晶胞内所有原子种类（对应于原子散射因子 f_j）与具体位置（即原子占位坐标 X_j、Y_j 与 Z_j），通过式(3-16)就可直接计算出晶胞中任何干涉晶面 (HKL) 对应的结构振幅的平方。如果所得的

$|F_{HKL}|^2=0$，结合式(3-12)可知此时晶胞的X射线散射强度为零，发生消光。

3.3.2 几种典型晶体点阵的消光规律

下面首先利用式(3-16)计算由同类原子(如纯单质元素)构成的几种典型晶体点阵的$|F_{HKL}|^2$，确定相关点阵的消光规律。

1. 简单点阵

该类点阵的每个晶胞中只含有一个阵点，放置一个原子a，位于原点，其位置坐标为(0，0，0)，f_a是其原子散射因子，则由式(3-16)可得

$$|F_{HKL}|^2=f_a^2\cos^2 2\pi(0)+f_a^2\sin^2 2\pi(0)=f_a^2 \tag{3-17}$$

由式(3-17)可见，简单点阵晶胞的$|F_{HKL}|^2$与干涉指数H、K、L无关，无论干涉指数H、K、L取什么整数值，都不会出现$|F_{HKL}|^2=0$，即只要满足布拉格方程，所有(HKL)干涉晶面均能产生衍射，不发生消光。

2. C底心点阵

每个晶胞含两个阵点，每个阵点放单个原子，它们的位置坐标分别为(0，0，0)、(1/2，1/2，0)。设这两个同类原子的原子散射因子为f_a，则由式(3-16)得

$$\begin{aligned}|F_{HKL}|^2&=f_a^2\left[\cos 2\pi(0)+\cos 2\pi\left(\frac{H}{2}+\frac{K}{2}\right)\right]^2+f_a^2\left[\sin 2\pi(0)+\sin 2\pi\left(\frac{H}{2}+\frac{K}{2}\right)\right]^2\\&=f_a^2\left[1+\cos\pi(H+K)\right]^2\end{aligned} \tag{3-18}$$

可见，当$H+K=$偶数，即H、K全为偶数或奇数时，$|F_{HKL}|^2=4f_a^2$，衍射存在；当$H+K=$奇数，即H、K一为奇数一为偶数时，$|F_{HKL}|^2=0$，出现消光。

3. 体心点阵

与底心点阵类似，每个晶胞含两个阵点，每个阵点放单个原子，但它们一个在单胞顶点，一个在单胞心部，对应的位置坐标分别为(0，0，0)及(1/2，1/2，1/2)，各原子的散射因子均为f_a，由式(3-16)得

$$\begin{aligned}|F_{HKL}|^2&=f_a^2\left[\cos 2\pi(0)+\cos 2\pi\left(\frac{H}{2}+\frac{K}{2}+\frac{L}{2}\right)\right]^2+\\&\quad f_a^2\left[\sin 2\pi(0)+\sin 2\pi\left(\frac{H}{2}+\frac{K}{2}+\frac{L}{2}\right)\right]^2\\&=f_a^2\left[1+\cos\pi(H+K+L)\right]^2\end{aligned} \tag{3-19}$$

相应地，当$H+K+L=$偶数时，$|F_{HKL}|^2=4f_a^2$，衍射存在；当$H+K+L=$奇数时，$|F_{HKL}|^2=0$，出现消光。

4. 面心点阵

该类型点阵的晶胞中含有四个阵点，每个阵点放单个原子，位置坐标分别为(0，0，0)加面心平移，即(0，0，0)、(1/2，1/2，0)、(0，1/2，1/2)及(1/2，0，1/2)，各原子的散射因子均为f_a，由式(3-16)得

$$|F_{HKL}|^2=f_a^2\left[\cos 2\pi(0)+\cos 2\pi\left(\frac{H}{2}+\frac{K}{2}\right)+\cos 2\pi\left(\frac{K}{2}+\frac{L}{2}\right)+\cos 2\pi\left(\frac{L}{2}+\frac{H}{2}\right)\right]^2+$$
$$f_a^2\left[\sin 2\pi(0)+\sin 2\pi\left(\frac{H}{2}+\frac{K}{2}\right)+\sin 2\pi\left(\frac{K}{2}+\frac{L}{2}\right)+\sin 2\pi\left(\frac{L}{2}+\frac{H}{2}\right)\right]^2$$
$$=f_a^2[1+\cos\pi(H+K)+\cos\pi(K+L)+\cos\pi(L+H)]^2 \tag{3-20}$$

当 H、K、L 为同性数，即全为奇数或全为偶数时，$|F_{HKL}|^2=16f_a^2$，衍射存在；当 H、K、L 为奇偶混杂时，$|F_{HKL}|^2=0$，出现消光。

5. 密排六方点阵

每个晶胞含一个阵点，每个阵点放两个原子，它们的位置坐标分别为(0,0,0)及(1/3,2/3,1/2)，两原子的散射因子均为 f_a，由式(3-16)得

$$|F_{HKL}|^2=f_a^2\left[\cos 2\pi(0)+\cos 2\pi\left(\frac{H}{3}+\frac{2K}{3}+\frac{L}{2}\right)\right]^2+$$
$$f_a^2\left[\sin 2\pi(0)+\sin 2\pi\left(\frac{H}{3}+\frac{2K}{3}+\frac{L}{2}\right)\right]^2$$
$$=f_a^2\left[2+2\cos 2\pi\left(\frac{H}{3}+\frac{2K}{3}+\frac{L}{2}\right)\right]$$
$$=2f_a^2\left[1+\cos 2\pi\left(\frac{H}{3}+\frac{2K}{3}+\frac{L}{2}\right)\right]$$
$$=2f_a^2\left[1+2\cos^2\pi\left(\frac{H}{3}+\frac{2K}{3}+\frac{L}{2}\right)-1\right]$$
$$=4f_a^2\cos^2\pi\left(\frac{H+2K}{3}+\frac{L}{2}\right) \tag{3-21}$$

则有(这里，n 为整数)：

当 $H+2K=3n$，$L=$奇数时，$|F_{HKL}|^2=0$，出现消光；

当 $H+2K=3n$，$L=$偶数时，$|F_{HKL}|^2=4f_a^2$，衍射存在；

当 $H+2K=3n\pm1$，$L=$奇数时，$|F_{HKL}|^2=3f_a^2$，衍射存在；

当 $H+2K=3n\pm1$，$L=$偶数时，$|F_{HKL}|^2=f_a^2$，衍射存在。

一般地，人们把这种由于原子在晶胞中的位置不同而引起的某些方向上衍射线消失的现象(对应于 $|F_{HKL}|^2=0$) 称为结构消光或系统消光。

综上所述，在由同类原子构成的各种点阵中，只有简单点阵不发生点阵消光现象；而带心的点阵，例如底心、体心、面心点阵等，由于其单胞中的原子数大于1，使得某些晶面[如(100)面]的相邻原子面间插入了一个排列有阵点的平面，引起散射波的相互干涉，造成某些特定干涉指数(HKL)对应的 $|F_{HKL}|^2=0$，出现系统消光现象。

与纯元素点阵不同，对于真实晶体样品，其点阵结构基元(即晶胞)内可能包含两个或两个以上不同种类的原子，式(3-16)同样适用于它们的 $|F_{HKL}|^2$ 的计算。但这时必须考虑原子散射因子的影响，从而造成更复杂的消光规律。它可以在简单点阵中存在，也可以在带心点阵中与点阵消光同时存在，下面举例说明。

6. CsCl 型有序结构

图 3.7 给出了 CsCl 晶体结构的单个晶胞示意图。图中有两个原子，位置坐标分别为(0，0，0) 与(1/2，1/2，1/2)，且 Cl 与 Cs 各占一个原子位置。图中(0，0，0) 处放置的是 Cl 原子，其原子散射因子为 f_{Cl}；Cs 原子占据(1/2，1/2，1/2)，它的原子散射因子为 f_{Cs}。根据式(3-16)，可得该单胞的结构振幅的平方为

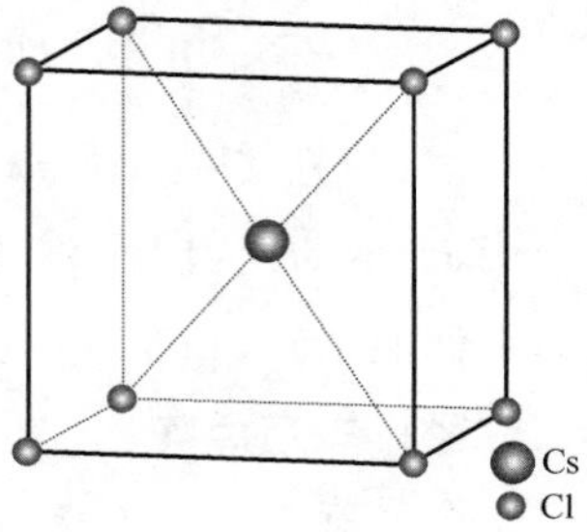

图 3.7　CsCl 晶体的晶胞示意图

$$
\begin{aligned}
|F_{HKL}|^2 &= \left[f_{\mathrm{Cl}}\cos 2\pi(0) + f_{\mathrm{Cs}}\cos 2\pi\left(\frac{H}{2}+\frac{K}{2}+\frac{L}{2}\right)\right]^2 + \\
&\quad \left[f_{\mathrm{Cl}}\sin 2\pi(0) + f_{\mathrm{Cs}}\sin 2\pi\left(\frac{H}{2}+\frac{K}{2}+\frac{L}{2}\right)\right]^2 \\
&= [f_{\mathrm{Cl}} + f_{\mathrm{Cs}}\cos \pi(H+K+L)]^2
\end{aligned}
\tag{3-22}
$$

当 $H+K+L=$ 偶数时，$|F_{HKL}|^2=(f_{\mathrm{Cl}}+f_{\mathrm{Cs}})^2$，出现强衍射；

当 $H+K+L=$ 奇数时，$|F_{HKL}|^2=(f_{\mathrm{Cl}}-f_{\mathrm{Cs}})^2$，出现弱衍射。

即无论 H、K、L 取什么整数值，$|F_{HKL}|^2 \neq 0$，衍射存在。因此，虽然 CsCl 型有序结构点阵的晶胞中有两个原子，且位置坐标分布与体心立方点阵类似，但其实质为 Cl 原子与 Cs 原子构成的两个简单立方点阵的叠加，其消光规律与简单(立方) 点阵一致。

根据上述讨论，$|F_{HKL}|^2$ 是决定衍射强度的重要因素。倒易点阵中每个阵点都代表正点阵的一组干涉面(HKL)，若将其对应的 $|F_{HKL}|^2$ 赋予各阵点，则 $|F_{HKL}|^2=0$ 的倒易点将消失，如面心点阵的倒易点阵中(100)、(110)、(210) 及(211) 等阵点消失，倒易点阵演变为 $|F_{HKL}|^2$ 的空间分布。只有 $|F_{HKL}|^2 \neq 0$ 的点与反射球相遇，才能从实验上检测到衍射强度。

至此，我们得出了晶体发生衍射的充要条件：首先是 X 射线波长、入射角以及晶面间距三者之间关系符合布拉格方程；其次是参与衍射的晶面对应的 $|F_{HKL}|^2 \neq 0$。表 3.1 列出了由同类原子构成的几种典型晶体点阵的 $|F_{HKL}|^2$。

表 3.1　由同类原子构成的几种典型晶体点阵的 $|F_{HKL}|^2$

<table>
<tr><th>点阵类型</th><th>简单点阵</th><th>底心点阵</th><th>体心点阵</th><th>面心点阵</th><th>密排六方点阵（n 为整数）</th><th>金刚石立方点阵（n 为整数）</th></tr>
<tr><td rowspan="4">$|F_{HKL}|^2$</td><td rowspan="4">f^2</td><td rowspan="2">$H+K=$ 偶数时
$4f^2$</td><td rowspan="2">$H+K+L=$ 偶数时
$4f^2$</td><td rowspan="2">H,K,L 为同性数时
$16f^2$</td><td>$H+2K=3n$，
$L=$ 偶数时
$4f^2$</td><td>H,K,L 全为偶数，
$H+K+L=4n$ 时
$64f^2$</td></tr>
<tr><td>$H+2K=3n$，
$L=$ 奇数时
0</td><td>H,K,L 全为偶数，
$H+K+L\neq 4n$ 时
0</td></tr>
<tr><td rowspan="2">$H+K=$ 奇数时
0</td><td rowspan="2">$H+K+L=$ 奇数时
0</td><td rowspan="2">H,K,L 为异性数时
0</td><td>$H+2K=3n\pm 1$，
$L=$ 偶数时
f^2</td><td>H,K,L 全为奇数时
$32f^2$</td></tr>
<tr><td>$H+2K=3n\pm 1$，
$L=$ 奇数时
$3f^2$</td><td>H,K,L 为异性数时
0</td></tr>
</table>

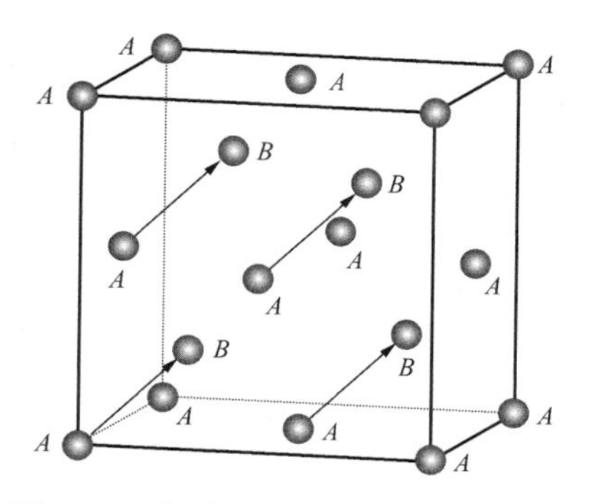

图 3.8　金刚石立方点阵的晶胞结构，其中 A、B 代表两个面心立方亚点阵的原子占位

其中，作为碳的一种结晶形态，金刚石立方点阵的结构相对复杂。如图 3.8 所示，它是由 A、B 两套相距 1/4 个立方体对角线的面心立方点阵构成，位置坐标分别为(0,0,0)加面心平移和(1/4,1/4,1/4) 加面心平移，即(0,0,0)、(1/2,1/2,0)、(0,1/2,1/2)、(1/2,0,1/2) 和 (1/4,1/4,1/4)、(3/4,3/4,1/4)、(1/4,3/4,3/4)、(3/4,1/4,3/4)，取各原子的散射因子均为 f_a，代入式(3-16) 可得金刚石结构点阵的消光规律，见表 3.1。

根据表 3.1 中同类原子构成的各类点阵的消光规律，可列出相关各类型晶体扣除系统消光效应后所呈现的衍射线分布情况。表 3.2 给出了立方晶系点阵出现的衍射线序列与相对应的干涉指数(HKL)，其中 $H^2+K^2+L^2=N$。

表 3.2　立方晶系点阵的衍射线序列与干涉指数(HKL)

序号	简单立方		体心立方		面心立方		金刚石立方	
	HKL	N	HKL	N	HKL	N	HKL	N
1	100	1	110	2	111	3	111	3
2	110	2	200	4	200	4	220	8
3	111	3	211	6	220	8	311	11
4	200	4	220	8	311	11	400	16
5	210	5	310	10	222	12	331	19
6	211	6	222	12	400	16	422	24
7	220	8	321	14	331	19	333,511	27
8	300,221	9	400	16	420	20	440	32
9	310	10	411,330	18	422	24	531	35
10	311	11	420	20	333,511	27	620	40

从表 3.2 可以看出，虽然金刚石立方点阵本质上属于面心立方类型，但它的结构消光特征与面心立方点阵并不一致，即衍射线出现的序列不同。这是因为其晶胞中特定的原子排列规律产生了超出基础面心点阵消光规律之外的消光，例如面心点阵存在(200)、(222) 干涉晶面的衍射线，而这些干涉晶面在金刚石立方结构中发生消光，此现象一般也称为结构消光。

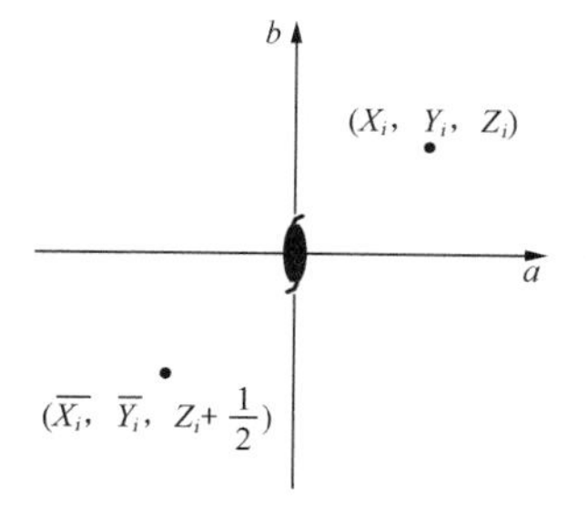

图 3.9　2_1 轴联系的一对原子的坐标

在空间群中，有关反映晶体原子排列特征的滑移面、螺旋轴等晶体对称要素都可造成晶胞的结构消光现象。与多种类原子构成的点阵类似，同样可通过式(3-16) 推导它们造成的消光规律(即对应于 $|F_{HKL}|^2=0$ 的情况)。

例如，如图 3.9 所示，晶体在 c 方向存在二次螺旋轴 2_1，设其处于晶胞 $X=Y=0$ 处，则晶胞中由它联系的每个原子对坐标为 (X_i,Y_i,Z_i) 和 $\left(\overline{X_i},\overline{Y_i},Z_i+\frac{1}{2}\right)$。由式(3-16) 得

$$|F_{HKL}|^2=\left[\sum_{i=1}^{n/2}f_i\cos 2\pi(HX_i+KY_i+LZ_i)+\sum_{i=1}^{n/2}f_i\cos 2\pi\left(-HX_i-KY_i+L\frac{2Z_i+1}{2}\right)\right]^2+$$
$$\left[\sum_{i=1}^{n/2}f_i\sin 2\pi(HX_i+KY_i+LZ_i)+\sum_{i=1}^{n/2}f_i\sin 2\pi\left(-HX_i-KY_i+L\frac{2Z_i+1}{2}\right)\right]^2$$

根据上式，对于(00L)这一类晶面，当$L=2n+1$时，$|F_{HKL}|^2=0$，出现消光；当$L=2n$时，衍射出现。显然(00L)这一类晶面的衍射点发生了间隔消失的现象，这完全是由c方向的2_1螺旋轴造成的。

各晶系的晶体对称性特征与系统消光间的关系可以参阅晶体学国际表[International tables for crystallography (2006). Vol. A, Chapter 2.2, p. 17-41]，这些关系都可由式(3-16)证明与推导。更重要的是，在分析衍射谱图的消光规律时，结合这些关联信息，就可以推断出晶体样品所具有的微观对称性要素与原子排列规律，并最终确定其所属的点阵类型和空间群。此外，在分析晶体样品的消光规律时，应注意有些衍射线因强度太弱而不易被测到，并不意味着它对应了晶体结构的系统消光。

晶体结构的系统消光现象一方面说明布拉格方程只是晶体产生衍射的必要条件，而不是充分条件；另一方面说明消光规律可用于判别产生衍射的干涉指数(HKL)、确定晶体样品对应的点阵结构类型以及测定晶体所属的空间群等信息。

3.4 晶体的散射强度

3.4.1 理想小晶体的散射

所谓理想小晶体，就是指有一定大小的单晶，晶体中原子周期规则排列贯穿其整个体积，它可看作由有限个晶胞在三维方向上规则堆砌而成。下面在单个晶胞散射的基础上，推导理想小晶体的散射强度公式。

假如一个理想小晶体在a、b及c晶轴方向上的晶胞数分别为N_1、N_2、N_3，则小晶体对X射线的散射波就是其中所有晶胞散射波的矢量叠加。设A_b为小晶体散射波的振幅，结合式(3-8)和式(3-11)，则有

$$A_b=A_eF_{HKL}\sum_{M=0}^{N_1-1}\sum_{N=0}^{N_2-1}\sum_{P=0}^{N_3-1}e^{i\phi_{MNP}} \tag{3-23}$$

式中，ϕ_{MNP}是坐标为(M,N,P)的晶胞与原点位置晶胞的散射波的位相差；M、N及P是晶胞的位置坐标。与原子和晶胞的散射因子计算类似(参照图3.4与图3.6)，存在下列关系：

$$\begin{aligned}\phi_{MNP}&=2\pi\boldsymbol{g}^*_{HKL}\cdot\boldsymbol{r}_{MNP}=2\pi(H\boldsymbol{a}^*+K\boldsymbol{b}^*+L\boldsymbol{c}^*)\cdot(M\boldsymbol{a}+N\boldsymbol{b}+P\boldsymbol{c})\\&=2\pi(HM+KN+LP)\end{aligned} \tag{3-24}$$

将其代入式(3-23)，得到小晶体散射振幅A_b与一个电子散射振幅A_e之间的关系，即

$$A_b=A_eF_{HKL}\sum_{M=0}^{N_1-1}e^{i2\pi HM}\sum_{N=0}^{N_2-1}e^{i2\pi KN}\sum_{P=0}^{N_3-1}e^{i2\pi LP}=A_eF_{HKL}G(\boldsymbol{g}^*_{HKL}) \tag{3-25}$$

相应地，小晶体的散射强度 I_b 可用单电子的散射强度 I_e 表示成

$$\begin{cases} I_b \propto |A_b|^2 \\ I_b = I_e |F_{HKL}|^2 |G(\boldsymbol{g}^*_{HKL})|^2 \end{cases} \tag{3-26}$$

式中，$|G(\boldsymbol{g}^*_{HKL})|^2 = \left|\sum_{M=0}^{N_1-1} e^{i2\pi HM} \sum_{N=0}^{N_2-1} e^{i2\pi KN} \sum_{P=0}^{N_3-1} e^{i2\pi LP}\right|^2$ 称为干涉函数(Interference function)。

结合干涉函数表达式和指数函数性质，得

$$|G(\boldsymbol{g}^*_{HKL})|^2 = \frac{\sin^2(\pi N_1 H)}{\sin^2(\pi H)} \frac{\sin^2(\pi N_2 K)}{\sin^2(\pi K)} \frac{\sin^2(\pi N_3 L)}{\sin^2(\pi L)} \tag{3-27}$$

理论上，当严格符合布拉格衍射条件时，HKL 为一干涉晶面指数，均取整数值。即式(3-27)等号右侧属于0/0型的极限函数，根据洛必达法则(在一定条件下通过分子、分母分别求导，再求极限)得

$$|G(\boldsymbol{g}^*_{HKL})|^2 = N_1^2 \cdot N_2^2 \cdot N_3^2 = N^2$$

式中，$N = N_1 \cdot N_2 \cdot N_3$，等于小晶体中的晶胞总数。

代入式(3-26)，得到

$$I_b = I_e |F_{HKL}|^2 N^2 \tag{3-28}$$

这就是严格符合布拉格衍射条件的理想小晶体干涉晶面(HKL)对应的散射强度公式。

如果散射方向稍许偏离严格的布拉格衍射关系，例如，H 偏离整数微小量 ε_1，同时 K 和 L 仍为整数，这时式(3-27)将修正为

$$|G(\boldsymbol{g}^*_{HKL})|^2 = \frac{\sin^2[\pi N_1(H+\varepsilon_1)]}{\sin^2[\pi(H+\varepsilon_1)]}(N_2 N_3)^2 \approx \frac{\sin^2(\pi N_1 \varepsilon_1)}{(\pi\varepsilon_1)^2}(N_2 N_3)^2 \tag{3-29}$$

上式表明，当 $\varepsilon_1 \to 0$(对应于严格的布拉格衍射关系)时，干涉函数 $|G(\boldsymbol{g}^*_{HKL})|^2$ 趋向极大值，相应的衍射强度最大；当 ε_1 偏离零点时，干涉函数并不立刻归零；只有当 $\varepsilon_1 = \pm 1/N_1$、$\pm 2/N_1$、$\pm 3/N_1$、… 时，干涉函数值为零，即小晶体的散射强度消失。K、L 方向的偏离同理可得。图3.10给出了干涉函数 $|G(\boldsymbol{g}^*_{HKL})|^2$ 随偏离量 ε 的变化示意图。如图所示，除了0点处的布拉格角主峰外，其两侧还存在一系列干涉函数副峰，由于这些副峰强度极低，所以常规X射线衍射不易探测到。图中，布拉格角对应的主峰在 $-1/N \leqslant \varepsilon \leqslant 1/N$ 范围内有一定程度扩展，形成有一定 ε 值范围的宽化峰。如果理想小晶体中包含晶胞的总数 N 无限大，这时 $1/N \to 0$，即散射峰所有强度都集中在布拉格角位置。

由上述讨论可知，当理想小晶体在 a、b 及 c 方向上的晶胞数 N_1、N_2 和 N_3 减小到一定程度时，则在每个晶面倒易点(相当于图3.10中的0点)附近存在一个干涉函数 $|G(\boldsymbol{g}^*_{HKL})|^2 \neq 0$ 的区域，即：因为小晶体的尺寸和形状因素，小晶体样品干涉晶面对应的倒易点由一个无大小的几何质点在倒易空间中扩展成一个区域。只要该倒易区域与厄瓦尔德反射球相交，就满足衍射发生的几何条件，即引发衍射线的出现。因而，该倒易点扩展区域被称为衍射畴。

干涉函数分布引起并决定了(HKL)干涉晶面所对应的倒易阵点扩展成衍射畴，其在倒易空间的大小和形状与实际小晶体的大小和形状互成倒易关系。图3.11给出了几种常见

的小晶体形状及其对应的衍射畴。现实中,实际小晶体(如晶粒)都为有限大,它们在空间中的单胞数目 N_1、N_2 和 N_3 既非无穷大又非无穷小,因而其倒易空间是由一个个取决于小晶体大小和形状的衍射畴构成,这些衍射畴与反射球相交就引发衍射,但这些衍射线的强度与偏离理想状态程度的大小密切相关,这一点在薄晶样品的透射电子衍射中更加明显。

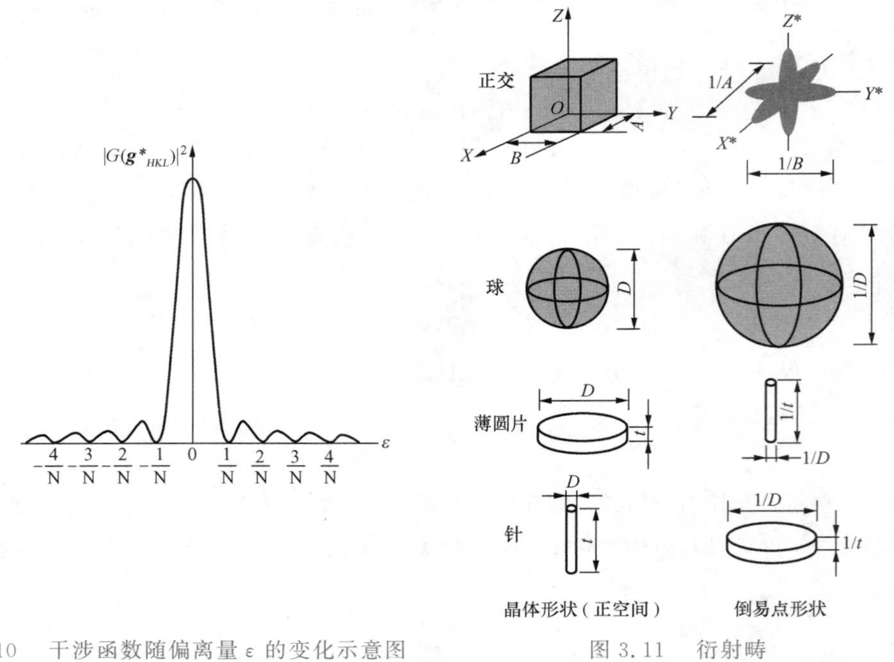

图 3.10　干涉函数随偏离量 ε 的变化示意图　　　　图 3.11　衍射畴

3.4.2　真实晶体的散射强度

在实际的 X 射线衍射实验中,多晶样品是由无数个取向各异的小晶粒构成的。一般地,人们常将晶粒视作一个实际的单晶体,但实质上,这些晶粒不是严格意义上的理想完整单晶,它的内部常包含许多取向方位差很小(小于 1°)的亚晶粒结构。图 3.12 给出了稍夸张的晶粒结构示意图,其中亚晶粒结构在三维尺度方向上的大小为 1×10^{-7} m 数量级。

这类包含众多微小取向差亚晶粒结构的晶粒在偏离严格布拉格衍射几何条件时也会有衍射发生,其衍射畴比理想晶体的大很多,即其衍射畴与反射球相交的面积扩大。并且,对于实际的测量条件而言,X 射线通常具有一定的发散角度且不严格单色,这相当于反射球围绕倒易原点摇摆并且球面有一定厚度。这使处于衍射条件下的衍射畴中各点都可能与反射球相交而对衍射强度有贡献。因此,实际小晶粒发生衍射的概率要比理想小晶体大很多。

由于晶粒内亚晶粒结构边界附近点阵的不连续性,X 射线的相干作用只能在亚晶粒内进行,而亚晶粒间的衍射线无严格的周相关系,各自独立贡献衍射强度。如果我们把一个亚晶粒处理成一个完整的理想小晶体,求出它的散射积分强度,再结合实际入射 X 射线光束照射的晶粒内各亚晶粒对强度的贡献,就可以得到实际多晶样品小晶粒的散射波积分强度。

需要指出的是:作为理想小晶体的亚晶粒,只是在其衍射畴与反射球相交的面上才发生衍射。而实际小晶粒由众多取向不完全一致的亚晶粒结构构成,由于样品转动(也等同于多晶样品内晶粒的无规则取向分布),导致晶粒中亚晶粒基元衍射畴的任何部位都可能与反射球相交,发生衍射。因此,实际小晶粒的衍射效果,就相当于晶粒内参加衍射的亚晶粒基元(这里视作理想小晶体)衍射畴的所有部位都参与发生衍射的情形。

图 3.13 所示为一个理想小晶体(代表实际晶粒的亚晶粒结构基元)的反射球与衍射畴示意图。其中,小晶体的衍射畴与反射球中心构成的空间立体角为 Ω。对于理想小晶体,(HKL) 干涉面的衍射强度只是式(3-26)在衍射畴与反射球面相交面积 S 上的积分,即在空间角 Ω 区间内的积分。但对于实际小晶粒,其(HKL) 干涉面的衍射总强度则为式(3-26)在整个衍射畴体积内积分,即相当于样品转动,使得晶粒内的亚晶粒逐一通过衍射位置,其(HKL) 干涉面的倒易矢量 $\boldsymbol{g}^*_{HKL}$ 相应的绕倒易原点 O^* 转动了 α 角,导致图 3.13 中衍射畴与反射球面的截面 $\mathrm{d}S$ 在倒易空间中扫过一个体积 $\mathrm{d}V^*$。

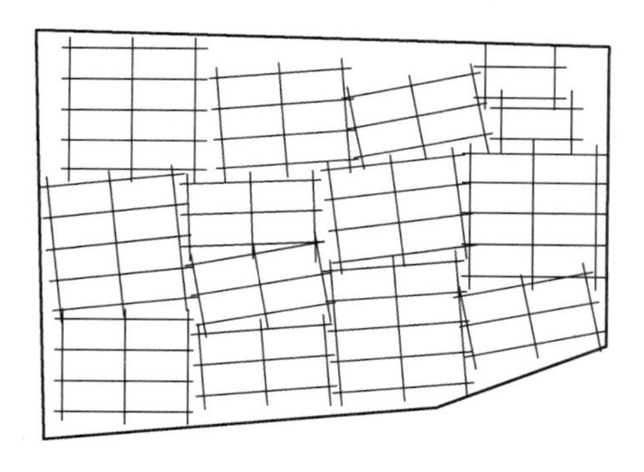

图 3.12　实际晶粒及其亚晶粒示意图

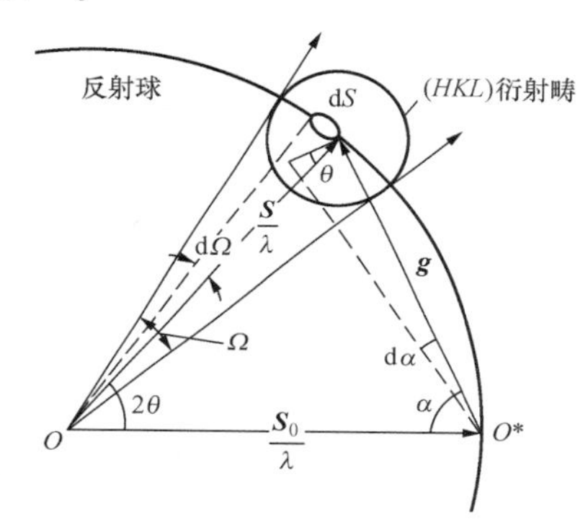

图 3.13　一个理想小晶体的反射球与衍射畴示意图(α 为 $90°-\theta$)

这时,实际小晶粒在 $\Delta\alpha$ 及 $\Delta\Omega$ 角度区间的衍射线总能量(即积分衍射强度)为

$$I_{晶粒}=I_e\left|F_{HKL}\right|^2\iint_{\Delta\alpha\,\Delta\Omega}\left|G(\boldsymbol{g}^*_{HKL})\right|^2\mathrm{d}\alpha\,\mathrm{d}\Omega \tag{3-30}$$

根据图 3.12 中的几何关系,有

$$\mathrm{d}S=\frac{\mathrm{d}\Omega}{\lambda^2}$$

$$\mathrm{d}\alpha\,\mathrm{d}\Omega=\frac{\lambda^3}{\sin 2\theta}\mathrm{d}V^*$$

并推出

$$\iint_{\Delta\alpha\,\Delta\Omega}\left|G(\boldsymbol{g}^*_{HKL})\right|^2\mathrm{d}\alpha\,\mathrm{d}\Omega=\frac{\Delta V\lambda^3}{V_{胞}^2\ \sin 2\theta}$$

这里,λ 为入射 X 射线的波长;2θ 为 X 射线入射与衍射方向的夹角,即衍射角;ΔV 为参加衍射的小晶粒体积;$V_{胞}$ 为其亚晶粒点阵的晶胞体积。

代入式(3-30)得

$$I_{晶粒} = I_e |F_{HKL}|^2 \frac{\Delta V \lambda^3}{V_{胞}^2 \sin 2\theta} \tag{3-31}$$

这就是实际小晶粒衍射积分强度公式。

3.5 多晶体的衍射强度

实际多晶体样品(HKL)干涉面的衍射强度主要与其参加衍射的晶粒数和干涉面的多重因子相关。根据 X 射线的衍射几何关系,多晶体中满足布拉格条件的衍射形成一个圆环,如图 3.14 所示。但是,实际多晶体衍射分析中,测量的不是整个衍射圆环的总积分强度,而是单位弧长上的衍射强度。下面依次讨论这些多晶体衍射强度的影响因素。

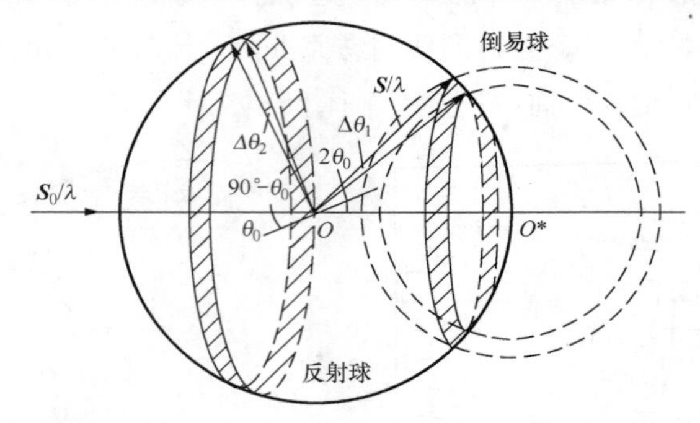

图 3.14 粉末多晶体样品中参加衍射的晶粒分数估计

3.5.1 参加衍射的晶粒数

假设一个粉末多晶体样品由任意取向的 n 个小晶粒构成,其中符合衍射条件的晶粒数为 Δn。由于多晶体样品中各晶粒取向的无规性,所有晶粒(HKL)干涉面的倒易点就形成了一个半径为 $|\boldsymbol{g}_{HKL}^*|$ 的倒易球面,如图 3.14 所示,其中与厄瓦尔德反射球相交的环带,由满足布拉格方程的衍射晶粒造成。因此,参加衍射的晶粒与晶体内晶粒整体数目的比 $\Delta n/n$ 可用图 3.14 环带阴影区与整个倒易球面的面积比来表示,即

$$\Delta n/n = [2\pi \boldsymbol{g}_{HKL}^* \sin(90° - \theta) \boldsymbol{g}_{HKL}^* \Delta\theta] / [4\pi (\boldsymbol{g}_{HKL}^*)^2] = (\cos\theta/2)\Delta\theta \tag{3-32}$$

由上可知参加衍射的晶粒数 Δn 为

$$\Delta n = n(\cos\theta/2)\Delta\theta \tag{3-33}$$

式中,θ 为布拉格角,即掠射角;$\Delta\theta$ 为衍射畴与倒易原点所形成的空间角,对应于包括不严格符合布拉格方程在内的全体衍射。

3.5.2 多重性因子

晶体学中将晶面间距相同且面上原子排列规律一致的晶面称为等同晶面。例如立方晶系中的(100)、(010)、(001)、($\bar{1}$00)、(0$\bar{1}$0)、(00$\bar{1}$)6 个晶面,就是等同晶面,它们都属于{100}

晶面族。

所谓(HKL)干涉面的多重性因子 P_{HKL} 是指某晶体点阵结构中$\{HKL\}$晶面族中等同晶面的数目。由于多晶体物质中各等同晶面所对应的倒易矢量的模$|\boldsymbol{g}^*_{HKL}|$相等,导致它们的倒易球面互相重叠,这样,在其他条件相同的情况下,晶体干涉面的多重性因子越大,其发生衍射的概率越大。因此,在计算多晶体物质某干涉面的衍射强度时,应当乘以其多重性因子,附录 V 列出了各晶系粉末法测量时的多重性因子 P_{HKL}。

通过晶体几何学计算或查表,可获得各类晶系不同晶面(HKL)的多重性因子 P_{HKL}。

3.5.3　单位弧长的衍射强度

前面提到,在实际的多晶体衍射分析实验中,人们探测到的不是整个衍射圆环的积分强度,而是单位弧长的衍射环积分强度。图 3.15 是以底片记录 X 射线衍射的示意图。其中记录底片距试样的距离为 R,由图可知底片上衍射花样的圆环半径为 $R\sin 2\theta$。这与探测器记录的效果相同,探测器也只能记录一定弧长的衍射环的积分强度。因此,单位弧长积分强度 $I_{单位}$与整个衍射环积分强度 $I_{环}$ 的关系为

$$I_{单位}=\frac{I_{环}}{2\pi R\sin 2\theta} \tag{3-34}$$

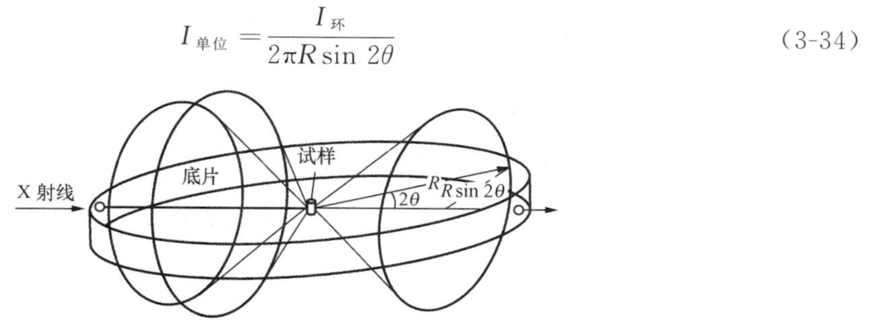

图 3.15　X 射线衍射、样品与记录底片间几何关系示意图

综合考虑上述因素,得到多晶体的可测单位弧长积分衍射强度为

$$\begin{aligned}I&=I_e|F_{HKL}|^2\cdot\frac{\Delta V\lambda^3}{V_{胞}^2\sin 2\theta}\cdot P_{HKL}\cdot\frac{\cos\theta}{2}\cdot\frac{1}{2\pi R\sin 2\theta}\\&=I_e|F_{HKL}|^2\cdot\frac{\Delta V}{V_{胞}^2}\cdot P_{HKL}\cdot\frac{\lambda^3}{16\pi R\sin^2\theta\cos\theta}\end{aligned} \tag{3-35}$$

当将电子散射强度作为衍射强度的自然单位时,仅考虑电子本身的散射能力,这时,单电子的散射强度公式由

$$I_e=I_0\left[e^2/(4\pi\varepsilon_0 mRc^2)\right]^2\left[(1+\cos^2 2\theta)/2\right] \tag{3-5}$$

简化成

$$I_e=I_0\cdot\frac{e^4}{m^2c^4}\cdot\frac{1+\cos^2 2\theta}{2}$$

代入式(3-35)得

$$I = I_e |F_{HKL}|^2 \cdot \frac{\Delta V}{V_{胞}^2} \cdot P_{HKL} \cdot \frac{\lambda^3}{16\pi R \sin^2\theta \cos\theta}$$

$$= I_0 \cdot \frac{\lambda^3}{32\pi R} \cdot \frac{e^4}{m^2 c^4} \cdot \frac{\Delta V}{V_{胞}^2} \cdot P_{HKL} \cdot |F_{HKL}|^2 \cdot \frac{1+\cos^2 2\theta}{\sin^2\theta \cos\theta} \quad (3\text{-}36)$$

式中，$\frac{1+\cos^2 2\theta}{\sin^2\theta\cos\theta}$ 称为角因子或洛伦兹 - 偏振因子。

实际上，角因子由两部分构成，一是式(3-5)中的X射线偏振因子$\frac{1+\cos^2 2\theta}{2}$；二是三个与布拉格角$\theta$相关的衍射强度影响因素：亚晶粒的衍射积分强度正比于$\frac{1}{\sin 2\theta}$，参加衍射的晶粒数目正比于$\cos\theta$，以及单位弧长衍射强度正比于$\frac{1}{\sin 2\theta}$，将它们归结在一起，得

$$\frac{1}{\sin 2\theta} \cdot \cos\theta \cdot \frac{1}{\sin 2\theta} = \frac{\cos\theta}{\sin^2 2\theta} = \frac{1}{4\sin^2\theta\cos\theta}$$

人们将$\frac{1}{4\sin^2\theta\cos\theta}$定义为洛伦兹因子，将其与偏振因子$\frac{1+\cos^2 2\theta}{2}$进一步合并得$\frac{1+\cos^2 2\theta}{8\sin^2\theta\cos\theta}$，这是角因子的数学表达式。在实际应用中，多数情况下只涉及衍射峰的相对强度，故将常系数忽略，称$\frac{1}{\sin^2\theta\cos\theta}$为洛伦兹因子，称$\frac{1+\cos^2 2\theta}{\sin^2\theta\cos\theta}$为角因子。

需要指出的是：因为洛伦兹因子与具体的衍射几何有关，所以不同衍射方法所得到角因子表达式有一定差异。式(3-5)中给出的角因子表达式仅适用于平板或圆柱状样品的常规粉末衍射法。

3.5.4 影响衍射强度的其他因素

1. 吸收因子

样品本身对X射线的吸收效应将引起衍射线强度的衰减，造成衍射强度实测值与计算值存在差异。为修正吸收效应的影响，需要在衍射强度公式中乘以吸收因子$A(\theta)$，它与衍射线在试样中的穿行路径有关，其值由样品的形状、大小、组成及衍射几何决定。

(1) 柱状或球状试样

在多晶粉末照相法中，试样通常是圆柱状的。如图3.16所示，如果小晶体浸在入射平行光束中，则小体积单元$\mathrm{d}V$的衍射强度取决于入射线与衍射线在试样中的路程p和q。根据X射线吸收理论和吸收因子的定义，不难得到吸收因子$A(\theta)$的表达式：

$$A(\theta) = (1/V)\int e^{-\mu_l(p+q)}\mathrm{d}V \quad (3\text{-}37)$$

式中，积分范围为参加衍射的试样体积V；μ_l为试样的线吸收系数。式(3-37)是吸收因子的

通用计算式，对透射试样和衍射试样均适用。

当试样形状比较简单时，可直接利用式(3-37)计算其吸收因子。当试样形状比较复杂时，则计算十分困难，只能通过查表获得吸收因子。

(2) 平板试样

在目前常用的 X 射线衍射仪中，试样通常为平板状样品。图 3.17 给出了平板试样的 X 射线衍射示意图。图中入射线束的横截面积为 A，其全部能量被试样拦截。根据式(3-37)，可推出该条件下的吸收因子 $A(\theta)$ 表达式为

$$A(\theta)=(1/\mu_l)\left[\sin\beta/(\sin\alpha+\sin\beta)\right]\left[1-e^{-\mu_l(t/\sin\alpha+t/\sin\beta)}\right] \tag{3-38}$$

式中，μ_l 为线吸收系数；t 为试样厚度；α,β 分别为入射角和反射角。此时的衍射角 $2\theta=\alpha+\beta$。如果试样厚度远大于 X 射线的有效穿透深度(即 $t=\infty$)且为对称衍射情况(即 $\alpha=\beta$)则有

$$A(\theta)=1/(2\mu_l) \tag{3-39}$$

式(3-39)表明，在对称入射时，厚平板状样品的吸收因子 $A(\theta)$ 仅与样品的线吸收系数 μ_l 有关，而与试样实际厚度 t 和布拉格角 θ 无关。

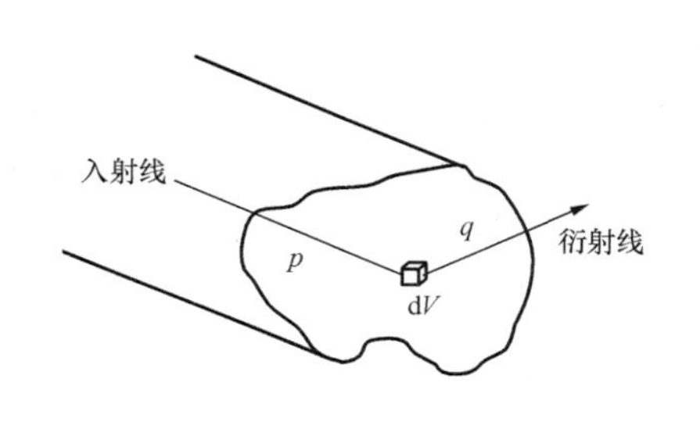

图 3.16　样品中入射与衍射 X 射线路径示意图

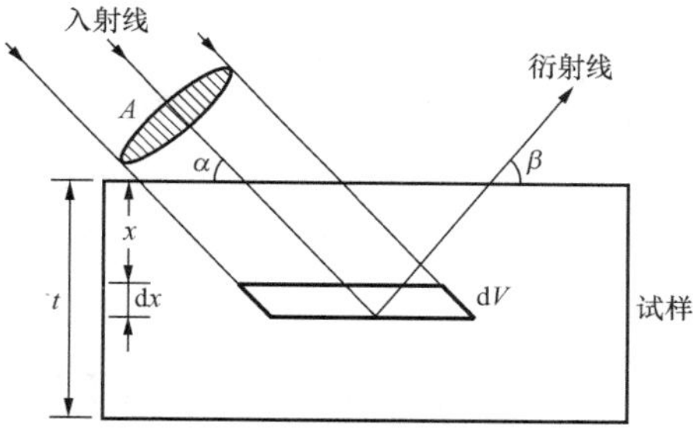

图 3.17　平板试样的 X 射线衍射

在实际工作中，一般样品的 X 射线穿透深度在微米量级，当块体板状试样厚度达到毫米量级时，它们都可看作无穷厚样品，由于板状样品在常规对称衍射状态下的吸收因子 $A(\theta)$ 与衍射几何无关，因此，在考察同一试样的不同衍射线的相对强度时，可忽略样品的吸收因子影响。

2. 温度因子

晶体中的原子(或离子)围绕其在空间点阵中的平衡位置进行不断的热振动，随着温度的升高，原子振动振幅加大。由于原子的振动频率远小于 X 射线电磁波的频率，因此，总可以把原子看成处于偏离平衡位置的某一状态，但偏离平衡位置的方向和距离随机。原子热振动使晶体点阵排列的周期性受到破坏，在原来严格满足布拉格条件的相干散射波之间产生较小的附加周相差，造成衍射强度有一定程度的减弱。为修正实验温度给衍射强度带来的影响，必须在衍射强度公式中乘以温度因子 e^{-2M}。

将温度 T 下的 X 射线衍射强度 I_T 与绝对零度下的衍射强度 I 之比定义为温度因子。即

$$温度因子=\frac{有热振动影响时的衍射强度}{无热振动理想情况下的衍射强度}=\frac{I_T}{I}=e^{-2M}$$

显然，$e^{-2M}=\frac{I_T}{I}$ 是一个小于1的系数。

根据固体物理的理论，可得到温度因子中 M 变量的表达式：

$$M=[6h^2T/(m_a k\Theta^2)]\,[\varphi(\chi)+\chi/4]\,(\sin\theta/\lambda)^2 \tag{3-40}$$

式中，h 为普朗克常量；m_a 为原子的质量；k 为玻耳兹曼常量；T 为试样的热力学温度；$\Theta=h\mu_m/k$ 为德拜特征温度，μ_m 为原子热振动的最大频率；$\varphi(\chi)$ 为德拜函数，$\chi=\Theta/T$；θ 为布拉格角；λ 为X射线波长。各种材料的德拜函数 $\varphi(\chi)$ 和特征温度 Θ 均可查表获得，其他参数均已知，利用式(3-40)即可计算出 M 和温度因子 e^{-2M} 的值。

式(3-40)表明，试样温度 T 越高，则 M 越大，e^{-2M} 越小，说明原子振动越剧烈，衍射强度的减弱越严重；当温度 T 一定时，$\sin\theta/\lambda$ 越大，则 M 越大，e^{-2M} 越小，说明在同一衍射花样中，布拉格角 θ 越大，衍射强度减弱越明显。

晶体中原子的热振动减弱了布拉格角方向上的衍射强度，同时却增强了非布拉格角方向上的散射强度，其结果是造成衍射花样背底的增高，这一效应随 θ 增加而愈趋严重，对正常的衍射分析不利。

需要说明的是：对于圆柱状试样的衍射，布拉格角 θ 对温度因子 e^{-2M} 和吸收因子 $A(\theta)$ 的影响效果相反，二者可以近似抵消，因此，在一些对强度要求不很精确的工作中，可以把其衍射强度公式中的 e^{-2M} 和 $A(\theta)$ 同时略去。

3.6 粉末多晶体衍射强度的计算与应用

将吸收因子 $A(\theta)$ 与温度因子 e^{-2M} 计入(3-36)式，综合以上所有多晶体材料X射线衍射强度的影响因素，得到实际多晶体样品的衍射强度理论公式为

$$I=I_0\frac{\lambda^3}{32\pi R}\left(\frac{e^2}{mc^2}\right)^2\frac{\Delta V}{V_{胞}^2}P_{HKL}\,|F_{HKL}|^2\,\frac{1+\cos^2 2\theta}{\sin^2\theta\cos\theta}A(\theta)e^{-2M} \tag{3-41}$$

式中各参数同前所述。

在实际工作中，通常只需要比较各衍射线的相对强度。对于同一衍射花样，所用的 I_0、λ、e、c、m 及 R 等均为常数，故式(3-41)可简化为

$$I_{相对}=\frac{\Delta V}{V_{胞}^2}P_{HKL}\,|F_{HKL}|^2\,\frac{1+\cos^2 2\theta}{\sin^2\theta\cos\theta}A(\theta)e^{-2M} \tag{3-42}$$

至此，我们得到了多晶体材料X射线衍射相对强度的通用表达式，它是定量X射线衍射分析的理论基础。

基于式(3-42)，如果知道某物质的结构特征，就能通过相关布拉格角、角因子、结构因子和多重因子等，预测出该物质各衍射线的相对强度。

1. 列表计算法

当晶体结构比较简单时，可采用列表计算法来计算其衍射线相对强度。下面将采用这种方法，预测 Cu 粉各衍射线的相对强度，X 射线辐射波长为 $\lambda \approx 0.154\,05$ nm，Cu 点阵常数为 $a = 0.361\,5$ nm。

列表计算法过程如下：

（1）确定衍射线的干涉指数

Cu 属于面心立方结构，可知其衍射线指数必为同奇或同偶，指数从低到高依次为：(111)、(200)、(220)、(311)、(222)、…。将它们按顺序排列并标序上号，结果列于表 3.3 中第二列。

（2）计算布拉格角

由布拉格方程 $2d_{HKL}\sin\theta = \lambda$ 和立方晶系面间距公式 $d_{HKL} = a/\sqrt{H^2 + K^2 + L^2}$，并结合 Cu 的点阵参数 $a = 0.361\,5$ nm，计算出(1) 中各干涉指数(HKL)所对应的 $\sin\theta$ 和 θ 值。列于表中第三列和第四列。

（3）获得原子散射因子 f_{Cu}

计算出 $\sin\theta/\lambda$，结果列于表中第五列。根据 $\sin\theta/\lambda$-f_{Cu} 关系曲线（图 3.5），获得各条衍射线对应的原子散射因子 f_{Cu}，列于表中第六列。

（4）计算 $|F_{HKL}|^2$

对于面心立方结构，干涉指数(HKL)为同性数时，$|F_{HKL}|^2 = 16f^2$，否则 $|F_{HKL}|^2 = 0$，消光。由(3) 中得到的 f_{Cu}，计算各衍射线的 $|F_{HKL}|^2$ 值，列于表中第七列。

（5）计算角因子

基于角因子计算公式 $(1 + \cos^2 2\theta)/(\sin^2\theta\cos\theta)$，通过各衍射线的布拉格角 θ，计算它们对应的角因子，列于表中第八列。

（6）查阅多重因子

根据各干涉指数(HKL)和面心立方点阵的对称性特征，查表确定各衍射线的多重因子 P_{HKL}，列于表中第九列。

（7）计算相对衍射强度

对于同一衍射谱中的同一物相，$\Delta V/V_{胞}^2$ 也是定值，且衍射谱线由德拜照相法获得，其样品为圆柱状，吸收因子 $A(\theta)$ 与温度因子 e^{-2M} 对衍射强度的影响抵消。在此情况下，式(3-42) 可进一步简化成 $I_{相对} = P_{HKL}|F_{HKL}|^2 \dfrac{1 + \cos^2 2\theta}{\sin^2\theta\cos\theta}$，将表中的相关数据代入，可计算得到各衍射线的相对强度，结果列于表中第十列。

表 3.3 Cu 多晶粉的各衍射线相对强度的计算

线号	HKL	$\sin\theta$	$\theta/(°)$	$\frac{1}{10}\sin\theta/\lambda/\text{nm}^{-1}$	f_{Cu}	$\lvert F_{HKL}\rvert^2$	$\frac{1+\cos^2 2\theta}{\sin^2\theta\cos\theta}$	P_{HKL}	$I_{相对}$ 理论值	
									计算值 /(10^5)	标准化后
1	111	0.369	21.7	0.24	22.1	7 814	12.03	8	7.52	100
2	200	0.427	25.2	0.27	20.9	6 989	8.50	6	3.56	47
3	220	0.603	37.1	0.39	16.8	4 516	3.70	12	2.10	27
4	311	0.707	45.0	0.46	14.8	3 506	2.83	24	2.38	32
5	222	0.739	47.6	0.48	14.2	3 226	2.74	8	0.71	9
6	400	0.853	58.5	0.55	12.5	2 500	3.18	6	0.48	6
7	331	0.930	68.4	0.60	11.5	2 116	4.81	24	2.45	33
8	420	0.954	72.6	0.62	11.1	1 971	6.15	24	2.91	39

2. 计算机法

在晶体结构比较复杂的情况下，利用人工列表计算法计算其衍射线相对强度是十分困难和繁杂的。但如果根据相对强度的计算原理编制相应的计算机程序，则可快速且准确地实现这类复杂结构的 X 射线衍射线相对强度的计算工作。在求解过程上，计算机法与人工列表法大致相同，也包含如下几个步骤：

(1) 根据晶体结构确定干涉指数。

(2) 根据布拉格方程及晶面间距公式计算各干涉面对应的布拉格角。

(3) 计算单类原子或多类原子的散射因子。

(4) 计算晶体点阵的 $\lvert F_{HKL}\rvert^2$。

(5) 确定各干涉面的多重性因子。

(6) 计算角因子并最终算出各衍射线的相对强度。

目前，各 X 射线衍射仪器制造商以及相关科研机构已经推出许多功能强大的 X 射线衍射分析商业软件，它们都具有各类晶体的衍射强度计算功能。只要我们掌握了相关计算的基本原理，就可以合理运用这些计算机软件，获得正确的衍射强度计算结果，以供实际研究使用。

第4章

粉末多晶体X射线衍射仪

粉末多晶体X射线衍射分析方法主要是照相法和衍射仪法。

1916年，德拜(Debye)和谢乐(Scherrer)等首先利用粉末多晶体试样及准直单色X射线进行衍射实验；在照相技术中几个标志性的发展有：塞曼(Seemann)聚焦相机、带弯晶单色器(Monochromator)的纪尼叶(Guinier)相机及斯特劳马尼斯(Straumanis)不对称装片法。

衍射仪法始于1928年，盖革(Geiger)与米勒(Mille)首先用盖革计数器制成了衍射仪，但效率较低。现代衍射仪是在20世纪40年代中期按弗里德曼(Friedman)的设计制成的，包括高压发生器、测角仪和辐射计数器等在内的联合装置。由于目前广泛应用电子计算机进行控制和数据处理，已达到全自动化的程度，使用简单方便，衍射仪法已经取代照相法，成为通用的结构分析手段。

在本篇第2章中讨论过，粉末多晶体样品的X射线衍射通常采用单色的X射线照射试样，利用晶粒的不同取向来改变θ，以满足布拉格方程。多晶体样品可采用粉末状、多晶块状、板状、丝状等试样。

如图4.1所示，多晶体中不同间距的晶面，对应于不同半径的同心倒易球面，这些倒易球面与反射球面相交后，将得到一系列的同心圆，衍射线由反射球心指向该圆上的各点，从而形成半顶角为2θ的衍射圆锥。实验过程中即使多晶体试样不动，各个倒易球面(相当于不同间距的晶面族)上的结点，也有充分的机会与反射球面相交。产生的衍射圆锥，可以用不同的方式记录：可以简单在圆锥方向放置照相底片记录圆锥与底片的交线；也可以利用衍射仪的计数器，计数器沿反射圆周移动，扫描并接收不同方位的衍射线计数强度，就可得到由一系列衍射峰所构成的衍射谱。

粉末法是衍射分析中最常用的一种方法，主要特点是：试样获得容易；衍射花样反映晶体的信息全面；可以进行物相分析、点阵参数测定、应力测定、织构测量、晶粒度测定等。

照相法主要有：德拜-谢乐法(Debye-scherrer method)、聚焦照相法(Focusing method)和针孔法(Pinhole method)。照相法是较原始的多晶体X射线衍射分析方法，设备简单，价格便宜，在试样非常少的时候(如1 mg)可以进行分析，记录晶体衍射的全部信息。但是非常明显的缺点是：摄照时间长，往往需要10～20小时；衍射线强度靠照片的黑度来估计，准确度不高，误差比较大。目前已经完全被衍射仪法取代，本书不做进一步介绍。

衍射仪法利用计数管来接收衍射线，具有快速、灵敏及精确等优点。X射线衍射仪包括辐射源、测角仪、探测器、控制测量与记录系统等;可以安装各种附件,如高低温衍射、小角散射、织构及应力测量等。

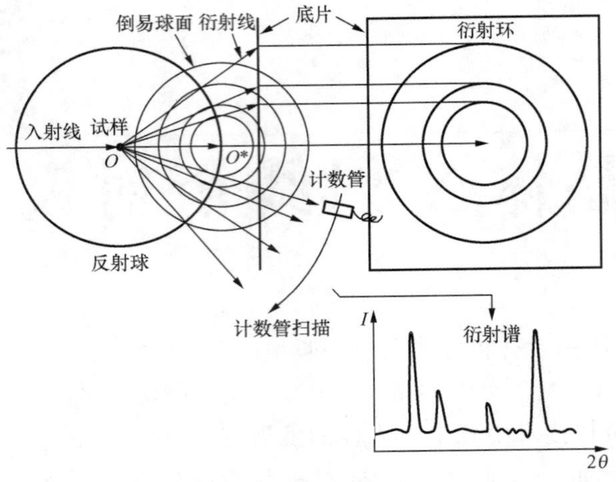

图 4.1 多晶体 X 射线分析方法

衍射仪法的优点较多,如速度快、强度相对精确、信息量大、精度高、分析简便(现在大部分测试项目已有了专用程序)、试样制备简便等。衍射仪对强度的测量是利用电子计数器(计数管)直接测定的。

X 射线衍射仪设计时应着重考虑:获得足够的辐射强度,以尽可能增加试样的衍射信息;精确测量衍射角、采集衍射计数要稳定可靠,并尽可能除掉多余的辐射线,降低背底散射。

4.1 测角仪

粉末衍射仪中均配备常规的测角仪,其结构简单且使用方便。图 4.2 为粉末衍射仪的测角仪示意图,它在构造上与德拜相机有很多相似之处。平板试样安装在试样台上,二者可围绕 O 轴旋转。S 为 X 射线的光源,其位置始终是固定不动的。一束发散 X 射线由 S 点发出,照射到试样上并发生衍射,衍射线束汇聚指向接收狭缝,然后被计数管所接收。接收狭缝和计数管一同安装在支架上,它们可围绕 O 轴旋转。当试样转动 θ 角时,衍射线束的 2θ 角必然改变,相应地支架位置会恒定转动 2θ 角以接收衍射线。支架所转动的角度可以从刻度上读出(该刻度制作在测角仪圆的圆周上)。在测量过程中,保持固定的转动关系(试样台转动 θ 角而支架 E 恒转过 2θ 角),这种连动方式称为 $\theta/2\theta$ 耦合扫描。计数管在扫描过程中逐个接收不同角度下的计数强度,绘制强度与角度的关系曲线,即得到 X 射线的衍射谱线。

采用 $\theta/2\theta$ 耦合扫描,确保了 X 射线相对于平板试样表面的入射角与反射角始终相等,且都等于 θ 角。试样表面法线始终平分入射线与衍射线的夹角,当 2θ 符合某(HKL)晶面布拉格条件时,计数管所接收的衍射线总是由那些平行于试样表面的(HKL)晶面产生的(图 4.3)。

视频

测角仪工作过程

图 4.4 为测角仪的聚焦几何关系,根据图中的聚焦原理,光源 S、试样被照射表面 MON 以及衍射线会聚点 F 必须落到同一聚焦圆上。在实验过程中聚

焦圆时刻在变化，其半径 r 随 θ 角的增大而减小。聚焦圆半径 r，测角仪圆半径 R 以及 θ 角的关系为

$$r = R/(2\sin\theta)$$

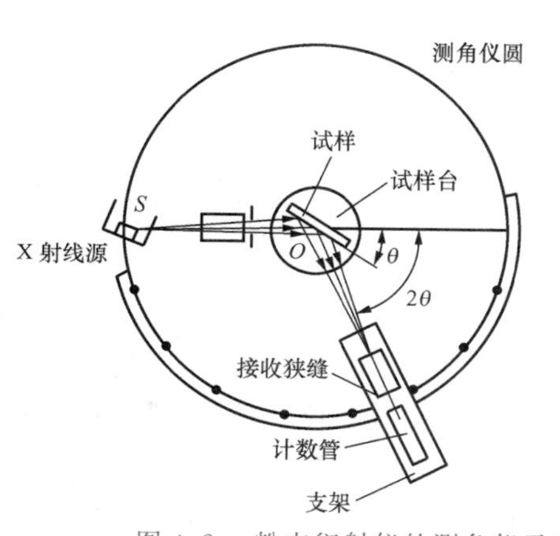

图 4.2　粉末衍射仪的测角仪示意图[13]

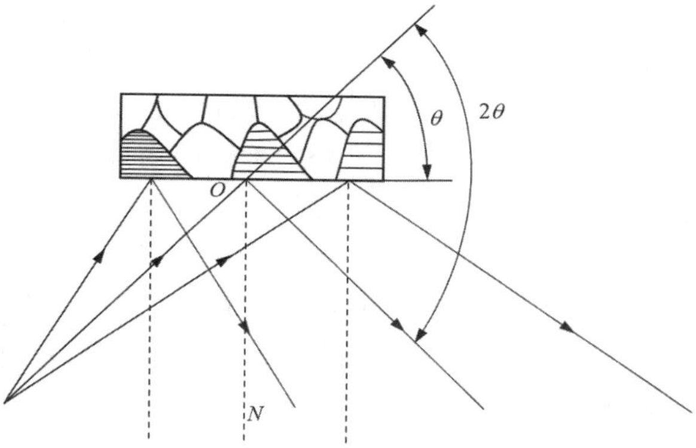

图 4.3　$\theta/2\theta$ 耦合扫描的衍射晶面

这种聚焦几何要求试样表面与聚焦圆有同一曲率。但因聚焦圆的大小时刻变化，故此要求难以实现。衍射仪习惯采用的是平板试样，在运转过程中始终与聚焦圆相切，即实际上只有 O 点在这个圆上。因此，衍射线并非严格地聚集在 F 点上，而是分散在一定的宽度范围内，只要宽度不大，在应用中是允许的。

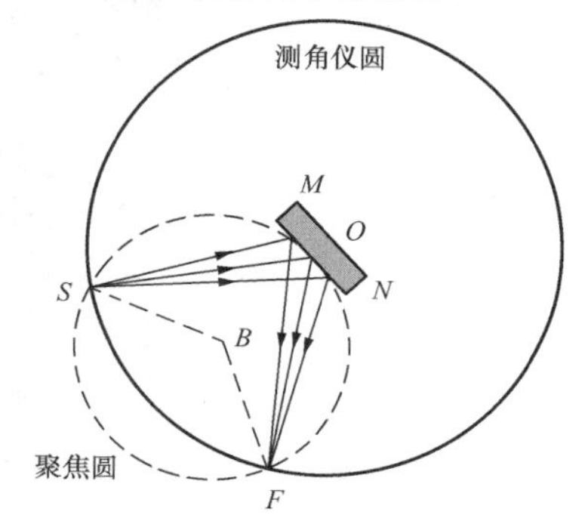

图 4.4　测角仪的聚焦几何

测角仪的光学布置如图 4.5 所示。通常 X 射线的光源靶面上为线焦点 S，其长轴沿竖直方向，因此 X 射线在水平方向会有一定发散，而垂直方向则近乎平行。X 射线由光源 S 发出，经过入射梭拉狭缝 S_1 和发散狭缝 DS 后，照射到垂直放置的试样表面上，然后衍射线束依次经过防散射狭缝 SS、衍射梭拉狭缝 S_2 及接收狭缝 RS，最终被计数管接收。

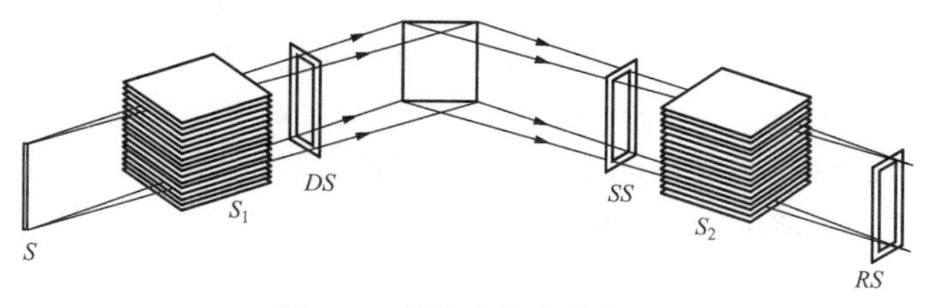

图 4.5　测角仪的光学布置

狭缝 DS 和 SS 分别限制入射线束和衍射线束的水平发散度；接收狭缝 RS 限制衍射线束的聚焦宽度；梭拉狭缝 S_1 和 S_2 分别限制入射线束和衍射线束的垂直发散。使用上述系列狭缝，可以确保正确的衍射光路，有效阻挡多余散射线进入计数管中，提高衍射分辨率。狭缝 DS、SS 和 RS 宽度是配套的，例如 $DS = 1°$、$SS = 1°$ 和 $RS = 0.3$ mm，表示入射线束和衍射线束水平发散度为 1°，衍射线束聚焦宽度为 0.3 mm；梭拉狭缝 S_1 和 S_2 由一组相互平行的金属薄片组成，例如相邻两片间空隙小于 0.5 mm，薄片厚约 0.05 mm、长约 30 mm，这样梭拉狭缝可将射线束垂直方向的发散限制在 2° 以内。

4.2 计数器

衍射仪的X射线探测元件为计数管,计数管及其附属电路称为计数器。20世纪20年代末期,盖革(Geiger)与米勒(Miller)制成改进型的盖革计数器,其结构简单、使用方便。后来人们又制出正比计数器和闪烁计数器,其计数效率更高。目前,使用最为普遍的是闪烁计数器;但在要求定量关系较为准确的场合下,仍习惯使用正比计数器。近年来,有的衍射仪还使用较先进的位敏探测器及Si(Li)探测器等。

1. 闪烁计数器

闪烁计数器是利用X射线激发某些固体(磷光体)发射可见荧光,并通过光电管进行测量、光电倍增管放大。因为输出电流与被计数管吸收的X射线强度成正比,故可以用来测量X射线强度。图4.6为真空闪烁计数管构造及探测原理。磷光体一般为加入铊(质量分数约为0.5%)作为活化剂的碘化钠(NaI)单晶体,射线照射后可发射蓝光。图中晶体左侧常覆盖一薄层铝,铝的左侧覆盖一薄层铍。铍不能透进可见光,但对X射线是透明的,铝则能将晶体发射的光反射回光敏阴极上。

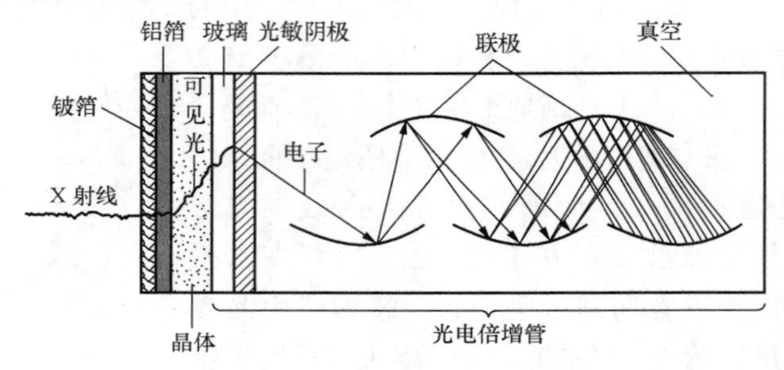

图4.6 真空闪烁计数管构造及探测原理

在光电倍增管中装有若干个联极,后一个均较前面一个高出约100 V的正电压,而最后一个则接到测量电路中去。晶体吸收一个X射线光子后,在其中即产生一个闪光,这个闪光射进光电倍增管中,并从光敏阴极(一般用铯-锑金属间化合物制成)上撞出许多电子(为简明起见,图4.6中只画了一个电子)。从光敏阴极上迸出的电子被吸往第一联极,该电子可从第一联极金属表面上撞出多个电子(图中只撞出两个),而每个到达第二联极上的电子又可撞出多个电子,依次类推。各联极实际增益4~5倍,一般有8~14个联极,总倍增将超过1×10^6。这样,晶体吸收了一个X射线光子以后,便可在最后一个联极上收集到数目众多的电子,从而产生电压脉冲。

闪烁管的作用很快,其分辨时间可达1×10^{-8}数量级,即使当计数率在1×10^5次/s以下时也不存在计数损失的现象。闪烁计数器的主要缺点在于背底脉冲过高,在没有X射线光子射进计数管时仍会产生无照电流的脉冲,其来源是光敏阴极因热离子发射而产生电子。此外,闪烁计数器价格较贵,体积较大,对温度的波动比较敏感,受震动时亦容易损坏。晶体易于潮解而失效。

2. 正比计数器

如图4.7所示,正比计数管外壳为玻璃,内充惰性气体。计数管窗口由云母或铍等低吸收系数的材料制成。计数管阴极为一个金属圆筒，阳极为共轴的金属丝。阴、阳极之间保持一定的电位差。X 射线光子进入计数管后，使其内部气体电离，并产生电子。在电场作用下，这些电子向阳极加速运动。电子在运动期间，会使气体进一步电离并产生新的电子，新电子运动再次引起更多气体的电离，于是就出现了电离过程的连锁反应 —— 雪崩。在极短的时间内，所产生的大量电子便会涌向阳极，从而产生可探测到的电流。这样，即使少量光子照射，也能产生大量电子和离子，这就是气体的放大作用。

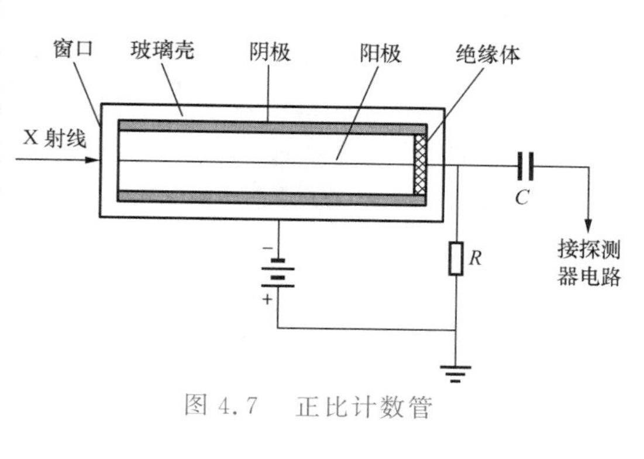

图 4.7　正比计数管

正比计数器所给出的脉冲大小和它所吸收的 X 射线光子能量成正比，在进行衍射强度测量时结果比较可靠。正比计数器的反应极快，对两个连续到来的脉冲分辨时间只需 1×10^{-6} s。它性能稳定、能量分辨率高、背底脉冲低、光子计数效率高，在理想情况下可认为没有计数损失。正比计数器的缺点是对温度比较敏感，计数管需要高度稳定的电压，而且雪崩放电所引起电压的瞬时降落只有几毫伏。

此外，近年较常用的还有位敏正比计数器（PSPC）。它分单丝和多丝两种，能同时测定 X 射线光子的数目及其在计数器上被吸收的位置，在计数器并不扫描的情况下即可记录全部衍射花样。因此，几分钟即可获得一张衍射图。多丝的 PSPC 可给出衍射的二维（平面）信息，在研究生物大分子、结晶过程等动态结构的变化上有突出的优越性。此外，影像版（IP）、电荷耦合装置（CCD）等新型二维探测系统亦已开始在 X 射线衍射上应用。

4.3　单色器

在 X 射线进入计数管前，需要去掉连续 X 射线以及 K_β 辐射线，降低背底散射，以获得良好的衍射效果。这个过程叫单色化，单色化仪器包括：滤波片、晶体单色器以及波高分析器等。

1. 滤波片

第 1 章 X 射线物理基础中谈论过，为了滤去 X 射线中的 K_β 辐射线，可以选择一种合适的材料作为滤波片，此材料的吸收限刚好位于入射 X 射线 K_α 与 K_β 波长之间，滤波片将强烈吸收 K_β 辐射线，而对 K_α 辐射线的吸收很少，从而得到基本上是单色的 K_α 辐射线。单滤波片通常是插在衍射光程的接收狭缝 *RS* 处，但某些情况下例外。例如，Co 靶测定 Fe 试样时，Co 靶 K_β 辐射线可能激发出 Fe 试样的荧光辐射，此时应将滤波片移至入射光程的发散狭缝 *DS* 处，这样可以减少荧光 X 射线，降低衍射背底。使用 K_β 滤波片后难免还会出现微弱的 K_β 峰。

2. 晶体单色器

降低背底散射的最好方法是采用晶体单色器。如图 4.8 所示，在衍射仪接收狭缝 *RS* 后面放置一块单晶体（即晶体单色器），此晶体的某晶面与通过接收狭缝的衍射线所成角度等于此晶面对靶 K_α 线的布拉格角。试样的 K_α 衍射线经过单晶体再次衍射后进入计数管，而非试样的

K_α 衍射线因不能发生衍射则不能进入计数管。接收狭缝、单色器和计数管的位置相对固定，因此尽管衍射仪在转动，也只有试样的 K_α 衍射线才能进入计数管，利用单色器不仅对消除 K_β 线非常有效，而且由于消除了荧光 X 射线，大大降低了衍射的背底。

选择晶体单色器时如果强调分辨率，一般选用石英等晶体单色器；如果强调强度则使用热解石墨单色器，它的(002) 晶面的反射效率高于其他单色器。

如果采用晶体单色器，则强度公式中的角因子改为

$$L_p = (1 + \cos^2 2\theta_M \cos^2 2\theta)/(\sin^2\theta \cos\theta)$$

式中，$2\theta_M$ 是单色器晶体的衍射角。

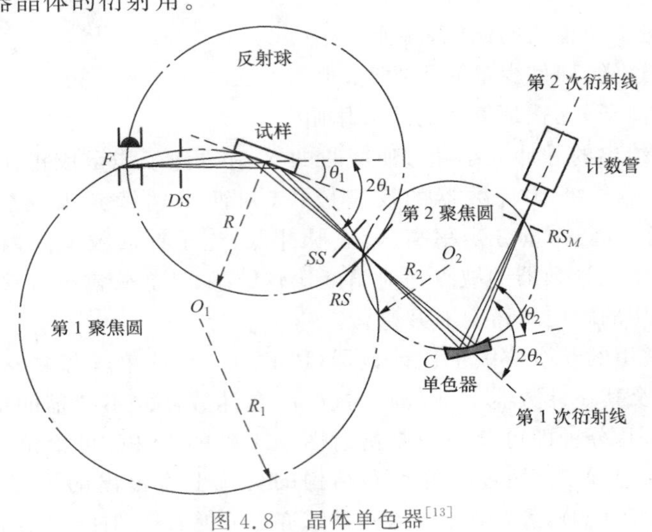

图 4.8 晶体单色器[13]

3. 波高分析器

闪烁计数器或正比计数器所接收到的脉冲信号，除了试样衍射特征 X 射线的脉冲外，还夹杂着一些高度、大小不同的无用脉冲，它们来自连续辐射、其他散射及荧光辐射等，这些无用脉冲只能增加衍射背底，必须设法消除。

来自探测器的脉冲信号，其脉冲波高正比于所接收的 X 射线光子能量(反比于波长)，因此通过限制脉冲波高就可以限制波长，这就是波高分析器的基本原理。根据靶的特征辐射(如Cu K_α) 波长确定脉冲波高的上下限，设法除掉上下限以外的信号，保留与该波长相近的脉冲信号，这就是所需要的衍射信号。采用脉冲波高分析器后，可以使入射 X 射线束基本上成单色。所得到的衍射谱线峰背比明显降低，谱线质量得到改善。在实际应用中，为了尽可能提高单色化效果，一般是滤波片与波高分析器联合使用，或者是晶体单色器与波高分析器联合使用。

4.4 测量条件

X 射线衍射试样包括两大类，即块状试样和粉末试样；它们可能是单晶、多晶或非晶体材料。对块状试样表面状态的基本要求，就是被测表面平整和清洁；块状试样中无法避免晶面择优取向时，可对其相互垂直的三个表面分别进行分析，以得到比较全面的实验结果。对

粉末试样的粒度没有严格要求，一般定性分析时粒度应小于 40 μm，定量分析时粒度应小于 1 μm；比较方便的确定粒度的方法是，用手指捏住少量粉末并碾动，两手指间没有颗粒感觉的粒度大致为 10 μm。

关于靶材类型、管电压和管电流的选择，请参阅第 1 章 X 射线物理基础相关内容。这里着重讨论衍射仪特有的狭缝、扫描速度、扫描方式和时间常数。

1. 发散狭缝与防散射狭缝

发散狭缝决定了 X 射线水平方向的发散角，限制试样被照射的面积。如果使用较宽的发散狭缝，X 射线强度虽然增加，但会照射到试样架，出现试样架物质的衍射信息，给定量分析工作带来不利的影响。可以证明，试样照射宽度 $2A$ 为

$$2A = [1/\sin(\theta + \delta/2) + 1/\sin(\theta - \delta/2)]\, R\sin(\delta/2)$$

式中，θ 为布拉格角；δ 为发散狭缝的发散角；R 为测角仪半径，普通衍射仪的 R =185 mm。

根据上式可计算出选定发散狭缝在不同衍射角下试样表面的照射宽度。定性分析时常选 1° 发散狭缝。当低角衍射特别重要时，可用 1/2° 或 1/6° 发散狭缝。

防散射狭缝是为了防止空气等物质引起的散射线进入探测器。一般情况下，防散射狭缝与发散狭缝的开口角相同。

2. 接收狭缝

衍射谱线的分辨率取决于接收狭缝的宽度。窄的接收狭缝，衍射分辨率高，但强度低。宽的接收狭缝，衍射谱线信噪比较大。在定性分析中，一般采用 0.3 mm 的接收狭缝；分析有机化合物的复杂谱线时，为获得较高分辨率，采用 0.15 mm 的接收狭缝。

3. 扫描速度

扫描速度就是计数管在测角仪圆上均匀转动的角速度，单位为(°)/min。扫描速度太慢，衍射峰形光滑，但测试时间长；扫描速度太快，则计数强度不足，衍射峰粗糙并出现锯齿状轮廓，结果缺乏准确性。扫描速度太快时，不但可造成强度和分辨率下降，同时还导致衍射峰的位置向扫描方向偏移。

4. 扫描方式与时间常数

扫描方式可分为连续扫描和阶梯扫描。连续扫描方式是计数管在均匀连续转动的过程中同时计数，一定角度间隔内的积累计数即为间隔的强度值。阶梯扫描方式是让计数管依次转到各角度间隔位置，停留并采集数据，其停留时的积累计数即为该角度的强度值，而计数管转动期间并不采集衍射数据。在要求不高的定性分析工作中，一般采用连续扫描。阶梯扫描测量精度高，主要应用于测量单一衍射峰，常用于定量分析、点阵参数测定及宏观应力(Macro-stress) 测量等。

阶梯扫描方式由时间常数和角度间隔参数来描述。时间常数是计数管在各角度间隔停留的时间，是影响阶梯扫描质量的一个重要参数。时间常数过小则扫描速度太快，虽可节约测试时间，但由于每个角度的积累计数强度不足，导致衍射谱线的质量较差；时间常数过大则扫描速度太慢，虽可以提高积累计数强度使衍射谱线光滑，但需要很长的测试时间。

测量条件示例

表 4-1 给出了几种粉末试样实验测量条件。这些测量条件仅仅是一般性的指导原则，实验对象或目的不同，相应的测量条件会有所变动，因此在实际工作中要灵活应用。

表 4.1　粉末 X 射线衍射仪一般测量条件

条件	目的					
	未知试样的简单相分析	铁化合物的相分析	高分子有机物测定	微量相分析	定量	点阵常数测定
靶	Cu	Cr,Fe,Co	Cu	Cu	Cu	Cu,Co
管压 /kV	35 ～ 45	25 ～ 40	35 ～ 45	35 ～ 45	35 ～ 45	35 ～ 45
K_β 滤波片	Ni	V,Mn,Fe	Ni	Ni	Ni	Ni,Fe
管流 /mA	30 ～ 40	20 ～ 40	30 ～ 40	30 ～ 40	30 ～ 40	30 ～ 40
定标器量程 /cps	2 000 ～ 20 000	1 000 ～ 10 000	1 000 ～ 10 000	200 ～ 4 000	200 ～ 20 000	200 ～ 4 000
时间常数 /s	1,0.5	1,0.5	2,1	10 ～ 2	10 ～ 2	5 ～ 1
扫描速度 /[(°)/min]	2,4	2,4	1,2	1/2,1	1/4,1/2	1/8 ～ 1/2
发散狭缝 *DS*/(°)	1	1	1/2,1	1	1/2,1,2	1
接收狭缝 *RS*/(°)	0.3	0.3	0.15,0.3	0.3,0.6	0.15,0.3,0.6	0.15,0.3
扫描速度 /(°)	90(70) ～ 2	120 ～ 10	60 ～ 2	90(70) ～ 2	需要的衍射线	需要的几条高角度衍射线

扩展阅读 6：粉末多晶体 X 射线衍射分析方法之照相法

1. 德拜 - 谢乐法

图 K.6 (a) 所示为德拜法的衍射几何。用细长的条形照相底片围成圆筒，使试样（通常为细棒状）位于圆筒的轴心，入射 X 射线与圆筒轴相垂直地照射到试样上，衍射圆锥的母线与底片相交成圆弧。图 K.6 (b) 所示为长条形底片展开后的示意图，这种照片被称作德拜相，使用的圆筒形相机叫作德拜相机。德拜相的花样在 $2\theta=90°$ 时为直线，其余角度下均为曲线且对称分布（即弧对）。每一组相对的弧对对应一个衍射圆锥。根据在底片上测定的衍射线条（弧对）的位置可以确定衍射角 θ，如果知道 λ 的数值就可以计算出本衍射线条对应的衍射面晶面间距。反之，如果已知晶体的晶面间距（晶胞的形状和大小）也可预测底片上产生的衍射线条的位置。

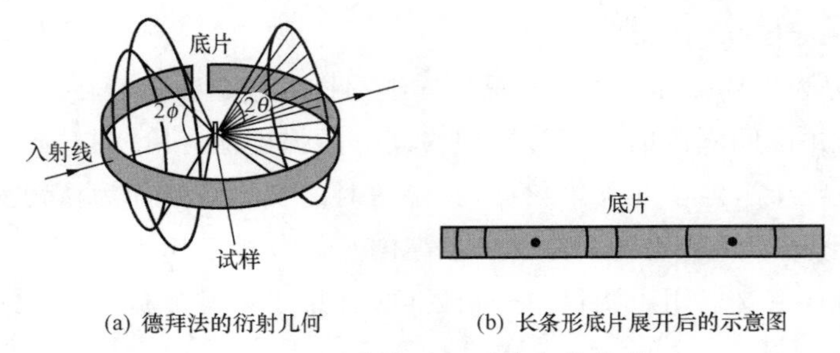

图 K.6　德拜相的记录和衍射花样

2. 聚焦法

将具有一定发散度的单色 X 射线照射到弧形的多晶体试样表面，由各 $\{HKL\}$ 晶面族产生的衍射束分别聚焦成一细线，此衍射方法称为聚焦法。图 K.7 为聚焦法原理，图中片状多晶体试样 AB 表面曲率与圆筒状相机相同，X 射线从狭缝 M 入射到试样表面，试样各点同一 $\{HKL\}$ 晶面族所产生衍射线都与入射线成 2θ 夹角，因此聚焦于相机壁上的同一点。图中

$MABN$ 圆周即为聚焦圆，利用聚焦原理的相机称聚焦相机或塞曼-巴林（Seemann-Bohlin）相机，其布拉格角 $\theta(°)$ 为

$$4\theta=[(MABN+NF)/R](180/\pi)$$

式中，弧长 $MABN$ 是相机的参数；弧长 NF 由底片上测量；R 为相机半径（聚焦圆半径）。

与德拜法相比，聚焦法的优点是入射线强度高，被照试样面积大，衍射线聚焦效果好，曝光时间短，且相机半径相同时聚焦法的线条分辨能力高；该方法的缺点是角度范围小，例如背射聚焦相机的角度范围仅为 92°～166°。

3. 针孔法

单色X射线通过针孔光阑照射到多晶体试样上，用垂直于入射线的平板底片接收衍射线，这种拍摄方法称为针孔法，如图K.8所示。该法又可分为透射法（底片在试样前端）和背散射法（底片在试样后端，入射线一侧）两种。针孔像为一系列同心圆环。如果衍射环半径 r 及试样到底片的距离 D 已知，则布拉格角 $\theta(°)$ 为

透射法：

$$\theta=[\arctan(r/D)]/2$$

背散法：

$$\theta=[180°-\arctan(r/D)]/2$$

由于利用的是单色X射线，上述针孔像中只包含少数的衍射环。如果利用连续X射线照射单晶体，仍利用上述针孔平板相机，实际已变为劳厄法，劳厄像能反映出晶体的取向，这也是单晶定向的一种方法。

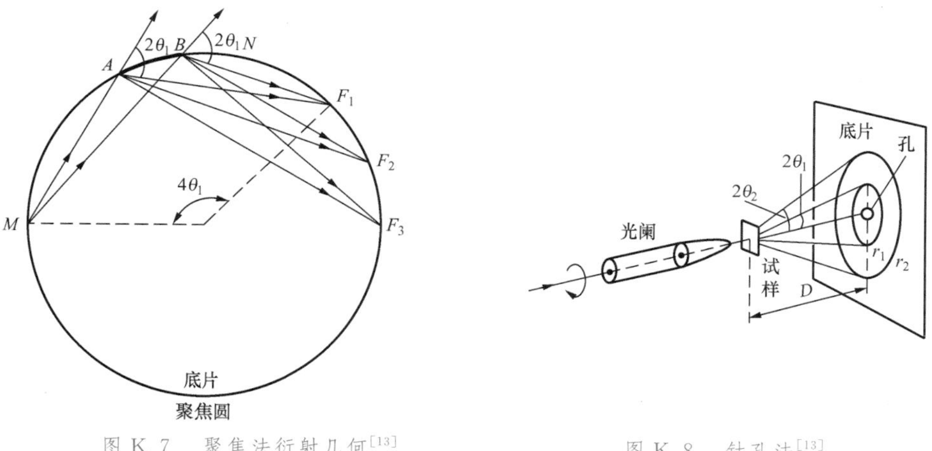

图K.7　聚焦法衍射几何[13]

图K.8　针孔法[13]

第5章

X 射线物相鉴定

研究结晶物质,不仅需要知道其化学组成(物质由哪些元素组成,含量多少),更重要的是需要知道组成该物质的物相。一个确定的物相有明确的化学成分和晶体结构。如,某一碳材料,其化学成分是 100% 的碳,但是其晶体结构可以由金刚石或石墨组成。X 射线衍射分析就是基于材料的晶体结构来测定物相。

每一种结晶物质都有自己独特的晶体结构,即特定点阵类型、晶胞大小、原子数目和原子在晶胞中的排列方式等。所以当 X 射线通过晶体时,每一种结晶物质都有自己独特的衍射花样,花样的特征可以用各个衍射晶面的晶面间距 d 和衍射线的强度 I 来表征。进一步地,多相物质的衍射花样互不干扰、相互独立,只是各单独物相衍射线的简单叠加。所以,如果存在一个每一种晶体物质的标准衍射花样数据库,那么对照这些标准谱图就可能从混合物相的衍射花样中,将单个物相一个一个辨识出来[13]。

由此,利用衍射花样来进行物相分析就可以变成简单的对照工作,即将样品的衍射花样与已知标准物质的衍射花样进行比较,并从中找出与其相同者即可。其实 X 射线物相分析,不仅可以确定样品的物相,还可以分析样品中每个物相的含量。

5.1 标准 X 射线衍射卡片

物相的 X 射线衍射花样有底片和衍射图两种,经衍射实验得到的花样一般都难以保存,且难以进行比较。实际上需将衍射花样经过计算,换算成衍射线的晶面间距 d 和相应的相对强度 I,制成标准卡片进行保存。哈那瓦特(Hanawalt)于 1938 年最早提出标准衍射卡片的设想,即在一张卡片上列出标准物质的一系列晶面间距及相应的相对衍射强度,用以代替实际的 X 射线衍射花样。1941 年,由美国材料试验协会(American Society for Testing Materials,ASTM)接管,整理并出版了约 1 300 张标准衍射卡片,所以当时的卡片叫 ASTM 卡片。随着科学的发展,卡片数量逐年增加。自 1969 年起,由粉末衍射标准联合会(Joint Committee on Powder Diffraction Standards,JCPDS)和国际衍射资料中心(International Centre for Diffraction Data,ICDD)联合负责标准衍射卡片的收集、校订和编辑工作,此后的卡片叫粉末衍射卡片(Powder diffraction file),简称 PDF 卡片。截至 1997 年,已有 47 组 PDF 卡片被 JCPDS 收集汇编,共计 67 000 张。

标准 PDF 卡片的格式都是相同的,图 5.1 所示为 AlN 相在 2001 版的 PDF 卡片计算机数据库中的显示。下面就 PDF 卡片中各栏内容以及缩写符号含义，介绍如下。

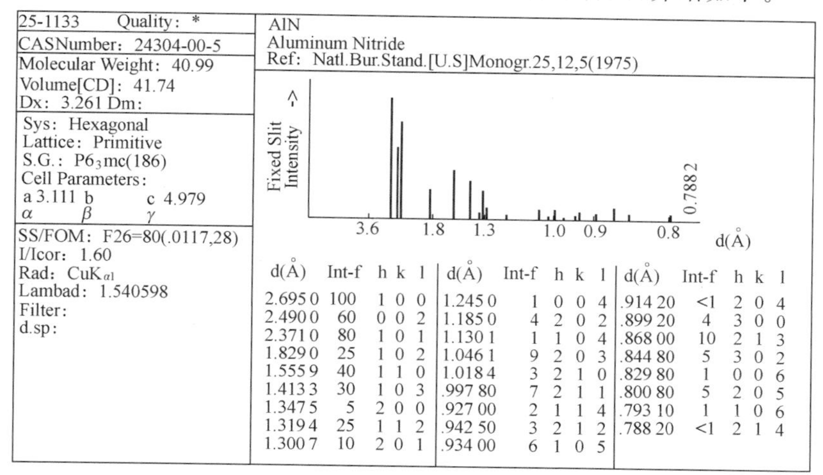

25-1133　Quality: *
CASNumber: 24304-00-5
Molecular Weight: 40.99
Volume[CD]: 41.74
Dx: 3.261 Dm:

Sys: Hexagonal
Lattice: Primitive
S.G.: $P6_3mc$(186)
Cell Parameters:
a 3.111 b　c 4.979
α　β　γ

SS/FOM: F26=80(.0117,28)
I/Icor: 1.60
Rad: $CuK_{\alpha 1}$
Lambad: 1.540598
Filter:
d.sp:

AlN
Aluminum Nitride
Ref: Natl.Bur.Stand.[U.S]Monogr.25,12,5(1975)

d(Å)	Int-f	h	k	l	d(Å)	Int-f	h	k	l	d(Å)	Int-f	h	k	l
2.6950	100	1	0	0	1.2450	1	0	0	4	.91420	<1	2	0	4
2.4900	60	0	0	2	1.1850	4	2	0	2	.89920	4	3	0	0
2.3710	80	1	0	1	1.1301	1	1	0	4	.86800	10	2	1	3
1.8290	25	1	0	2	1.0461	9	2	0	3	.84480	5	3	0	2
1.5559	40	1	1	0	1.0184	3	2	1	0	.82980	1	0	0	6
1.4133	30	1	0	3	.99780	7	2	1	1	.80080	5	2	0	5
1.3475	5	2	0	0	.92700	2	1	1	4	.79310	1	1	0	6
1.3194	25	1	1	2	.94250	3	2	1	2	.78820	<1	2	1	4
1.3007	10	2	0	1	.93400	6	1	0	5					

图 5.1　2001 版 PDF 卡片中的 AlN 相[17]

左面第一栏：卡片序号和质量标记(Quality)

卡片序号由两部分组成：组号 - 组内序号。

质量标记：* 表质量好；I 表质量较好；o 表质量较差；无符号表空缺，上述情况都不符合，无有效评价；c 表衍射数据来自计算，非测量谱；R 表卡片中的 d 值经 Rietveld 精化处理；Deleted 表已删除。

左面第二栏：CAS 号

CAS 号，又称 CAS 登录号，是某种物质[化合物、高分子材料、生物序列(Biological sequences)、混合物或合金]唯一的数字识别号码。美国化学会的下设组织——化学文摘服务社(Chemical Abstracts Service，CAS)负责为每一种出现在文献中的物质分配一个 CAS 号，其目的是避免化学物质有多种名称的麻烦，使数据库的检索更为方便。

左面第三栏：物质的物理性质数据

Molecular Weight 为相对分子质量；Volume[CD]为单胞体积；Dx 为用衍射方法测得的晶体密度(根据 NBS * AIDS83 程序由 X 射线计算的密度)；Dm 是用常规方法测得的晶体密度。

左面第四栏：物质的晶体学数据

Sys 为晶系；Lattice 为点阵类型；S. G. 为空间群符号；Cell Parameters 为晶格参数，包括 a、b、c 和 α、β、γ。

左面第五栏：所用的实验条件

SS/FOM 为品质系数，表明所测晶面间距的完善性和精密度；I/I_{cor} 为参比强度；Rad 为辐射种类(CuK_α 或 MoK_α 等)；Lambda 为辐射波长(单位 nm)；Filter 为滤波片的名称；d-sp 为测定晶面间距所用的方法和仪器。

右面第一栏：物质的化学式及英文名称

Ref 指该衍射数据的文献来源。

右面第二栏：示意图谱和晶面间距、相对强度及晶面指数

其中规定最强线的强度为 100。

5.2 物相鉴定

X 射线物相鉴定就是通过实测衍射线与标准卡片数据进行对照，来确定未知试样中的物相类别。主要有三个步骤：

(1) 用衍射仪法获得被测试样的 X 射线衍射谱线。确定每个衍射峰的衍射角 2θ 和相对衍射强度 I，目测最强峰的强度为 100，依次按比例估算其他衍射峰的相对强度值。

(2) 根据入射波长 λ 和各个衍射峰的 2θ 值，由布拉格方程计算出各个衍射峰对应的晶面间距 d，并按照 d 由大到小的顺序分别将 d 与 I 排成两列。

(3) 利用这一系列 d 与 I 数据进行 PDF 卡片检索，通过这些数据与标准卡片中数据进行对照，从而确定出待测试样中各物相的类别。

现在使用的 X 射线衍射仪都是自动地进行数据采集，计算机软件能够快速地确定出试样谱线中各衍射峰值强度及衍射角，而且还可以自动计算出晶面间距及相对强度，所得数据一般能够满足物相鉴定的要求。因此物相鉴定的核心就是如何运用粉末衍射数据库，即进行卡片检索的问题。传统的物相鉴定是借助卡片索引手工完成的。随着计算机技术的发展，手工检索方式已完全被计算机检索所代替，大大提高了检索的速度和准确性。

目前使用的 X 射线衍射仪都配备计算机自动检索程序及标准衍射数据库，利用检索程序，只需操作者输入必要的检索参数，根据实测衍射谱中一系列晶面间距与相对强度，仪器就可快速且准确地自动检索出与之对应的物相类型。当然，计算机检索也不是万能的，如果使用不当，难免会出现漏检或误检的现象，需要人工复核。

计算机检索基本过程大致相同，介绍如下：

(1) 粗选。将某衍射谱线数据与分库(或总库)的全部卡片数据对照，凡卡片上的强线在试样谱图中有反映者，均被检索出来。这一步可能选出 50 ～ 200 张卡片。对实验数据给出合理的误差范围，确保顺利地进行对照。

(2) 总评分筛选。对各粗选的卡片给出拟合度的总评分数，将匹配线条的条数、相对强度高低和吻合的程度等作为评分标准。d 和 I 都在标准中时 d 更重要，例如设定 d 权重为 0.8 和 I 权重为 0.2；对于各组 d 和 I，d 值大的在评分中较重要，I 值高的也较重要。评分后，将总分较低的卡片淘汰掉，经这次筛选可剩下 30 ～ 80 张卡片。

(3) 元素筛选。将试样可能出现的元素输入，若卡片上物相组成元素与之不符则被淘汰。经元素筛选后可保留 20 ～ 30 张卡片。若无试样成分资料，则不做筛选。

(4) 合成谱图。试样中不可能同时存在上述 20 ～ 30 个物相，只能有其中 1 ～ 2 个，一般不超过 5 ～ 6 个，若干张不同卡片谱线的组合就是试样的实测谱图。按此规律，将经元素筛选的候选卡片花样进行组合。但不必取数学上的全部组合，而须予以限制，以减少总的合成谱图数。将各个合成谱图与试样谱图进行对比，拟定若干谱图相似度的评分标准，将分数最高的几个物相卡片打印出来。

经过以上处理，一般能给出正确的结果。

检索示例：

选用 Al-V 混合试样进行 X 射线衍射分析。仪器完成试样衍射谱线的采集之后，如需要可对谱线进行适当地光滑处理，使粗糙的衍射谱线得以光洁。采用自动寻峰或人工标定的方法，确定出各衍射峰位 2θ 值，计算出它们的晶面间距 d 和相对衍射强度 I 值。实际测量界面如图 5.2 所示。

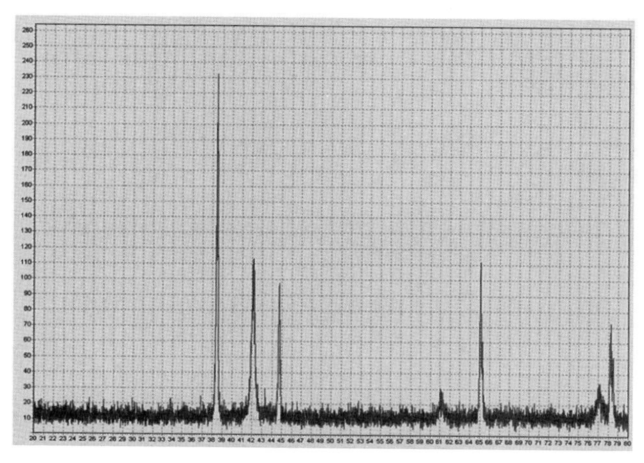

图 5.2　实际衍射谱线及测量结果

然后，利用以上结果进行计算机物相鉴定工作，借助专用软件对衍射峰的 2θ、d 和 I 数据进行卡片检索，检索库选择为无机分库，输入可能存在的元素 Al 和 V，检索结果如图 5.3 所示。图中不但提供了所检索到的物相分子式及卡片号，同时还给出了相应的标准卡片谱线。结果表明，该试样中只包括 Al 和 V 两种物相，而且标准卡片谱线与实测衍射谱线在 d 值上完全一致，I 值也比较接近。

物相鉴定中应注意的问题：

(1) 晶面间距 d 的数据比相对强度 I 的数据重要。即实测数据与标准卡片二者的 d 值必须很接近，一般要求其相对误差在 $\pm1\%$ 以内。当被测物相中含有固溶元素或样品中有较大的宏观应力时，晶面间距偏离量可能增大，这就有赖于测试者根据试样本身情况加以判断。相对强度值允许有较大的出入，因其对试样物理状态和实验条件等很敏感。即使采用衍射仪获得较为准确的强度测量，也可能与卡片中的数据存在差异；当测试所用的辐射波长与卡片不同时，相对强度的差别则更为明显。如果不同相的晶面间距相近，必然造成衍射线的重叠，也就无法确定各物相的衍射强度。当存在织构时，会使衍射相对强度出现反常分布。这些都是导致实测相对强度与卡片数据不符的原因。因此，在定性分析中不要过分计较衍射强度的问题。

(2) 低角度衍射数据比高角度衍射数据重要。这是因为，对于不同晶体来说，低角度线的 d 值相一致的机会很少；但是对于高角度线（即 d 值小的线），不同晶体间相互近似的机会就增多。

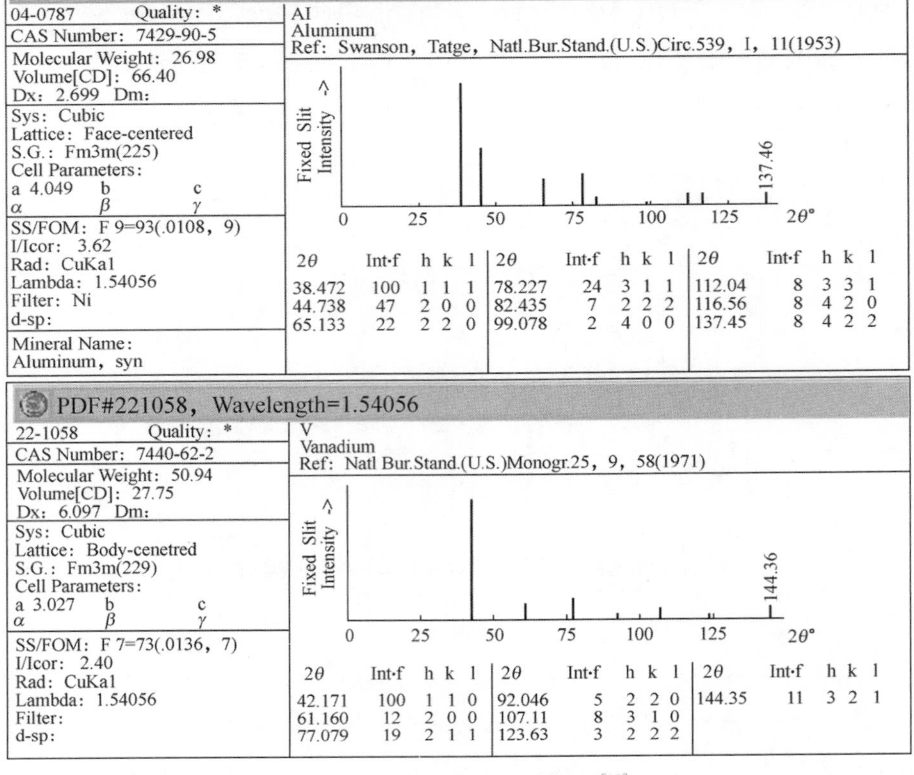

图 5.3 计算机物相检索结果[17]

(3) 相对强度大的衍射比相对强度小的衍射重要，特别要重视 d 值大的强线。这是因为，强线的出现情况是比较稳定的，同时也较易测得精确；而弱线则可能由于强度的减低而不再能被察觉。

(4) 应重视特征线。有些结构相似的物相(例如某些黏土矿物以及许多多型晶体)，它们的粉末多晶衍射数据往往大同小异，只有当某几根线同时存在时，才能肯定它是某个物相。这些线就是所谓的特征线。对于这些物相的鉴定，必须充分重视特征线。

(5) 应尽可能地先利用其他分析、鉴定手段，初步确定出样品可能是什么物相，将它局限于一定的范围内。这样可以减少盲目性。同时，在最后做出鉴定时，还必须考虑到样品的其他特征，如形态、物理性质以及有关化学成分的分析数据等，以便做出正确的判断。

在检索过程中还会遇到很多困难。如在分析多相混合物衍射谱时，若某个相的含量过少，将不足以产生自己完整的衍射谱线，甚至根本不出现衍射线。例如，钢中的碳化物、夹杂物就往往如此。这类分析须事先对试样进行电解萃取，针对具体的材料和分析要求，可选择合适的电解溶液和电流密度，将基体溶解掉，只剩下微量析出相沉积下来。

另外，不同相的衍射线条会因晶面间距相近而互相重叠，致使谱线中的最强线可能并非某单一相的最强线，而是由两个或多个相的非最强线叠加的结果。若以这样的线条作为某相的最强线，将查找不到任何对应的卡片，于是必须重新假设和检索。比较复杂的定性物相分析工作往往需经多次尝试方可成功。有时还需要分析其化学成分，并结合试样的来源以及处理或加工条件，根据物质相组成方面的知识，才能得到合理可靠的结论。

5.3 物相含量分析

物相含量分析的基本任务是在物相鉴定的基础上，确定混合物中各相的相对含量。

5.3.1 基本原理

物相含量分析的依据，是物质中各相的衍射强度。多相材料中某相的含量越多，则它的衍射强度就越高。但由于衍射强度还受其他因素的影响，在利用衍射强度计算物相含量时必须进行适当修正。衍射强度理论指出：各相衍射线条的强度随着该相在混合物中相对含量的增加而增强。

衍射强度的基本关系式（衍射仪法）为

$$I = I_0 \frac{\lambda^3}{32\pi R}\left(\frac{e^2}{mc^2}\right)^2 \frac{V}{V_c^2} P \mid F_{HKL} \mid^2 \phi(\theta) \frac{1}{2\mu_l} \mathrm{e}^{-2M} \tag{5-1}$$

原本它只适用于单相物质，但对其稍加修改后，也可用于多相物质。设试样是由 n 相组成的混合物，则其中第 j 相的衍射强度可表示为

$$I_j = I_0 \frac{\lambda^3}{32\pi R}\left(\frac{e^2}{mc^2}\right)^2 \frac{1}{2\mu_l}\left[\frac{V}{V_c^2} P \mid F_{HKL} \mid^2 \phi(\theta) \mathrm{e}^{-2M}\right]_j \tag{5-2}$$

由于材料中各相的线吸收系数不同，当混合物中仅第 j 相的含量改变时，强度公式中只有第 j 相的被照射体积和线吸收系数随之改变，其余各项均为常数（用 K_j 来统一表示）。若第 j 相的体积分数为 C_j，并令试样被照射体积 V 为单位体积，则第 j 相的被照射体积 $V_j = C_j V = C_j$，相应的第 j 相某条衍射线的强度 I_j 可表示为

$$I_j = K_j \frac{C_j}{\mu_l} \tag{5-3}$$

其中

$$C_j = \frac{V_j}{V} \tag{5-4}$$

$$K_j = \frac{1}{2} I_0 \frac{\lambda^3}{32\pi R}\left(\frac{e^2}{mc^2}\right)^2 \frac{1}{V_c^2} P \mid F_{HKL} \mid^2 \phi(\theta) \mathrm{e}^{-2M} \tag{5-5}$$

实际中经常测定的是物相的质量分数 W_j（$W_j = m_j/m$），如混合物的质量吸收系数为 μ_m，那么

$$C_j = \frac{V_j}{V} = \frac{m_j}{\rho_j V} = \frac{mW_j}{\rho_j V} = \frac{V\rho W_j}{\rho_j V} = \frac{\rho W_j}{\rho_j} \tag{5-6}$$

$$\mu_l = \mu_m \rho \tag{5-7}$$

则

$$I_j = K_j \frac{C_j}{\mu_l} = K_j \frac{W_j \rho}{\rho_j \rho \mu_m} = K_j \frac{W_j}{\rho_j \mu_m} \tag{5-8}$$

混合物试样的质量吸收系数为各相质量吸收系数的线性组合。对于由 n 相组成的混合物样品，整个试样的质量吸收系数为

$$\mu_m = W_1\mu_{m1} + W_2\mu_{m2} + \cdots + W_n\mu_{mn} = \sum_{i=1}^{n}\mu_{mi}W_i = \sum_{i=1}^{n}\frac{\mu_i}{\rho_i}W_i \tag{5-9}$$

$$I_j = K_j \frac{W_j}{\rho_j \sum_{i=1}^{n}\mu_{mi}W_i} \tag{5-10}$$

设 μ_{mM} 为除待测物相 j 以外的其他物相(基体)的质量吸收系数,且

$$W_1 + W_2 + \cdots + W_n = 1 \tag{5-11}$$

那么

$$\mu_m = W_j\mu_{mj} + (1 - W_j)\mu_{mM} = W_j(\mu_{mj} - \mu_{mM}) + \mu_{mM} \tag{5-12}$$

$$I_j = K_j \frac{W_j}{\rho_j[W_j(\mu_{mj} - \mu_{mM}) + \mu_{mM}]} \tag{5-13}$$

实际测量时,式(5-13)中有两个参数是需要知道的:

K_j:对于特定的相和在确定的实验条件下 K_j 是固定值。它可以通过计算或标样求得。

μ_{mM}:不仅与待测相的含量有关,还与除待测相以外的其他相的种类和含量有关。因此,它随试样中其他相的含量和种类的不同而变化。这种由于试样中其他物相的存在对待测物相 X 射线衍射强度的影响,我们称之为基体吸收效应或基体效应。如何消除基体效应是 X 射线衍射物相含量鉴定的关键。

5.3.2 分析方法

常用物相含量分析方法包括外标法、内标法、K 值法、参比强度法以及直接对比法等。各种物相含量分析方法的目的都在于求得或消除式(5-13)中的 K_j 和 μ_{mM}。

1. 外标法(单线条法)

外标法就是把待测物相的纯物质作为标样另外进行标定。简单说就是先行测定一个待测相纯物质的某条衍射线的强度,再测定混合物中该相的相应衍射峰的强度,并对二者进行对比,求出待测相在混合物中的含量。

设有一个由 α 和 β 两相组成的混合物。对 α 相的纯物质而言,其某一条衍射线的强度为

$$(I_\alpha)_0 = \frac{K_\alpha}{\rho_\alpha\mu_{m\alpha}} \tag{5-14}$$

在混合物试样中的 α 相的同一条衍射线的强度为

$$I_\alpha = K_\alpha \frac{W_\alpha}{\rho_\alpha[W_\alpha(\mu_{m\alpha} - \mu_{m\beta}) + \mu_{m\beta}]} \tag{5-15}$$

二者相除得便可消去 K_α 值:

$$\frac{I_\alpha}{(I_\alpha)_0} = \frac{W_\alpha\mu_{m\alpha}}{W_\alpha(\mu_{m\alpha} - \mu_{m\beta}) + \mu_{m\beta}} \tag{5-16}$$

上式中两个相的质量吸收系数可以从有关资料查得。若各相质量吸收系数未知,则一般可通过测定标准曲线来测定。具体做法是:配制一系列已知含量的 α、β 混合物,如含 α 相分别为 20%、40%、60% 和 80% 的混合物。测定这些混合物中 α 相相应衍射峰的强度,并与纯 α

相相应衍射峰的强度进行对比，作出标准曲线。图5.4所示为石英-氧化铍、石英-白硅石、石英-氧化钾的定标曲线，使用时只要测定与试样中 α 相相应衍射峰的强度与纯 α 相相应衍射峰的强度的比值，就可直接查阅标准曲线得到 α 相的质量分数。

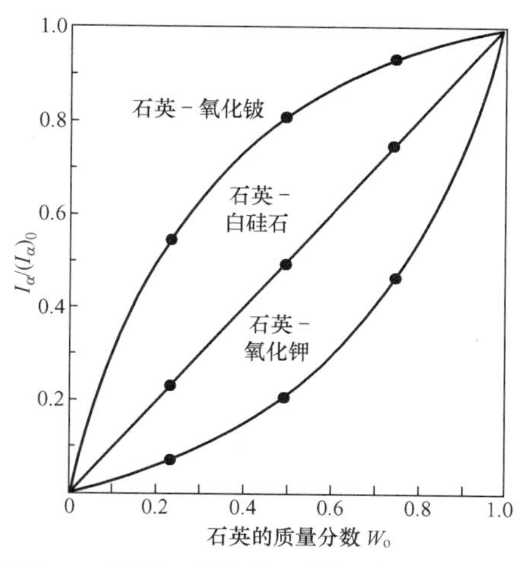

图 5.4　石英-氧化铍、石英-白硅石、石英-氧化钾的定标曲线

外标法对测量衍射线强度的实验条件，包括仪器和样品的制备方法等均要求严格相同，选择的衍射线应是该相的强线。并且一条标准曲线只适用于确定两相混合物，不具普适性。另外，若混合物中的相多于两个，则标准曲线的测定是比较困难的。因此，外标法适用于特定两相混合物的物相含量测定，尤其是同质多相（同素异构体）混合物的物相含量测定。

2. 内标法

内标法是在待测试样中掺入一定量试样中没有的纯物质作为标准进行物相含量测定的方法。其目的是消除基体效应。

如图 5.5 所示为内标法示意图，在多相物质中，待测相 A 相质量分数为 W_A，如果掺入质量分数为 W_S 的标准物质 S，则多相物质与标准物质 S 组成了新的复合试样，在复合试样中 S 和 A 相的某一衍射线的强度分别为

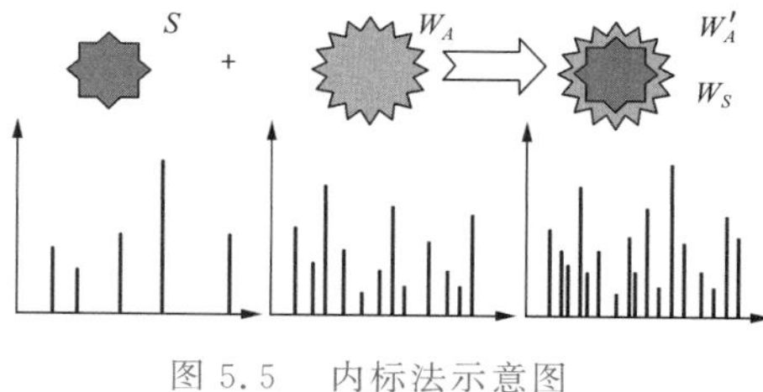

图 5.5　内标法示意图

$$I_S = K_S \frac{W_S}{\rho_S \mu_m} \tag{5-17}$$

$$I_A = K_A \frac{W_A'}{\rho_A \mu_m} \tag{5-18}$$

式中，W_A' 是 A 相在新的复合试样中的质量分数，将式(5-18)与式(5-17)相比得

$$\frac{I_A}{I_S} = \frac{K_A \rho_S W_A'}{K_S \rho_A W_S} \tag{5-19}$$

将 $W_A' = W_A(1-W_S)$ 带入上式得

$$\frac{I_A}{I_S} = \frac{K_A \rho_S W_A(1-W_S)}{K_S \rho_A W_S} = KW_A \tag{5-20}$$

式中

$$K = \frac{K_A}{K_S} \cdot \frac{\rho_S}{\rho_A} \cdot \frac{1-W_S}{W_S} \tag{5-21}$$

由此可见，在复合试样中，A 相的某条衍射线的强度与标准物质 S 的某条衍射线的强度之比是 A 相在原始多相试样中的质量分数 W_A 的线性函数。

显然，知道了 K，通过强度比就可以方便地求出 A 相的含量。为了求得 K 通常也要制

作标准曲线。如事先测量一套由已知 A 相浓度的原始试样和恒定浓度的标准物质 S 所组成的复合试样的衍射强度比，作出 A 相浓度和衍射强度比的定标曲线（图 5.6 所示为用萤石作内标物质的石英定标曲线），使用时只需对复合试样（标准物质的 W_S 必须与作定标曲线时的 W_S 相同）测出比值 I_A/I_S，便可以得出 A 相在原始试样中的含量。

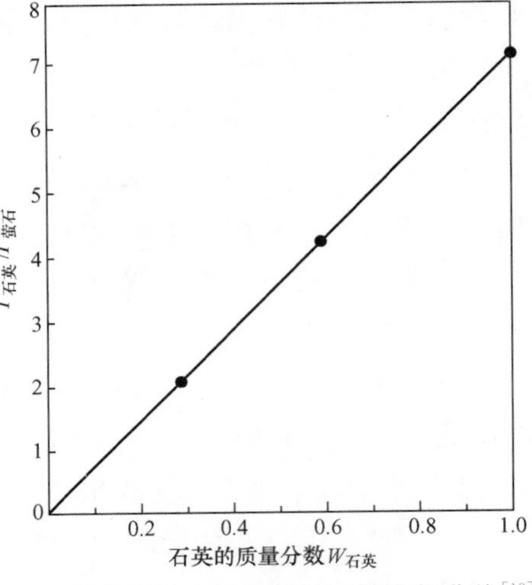

图 5.6　用萤石作内标物质的石英定标曲线[18]

内标法最大的优点是：通过加入内标物质来消除基体效应的影响，原理简单，容易理解。常用的内标样品包括 α-Al_2O_3、ZnO、SiO_2 及 Cr_2O_3 等，它们易于做成细粉末，能与其他物质混合均匀，且具有稳定的化学性质。

内标法的缺点是：绘制定标曲线时需配制多个混合样品，工作量较大；而且由于需要加入恒定含量的标样粉末，所绘制的定标曲线只适用于同一标样含量的情况，使用时非常不方便。

3. K 值法和参比强度法

为了克服内标法的缺点，1974 年钟焕成提出了基本冲洗法，即 K 值法。K 值法源自内标法，只需将内标法公式进行一下变换，得到

$$\frac{I_A}{I_S}=\frac{K_A}{K_S}\cdot\frac{\rho_S}{\rho_A}\cdot\frac{1-W_S}{W_S}\cdot W_A=\frac{K_A}{K_S}\cdot\frac{\rho_S}{\rho_A}\cdot\frac{W_A}{W_S'}=K_S^A\cdot\frac{W_A}{W_S'} \tag{5-22}$$

式中

$$W_S'=W_S/(1-W_S) \tag{5-23}$$

表示 S 相占原混和样的质量百分数。

K 值法中 K_S^A 值取决于两相及用以测试的晶面和波长，而与标准相 S 的加入量无关。它可以通过计算得到，也可以通过实验求得。例如，配制质量相等的 A 相和 S 相的混和试样，则

$$K_S^A=\frac{I_A}{I_S} \tag{5-24}$$

K 值法比内标法要简单得多，尤其是 K 值的测定，并且这种 K 值对任何样品都适用。因此，目前的 X 射线物相含量测定多用 K 值法。

K 值法的困难之处在于有时要得到待测相的纯物质是很困难的。于是人们设想能否统一测定一套各种物相最强峰与某一个标准物质的最强峰的强度比值，以便在找不到纯物质时提供使用，由此产生了参比强度法。

参比强度法是 K 值法的进一步简化，它是用刚玉（α-Al_2O_3）作为通用的标准纯物质 S。某物质的参比强度就等于该物质与合成刚玉的 1∶1 混合物的 X 射线衍射花样中两条最强线的强度比（记作：I/I_{cor}），也就是 K 值，它可以在 PDF 卡片上直接查出（图 5.7 中椭圆区

域的 I/I_{cor}）。

$$K=\left(\frac{I}{I_{cor}}\right)_{50/50} \tag{5-25}$$

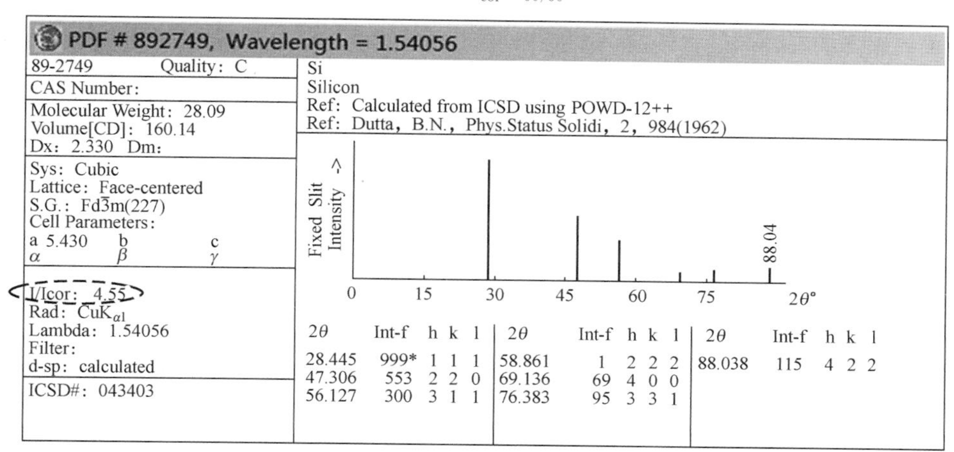

PDF # 892749, Wavelength = 1.54056

89-2749　Quality: C
CAS Number:
Molecular Weight: 28.09
Volume[CD]: 160.14
Dx: 2.330　Dm:
Sys: Cubic
Lattice: Face-centered
S.G.: Fd$\bar{3}$m(227)
Cell Parameters:
a 5.430　b　c
α　β　γ
I/Icor: 4.55
Rad: $CuK_{\alpha 1}$
Lambda: 1.54056
Filter:
d-sp: calculated
ICSD#: 043403

Si
Silicon
Ref: Calculated from ICSD using POWD-12++
Ref: Dutta, B.N., Phys.Status Solidi, 2, 984(1962)

2θ	Int-f	h	k	l	2θ	Int-f	h	k	l	2θ	Int-f	h	k	l
28.445	999*	1	1	1	58.861	1	2	2	2	88.038	115	4	2	2
47.306	553	2	2	0	69.136	69	4	0	0					
56.127	300	3	1	1	76.383	95	3	3	1					

图 5.7　PDF 卡片上的参比强度值[17]

参比强度法还有一个优点：当待测样品只有两相时，可不必加入标准物质，此时有

$$W_1+W_2=1 \tag{5-26}$$

待测样品中两相最强衍射线强度与标准物质 S 的比分别为

$$\frac{I_1}{I_S}=K_S^1\cdot\frac{W_1}{W'_S} \tag{5-27}$$

$$\frac{I_2}{I_S}=K_S^2\cdot\frac{W_2}{W'_S} \tag{5-28}$$

将上两式相比得

$$\frac{I_1}{I_2}=\frac{K_S^1}{K_S^2}\cdot\left(\frac{W_1}{W_2}\right) \tag{5-29}$$

整理得

$$W_1=\frac{1}{1+K_2^1\cdot(I_2/I_1)} \tag{5-30}$$

式中

$$K_2^1=\frac{K_S^1}{K_S^2} \tag{5-31}$$

所以只需测定待测样品中两相最强衍射线强度比，再查阅 PDF 卡片得到两相参比强度，直接带入式(5-30)，就可以计算出每一相的相对含量，无须真正加入标准物质。

例如，有两相混合样品由锐钛矿（A-TiO_2）和金红石（R-TiO_2）组成，用 X 射线法测定金红石的含量，采用 Cu Kα 辐射，锐钛矿和金红石分别采用 $d=0.351$ nm 和 $d=0.325$ nm 的衍射线，两相的参比强度分别为 $K_S^A=4.3$、$K_S^R=3.4$，实验测得四种待测混合试样中 I_A/I_R 分别为 0.40、0.60、0.80、0.90，通过式(5-30) 可以直接计算出四种待测混合试样中金红石的含量分别为 76%、68%、61% 和 58%。

内标法、K 值法和参比强度法，特别适用于粉末试样，而且效果也比较理想。尤其是 K 值法，简单可靠，因而应用比较普遍。我国对此也制定了国家标准，从试样制备和测试条件等方面均提出了具体要求。该方法同样适用于块状试样。

4. 直接对比法

直接比较法，也称强度因子计算法。它是在测定多相混合物中的某相含量时，以试样中另一个相的某条衍射线(每相各选一条不相重叠的衍射线)作为标准线条加以比较，而不必掺入外来标准物质。因此它既适用于粉末状多晶体试样，又适用于块状多晶体试样。

直接对比法适用于多相材料，尤其在双相材料物相含量测定中的应用比较普遍。例如：钢中残余奥氏体含量的测定，双相黄铜中某相含量的测定，钢中氧化物 Fe_3O_4 及 Fe_2O_3 含量的测定等。

下面以淬火钢中残余奥氏体的含量测定为例，来说明直接对比法的测定原理。淬火钢中主要有马氏体和残余奥氏体存在。直接对比法就是在同一个衍射花样上，测出残余奥氏体和马氏体的某对衍射线强度比，由此确定残余奥氏体的含量。

按照衍射强度公式，令

$$K=\frac{I_0e^4}{m^2c^4}\cdot\frac{\lambda^3}{32\pi r} \tag{5-32}$$

$$R=\left(\frac{1}{V_c^2}\right)\left[|F_{HKL}|^2P\left(\frac{1+\cos^2 2\theta}{\sin^2\theta\cos\theta}\right)\right](e^{-2M}) \tag{5-33}$$

则，由衍射仪测定的多晶体衍射强度可表达为

$$I=\frac{KR}{2\mu}V \tag{5-34}$$

式中，K 为与衍射物质种类及含量无关的常数；R 取决于 θ、H、K、L 及待测物质的种类；V 为X射线照射的该物质的体积；μ 为试样的吸收系数。

在同一衍射花样上，残余奥氏体(γ)和马氏体(α)衍射线的强度表达式分别为

$$I_\gamma=\frac{KR_\gamma V_\gamma}{2\mu} \tag{5-35}$$

$$I_\alpha=\frac{KR_\alpha V_\alpha}{2\mu} \tag{5-36}$$

将上两式相除，则

$$\frac{I_\gamma}{I_\alpha}=\frac{R_\gamma V_\gamma}{R_\alpha V_\alpha}=\frac{R_\gamma C_\gamma}{R_\alpha C_\alpha} \tag{5-37}$$

若钢中碳化物等第三相物质含量极少，可近似看作由 α 和 γ 两相组成，则

$$C_\alpha+C_\gamma=1 \tag{5-38}$$

即可得出残余奥氏体的体积分数为

$$C_\gamma\%=\frac{100}{1+\frac{R_\gamma}{R_\alpha}\cdot\frac{I_\alpha}{I_\gamma}} \tag{5-39}$$

必须指出的是，由于高碳钢试样中的碳化物含量较高不可忽略，此时实际上已变为铁素体、奥氏体和碳化物的三相材料体系，因此不能直接利用上式来计算钢中的分强度 I_c，根据

I_γ/I_c 及 R_γ/R_c 求出 C_γ/C_c，再根据

$$C_\gamma + C_\alpha + C_c = 1 \tag{5-40}$$

求得碳化物的体积分数 C_c（也可用电解萃取的方法求得）。则

$$C_\gamma\% = \frac{100 - C_c}{1 + \frac{R_\gamma}{R_\alpha} \cdot \frac{I_\alpha}{I_\gamma}} \tag{5-41}$$

为了减少实验误差，必须注意以下环节：

(1) 试样要求

试样应具有足够的大小和厚度，使入射线光斑在扫描过程中始终照在试样表面上，且不能穿透试样。试样的晶粒度、显微吸收和择优取向也是影响物相含量测定的主要因素。首先，在一般情况下，粒度尺寸的许可范围是 0.1 ~ 50 μm。晶粒过细，衍射峰比较散漫；晶粒过粗，衍射环不连续，测量强度误差较大。其次，控制粒度可减小显微吸收引起的误差。在物相含量鉴定的基本公式中，所用的吸收系数都是混合物的平均吸收系数，如果某相的颗粒粗大且吸收系数也较大，则它的衍射强度将明显低于计算值。各相的吸收系数差别越大，颗粒就要求越细。再次，择优取向会使衍射强度分布反常，与计算强度不符，造成分析结果失真。最后，试样制备时应用湿法磨掉脱碳层，然后进行金相抛光和腐蚀处理，以得到平滑的无应变的表面。

(2) 测试方法及条件

因为衍射仪法中各衍射线不是同时测定的，所以要求仪器必须具有较高的综合稳定性。为获得良好的衍射线，要求衍射仪的扫描速度较慢，建议采用阶梯扫描，时间常数要大。最好选用晶体单色器，提高较弱衍射峰的峰形质量。物相含量测定所用的相对强度是相对积分强度。多采用衍射仪法进行测量，因为它可以方便、快速且准确地获得测量结果。衍射峰积分强度，实际就是衍射峰背底以上的净峰形面积。

(3) 衍射线对的选择

避免不同相衍射线的重叠或过分接近。一般奥氏体选(200)、(220) 和(311) 衍射线，马氏体选(002)-(200)、(112)-(211) 与之对应。

(4) R 值的计算

在计算各条衍射线的 R 值时，应注意各个因子的含义。

扩展阅读 7：常用 X 射线物相分析软件——MDI Jade 的简介

Materials Data Inc (MDI) 公司出品的 Jade 软件是用于 X 射线衍射(XRD) 数据处理和分析的软件。它在同类软件中通用性较好，功能较强，界面友好。MDI Jade 拥有几乎所有常用 X 射线衍射工业标准，如 Qual、Quant、Indexing、Rietveld 等。在材料、化工、物理、矿物、地质等学科中得到广泛应用。

Jade 是一款 X 射线衍射分析软件，主要用途有：检索物相、计算物相质量分数、计算结晶化度、计算晶粒大小及微观应变、计算点阵常数、计算已知结构的衍射谱、计算残余应力、多

谱显示等。

1. 图谱的处理

(1) 数据的导入与平滑

对导入的X射线衍射数据一般要进行平滑处理，以排除各种随机波动(噪声)。由于X射线光源的发射波动、空气散射、电子电路中的电子噪声等随机波动，造成的幅度不大的随机高频振荡通称为噪声。MDI Jade具有数据平滑功能。

(2) 本底的测量与扣除

与噪声相反，非随机高频振荡就称为本底。如非晶体材料散射，狭缝、样品及空气的散射等都可造成本底。MDI Jade具有本底的测量与扣除功能。

(3) 分离$K_{\alpha 2}$衍射谱

由于$K_{\alpha 1}$和$K_{\alpha 2}$的波长不同，作用在样品上，各自会产生一套衍射谱，实际得到的谱是这两套谱的叠加。在计算晶格常数等操作中，为了精确计算，一般要对$K_{\alpha 2}$衍射谱进行分离和扣除。MDI Jade具有扣除$K_{\alpha 2}$衍射谱功能。

(4) 峰位及峰形参数的测定

MDI Jade具有寻峰和峰形修正功能。

2. 物相分析

物相分析有人工检索鉴定和计算机自动检索鉴定两种方法。MDI Jade采用的是第三代检索/匹配程序。其原理是将所有可能物相的谱相加再与实验所得谱比较以做出鉴定。此方法要求试验数据是数字化的、完整的、扣除本底(包括无定形相的贡献)的谱，不需要用平滑来除去噪声。该程序对数据质量要求不高，即使衍射峰有严重重叠时，此法也可使用。

通常，MDI Jade所用的为ICCD提供的电子版的粉末衍射数据集(PDF)。向MDI Jade中导入PDF，应根据具体情况的不同改变设置，一般应先大范围的搜索，然后再逐步缩小搜索范围，直到找到满意的结果。

此外，MDI Jade还具有计算晶粒大小及微观应变、计算点阵常数、计算已知结构的衍射谱等功能。

第6章

点阵常数的精确测定

点阵常数是晶体材料的基本结构参数。它与晶体内质点间的键合密切相关。它随晶体成分、应力分布、缺陷及空位浓度等变化而改变。精确测定点阵参数对于晶体缺陷、固溶体、膨胀系数、密度、弹性应力等方面的研究具有十分重要的意义。

6.1 粉末衍射线的指标化

在做点阵参数精确测量之前,需要确定粉末衍射图中每一条衍射线的晶面指数,即进行指标化。指标化规律是衍射线分布特点的具体反映。通常利用分析法来识别晶体结构类型,其结果准确可靠且适用于任何类型的晶系。对于较简单的晶体结构,如立方晶系,采用人工列表计算法即可完成分析工作。对于比较复杂的晶体结构,如单斜晶系或三斜晶系,因计算量太大可采用计算机程序来完成分析工作。

6.1.1 立方晶系晶体的指标化

1. 基本原理

根据布拉格方程,产生衍射的晶面指数是依据其角度位置的分布来确定的。对于立方晶系晶体,(HKL) 晶面的晶面间距 d 与点阵常数的关系为

$$\frac{1}{d^2}=\frac{H^2+K^2+L^2}{a^2} \tag{6-1}$$

将其与布拉格方程联立得

$$\sin^2\theta=\frac{\lambda^2}{4a^2}(H^2+K^2+L^2) \tag{6-2}$$

对于不同晶面($H_1K_1L_1$)、($H_2K_2L_2$)、… 必定满足下列等式:

$$\sin^2\theta_1:\sin^2\theta_2:\sin^2\theta_3:\cdots=(H_1^2+K_1^2+L_1^2):(H_2^2+K_2^2+L_2^2):(H_3^2+K_3^2+L_3^2):\cdots$$
$$=N_1:N_2:N_3:\cdots \tag{6-3}$$

因为 H、K、L 都为整数,所以 N_1、N_2、N_3、… 必为一整数列,它对应于整数($H^2+K^2+L^2$)。其数列中有一些不得出现的禁数:7、15、23、28、31、39、47、55、60 等(这些禁数都无法写成三个整数的平方和)。

在不同点阵类型的立方晶系晶体中,不同结构因子控制着不同的消光规律,衍射晶面的

N 值出现的规律也不同。其具体数值如下：

简单立方：1∶2∶3∶4∶5∶6∶8∶9∶…

体心立方：2∶4∶6∶8∶10∶12∶14∶…

面心立方：3∶4∶8∶11∶12∶16∶…

因此对于立方晶系，只需计算出各个衍射峰所对应的 $\sin^2\theta$ 的连比，将这个比值整数化求出 N 值得连比，再由 N 值，即可推出相应的(HKL)，完成指标化。

但是按照上述比例计算时，如果衍射线数目大于 7，可以根据简单立方不可能出现指数平方和为 7、15、23 等数值的线条来区分；衍射线数目小于 7 时，很难区分出是简单立方还是体心立方。此时可以用最前面两条线（低角）的衍射强度作为判别。简单立方花样前两条线的指数为(100) 及(110)，其多重性因子分别为 6 及 12，故应第二条线强度较强；体心立方花样前两条线的指数为(110) 与(200)，情形恰巧相反。例如 CsCl 为简单立方结构，前两条线相对强度比为 45∶100；而体心立方结构的 α-Fe，其前两条线的相对强度比则为 100∶19。这是多重性因数的应用，但要强调多晶体样品中没有择优取向的干扰。

最后取任一晶面间距及相应的面指数按照晶面间距公式即可求得点阵参数值，用不同的晶面所算得的数值应基本相同，但其中以用高指数（高 θ 角）所得的比较准确。

2. 立方晶系指标化程序

(1) 在 X 射线衍射仪上对分析样品进行慢速定性扫描，得到 XRD 谱线图。

(2) 定峰位，得到 θ 角的排序，由小到大排序。

(3) 计算 $\sin^2\theta$。

(4) 求 $\sin^2\theta_1 : \sin^2\theta_2 : \sin^2\theta_3 : \cdots$

(5) 将 $\sin^2\theta_1 : \sin^2\theta_2 : \sin^2\theta_3 : \cdots$ 化作整数比 $N_1 : N_2 : N_3 : \cdots$，以消光规律确定晶格类型，若所求比例以 1 开始不为整数列时，可以乘 2 或 3，使其以 2 或 3 开始。

(6) 建立对应数据表，得到 HKL 值，完成指标化。

表 6.1 所示为 Ta 粉末多晶体样品的指标化表格，此表中首先要将 X 射线衍射谱中测得的 2θ 角变成 θ，然后计算 $\sin^2\theta_n$、$\sin^2\theta_n/\sin^2\theta_1$ 和 N，进一步写出 HKL 值，最后根据布拉格方程和立方晶系晶面间距公式计算 a 值。指标化时需注意高角衍射线的 K_α 双线问题以及 N 值相同的不同晶面衍射线条的叠加[如(411)、(330) 的衍射峰是叠加的]。此表中 N 值以 2 开始，是因为 $\sin^2\theta_n/\sin^2\theta_1$ 计算结果中出现了禁数 7，所以 $\sin^2\theta_n/\sin^2\theta_1$ 计算结果需整体乘 2，得到偶数列 N 值序列，所以 Ta 为体心立方点阵，晶格常数为 0.33 nm。

表 6.1 Ta 粉末立方晶系衍射线条的指标化

序号	θ	$\sin^2\theta_n$	$\sin^2\theta_n/\sin^2\theta_1$	N	HKL	a/nm
1	19.61	0.112 64	1	2	110	0.325
2	28.14	0.222 43	1.97	4	200	0.327
3	35.16	0.331 62	2.94	6	211	0.328
4	41.56	0.440 10	3.91	8	220	0.329
5	47.77	0.548 27	4.87	10	310	0.329
6	54.12	0.656 50	5.83	12	222	0.330
7	60.88	0.763 18	6.78	14	321	0.330

（续表）

序号	θ	$\sin^2\theta_n$	$\sin^2\theta_n/\sin^2\theta_1$	N	HKL	a/nm
8	68.91	0.870 52	7.73	16	400	0.330
9	69.34	0.875 52	7.77	16	400	0.330
10	81.52	0.978 25	8.68	18	411,330	0.331
11	82.59	0.983 37	8.73	18	411,330	0.330

注：入射线为 CuK_α，其中 $\lambda_{K_\alpha}=0.154\ 18$ nm。

6.1.2　非立方晶系晶体的指标化(解析法)

由于非立方晶系晶体具有两个以上不等的点阵参数，使得指标化的工作变得非常复杂。对于此类研究目前有两种方法，即图解法和解析法。下面对几种典型晶系进行讨论。

1. 四方晶系

因为
$$\frac{1}{d^2}=\frac{H^2+K^2}{a^2}+\frac{L^2}{c^2}$$

若 $L=0$，则
$$\frac{1}{d^2}=\frac{H^2+K^2}{a^2} \tag{6-4}$$

所以
$$\frac{1}{d^2_{(100)}}=1\times\frac{1}{a^2},\quad \frac{1}{d^2_{(110)}}=2\times\frac{1}{a^2},\quad \frac{1}{d^2_{(200)}}=4\times\frac{1}{a^2} \tag{6-5}$$
$$\frac{1}{d^2_{(210)}}=5\times\frac{1}{a^2},\quad \frac{1}{d^2_{(220)}}=8\times\frac{1}{a^2},\quad \frac{1}{d^2_{(300)}}=9\times\frac{1}{a^2} \tag{6-6}$$

即当存在($HK0$)的衍射时，$1/d^2$ 值必有 1∶2∶4∶5∶8∶9∶… 的关系。计算所测 XRD 各个衍射峰的数据，其中 $1/d^2$ 值满足 1∶2∶4∶5∶8∶9 的关系，说明这些线必为($HK0$)型；反之，必为(HKL)型。

为上面求得的($HK0$)型第一个衍射峰假设一个低指数晶面，如(100)或(110)，求出 $1/d^2$。在(HKL)衍射线中 $1/d^2$ 必含有 L^2/c^2 项。为求出 L^2/c^2，需要列表计算，计算结果中应含一系列具有公约数 L^2/c^2 的数值。若无此种规律，则说明所假设的($HK0$)指标不对，须重新假设，直至找到公约数 L^2/c^2 为止。

根据 L^2/c^2 和特定(HKL)衍射线求得的 $1/a^2$，可以求得四方点阵的 a 和 c。再根据上述计算过程可推导得到各衍射峰的指标化结果。推导过程实例参见参考文献[11]。

2. 六方和菱方晶系

根据六方晶系晶面间距公式：
$$d=\frac{1}{\sqrt{\dfrac{4(H^2+HK+K^2)}{3a^2}+\dfrac{L^2}{c^2}}} \tag{6-7}$$
$$\frac{1}{d^2}=\frac{4}{3}(H^2+HK+K^2)/a^2+L^2/c^2 \tag{6-8}$$

$$1/d^2_{(HK0)}=\frac{4}{3}(H^2+HK+K^2)/a^2 \tag{6-9}$$

$$\frac{1/d^2_{(H_1K_10)}}{1/d^2_{(H_2K_20)}}=\frac{H_1^2+H_1K_1+K_1^2}{H_2^2+H_2K_2+K_2^2} \tag{6-10}$$

可见,六方晶系的($HK0$)衍射 $1/d^2$ 的比例排序应为 1∶3∶4∶7∶9∶12∶13∶…,指标化过程与四方晶系情况相同。

对于菱方晶系,在第 1 篇晶体学中提到过,它可以看作一个有心六方结构,所以一个简单的方式是将菱方点阵化作六方点阵后,按照六方晶系的指标化过程来进行。然后将六方晶胞的指标转换为菱方晶胞的指标。

3. 正交晶系

正交晶系可采用赫斯 - 李卜逊(Hess-Lipson)程序进行指标化。其原理为

因
$$d=\frac{1}{\sqrt{\frac{H^2}{a^2}+\frac{K^2}{b^2}+\frac{L^2}{c^2}}} \tag{6-11}$$

故
$$1/d^2_{(HKL)}=\frac{H^2}{a^2}+\frac{K^2}{b^2}+\frac{L^2}{c^2} \tag{6-12}$$

$$1/d^2_{(HK0)}=\frac{H^2}{a^2}+\frac{K^2}{b^2},\quad 1/d^2_{(H00)}=\frac{H^2}{a^2},\quad 1/d^2_{(0K0)}=\frac{K^2}{b^2} \tag{6-13}$$

$$1/d^2_{(HK0)}=1/d^2_{(H00)}+1/d^2_{(0K0)} \tag{6-14}$$

$$1/d^2_{(H00)}=1/d^2_{(HK0)}-1/d^2_{(0K0)} \tag{6-15}$$

同理
$$1/d^2_{(0K0)}=1/d^2_{(HK0)}-1/d^2_{(H00)} \tag{6-16}$$

$$1/d^2_{(00L)}=1/d^2_{(0KL)}-1/d^2_{(0K0)} \tag{6-17}$$

从式(6-14) ~ 式(6-17) 可以看出,在 $1/d^2$ 的相互差值 $\Delta\theta$ 中,必有一些属于($H00$),($0K0$)或($00L$)反射的 $1/d^2$ 值。将 XRD 测定数据列在一个表中,计算从 No. 2 ~ No. n(n 为所测衍射峰的个数)线的 $1/d^2$ 值中减去 No. 1 线的 $1/d^2$,写在栏 1 内。再从 No. 3 ~No. n 线的 $1/d^2$ 值中减去 No. 2 的 $1/d^2$ 值,写在栏 2 内。以此类推,便可算出一个直角三角形数字表来,其中有些 $1/d^2$ 的相互差值 $\Delta\theta$ 多次出现。为了找出 $\Delta\theta$ 出现频率的最高值,Hess-Lipson 采用一种数轴图。其横轴是 $\Delta\theta$ 值,纵向为直线,长度代表出现次数。所以从图上即可方便看出在某个范围内纵线比较集中(或长),此范围的平均值即为出现频率高的 $\Delta\theta$ 值。利用尝试法在这个 $\Delta\theta$ 值范围求出 $1/d^2_{(001)}$、$1/d^2_{(100)}$ 和 $1/d^2_{(010)}$,按这三个值,可将一切可能的 $1/d^2$ 值都算出来。用解析法完成指标化的结果如何,须将实测的 d 与计算结果相比较,倘若偏差在实验误差范围内,则指标化的结果为正确,即可完成全部指标化的工作。该法虽然比较麻烦,但它比较严密,不易出错。

对于单斜和三斜晶系,因为晶面间距和晶格常数之间的关系太复杂,目前对其指标化还没有什么行之有效的解析方法。

综上,用解析法指标化首先需要判定晶体所属的晶系,再选定指标化方法。判定晶系的

步骤为：

(1) 若衍射线数目少、强度大，多为立方晶系(多重性因子比较大)。可由有关手册中查出 $1/d^2$。其中低角区中第一条线的 $1/d^2$ 值可以整除其他各条线的 $1/d^2$ 值，或第一条线的 $1/d^2$ 的 n 分之一($n=1,2,3,4,5,6,8$) 可以整除其余各线的 $1/d^2$ 值，则该晶体必为立方晶系。

(2) 在 $1/d^2$ 数值中，具有 1,2,4,5,8,9,… 者，必为四方晶系。

(3) 在 $1/d^2$ 数值中，具有 1,3,4,7,9,12,… 者，必为六方晶系。

(4) 不属于如上三种情况的必为低级晶系。

6.2　点阵常数的精确测定

6.2.1　点阵参数测定中的误差来源

衍射仪使用方便，易于自动化操作，且可以达到较高的测量精度。但由于它采用更为间接的方式来测量试样点阵参数，造成误差分析上的复杂性。衍射仪法误差来源主要与测角仪、试样本身及其他因素有关。

1. 测角仪引起的误差

(1) 2θ 的零点误差

测角仪是精密的分度仪器，在水平及高度等基本准直调整好之后，需要把 2θ 转到 0° 位置，即所谓的测量零点，此时的 X 光管焦点中心线、测角仪转轴线以及发散狭缝中心线必须处在同一直线上，这种误差与机械制造、安装和调整中的误差有关，即属于系统误差，它对各衍射角的影响是恒定的。

(2) 刻度误差

由于步进电机及机械传动机构在制造上存在误差，会使接收狭缝支架的真正转动角度并不等于控制台上显示的转动角度。测角仪的真实转动角度，等于步进电机的步进数乘以每步所走过的 2θ 转动角度，因此这种误差随 2θ 角度而变。不同测角仪的 2θ 刻度误差不同，而对同一台测角仪，这种误差则是固定的。

(3) 试样表面离轴误差

试样台的定位面不经过转轴的轴线、试样板的宏观不平、制作试样时的粉末表面不与试样架表面同平面以及不正确的安放试样等因素，均会使试样表面与转轴的轴线有一定距离。如图 6.1 所示，假设试样表面的实际位置与应有位置的偏差距离为 s，图中转轴线为 O，试样的实际位置为 O'，可以证明，由此所造成的 2θ 及 d 误差为

$$\Delta(2\theta)=O'A/R=-2s\cos\theta/R$$

$$\Delta d/d=-(\cot\theta)\Delta\theta=(s/R)(\cos^2\theta/\sin\theta) \tag{6-18}$$

式(6-18) 表明，当 2θ 趋近于 180° 时，此误差趋近于零。

(4) 垂直发散误差

测角仪上的索拉狭缝，其层间距不能做的极小，否则 X 光的强度会严重减弱。所以入射 X 光并不严格平行于衍射仪的平台，而是有一定的垂直发散范围。在光源的出射光斑为线状时，且有入射和衍射前后两个索拉狭缝的情况下，如两个狭缝的垂直发散度 δ 相等而且不大（δ = 狭缝层间距 / 狭缝长度），此时的 2θ 及 d 误差分别为

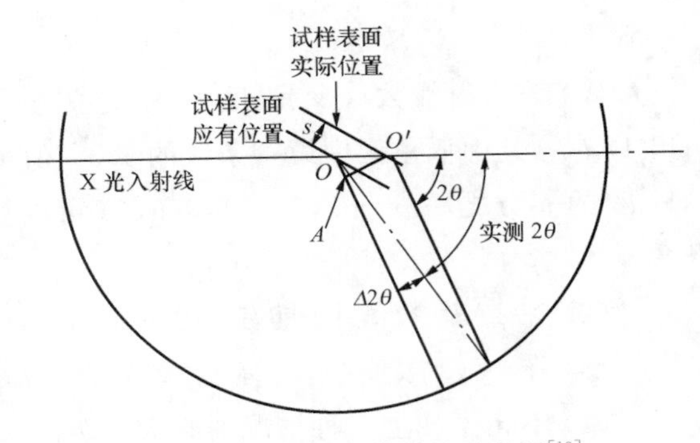

图 6.1　试样表面离轴误差示意图[13]

$$\Delta(2\theta) = -(\delta^2/6)\cot(2\theta), \quad \Delta d/d = (\delta^2/24)(\cot^2\theta - 1) \tag{6-19}$$

式中，d 误差可以分为两部分，一部分是恒量 $\delta^2/24$，另一部分为 $\delta^2\cot^2\theta/24$。当 2θ 趋近于 180° 时，后者趋近于零；而当 $2\theta = 90°$ 时，总误差为零。

2. 试样引起的误差

(1) 试样平面性误差

如果试样表面是凹面形，且曲率半径等于聚焦圆半径，则表面各处的衍射线将聚焦于一点。但实际试样是平面的，入射光束又有一定的发散度。所以，除试样的中心点外，其他各点的衍射线均将有所偏离。当水平发散角 ε 很小时（$\leqslant 1°$）可以估计出其误差的大小：

$$\Delta(2\theta) = (\varepsilon^2\cot\theta)/12, \quad \Delta d/d = (\varepsilon^2\cot^2\theta)/24 \tag{6-20}$$

当 2θ 趋近于 180° 时，此误差趋近于零。

(2) 晶粒大小误差

在实际衍射仪测试中，试样被照射面积约 1 cm^2。样品的衍射深度按与自身的吸收系数有关，一般为几微米到几十微米。这样的衍射体积，如果晶粒度过粗，参加衍射的晶粒数过少，个别体积稍大并产生衍射的晶粒，其空间取向会对峰位有明显的影响。

(3) 试样吸收误差

试样吸收误差，也称透明度误差。如果 X 光仅在试样表面产生衍射，测量值就是正确的。但实际上，由于 X 光具有一定的穿透能力，试样的一定体积内都有衍射，相当于存在一个永远为正值的偏离轴心距离，实测的衍射角一直偏小。这类误差为

$$\Delta(2\theta) = -\sin 2\theta/2(\mu R), \quad \Delta d/d = \cos^2\theta/(2\mu R) \tag{6-21}$$

式中，μ 为线吸收系数；R 为聚焦圆半径。可见，当 2θ 趋近于 180° 时，此误差趋近于零。

3. 其他误差

(1) 角因子偏差

角因子包括了衍射的空间几何效应，对衍射线的线形产生一定影响。对于宽化的衍射线，此效应更为明显。校正此误差的方法是：用阶梯扫描法测得一条衍射线，把衍射线上各点计数强度除以该点的角因子，即得到一条校正后的衍射线，利用它计算衍射线位角。

(2) 定峰误差

利用上述角因子校正后的衍射线来计算衍射线位角,实际上是确定衍射峰位角 2θ 值,确定衍射峰位的误差(定峰误差),直接影响点阵参数的测量结果。为确保定峰的精度,可采用半高宽中点及顶部抛物线等定峰方法。具体定峰方法将在下一章宏观应力测量中讨论。

(3) 温度变化误差

温度变化可引起点阵参数的变化,从而造成误差。面间距的热膨胀公式为

$$d_{hkl,t} = d_{hkl,t_0}[1 + \alpha_{hkl}(t - t_0)] \tag{6-22}$$

式中,α_{hkl} 为 d_{hkl} 晶面的面间距热膨胀系数;t_0 及 t 分别为变化前后的温度值。根据 α_{hkl} 以及所需的 d_{hkl} 值测量精度,可事先计算出所需的温度控制精度。

(4)X 射线折射误差

通常 X 射线的折射率极小,但在作精确测定点阵参数时,有时也要考虑这一因素。当 X 射线进入晶体内部时,由于发生折射(折射率小于并接近于 1),λ 和 θ 将相应变为 λ' 和 θ'。此时需要对点阵参数进行修正,如

$$a = a_0(1 + C\lambda^2) \tag{6-23}$$

式中,a_0 及 a 分别为修正前后的点阵参数;λ 为辐射波长;C 为与材料有关的常数。

(5) 入射特征 X 射线非单色性误差

如果衍射谱线中包括 $K_{\alpha1}$ 与 $K_{\alpha2}$ 双线成分,在确定衍射峰位之前必须将 $K_{\alpha2}$ 线从总谱线中分离出去,这样就可以消除该因素的影响。

但即使采用纯 $K_{\alpha1}$ 特征辐射,也并非是绝对单色的入射 X 射线,而是有一定的波长范围,也会引起一定误差。当入射及衍射线穿透铍窗、空气及滤片时,各部分波长的吸收系数不同,从而引起波谱分布的改变,波长的重心及峰位均会改变,从而导致误差。同样,X 光在试样中衍射以及在探测器的探测物质中穿过时,也会产生类似偏差。可以证明,特征辐射非单色所引起的 2θ 值偏差与 $\tan\theta$ 或 $\tan^2\theta$ 成正比,当衍射角 2θ 趋近于 180° 时,此类误差急剧增大。如果试样的结晶较好并且粒度适当,这类误差通常很小。

以上论述了衍射仪法的一些常见重要误差。实际它们可细分为 30 余项,归类则分为仪器固有误差、准直误差、衍射几何误差、测量误差、物理误差、交互作用误差、外推残余误差以及波长值误差等。工作性质不同,所着重考虑的误差项目也不同。例如一台仪器在固定调整状态和参数下,为了比较几个试样的点阵参数相对大小时,只需考虑仪器波动及试样制备等偶然误差。但对于经不同次数调整后的仪器,为了对比仪器调整前后所测得试样的点阵参数,就要考虑仪器准直(调整)误差。对不同台仪器的测试结果进行比较时,还要考虑衍射仪几何误差、仪器固有系统误差以及某些物理因数所引起的误差等。在要求测试结果与其真值比较,即要获得绝对准确的结果时,则必须考虑全部误差来源。

6.2.2 点阵参数的精确测定方法

冶金、材料、化工等领域中的许多问题,如固溶体类型的确定、固相溶解度曲线的确定、

宏观应力的量度、化学热处理层的分析、过饱和固溶体分解过程的研究等，都牵涉到点阵参数的测定。但上述课题中点阵参数的变化通常很小(约为10^{-5} nm数量级)，因而通过各种途径以求得点阵参数的精确数值就变得十分必要。

对于点阵常数的测定，有几种精确的方法，如利用背射区域的衍射法、Straumanis M. E.法、内标法、图解法、尺算法、分析法、外推法等。而其中较为简便且精度较高的为内标法；外推法的应用较为广泛。

如图6.2所示，当$\Delta\theta$一定时，$\sin\theta$的变化与θ所在的范围有很大的关系。可以看出当θ接近90°时，其变化最为缓慢。假如在各种θ角下$\Delta\theta$的测量精度相同，则在高θ角时所得的$\sin\theta$值将会比在低角时的要精确得多。由布拉格方程$2d\sin\theta=\lambda$知，θ值越趋近于90°，$\sin\theta$值随θ的变化越缓慢，则误差就越小，所得晶面间距也就越精确。如将布拉格方程变形微分，则

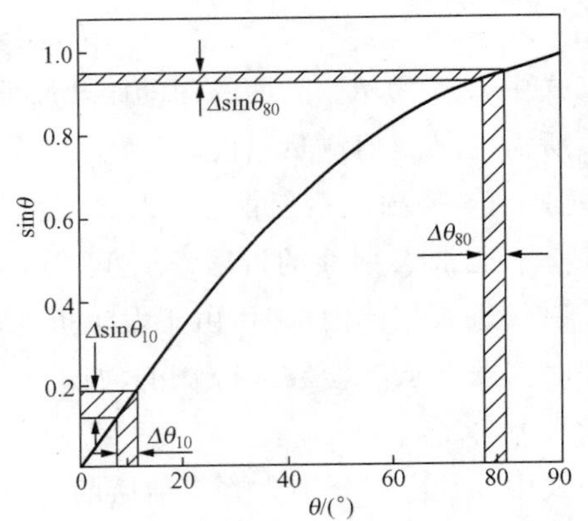

图6.2 $\sin\theta$随θ的变化关系[12]

$$\cos\theta\Delta\theta=-\frac{\lambda}{2d^2}\Delta d=-\frac{\sin\theta}{d}\Delta d$$

故

$$\frac{\Delta d}{d}=-\cot\theta\Delta\theta \tag{6-24}$$

对于立方晶系，因$a=d\sqrt{H^2+K^2+L^2}$，故

$$\frac{\Delta a}{a}=\frac{\Delta d}{d}=-\cot\theta\Delta\theta \tag{6-25}$$

当$\theta=90°$时，$\cot\theta=0$，故

$$\frac{\Delta a}{a}=\frac{\Delta d}{d}=0$$

即点阵参数误差$\Delta a=0$。所以，在进行点阵常数精确测定时，应尽量选取θ值接近90°的高角区衍射线进行测定。式中负号表示$\Delta\theta$的方向与$\frac{\Delta a}{a}$的方向相反。若测量的θ值偏大，则点阵常数就偏小；反之亦然。

还以立方晶体为例：

$$a=\frac{\lambda\sqrt{H^2+K^2+L^2}}{2\sin\theta}$$

式中，波长λ是经过精确测定的，有效数字可达7位，对于一般的测定工作，可以认为没有误差；干涉指数HKL是整数，无所谓误差。因此，点阵参数a的精度主要取决于θ角的精度。θ角的测定精度取决于仪器和方法。在衍射仪上用一般衍射图来测定，$\Delta 2\theta$可达0.02°。照相法测定精度就低得多(0.1°)。

1. 内标法(标准样校正法)

内标法需选用一种比较稳定的标准物质，如Ag、Si、SiO_2、CaF_2、NaCl等，其点阵参数已经高

一级的方法精心测定过。例如纯度为99.999%的Ag粉，$a = 0.408\ 613\ \text{nm}$；纯度为99.9%的Si粉，$a = 0.543\ 075\ \text{nm}$。将标准粉末掺入待测样粉末中，或者在待测块状样的表面上撒上一薄层标准物，那么在衍射图上，就可出现两种物质的衍射线。由已知标准物质的精确点阵常数、晶面指数、λ 值求出标样的理论衍射角。它与衍射图上所得到实测衍射角 θ 会有微小的差别，而这是未知诸误差因素的综合影响所造成的。以这一差别对待测样的数据进行校正就可得到比较准确的点阵参数。原则上，只有当两条衍射线相距极近，才可以认为误差对它们的影响相同。标准样校正法实验和计算都比较简单，有实际应用价值。不过所得的点阵参数的精确度将在很大程度上依赖于标准物本身数据的精度。

2. 图解外推法

前面已经讨论过：θ 值越趋近于90°，$\sin\theta$ 值随 θ 的变化越缓慢，则误差就越小。而实测的衍射线，其 θ 值与90°总是有距离的（实际上永远无法测到 $\theta = 90°$ 的情况）。不过可以设想通过外推法接近理想情况。例如，先测出同一物质的多条衍射线，并按每条衍射线的 θ 值计算相应的 a 值。以 θ 为横坐标，a 为纵坐标，所给出的各个点可连接成一条光滑的曲线，将曲线延伸使之与 $\theta = 90°$ 处的纵坐标相截，则截点所对应的 a 值即为精确的点阵参数值。

曲线外延难免带主观因素，故最好寻求另一个量（θ 的函数）作为横坐标，使得各点以直线的关系相连接。不过在不同的几何条件下，外推函数却是不同的。人们对上述误差进行了分析总结，得出以下结果：

$$\frac{\Delta d}{d} = k\cos^2\theta \tag{6-26}$$

对于立方晶系物质可有

$$\frac{\Delta a}{a} = \frac{\Delta d}{d} = k\cos^2\theta \tag{6-27}$$

故

$$\frac{a - a_0}{a_0} = k\cos^2\theta$$

$$a = a_0 + a_0 k\cos^2\theta \tag{6-28}$$

式中，k 为常数。式(6-28)表明，当 $\cos^2\theta$ 减小时，$\Delta a/a$ 亦随之减小，当 $\cos^2\theta$ 趋近于零（即 θ 趋近于90°）时，$\Delta a/a$ 趋近于零，即 a 趋近于其真值 a_0。由此可以引出处理方法：测量出若干条高角的衍射线，求出对应的 θ 值及 a 值，以 $\cos^2\theta$ 为横坐标，a 为纵坐标，所画出的实验点应符合直线关系，按照点的趋势，定出一条平均线，其延长线与纵坐标的交点即为精确的点阵参数 a_0。

上式在推导过程中采用了某些近似处理，它们是以高角衍射峰为前提的。因此，$\cos^2\theta$ 外推要求全部衍射线的 $\theta > 60°$，而且至少有一条线其 θ 在80°以上。在很多场合下，要满足这些要求是困难的，故必须寻求一种适合包含低角衍射线的直线外推函数。尼尔逊（Nelson）等用尝试法找到了外推函数 $f(\theta) = \frac{1}{2}\left(\frac{\cos^2\theta}{\sin\theta} + \frac{\cos^2\theta}{\theta}\right)$，它与 a 值在很广的 θ 范围内有较好的直线性。后来泰勒(Taylor)等又从理论上证实了这一函数。如根据李卜逊(Lipson)等所测得的铝在 298 ℃下的数据,可以绘制“a-$\cos^2\theta$”直线外推图(图 6.3);也可以采用尼尔逊等所提出的外推函数进行测定(图 6.4)。可以看出,当采用$\cos^2\theta$为外推函数时,只有$\theta > 60°$的点才与直线较好地符合。

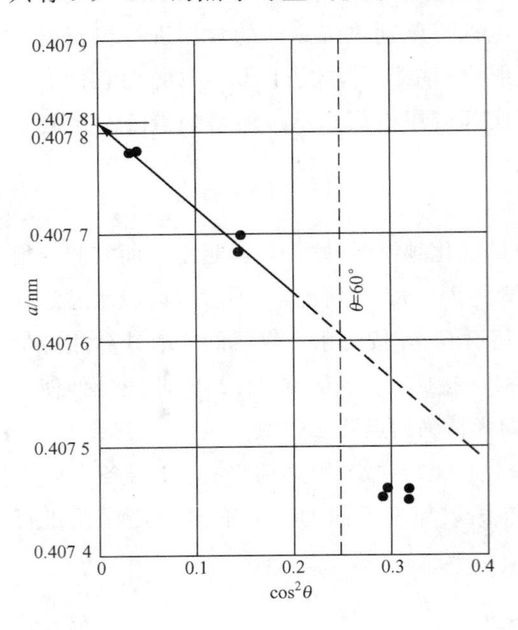

图 6.3 “a-$\cos^2\theta$”直线外推法[12]

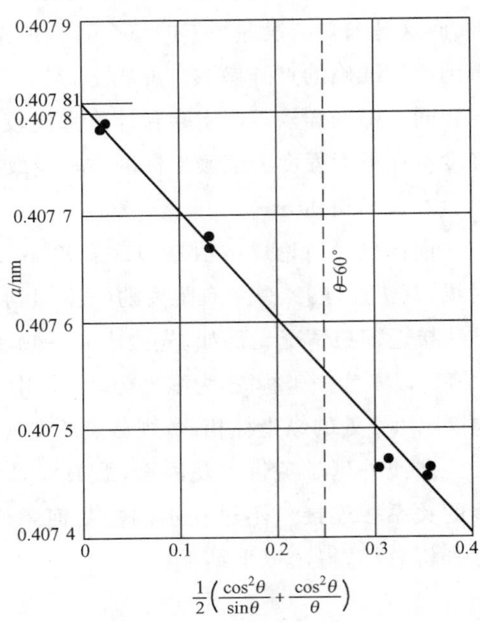

图 6.4 “a-$\frac{1}{2}\left(\frac{\cos^2\theta}{\sin\theta}+\frac{\cos^2\theta}{\theta}\right)$”直线外推法[12]

3. 最小二乘法

直线图解外推在数据处理方面存在不少问题。首先,要画出一条最合理的直线以表示各实验点的趋势,主观色彩较重;其次,坐标纸的刻度欠细致精确,对更高的要求将有困难。采用最小二乘法处理,可以克服这些缺点。

根据最小二乘法,若对某物理量做 n 次等精度测量,如使各次测量误差的平方和为最小,此时的值是最理想的。这种方法可以将测量的偶然误差减至最小。在点阵参数测定中,除偶然误差外,尚存在系统误差,平均直线与纵坐标的截距才表示欲得的精确数值。为求出截距,可采用以下方法:

以纵坐标 Y 表示点阵参数值,横坐标 X 表示外推函数值,实验点用(X_i, Y_i)表示,直线方程为$Y = a + bX$。式中,a 为直线的截距;b 为斜率,其示意图如图 6.5 所示。

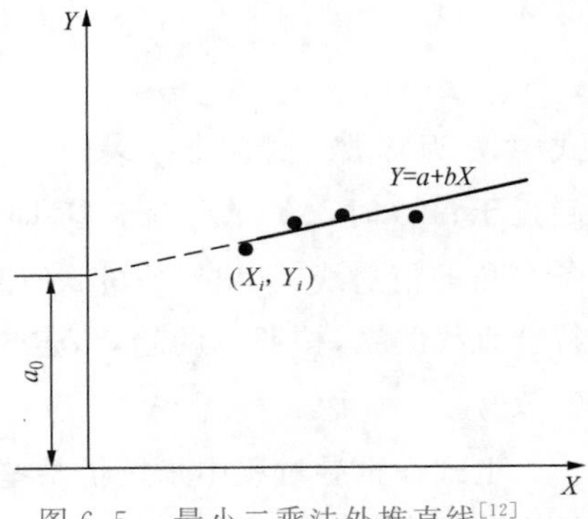

图 6.5 最小二乘法外推直线[12]

一般来说,直线并不通过任一实验点,因为每点均有偶然误差。以直线方程为例,当 $X = X_1$ 时,相应的 Y 值应为 $a + bX_1$,而实验点的 Y 值却为 Y_1,故此点的误差 e_1 为

$$e_1 = (a + bX_1) - Y_1$$

所有实验点误差的平方和为

$$\sum(e_i^2)=(a+bX_1-Y_1)^2+(a+bX_2-Y_2)^2+\cdots+(a+bX_i-Y_i)^2+\cdots$$

按最小二乘法,误差平方和为最小的直线是最佳直线。求 $\sum(e_i^2)$ 最小值的条件是

$$\frac{\partial\sum(e_i^2)}{\partial a}=0,\quad \frac{\partial\sum(e_i^2)}{\partial b}=0$$

即

$$\begin{cases}\sum Y=\sum a+b\sum X\\ \sum XY=a\sum X+b\sum X^2\end{cases} \tag{6-29}$$

由上式解出 a 值即为精确的点阵参数值。

下面仍以李卜逊等所测 298 ℃ 下的铝的数据为例计算精确的点阵参数。入射 X 射线为 CuK_α 线,计算时所用波长 $\lambda_{K\alpha1}=0.154\ 050$ nm,$\lambda_{K\alpha2}=0.154\ 434$ nm。采用尼尔逊外推函数。表 6.2 列出了有关数据。以 $\frac{1}{2}\left(\frac{\cos^2\theta}{\sin\theta}+\frac{\cos^2\theta}{\theta}\right)$ 之值作为 X(θ 的单位应采用弧度),晶格参数 a 值作为 Y 代入方程组 (6-29) 中得到

$$3.260\ 744=8a+1.662\ 99b$$

$$0.677\ 68=1.662\ 99a+0.484\ 76b$$

解得 $a=0.407\ 808$ nm。

表 6.2　用最小二乘法求得铝的点阵参数精确值

HKL	辐射	$\theta/(°)$	a/nm	$\frac{1}{2}\left(\frac{\cos^2\theta}{\sin\theta}+\frac{\cos^2\theta}{\theta}\right)$
331	$K_{\alpha1}$	55.486	0.407 463	0.360 57
	$K_{\alpha2}$	55.695	0.407 459	0.355 65
420	$K_{\alpha1}$	57.714	0.407 463	0.310 37
	$K_{\alpha2}$	57.942	0.407 458	0.305 50
422	$K_{\alpha1}$	67.763	0.407 663	0.137 91
	$K_{\alpha2}$	68.102	0.407 686	0.133 40
333	$K_{\alpha1}$	78.963	0.407 776	0.031 97
511	$K_{\alpha2}$	79.721	0.407 776	0.027 62

所得的 a 是当 $X=0(\theta=90°)$ 时的值。大部分的系统误差已通过外推法消除,而经最小二乘法平滑所定出的直线已消除了偶然误差,故 a 就是准确的点阵参数值 a_0。

尚需指出,图解法或者最小二乘法仅是一种处理方法而已,它必须以准确的测量数据作为基础。当用衍射仪测定衍射线的位置时,惯常用的顶峰法(即以衍射峰的顶点作为衍射线的位置)已不能满足要求,而且衍射图的数据存在较多的误差因素。比较可靠的是采用专门的定峰方法,如三点抛物线标定峰,若要求更高,还可以采用五点或多点抛物线法测量,定峰方法将在后面的宏观应力测量中详细讨论。

4. 线对法

1971 年,珀珀维奇(Popovic)提出了线对法。利用同一次测量所得的两个衍射峰的峰位

差值计算点阵常数。它与衍射仪的 2θ 零点设置误差及记录仪的误差无关，测得的点阵常数有相当高的精度。对一般的分析工作，点阵常数的相对比较非常适用。其基本公式按如下表述：

对立方晶系，依布拉格方程取两条衍射线

$$2\frac{a}{\sqrt{N_1}}\sin\theta_1=\lambda_1,\quad N_1=H_1^2+K_1^2+L_1^2$$

$$2\frac{a}{\sqrt{N_2}}\sin\theta_2=\lambda_2,\quad N_2=H_2^2+K_2^2+L_2^2$$

由上式可推得

$$a^2=\frac{B_1-B_2\cos\delta}{4\sin^2\delta} \tag{6-30}$$

即为线对法的基本公式。式中

$$B_1=N_1\lambda_1^2+N_2\lambda_2^2,B_2=2\lambda_1\lambda_2\sqrt{N_1N_2},\delta=\theta_2-\theta_1$$

所以通过测定同一谱线上对应相同波长的两条衍射线，由它们的衍射角差值 δ，相应的面指数 $H_1K_1L_1$ 及 $H_2K_2L_2$ 以及波长 λ，即可精确计算点阵常数 a。将上式取对数并微分，得出线对法点阵常数相对误差的表达式：

$$\frac{\Delta a}{a}=-\frac{\cos\theta_1\cos\theta_2}{\sin\delta}\Delta\delta \tag{6-31}$$

式中，$\Delta\delta=\Delta\theta_2-\Delta\theta_1$。选用高角度衍射线与适当的 δ 配合，便能得到高精度的点阵常数。通常采用 $\theta>50°$ 及 $\delta>15°$ 的衍射线对。此时 θ_1 与 θ_2 的系统误差是同向的。可以认为 $\Delta\delta<|\Delta\theta_1|$ 或 $|\Delta\theta_2|$。$\Delta\delta\approx\pm0.002°$，其 $\Delta a/a$ 优于 0.5×10^{-4}。对于一般应用来说，已完全能够满足。若需进一步提高精度，可通过提高衍射角的方法来达到，或采用多线对（10～15 对）求值后取平均值的方法。

第7章

X 射线宏观应力分析

7.1 基本原理

残余应力(Residual stress)是指产生应力的各种因素不存在时(如外力去除、温度已均匀、相变结束等),由于不均匀的塑性变形(包括由温度及相变等引起的不均匀体积变化),致使材料内部依然存在并且自身保持平衡的应力,又称为内应力(Inner stress)。

残余应力有害又有利:由于残余应力的存在,会对材料的耐应力腐蚀能力及尺寸稳定性等均造成不利的影响;相反地,为了改善材料的某些性能(如提高疲劳强度),在材料表面有时需要人为引入压应力(如表面喷丸)。因此,测定材料的残余应力非常重要。

7.1.1 残余应力的分类

残余应力分为三类:

1. 宏观应力 σ_{I} (第一类内应力)

在物体较大范围(宏观尺寸) 内存在并保持平衡的应力,它的存在会引起 X 射线谱线位移;由于第一类内应力的作用与平衡范围较大,属于远程内应力,应力释放后必然要造成材料宏观尺寸的改变。

2. 微观应力 σ_{II} (第二类内应力)

在晶粒尺寸范围内存在并保持平衡的内应力,它的存在会引起衍射谱线展宽。

3. 超微观应力 σ_{III} (第三类内应力)

在单位晶胞若干原子范围存在并保持平衡的内应力,它的存在会引起衍射线强度下降。

第二类及第三类内应力的作用与平衡范围较小,属于短程内应力,应力释放后不会造成材料宏观尺寸的改变。在通常情况下,这三类应力共存于材料的内部,如图 7.1 所示,因此其 X 射线衍射谱线会同时发生位移、宽化及强度降低的效应。

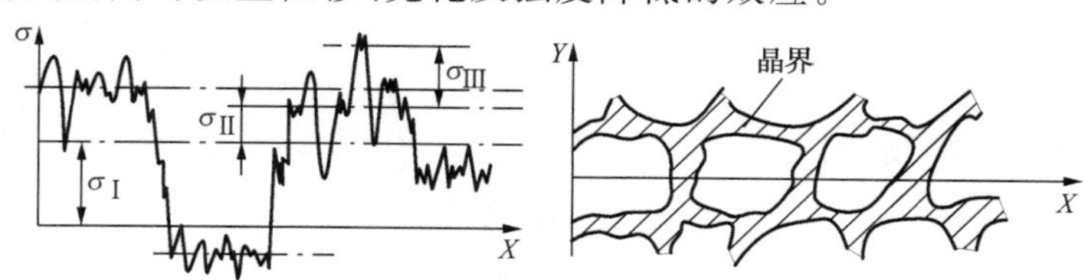

图 7.1　三类残余应力分布示意图

7.1.2 测量原理

1. 第一类内应力

材料中第一类内应力属于宏观应力，其作用与平衡范围为宏观尺寸，此范围包含了无数个小晶粒。在X射线照射范围内，各小晶粒所承受内应力差别不大，但不同取向晶粒中同族晶面间距则存在一定差异，如图7.2所示。根据弹性力学理论，当材料中存在单向拉应力时，平行于应力方向的(HKL)晶面间距收缩减小(即衍射角增大)，同时垂直于应力方向的同族晶面间距拉伸增大(即衍射角减小)，其他方向的同族晶面间距及衍射角则处于前二者中间。当材料中存在压应力时，其晶面间距及衍射角之间差异就更明显，这是测量宏观应力的理论基础。严格意义上讲，只有在单向应力、平面应力以及三向不等应力的情况下，这一规律才正确。在各种类型的内应力中，宏观平面应力(简称平面应力)最为常见。X射线应力测量原理是基于布拉格方程即X射线衍射方向理论，通过测量不同方位同族晶面衍射角的差异，来确定材料中内应力的大小及方向。

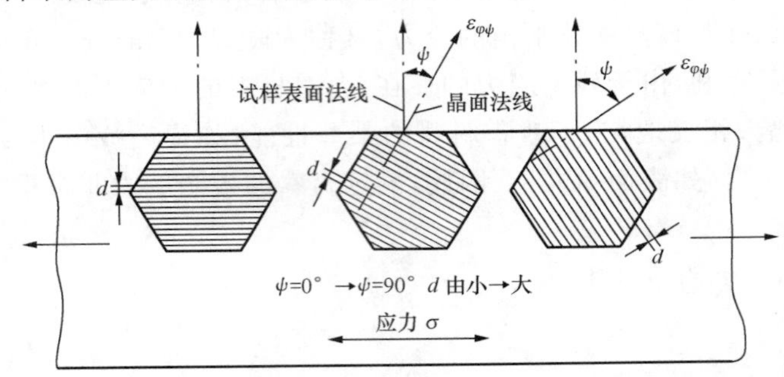

图7.2　应力与不同方位同族晶面间距的关系

有关宏观应力的研究已比较透彻，其X射线测量方法也已十分成熟。X射线法测量宏观残余应力是非破坏性检验方法；可测量表层(10～35 μm)的应力；可测量局部小区域的应力；可测量纯粹的宏观残余应力；可测量复相合金中各个相的应力。

本章主要讨论宏观应力测量问题，若无特别说明，材料内应力均是指宏观应力。

2. 第二类内应力

材料中的第二类内应力是一种微观应力，其作用与平衡范围为晶粒尺寸数量级。在X射线的辐照区域内，所有晶粒应力状态不同，有的受拉应力，有的受压应力。各晶粒的同族(HKL)晶面具有一系列不同的晶面间距 $d_{HKL} \pm \Delta d$ 值。即使是取向完全相同的晶粒，其同族晶面的间距也不同。因此，在X射线衍射中，不同晶粒对应的同族晶面衍射谱线位置将彼此有所偏移，各晶粒衍射线的总和将合成一个在 $2\theta_{HKL} \pm \Delta 2\theta$ 范围内的宽化衍射峰，如图7.3所示。材料中第二类内应力(应变)越大，则X射线衍射峰的宽度越大，可以以此来测量第二类内应力(应变)的

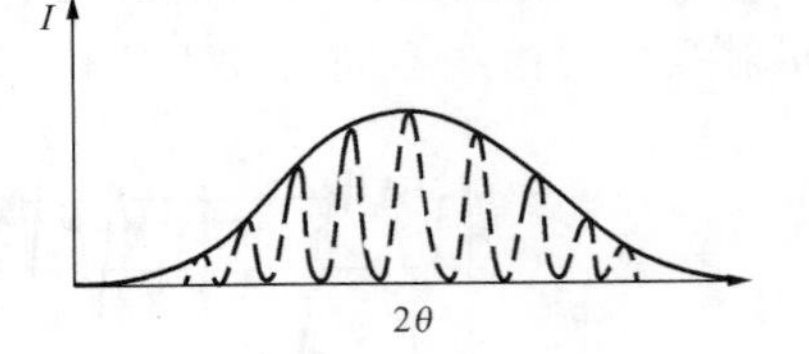

图7.3　不均匀微观应力造成的衍射线宽化[13]

大小，相关内容将在下一章介绍。

必须指出的是，多相材料中的相间应力，从其作用与平衡范围上讲，应属于第二类应力的范畴，然而不同物相的衍射谱线互不重合，不但造成如图 7.3 所示的宽化效应，而且可能导致各物相的衍射谱线位移。因此，其 X 射线衍射效应与宏观应力相类似，故又称为伪宏观应力，可以利用宏观应力测量方法来评定这类伪宏观应力。

3. 第三类内应力

材料中第三类内应力也是一种微观应力，其作用与平衡范围为晶胞尺寸数量级。它是原子之间的相互作用应力，例如晶体缺陷周围的应力场等。根据衍射强度理论，在第三类内应力作用下，由于部分原子偏离其初始平衡位置，破坏了晶体中原子的周期性排列，造成各原子 X 射线散射波周相差的改变，散射波叠加后衍射强度要比理想点阵的小(无缺陷理想晶体中，各散射波相干，在衍射方向互相叠加)。这类内应力越大，则各原子偏离其平衡位置的距离越大，材料的 X 射线衍射强度越低。该问题较复杂，目前尚没有一种成熟方法来准确测量材料中的第三类内应力。

7.2　宏观应力测定

7.2.1　基本公式

根据上一节的讨论，当材料中存在单向拉应力时，平行于应力方向的(HKL)晶面间距收缩减小(即衍射角增大)，同时垂直于应力方向的同族晶面间距拉伸增大(即衍射角减小)，其他方向的同族晶面间距及衍射角则处于前二者中间。显然，在面间距随方位的变化率与作用应力之间存在一定的函数关系，这是应力测定方法的基础。可以认为，晶面间距的相对变化 $\Delta d/d$ 反映了由残余应力所造成的晶面法线方向上的弹性应变，即 $\varepsilon=\Delta d/d$。所以建立待测残余应力 σ_x 与空间某方位上的应变 $\varepsilon_{\varphi\psi}$ 之间的关系是问题的关键。严格意义上讲，只有在单向应力、平面应力以及三向不等应力的情况下，这一规律才正确。一般地，若构件中内应力沿垂直于表面方向变化的梯度很小，而 X 射线的穿透深度又很浅(约 10 μm 数量级)，可以认为是在自由表面(表面法线方向应力为零)测定与表面平行方向的应力，即假定为平面应力状态[19]。

为推导应力测定公式，如图 7.4 所示建立的 O -XYZ 是主应力坐标系。图中 σ_1、σ_2、σ_3 代表各主应力方向，ε_1、ε_2、ε_3 代表各主应变方向。O -xyz 是待测应力 σ_x 及与其垂直的 σ_y 和 σ_z 的方向，σ_z 与 σ_3 平行，且均平行于试样表面法线 ON。φ 是 σ_x 与 σ_1 间的夹角；ON 与 σ_x 构成的平面称“测量方向平面”。$\varepsilon_{\varphi\psi}$ 是此平面上某方向的应变，它与 ON 的夹角为 ψ。

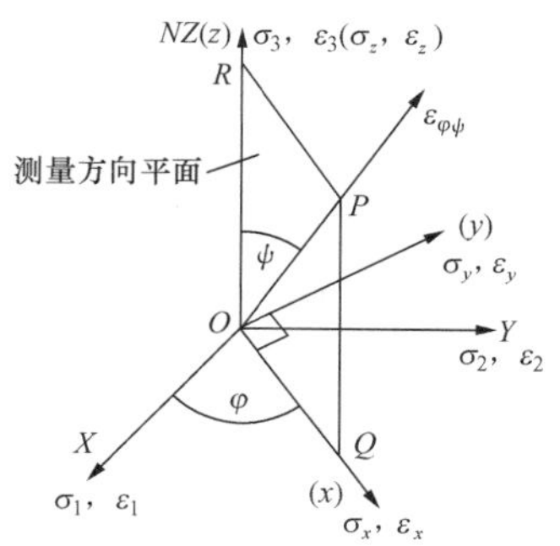

图 7.4　宏观应力测定坐标系

根据弹性力学原理，对于一个连续、均质、各向同性的多晶体来说，任一方向上的应变 $\varepsilon_{\varphi\psi}$ 可表达为

$$\varepsilon_{\varphi\psi}=\alpha_1^2\varepsilon_1+\alpha_2^2\varepsilon_2+\alpha_3^2\varepsilon_3 \tag{7-1}$$

式中，α_1、α_2、α_3 是 $\varepsilon_{\varphi\psi}$ 相对 O -XYZ 坐标系的方向余弦，其中

$$\alpha_1=\sin\psi\cos\varphi$$

$$\alpha_2=\sin\psi\sin\varphi$$

$$\alpha_3=\cos\psi$$

将 α_1、α_2、α_3 值分别代入式(7-1)得

$$\varepsilon_{\varphi\psi}=(\varepsilon_1\cos^2\varphi+\varepsilon_2\sin^2\varphi-\varepsilon_3)\sin^2\psi+\varepsilon_3 \tag{7-2}$$

当 $\psi=90°$ 时，$\varepsilon_{\phi\varphi}=\varepsilon_x$，则

$$\varepsilon_x=\varepsilon_1\cos^2\varphi+\varepsilon_2\sin^2\varphi \tag{7-3}$$

所以

$$\varepsilon_{\varphi\psi}=(\varepsilon_x-\varepsilon_3)\sin^2\psi+\varepsilon_3 \tag{7-4}$$

根据广义胡克定律(E 为弹性模量，ν 为泊松比)：

$$\varepsilon_x=\frac{\sigma_x}{E}-\frac{\nu}{E}(\sigma_y+\sigma_z)$$

$$\varepsilon_y=\frac{\sigma_y}{E}-\frac{\nu}{E}(\sigma_z+\sigma_x)$$

$$\varepsilon_z=\frac{\sigma_z}{E}-\frac{\nu}{E}(\sigma_x+\sigma_y) \tag{7-5}$$

在平面应力条件下 $\sigma_z=0$，$\varepsilon_z=\varepsilon_3$ 则

$$\varepsilon_x=\frac{\sigma_x}{E}-\frac{\nu}{E}\sigma_y \tag{7-6}$$

$$\varepsilon_3=-\frac{\nu}{E}(\sigma_x+\sigma_y) \tag{7-7}$$

将式 ε_x、ε_3 代入式(7-4)得

$$\varepsilon_{\varphi\psi}=\frac{1+\nu}{E}\sigma_x\sin^2\psi+\varepsilon_3 \tag{7-8}$$

将 $\varepsilon_{\varphi\psi}$ 对 $\sin^2\psi$ 求导，得

$$\frac{\partial\varepsilon_{\varphi\psi}}{\partial\sin^2\psi}=\frac{1+\nu}{E}\sigma_x \tag{7-9}$$

所以

$$\sigma_x=\frac{E}{1+\nu}\times\frac{\partial\varepsilon_{\varphi\psi}}{\partial\sin^2\psi} \tag{7-10}$$

式(7-10)即为待测应力 σ_x 与 $\varepsilon_{\varphi\psi}$ 随方位 ψ 的变化率之间的关系，是求待测应力的基本关系。同时表明，在一定的平面应力状态下，$\varepsilon_{\varphi\psi}$ 与 $\sin^2\psi$ 呈线性关系。

为得到X射线法测定的宏观应力较适用的计算公式，需把上式中的 $\varepsilon_{\varphi\psi}$ 转化为用衍射角表达的形式。

根据布拉格方程的微分式 $\frac{\Delta d}{d}=-\cot\theta_0\Delta\theta$（当 $\Delta\lambda=0$），因为可以认为 $\theta\approx\theta_0$（无应力时

的衍射角），$\Delta\theta = \frac{1}{2}(2\theta_{\varphi\psi} - 2\theta_0)$，则

$$\varepsilon_{\varphi\psi} = \frac{\Delta d}{d} \approx \frac{d_{\varphi\psi} - d_0}{d_0} = -\cot\theta_0 \Delta\theta = -\frac{\cot\theta_0}{2}(2\theta_{\varphi\psi} - 2\theta_0) \tag{7-11}$$

式中，d_0、θ_0 为无应力状态下的面间距和衍射角；$d_{\varphi\psi}$ 及 $\theta_{\varphi\psi}$ 为垂直于 $\varepsilon_{\varphi\psi}$ 方向上的晶面间距及相应的衍射角。将式(7-11)代入式(7-10)得宏观应力测定的基本公式：

$$\sigma_x = -\frac{E}{2(1+\nu)}\cot\theta_0 \frac{\partial 2\theta_{\varphi\psi}}{\partial \sin^2\psi} \tag{7-12}$$

σ_x 是一定值，所以 $2\theta_{\varphi\psi}$ 与 $\sin^2\psi$ 呈线性关系（图7.5），式(7-12)可改写成为

$$\sigma_x = -\frac{E}{2(1+\nu)}\cot\theta_0 \frac{\Delta 2\theta_{\varphi\psi}}{\Delta \sin^2\psi} \tag{7-13}$$

$$\sigma_x = -\frac{E}{2(1+\nu)}\cot\theta_0 \frac{\pi}{180} \times \frac{\Delta 2\theta_{\varphi\psi}}{\Delta \sin^2\psi} \tag{7-14}$$

式(7-13)和式(7-14)是宏观应力测定的基本公式，式(7-13)中 $\Delta 2\theta_{\varphi\psi}$ 以"弧度"为单位，式(7-14)中 $\Delta 2\theta_{\varphi\psi}$ 以"度"为单位。令

$$K = -\frac{E}{2(1+\nu)}\cot\theta_0 \frac{\pi}{180}, \quad M = \frac{\Delta 2\theta_{\varphi\psi}}{\Delta \sin^2\psi} \tag{7-15}$$

则(7-14)可写成

$$\sigma_x = KM \tag{7-16}$$

式中，K 称为应力常数，它取决于被测材料的弹性性质（弹性模量 E、泊松比 ν）及所选衍射线的衍射角（亦即衍射面晶面间距及光源的波长）。例如，对钢铁材料，通常以基体铁素体相的应力代表构件承受的残余应力，用 CrK_α 辐射作光源（$\lambda_{k\alpha} = 0.229\ 1$ nm），取铁素体的{211}面测定时，其应力常数 $K = -318$ MPa/deg。晶体是各向异性的，不同{HKL}面的 E、ν 有不同的数值，所以不能直接用机械方法所测定的多晶弹性常数计算 K 值，而应用无残余应力试样加已知外应力的方法测算。M 为 $2\theta_{\varphi\psi}$-$\sin^2\psi$ 直线的斜率。由于 K 是负值，所以当 $M>0$ 时为压应力，$M<0$ 时为拉应力。若 $2\theta_{\varphi\psi}$-$\sin^2\psi$ 关系失去线性，说明材料的状态偏离应力公式推导的假设条件，即在X射线穿透深度范围内有明显的应力梯度、非平面应力状态（三维应力状态）或材料内存在织构（择优取向）。这三种情况对 $2\theta_{\varphi\psi}$-$\sin^2\psi$ 关系的影响如图7.6所示。在这些情况下均需要用特殊的方法测算残余应力。

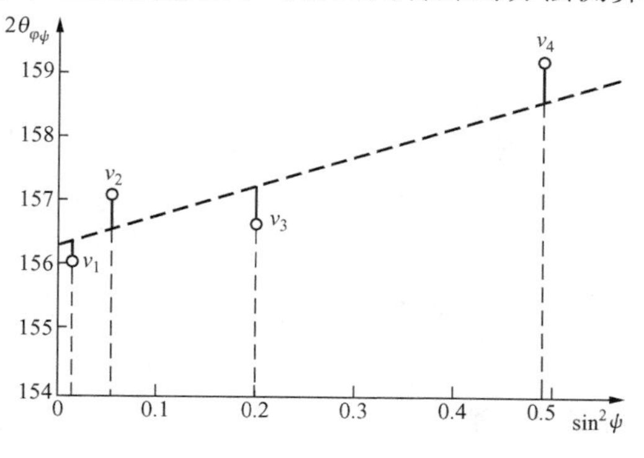

图7.5 $2\theta_{\varphi\psi}$-$\sin^2\psi$ 直线

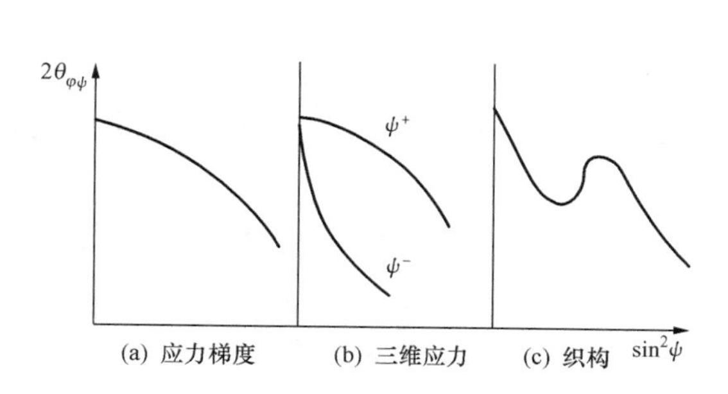

图7.6 $2\theta_{\varphi\psi}$-$\sin^2\psi$ 的非线性关系

7.2.2 测量方法

如果在测量方向平面内求出至少两个不同方位的衍射角 $2\theta_{\varphi\psi}$，求出 $2\theta_{\varphi\psi}$-$\sin^2\psi$ 直线的斜率 M，再根据测试条件取用应力常数 K，代入式(7-16)，即可求得残余应力值 σ_x。为此需用一定的衍射几何条件来确定和改变衍射面的方位 ψ(ψ 为衍射面的法线即 $\varepsilon_{\varphi\psi}$ 的方向与试样表面法线的夹角)。目前常用的衍射几何方式有两种：同倾法和侧倾法。

1. 同倾法

如图 7.7 所示，同倾法的衍射几何布置特点是测量方向平面和扫描平面重合。测量方向平面为样品表面法线 ON 与 σ_x 构成的平面，扫描平面是指入射 X 射线、衍射面法线(ON^*，$\varepsilon_{\varphi\psi}$ 方向)及衍射线所在平面。此法中确定 ψ 方位的方式有两种：

(1) 固定 ψ_0 法

此法适用于大型构件的残余应力测定，其特点是试样不动，通过改变 X 射线入射的方向获得不同的 ψ 方位，ψ_0 即入射 X 射线与试样表面法线 ON 的夹角，按图 7.8 所示的几何条件可由 ψ_0 及测得的衍射角 θ 计算 ψ：

$$\psi=\psi_0+(90^\circ-\theta) \tag{7-17}$$

图 7.8 表示 $\psi_0=0^\circ$ 及 $\psi_0=45^\circ$ 时的测量状态。ψ_0 的选取方法后面讨论。在测定时，仅探测器在 2θ 附近扫描以测得衍射角。固定 ψ_0 法多在专用的应力仪上进行，待测工件安放在地上或支架上，安装在横梁上的 X 光管及测角仪可以任意改变入射的方向。

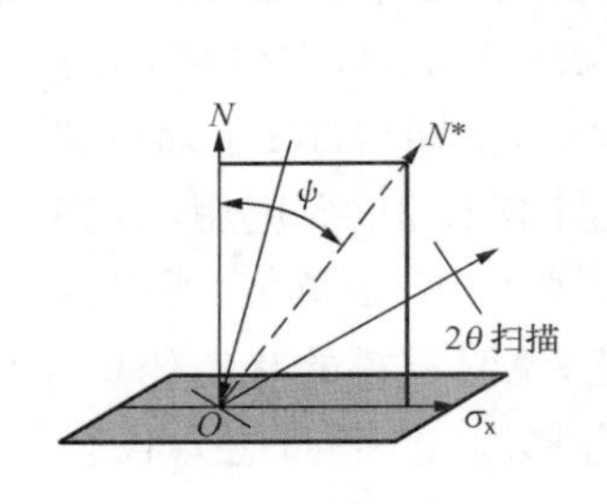

图 7.7 同倾法的衍射几何

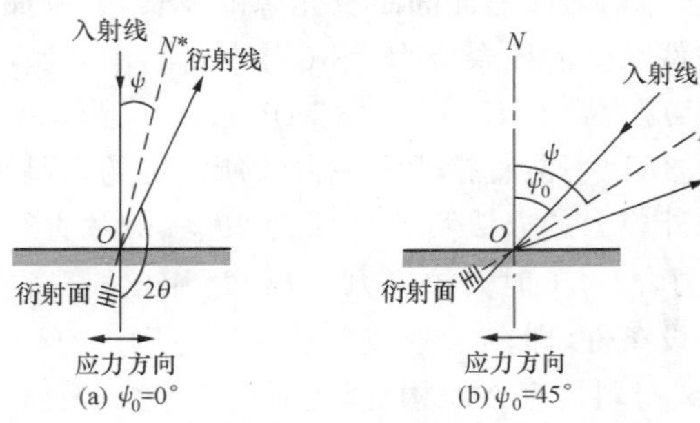

图 7.8 固定 ψ_0 法

(2) 固定 ψ 法

尺寸较小的试样在衍射仪上用固定 ψ 法测定残余应力，此法从衍射几何上直接确定衍射面的 ψ 方位。如图 7.9 所示，当入射线与探测器轴线对称布置在试样表面法线两侧，试样和探测器以 1∶2 的角速度转动(即 $\theta\sim2\theta$ 联动方式)，则衍射面必定平行试样表面，即：$\psi=0^\circ$[图 7.9(a)]；从 $\psi=0^\circ$ 的位置，使试样单独转动某个角度(ψ)后，再进行 $\theta\sim2\theta$ 联动扫描，就可测得 $\psi\neq0^\circ$ 方位上的 $2\theta_{\varphi\psi}$，图 7.9(b) 显示了一个 $\psi=45^\circ$ 时的测量几何。显然，$\psi\neq0^\circ$ 衍射几何布置偏离了衍射仪的聚焦条件，会使衍射线宽化，为减少散焦的影响，应采用小的发散狭缝。固定 ψ 法由于是在 $\theta\sim2\theta$ 联动扫描条件下测出的衍射峰形，其各点强度都来自同一方位的晶面，有明确的物理意义。

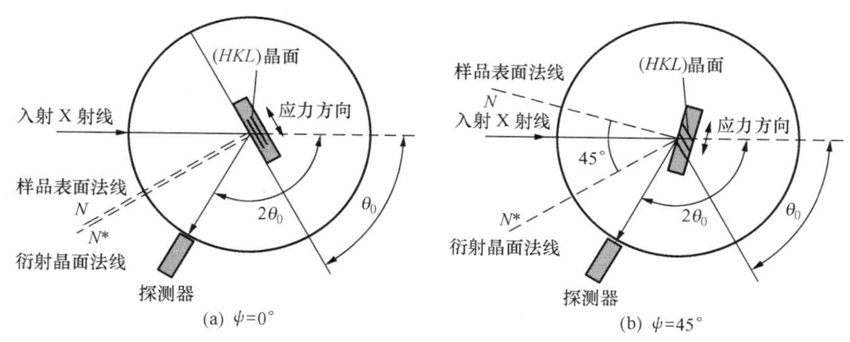

图 7.9 固定 ψ 法

(3) 晶面方位角的选择

无论固定 ψ_0 法或固定 ψ 法，选取晶面方位角的方式都有如下两种：

①0° ~ 45° 法(两点法)

ψ_0 或 ψ 选取 0° ~ 45°(或两个其他适当的角度)进行测定，由两点求得 $2\theta_{\varphi\psi}$-$\sin^2\psi$ 的斜率 M。此法适用于已确认 $2\theta_{\varphi\psi}$-$\sin^2\psi$ 关系有良好线性的情况下。为减小偶然误差，可在每个角度上测量两次(或更多次)取平均值。在固定的 0° ~ 45° 法中，$\Delta\sin^2\psi = 0.5$，则 $\sigma_x = 2K\Delta 2\theta_{\varphi\psi}$。

②$\sin^2\psi$ 法(多点法)

由于 $2\theta_{\varphi\psi}$ 测量中存在偶然误差，故用两点定斜率会给应力计算引入较大的误差，为此，可取多个 ψ 方位进行测量，然后用最小二乘法求出最佳斜率 M。设 $2\theta_{\varphi\psi}$-$\sin^2\psi$ 关系的最佳直线方程用下式表达：

$$2\theta_i = 2\theta_0 + M\sin^2\psi_i \tag{7-18}$$

依照前述的最小二乘法原则，设 $2\theta_i$ 为相对于 ψ_i 的测量值，它与目标直线上的最佳值之差为 υ_i。

$$\upsilon_i = 2\theta_i - 2\theta_0 - M\sin^2\psi_i \tag{7-19}$$

将式(7-19)与式 $a = a_0 + a_0 K\cos^2\theta$ 对照，将 $2\theta_i = y_i$，$2\theta_0 = a$，$M = b$，$\sin^2\psi = x_i$ 代入下式：

$$\begin{cases} \sum_{i=1}^{n} a + \sum_{i=1}^{n} bx_i = \sum_{i=1}^{n} y_i \\ \sum_{i=1}^{n} ax_i + \sum_{i=1}^{n} bx_i^2 = \sum_{i=1}^{n} x_i y_i \end{cases} \tag{7-20}$$

可得

$$\begin{cases} \sum_{i=1}^{n} 2\theta_0 + \sum_{i=1}^{n} M\sin^2\psi_i = \sum_{i=1}^{n} 2\theta \\ \sum_{i=1}^{n} 2\theta_0\sin^2\psi_i + \sum_{i=1}^{n} M\sin^4\psi_i = \sum_{i=1}^{n} 2\theta_i\sin^2\psi_i \end{cases} \tag{7-21}$$

式中，n 为测量点数，一般取 $n \geqslant 4$。因为 $2\theta_0$ 和 M 是常数，将式(7-21)改写为

$$\begin{cases} n2\theta_0 + M\sum_{i=1}^{n} \sin^2\psi_i = \sum_{i=1}^{n} 2\theta_i \\ 2\theta_0\sum_{i=1}^{n} \sin^2\psi_i + M\sum_{i=1}^{n} \sin^4\psi_i = \sum_{i=1}^{n} 2\theta_i\sin^2\psi_i \end{cases} \tag{7-22}$$

解方程组(7-22)得到斜率：

$$M=\frac{\begin{vmatrix} n & \sum 2\theta_i \\ \sum \sin^2\psi_i & \sum 2\theta_i \sin^2\psi_i \end{vmatrix}}{\begin{vmatrix} n & \sum \sin^2\psi_i \\ \sum \sin^2\psi_i & \sum \sin^4\psi_i \end{vmatrix}} \tag{7-23}$$

$\sin^2\psi$ 法中 ψ_i 或 ψ_0 的取法过去一般定为0°、15°、30°、45°，但这种取法其 $\sin^2\psi$ 的分布不均匀，现在固定 ψ 法常取0°、25°、35°、45°；固定 ψ_0 法也可按实际的 θ 值计算合适的 ψ_0。在用计算机处理数据时，还可取更多的测点以取得精确的 M 值。

2. 侧倾法

如图7.10所示，侧倾法的特点是测量方向平面与衍射平面垂直。根据同倾法中的描述，ψ 或 ψ_0 的变化会受 θ 角大小的制约，在固定 ψ 法中，ψ 的变化范围是 $0° \sim \theta$(图7.9)，固定 ψ_0 法的 ψ_0 变化范围是 $0° \sim (2\theta - 90°)$(图7.8)。由于测定衍射峰的整体峰形需一定的扫描范围，且探测器不可能接收与试样表面平行的衍射线，实际的允许变化范围还要小些，这就限制了同倾法在复杂形状工件上的应用，如图7.11所示的直角工件，采用同倾法测量时，一些无高角度衍射线无法测定宏观应力。因此有必要发展一种适合复杂表面工件的测量方法，即侧倾法。

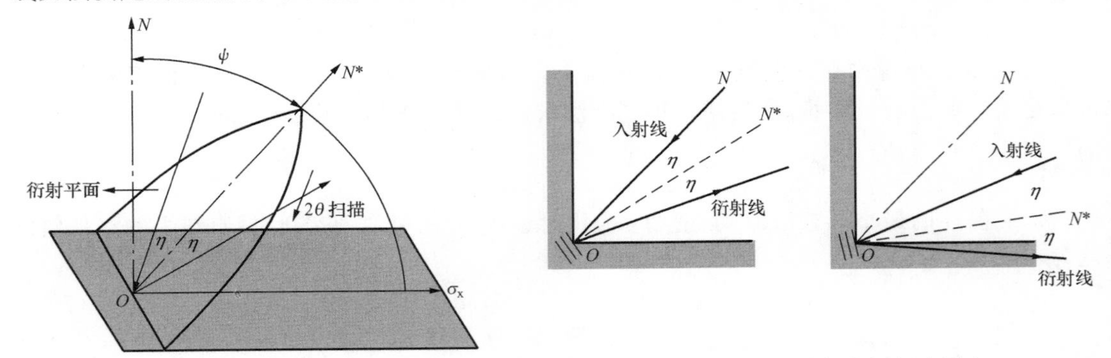

图7.10 侧倾法的衍射几何　　图7.11 复杂形状零件的同倾法测定

侧倾法的衍射平面与测量方向平面垂直，相互间无制约作用。其特点是：

(1) 适合于复杂表面的工件。

(2) 对称入射，线形精度较高。

(3) ψ 变化范围理论上接近90°。

利用固定 ψ 法来确定 ψ。若在水平测角器圆的衍射仪上用侧倾法，则需有可绕水平轴转动的试样架，使试样能做 ψ 倾动，如图7.12所示，在一定的 ψ 角下，探测器与试样架(置于衍射仪轴上)做 $\theta \sim 2\theta$ 联动扫描，以测定衍射角。在新型的X射线应力仪上也可用侧倾法，其测角头(包括X射线管及探测器)能做 ψ 倾动，且X射线管和探测器也以相同的角速度反向转动($\theta \sim \theta$ 扫描)，完成固定 ψ 法的测量，代替需要试样转

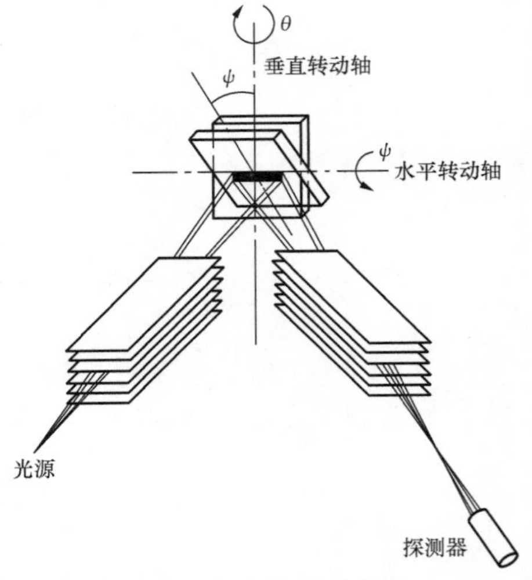

图7.12 侧倾装置示意图

动的 $\theta \sim 2\theta$ 联动扫描。若应力仪的测角头不能做 ψ 倾动，也可采用侧倾试样架的方法。

3. 测量实例

表7.1列出用固定 ψ 的 $\sin^2\psi_i$ 法测定碳／铝复合丝复铝层轴向应力的数据，光源为Cu K_α 辐射、测定铝的(422)面，$K = -173.85$ MPa/deg。

表7.1　固定 ψ 法应力测定数据($\sin^2\psi$)法

No.	ψ	$\sin^2\psi$	2θ	$2\theta\sin^2\psi$	$\sin^4\psi$
1	0°	0	137.49	0	0
2	25°	0.178 6	137.45	24.548 6	0.031 9
3	35°	0.329 0	137.40	45.204 6	0.108 3
4	45°	0.5	137.30	68.650 0	0.25
$\sum$		1.007 6	549.64	138.403 2	0.390 2

将表列数据代入式(7-23)，利用最小二乘法求出最佳斜率 M 得

$$M = \frac{n\sum(2\theta_i\sin^2\psi_i) - \sum 2\theta\sum\sin^2\psi_i}{n\sum\sin^4\psi_i - (\sum\sin^2\psi_i)^2} \tag{7-24}$$

式中 $n = 4$，所以

$$M = \frac{4 \times 138.403\ 2 - 594.64 \times 1.007\ 6}{4 \times 0.390\ 1 - (1.007\ 6)^2} = -0.375\ 1 \tag{7-25}$$

M 为 2θ-$\sin^2\psi$ 直线的斜率(图7.5)。将 M 代入式(7-16)得残余应力值：

$$\sigma_x = KM = 65.2\ \text{MPa} \tag{7-26}$$

7.2.3　样品要求

1. 材料组织结构

常规的X射线应力测量，只是对无粗晶和无织构的材料才有效。

如果晶粒粗大，各晶面族对应的衍射圆锥不连续，当探测器横扫过各个衍射圆锥时，所测得的衍射强度或大或小，衍射峰强度波动很大，依据这些衍射峰测得的应力值是不准确的。晶粒粗大时，需增大照射面积。为了增加参加衍射的晶粒数目，对粗晶材料一般采用回摆法进行应力测量。目前的大多数衍射仪或应力仪，都具备回摆法的功能。

材料中的织构，主要影响应力测量中 2θ 与 $\sin^2\psi$ 的线性关系：一方面形成织构过程中的不均匀塑性变形会导致 2θ 与 $\sin^2\psi$ 的非线性；另一方面材料中各向异性使得不同方位即 ψ 角的同族晶面具有不同的应力常数 K 值，从而影响到 2θ 与 $\sin^2\psi$ 的线性关系。目前还没有有效方法进行织构材料X射线应力测量。通常采用测量高指数衍射晶面的方法回避织构。选择高指数晶面，会增加采集晶粒群的晶粒数目，从而增加了平均化的作用，削弱择优取向的影响。这种方法的缺点是：对于钢材必须采用波长很短的MoK_α 线，而且要滤去多余的荧光辐射，所获得的衍射峰强度不高等。

2. 表面处理

对于钢材试样，X射线只能穿透几微米至十几微米的深度，测量结果实际是这个深度范

围的平均应力,试样表面状态对测试结果有直接的影响。要求待测试样表面应无油污、氧化皮和粗糙的加工痕迹。机加工在材料表面产生的附加应力层为 100 ~ 200 μm,因此需要对试样表面进行预处理。预处理的方法,是利用电化学或化学腐蚀等手段,去除表面加工影响层得到光洁表面。若实验目的是测量机加工、喷丸、表面处理等工艺之后的表面应力,则不需要上述预处理过程。

为测定应力沿试样深度范围的分布,可以用电解腐蚀的方法进行逐层剥离,然后进行应力测量。或者先用机械法快速剥层至一定深度,再用电解腐蚀法去除机械附加应力层。剥层后,可能出现一定程度的应力释放,需参考有关文献进行修正。

7.2.4 测量参数

1. 辐射波长与衍射晶面

为减小测量误差,在应力测试过程中尽可能选择高角衍射线,而实现高角衍射的途径则是选择合适辐射波长及衍射晶面。由于 X 射线应力常数 K 与 $\cot\theta_0$ 值成正比,而待测应力又与应力常数成正比,因此布拉格角 θ 越大则 K 越小,应力的测量误差就越小。此外,选择高角衍射还可以有效减小仪器的机械调整误差等。

通过选择合适波长即靶材可以使该晶面的衍射峰出现在高角区。此外,辐射波长还直接影响穿透深度,波长越短则穿透深度越大,参与衍射的晶粒就越多。对于某些特殊测试对象,有时要使用不同波长的辐射线。

2. 应力常数

前面提到,为精确测定宏观应力,不能直接应用多晶体的弹性常数计算应力常数 K,而需用实验方法测定。对已知材料进行应力测定时,可查阅文献表格获取待测晶面的应力常数。对于未知材料,只能通过实验方法测量其应力常数。最简单的测量方法是等强梁,首先加工出等强梁试样(图 7.13),其悬臂长为 l,根部最大宽度为 b,悬臂等厚度为 h。在悬臂的自由端施加一定载荷 p,例如悬吊一定质量的砝码,则梁的上表面应力为

$$\sigma_p = 6pl/(bh^2) \tag{7-27}$$

在不同 ψ 角下,测量出试样某(HKL)晶面的 2θ 值,由 $K = \sigma_p/(\partial 2\theta/\partial \sin^2\psi)$,即可计算出该晶面的 X 射线应力常数。为提高测量精度,分别施加不同载荷,测得一系列 $\partial 2\theta/\partial \sin^2\psi$,利用最小二乘法,确定 σ_p 与 $\partial 2\theta/\partial \sin^2\psi$ 的直线斜率,从而获得精确的应力常数值。

如果未知材料的尺寸太小,不能加工出足够长度的等强梁试样,此时只能采用单轴拉伸实验的方法进行测量:用与被测材料相同的板材制成单向拉伸或弯曲试样(图 7.14),施加已知的单轴应力,同时用 X 射线法测量该方向的衍射角 ψ 方位的变化,得出斜率 $M = \dfrac{\Delta 2\theta_{\varphi\psi}}{\Delta \sin^2\psi}$,代入 $\sigma_x = KM$ 即可算得 K 值,在无残余应力的试样上贴上电阻应变片,在拉伸试验机上施加已知载荷,并记下应变值,作出应力-应变关系曲线,然后将该试样移至可置于衍射仪或应力

仪的加载附件上，在加载条件下用X射线测定不同ψ方位的$2\theta_{\varphi\psi}$，载荷的大小由应变仪测量。

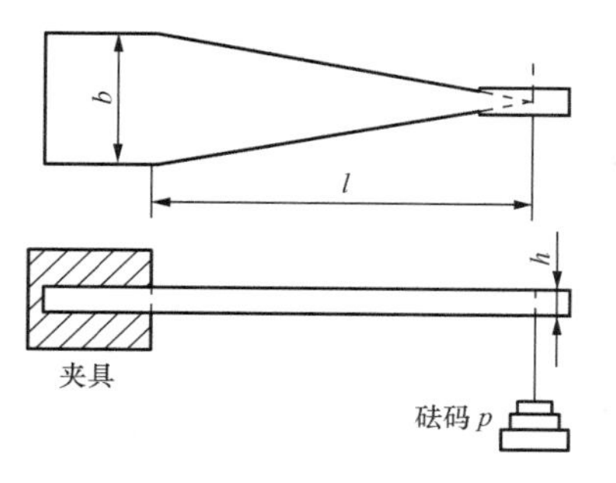

图7.13 等强梁试样及其加载方法[13]

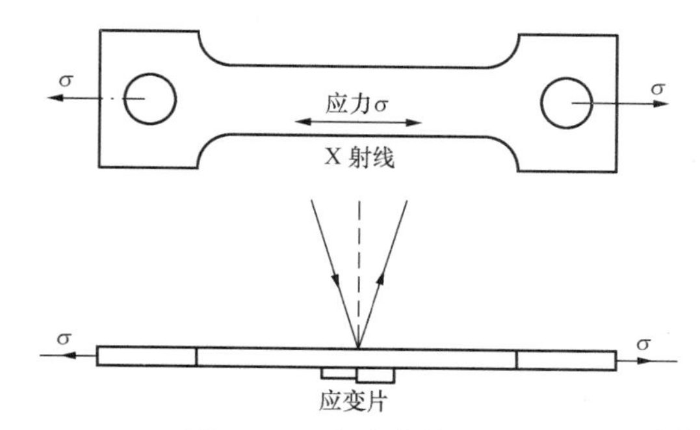

图7.14 应力常数K的测量方法[11]

7.2.5 定峰法

对原始衍射谱线进行峰形处理，有利于提高衍射峰的定峰精度。目前的X射线测量软件都附带峰形处理的相关功能，所以可借助软件的帮助。但必须指出，当衍射峰前后背底强度接近时（尤其是侧倾测量方式），不必进行强度校正；当谱线K_α双线完全重合时，即使衍射峰形有些不对称，也不需进行K_α双线分离；在此情况下，只需扣除衍射背底即可，简化了数据处理过程。

宏观应力是根据不同方位衍射峰的相对变化测定的，峰位的准确测定决定了应力测量的精度，通常用于宏观应力测定的有半高宽法和抛物线法。

1. 半高宽法

如图7.15(a)所示，首先作峰两侧背底连线，过峰顶做平行于背底的切线，与两线等距的平行线交衍射峰轮廓线于点M、N，MN中点O的坐标即峰位。若$K_{\alpha1}$和$K_{\alpha2}$衍射线分离时，可依$K_{\alpha1}$衍射线定峰，为避免$K_{\alpha2}$峰的影响，取距峰顶1/8高处的中点作为峰位，如图7.15(b)所示。此法用于峰形较为敏锐的情况下。

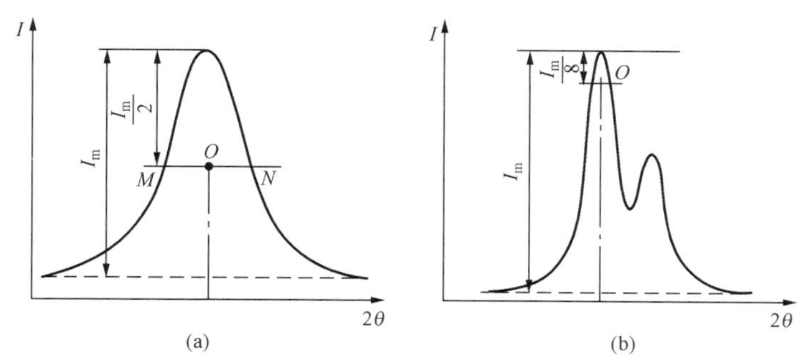

图7.15 半高宽法及1/8高宽法定峰的示意图

2. 抛物线法

当峰形较为漫散时，用半高宽法容易引起较大误差，可将峰顶部位假定为抛物线形，用所测量的强度数据拟合抛物线，求其最大值对应的2θ角即为峰位。

设抛物线的方程为

$$I = a_0 + a_1(2\theta) + a_2(2\theta)^2 \tag{7-28}$$

式中，I 为对应 2θ 的衍射强度 a_0、a_1、a_2 为常数。对应于最大强度 I_m 的衍射角 $2\theta_0$ 应满足

$$\frac{dI}{d(2\theta)} = 0, \quad 即 \ a_1 + 2a_2(2\theta_0) = 0 \tag{7-29}$$

$$2\theta_0 = -\frac{a_1}{2a_2} \tag{7-30}$$

若根据测定的数据求出 a_1、a_2，代入式(7-30)就可求出峰位 $2\theta_0$。

三点抛物线法：是一种较简单的抛物线法。在峰顶部(大于85%的最大强度)取三个测量点，使其处于同一抛物线上。按图7.16(a)所示的方式取点测试衍射强度，并分别代入式(7-28)得

$$\begin{cases} I_1 = a_0 + a_1(2\theta_1) + a_2(2\theta_1)^2 \\ I_2 = a_0 + a_1(2\theta_2) + a_2(2\theta_2)^2 \\ I_3 = a_0 + a_1(2\theta_3) + a_2(2\theta_3)^2 \end{cases} \tag{7-31}$$

令 $A = I_2 - I_1$，$B = I_3 - I_2$，$2\theta_3 - 2\theta_2 = 2\theta_2 - 2\theta_1 = \Delta 2\theta$，解方程组(7-31)得 a_1、a_2，代入(7-30)，求出 $2\theta_0$：

$$2\theta_0 = 2\theta_1 + \frac{\Delta 2\theta}{2} \times \frac{(3A + B)}{A + B} \tag{7-32}$$

多点抛物线法：为消除强度测量中的误差，取多个测量点(测点数 $n \geqslant 5$)，用抛物线拟合法求出最佳抛物线的极值而得到峰位[图7.16(b)]。设在测量点 $2\theta_i$ 的强度为 I_i(I_i 为最佳值)，则

$$I_i = a_0 + a_1(2\theta_i) + a_2(2\theta_i)^2 \tag{7-33}$$

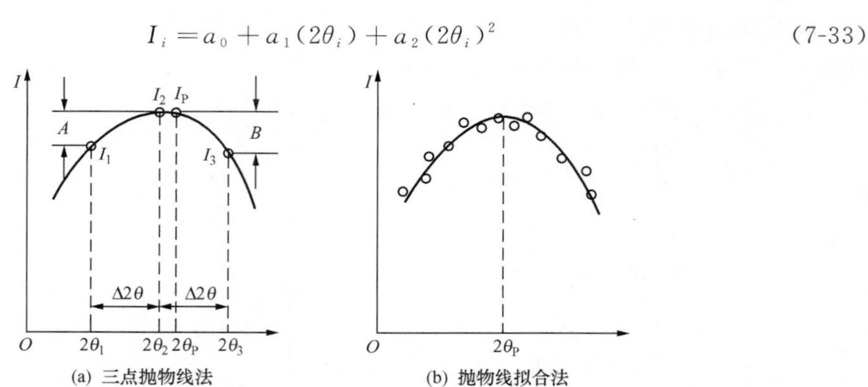

图7.16 抛物线定峰法

若测量强度值为 I'_i，它与最佳值的偏离 v_i 的平方和为

$$\sum_{i=1}^{n} v_i^2 = \sum_{i=1}^{n} [I'_i - a_0 - a_1(2\theta_i) - a_2(2\theta_i)^2]^2 \tag{7-34}$$

按最小二乘法的原则：

$$\begin{cases} \dfrac{\partial \sum\limits_{i=1}^{n} v_i^2}{\partial a_0} = \sum\limits_{i=1}^{n} \{-2[I'_i - a_0 - a_1(2\theta_i) - a_2(2\theta_i)^2]^2\} = 0 \\ \dfrac{\partial \sum\limits_{i=1}^{n} v_i^2}{\partial a_1} = \sum\limits_{i=1}^{n} \{-2[I'_i - a_0 - a_1(2\theta_i) - a_2(2\theta_i)^2]^2(2\theta_i)\} = 0 \\ \dfrac{\partial \sum\limits_{i=1}^{n} v_i^2}{\partial a_2} = \sum\limits_{i=1}^{n} \{-2[I'_i - a_0 - a_1(2\theta_i) - a_2(2\theta_i)^2]^2(2\theta_i)^2\} = 0 \end{cases} \tag{7-35}$$

解方程组(7-35)得出 a_1、a_2，代入式(7-30)，求得 $2\theta_0$。抛物线拟合法的测点多，计算量很大，一般须用计算机来完成。

用抛物线法定峰时，必须用长时间的定时计数或大计数的定数计时获得准确的强度值，并将强度进行角因子和吸收因子的修正。角因子

$$L_p = \frac{1+\cos^2 2\theta}{\sin\theta\cos\theta} \tag{7-36}$$

吸收因子 $A = 1 - \tan\psi\cos\theta$，若实测强度为 I'，经修正的强度 I 为

$$\begin{cases} \text{同倾法 } I = \dfrac{I'}{L_p A} \\ \text{侧倾法 } I = \dfrac{I'}{L_p} \end{cases} \tag{7-37}$$

定峰方法还有重心法、高斯曲线法和交相关函数法等，因这些方法不常用，这里就不做介绍了。

第8章

亚晶粒大小和显微畸变的测定

大多数物质的晶体结构都不是理想晶体，例如存在亚晶粒、显微畸变、位错及层错等，故称为不完整晶体。晶体结构不完整，必然影响X射线衍射的强度分布，在偏离布拉格方向上也出现一定的衍射强度，造成X射线衍射峰形状的变化，例如导致衍射峰宽化和峰值强度降低等。所以进行衍射峰形线形分析，即通过分析X射线衍射峰形状变化(主要是宽化)，可以定量揭示不完整晶体的一些结构信息，如亚晶粒尺寸和显微畸变量等。

8.1 衍射线的宽化

实际测量的X射线衍射峰都是具有一定宽度的，其峰宽的影响因素主要包括：

(1) 仪器光源及衍射几何光路等实验条件所导致的几何宽化效应。

(2) 实际材料内部组织结构所导致的物理宽化效应。

(3) 衍射线形中 K_α 双线及有关强度因子等。

其中所包含的真实线形(物理宽化)是反映材料内部真实情况的衍射线形，仅与材料组织结构有关，这种线形无法利用实验手段来直接测量，只能通过各种校正及数学计算，从实测线形中将其分离出来。

8.1.1 仪器引起的宽化

任何多晶体材料，无论在何种精度的衍射仪下测定，总有一定的衍射线宽度。由衍射线仪器引起的效应也称几何宽化(Geometrical broadening)，主要与光源、光阑及狭缝等仪器实验条件有关，例如X射线源具有一定几何尺寸、入射线发散、平板试样引起的欠聚焦、样品的吸收、接收狭缝较宽及衍射仪轴心偏离、调整不良等，均会造成谱线宽化。实验条件相同，仅接收狭缝发生变化，同一试样的衍射谱线也存在很大区别；采用不同仪器测试同一试样的相同衍射面，狭缝参数完全相同，测得的衍射谱线也有所不同。所以每个试样要单独考虑几何宽化，此种宽化可用标样来确定其宽化的大小。

8.1.2　物理宽化

衍射谱线的物理宽化(Physical broadening) 效应，主要与亚晶粒尺寸(相干散射区尺寸)和显微畸变有关。亚晶粒越细或显微畸变越大，则衍射谱线越宽。此外，位错组态、弹性储能密度及层错等，也具有一定的物理宽化效应。

1. 亚晶粒细化引起的宽化

对于多晶试样而言，当晶粒尺寸比较大时，每个晶粒的某一晶面$\{HKL\}$相应的倒易阵点近似为一几何点。多晶体中所有晶粒同族晶面$\{HKL\}$相应的倒空间阵点组成了一个无厚度的倒易球。多晶体试样参加衍射时，根据厄瓦尔德图解法，反射球和倒易球相截产生衍射圆锥，此时衍射锥壁很薄，相应的衍射线十分明锐，如图 8.1(a) 所示。在 X 射线的衍射强度中讨论过干涉函数，由其特征可知：正空间衍射晶体的形状和尺寸与倒易空间衍射畴(干涉函数不为零区域)的形状和大小成倒易关系。所以，多晶体材料中亚晶粒尺寸越小则衍射畴越大，原本的倒易几何点都会扩展成一个小体积，由无数亚晶粒中的同族晶面$\{HKL\}$组成的倒易球即会变成一个具有一定厚度的倒易球，因此衍射畴与反射球相交的范围也就越大。此时，在稍偏离布拉格角的方向上也会产生衍射，由此造成了衍射线的宽化，如图 8.1(b) 所示。

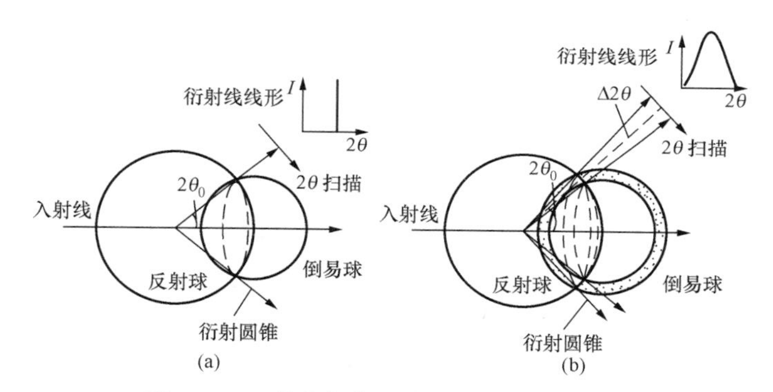

图 8.1　亚晶粒细化造成的衍射线宽化图解

下面将介绍由谢勒(Scherrer) 导出的计算细晶宽化效应的公式及其适用条件。如图 8.2(a) 所示，某一小亚晶粒的(HKL)晶面组，共 N 层，晶面间距为 d，两相邻晶面散射的光程差为 Δl。当该亚晶粒包含无限个晶面即亚晶粒尺寸无限大时，应为 $\Delta l = 2d\sin\theta = \lambda$，严格遵循布拉格方程。当亚晶粒包含有限个晶面即亚晶粒尺寸较小时，即使入射线与布拉格方向呈微小偏移 ε，也能够观测到(HKL)晶面的衍射线，此时的光程差为

$$\Delta l = 2d\sin(\theta + \varepsilon) = \lambda + 2\varepsilon d\cos\theta \tag{8-1}$$

所对应的相位差为

$$\Delta\phi = (2\pi\Delta l)/\lambda = 2\pi + (4\pi\varepsilon d\cos\theta)/\lambda = (4\pi\varepsilon d\cos\theta)/\lambda \tag{8-2}$$

根据干涉函数的计算公式，且衍射强度与干涉函数成正比，可得到

$$I = I_0\left[\sin^2(N\Delta\phi/2)/\sin^2(\Delta\phi/2)\right] \approx I_0\left[N^2\sin^2(N\Delta\phi/2)/(N\Delta\phi/2)^2\right] \tag{8-3}$$

式(8-2)及式(8-3)表明,当 $\varepsilon=0$ 时,衍射强度 $I_{max}=I_0N^2$ 最大,当 $\varepsilon=\varepsilon_{1/2}$ 时衍射线具有半高强度,即 $I=I_{max}/2$。如果定义符号 $\alpha=4\pi N\varepsilon_{1/2}d\cos\theta/\lambda$,则有

$$I_{1/2}/I_{max}=1/2=\sin^2(\alpha/2)/(\alpha/2)^2 \tag{8-4}$$

可以证明,只有当 $\alpha=2.8$ 时,$\sin^2(\alpha/2)/(\alpha/2)^2=1/2$,即满足式(8-4)。因此,半高衍射强度处的布拉格角偏移量 $\varepsilon_{1/2}$ 应满足

$$\varepsilon_{1/2}=0.7\lambda/(\pi Nd\cos\theta) \tag{8-5}$$

由图 8.2(b)不难看出,衍射线半高宽度为 $\beta_{HKL}=4\varepsilon_{1/2}$,因此

$$\beta_{HKL}=0.89\lambda/(D_{HKL}\cos\theta)\approx\lambda/(D_{HKL}\cos\theta) \tag{8-6}$$

式中,半高宽 β_{HKL} 的单位为弧度;$D_{HKL}=Nd_{HKL}$ 为{HKL}晶面法线方向上的亚晶粒尺寸,单位与波长一致。该式也称为谢勒公式,它适用于各种晶系。

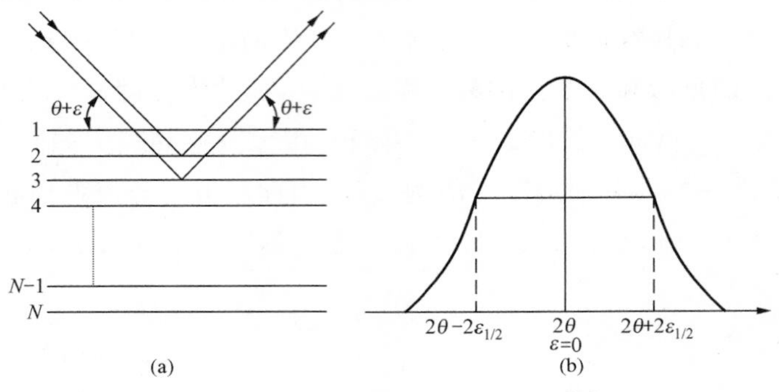

图 8.2 微晶的衍射线宽化效应[13]

2. 显微畸变引起的宽化

本篇第 7 章中介绍了材料中有三种残余应力,其中第二种是微观应力,由其造成的显微畸变又称微观应变,其作用与平衡范围很小。在 X 射线辐照区域内,无数个亚晶粒参与衍射,微观应力使得亚晶粒间产生不均匀的塑性变形,有的受拉,有的受压,或在相变过程中因各相体积效应的不同,产生不同相之间的不均匀应变,使点阵中原子排列的规律性被破坏,晶面产生弯曲和扭转。所以各亚晶粒同族晶面具有一系列不同的晶面间距,衍射线的总和将合成一定范围内的宽化谱线。由于此类显微畸变的大小和方向是随机分布的,其相对变化量服从统计规律且没有方向性,所以晶面间距对称地分布在以 d_0 为中心的一个 $d_0\pm\Delta d$ 范围内。显然,由不同晶粒中同族晶面{HKL}所产生的衍射线一定对称地落在以 $2\theta_0$ 为中心的一个 $2\theta_0\pm\Delta(2\theta)$ 范围内,衍射峰变得宽化而漫散,但峰位基本不变。

对于同族晶面{HKL}而言,由晶面间距的变化 Δd 而引起的衍射角变化为

$$\Delta\theta=-\tan\theta_0\frac{\Delta d}{d} \tag{8-7}$$

若采用 2θ 坐标,且令 $\varepsilon=\Delta d/d$,当只考虑其绝对值时,则上式变为:$\Delta(2\theta)=2\varepsilon\tan\theta_0$。由于衍射线的宽化发生在 $2\theta_0\pm\Delta(2\theta)$ 范围内,因此由显微畸变效应引起的谱线宽度 β_0 是 $\Delta(2\theta)$ 的两倍,所以上式应改写为

$$\beta_0=4\varepsilon\tan\theta_0 \tag{8-8}$$

式中，ε 为均方应变值。它标志着多晶体材料中显微畸变的程度。θ_0 为(HKL)晶面的布拉格角。对于各向异性材料而言，畸变分布也具有各向异性。因此，用某一谱线测得的均方应变值仅反映所测晶面法线方向的显微畸变程度。

8.1.3 谱线线形的卷积合成

实测衍射谱线中同时存在几何宽化与物理宽化效应，而物理宽化谱线中又同时存在细晶宽化与显微畸变宽化效应。这些线形宽化效应之间，并非是简单乘积或求和的关系，而必须遵循一定的卷积关系。

显微畸变和亚晶粒细化两种效应的叠加，遵循卷积关系。如设 $M(x)$、$N(x)$ 分别为亚晶粒细化和显微畸变宽化函数，其相应的积分宽度分别为 β_D（即 β_{HKL}）和 β_ε（即 β_0），则 β_D 和 β_ε 与总的物理宽化积分宽度 β 三者之间的关系为

$$\beta=\frac{\beta_D\beta_\varepsilon}{\int_{-\infty}^{+\infty}M(x)N(x)\mathrm{d}x} \tag{8-9}$$

该式为线形分析的基本关系。

几何宽化与物理宽化效应的叠加，也遵循卷积关系。如设 $g(x)$、$f(x)$ 分别为几何宽化函数和物理宽化函数，其相应的积分宽度分别为 b 和 β 与实测谱线的综合宽度 B 三者之间的关系为

$$B=\frac{b\beta}{\int_{-\infty}^{+\infty}g(x)f(x)\mathrm{d}x} \tag{8-10}$$

所谓近似函数法，就是选用适当的已知函数对实测线形 $h(x)$ 和各种宽化函数如 $g(x)$、$f(x)$、$M(x)$、$N(x)$ 进行模拟，再由这些函数的具体形式，利用上两式由实测的综合宽度 B 和几何宽度 b 便可求得 β、β_D 和 β_ε。实测线形 $h(x)$ 是通过实际测量获得的，同时几何宽化线形 $g(x)$ 又可通过无物理宽化的标样来测得，通过函数分离即可确定出未知的物理宽化线形 $f(x)$ 函数。

8.2 亚晶尺寸和微观应力的测定

根据衍射线宽化理论，进行亚晶粒尺寸和微观应力测定的具体步骤如下：

（1）测量出试样和标样的衍射线。

（2）对两衍射线进行强度校正和 K_α 双线分离，得到各自的纯 $K_{\alpha1}$ 线形。

（3）进行几何宽化与物理宽化分离，得到物理宽化线形。

（4）进行细晶宽化与显微畸变宽化分离，计算亚晶粒尺寸和显微畸变量等。

当物理宽化中只包含细晶宽化或者只包含显微畸变效应时，可分别用式(8-6)或式(8-8)来计算亚晶粒尺寸或显微畸变量。如果物理宽化中同时包括细晶宽化与显微畸变宽

化，必须通过卷积关系加以确定。当不存在细晶与显微畸变时，则物理宽化与位错及层错等有关，可参考有关的文献资料，计算这些组织结构参数。

8.2.1 $K_{\alpha1}$ 和 $K_{\alpha2}$ 双线的分离

因为 $K_{\alpha1}$ 和 $K_{\alpha2}$ 所对应的波长非常相近，所以它们的衍射线经常重叠在一起。为了得到单一的 $K_{\alpha1}$ 衍射线形，需进行 $K_{\alpha1}$ 和 $K_{\alpha2}$ 双重线的分离。一般采用 Rachinger 图解法，首先假设：

（1）$K_{\alpha1}$ 和 $K_{\alpha2}$ 衍射线的线型相似，且底宽相等。

（2）$K_{\alpha1}$ 和 $K_{\alpha2}$ 线形皆为对称的，角分离度为

$$\Delta(2\theta)=2\frac{\Delta\lambda}{\lambda}\tan\theta \tag{8-11}$$

式中，$\Delta\lambda$ 为常数，$\Delta\lambda=\lambda_{\alpha2}-\lambda_{\alpha1}$；$\lambda$ 为 K_{α} 线波长；θ 对应 K_{α} 波长的布拉格角。

（3）$K_{\alpha1}$ 和 $K_{\alpha2}$ 所对应的强度比为 2∶1。

Rachinger 图解法的具体步骤如下：

① 由实测 K_{α} 线形的峰位（2θ），用式（8-11）算出 $K_{\alpha1}$ 和 $K_{\alpha2}$ 的角分离度 $\Delta2\theta$（单位为度）。

② 选择谱线低角区，如图 8.3 所示 a 点，为横坐标原点，并按 $\Delta2\theta$ 值将横坐标分割成若干个区间。在第一区间（即 0～1 区间）内，只存在 $K_{\alpha1}$ 分量，所以该区间内 $K_{\alpha1}$ 的衍射强度等于 K_{α} 衍射强度，即 $I_1(2\theta)=I(2\theta)$。

③ 在第二区间（即 1～2 区间）内，任一 2θ 处的总衍射强度 $I_{2\theta}$ 为

$$I(2\theta)=I_1(2\theta)+\frac{1}{2}I_1(2\theta-\Delta2\theta)$$

$$I_1(2\theta)=I(2\theta)-\frac{1}{2}I_1(2\theta-\Delta2\theta) \tag{8-12}$$

由式（8-12）可用作图法将 K_{α} 双线分离。图 8.3 为 K_{α} 双线分离作图法示意图，从中可得到在第二区间内任一 2θ 处的 $I_1(2\theta)$ 值。

④ 按同样步骤，逐次得以下各区间内的 $I_1(2\theta)$ 线型，直至完成双线分离。在最后一个区间 $I_1(2\theta)=0$，只存在 $K_{\alpha2}$ 分量。

Rachinger 图解法的优点是简便易行，有效地完成 K_{α} 双线分离。缺点为背底取法对结果的影响十分敏感，在具体应用中要特别注意。

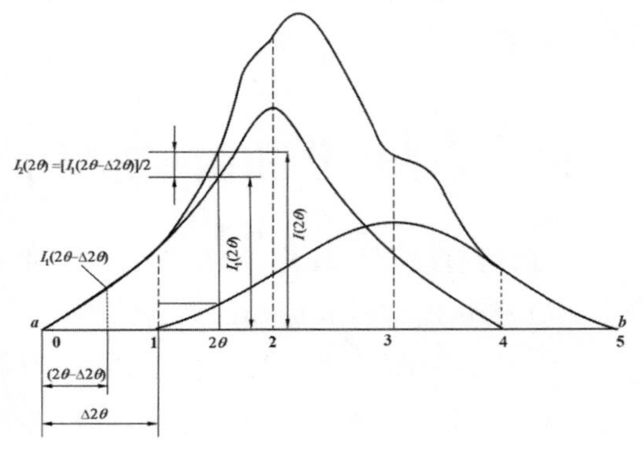

图 8.3 K_{α} 双线分离

8.2.2 几何宽化与物理宽化的分离

完成对实测衍射谱线的 K_α 双线分离后，接下来即进行几何宽化线形与物理宽化线形的分离工作。从 $h(x)$、$g(x)$ 及 $f(x)$ 之间的卷积关系看，用实验测得的 $h(x)$ 和 $g(x)$ 数据，通过傅里叶变换求解卷积关系，可以精确求解物理宽化线形数据 $f(x)$ 及物理宽度 β，只是计算工作量相当大而繁，必须借助计算机技术。

为了避开必须求解 $f(x)$ 的困难，另一途径便是直接假设各宽化线形为某种已知函数，即近似函数法。从数学角度，近似函数法似乎不是很严谨，但它确实因绕开了求解物理宽化线形函数的困难而使工作大为简化。

必须强调，标样的选择十分关键。利用没有任何物理宽化因素的标准样品，采用与待测试样完全相同的实验条件，测得标样的衍射线形，并以其峰宽定为仪器宽度。标样应选用与待测样品成分相同或相近的材料，经充分退火以消除显微畸变，并使晶粒长大到不引起线形增宽尺寸，但又不能过分粗大。达到此状态的标志是衍射峰 $K_{\alpha1}$ 和 $K_{\alpha2}$ 双线明显分开，峰形窄而明锐。如果找不到合适的退火样品，也可用无物理宽化因素的参考物质（如 Si 粉或 SiO_2 粉），但所选衍射峰应与待测试样衍射峰位置接近。标样粒度应在 350 目左右。

在常规的分析中近似函数图解法被广泛采用，并积累了不少经验，已发展成为一种比较成熟的方法。有三种常见的近似函数可供选择，分别为高斯函数、柯西函数及柯西平方函数，即

$$e^{-k_1x^2},\quad 1/(1+k_2x^2),\quad 1/(1+k_3x^2)^2 \tag{8-13}$$

三种函数的积分宽度 W 由下式确定：

$$k_1=\pi/W^2,\quad k_2=\pi^2/W^2,\quad k_3=\pi^2/(4W^2) \tag{8-14}$$

由于近似函数法认定 $g(x)$ 及 $f(x)$ 符合某种钟罩函数，所以将式(8-13)三种钟罩函数按不同组合代入综合实测宽度 B 的公式(8-10)中，便可解出实测综合宽化曲线积分宽 B、标样的仪器宽化曲线积分宽 b 和物理宽化积分宽 β 之间的关系式。

利用这三种近似函数进行组合，包括两个相同函数组合或两个不同函数组合，可有 9 种组合方式，表 8.1 列出了五种典型组合方式及其积分宽度关系式。这样，根据实测线形强度数据，经双线分离并得到待测试样及标样的纯 $K_{\alpha1}$ 曲线，分别确定它们的积分宽 B 和 b，利用表中积分宽度关系式，即可计算出物理宽化积分宽 β 值。例如若确定 $h(x)$ 和 $g(x)$ 为高斯分布，由表中可知 $\beta=\sqrt{B^2-b^2}$，只要确定 B 和 b 就可计算 β；若它们为柯西分布，则 $\beta=B-b$，同样由 B 和 b 就可计算出 β 值。

用近似函数法进行各种宽化分离的过程中，选择线形近似函数类型是关键。因此，最好对近似函数与实测谱线进行拟合离散度检验，$h(x)$ 和 $g(x)$ 的离散度为

$$S_h^2=\sum_{i=1}^{n}[I_h(x_i)-I_{h_0}h(x_i)]^2/n$$

$$S_g^2=\sum_{i=1}^{n}[I_g(x_i)-I_{g_0}g(x_i)]^2/n \tag{8-15}$$

式中，$I_h(x)$ 及 $I_g(x)$ 分别为试样与标样实测强度；I_{h_0} 及 I_{g_0} 分别为试样与标样实测峰值强度。利用该式进行离散度检验，判定试样及标样 $K_{\alpha 1}$ 曲线分别与哪一种钟罩形函数吻合，以确定所采用的钟罩形函数类型。

由于 $h(x)$ 和 $g(x)$ 仅考虑衍射线形，忽略强度绝对值，即函数最大值为 1，而且相应 $x=0$ 点即对应于衍射峰位。然而严格地讲，实际衍射计数强度应为

$$I_0 e^{-k_1(2\theta-2\theta_p)^2}, \quad I_0/[1+k_2(2\theta-2\theta_p)^2], \quad I_0/[1+k_3(2\theta-2\theta_p)^2]^2 \tag{8-16}$$

式中，I_0 为实际峰值强度；$2\theta_p$ 为实际峰值衍射角。

表 8.1　五种 $f(x)$ 及 $g(x)$ 的函数组合及其积分宽度关系式[11]

序号	$f(x)$	$g(x)$	B、b 之关系式
1	$e^{-k_1x^2}$	$e^{-k_2x^2}$	$\dfrac{\beta}{B}=\sqrt{1-\left(\dfrac{b}{B}\right)^2}$
2	$\dfrac{1}{1+k_1x^2}$	$\dfrac{1}{1+k_2x^2}$	$\dfrac{\beta}{B}=1-\dfrac{b}{B}$
3	$\dfrac{1}{(1+k_1x^2)^2}$	$\dfrac{1}{1+k_2x^2}$	$\dfrac{\beta}{B}=\dfrac{1}{2}(1-\dfrac{b}{B}+\sqrt{1-\dfrac{b}{B}})$
4	$\dfrac{1}{1+k_1x^2}$	$\dfrac{1}{(1+k_2x^2)^2}$	$\dfrac{\beta}{B}=\dfrac{1}{2}(1-4\dfrac{b}{B}+\sqrt{\varepsilon+1-\dfrac{b}{B}})$
5	$\dfrac{1}{(1+k_1x^2)^2}$	$\dfrac{1}{(1+k_2x^2)^2}$	$B=\dfrac{(b+\beta)^3}{(b+\beta)^2+b\beta}$

8.2.3　细晶宽化与显微畸变宽化的分离

判断细晶宽化或显微畸变宽化，主要是观察试样不同衍射级的衍射线物理宽度 β，如果 $\beta\cos\theta$ 为常数就说明线宽仅由细晶宽化所引起，当 $\beta\cot\theta$ 为常数时说明线宽仅由显微畸变所引起，如果二者都不为常数则说明两种宽化因素都存在，需要分离。

1. 近似函数的选择

物理宽化函数 $f(x)$ 为细晶宽化 $M(x)$ 和显微畸变宽化 $N(x)$ 卷积。通常，由于无法确定 $M(x)$ 和 $N(x)$ 的具体函数形式，会给两种宽化效应的分离造成困难。切实可行的方法仍是简化法，设定细晶线形宽化函数 $M(x)$ 和显微畸变线形宽化函数 $N(x)$ 分别为某一已知的函数，如高斯函数、柯西函数或柯西平方函数，然后将钟罩函数代入物理宽化积分宽度 β 的公式(8-9)中，求出 β、β_D 及 β_ε 之间的代数关系，利用实验数据建立方程组，求解出 β_D 及 β_ε 值。严格确定 $M(x)$ 和 $N(x)$ 的近似函数类型也比较困难，目前仍凭经验来选定。表 8.2 列出了五种典型组合的结果，对于钢材料，表中前三种近似函数组合，尤其第三种组合更为常用。

表 8.2　五种 $M(x)$ 和 $N(x)$ 的函数组合及其积分宽度关系式

序号	$M(x)$	$N(x)$	β、β_D 及 β_ε 之间关系式
1	$\dfrac{1}{1+k_1x^2}$	$\dfrac{1}{1+k_2x^2}$	$B=\beta_D+\beta_\varepsilon$
2	$e^{-k_1x^2}$	$e^{-k_2x^2}$	$\beta=\sqrt{\beta_D^2+\beta_\varepsilon^2}$

（续表）

序号	$M(x)$	$N(x)$	β、β_D 及 β_ε 之间关系式
3	$\frac{1}{1+k_1x^2}$	$\frac{1}{(1+k_2x^2)^2}$	$\beta=\frac{(\beta_D+2\beta_\varepsilon)^2}{\beta_D+4\beta_\varepsilon}$
4	$\frac{1}{(1+k_1x^2)^2}$	$\frac{1}{1+k_2x^2}$	$\beta=\frac{(2\beta_D+\beta_\varepsilon)^2}{4\beta_D+\beta_\varepsilon}$
5	$\frac{1}{(1+k_1x^2)^2}$	$\frac{1}{(1+k_2x^2)^2}$	$\beta=\frac{(\beta_D+\beta_\varepsilon)^3}{(\beta_D+4\beta_\varepsilon)^2+\beta_D\beta_\varepsilon}$

2. 高斯分布法

对于实际试样，如果细晶宽化和显微畸变宽化两种效应所造成的衍射强度分布都接近于高斯分布，即 $M(x)=e^{-k_{M1}x^2}$，$N(x)=e^{-k_{N1}x^2}$，于是 $\beta^2=\beta_D^2+\beta_\varepsilon^2$，结合式 $\beta_D=0.89\lambda/(D\cos\theta)\approx\lambda/(D_{HKL}\cos\theta)$ 及 $\beta_\varepsilon=4\varepsilon\tan\theta_0$ 得到

$$(\beta\cos\theta/\lambda)^2=(1/D)^2+(4\varepsilon\sin\theta/\lambda)^2 \tag{8-17}$$

式(8-17)表明，只要测量两条以上的衍射谱线，得到每条谱线的物理宽度 β 和衍射角 θ，确定出 $(\beta\cos\theta/\lambda)^2$ 与 $(\sin\theta/\lambda)^2$ 的直线关系，直线纵坐标之截距为 $(1/D)^2$，斜率为 $16\varepsilon^2$，从而可确定亚晶粒尺寸 D 和显微畸变 ε 值。

3. 柯西分布法

如果试样中细晶宽化线形和显微畸变宽化线形都接近于柯西分布，即 $M(x)=1/(1+k_{M2}x^2)$ 和 $N(x)=1/(1+k_{N2}x^2)$，于是 $\beta=\beta_D+\beta_\varepsilon$，结合式 $\beta_D=0.89\lambda/(D\cos\theta)\approx\lambda/(D_{HKL}\cos\theta)$ 及 $\beta_\varepsilon=4\varepsilon\tan\theta_0$ 得到

$$\beta\cos\theta/\lambda=1/D+4\varepsilon\sin\theta/\lambda \tag{8-18}$$

利用 $(\beta\cos\theta/\lambda)$ 与 $(\sin\theta/\lambda)$ 直线关系，计算直线截距及斜率，即可确定出亚晶粒尺寸 D 和显微畸变 ε 值。

第9章

非晶材料X射线分析及结晶度测定

晶体材料的最基本特点是原子排列的长程有序性，其X射线衍射方向满足布拉格方程。而非晶材料中原子排列没有长程有序性，仅呈现短程有序，原子排列从总体上讲是无规则的，原子散射因此具有随机性，产生漫散射[20]。

9.1 非晶材料X射线分析

第1篇中叙述过，非晶材料不存在长程有序但存在短程有序。目前，大都是通过径向分布函数来了解非晶结构中原子配置的统计性质。

1. 径向分布函数

为了简化问题，下面以原子为组成讨论非晶材料。如果体积V中包含有N个原子，则平均原子密度为

$$\rho_0 = N/V \tag{9-1}$$

选择某一原子中心作为原点，距原点为r至$r+\mathrm{d}r$的两个球面之间的球层体积为$4\pi r^2\mathrm{d}r$，定义径向分布函数为

$$F_r = 4\pi r^2\rho_r \tag{9-2}$$

式中，ρ_r只表示距原点r处单位体积中的原子数，实际是取所有原子为原点的统计平均值。

如果只考虑非晶材料对X射线是相干散射的，即散射波长与入射波长相同，而且认为是各向同性的。基于X射线散射理论，可以得出相干散射的累计强度为

$$I_N = Nf^2\left\{1+\int_0^\infty 4\pi r^2\left[\rho(r)-\rho_0\right]\left[\sin(kr)/(kr)\right]\mathrm{d}r\right\} = Nf^2(1+I_k) \tag{9-3}$$

式中，f为原子散射因子；$k=(4\pi\sin\theta)/\lambda$；$I_k$为干涉函数。

干涉函数I_k可通过X射线的散射强度求出。利用傅里叶变换则得到径向分布函数，即

$$F_r = 4\pi r^2\rho_0 + (2r/\pi)\int_0^\infty kI_k\sin(kr)\mathrm{d}k \tag{9-4}$$

式(9-4)就是X射线散射方法测量非晶结构的基本公式。

径向分布函数F_r为短程有序的一维描述，是许多原子在相当长时间内的统计平均效果。函数的各个峰位置对应某配位球壳的半径，峰所扣面积表示各配位球壳内的原子数，峰

的宽度反映原子位置的不确定性。

径向分布函数 F_r 曲线上第一个峰所扣的面积，即表示配位数 Z。这是非晶结构中的一个重要参量，测量径向分布函数的目的就是测量配位数。多数非晶合金有 $Z\approx 11$，而 Si 及 P 等形成的非晶材料则有 $Z\approx 13$，说明非晶材料中原子排列是很紧密的。

另一种非晶结构的描述形式为双体分布函数 $g_r=\rho_r/\rho_0$，利用双体分布函数曲线上的峰位置可确定各原子壳层距中心原子的距离。双体分布函数的傅里叶表达式为

$$g_r=1+(1/2\pi^2 r\rho_0)\int_0^{\infty}kI_k\sin(kr)\mathrm{d}k \tag{9-5}$$

还常用约化分布函数 $G_r=4\pi r(\rho_r-\rho_0)$ 来描述非晶结构，其表达式为

$$G_r=(2/\pi)\int_0^{\infty}kI_k\sin(kr)\mathrm{d}k \tag{9-6}$$

显然，利用 I_k 求解 G_r 最为简便，所以一般先计算 G_r，再计算 F_r 及 g_r。三个分布函数的关系如下：

$$F_r=4\pi r^2\rho_0 g_r=4\pi r^2\rho_0+rG_r \tag{9-7}$$

几种常见物质形态的径向双体分布函数示意图，如图 9.1 所示，其中 r_0 为原子的半径。对于非晶材料的双体分布函数 g_r 曲线，当 r 较大时均有 $g_r=1$，则认为是完全无序的结构特征。规定 r_s 来标志短程有序的范围，即 $r\geqslant r_s$ 时，$g_r=\pm 1.02$，由此定义非晶质度参数 ξ 值为

$$\xi=r_s/r_1 \tag{9-8}$$

式中，r_1 对应第一峰的峰位。许多非晶材料的 ξ 为 5.7，而对于液体一般为 4.2。

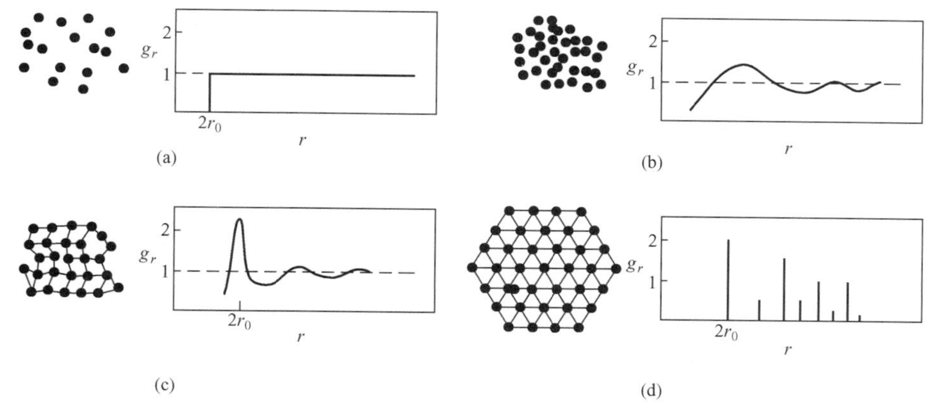

图 9.1　几种常见物质形态的径向双体分布函数[13]

至于分布函数曲线的形状，如峰的宽度，可以反映一些结构情况。分布函数曲线上第一个峰的半高宽，反映结构的无序程度，包括热振动的影响。

2. 测量注意事项

利用 X 射线衍射仪获得非晶体系的散射强度时，要求 X 射线源的稳定性好，有足够的强度，采用波长较短的 Mo 靶或 Ag 靶，使用单色器。若无单色器或光源较弱时，也可采用平衡滤波片。利用非晶材料的 X 射线散射强度曲线，经数据处理得出干涉函数 I_k，再经过计算获

得约化分布函数 G_r，进而计算出径向分布函数 F_r 和双体分布函数 g_r。考虑到所测得的数据中可能包含相干散射、非相干散射和其他寄生散射等，所以在计算前，必须扣除无关的散射信息，并进行强度的校正。其主要步骤包括：空气散射的扣除、康普顿散射与多重散射的校正、吸收与偏振的校正、强度数据的标准化等。由于上述数据处理的具体步骤比较复杂，一般都采用计算机进行。

9.2 结晶度测定

对于部分晶化的非晶材料，结晶度定义为晶态部分的质量或体积占材料整体质量或体积的百分比。利用 X 射线衍射法测量材料的结晶度，其前提是相干散射的总强度仅与原子种类及原子总数有关，是一恒量，不受材料结晶度的影响，即

$$\int_0^{\infty} s^2 I(s)\mathrm{d}s = 常数 \tag{9-9}$$

式中，$s = 2\sin\theta/\lambda$；$I(s)$ 为材料的总相干散射强度。

结晶度的表达式为

$$X_c = \frac{\int_0^{\infty} s^2 I_c(s)\mathrm{d}s}{\int_0^{\infty} s^2 I(s)\mathrm{d}s} \tag{9-10}$$

式中，$I_c(s)$ 为结晶部分的散射强度。在实际应用中，必须从原始测量数据中扣除非相干散射和来自空气的背景散射强度等，同时还必须进行吸收校正、洛伦兹因子及偏振因子校正等。

1. 积分强度法

根据待测样品的 X 射线衍射谱线，区分出结晶与非晶的线形轮廓，即分峰，如图 9.2 所示。有专门的数据处理软件可用于衍射峰的分离。分峰基于两个假设：

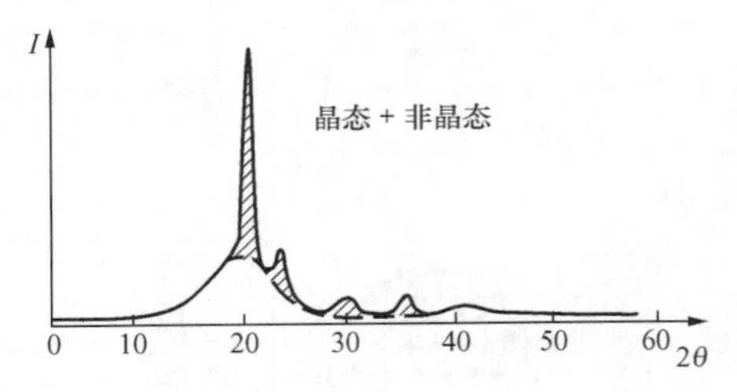

图 9.2 积分强度法计算结晶度

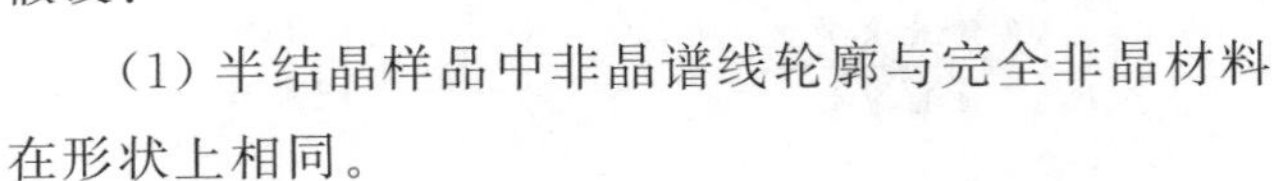

(1) 半结晶样品中非晶谱线轮廓与完全非晶材料在形状上相同。

(2) 半结晶样品中两邻近结晶衍射峰相距 $2\theta \geqslant 3^\circ$ 时，两峰之间峰谷是非晶散射的轮廓。

分峰后进行强度校正，扣除相干散射强度以外的各种寄生干扰。计算非晶衍射轮廓的积分强度 I_a 和结晶衍射峰的积分强度 I_{HKL}。材料结晶度的表达式为

$$X_c = \frac{\sum C_{HKL}(\theta) I_{HKL}}{\sum C_{HKL}(\theta) I_{HKL} + C_a(\theta) I_a} \tag{9-11}$$

式中，系数 $C_a(\theta)$ 是非晶衍射轮廓的校正因子；$C_{HKL}(\theta)$ 是 (HKL) 晶面衍射峰的校正因子，

这些系数可通过理论计算或查表获得。

2. Ruland 法

Ruland 法在测量材料结晶度时，考虑了结晶衍射峰由于晶格畸变所造成的强度丢失现象并对此有所补正，因而被认为是目前理论基础最好的方法。基本公式为

$$X_c = K\frac{\int_{s_0}^{s_p} s^2 I_c(s)\mathrm{d}s}{\int_{s_0}^{s_p} s^2 I(s)\mathrm{d}s}$$

$$K = \frac{\int_{s_0}^{s_p} s^2 \overline{f^2(s)}\mathrm{d}s}{\int_{s_0}^{s_p} s^2 \overline{f^2(s)}D\mathrm{d}s}$$

$$D = \mathrm{e}^{-ks^2} \tag{9-12}$$

式中，K 为结晶度的校正因子；D 为无序函数；$\overline{f^2(s)}$ 为基元内原子散射因子的平方平均值。当固定积分下限 s_0 时，选择一系列不同的无序常数 k，同时不断改变积分的上限 s_p，使其 X_c 为一常数，这就是经过校正后的结晶度。

Ruland 法用手工计算工作量比较大，且实验数据收取的 2θ 角高，对实验强度的各种修正也要求比较精细。如果用计算机来进行这些工作，用优选迭代法求解，使一组不同 s_p 所求出 X_c 最大与最小差 ΔX_c 对应最小的 k 值。这样，不但计算速度快，并能得到更为精确的结果。

第10章

织构测量

多晶材料在很多场合下某晶面或晶向会按某一特定方向有规则排列，这种现象称为择优取向(Preferred orientation) 或织构(Texture)[15]。晶粒择优明显影响材料性能，因此，织构测量是材料研究的一个重要方面。X 射线衍射法测量多晶织构的理论基础仍然是衍射方向和衍射强度的问题。

织构测量包括两方面：进行 X 射线衍射实验，利用晶体学投影来描述织构。

10.1 织构的分类

择优取向在实际多晶体材料中几乎无所不在，制造完全无序取向的多晶材料是比较困难的。按照加工成型过程可将织构分为：

形变织构(Deformation texture)：材料经拉拔、轧制或挤压等加工后，由于塑性变形中晶粒转动而形成。

退火织构(Annealing texture)：退火后某些材料产生不同于冷加工状态的织构(或称再结晶织构)。

铸造织构(Casting texture)：铸造金属能形成某些晶向垂直于模壁的取向晶粒。

薄膜织构(Film texture)：电镀、真空蒸镀、溅射等方法制成的薄膜材料经常受基体或冷却、生长等方式的影响，从而具有特殊的择优取向。

按择优取向的分布特点，织构可分为两大类：丝织构(Fiber texture) 和板织构(Sheet texture)。

丝织构是一种轴对称分布的织构，存在于各类丝棒材及各种表面镀层或溅射层中，特点是晶体中各晶粒的某晶向 $\langle uvw \rangle$ 趋向于与某宏观坐标(丝棒轴或镀层表面法线) 平行，其他晶向则对此轴呈旋转对称分布；织构指数定义为与该宏观坐标轴平行的晶向 $\langle uvw \rangle$，如铁丝 $\langle 110 \rangle$ 织构，铝丝 $\langle 111 \rangle$ 织构。

板织构存在于用轧制、旋压等方法成形的板、片状构件内，特点是材料中各晶粒的某晶向〈uvw〉与轧制方向(RD)平行,称为轧向,各晶粒的某晶面{hkl}与轧制表面平行,称为轧面,板织构指数定义为{hkl}〈uvw〉,如冷轧铝板有{110}〈112〉织构。

10.2　织构的简易测量

本节介绍一个用相对强度标记样品中织构(择优取向)的简单方法。

晶体内多数晶粒的某一晶面或晶向占优势地沿着某些方向和平面排列的现象,称为择优取向。在粉末法中,线条相对强度的计算公式为

$$I = |F|^2 P\left(\frac{1+\cos^2 2\theta}{\sin^2\theta\cos\theta}\right) \tag{10-1}$$

式中,I 为相对积分强度;θ 为布拉格角;$|F|^2$ 为结构振幅的平方;P 为多重性因子。

该式要求粉末样品中晶体呈完全无规则取向,若在样品中,某取向晶体增多,必将引起强度增加。这就使得衍射线强度与取向度之间具有一定的对应关系。为此取无择优取向的参比试样中的某两特征峰($H_1K_1L_1$)和($H_2K_2L_2$)的强度作为基本参数,建立标准强度比:

$$R_0 = \frac{I_{0(H_1K_1L_1)}}{I_{0(H_2K_2L_2)}} \tag{10-2}$$

式中,$I_{0(H_1K_1L_1)}$ 为无择优取向的($H_1K_1L_1$)面衍射强度;$I_{0(H_2K_2L_2)}$ 为无择优取向的($H_2K_2L_2$)面衍射强度;R_0 为无择优取向的试样两特征峰强度比,以其作为取向的判据。为进一步描述取向分布,定义取向指数:

$$p = \frac{R}{R_0} = \frac{I_{(H_1K_1L_1)}/I_{(H_2K_2L_2)}}{R_0} \tag{10-3}$$

式中,$I_{(H_1K_1L_1)}$ 为有择优取向的($H_1K_1L_1$)面衍射强度;$I_{(H_2K_2L_2)}$ 为有择优取向的($H_2K_2L_2$)面衍射强度;R 为有择优取向的试样两特征峰强度比。

当 $p=1$ 时,无取向产生,取向度为0,当 p 偏离1时,将产生择优取向,p 值偏离越多,表明取向晶粒越密集。

10.3　织构的精确测量

由于织构的存在,材料衍射效应将发生明显改变,某些晶面衍射强度增大,同时其他晶面衍射强度减弱。描述材料中晶面择优取向即织构的方法有三种,包括(正)极图、反极图和三维取向分布函数。

10.3.1　极射赤面投影

1. 晶体投影(Crystal projection)

在对晶体结构进行分析研究时,需要确定晶体的取向、晶面或晶向间的夹角等,通过投

影作图可将立体图表现在平面图上。晶体投影的方法很多,广泛应用的是极射投影。

(1) 极射投影原理(Stereographic projection)

设想被研究的晶体置于一个大球的球心处,由于晶体很小,可认为晶体中所有晶面的法线和晶向均通过球心,这个球称为参考球。将代表晶面或晶向的直线从球心出发向外延长,与参考球球面相交于一点,称该点为晶面或晶向的极点。极点的相互位置可用来确定与之相应的晶面或晶向间的夹角。

图 10.1 所示为极射投影的原理图,在参考球中选定一条过球心 O 的直线 AB,过 A 点作一平面与参考球相切,该平面即为投影面,也称极射面。若球面上有一极点 P,连接 BP 并延长,使之与投影面相交于 P' 点,则 P' 点即为 P 点在投影面上的极射投影。过 O 作一直径与球径 AB 相等的圆 $NESW$,与 AB 垂直,与投影面平行,称此圆为大圆,它在投影面上的投影为 $N'E'S'W'$,称为基圆。所有位于左半球球面上的极点,投影后的极射投影点都落在基圆以内。然后,将极射面移至 B 点,以 A 点为投射点,将所有位于右半球球面上的极点投影到位于 B 处的极射面上,并加以负号。最后,将 A 和 B 处的极射投影图重叠地画在一张图上,这样球面上所有出现的极点都将包括在同一张极射投影图上。如果把参考球看似地球,A、B 各为地球的南北两极,则过球心的极射面就是地球的赤道平面。以地球的一个极为投射点,将球面投射到赤道平面上就称为极射赤面投影。投影面不是赤道平面的,则称为极射平面投影。

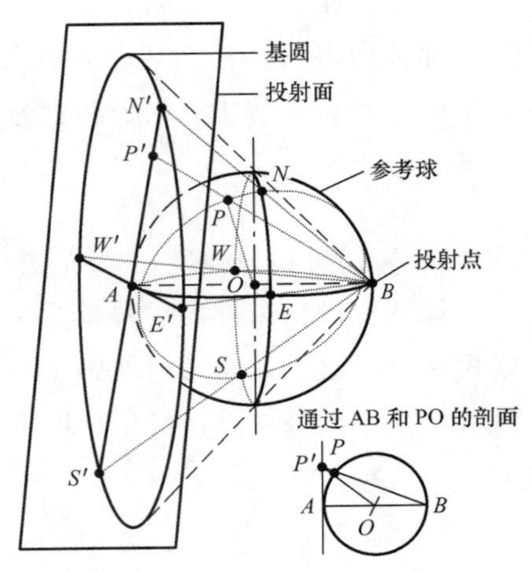

图 10.1　极射投影原理图[12]

(2) 乌尔夫网(Wulff net)

乌尔夫网(乌氏网)是球网坐标的极射平面投影,对于分析晶体的极射投影非常有用。它由经线和纬线组成,分度为 2°,具有保持角度的特性,如图 10.2 所示。使用乌尔夫网时,投影图大小与乌尔夫网必须一致,利用它可方便读出任一极点的方位,并可测定投影面上任意两极点间的夹角。在测量时,用透明纸画出直径与乌尔夫网相等的基圆,并标出晶面的极射赤面投影点。经透明纸盖于乌尔夫网上,两圆圆心始终重合,使所测两点落在赤道线、子午线、基圆或同一经线上,则两点间的纬度差(在赤道上为经度差)就等于晶面夹角。但是不能转到某一纬线上测晶面夹角,因为纬度圆的圆心不是参考球的球心,故此时测得的角度不是实际两晶面的夹角。

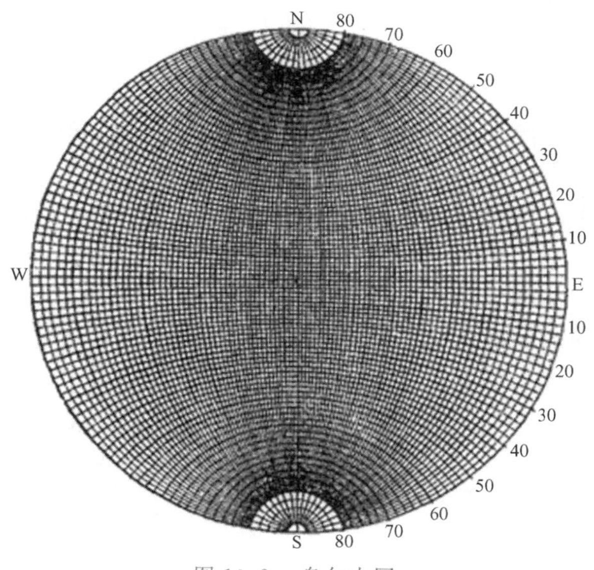

图10.2　乌尔夫网

（3）标准投影（Standard projection）

在极射赤面投影中，用一点就能代表晶体中的一组晶向或晶面，这对于处理晶体的取向问题是非常方便的。对具有一定点阵结构的单晶体，以晶体的某个晶面平行于投影面，作出全部主要晶面的极射投影图，称为标准投影。一般选择一些重要的低指数晶面作为投影面，如立方晶系的(001)、(011)和(111)面，六方晶系的(0001)面等，这样得到的图形能反映晶体的对称性。图10.3给出了立方晶系的(001)面的标准投影，是以(001)面为投影面，进行极射投影得到的。对于立方晶系，相同指数的晶面和晶向是相互垂直的，所以标准投影图中的极点既代表了晶面又代表了晶向。在图中用一些大圆弧和直线联系了一系列晶面的极点，表明这些晶面的法线在同一平面上，这个平面的法线则是这些晶面的交线，我们说这些相交于一直线的晶面属于同一晶带，称晶带面或共带面，其交线即为晶带轴（用[uvw]表示）。晶带轴指数与晶带面指数间满足晶带定律：

$$hu + kv + lw = 0$$

对立方晶系，其晶面夹角公式为

$$\cos\phi = \frac{h_1h_2 + k_1k_2 + l_1l_2}{\sqrt{(h_1^2 + k_1^2 + l_1^2)(h_2^2 + k_2^2 + l_2^2)}}$$

式中，$h_1k_1l_1$、$h_2k_2l_2$为两相交晶面的晶面指数；ϕ为两晶面间夹角。可见，立方晶系的晶面间夹角与点阵常数无关。图10.3的标准投影图中给出了主要结晶学方向的极点位置，它一目了然地表明了所有重要晶面的相对取向和对称性特点，若需高指数晶面的方位，可查阅更为详细的标准投影图，其中晶面指数的N值($N = h^2 + k^2 + l^2$)可达到51(如711)。对非立方晶系，因其晶面间夹角与其实际晶体的点阵常数有关，故没有普遍适用的标准投影图，如六方晶系的标准投影图只能用于特定的轴比c/a。

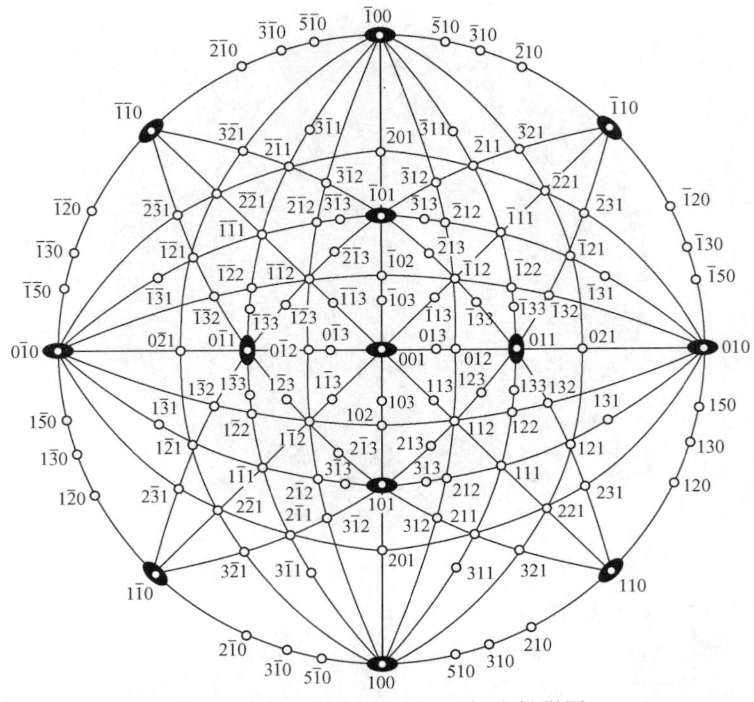

图 10.3　立方晶系(001)面标准投影图

10.3.2　极图的测量

极图(Pole figure)(正极图)的概念:多晶体材料中,某{*hkl*}晶面族的晶面法线(或倒易矢量)相对于参考坐标系在极射赤面投影图中的分布称为{*hkl*}极图。

通常取某宏观特征面为投影面即参考坐标系,例如丝织构材料取与丝轴(*FA*)垂直的平面为投影面,板织构材料取轧制平面法向 *ND*、轧制方向 *RD* 及横向 *TD* 作为宏观参考系的三个坐标轴,取轧制平面为投影面。极图表达了多晶体中晶粒取向的偏聚情况,由极图还可确定织构的指数。极图测量大多采用衍射仪法。由于晶面法线分布概率直接与衍射强度有关(图 10.4 显示了不同状态下的多晶体极图),可通过测量不同空间方位的衍射强度,来确定织构材料的极图。为获得某族晶面极图的全图时,可分别采用透射法和反射法来收集该族晶面的衍射数据。为此,需要在衍射仪上安装织构测试台。

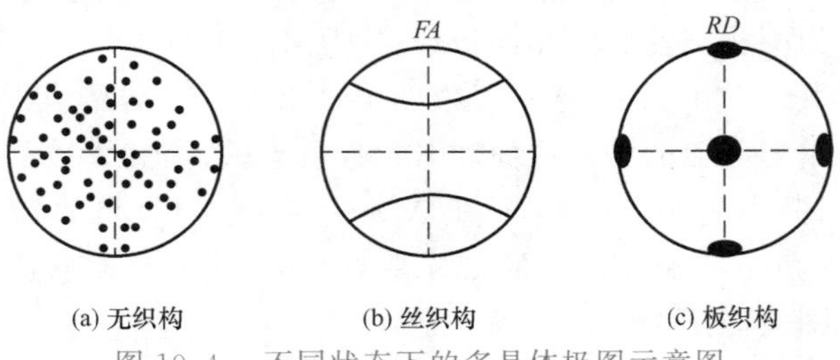

图 10.4　不同状态下的多晶体极图示意图

1. 反射法

如图 10.5 所示为反射法测极图的衍射几何,其中 2θ 为衍射角,ψ 和 ϕ 分别为描述试样位

置的两个空间角。当 $\psi=0°$ 时试样水平放置，当 $\psi=90°$ 时试样垂直放置，并规定从左往右看时 ψ 逆时针转向为正。对于丝织构材料，若测试面与丝轴平行，则 $\phi=0°$ 时丝轴与测角仪转轴平行；板织构材料的测试面通常取其轧面，即 $\phi=0°$ 时轧向与测角仪转轴平行。规定面对试样表面时 ϕ 顺时针转向为正。反射法是一种对称的衍射方式，当 ψ 太小时，衍射强度过低无法测量，所以反射法的测量范围通常为 $30°\leqslant|\psi|\leqslant 90°$，因此，反射法适合于高 ψ 角区的测量。

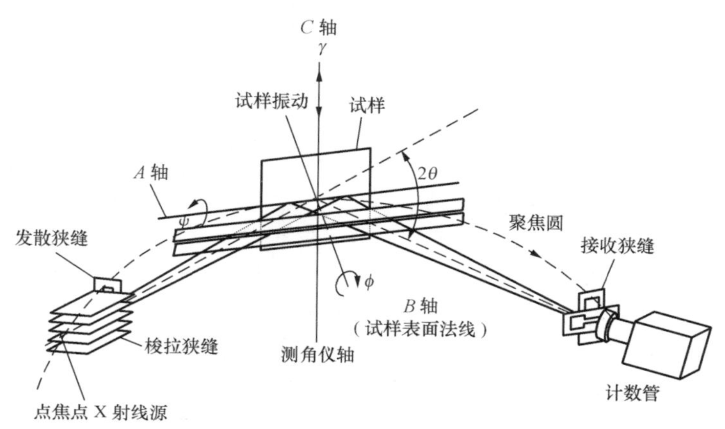

图 10.5　反射法测极图的衍射几何[13]

首先由待测晶面$\{hkl\}$，确定衍射角 $2\theta_{hkl}$，实验过程中，始终保持 X 射线源和计数管固定不动，即衍射角不变。依次设定不同的 ψ 角，在每一个 ψ 角下试样沿 ϕ 角连续旋转 360°，同时测量衍射计数强度。

对于较薄的试样，必须进行吸收校正，在校正前要扣除衍射背底，背底强度由计数管在 $2\theta_{hkl}$ 附近区域获得。对于有限厚度的样品，可以证明，$\psi=90°$ 时的 X 射线吸收效应最小即衍射强度 $I_{90°}$ 最大，$\psi<90°$ 时的衍射强度 I_ψ 吸收校正公式为

$$R=I_\psi/I_{90°}=(1-\mathrm{e}^{-2\mu t/\sin\theta})/[1-\mathrm{e}^{-2\mu t/(\sin\theta\sin\psi)}] \tag{10-4}$$

式中，μ 为 X 射线的线吸收系数；t 为试样的厚度。式(10-4)表明，试样厚度远大于射线有效穿透深度时，$I_\psi/I_{90°}\approx 1$，此时可以不考虑吸收校正问题。

经过一系列测量后，可获得试样中某族晶面的一系列衍射强度 $I_{\psi\phi}$ 的变化曲线，如图 10.6 所示。图中每条曲线仅对应一个 ψ 角，ψ 由 30° 每隔一定角度增至 90°，而角度 ϕ 则由 0° 连续变化至 360°，即转动一周。

接下来计算机程序会完成绘制极图的工作：将图 10.7 曲线中的数据，按衍射强度进行分级(其基准可采用任意单位)，记录各级强度的 ϕ 角度，标在极网坐标的相应位置上，连接相同强度等级的各点成为光滑曲线，这些等强密度线就构成极图。反射法所获得的典型极图，如图 10.7 所示，极图中心位置对应最大 ψ 角即 90°，最外圈对应最小 ψ 角。极图 RD 方向为 $\phi=0°$，顺时针旋转一周即 ϕ 由 0° 连续变化至 360°。极图中一系列等密度曲线，表示被测量晶面衍射强度的空间分布情况，也代表该族晶面法线在各空间角的取向分布概率。这是最常见的描述织构方法。

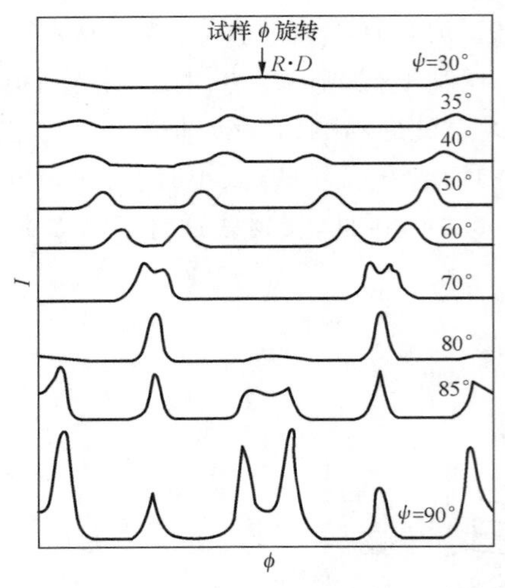

图 10.6 铝板{111}极图测量中的一系列 $I_{\psi\phi}$ 曲线

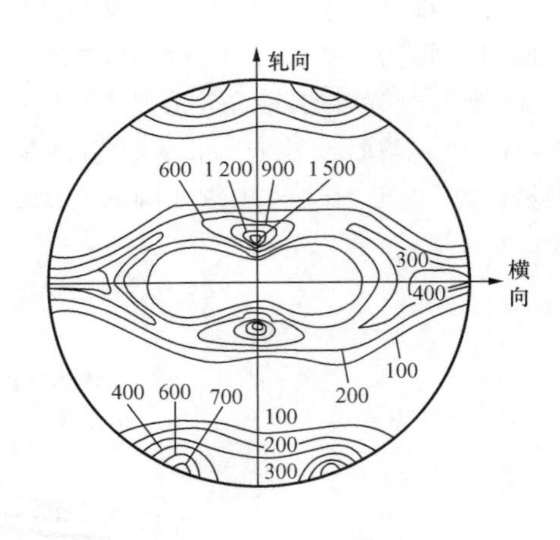

图 10.7 冷轧铝板的{111}极图[13]

得到极图后，借助于标准晶体投影图，可确定板织构的指数$\{hkl\}\langle uvw\rangle$。如图 10.7 所示，铝属于立方晶系，选立方晶系的标准投影图与之对照(基圆半径与极图相同)，将两图圆心重合，转动其中之一，使极图上{111}极点高密度区与标准投影图上的{111}晶面族极点位置重合，不能重合则换图再对。最后，发现此图与(110)标准投影图的{111}极点对上，则轧面指数为(110)，与轧向重合点的指数为 $1\bar{1}2$，故此织构指数为{110}〈112〉。

有些试样不仅具有一种织构，即用一张标准晶体投影图不能使所有极点高密度区都得到较好地吻合，须再与其他标准投影图对照才能使所有高密度区都能得到归宿，显然，这种试样具有双织构或多织构。

2. 透射法

为了 X 射线的穿透，透射法的试样需足够薄，但又须保证足够的衍射强度，通常可取试样厚度为 $t=1/\mu$，其中 μ 为试样的线吸收系数。透射法测极图的衍射几何如图 10.8 所示。试样 A 轴向上放置，当 $\psi=0°$ 时，入射线和衍射线与试样表面夹角相等，并规定从上往下看时，逆时针转向为正。ϕ 角的规定与反射法相同。透射法是一种不对称的衍射方法，可以证明，这种方法的测量范围为 $0°\leqslant|\psi|<(90°-\theta)$，当 ψ 接近 $90°-\theta$ 时已很难进行测量。因此，透射法适用于低 ψ 角区的测量。

与反射法相同，在实验过程中始终保持 X 射线源和计数管固定不动，即衍射角不变。依次设定不同的 ψ 角，在每一 ψ 角下试样沿 ϕ 角连续旋转 360°，同时测量衍射计数强度。

透射法中的吸收效应不可忽略，必须进行强度校正。由透射法的衍射几何，当 $\psi\neq0°$ 时，入射线与衍射线在试样中穿行的路径要比 $\psi=0°$ 时的长，即 $\psi\neq0°$ 时材料对 X 射线吸收比 $\psi=0°$ 时更为明显。如果对所采集的衍射数据进行强度校正，校正公式为

$$R=\frac{I_\psi}{I_0}=\cos\theta\left[\mathrm{e}^{-\mu t/\cos(\theta-\psi)}-\mathrm{e}^{-\mu t/\cos(\theta+\psi)}\right]/\left\{\mu t\,\mathrm{e}^{-\mu t/\cos(\theta+\psi)}\left[\cos(\theta-\psi)/\cos(\theta+\psi)-1\right]\right\}\tag{10-5}$$

将不同 ψ 角条件下测量的衍射强度被相应的 R 除，就得到消除了吸收影响的衍射强度。

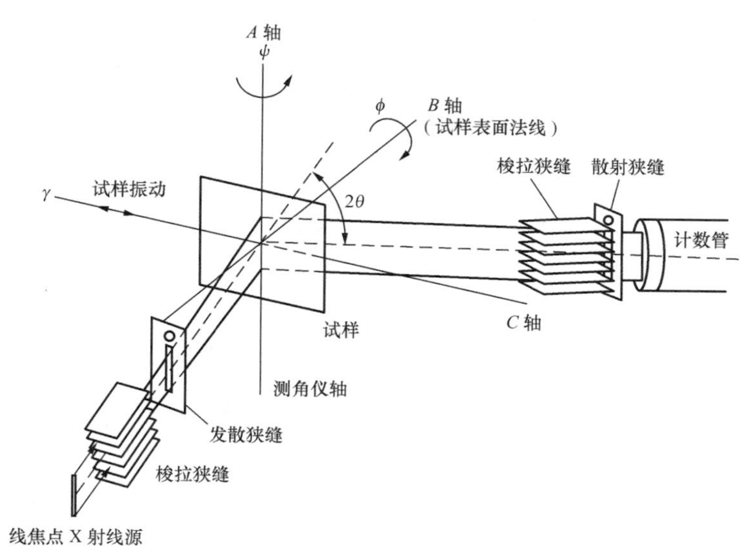

图 10.8 透射法测极图的衍射几何[13]

后续的数据处理和极图绘制方法,同反射法。两种方法的区别在于,反射法得到高 ψ 角区间的极图,透射法得到低 ψ 角区间的极图。因此,如果将两种方法结合起来,则可得到材料晶面取向概率的完整空间极图。

3. 丝织构的测量方法(极密度测量法)

丝织构特点是所有晶粒的各结晶学方向对其丝轴呈旋转对称分布,若投影面垂直于丝轴,则某$\{hkl\}$晶面的极图为图 10.9 所示的同心圆。在此情况下,不需要在衍射仪上安装织构测试台附件,仅利用普通测角仪的转轴,让试样沿 φ 角转动(φ 为衍射面法线与试样表面法线之夹角),并进行测量。为求出 hkl 极点密集区与丝轴之间的夹角 a,只要测定沿极图径向衍射强度(即极密度)的变化即可。

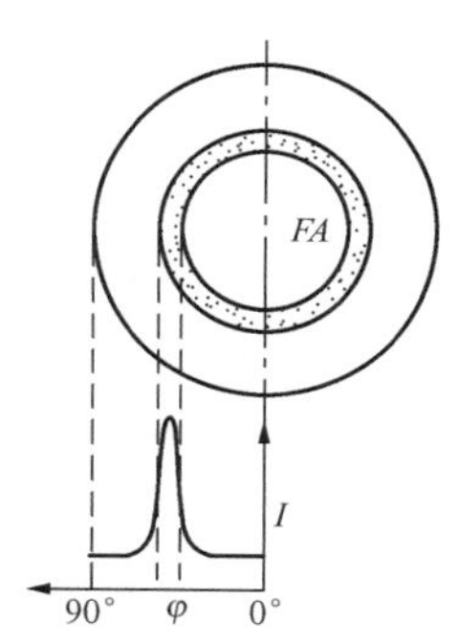

图 10.9 垂直于丝轴方向的丝织构极图

Field-Merchart 法:在实验过程中,衍射角 $2\theta_{hkl}$ 固定不变,同时测量出衍射强度随 φ 角的变化。极网中心为 $\varphi=0°$,极网上的纬度就是 φ。为了解 $\varphi=0°\sim90°$ 整个范围的极点分布情况,需要选用两种试样,分别用于低 φ 区和高 φ 区的测量。

低 φ 区测量:试样是扎在一起的一捆丝,扎紧后嵌在一个塑料框内,丝的端面(横截面)经磨平、抛光和浸蚀后作为测试面,如图 10.10(a) 所示。以图中 $\varphi=0°$ 为初始位置,试样连续转动即 φ 连续变化,同时记录衍射强度随 φ 的变化,得到极点密度沿极网径向的分布。这种方式的测量范围为 $0°<|\varphi|<\theta_{hkl}$。

高 φ 区测量:将丝并排粘在一块平板上,磨平、抛光并浸蚀后作为测试面,丝轴与衍射仪转轴垂直,X 射线从丝的侧面衍射,如图 10.10(b) 所示。以图中 $\varphi=90°$ 为初始位置,试样连续转动,同时记录衍射强度随 φ 的变化。这种方式的测量范围为 $(90°-\theta)<|\varphi|<90°$。

可以证明,如果 φ 角不同,则入射线及反射线走过的路程不同,即 X 射线的吸收效应不同。由此可以证明,当试样厚度远大于 X 射线有效穿透深度时,任意 φ 角的衍射强度与 $\varphi=90°$ 的衍射强度之比 $R=I_{\varphi}/I_0$ 为

$$R = 1 - \tan\varphi\cos\theta (低\ \varphi\ 区),\quad R = 1 - \cot\varphi\cos\theta (高\ \varphi\ 区) \tag{10-6}$$

将各不同φ条件下测量的衍射强度除以相应的R，就得到消除了吸收影响而正比于极点密度的I_φ。将修正后的高φ区和低φ区数据绘成I_φ-φ曲线，如图10.11所示，以描述丝织构。使用该曲线中数据，并换算出ψ角($\psi = 90° - \varphi$)，也可以绘制丝织构的同心圆极图。

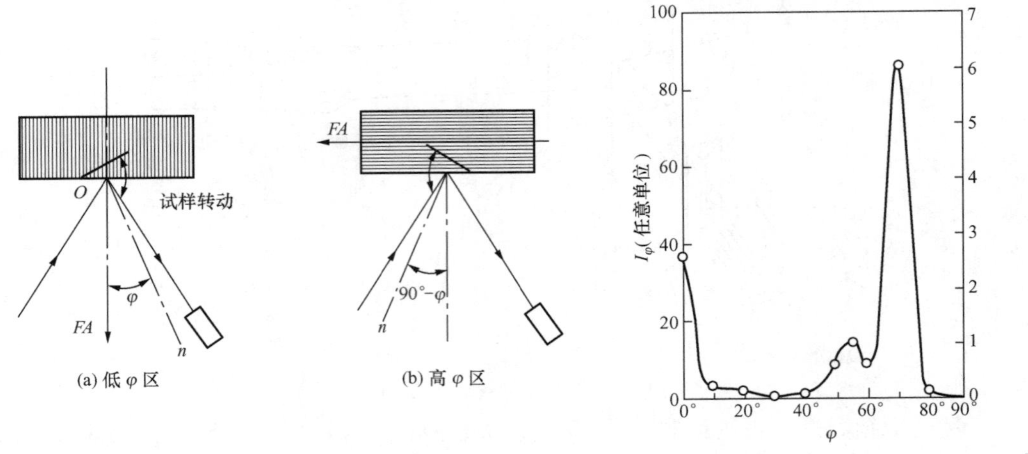

图10.10 测定丝织构测量方法[13]

图10.11 挤压铝丝{111}的I_φ-φ曲线[13]

10.3.3 反极图及其测量

反极图(Inverse pole figure)的概念：表示某一选定的宏观坐标，如丝轴、板料轧面法向(ND)或轧向(RD)等，相对于微观晶轴的取向分布。

反极图的表达需要利用晶体的标准投影三角形。以图10.12为例，在立方晶系单晶体(100)标准投影图上，(101)、$(1\bar{1}1)$和(111)晶面及其等同晶面的投影将上半球面分成若干个全等的球面三角形，每个三角形的顶点都是这三个主晶面(轴)的投影。从晶体学角度来看，这些三角形是完全一样的。反极图选取的微观晶轴(投影面上的坐标)就是单晶体的标准投影图。由于晶体的对称性特点，只需取其单位投影三角形。习惯上采用如图10.13所示的标准投影三角形。反极图可用于描述丝织构和板织构，而且便于做取向程度的定量比较。

在反极图中，通常以一系列轴密度等高线来描述材料中的织构。轴密度代表某$\{hkl\}$晶面法线与宏观坐标平行的晶粒占总晶粒的体积分数。用下式来确定轴密度W_{hkl}：

$$W_{hkl} = (I_{hkl}/I^0_{hkl})\left[\sum_i^n P_{(hkl)_i} \Big/ \sum_i^n P_{(hkl)_i}(I_{(hkl)_i}/I^0_{(hkl)_i})\right] \tag{10-7}$$

式中，I_{hkl}为织构试样的衍射强度；I^0_{hkl}为无织构标样的衍射强度；P_{hkl}为多重因子；n为衍射线条数；下标i为衍射线序号。

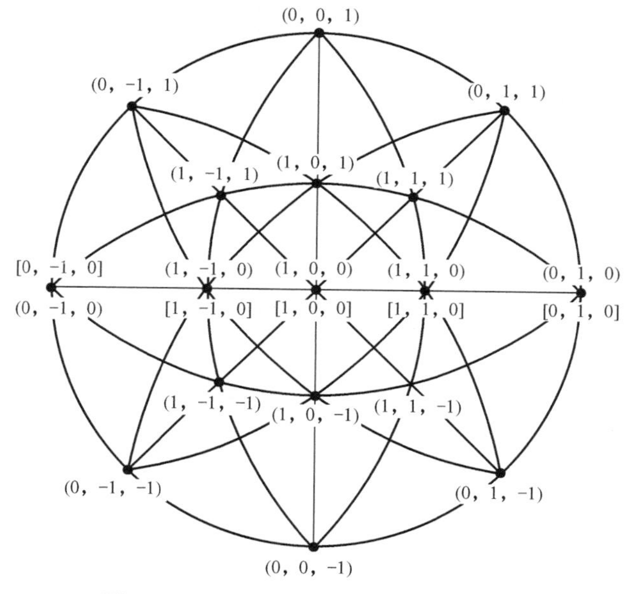

图 10.12　立方晶系(100)面标准投影图

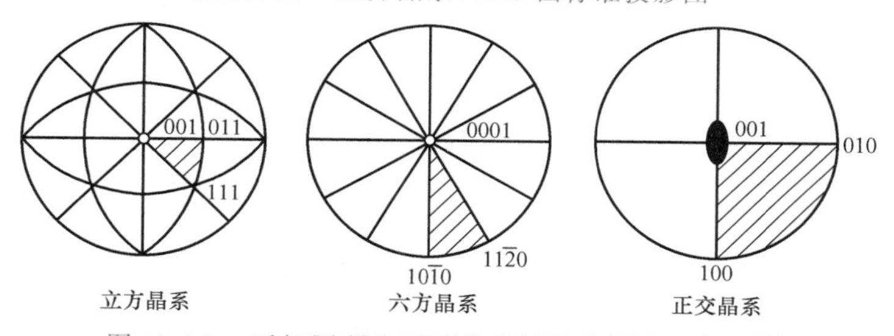

图 10.13　反极图所取不同晶系的标准投影三角形[12]

测量反极图具体方法：将待测轴密度宏观坐标轴的法平面作为测试平面，光源选波长较短的辐射源(为了得到尽可能多的衍射线)，取无织构试样在完全相同的条件下测量作为标样。在 $\theta/2\theta$ 扫描方式下，记录各$\{hkl\}$衍射线积分强度，扫描时，最好是以试样表面法线为轴旋转(0.5 ～ 2 周 / 秒)，以便更多的晶粒参加衍射达到统计平均的效果。将标样和待测样的衍射强度代入上式，计算出 W_{hkl} 并将其标注在标准投影三角形的相应位置，绘制等轴密度线，就得到反极图。当存在多级衍射时，如(111)、(222)、…，只取其中之一进行计算。重叠峰也不能进入计算，例如体心立方中的(411)与(330)线等。

反极图特别适用于描述丝织构，只需一张轴向反极图就可表达其全貌，例如由图 10.14 中轴密度高的部位可知该挤压铝棒有〈001〉、〈111〉双织构。对板织构材料，则至少需要两张反极图才能较全面地反映出织构的形态和织构指数。

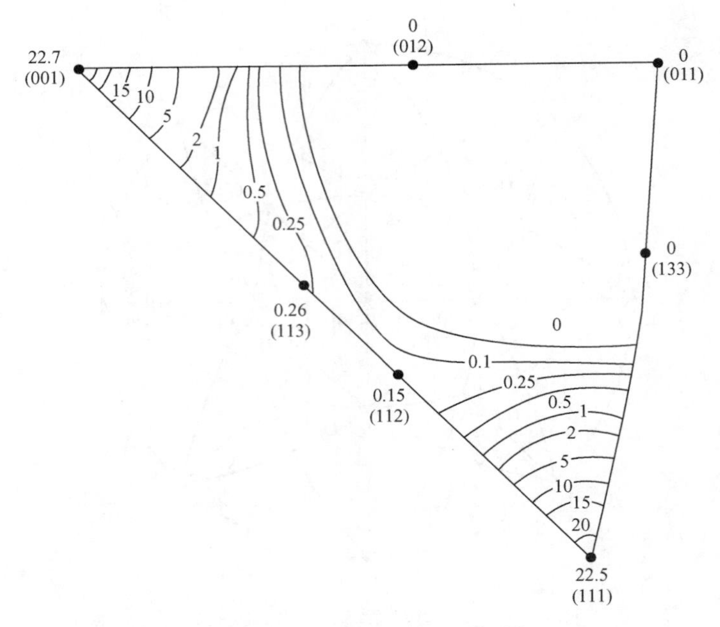

图 10.14　挤压铝棒的反极图

10.3.4　三维取向分布函数

描述一个晶体的方位需要三个参数,但极图实质上是三维坐标在二维坐标的投影,即只有两个参数。由于极图方法的局限性,使得在很多场合下无法得出确定的结论。为克服极图和反极图不完善的缺点,需要建立一个三参数表示织构的方法,即三维取向分布函数(Orientation distribution function,ODF)。

晶粒相对于宏观坐标的取向,可用一组欧拉角来描述,如图 10.15 所示。图中,O -ABC 是宏观直角坐标系,OA 为板料轧向(RD),OB 为横向(TD),OC 为轧面法向(ND);O -XYZ 是微观晶轴方向坐标系,OX 为正交晶系[100],OY 为[010],OXZ 为[001];坐标系 O -XYZ 相对于 O -ABC 的取向由一组欧拉角(ψ,θ,ϕ)的转动获得。

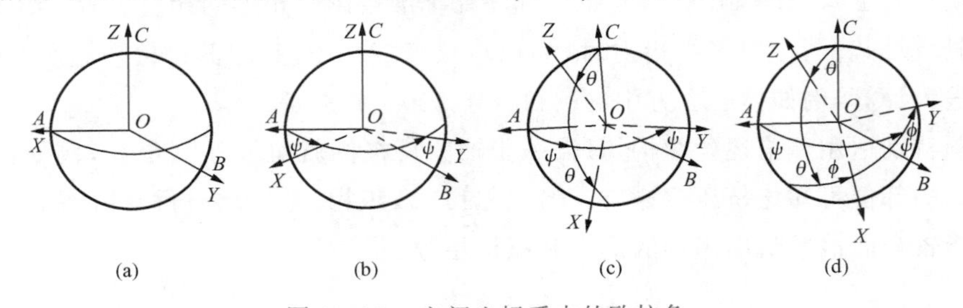

图 10.15　空间坐标系中的欧拉角

由这三个角的转动完全可以确定 O -XYZ 相对于 O -ABC 的方位,因此多晶体中每个晶粒都可用一组欧拉角表示其取向 Ω (ψ,θ,ϕ),建立坐标系 O -$\psi\theta\phi$,每种取向则对应图中的一点,将所有晶粒的 Ω (ψ,θ,ϕ) 均标注在该坐标系内,就能得到如图 10.16 所示的取向分布图。

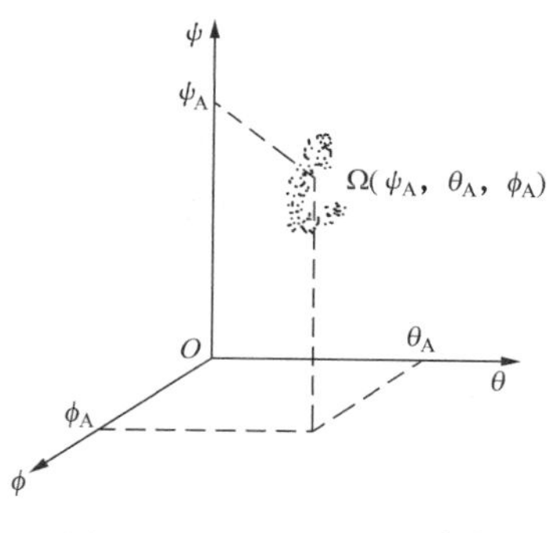

图 10.16　取向分布图[13]

通常以取向密度来描述晶粒的取向分布情况，取向密度 $\omega(\psi,\theta,\phi)$ 表示如下：

$$\omega(\psi,\theta,\phi)=K(\Delta V/V)/(\Delta\psi\Delta\theta\Delta\phi\sin\theta)\quad(10\text{-}8)$$

式中，$\Delta\psi\Delta\theta\Delta\phi\ \sin\theta$ 为包含 $\Omega(\psi,\theta,\phi)$ 的取向单元；$\Delta V/V$ 为取向落在该单元内的晶粒体积 ΔV 与总体积 V 之比。习惯上令无织构材料的 $\omega(\psi,\theta,\phi)=1$，不随取向变化。由 $\omega(\psi,\theta,\phi)$ 在整个取向范围内积分可得 $K=8\pi^2$。由于 $\omega(\psi,\theta,\phi)$ 确切地表现了材料中晶粒的取向分布，故称为取向分布函数，简称 ODF 函数。

$\omega(\psi,\theta,\phi)$ 图是立体的，不便于绘制和阅读，通常以一组恒 ψ 或恒 ϕ 截面图来代替，如图 10.17 所示，截面图组清晰地给出了哪些取向上 $\omega(\psi,\theta,\phi)$ 有峰值以及与之相对应的那些织构组分的漫散情况。

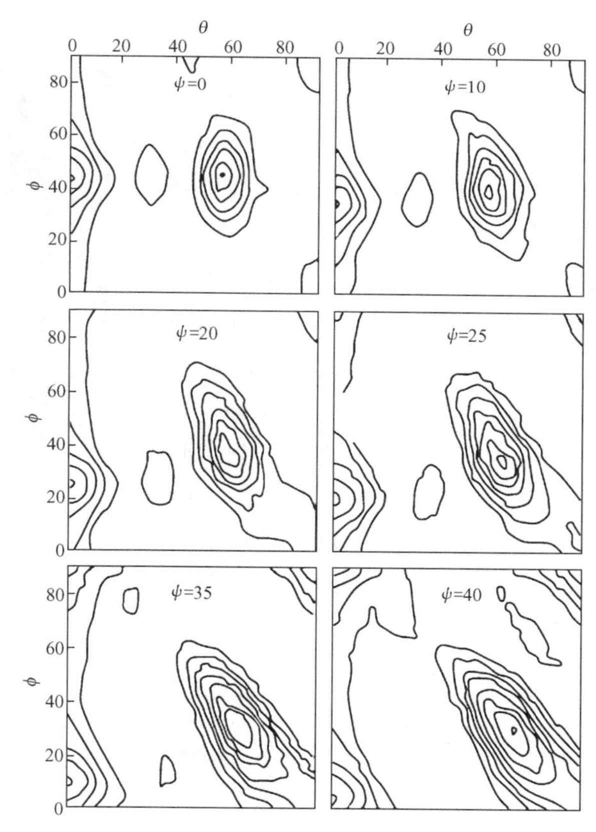

图 10.17　钢板织构的 ODF 函数

ODF 函数本身已经确切地体现了晶粒的取向分布，但人们仍然习惯用织构指数 $\{hkl\}\langle uvw\rangle$ 来表示择优取向。织构的这种表示法可由 ODF 函数上取向峰值 $\Omega(\psi,\theta,\phi)$ 得到，如对正交晶系能方便地由一组(ψ,θ,ϕ) 得到相应的$\{hkl\}\langle uvw\rangle$：

$$h:k:l=-a\sin\theta\cos\phi:b\sin\theta\sin\phi:c\cos\theta \tag{10-9}$$

$$u:v:w=\frac{1}{a}(\cos\theta\cos\psi\cos\phi-\sin\psi\sin\phi):\frac{1}{b}(-\cos\theta\cos\psi\sin\phi-\sin\psi\cos\phi):\frac{1}{c}(\sin\theta\cos\psi) \tag{10-10}$$

ODF 函数不能直接测量，而需由定量极图数据来计算。计算 ODF 函数至少需两张极图的数据，应用较复杂的数学方法，全部工作由电子计算机完成。这些程序往往兼有由 ODF 获得任何极图和反极图的功能。

人物简介：吴有训

吴有训（1897—1977），字正之，江西高安人，物理学家、教育家。中国近代物理学研究的开拓者和奠基人之一，被誉为中国物理学研究的“开山祖师”。

1920 年 6 月，吴有训毕业于南京高等师范学校数理化部，1925 年获美国芝加哥大学博士学位，后任该校物理研究室助手和讲师，师从康普顿教授，1945 年 10 月任中央大学校长，1948 年当选为中央研究院院士，1950 年 12 月任中国科学院副院长，1955 年被选聘为中国科学院学部委员（院士）。

吴有训对近代物理学的重要贡献，主要是全面地验证了康普顿效应。康普顿最初发表的论文只涉及一种散射物质（石墨），尽管已经获得了明确的实验结果，但终究还只限于某一特殊条件，难以令人信服。为了证明康普顿效应的普适性，吴有训在康普顿的指导下，做了七种物质的 X 射线散射曲线，并于 1925 年发表论文，有力地证明了康普顿效应的客观存在。他陆续使用多达 15 种不同的材料进行 X 射线的散射实验，结果无一不与康普顿的理论相符合，从而得到了该理论具有普适性的强有力证明。

吴有训亲身参与了发现和确立康普顿效应中期以后的大量实验验证工作，并以“康普顿效应”为题完成了自己的博士论文，并获博士学位。而康普顿则在 1927 年因为这项工作而获得诺贝尔物理学奖。

在现代物理学史上，康普顿效应占据了一个极端重要的地位。吴有训在效应的发现和实验验证过程中发挥了重要作用。但他本人从来都未将自己与康普顿相提并论，认为自己只是康普顿教授的学生而已。在这里，我们看到了一位真正的中国科学家的谦虚品格和坦荡胸怀。而康普顿作为一代物理学大师，则从来没有忘记吴有训在这项伟大发现中的重要贡献，在自己的多部著作和不同场合都不断地提到吴有训的实验，甚至在晚年，还感慨道：吴有训是他平生最得意的两个学生之一。（另一位学生是 L. W. 阿尔瓦莱兹，在吴有训之后十年获得博士，于 1968 年获得诺贝尔物理学奖。）

1929 年，吴有训在清华大学建立我国第一个近代物理学实验室，进行国内 X 射线问题的研究，开创了中国物理研究的先河。1930 年 10 月，吴有训在英国著名的《自然》杂志发表了他回中国后的第一篇理论文章：《论单原子气体全散射 X 射线的强度》，开始了对单原子气体、双原子气体和晶体散射的散射强度理论研究。1932 年，吴有训在美国《物理学评论》上发表了题为《双原子气体 X 射线散射》一文，认为当时华盛顿大学物理系教授江赛的散射强度公式，缺少一个校正因子，并令人信服地阐明了他分析的正确性。1936 年，因在物理学上的突出贡献，吴有训被推任中国物理学会会长。4 月，被德国哈莱（Halle）自然科学研究院推举为该院院士，成为第一位被西方国家授予院士称号的中国人 。

吴有训培养了大批优秀科学人才、在发展中国科教事业等方面做出了突出贡献，钱三强、钱伟长、杨振宁、邓稼先、李政道等学者都曾是他的学生。

主要著作有：吴有训论文选集[M]. 北京：科学出版社，1997.

人物简介：梁敬魁

梁敬魁（1931 — 2019），出生于福建省福州市，物理化学家，中国科学院资深院士。

1955 年毕业于厦门大学；1956 年赴苏联科学院学习，师从阿格耶夫院士和戈卢特宾博士；1960 年苏联科学院巴依科夫冶金研究所金属合金热化学和晶体化学专业研究生毕业；1993 年当选为中国科学院化学部学部委员（院士）。

梁敬魁长期在晶体结构化学、材料科学和固体物理三个学科的交叉领域从事基础和应用基础方面的研究工作。

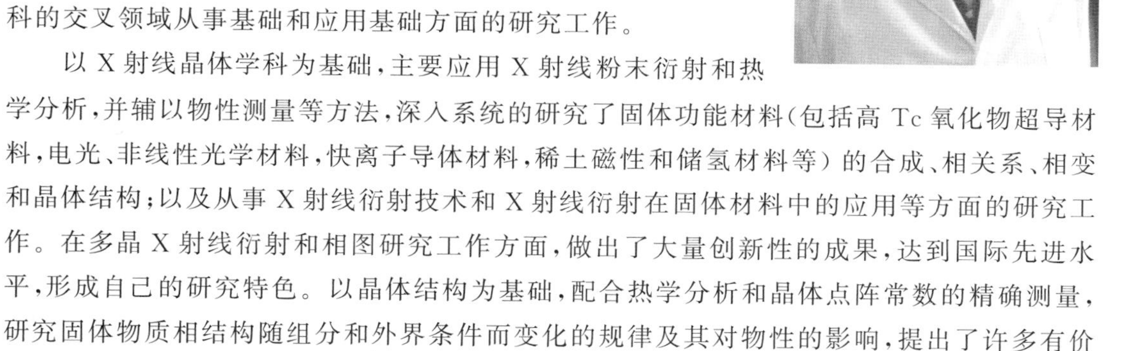

以 X 射线晶体学科为基础，主要应用 X 射线粉末衍射和热学分析，并辅以物性测量等方法，深入系统的研究了固体功能材料（包括高 Tc 氧化物超导材料，电光、非线性光学材料，快离子导体材料，稀土磁性和储氢材料等）的合成、相关系、相变和晶体结构；以及从事 X 射线衍射技术和 X 射线衍射在固体材料中的应用等方面的研究工作。在多晶 X 射线衍射和相图研究工作方面，做出了大量创新性的成果，达到国际先进水平，形成自己的研究特色。以晶体结构为基础，配合热学分析和晶体点阵常数的精确测量，研究固体物质相结构随组分和外界条件而变化的规律及其对物性的影响，提出了许多有价值的见解。

主要著作有：

(1) 梁敬魁. 相图与相结构(上下册)[M]. 北京:科学出版社,1993.
(2) 梁敬魁. 高 Tc 氧化物超导体系相关系和晶体结构[M]. 北京:科学出版社,1994.
(3) 梁敬魁. 粉末衍射法测定晶体结构(上下册) [M]. 北京:科学出版社,2003.
(4) 梁敬魁. 新型超导体系相关系和晶体结构[M]. 北京:科学出版社,2006.

第 3 篇

透射电子显微学

透射电子显微学虽然是在提高显微镜分辨率的初衷下发展起来的，但是因为它同时具有衍射功能，使得它能够将微区形貌与微区结构相对应，所以它更适用于材料的微结构表征，甚至非常直观地进行位错等缺陷的观察。本篇主要内容有：

（1）详细介绍了透射电子显微镜的电子光学基础。

（2）简要介绍了透射电子显微镜的发展史，详细介绍了透射电子显微镜的结构和电镜样品的制备方法。

（3）介绍了与透射电子显微镜相关的电子与物质相互作用产生的信号。

（4）详细介绍了电子衍射基本原理和电子衍射谱的标定方法。

（5）简要介绍了几种复杂电子衍射谱的产生和用途。

（6）介绍了透射电子显微术图像衬度，并且利用衬度原理解释常见的电镜图像。

（7）简要介绍扫描透射电子显微镜成像原理及其应用。

通过本篇内容的学习，使读者对电子衍射基本原理、电子显微镜的功能和应用以及电子衍射谱图分析有较系统的了解。

第1章

电子光学基础

1.1 显微镜的分辨率

人眼的分辨能力是有限的，一般能分辨的最小距离约 0.1 mm，对于更加细小的物体必须借助于仪器的帮助，显微镜就是出于这样的需要而发展起来的一个辅助工具。光学显微镜能够将人眼的分辨率提高 1 000 倍。在这个放大倍数下，人类看到了肉眼无法观察到的细菌和细胞以及金属的显微组织，但是由于光波长的限制，光学显微镜的分辨率始终无法超过 0.2 μm。因此，研究者致力于寻找具有更高分辨率的辅助工具，要想提高分辨率必须从根本上了解影响分辨率的因素。

如图 1.1 所示，一个理想点光源 O，经过凸透镜 L 在像平面 S 上成一个像 O'。如果在透镜处放置光阑 AB，那么由于光的衍射，在像平面上会出现一系列干涉条纹，使得像 O' 不是一个点，而是一个有不同直径明暗相间的衍射环包围着的亮斑，这就是艾里斑(Airy disk)。艾里斑光强度的 84% 集中在中央斑上，其余的能量分布在其他各级衍射环中，如图1.2(a)所示。

如果图 1.1 中点光源 O 的上方还有另外一个点光源 r，其在像平面上的像为 r'。在 r 向 O 移动的时候，其像 r' 也会向 O' 移动，移动到一定距离时，两个衍射像产生叠加。叠加到一定程度会使人眼在像平面上分辨不出是两个点光源的像，利用英国物理学家瑞利(Rayleigh)的判据(Rayleigh criterion for resolution)，可以知道这个极限距离：如两个点光源接近到使两个亮斑的中心距离等于第一级暗环的半径，且两个亮斑之间的光强度与峰值的差大于 19%，则这两个亮斑尚能分辨开，如图 1.2(b) 所示。用 d 来表示这个极限分辨距离，即显微镜的分辨率(Resolution)：

$$d = 0.61\lambda/(n\sin\alpha) \tag{1-1}$$

式中，λ 为光波在真空中的波长；α 为孔径半角；n 为透镜和物体间介质折射系数(折射率)。

引入透镜数值孔径(Numerical aperture，NA) 的概念，$NA = n\sin\alpha$，则有

$$d = 0.61\lambda/NA \tag{1-2}$$

从式(1-2) 可以看出，波长越短，数值孔径越大，显微镜的分辨率就越高。对于光学显微镜来说，物镜的孔径角接近 90°，NA 可达 0.95，可见光的波长为 400 ～ 800 nm，取波长为

400 nm，对于一个折射率 n 为 1 的系统，显微镜的分辨率为 $d \approx \lambda/2 = 200$ nm。

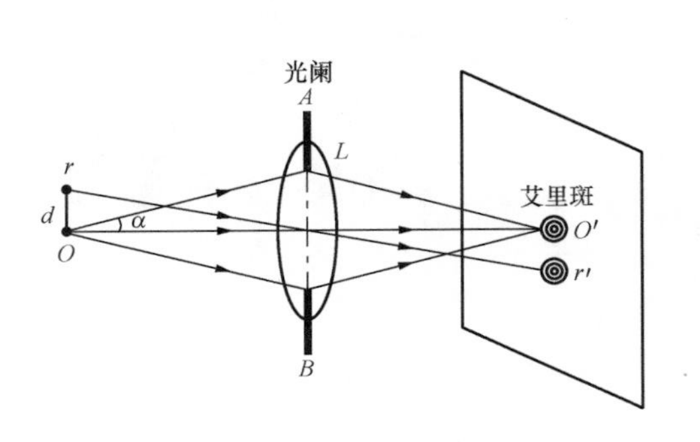

图 1.1　两个点光源像的叠加

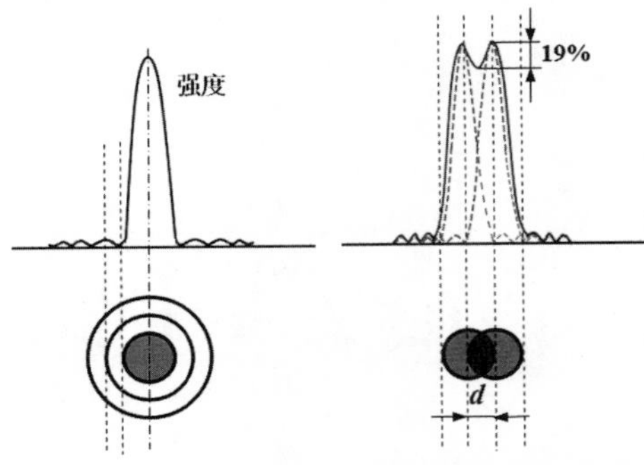

图 1.2　艾里斑与分辨率的示意图

根据分辨率的公式可以知道，提高分辨率可以从折射率和波长上想办法。目前能够找到的折射率最高的浸透介质是溴苯($n = 1.66$)，用溴苯作为物体和透镜之间的介质也只能把显微镜的分辨率提高到 130 nm。从波长上看(图 1.3)，比可见光波长短的物质首先是紫外线，但是被观察的物质大多数都能强烈吸收短波紫外线，所以只能利用 200～250 nm 的波长范围。利用此光源的是紫外线显微镜，它可以把分辨率提高一倍左右。波长继续减小就是 X 射线，其波长在 0.1 nm 左右，它会使分辨率显著提高，但是非常遗憾的是 X 射线是直线传播的，到目前为止还找不到能够使 X 射线显著会聚的透镜。接下来能够想到的自然是电子，电子波的波长比 X 射线更短，最主要的是它可以被电磁透镜聚焦，所以电子波可以作为显微镜的光源使用，由此产生的显微镜就是电子显微镜。

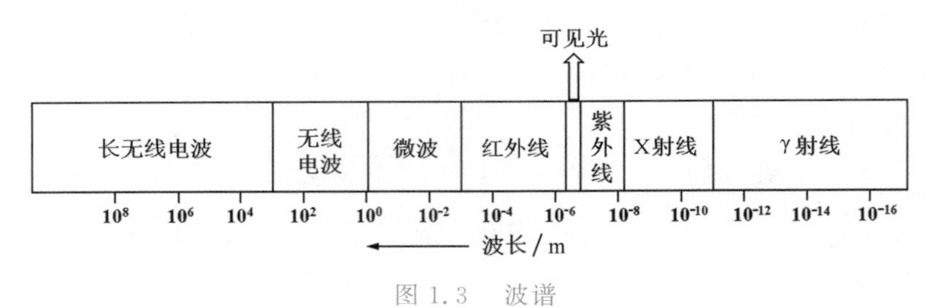

图 1.3　波谱

综上，了解了电子显微镜产生的背景后，要进一步了解电子显微镜的分辨率还必须从电子的波长谈起。

电子的波长可以根据德布罗意公式计算：

$$\lambda = h/mv \tag{1-3}$$

式中，h 为普朗克常量，6.626×10^{-34} J·s；m 为运动电子的质量；v 为电子的速度。v 和加速电压 V (单位：V) 有如下关系：

$$eV = (1/2)mv^2 \tag{1-4}$$

式中，$e = 1.602 \times 10^{-19}$ C。

当电子运动速度较低时，电子的质量可用静止质量 m_0 ($m_0 = 9.109 \times 10^{-31}$ kg) 代替，利用式(1-3) 和式(1-4) 可以求得电子波长

$$\lambda = \frac{h}{\sqrt{2m_0eV}} = \frac{1.225}{\sqrt{V}} \quad (\text{nm}) \tag{1-5}$$

透射电子显微镜的加速电压为 100 ～ 200 kV 时，电子运动的速度可与光速相比，式(1-5) 必须要经过相对论修正，电子动能和质量为

$$eV = mc^2 - m_0c^2$$

$$m = \frac{m_0}{\sqrt{1 - \frac{v^2}{c^2}}}$$

式中，c 为光速 3×10^8 m/s。由此，相对论修正后的电子波长

$$\lambda = \frac{h}{\sqrt{2m_0eV\left(1 + \frac{eV}{2m_0c^2}\right)}} = \frac{1.225}{\sqrt{V(1 + 10^{-6}V)}} \quad (\text{nm}) \tag{1-6}$$

表 1.1 中列出了几种常用的不同加速电压下的电子波长。

表 1.1　电子波长随加速电压的变化

加速电压 /kV	电子波长 /nm	加速电压 /kV	电子波长 /nm
100	0.003 70	500	0.001 42
200	0.002 51	1 000	0.000 87
300	0.001 97		

以 100 kV 时的电子波长为例，电子显微镜的理论分辨率约为 0.002 nm，但是目前 100 kV 的普通透射电子显微镜的实际分辨率大于 0.2 nm，分辨率小了 100 倍。分辨率达不到理论预期与用来聚焦电子束的磁透镜发展不完善有直接的关系，因为磁透镜存在像差使得分辨率难以提高。关于磁透镜的像差我们将在本章的后续部分详细讨论。另外，样品本身、衬度效应等都会对分辨率产生一定的影响，这些会在后面几章的论述中进行讨论。但是，尽管达不到理论分辨率，由于电子波的波长远远小于可见光，电子显微镜的分辨率仍然比光学显微镜高了 1 000 倍。

1.2　电磁透镜

1.2.1　短磁透镜的聚焦原理

光学显微镜使用可见光作为光源，用来聚焦的是玻璃透镜(凸透镜)。透射电子显微镜使用磁场来使电子波聚焦成像，因为电子束在旋转对称的静电场或磁场中可起到聚焦的作用。

我们称能使电子束聚焦的装置为电子透镜，它分为静电透镜和短磁透镜两种。用静电场做成的透镜为静电透镜(Electrostatic lens)，用非均匀轴对称磁场做成的透镜称为短磁透镜(Short magnetic lens)。

短磁透镜与静电透镜相比，其优点在于：改变线圈中的电流强度就能很方便地控制短磁

透镜的焦距和放大倍数；短磁透镜的线圈的电源电压一般为 60 ～ 100 V，没有击穿的问题；短磁透镜的像差比较小。因此在电子显微镜里主要使用短磁透镜来呈电子像。

电荷在磁场中运动时，会受到磁场的作用力（洛伦兹力）的作用：

$$\boldsymbol{f} = q\boldsymbol{v} \times \boldsymbol{B} \tag{1-7}$$

式中，q 为运动电荷（正电荷）；$\boldsymbol{v}$ 为电荷运动速度；$\boldsymbol{B}$ 为电荷所在位置磁感应强度。$\boldsymbol{B}$ 与磁场强度 $\boldsymbol{H}$ 的关系为

$$\boldsymbol{B} = \mu\boldsymbol{H}（真空中磁导率\ \mu = 1，所以\ \boldsymbol{B} = \boldsymbol{H}） \tag{1-8}$$

$\boldsymbol{f}$ 力方向垂直于电荷运动速度 $\boldsymbol{v}$ 和磁感应强度 $\boldsymbol{B}$ 所决定的平面；按矢量乘积 $\boldsymbol{v} \times \boldsymbol{B}$ 的右手法则来确定。

由于电子带负电荷，$\boldsymbol{f}_e = -e\boldsymbol{v} \times \boldsymbol{B}$。式中 e 为电子电荷，负号表示电子所受的磁场力 $\boldsymbol{f}_e$ 反平行于（$\boldsymbol{v} \times \boldsymbol{B}$）。

（1）$\boldsymbol{v}$ 与 $\boldsymbol{B}$ 平行，$\boldsymbol{f}_e = 0$，电子在磁场中不受磁场力，运动速度大小及方向不变。

（2）$\boldsymbol{v}$ 与 $\boldsymbol{B}$ 垂直，$\boldsymbol{f}_e = \max$，电子在磁场垂直的平面内做匀速圆周运动。

（3）$\boldsymbol{v}$ 与 $\boldsymbol{B}$ 成 θ 角，电子在磁场内做螺旋运动。

（4）当在轴对称的磁场中，电子在磁场内做螺旋近轴运动。

短磁透镜实质上是一个通电的短线圈，它能造成一种轴对称的不均匀分布磁场。如图 1.4(a) 所示，短磁透镜的磁力线围绕导线呈环状，磁力线上任一点的磁场强度 $\boldsymbol{B}$ 都可以分解成平行于透镜主轴的分量 $\boldsymbol{B}_z$ 和垂直于透镜主轴的分量 $\boldsymbol{B}_r$，速度为 $\boldsymbol{v}$ 的平行电子束进入透镜的磁场时，位于 A_1 点的电子将受到 $\boldsymbol{B}_r$ 分量的作用。根据右手法则，电子所受的切向力 $\boldsymbol{F}_t$ 的方向如图 1.4(b) 所示。$\boldsymbol{F}_t$ 使电子获得一个切向速度 $\boldsymbol{v}_t$。$\boldsymbol{v}_t$ 随即和 $\boldsymbol{B}_z$ 分量叉乘，形成了另一个向透镜主轴靠近的径向力 $\boldsymbol{F}_r$ 使电子向主轴偏转（聚焦）。当电子穿过线圈走到 A_2 点位置时，$\boldsymbol{B}_r$ 的方向改变了 180°，$\boldsymbol{F}_t$ 随之反向，但是 $\boldsymbol{F}_t$ 的反向只能使 $\boldsymbol{v}_t$ 变小，而不能改变 $\boldsymbol{v}_t$ 的方向，因此穿过线圈的电子仍然趋向于向主轴靠近。结果使电子做如图 1.4(c) 所示那样的圆锥螺旋近轴运动。一束平行于主轴的入射电子束通过短磁透镜时将被聚焦在轴线上一点，即焦点如图 1.4(d) 所示，这与光学玻璃凸透镜对平行于轴线入射的平行光的聚焦作用十分相似，如图 1.4(e) 所示。

短磁透镜的特点：

① 不论磁场（或线圈）电流方向如何，短磁透镜恒为会聚透镜。

② 可借助调节线圈电流很方便地改变透镜的焦距，这在实际应用上是很方便的。

③ 焦距与加速电压及电子速度有关，电压越高，电子速度越大，焦距也越长，因此在电子显微镜中需要加速电压高度稳定，以减小透镜焦距的变化，降低色差，保证高质量的电子像。

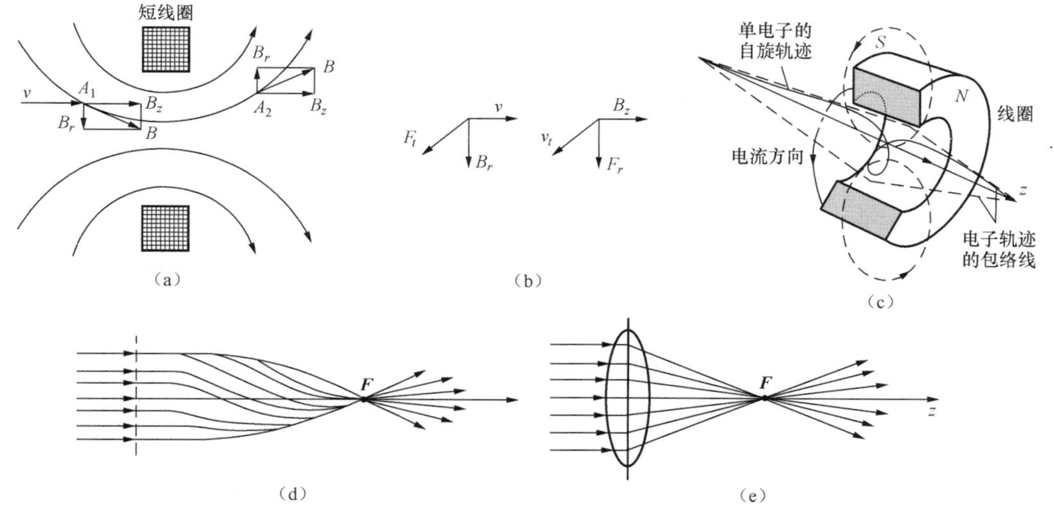

图 1.4　电磁透镜的聚焦原理示意图

(a) 短磁透镜中不同位置的磁场分量,(b) 电子在 A_1 位置的受力与磁场分量关系,(c) 单电子在短磁透镜中的圆锥螺旋近轴运动,(d) 一束平行于主轴的电子束通过短磁透镜时聚焦状况,(e) 光学玻璃凸透镜对平行于轴线入射的平行光的聚焦状况

1.2.2　电磁透镜的设计

由线圈组成的短磁透镜中,一部分磁力线在线圈外,对电子束的聚焦成像不起作用,磁感应强度比较低。如果把短线圈安装在由软磁材料(低碳钢或纯铁)制成的具有内环形间隙的壳子里,那么可以使得线圈激磁产生的磁力线都集中在铁壳的中心区域,尤其是集中在内环形间隙附近区域,提高相应区域磁场强度。

图 1.5 描述了短磁透镜发展的不同时期经历的透镜设计模式,可以看出磁力线的分布呈越来越集中的状态。图 1.5(a) 是只有线圈组成的短磁透镜,磁力线外露;图 1.5(b) 是三面有软磁材料包围的短磁透镜,磁力线被约束在透镜内;图 1.5(c) 是带有环状狭缝的软磁铁壳短磁透镜的磁力线分布,环状狭缝的设计会减少磁场的广延度,使大量磁力线集中在缝隙附近的狭小区域之内,增强磁场强度。图 1.5(d) 是带有极靴(Pole piece) 的短磁透镜,极靴的设计会进一步缩小磁场轴向宽度,在环状间隙两边,接出一对顶端成锥状的极靴,可使有效磁场集中到沿透镜轴几毫米范围。另外,实际的磁透镜需要水冷系统,因为使用中线圈会发热。

透射电子显微镜中的物镜是一个非常重要的短磁透镜,它的构造和透射电子显微镜中其他的磁透镜有一定的差别,它的上、下极靴是分开的,有各自的线圈,这样的结构安排有如下好处:

(1) 上、下极靴间可以留出足够的空间,方便插入样品和物镜光阑。

(2) 便于 X 射线能谱的探头靠近样品。

(3) 可方便地设计具有各种功能的样品台，如倾转台、热台、冷台等。

物镜的构造将在下一章详细介绍。

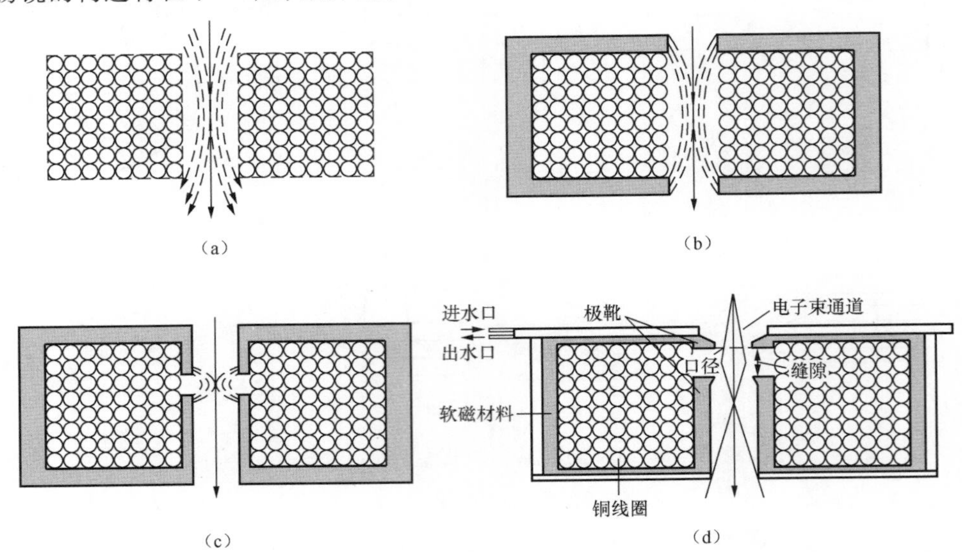

图 1.5　短磁透镜的不同设计模式

(a) 只有线圈组成的短磁透镜，(b) 三面有软磁材料包围的短磁透镜，

(c) 带有环状狭缝的软磁铁壳短磁透镜，(d) 带有极靴的短磁透镜

1.2.3　磁透镜的焦距与光学性质

短磁透镜线圈中通过的电流大小是可以改变的，因此其焦距可任意调节，因为它的焦距可由下式近似计算：

$$f \approx k \frac{V_r}{(IN)^2} \tag{1-9}$$

式中，k 为常数；IN 为电磁透镜的激磁安匝数；V_r 为经相对论校正的电子加速电压。

由式(1-9) 可以看出，无论激磁方向如何，电磁透镜的焦距都是正值，所以它恒为会聚透镜。焦距改变时，放大倍数同时发生变化，短磁透镜相当于光学显微镜中的薄凸透镜，所以可以利用光镜的光路图来计算其放大倍数：

$$\frac{1}{f} = \frac{1}{L_1} + \frac{1}{L_2} \tag{1-10}$$

$$M = \frac{f}{L_1 - f} \tag{1-11}$$

式中，f 为焦距；L_1 为物距；L_2 为像距；M 为放大倍数。

综上，短磁透镜可以在保持物距不变的情况下，通过改变激磁电流来方便地改变焦距和放大倍数，这是它与光学凸透镜最明显的差别。

因为电子束在短磁透镜磁场中做圆锥螺旋近轴运动，如图 1.4(c) 所示，所以短磁透镜所成的像和物之间有一个旋转角，这个角称为磁转角(Magnetic dip)。因为磁转角是随透镜电流变化的，所以很自然地它会随放大倍数的变化而有不同的值，这也就是在改变放大倍数的时候在电子显微镜里观察图像会发生旋转的原因。关于磁转角的精确测量，我们将在本篇第 4 章做详细介绍。

1.3　电磁透镜的像差

在显微镜的分辨率中我们讨论到，电子显微镜的实际分辨率比理论分辨率小了近 100 倍，分辨率达不到理论预期与用来聚焦电子束的磁透镜发展不完善有直接的关系，因为磁透镜存在像差使得分辨率难以提高。这里我们就研究一下电磁透镜的像差问题。

上述关于电磁透镜的讨论都是在满足旁轴条件(Paraxial condition)的假设下进行的。旁轴条件规定：只让那些与轴距离 r 和运动轨迹对轴的斜率 $\mathrm{d}r/\mathrm{d}E$ 很小的电子通过。在这一条件下，物平面上的所有点都被单值地、无变形地成像在像平面上，这是无像差状况。但是实际上，参加成像的电子并不完全满足旁轴条件，非旁轴电子也会参与成像，形成像差。在光学显微镜中，可以通过组合透镜的方法来消除像差(因为光学透镜中有凸透镜和凹透镜)，可以把像差减小到衍射引起的缺陷以下。但是因为在电磁透镜中只有凸透镜，所以组合透镜的方法是不能用的，消除像差相对困难得多。目前，电子显微镜中的像差主要有几何像差和色差两种。

1.3.1　几何像差

几何像差(Geometrical aberration)主要是由于不满足旁轴条件引起的，它是折射介质几何形状的函数。几何像差可分为球差、像散和畸变。

1. 球差

球差(Spherical aberration)即球面像差，是电磁透镜中心区和边沿区对电子的折射能力不同引起的，其中离开透镜主轴较远的电子比主轴附近的电子折射程度更大。

如图 1.6 所示，物点 O 通过磁透镜成像时，由于旁轴电子和非旁轴电子聚焦在不同的焦点上，因此在像平面的附近无法找到一个清晰的点像。非旁轴电子的焦点在靠近透镜的一侧(O'')，而旁轴电子的焦点在相对远离透镜的一侧(O')，如果让像平面在旁轴电子的焦点和非旁轴电子的焦点之间移动，就可以在 M 处找到一个最小的散焦圆斑，它在轴上的位置就是 O 点的最佳聚焦点。

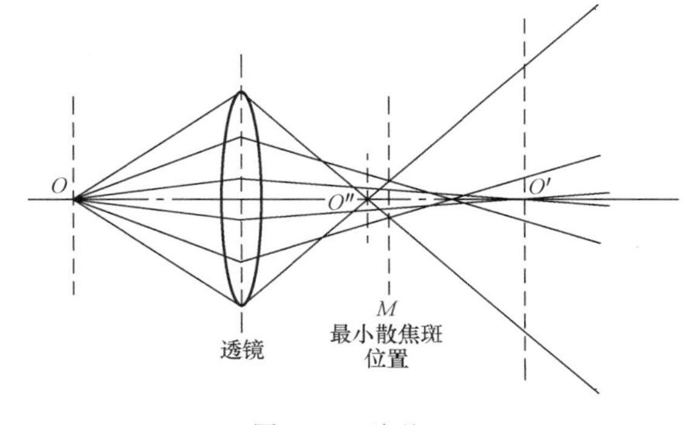

图 1.6　球差

球差的数学表达式为

$$\delta s = C_s \alpha^3 \tag{1-12}$$

式中，δs 为最小散焦圆斑半径；C_s 为球差系数；α 为孔径半角。通常 C_s 约为 3 mm，对于高分辨电子显微镜，$C_s < 1$ mm。因为 $\delta s \propto \alpha^3$，若用小孔径光阑挡住外围射线，可以使球差迅速下降，但同时分辨率降低，因此，必须找到使二者合成效应最小的 α 值。现代物镜可获得的 C_s 大约为 0.3 mm，α 大约为 10^{-3} rad，对应的分辨率为 0.2 nm。

2. 畸变

电磁透镜的畸变(Distortion)是由球差引起的，球差的存在使透镜对边缘区域的聚焦能力比中心大。像的放大倍数将随离轴径向距离的加大而增大或减小，此时图像虽然是清晰的，但是由于离轴径向尺寸的不同，图像会产生不同程度的位移。图 1.7 展示了电磁透镜有无畸变的对比，可见畸变存在几种不同的形式。

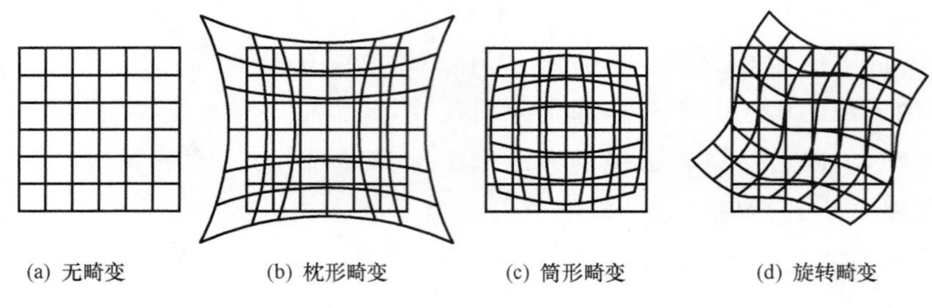

图 1.7　电磁透镜产生的畸变

在进行电子衍射分析时径向畸变会影响衍射环或衍射斑的准确位置，所以必须消除。采用两个畸变相反的投影镜，可消除畸变。

3. 像散

电磁透镜中出现如下状况，会导致电磁透镜磁场的对称性被破坏，使得电磁透镜在不同方向对旁轴电子有不同的聚焦能力而形成像散(Astigmation)：① 极靴内孔不圆；② 上下极靴不同轴；③ 极靴物质磁性不均匀；④ 极靴污染。

如果电磁透镜磁场的存在非旋转对称，那么它在不同方向上的聚焦能力就会有一定差别。如图 1.8 所示，x 方向的聚焦能力弱，则焦距长；y 方向聚焦能力强，则焦距短；在两个焦点 x_0 和 y_0 中间无论怎样改变聚焦状态都不能获得清晰的像。所以物点 O 通过透镜后不能在像平面上聚焦成一点，只能在两个焦点之间的一个适当的位置获得一个最小的变形圆。

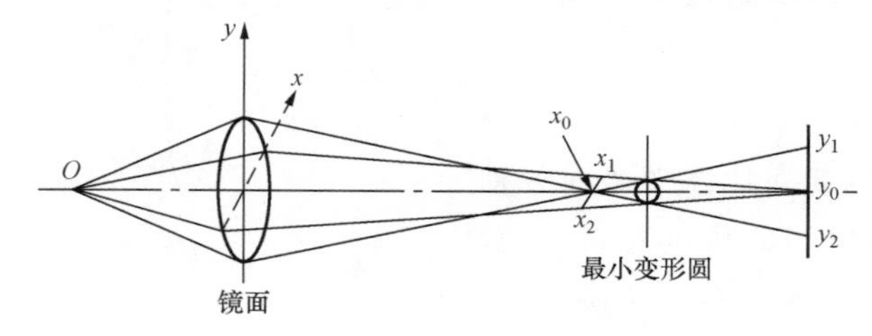

图 1.8　像散

像散对分辨率的限制往往超过球差和衍射效应，但像散可以矫正，只要引入一个强度和方向可调的矫正场(即消像散器)即可。

1.3.2 色　差

色差(Chromatic aberration)是电子的速度效应。它是电子波的波长或能量发生一定幅度的改变而造成的。电磁透镜对快速电子的偏转作用小于慢速电子,若入射电子的能量出现一定的差别,能量大的电子在距透镜较远的地方聚焦,而能量低的电子在距透镜较近的地方聚焦,由此产生焦距差。同样,像平面如果在远焦点和近焦点间移动时,会找到一个最小散焦斑,如图 1.9 所示。

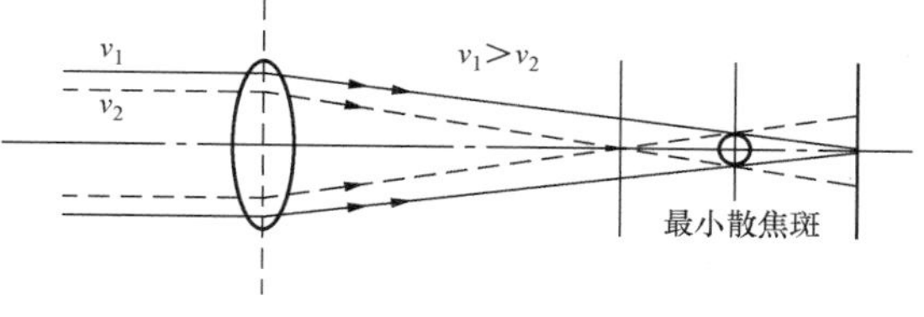

图 1.9　色差

为了降低色差,要求电压和电流的稳定度达到 2×10^{-6},现代电子显微镜已经可以通过提高加速电压和透镜电流的稳定性以及适当调配透镜极性,将色差调整到分辨能力允许的范围内。

1.3.3 电磁透镜的分辨率

电磁透镜的分辨率主要由衍射效应和像差来决定。显微镜的分辨率受下式约束:

$$d=0.61\lambda/(n\sin\alpha)$$

因为在电磁透镜中 α 通常很小,在 $10^{-2}\sim10^{-3}$ rad,而且电子显微镜的镜筒处于真空状态,所以由衍射效应限制的最小分辨距离可简化为

$$\Delta\gamma_0=0.61\frac{\lambda}{\alpha} \tag{1-13}$$

在像差中畸变可以用两个畸变相反的投影镜来消除,像散可以用消像散器来消除,色差可以通过提高加速电压和透镜电流的稳定性以及适当调配透镜极性来控制,所以对分辨率产生主要影响的是球差。而球差限定的最小分辨距离为

$$\Delta\gamma_s=C_s\alpha^3$$

考虑二者的综合效应,显然存在一个最佳孔径半角 α。

令 $\Delta\gamma_0=\Delta\gamma_s$,即

$$0.61\frac{\lambda}{\alpha_0}=C_s\alpha_0^3$$

将 $\alpha_0=0.88\left(\frac{\lambda}{C_s}\right)^{\frac{1}{4}}$ 代入式(1-13),得电磁透镜的分辨率为

$$\Delta\gamma_0=0.69C_s^{\frac{1}{4}}\lambda^{\frac{3}{4}}$$

由于假设条件和计算方法的不同,以上两式中常数项有所不同,通常可以写成一个普遍表达式:

$$\alpha_0 = B\left(\frac{\lambda}{C_s}\right)^{\frac{1}{4}} \tag{1-14}$$

$$\Delta\gamma_0 = AC_s^{\frac{1}{4}}\lambda^{\frac{3}{4}} \tag{1-15}$$

式中，A、B 为常数。

综上，即使电子波的波长仅仅是可见光波长的 $1/10^5$ 左右，但是由于现阶段只有用很小的孔径角来限制像差，电磁透镜的孔径角只是光学透镜的几百分之一，因此电磁透镜的分辨率只比光学透镜提高 1 000 倍，达到 0.2 nm 左右。随着超高压（500 ～ 3 000 kV）电子束作照明源，以及近年来得到长足发展的球差校正电磁透镜的使用，分辨本领可以小于 0.1 nm，达到直接观察最小原子的水平。

1.4 透镜的景深和焦长

1.4.1 景　深

景深（Depth of field）是指当像平面固定时（像距不变），在保持物像清晰的条件下，允许物平面（样品）沿透镜主轴移动的最大距离 D_f。

任何样品都有一定厚度。理论上，当透镜焦距、像距一定时，只有一层样品平面与透镜的理想物平面相重合，才能在像平面上获得该层平面的理想图像。偏离理想物平面的物点都存在一定程度的失焦，从而在像平面上产生一个具有一定尺寸的失焦圆斑。如果失焦圆斑尺寸不超过由衍射效应和像差引起的散焦斑，那么对透镜分辨率不会产生影响。

如图 1.10 所示，景深 D_f 与电磁透镜分辨率 Δr_0、孔径半角 α 之间的关系为

$$D_f = \frac{2\Delta r_0}{\tan\alpha} \approx \frac{2\Delta r_0}{\alpha} \tag{1-16}$$

取 $\Delta r_0 = 1$ nm，$\alpha = 10^{-2} \sim 10^{-3}$ rad，则 $D_f = 200 \sim 2\ 000$ nm。

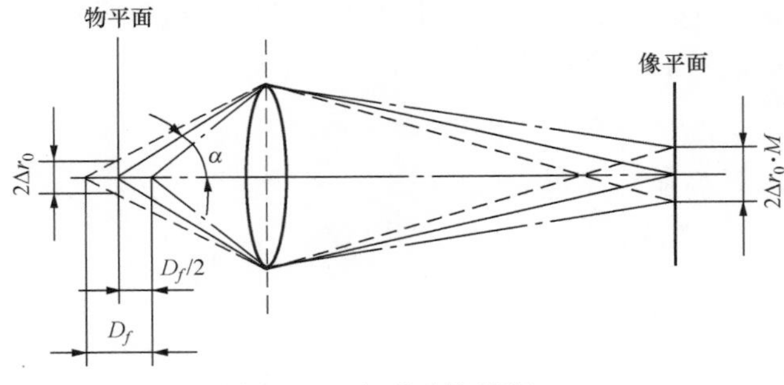

图 1.10　电磁透镜景深 D_f

这说明在厚度为 200 ～ 2 000 nm 的样品细节都能够得到 1 nm 的最小分辨距离，实际操作中透射电子显微镜样品的厚度都控制在 100 nm 以下，上述景深范围可保证样品在整个厚度范围内各个结构细节都清晰可见。

1.4.2 焦　长

焦长(Depth of focus)是指在固定样品的条件下(物距不变),像平面沿透镜主轴移动时仍能保持物像清晰的距离范围 D_L。

理论上,当透镜的焦距、物距一定时,像平面在一定的轴向距离内移动,也会引起失焦,产生失焦圆斑。若失焦圆斑尺寸不超过透镜衍射和像差引起的散焦斑大小,则对透镜的分辨率没有影响。

如图1.11所示,透镜焦长 D_L 与分辨率 Δr_0、放大倍数 M、像点所张的孔径半角 β 之间的关系为

$$D_L=\frac{2\Delta r_0\cdot M}{\tan\beta}\approx\frac{2\Delta r_0 M}{\beta}$$

$$\beta=\frac{\alpha}{M}$$

$$D_L=\frac{2\Delta r_0}{\alpha}M^2 \tag{1-17}$$

取 $\Delta r_0=1$ nm,$\alpha=10^{-2}$ rad,若透镜的放大倍数 $M=200$,则焦长 $D_L=8$ mm;若 $M=20\ 000$,则焦长 D_L 可以达到 80 cm。

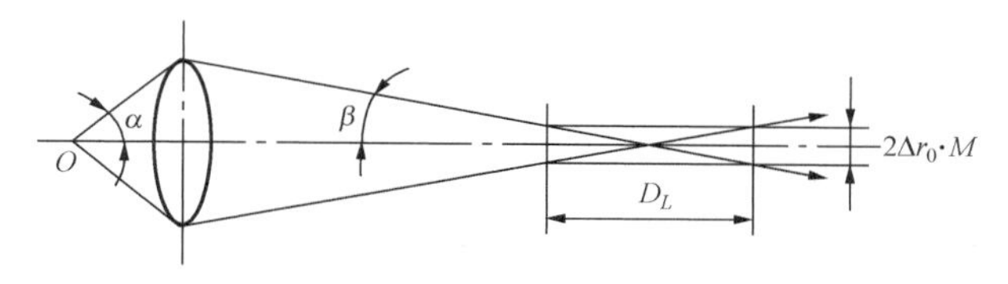

图1.11　焦长

电磁透镜的这一特点给电子显微镜图像的照相记录带来了极大的方便,只要在观察图像的荧光屏上一次性将图像聚焦清晰,那么在透射电子显微镜普通的放大倍数下(几万倍量级)荧光屏以上或以下十几甚至几十厘米放置照相底片,所拍得的图像也是清晰的。透射电子显微镜的放大倍数继续增大时,我们将照相底片或CCD探头放在投影镜下的任何位置图像都是清晰的,只是放置位置不同,放大倍数不同。

扩展阅读8:球差校正电子显微镜

前面谈论了电子显微镜的分辨本领主要受像差的限制,人们力图像光学透镜那样来减少或消除球差。但是,早在1936年Scherzer就指出,对于常用的无空间电荷且不随时间变化的旋转对称电磁透镜,球差恒为正值。所以在光学显微镜中,通过组合透镜的方法来消除像差(因为光学透镜中有凸透镜和凹透镜)完全不适用于电子显微镜。在20世纪40年代由于兼顾电磁透镜的衍射和球差,电子显微镜的理论分辨率约为0.5 nm。校正电子透镜的主要像差是人们长期追求的目标。经过50多年的努力,1990年Rose提出用六极校正器校正透镜像差得到无像差电子光学系统的方法。最终在CM200ST场发射枪200 kV透射电子显微镜上增加了这种六极校正器,研制成世界上第一台像差校正电子显微镜。电子显微镜的高

度仅增加了24 cm，而并不影响其他性能。分辨率由0.24 nm提高到0.14 nm。在这台像差校正电子显微镜上球差系数减少至0.05 mm(50 μm)时拍摄到了GaAs⟨110⟩取向的哑铃状结构像，点间距为0.14 nm。

近年来，由于在电子透镜球差校正方面的重要突破，使得无论在电子显微镜制造及应用研究方面，都有惊人的进展。电子显微镜目前正处于革命性发展阶段，其标志是分辨水平在进入21世纪之后有异乎寻常的提高，其点分辨率达到了0.1 nm以下，已对和将对纳米科技、信息、生物等高科技领域产生有力的冲击。

第2章

透射电子显微镜

2.1 透射电子显微镜的发展简史

透射电子显微镜的发展历史应该从电子谈起[21,22]。

1897年：汤姆逊(Thompson)发现了电子。

1924年：德国科学家德布罗意(De Broglie)指出，任何一种接近光速运动的粒子都具有波动性质。识别了电子波的波长 $\lambda = h/mv$(如加速电压为60 kV时，$\lambda = 0.005$ nm)，这奠定了运动电子作为光源使用的可能性。

1926年：德国学者布施(Busch)指出“具有轴对称的磁场对电子束起着透镜的作用，有可能使电子束聚焦成像”，这样就为电子显微镜的制作提供了理论依据。

1929年：鲁斯卡(Ruska)完成了关于磁透镜的博士论文。

1931年：德国学者诺尔(Knoll)和鲁斯卡制造了第一个电子显微装置，但它还不是一个真正的电子显微镜，因为它没有样品台。

1931～1933年：鲁斯卡等对上述装置进行了改进，制造出了世界上第一台透射电子显微镜。

1934年：透射电子显微镜的分辨率超越了光学显微镜达到50 nm。鲁斯卡也因此获得了1986年的诺贝尔物理学奖。

1939年：德国西门子(Siemens)公司生产了世界上第一台商品透射电子显微镜，分辨率小于10 nm。

1954年：德国西门子公司又生产了著名的西门子Elmiskop Ⅰ型透射电子显微镜，分辨率达到1.0 nm。

目前世界上生产透射电子显微镜的公司主要有日本电子(JEOL)和日立(Hitachi)以及美国的FEI(它兼并了荷兰的飞利浦电子显微镜公司)，使用最多的是200 kV和300 kV的常规电子显微镜，加速电压更高的高压电子显微镜由于价格昂贵，体积庞大，使用的很少。

2.2 透射电子显微镜和光学显微镜的比较

透射电子显微镜是出于提高光学显微镜放大倍数的初衷发展起来的，如图2.1所示为TECNAI G^2 型透射电子显微镜外观，如图2.2所示为莱卡(Leica)透反射式光学显微镜外观，首先比较一下这两种显微镜的异同点，这样方便我们理解透射电子显微镜。

图 2.1　TECNAI G^2 型透射电子显微镜外观

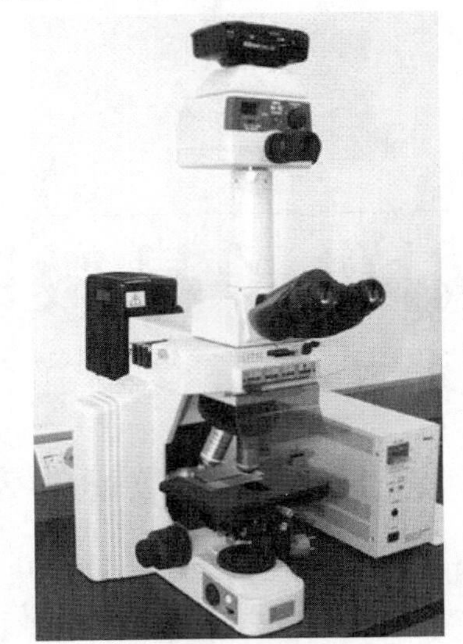

图 2.2　莱卡(Leica)透反射式光学显微镜外观

如果将透反射式光学显微镜的光路反向放置，将光源放在最上方，那么光学显微镜和透射电子显微镜的基本光路是一致的(图 2.3)。

光学显微镜：

光源 — 聚光镜 — 样品 — 物镜 — 目镜(接力放大镜)— 观察装置(人眼、照相机或 CCD 探头)

透射电子显微镜：

光源 — 聚光镜 — 样品 — 物镜 — 投影镜(接力放大镜)— 观察装置(荧光屏、照相机或 CCD 探头)

由于在透射电子显微镜里使用的光源是电子源，所以接下来的每一级透镜都比光学显微镜复杂。

两种显微镜的不同点：

(1) 透镜：光学显微镜里使用的是玻璃透镜，带有固定的焦距；透射电子显微镜里使用的是磁透镜，由铁磁性材料和铜线圈制造，通过改变线圈电流来改变焦距。

(2) 改变放大倍数：光学显微镜是通过改变样品上方转盘上的物镜或观察用目镜来改变放大倍数的；透射电子显微镜里物镜的放大倍数(焦距)是固定的，通过改变中间镜的焦距和多个磁透镜间的组合来改变放大倍数。

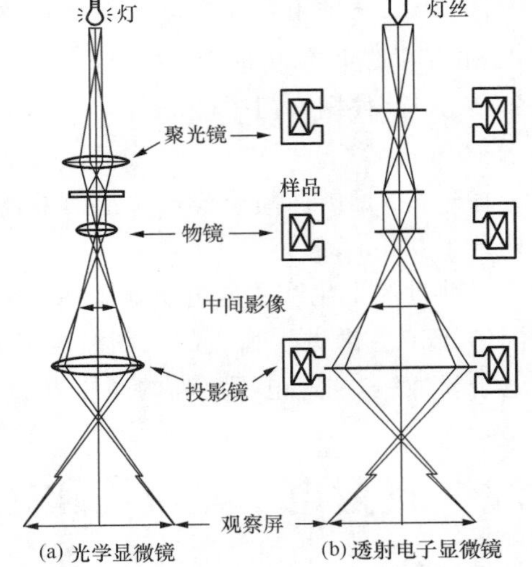

图 2.3　光学显微镜和透射电子显微镜的光路图

(3) 景深：光学显微镜的景深很小，因此样品上只能在几个不同的物镜下得到几个不同的聚焦状态；透射电子显微镜的景深相对较大，整个样品厚度范围内都可以聚焦。

(4) 成像机制：光学显微镜和透射电子显微镜的像形成机制不同，光学显微镜只能形成放大像；而透射电子显微镜还可以形成衍射像、相位和振幅衬度像等。

(5) 光源：透射电子显微镜的光源是电子束，位于仪器的顶部；光学显微镜的光源是可见光，位于仪器的底部或侧面。

(6) 真空：透射电子显微镜要在高真空工作，因为电子在大气中的平均自由程很短，所以很多含水样品(如生物样品)会被脱水；光学显微镜不会产生这样的问题，相反，它可以观察许多活的生物样品。

(7) 辐照损伤：透射电子显微镜使用的电子束能量比较高，会损伤样品，很多生物样品或抗辐照能力差的样品会很快出现损伤痕迹；而光学显微镜没有辐照损伤的问题。

(8) 放大倍数和分辨率：透射电子显微镜的放大倍数要远远大于光学显微镜，分辨率是光学显微镜的 1 000 倍，可以达到埃或亚埃量级。

(9) 操作和样品制备：光学显微镜的操作及样品制备简单。透射电子显微镜不但操作复杂，而且样品制备困难。因为电子束要穿透样品成像，所以要求样品很薄，至少要小于 100 nm。

(10) 造价：常规的透射电子显微镜造价就是光学显微镜的 100 倍以上。

2.3 透射电子显微镜的基本结构

透射电子显微镜是以波长极短的电子束作为照明源，用短磁透镜聚焦成像的一种高分辨率、高放大倍数的电子光学仪器。它的主要构造如下：

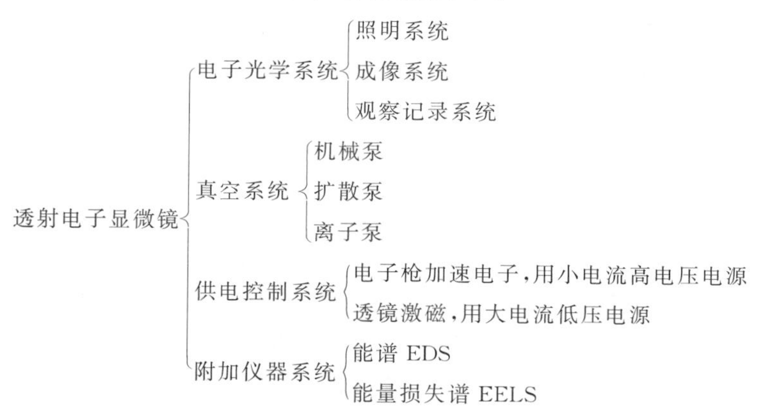

图 2.4 是飞利浦 CM30 型透射电子显微镜的剖面图。在上述四大系统中，电子光学系统镜筒(Electron optical column)是其核心，真空系统是电子作为光源的有力保障，供电控制系统为整个透射电子显微镜各个部件提供其所需的能源，附加仪器系统是在结构分析的基础上合并的成分分析装置，这一部分我们在后面的篇章中进行介绍。

1. 电子光学系统

常规透射电子显微镜电子光学系统的光路如图 2.5 所示，包括照明系统、成像系统、观察记录系统。

(1) 照明系统

照明系统由电子枪、聚光镜(一、二级)和相应的平移、对中、倾斜调节装置组成,用于提供一束亮度高、照明孔径角小、平行度高、束斑小、束流稳定的照明源。为满足明场和暗场成像需要,照明束可在 2° ~ 3° 范围内倾斜。

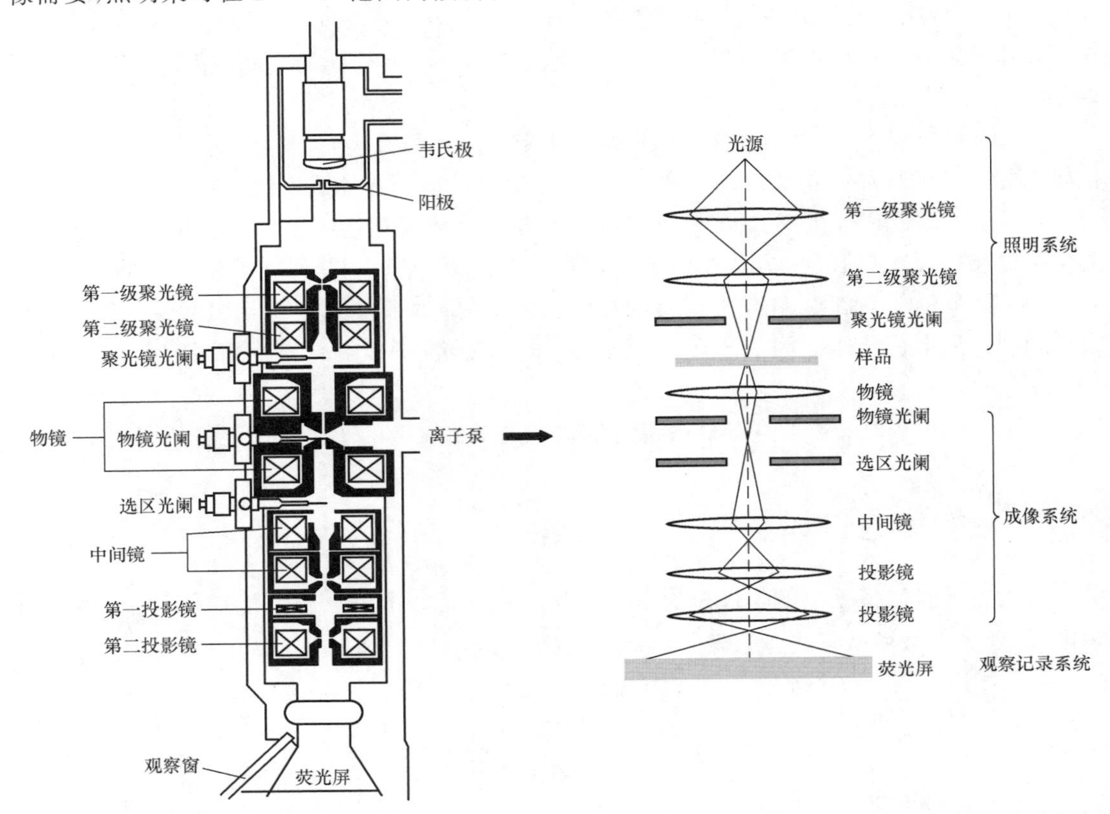

图 2.4 飞利浦 CM30 型透射电子显微镜的剖面图　　图 2.5 透射电子显微镜电子光学系统的光路图

① 电子枪

电子枪(Electron gun)的作用是产生并发射加速电子,它位于透射电子显微镜的最顶端。电子显微镜里最早使用的是钨丝热阴极电子枪,它是热电子发射型电子枪,发射电子的阴极灯丝通常用 0.03 ~ 0.1 mm 的钨丝做成 V 形(图 2.6)。

热电子发射型电子枪的结构如图 2.7 所示,形成自偏压回路,起到限制和稳定束流的作用。栅极和阴极之间存在数百伏的电位差,所以栅极比阴极电位值更负,可以用栅极来控制阴极的发射电子有效区域。当阴极流向阳极的电子数量增多时,在偏压电阻两端的电位值增加,使栅极电位比阴极进一步变负,由此可以减小灯丝有效发射区域的面积,束流随之减小。若束流因某种原因而减小时,偏压电阻两端的电压随之下降,致使栅极和阴极之间的电位接近。此时栅极排斥阴极发射电子的能力减小,束流又渴望上升。

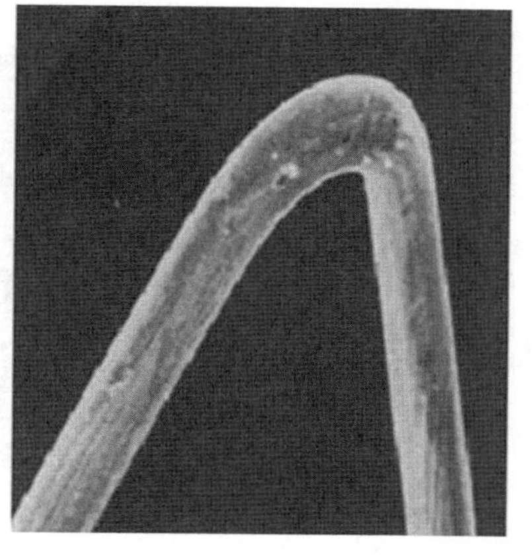
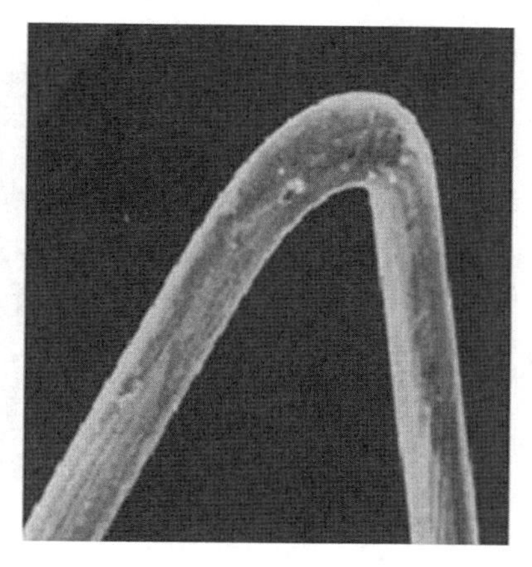

图 2.6 钨灯丝[23]

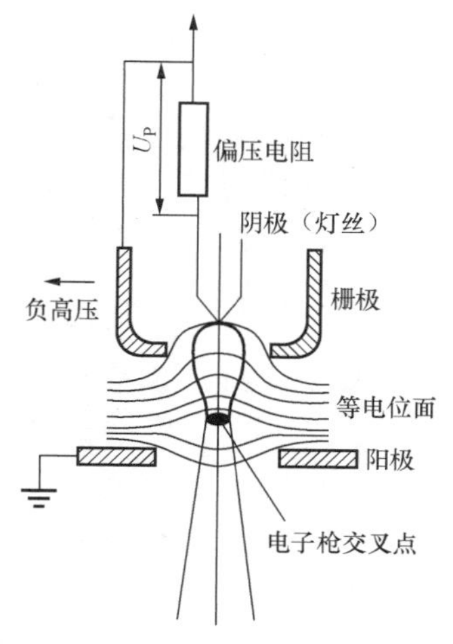

图 2.7　热电子发射型电子枪的结构

由于栅极的电位比阴极负，所以自阴极端点引出的等电位面在空间呈弯曲状。电子束在栅极和阳极间会聚为尺寸为 d_0 的交叉点，通常为几十微米。这就是通常所说的"电子源"(有效光源或虚光源)。电子显微镜里光斑大小指的就是这个最小交叉截面的大小，电子束的发散角也是指由此发出的电子束与主轴的夹角。

在使用透射电子显微镜最初的约 30 年中，钨丝热阴极电子枪一直占据主导地位而被广泛使用，但是由于它的亮度低，光源尺寸和能量发散较大，所以人们很早就开始寻找更亮的电子源。

LaB_6 电子枪是 1969 年由布鲁斯(Broers)提出的，是将 LaB_6 单晶的顶端加工成锥状(图 2.8)，它的造价比钨丝要高，但是亮度高、光源尺寸和能量发散较小，更适合在分析型电子显微镜中使用。这种电子枪采用肖特基发射原理，阴极温度 1 800 K，仍然属于热发射，只是因基面上有较弱的场强，使阴极表面位垒高度略有降低。

1968 年，克鲁(Crewel)提出了冷场发射枪，1980 年以后开始投入使用。它属于点阴极枪，通常是将金属加工成尖端曲率半径很小(约 0.1 μm)的尖锐锥状(针尖)。冷场发射是指在阴极金属表面上加以很强的静电场(10^9 V/m)，使阴极表面位垒大为降低，而且位垒宽度变窄，阴极处于室温，利用隧道效应发射电子。它的亮度要比热电子发射型电子枪高约 100 倍，光源尺寸也很小，相干性很好，所以在分析型电子显微镜中得到了广泛应用。冷阴极是在室温下使用的，通常将钨的(310)面作为发射极(图 2.9)，因为空气不能将热能传给发射的电子，所以它的能量发散度很小，只有 0.3～0.5 eV，相应的分辨率也很高，但是室温下发射会产生残留气体分子的离子吸附，由此产生发射噪声。另外伴随着吸附分子层的形成，发射电流会逐渐降低，电子枪必须定期进行除去吸附分子层的闪光处理。

图 2.8 LaB_6 单晶[23]

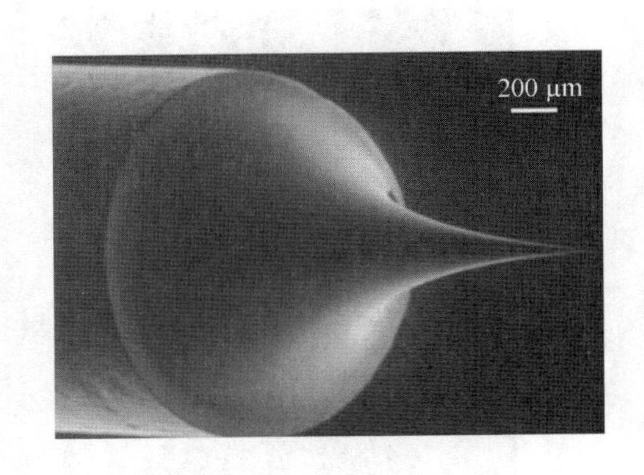

图 2.9 场发射 W 灯丝[23]

由于上述原因，斯汪森(Swanson)等人又于20世纪70年代开发出一种扩展的肖特基发射电子枪。这种电子枪采用钨针尖包裹氧化锆的设计，工作温度高(约 1 800 K)，便于 ZrO 在 W 表面融化形成覆盖层。由于 ZrO 的电子逃逸功函数小[ZrO 是 2.7 ~ 2.8 eV，W(100)面是 4.5 eV]，在外加高电场的作用下，电子很容易以热能的方式跳过变低的势垒发射出来(并非隧道效应)。与冷场发射相比，肖特基发射电子枪的电子能量发散较大，为 0.6 ~ 0.8 eV(由于加热造成的)，但是它不产生离子吸附，大大降低了发射噪声，无须闪光处理，所以具有稳定的发射电流。在相同的发射电场下发射电流比冷场发射的纯 W 针尖要高出很多，具备亮度高、稳定性好、束斑和色散较小等特点，是综合性能最好的电子枪，成为高分辨电子显微镜的首选。

综上所述，四种电子枪的性能比较见表 2.1。

表 2.1 四种电子枪的性能比较

特性	钨丝热阴极	LaB_6	冷场发射 W(310)	扩展的肖特基发射 ZrO/W(100)
工作温度 /K	2 800	1 800	300	1 800
亮度(200 kV)/($A/cm^2 sr$)	5×10^5	5×10^6	$10^8\sim10^9$	$10^8\sim10^9$
光源尺寸 /μm	50	10	0.01 ~ 0.1	0.1 ~ 1
能量发散度 /eV	2.3	1.5	0.3 ~ 0.5	0.6 ~ 0.8
真空度 /Pa	10^{-3}	10^{-5}	10^{-8}	10^{-7}
灯丝电流 /μA	100	200	20	100
寿命 /h	100	500	1 000	500
维修	无须	无须	每隔几小时进行一次闪光处理	安装时稍费时间
价格	便宜	中等	较高	较高

② 聚光镜

从电子枪射出的加速电子首先要经过聚光镜(Collecting lens)，它的作用是会聚电子束，并且控制照明孔径角、电流密度（照明亮度）和照射到样品上的光斑尺寸。通常采用两级聚光镜系统，如图 2.10 所示。第一级聚光镜是强磁透镜，称为 C1，C1 的焦距改变可以控制光斑大小；第二级聚光镜是弱磁透镜，称为 C2，它控制照明孔径角和照射面积，C2 是在 C1 限定的最小光斑条件下，进一步改变样品上的照明面积。

另外，在 C2 下安装有一个聚光镜光阑，用以调整束斑大小，通常经二级聚光后可获得微米量级的电子束斑。同时，为了减小像散，在 C2 下还安装有一个消像散器，以校正磁场成轴对称性。

随着近代新型的透射电子显微镜功能越来越多，为了满足各种分析功能的需要[如纳米束电子衍射模式（NBD）、会聚束电子衍射模式（CBED）等]，照明系统也变得相对复杂，通常采用多聚光镜系统。

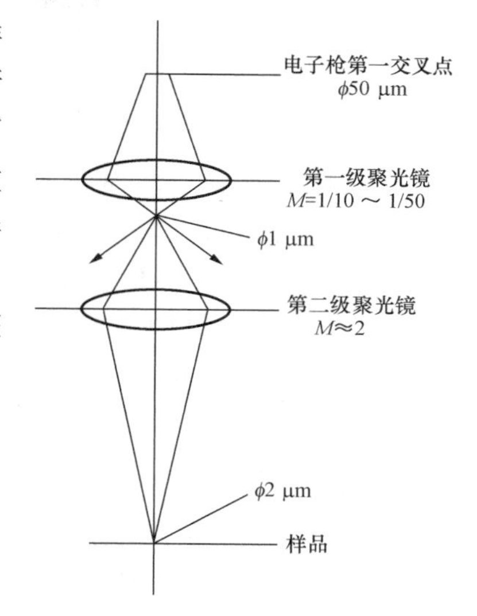

图 2.10　照明系统光路图

③ 偏转系统

由两组相对的线圈组成的偏转系统（Deflection system），如图 2.11 所示。通过调整两个线圈对电子束偏转角度的大小和方向，可以方便地实现电子束的平移和偏转：当两组线圈偏转的角度大小相等但方向相反时，电子束发生平移；当下偏转线圈对电子束偏转的角度较大，正好等于 $\theta_1+\theta_2$ 时，电子束以倾斜角 θ_2 入射到试样上，但照明中心保持不变。偏转系统不仅用于照明系统，在进行透射电子显微镜的合轴调整时也要使用。

（2）成像系统

成像系统是由物镜、物镜光阑、选区光阑、中间镜和投影镜组成，如图 2.12 所示。

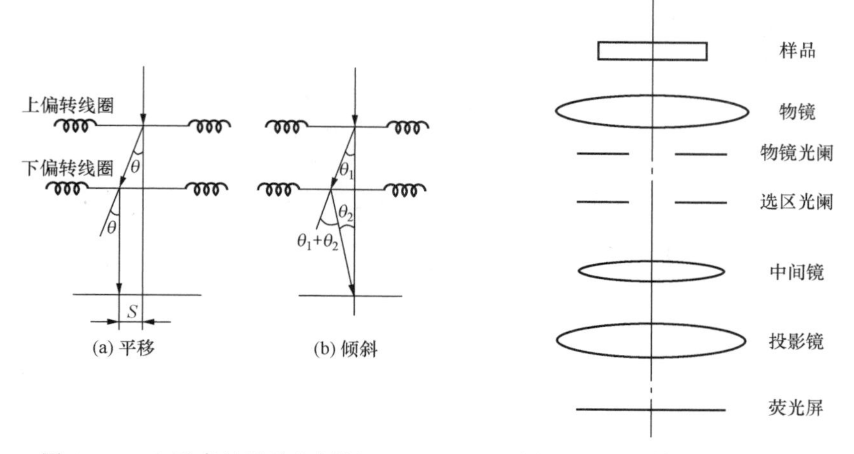

图 2.11　电子束的平移和倾斜　　图 2.12　成像系统与成像示意图

① 物镜

物镜（Objective lens）是强励磁短焦透镜，是成像系统里第一个也是最重要的透镜，它的作用是形成样品的初次放大像及衍射谱。物镜的分辨率在透射电子显微镜中起决定作用，因为它造成的像差会被中间镜和投影镜进一步放大。

第1章里已经介绍了物镜是透射电子显微镜中形态最特殊的一种透镜，它由透镜线圈、轭铁(磁电路)和上、下极靴构成(图2.13)。在上、下极靴之间形成旋转对称磁场，试样插入上、下极靴之间，试样下面设有物镜光阑。在下级靴下方还有物镜的消像散器，这个特殊形状使得透镜的磁场分为试样前方磁场和后方磁场，成像作用主要是通过后方磁场来实现，对于分析型电子显微镜，前方磁场起汇聚电子束的作用。

物镜光阑确切地说是安装在物镜背焦面上，它是一种由无磁金属制成的带孔金属片，孔径为10～50 μm，外形细节详见本节最后"光阑"部分。其重要作用在于：

a. 利用可变孔径调节电子像衬度，挡掉大角度散射的非弹性电子，减小像差，提高衬度，图2.14给出了物镜的成像作用和物镜光阑的效果；

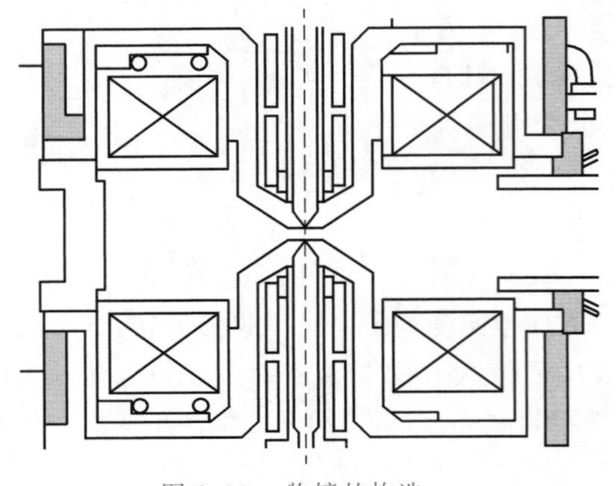

图2.13　物镜的构造

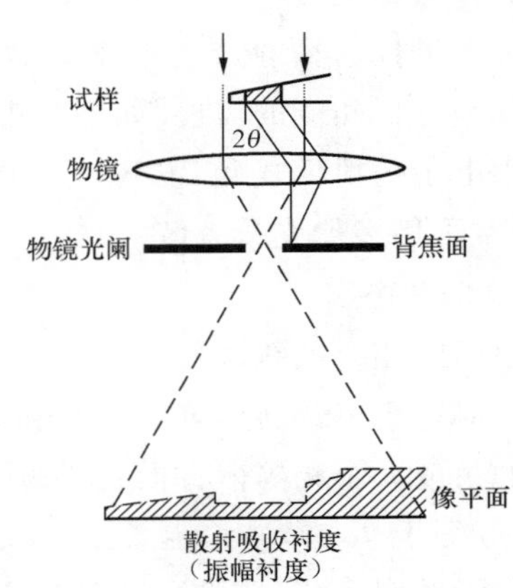

图2.14　物镜光阑作用下的成像效果

b. 可以选择背焦面上晶体样品的任一衍射束成像(暗场像)，这是电子衍衬像的重要模式；本篇的后续章节将详细介绍透射电子显微镜的明场像和暗场像；

c. 减小孔径角，在减小像差的同时可以显著增加景深 D_f 和焦长 D_L，通过图2.15可以明显对比出有无物镜光阑的情况下景深和焦长的变化。

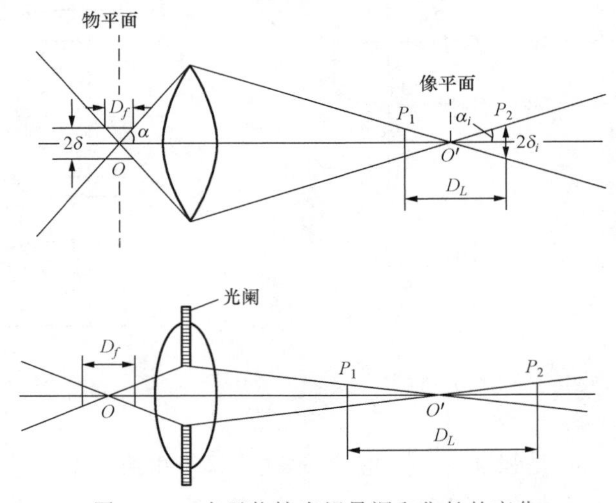

图2.15　有无物镜光阑景深和焦长的变化

此外，物镜像平面上还安装有选区光阑，它是对样品进行微区衍射分析的重要部件，其作用将在后面"选区电子衍射"部分做详细讲解。

② 中间镜

中间镜(Intermediate lens)是弱磁透镜位于物镜和投影镜之间，放大倍数可以调节，极靴内孔较大，焦距较长。

中间镜在成像系统中有两个重要作用：

a. 控制成像系统，选择在透射电子显微镜上成放大形貌像或衍射谱

改变中间镜的激磁电流，使中间镜的物平面与物镜的像平面重合，这样物镜所成的放大像被中间镜和投影镜接力放大，在荧光屏上得到放大的物像[图 2.16(a)]，这就是透射电子显微镜的形貌像模式。

改变中间镜的激磁电流，使中间镜的物平面与物镜的背焦面重合，这样物镜背焦面上的电子衍射谱就被中间镜和投影镜放大，在荧光屏上得到放大的电子衍射谱[图 2.16(b)]，这就是透射电子显微镜的衍射像模式。

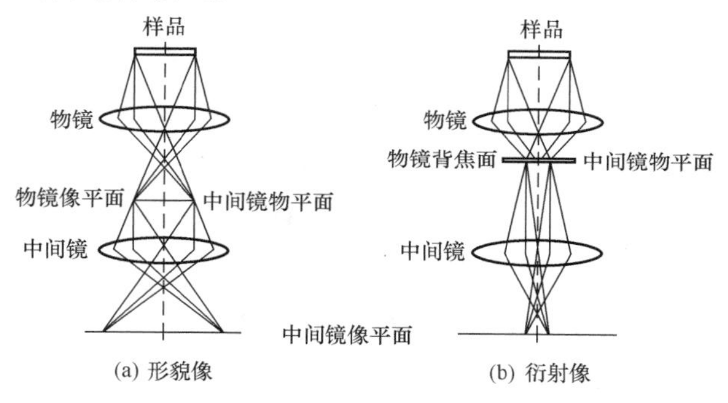

图 2.16　透射电子显微镜的形貌像和衍射像模式

b. 控制透射电子显微镜总的放大倍数

通常物镜和投影镜的放大倍数是固定不变的，透射电子显微镜的总放大倍数是由改变可变倍率的中间镜来进行的。电子显微镜的放大倍数 M 由下式决定：

$$M = M_{物镜} \cdot M_{中间镜} \cdot M_{投影镜} \qquad (2\text{-}1)$$

通过调整中间镜的放大倍数 $M_{中间镜}$ 是大于还是小于1来控制透射电子显微镜成高倍像或低倍像：

当 $M_{中间镜} > 1$ 时[图 2.17(a)]，中间镜成实像，在投影镜上得到的是高倍像($10^4 \sim 10^5$ 倍)；

当 $M_{中间镜} < 1$ 时[图 2.17(b)]，改变物镜激磁强度，使物镜成像于中间镜之下；中间镜以物镜像为虚物，将其形成缩小的实像成像于投影镜之上；投影镜以中间镜像为物，成像于荧光屏或照相底片上，此时成中倍放大像($10^3 \sim 10^4$ 倍)。

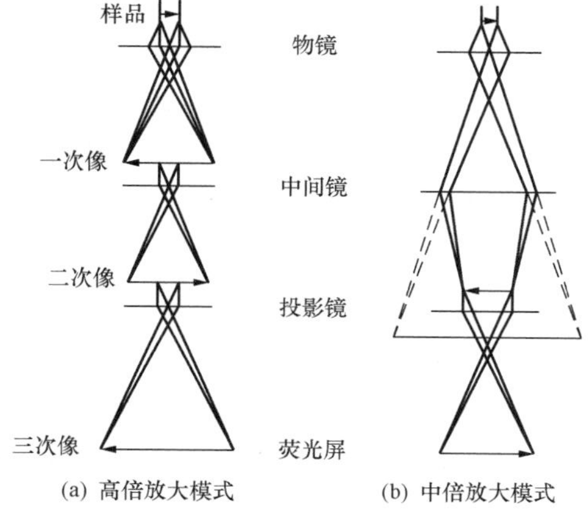

图 2.17　透射电子显微镜高倍放大模式和中倍放大模式的光路图

要获得更低倍数的放大像(10^2 倍),则需减少透镜的数目或放大倍数,如关闭物镜、减弱中间镜激磁强度,使中间镜起长焦物镜的作用,成像后再经投影镜放大,此时成像视野较大,用于初期选择观察区域。

在透射电子显微镜的使用过程中,透射电子显微镜的放大倍数会随样品平面高度、加速电压、透镜电流的波动而变化,各元件的电磁参数也会发生少量变化,从而影响放大倍数的精度。因此,必须定期标定透射电子显微镜的放大倍数。标定方法是在一定条件下(加速电压、透镜电流),拍摄标样的放大像,然后从底片上测量特征间距,并与实际间距相比即为该条件下的放大倍数。

③ 投影镜

投影镜(Projection lens)是一个短焦距的强磁透镜,它只有接力放大的作用,把经中间镜形成的中间像及衍射谱放大到荧光屏上,形成最终放大的电子像及衍射谱。它使用上下对称的小孔径极靴,有两个特点:

a. 景深大,改变中间镜放大倍数,使总倍数变化大,也不影响图像清晰度;

b. 焦长长,放宽对荧光屏和底片平面严格的位置要求。

投影镜的像差不影响最终分辨率,但可能使最后形成的图像产生畸变,利用可调的中间镜产生负畸变,能够在相当程度上补偿投影镜产生的正畸变。高性能透射电子显微镜通常有 2 个中间镜和 1 ~ 2 个投影镜,可使电子显微镜的放大倍数能够在较大范围内变化,同时镜筒的总长度比较短(约 2 m)。有些电子显微镜还装有附加投影镜,用以自动校正磁转角。

(3) 观察记录系统

透射电子显微镜中比较常规的观察记录装置有三种:荧光屏、照相底片和 CCD 照相机。

① 荧光屏

荧光屏是在铝板上涂了一层荧光粉制得的,荧光粉通常是硫化锌(ZnS),它能发出波长为 450 nm 的光。有时在硫化锌里掺入杂质,使其发出波长接近 550 nm 的绿光。荧光屏的分辨率为 10 ~ 50 μm。观察者需要透过观察窗在荧光屏上看像和聚焦。透射电子显微镜上除了荧光屏外,还配有用于单独聚焦的小荧光屏和 5 ~ 10 倍的双目镜光学显微镜。

为了屏蔽透射电子显微镜镜筒内产生的 X 射线,采用铅玻璃来制作观察窗,加速电压越高,铅玻璃就越厚,因此从荧光屏观察像衬度的细节较困难,需要在观察室下面的照相室中利用照相底片或 CCD 照相机记录图像。

② 照相底片

在荧光屏下面有一个照相机构,它是一个可以自动更换底片的照相暗盒。常规的透射电子显微镜底片是片状胶片,在电子束的照射下能曝光。胶片的分辨率为 4 ~ 5 μm,比荧光屏高得多,所以照相底片具有很高的信息密度,如一张 10 cm^2 的胶片上可记录 10^7 个像素。胶片的曝光时间随放大率和电子束而变,为 0.1 ~ 10 s。一方面,样品漂移和仪器不稳定以及电子在明胶层里的散射会引起像模糊,要求曝光时间越短越好;另一方面,热灯丝的随机发射会引起电子束本身的不均匀性,即产生电子噪声,也可引起像的模糊。曝光时间越长,随机性就越小,像就越清晰,所以要求较长的曝光时间。因而选择合适的曝光时间和电子束强度,才能产生最大信息,时间为 0.5 ~ 2 s。现代的透射电子显微镜都有曝光时间自动控制功能。

③CCD 照相机

透射电子显微镜 CCD(Charge-coupled device) 相机分为快扫描 CCD 相机(Fast-scan/TV-rate CCD Camera)和慢扫描 CCD 相机(Slow-scan CCD Camera)。快扫描 CCD 相机视频信号输出快,可进行实时图像观察,随时调整图像焦距,像散等。然而快扫描 CCD 相机因为像素数有限($\leqslant 1$ K),像素尺寸小及 CCD 芯片进行图像信号传输采用"interline"方式,从而信息损失较大而导致图像分辨率较低,无法进行高分辨成像。慢扫描 CCD 相机具有较大像素数及像素尺寸,CCD 芯片具有较高动态范围,CCD 芯片采用全帧型或帧转移型模式传输图像信号,效率为 100%,不丢失信号,因而图像分辨率高,可代替胶片进行高分辨成像。

常规透射电子显微镜 CCD 相机有图像采集、简单图像分析功能,新型的 CCD 相机还能够控制透射电子显微镜样品台自动倾斜,自动采集一系列不同倾斜角度的二维透射电子图像,再将这些图像进行对中、组合、软件处理得到样品的透射电子断层成像,然后使用傅里叶变换功能重构样品三维结构表面图像。在生物和材料科学领域,它已成为研究样品内部信息的一个强有力工具。

2. 真空系统

透射电子显微镜需要良好的真空环境,原因在于:

(1) 电子在大气下的平均自由程很小,要使其从电子枪一直运动到荧光屏,要求最低真空度为 0.133 Pa。高速电子与气体分子相遇和相互作用会导致随机电子散射,引起"炫光"并削弱像的衬度。

(2) 光源寿命要求,当真空度不高时,电子枪会发生电离和放电,导致电子束不稳定和"闪烁";残余气体还会腐蚀炽热的灯丝,缩短灯丝的使用寿命。不同的灯丝对真空度的要求不同:

① 热阴极钨丝最低真空度为 1.33×10^{-2} Pa。

② LaB_6 灯丝最低真空度为 1.33×10^{-5} Pa。

③ 场发射灯丝最低真空度为 1.33×10^{-8} Pa。

(3) 残余气体会严重污染样品,特别在拍高分辨像时更是如此。

透射电子显微镜镜筒中的残余气体主要有:空气、水蒸气和碳化氢分子(来自泵油的挥发或真空脂以及在清洗部件时残留的其他有机分子)。残余气体不仅会影响真空度,还会严重污染样品,必须将它们最大限度地从真空系统中排除。首先,需要设法限制这些气体进入真空系统。常规方法是把电子枪、照相室和样品预抽室等与镜筒高真空部分完全隔开,以便在进行更换灯丝、底片和样品操作时只是部分地破坏真空,而在上述操作完成后又能迅速恢复局部真空,再接入高真空。其次,要采用多级真空系统,利用各种真空泵尽最大可能将残余气体抽出。透射电子显微镜的各个部分对真空度的要求不同,不同类型的透射电子显微镜对真空度的要求也不同:如普通透射电子显微镜要求保持 10^{-5} Pa 的真空度,超高真空透射电子显微镜(UHV TEM)要求保持 10^{-7} Pa 的真空度,而场发射透射电子显微镜的场发射枪部分要保持 10^{-9} Pa 的真空度。根据不同真空度的要求,透射电子显微镜中使用的真空泵有以下几种:

① 机械泵(Mechanical pump):可抽到 $10^{-1} \sim 10^{-2}$ Pa 的真空。在用油润滑和保持机械

密封的容器内,通过转子旋转来吸入气体、压缩后将气体排出。因其可从常压开始工作,所以通常用作抽取透射电子显微镜的初始真空,是油扩散泵和涡轮分子泵的前级。它很可靠,较便宜,但噪声大且易造成污染。

② 扩散泵(Diffusion pump):抽取真空的范围是 $10^{-1} \sim 10^{-8}$ Pa。通过加热液态油到气态,使油蒸气从喷管高速喷出,喷射流带着气体分子,送到排气口。它也可从较低的真空度开始使用,且抽气速率很大,所以通常用于透射电子显微镜中排气量大的照相室的真空抽取。如前级真空度低,油真空系统有返油的危险,所以必须用机械泵作为它的前级泵抽气。它也很可靠,没有机械振动,但需水冷且也会污染,目前基本不用在新型电子显微镜系统中。

③ 涡轮分子泵(Turbomolecular pump):可抽到 $10^{-7} \sim 10^{-9}$ Pa 的超高真空。用高速旋转的金属翼来抽气体分子,可从低真空开始工作,是干式真空系统。可用作透射电子显微镜的镜筒排气,通常用磁悬浮旋转翼的涡轮分子泵来减小机械振动。用机械泵作为前级排气泵,它没有污染和振动。

④ 离子泵(Ion pump):它的基本属性和涡轮分子泵相同,只是排气原理不同:利用磁控管放电产生离子,离子溅射在钛表面放出活性分子,活性分子会吸附气体分子附着在泵壁上,以此达到除气的目的。离子泵通常直接接到样品台或电子枪部分使其保持尽可能高的真空。

⑤ 低温吸气泵(Cryogetter pump):抽取真空的范围是 $10^{-2} \sim 10^{-13}$ Pa。主要利用液氮冷却,使气体分子冷冻吸附在金属表面上,能够吸附包括惰性气体分子的所有气体分子。可以达到所谓的极限真空,透射电子显微镜试样室设置的防污染装置——“冷阱”即是一种低温吸气泵。

以上各种泵透射电子显微镜都要使用。由计算机控制透射电子显微镜各个部分的气阀,以此将各种不同的真空系统隔开。图 2.18 是透射电子显微镜(FEI Tecnai G^2)真空系统示意图,图中显示一个完整的透射电子显微镜真空系统需要的各级泵、各个管道阀门以及真空测量系统的配合。

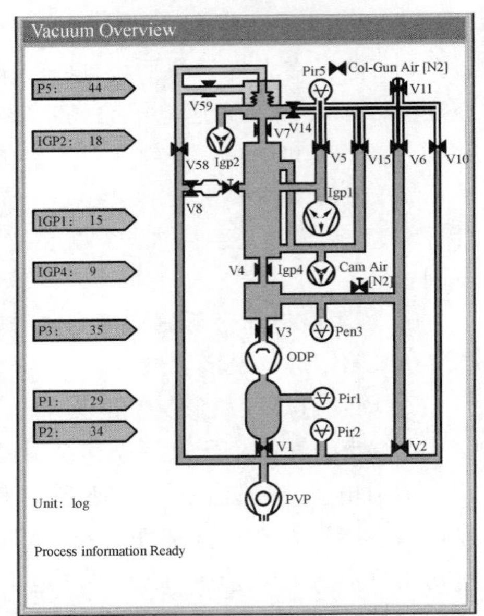

图 2.18 透射电子显微镜(FEI Tecnai G^2)的真空系统示意图[图中 ODP 表示油扩散泵,IGP 表示离子泵,PVP 表示前置真空泵,V 表示阀门,Pir 表示皮拉尼真空规(用于测量真空度)]

3. 透射电子显微镜的其他主要部件

(1) 样品台

透射电子显微镜样品很小,其直径不大于 3 mm,厚度为几十纳米到微米量级。要将这样小的样品放入透射电子显微镜光路中心,需要有一个专门的装置将其载入,即样品台(Sample holder)。样品放在样品台前端的凹槽中固定好后,整个样品台从透射电子显微镜镜筒侧面横向插入物镜上、下极靴之间,这是现代的透射电子显微镜普遍采用的侧插方式。其优点在于可从试样上方检测背散射电子和特征 X 射线等信号,并具有探测效率高以及样品可大角度倾斜的特点。图 2.19 给出了侧插双倾样品台的构造和工作原理示意图。

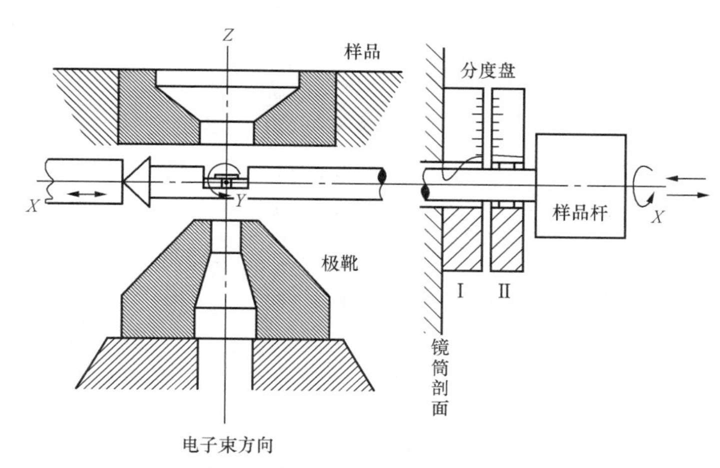

图2.19　侧插双倾样品台的构造和工作原理示意图

样品台的种类如下：

① 单倾台(Single-tilt holder)：只有绕 X 轴方向倾转功能的样品台。

② 双倾台(Double-tilt holder)：有绕 X 轴方向倾转和垂直 X 轴方向倾转的样品台，适用于进行电子衍射和高分辨电子显微观察，可以通过双轴倾转使试样的晶带轴与电子束入射方向平行。

③ 低背景台：它是双倾台的一种，在做特征X射线能谱分析时，为了防止样品台产生的特征X射线对样品信息的干扰，选用低背景的金属Be做样品台前端，由于Be的毒性很强，操作时禁止用手直接接触。

④ 热台(Heating holder)：为了研究材料在高温条件下的形貌和结构变化，需要有加热功能的样品台，样品可被加热到1 300 ℃左右。

⑤ 冷台(Cooling holder)：为了研究材料在低温条件下的形貌和结构变化，一般采用液氮(沸点为－195.8 ℃)作为冷却剂，可将样品温度冷至－180 ℃左右。若用液氦(沸点为－268.94 ℃)作为冷却剂，样品可冷至－250 ℃左右。

除上述样品台外，近年来又发展了一系列原位分析样品台，如原位拉伸台等，主要用于拓展透射电子显微镜的分析能力。样品台的作用是承载样品，并使样品在物镜极靴孔内平移、倾斜、旋转，以选择感兴趣的样品区域或位向进行观察分析。

(2) 消像散器

消像散器(Stigmators)的作用是产生一个附加的弱磁场，用来消除或减小透镜磁场的非轴对称性，把固有的椭圆形透镜磁场校正成旋转对称磁场，从而消除像散。透射电子显微镜中有三个主要的消像散器，分别用来消除物镜像散(一般安装在物镜上、下极靴之间)，聚光镜像散和衍射像散。

从工作原理上区分，消像散器有两类：机械式和电磁式。

机械式：电磁透镜的磁场周围放置几块位置可以调节的导磁体来吸引部分磁场。

电磁式：通过电磁极间的吸引和排斥来校正磁场，如图2.20所示，两组四对电磁体排列在透镜磁场外围，每对电磁体同极相对安置。通过改变两组电磁体的励磁强度和磁场的方向实现校正磁场。

(3) 光阑

透射电子显微镜中设有若干个固定和可动光阑，其主要作用是遮挡大角度发散电子，保证电子束的相干性和限制照射区域。其中典型光阑有三个：

① 聚光镜光阑(Condenser lens holder)，用来限制照明孔径角。在双聚光镜系统中至少在第二级聚光镜下方会装有聚光镜光阑，光阑孔径通常为 20 ～ 400 μm，一般分析时用 200 ～ 300 μm，微束分析时用小孔径光阑。有很多透射电子显微镜会在两级聚光镜下方都安装有聚光镜光阑。

② 物镜光阑(Objective lens holder)，也称衬度光阑，通常安装于物镜背焦面，成像系统里提到了它的主要作用是：

a. 遮挡大角度发散电子以提高像衬度；

b. 选择参与成像的电子，进行明场像和暗场像操作；

c. 减小孔径角，以减小像差的同时显著增加景深和焦长。

③ 选区光阑(Diffraction lens holder)，也称限场光阑或视场光阑。通常安装于物镜像平面，光阑孔径为 20 ～ 120 μm。

在对样品进行微区的衍射分析时应在样品上放置光阑来限定微区，即透射电子显微镜的选区衍射功能。通常待分析的微区很小(微米量级)，要做这样小的光阑孔在技术上有难度，也很容易污染，因此将选区光阑放置在物镜的像平面上。这样放置与在样品平面上的效果相当，但光阑可以做得更大些，避免上述缺陷。如果物镜的放大倍数是 50 倍，则一个直径为 50 μm 的选区光阑可以选择样品上 1 μm 的微区。

如图 2.21 所示，透射电子显微镜里的光阑由光阑支架和光阑孔组成，由无磁金属(Pt、Mo 等)制造。由于小光阑孔容易污染，高性能电子显微镜常用抗污染光阑或自洁光阑。在光阑孔周围开口，电子束照射后热量不易散出，光阑处于高温状态污染物就不易沉积。通常将四个不同孔径的光阑孔编为一组制成一个光阑片，安装在光阑支架上。使用时，通过光阑杆的分档机构按需要依次插入。

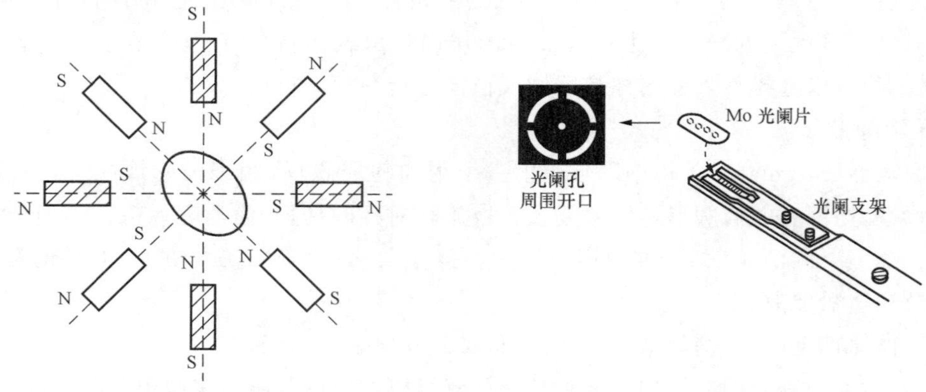

图 2.20 电磁式消像散示意图及原理

图 2.21 抗污染光阑

2.4 透射电子显微镜的实际分辨率

每一台透射电子显微镜的实际分辨率通常有多种，主要有：

1. 点分辨率

即透射电子显微镜刚能分清的两个独立颗粒的间隙或中心距离。测定方法：Pt或贵金属蒸发法。如图2.22所示。将Pt或贵金属真空加热蒸发到支持膜（火棉胶、碳膜）上，高倍下拍摄粒子像，再经光学放大，从照片上找粒子间最小间距，除以总放大倍数，即为相应的点分辨率（Point resolution）。

2. 晶格分辨率

晶格分辨率（Lattice resolution）与点分辨率不同，点分辨率就是实际分辨率，而测量晶格分辨率的晶格条纹像实际是晶面间距的比例图像。当电子束射入样品后，通过样品的透射束和衍射束间存在位相差。它们通过动力学干涉在相平面上形成能反映晶面间距大小和晶面方向的条纹像，即晶格条纹像，如图2.23所示。

测定方法：利用外延生长方法制得的定向单晶薄膜作标样，拍摄晶格像。测定晶格分辨率常用的晶体有金(200)(220)(111)、钯(200)(400)等。根据仪器分辨率的高低选择晶面间距不同的样品作标样。

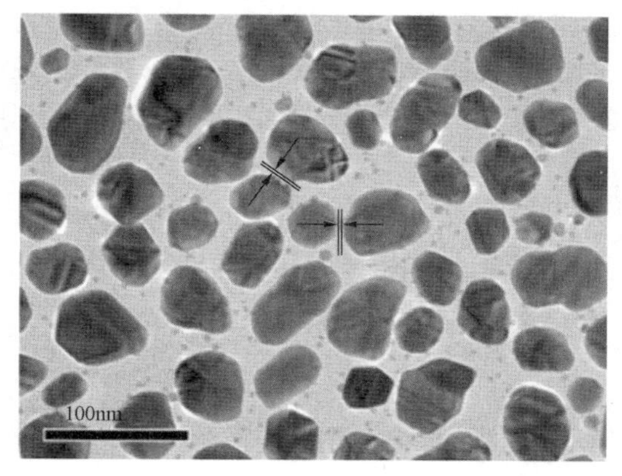

图2.22　透射电子显微镜的点分辨率测量

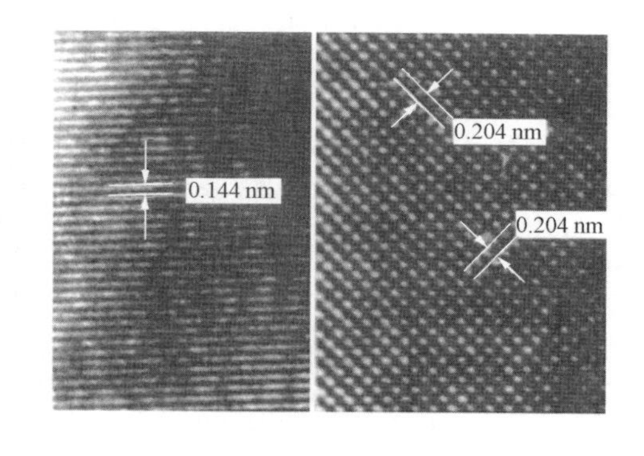

图2.23　晶格分辨率测定金(220)、(200)晶格像[12]

除了上述点分辨率和晶格分辨率外，透射电子显微镜还有空间分辨率的概念。电子显微镜的空间分辨率是受电子束斑尺寸控制的，电子束能汇聚的束斑尺寸越小对应的束亮度越高。空间分辨率高（亮度高）是场发射透射电子显微镜的突出优点，它可在很小的束斑尺寸（例如0.5 nm）下进行晶体结构和成分分析。需要指出的是，尽管场发射透射电子显微镜的空间分辨率优于六硼化镧型透射电子显微镜，但它们的图像分辨率（区分开两点之间的最小距离）却是相同的，图像的分辨率主要与加速电压和物镜的球差系数有关，目前，同一个加速电压下，场发射电子显微镜和六硼化镧电子显微镜的球差系数相同，因而图像的分辨率也相同。

2.5 透射电子显微镜的样品制备

前面提到，电子束穿透样品的能力明显低于 X 射线，电子束穿透固体样品的能力主要取决于加速电压、样品的厚度以及物质的原子序数。一般来说，加速电压愈高、原子序数越低，电子束可穿透的样品厚度就愈大。对于 100 ～ 200 kV 的透射电子显微镜形貌和衍射分析，要求样品的厚度为 50 ～ 100 nm，对高分辨透射电子显微镜分析，要求样品厚度为 10 ～ 20 nm。总之，试样越薄、薄区范围越大，对电子显微镜观察越有利。

通常透射电子显微镜样品可按材料的形状分为两大类：

(1) 粉末(Powder) 样品

主要用于粉末状材料的形貌观察，颗粒度测定，结构分析等。

(2) 薄膜(Thin film) 样品

① 平面(Plane) 薄膜样品。这类样品是把块状材料加工成对电子束透明的薄膜状，它可用于做静态观察，如金相组织、析出相形态、分布、结构及与基体取向关系、位错类型、分布、密度等；也可做动态原位观察，如相变、形变、位错运动及其相互作用。

② 截面(Cross section) 薄膜样品。主要用于垂直于块体材料表面的截面方向进行观察，它的优点是可进行膜基界面分析，观察薄膜和基体之间的取向关系，也是薄膜样品的一种，制备方法相对复杂。

过去常用表面复型(Replication) 法制备样品，即把待观察试样的表面形貌复制到很薄的膜上，这个复制膜就称为复型。它比较适合观察经过腐蚀显现的组织浮雕、断裂以后呈现的特征断口，或是腐蚀、磨损的表面。适用于较宏观的金相组织、断口形貌、形变条纹、磨损表面、相形态及分布等观察，也可用于萃取析出相。复型法是在透射电子显微镜产生初期，制样技术还不够发达的情况下，比较常用的一种技术。随着粉末和薄膜样品制备技术的完善，复型法已经淘汰，本书不做进一步介绍。

2.5.1 粉末样品的制备

目前通用的制备粉末样品，有胶粉混合和先做好支持膜再分散粉末两种方法。

1. 胶粉混合法

如图 2.24 所示，制备步骤如下：

(1) 干净玻璃片上滴火棉胶溶液。

(2) 在玻璃片胶液上放少许粉末并搅匀。

(3) 将另一玻璃片盖上，两玻璃片压紧并突然抽开。

(4) 稍候，膜干，用刀片划成小方格。

(5) 将玻璃片斜插入水杯中，在水面上下穿插，膜片逐渐脱落。

(6) 用透射电子显微镜样品支持用专门的铜网(Grid) 将方形膜捞出，擦抹多余部分，待观察。

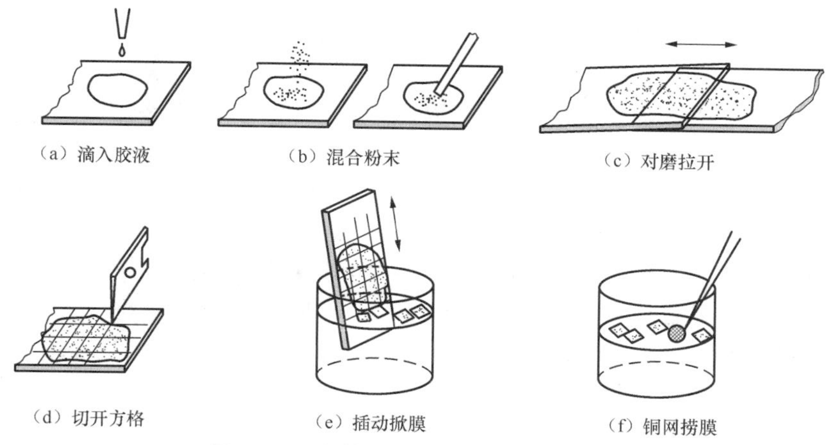

图 2.24　火棉胶粉末混合法的制备过程

透射电子显微镜样品支持用专门的铜网是透射电子显微镜常用耗材之一，图2.25 给出了常用的直径为3 mm的各种铜网形状，其中内部是网状的比较适用于捞出上面的方形膜。

2. 支持膜分散粉末法

(1) 将试样放在玛瑙研钵中研碎，然后将研碎的少量粉末放入与试样不发生反应的有机溶剂(例如酒精、丙酮、丁酮等)中，以不与样品发生任何反应作为分散剂的选择原则。

(2) 用超声波(或玻璃棒搅拌)将其分散成悬浮液，以免粉末颗粒团聚在一起，造成厚度增加。一般来说超声波分散 10 ～ 20 min 即可，然后静置 1 ～ 3 min，让粗大的颗粒沉淀下来。

(3) 对于颗粒很小的粉末试样，不能直接放在铜网上，需要用覆盖有非晶碳支撑膜的铜网即微栅(Micro-grid)来承载(图 2.26 为超薄碳支持膜)，将碳增强的直径为3 mm的微栅放在通常的滤纸上，注意要将膜面朝上。

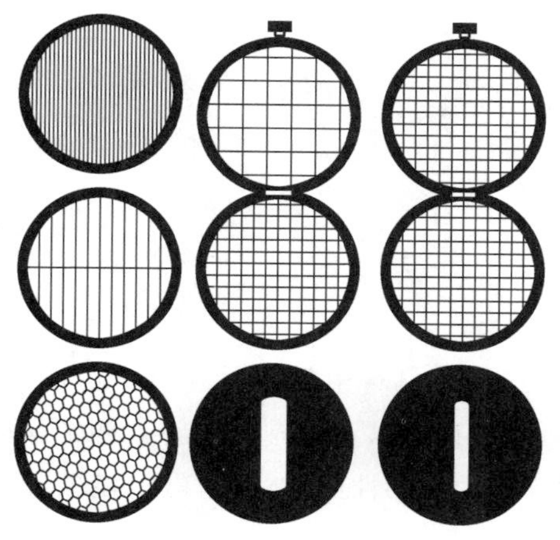

图 2.25　各种铜网的形状

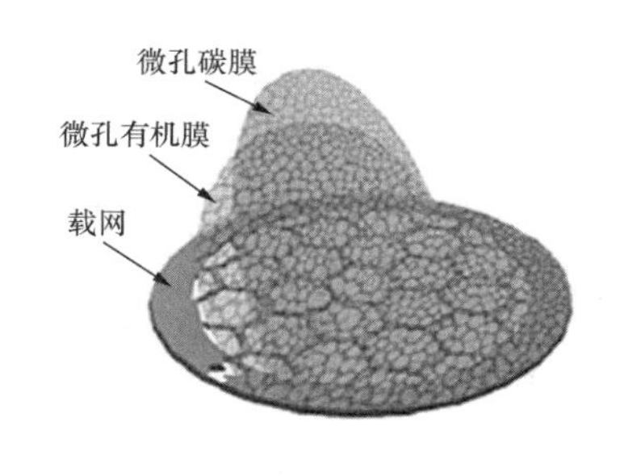

图 2.26　微栅的示意图

(4) 用滴管汲取悬浮液 1 ～ 3 滴在微栅上，使试样附着在上面。注意一定要汲取表面液体，不要汲取底部的液体，因为底部悬浮液中颗粒直径大，不利于电子显微镜分析。同时，滴的液体量要适度。过多，颗粒聚集，分散效果不好；过少，则样品太少，找到理想的观察视野比较困难。如果试样是足够细的粉末，就不用粉碎，直接将其放入有机溶剂中分散，然后滴在微栅上即可，待干燥后观察。

图 2.27 是在无水乙醇中搅拌，滴在微栅上的铜粒子在透射电子显微镜下的形貌。注意，在电子显微镜分析时，要考虑到作为支持膜上的碳所造成的背底。

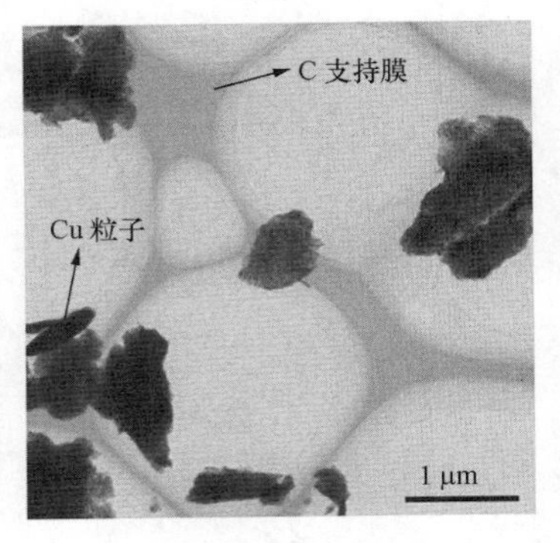

图 2.27 微栅上分散的铜粒子

有些粉末（或纤维）样品本身直径比较大，即使用超声分散将它们分散成单个的粉末或单根纤维，电子束也很难穿透，这就需要对单个粉末或单根纤维进行减薄。可以采用类似块状样品的制备方法对其进行减薄。一般是将粉末或纤维与胶（环氧树脂）混合，放入直径为 3 mm 的铜管，使其凝固。用金刚石锯将铜管和其中的填充物切片（图 2.28），然后按照块状平面样品的减薄方法将其制成可以观察的样品，这部分请见后面的叙述。这样做出来的薄区总能切割到某些粉末颗粒或纤维，使这些部分对电子束透明，就能观察粉末或纤维样品了。

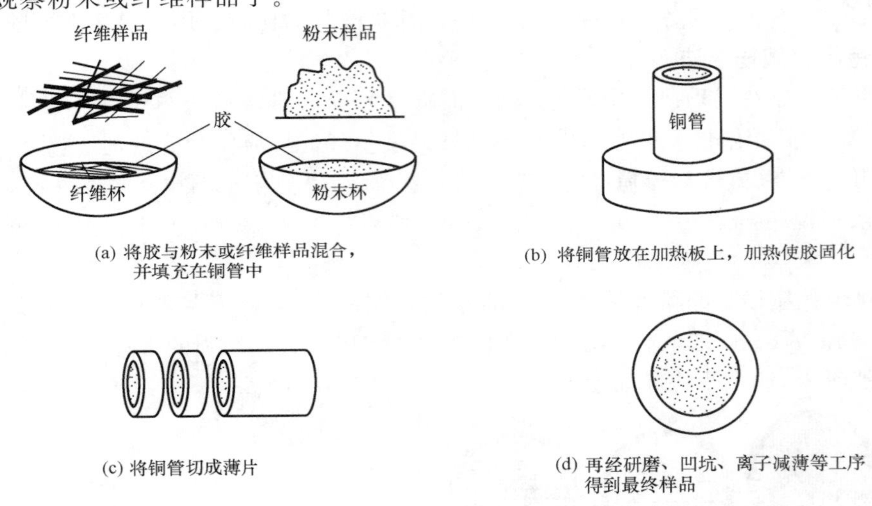

图 2.28 按照块状样品来制备粉末和纤维试样

2.5.2 薄膜样品的制备

1. 平面薄膜样品

薄膜试样都是材料实体直接制样。可以直接观察材料中各相形貌和分布状态、各相中的亚结构和晶体缺陷等特征、各类界面（包括晶界和相界以及畴界）的特点、测定晶体结构参数，能全面、真实地解释材料各种外在物理、化学和力学的性能，在透射电子显微镜观察中得到最为广泛的应用。

制备透射电子显微镜可观察的实体薄膜状样品必须具备下列条件：

① 薄膜样品的组织结构和化学成分必须和大块样品相同，在制备过程中，这些组织结构不发生变化。

② 样品相对于电子束而言必须有足够的“透明度”，因为只有样品被电子束透过，才有可

能进行观察和分析，而且用于观察的薄区面积要足够大。

③ 薄膜样品应有一定强度和刚度，在制备、夹持和操作过程中，在一定的机械力作用下不会引起变形或损坏。

④ 在样品制备过程中不允许表面产生氧化和腐蚀，氧化和腐蚀会使样品的透明度下降，并造成多种假象。

从制备样品时的方向上区分，可将薄膜样品分为平面薄膜和截面薄膜两类。平面样品为平行于样品表面取样，截面样品为垂直于样品表面取样，相比较而言前者制备相对简单。

平面薄膜样品的制备是将样品制成直径小于等于 3 mm 的对电子束透明的薄片（Thin foil）。通常薄膜样品的制备涉及以下几道工序：

（1）切薄片

对韧性材料（如金属）可用线切割技术或用圆盘锯（不是金刚石圆盘锯，因为韧性材料会将金刚石刀片弄钝）将样品割成薄片；对脆性材料（如 Si、GaA_3、NaCl、MgO）可用刀将其解理或用金刚石圆盘锯（Diamond wafering saw，图 2.29）将其切割成薄片。为了方便后续减薄，至少应将样品切成厚度小于 500 μm 的薄片。

若是样品的刚度足够好，可将样品做成自支持样品。这要求将样品切成直径为 3 mm 的圆片。对韧性较好且机械损伤对材料的电子显微镜观察影响不大的材料，可用机械切片机（Mechanical punch，图 2.30）将样品进一步切成直径为 3 mm 薄圆片。对脆性材料，可以用超声钻（Ultrasonic drilling，图 2.31），超声钻的钻头是内径为 3 mm 的空心钻头，它可将材料切成直径为 3 mm 薄圆片。需要注意的是，使用切圆片的机器时样品厚度应在 100 μm 左右。若样品是脆性很大的，可以直接将工序（1）完成的薄片进行预减薄，等预减薄完成后再用刀片将样品切成直径小于 3 mm 的小片，将其粘在直径为 3 mm 的铜环上，再进行终减薄。

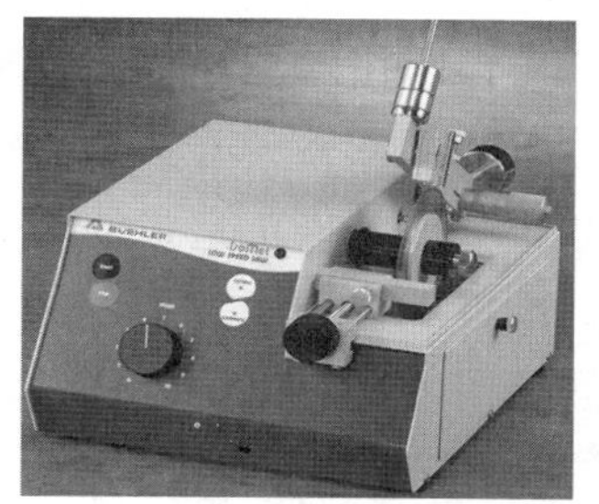

图 2.29　金刚石圆盘锯

图 2.30　机械切片机

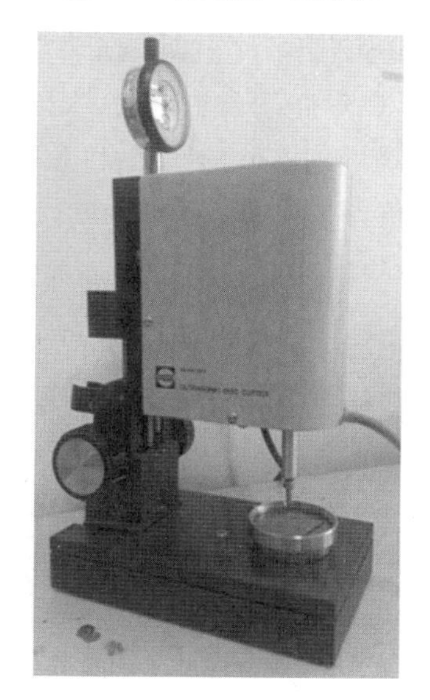

图 2.31　超声钻

(2) 预减薄

预减薄要将样品减薄至几到几十微米，通常采用手工研磨或机械研磨合并凹坑减薄仪减薄。部分样品还可用化学减薄法进行预减薄。

手工研磨：把切割好的薄片一面用黏合剂粘在样品座表面上，然后在水砂纸磨盘上进行研磨减薄。应注意把样品平放，不要用力太大，并使它充分冷却。因为压力过大和温度过高都会引起样品内部组织结构发生变化。切薄片的过程使得样品两面都是毛面，预减薄时两面都需要减薄抛光，在保证试样一面的粗糙度达到要求的前提下，第一面磨削厚度尽量小一些，以免薄片太薄而在翻转时弯曲变形，进而引起位错密度的变化。然后再把试样翻转过来磨削另一面，直到满足试样厚度要求为止。要注意试样两面都要抛光，磨薄过程中，试样不能扭折变形。如果材料较硬，可减薄至 70 μm 左右；若材料较软，则减薄的最终厚度不能小于100 μm。这是因为手工研磨时即使用力不大，薄片上的硬化层往往也会厚至数十纳米。为了保证所观察的部位不引入因塑性变形而造成的附加结构细节，因此除研磨时必须特别仔细外，还应留有在最终减薄时应去除的硬化层余量。

机械研磨或机械抛光薄块具有快速和易于控制厚度的优点，问题在于难免发生应变损伤和样品的温升。为了保持薄片表面的平行度，采用如图 2.32 所示的样品支座，固定薄片用的黏合剂可溶于酒精和丙酮，所以可清洗掉；支座的自重构成对研磨面产生较小且均匀的压力，以减少损伤。对于坚硬的金属，在金相湿砂纸上研磨时损伤深度约为数十微米。如果采用振动抛光盘，效果可能更好。一般说来，机械研磨后的薄片厚度不应小于 100 μm，否则其损伤层将贯穿薄片的全部深度。

将薄块放在平行的铸铁磨盘之间借助于磨料进行双面减薄，也是一个很好的方法。研磨过程中薄片同时做行星式的自转有助于更加均匀的薄化。

机械研磨还可借助于“三脚抛光器”(Tripod polisher)，如图 2.33 所示，这个装置可以将样品做成楔形，楔形样品薄的一侧可以满足透射电子显微镜观察要求。采用很细的金刚砂纸，可以将样品磨到 1 μm 的厚度，但金刚砂纸成本较高。注意砂纸造成的摩擦痕迹大约是砂纸细度的 3 倍，1 μm 细的砂纸会造成 3 μm 大小的摩擦痕迹。

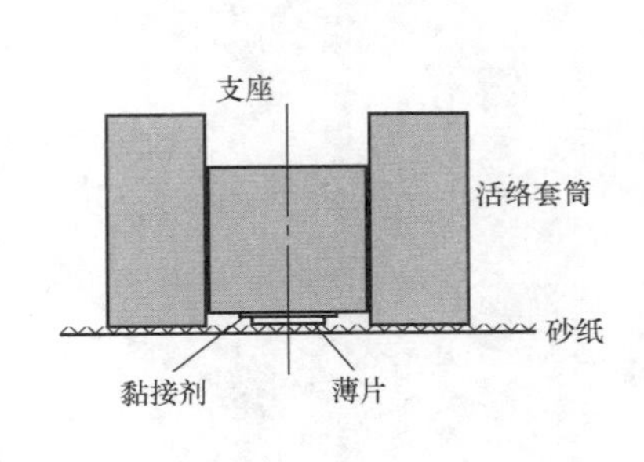

图 2.32　研磨薄片用的支座

图 2.33　三脚抛光器

手工或机械研磨后合并凹坑减薄仪(Dimpler，图 2.34) 进行预减薄可以达到更好的效果。凹坑减薄仪的磨轮装在水平转动轴上，可随水平轴高速转动，样品装在水平放置的样品台上，样品台可带着样品沿垂直轴转动，在磨轮和样品相对转动时加入磨料（一般使用金刚石抛光膏），可将薄圆片样品加工出一个碗形的凹坑（图 2.35）。在凹坑的底部样品最薄，可达到 10 μm 以下，这样进行终减薄时可节约时间。凹坑的其余部分较厚，增加了样品的牢固性，保证样品不易碎。

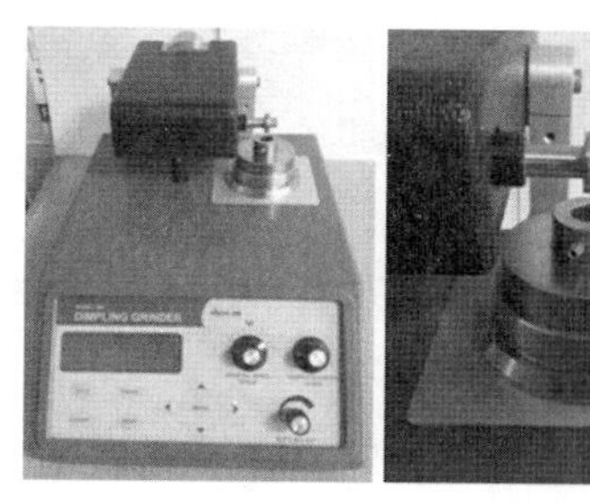

（a）凹坑减薄仪外形（b）磨轮和样品台

图 2.34　凹坑减薄仪（Dimpler）

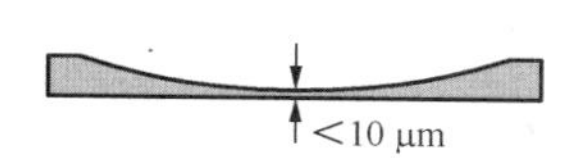

图 2.35　凹坑效果图

另一种预减薄的方法是化学减薄法。此法可直接用于切片的减薄，快速且均匀，适合于中间过程的减薄。化学减薄前应先磨去钼丝切割留下的纹理，同时薄片面积应尽量大于 1 cm^2。把处理好的金属薄片放入配制好的化学试剂中，使它表面受腐蚀而继续减薄。因为合金中各组成相的腐蚀速率是不同的，所以化学减薄应注意腐蚀液的选择。表 2.3 是常用的各种化学减薄液的配方。化学减薄的速度很快，操作必须迅速；要间断减薄避免升温，适当更换减薄液；减薄后应用碱溶液适当中和并清洗。化学减薄的最大优点是表面没有机械硬化层，薄化后样品的厚度可以控制在 20 ～ 50 μm。这样可以为终减薄提供有利的条件，经化学减薄的样品最终抛光穿孔后，可供观察的薄区面积明显增大。但是，化学减薄必须事先把薄片表面充分清洗，去除油污或其他不洁物，否则将得不到满意的结果。

表 2.3　常用的各种化学减薄液[24]

材料	减薄溶液的成分 /%（体积分数）	备注
铝和铝合金	HCl 40% + H_2O 60% + $NiCl_2$ 5g/L	70 ℃
	NaOH 200 g/L 水溶液	
	H_3PO_4 64% + HNO_3 18% + H_2SO_4 18%	80 ～ 90 ℃
	HCl 50% + H_2O 50% + 数滴 H_2O_2	
铜	HNO_3 80% + H_2O 20%	
	HNO_3 50% + CH_3COOH 25% + H_3PO_4 25%	
铜合金	HNO_3 40% + HCl10% + H_3PO_4 50%	
铁和钢	HNO_3 30% + HCl 15% + HF 10% + H_2O 45%	热溶液
	HNO_3 35% + H_2O 65%	
	H_3PO_4 60% + H_2O_2 40%	
	HNO_3 33% + CH_3COOH 33% + H_2O 34%	60 ℃
	HNO_3 34% + H_2O_2 32% + CH_3COOH 17% + H_2O 17%	H_2O_2 用时加入
	HNO_3 40% + HF 10% + H_2O 50%	
	H_2SO_4 5%（以草酸饱和）+ H_2O 45% + H_2O_2 50%	
	H_2O 95% + HF 5%	H_2O_2 用时加入，若发生钝化，则用稀盐酸清洗

（续表）

材料	减薄溶液的成分 /%（体积分数）	备注
镁和镁合金	稀 HCl	体积分数 2% ~ 15%。溶剂为水或酒精，反应开始时很激烈，继而停止，表面即抛光
	稀 HNO_3	
	HNO_3 75% + H_2O 25%	
钛	HF 10% + H_2O_2 60% + HNO_3 30%	

（3）终减薄

终减薄的目的是要将样品减至对电子束透明。常用的装置有电解双喷装置和离子减薄仪。终减薄要将薄片试样减薄至中间穿孔，在孔洞附近的薄区越大，越有利于试样的观察和分析。薄区部分的试样为楔形。通常楔形的夹角越小，试样的薄区越大。

① 电解双喷装置

双喷电解减薄法（图 2.36）仅适用于导电材料的制备，主要针对金属和合金的薄膜试样的减薄。把预减薄好的薄片（直径为 3 mm 的圆片）作为阳极，用白金或不锈钢作为阴极，加直流电压进行电解减薄。电解减薄抛光时会引起电解液温度升高，因此通常将电解液容器放在一个冷却槽中（可水冷却或液氮冷却）。试样固定在一侧有铂丝环的塑料圆片卡具里，作为阳极。喷嘴内装有铂丝，作为阴极。电解液通过喷嘴从两侧向阳极试样中心喷射，减薄至圆片的中心出现小孔时，光控元件会自动停止电解减薄。试样穿孔后，要迅速将薄膜试样放入乙醇（丙酮或水）中漂洗干净，否则电解液将继续腐蚀试样的薄区。如漂洗不干净还会在试样表面形成一层氧化污染层，这个污染层在电子显微镜分析过程会造成很多干扰，如：电子能量损失谱上造成很大的背底，且能谱上能探测到氧的 K 边及出现氧的 K_α 线；电子衍射花样上可看到多晶环和非晶环。注意让试样在清洗液表面上下穿插，利用水的表面张力可以有效地“刮掉”试样表面络合物膜，然后再在乙醇中漂洗。用滤纸吸干，准备观察。将穿孔的试样放在光学显微镜下检查，好的减薄效果是试样孔洞附近有较大的薄区，并且薄区表面十分光亮。

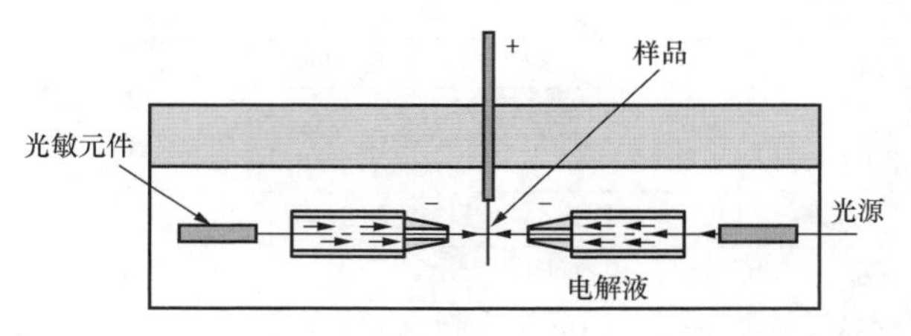

图 2.36　电解双喷装置示意图

双喷电解减薄的主要影响因素包括：

a. 电解液：不合适的电解液会造成样品表面氧化、侵蚀，样品表面发乌不光亮，出现凹坑或单面抛光。

b. 电解液流速：流速过快会破坏样品表面黏滞膜，使样品表面不抛光，同时强烈喷射会破坏薄区，使样品穿孔大而无薄区。

c. 温度：温度高，样品表面易被侵蚀、氧化。温度越低越好，抛光速度虽降低，但表面无污染，黏滞膜稳定，抛光效果好。

d. 电解条件：电压太低，样品表面侵蚀不抛光；电压太高，样品表面出现麻点或样品边缘快速减薄。一般选择曲线拐点处的电压进行实验。

② 离子减薄

离子减薄的原理是利用加速的离子或中性原子轰击试样表面，使表面原子或分子飞出（溅射出），直到试样有足够大的对电子束“透明”的薄区。在离子减薄过程中，通常使用氩离子，入射角为 0° ～ 20°，加速电压为几千伏。如图 2.37 所示，氩气通入离子枪中被离子化产生等离子体，在加速电压作用下等离子体通过阴极孔，以一定的入射角轰击旋转试样表面。整个设备在真空下工作，试样可被冷却到液氮温度，减薄至试样穿孔即结束。

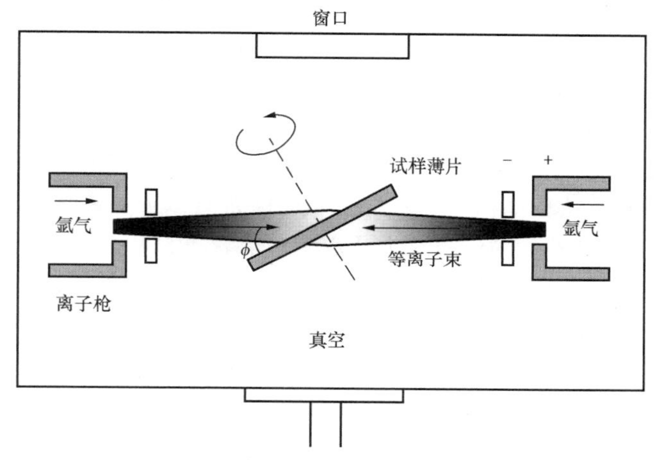

图 2.37　离子束减薄仪示意图

离子减薄的能量很重要，低能离子束将引起浸蚀，而高能离子将引起过热。一般采用 4 ～ 6 kV，当离子束的加速电压在 10 kV 以下时，溅射率随加速电压升高而增加，但当加速电压超过 10 kV 后，高能粒子会进入样品深处，其大部分能量传递给样品深处的原子，不能使样品表面原子脱离基体，因此对溅射率没有贡献，溅射率随着加速电压升高反而下降，因此采用的电压应该适当。

入射离子束与试样表面的夹角（入射角）也是一个重要参量，在其他参量不变的条件下，它决定等离子体穿透的深度和试样薄化速率（图 2.38）。离子穿透深度随离子入射角的增大而增加，因此降低入射角可以减少离子束渗透到试样内部。此外离子入射角越小，试样薄区面积越大，但相应减薄时间增加。通常采用两个阶段减薄：开始采用较高的入射角，快速减薄；接近穿孔时采用较低的入射角，以增加薄区面积。如果是用离子束对样品表面进行抛光清洁处理，其倾角选用较小的入射角比较

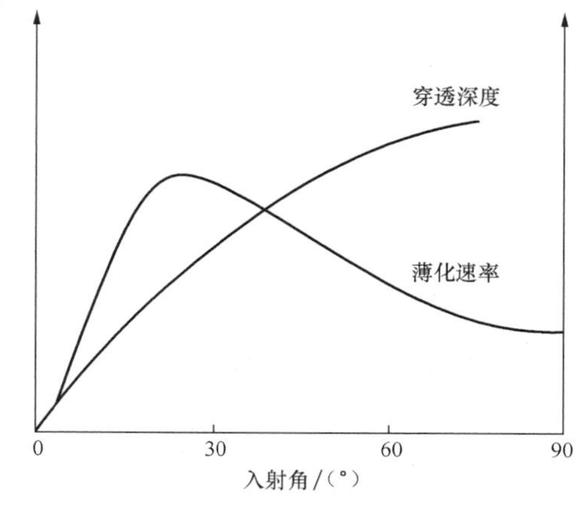

图 2.38　离子束入射角对离子穿透深度和薄化速率的影响

合适。

应当注意,长时间离子减薄,由于不同成分和不同取向的部分溅射速率不同,试样表面的成分可能发生变化。另外,离子辐照损伤也可能使试样表面非晶化。为了抑止试样表面成分变化和非晶化,需要采用合适的减薄条件(电压和入射角)、如使用较低的电压(但这会使减薄时间变长)、降低入射角(当使用金属环来支撑试样时,减小入射角可能会在试样表面形成一层金属环成分的蒸涂层)。离子减薄时可使试样的温度上升(可达 200 ℃),采用低温(液氮)试样台可有效地降低试样温度,冷却试样对不耐高温的材料是非常重要的,否则材料会发生相变,即使是导热性好的金属在这样的温度下,由离子轰击产生的空位会引起试样扩散性组织变化。冷却试样还可以减少污染和表面损伤。离子减薄会导致材料从试样的一个地方很容易地重新沉积在另一个地方,类似于扫描电子显微镜试样表面喷涂的离子喷涂装置。

离子减薄是一种普适的减薄方法,可用于陶瓷、复合物、半导体、金属和合金、界面试样以及多层膜截面试样的制备,甚至纤维和粉末试样也可以离子减薄(把它们用树脂拌和后,待环氧树脂完全固化,装入直径为 3 mm 铜管,切片预磨后,再用离子减薄至"电子透明")。离子减薄方法还可用于除去试样表面的污染层。对于要求较高的金属薄膜样品,在电解双喷后再进行一次离子减薄,观察效果会更好。这种方法产生非常清洁的表面,因而对于反应较剧烈的材料和含有细而分散的第二相的试样的最后减薄是有用的(粗粒子的存在引起浸蚀)。离子减薄方法的缺点是较费时,且设备昂贵。另外,离子束还可能对样品表面造成损伤而在试样中引入假象,因此不宜使用太大的加速电压和太大的入射角。

综上,金属平面薄膜样品制备常规流程如下:

切薄片 — 预减薄(手工或机械研磨)— 凹坑减薄 — 终减薄(电解双喷或离子减薄)

2. 截面薄膜样品

截面试样(Cross-section specimen)大量用于半导体器件(多层结构)、薄膜、复合、表面等材料的研究中。以一个基体上生长有几百纳米厚的薄膜样品为例,如果要观察膜基界面就要制备截面电子显微镜样品,制备过程如下(图 2.39):

① 从待分析样品上切下大小相同的两片,注意切割尺寸不宜过大。

② 将两个样品片的有膜面相对,用专用胶水对粘,对粘后用专用夹具夹紧,直至胶水完全固化(通常需要升温并保温一段时间,如样品不能加热则室温固化 12 h 以上)。这一步很关键,固化的好坏决定了样品在后续的制备过程中能否保持粘接状态。

③ 将对粘固化好的样品作为一个新的块状样品做透射电子显微镜薄片样品,做法同前面的平面样品制备过程:切薄片 — 预减薄(双面)— 凹坑减薄 — 用离子减薄仪进行终减薄。截面样品的减薄过程要十分小心,保证样品对粘良好才能真正将膜基界面保留至最后观察阶段。

④ 在穿孔的位置可以观察到膜基界面,如图 2.39 中虚线圈中的区域才是透射电子显微镜观察区域。

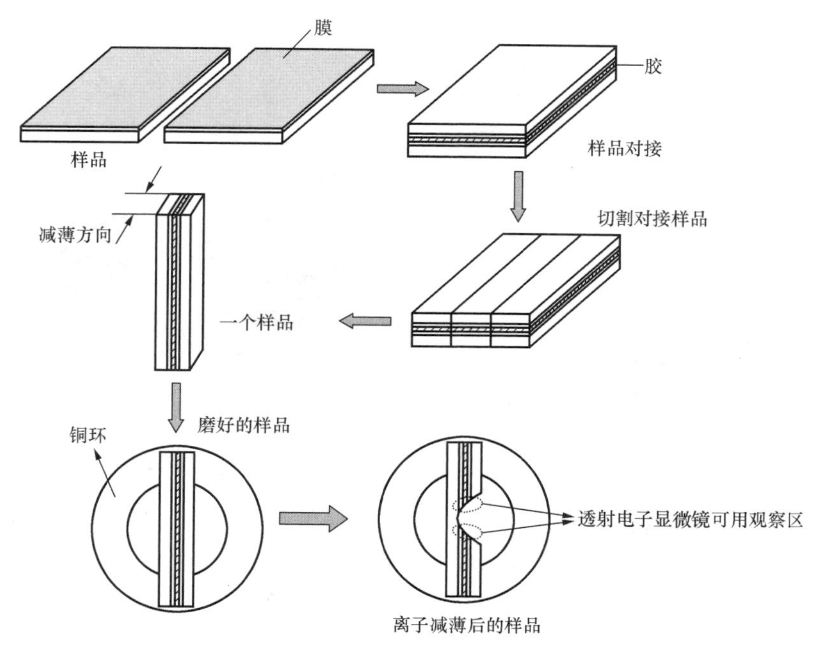

图 2.39　截面样品制备示意图

2.5.3　透射电子显微镜样品制备的其他方法

1. 超薄切片法

超薄切片法(Ultramicrotomy)广泛用于生物试样的薄片制备和比较软的无机材料的切割,例如塑料、弹性体(橡胶)、合成纤维、催化剂、薄膜材料、软金属等。它是利用金刚石刀一次性切出厚度小于 100 nm 的薄膜。具体过程如下:

① 包埋:用丙烯基系列或环氧系列树脂将试样固定,如试样较硬则不必包埋。丙烯基系列树脂容易切薄,且切后可用二氯甲烷等去除树脂。在使用丙烯基系列树脂时,可以用明胶胶囊作为包埋试样的容器。环氧系列树脂的优点是硬化时间短,耐电子束轰击。

② 整形:用玻璃刀(或金刚石刀)将包埋后的样品修成四棱锥,最后应露出样品并把多余包埋修去。

③ 切片:将整形以后的试样和金刚石刀位置确定(使切削面与刀刃平行),调整好进给量,切片。图 2.40(a)是超薄切片原理的示意图。固定试样的臂,每上下运动一次就自动前进一点,样品和金刚石刀相对运动,可将试样切成薄片。试样进给量要能够精确控制,以得到希望的薄片厚度。一般最小进给量可达 1 nm,半超微进给量为 0.01 μm。因为在金刚石刀附近有一个小水槽(即样品舟),切下的样品薄片会直接进入样品舟。通常,样品舟内装满水,连续切出的薄片都浮在水面上[图 2.40(b)]。注意注入水要与槽沿平齐,水位过低或过鼓,膜都不平整。

④ 将试样固定在铜网上:可以用小毛笔将水面上的切片拾起来,然后放在铜网上供观察

用,也可直接用铜网将试样捞起。

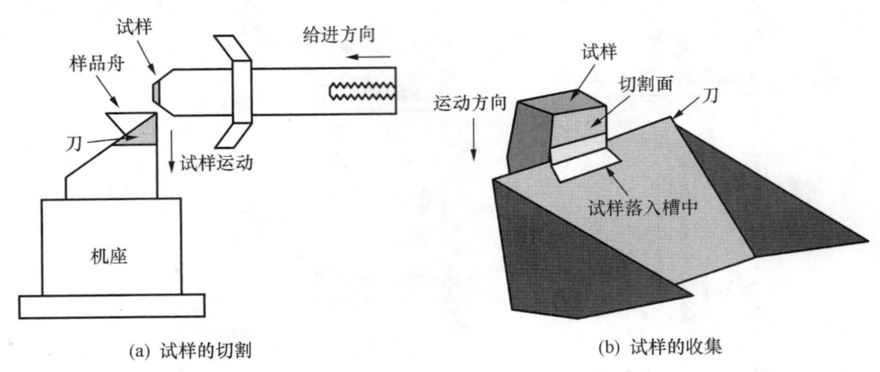

图 2.40　超薄试样切片

超薄切片需要有经验,要切出厚度均匀而且很薄的试样,需要具有熟练的技术。

此法的最大缺点是在制样过程中可能引入形变。由于刀的几何形状,整个刀口处,材料发生弹性变形外还会引入某种塑性变形或撕裂(通常可能由刀口的缺陷引入),软材料还会发生细微阶梯状滑移。超薄切片法的优点是试样的化学成分不变,其最大优点是试样制备迅速且简单。超薄切片法尚未发展成为一种主要的制样方法。

2. 聚焦离子束方法

聚焦离子束(Focused ion beam,FIB)法原先是用于半导体器件的线路修复,其原理是将离子束聚焦成很小的区域,通过溅射作用,将材料高速地加工减薄。通常使用镓离子,在 30 kV 左右的加速电压下,将电流密度约 10 A/cm^2 的离子束缩小到几十纳米的微小区域来减薄试样。由于离子束照射能放出二次电子,与扫描电子显微镜一样,通过检测二次电子,能够在试样制备过程中观察试样表面的像。因而,能高精度地选定电子显微镜要观察的区域来减薄,即能做"选区离子减薄",这是普通的离子减薄仪做不到的。

图 2.41(a) 给出了 FIB 法离子束的入射方向和电子显微镜观察时电子束入射方向的几何关系。图 2.41(b) 给出了用 FIB 法得到的 Si 薄膜部分的例子。对于 Si 单晶生长时仅形成低密度缺陷的情况,可用红外干涉等方法确定缺陷的位置,再用 FIB 法减薄,然后,用分析电子显微镜观察缺陷的形态和分析它的成分。

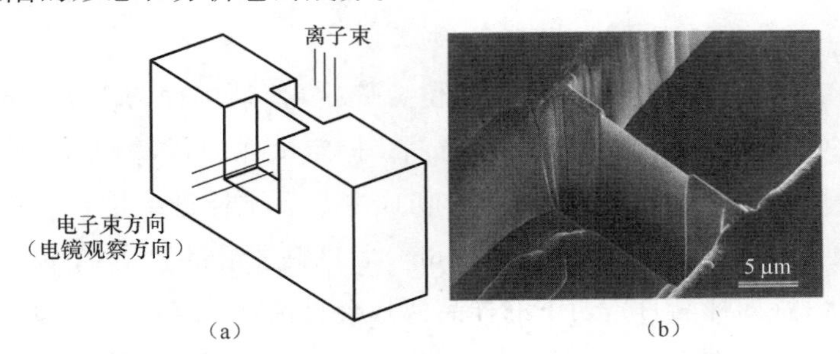

图 2.41　聚焦离子束样品[25]

(a) 用 FIB 法时离子束的入射方向与用透射电子显微镜观察时电子束的入射方向的示意图;

(b) 用 FIB 法得到的 Si 薄膜的二次电子像

存在异质界面时，用离子减薄等方法是难以制备出厚度均匀的薄膜试样的，而 FIB 法却可以发挥威力，FIB 法不仅可以用来制备透射电子显微镜试样，也可制备扫描电子显微镜用的界面（截面）试样。FIB 法的缺点是强离子束可能造成试样损伤，镓离子轰击时，镓离子也可能会残留在试样中。与其他的减薄装置比较，FIB 法装置的价格是相当昂贵的。

3. 真空蒸涂方法

真空蒸涂方法可用于制备具有均匀厚度的金属和合金之类的试样。通常，将试样放入由钨制作的线圈或篮子中，通过电流，由于电阻加热，使试样熔化蒸发（或者升华），沉积在基体上。为了防止制备的薄膜表面产生污染，蒸发时的真空度要尽可能高，通常是 $10^{-3} \sim 10^{-4}$ Pa。可以用铜网支持的火棉胶膜、解理的岩盐等作为基体。岩盐能溶于水。然后，再用铜网捞起蒸发膜，供电子显微观察使用。岩盐具有特定的取向，能有效地用于单晶蒸涂膜的制备。测定薄膜的正确厚度时，可以用石英振荡薄膜测厚仪。真空蒸涂方法可以用于制备测量薄膜厚度时的标准试样。

第3章

电子与物质的相互作用

材料的显微结构(微观组织、结构和化学成分)直接影响材料的宏观性能(物理、化学、力学性质)。随着科学的进步,以电子作为辐射源的光学仪器也在突飞猛进的发展。一束定向飞行的电子束照射到样品后,电子束或穿过薄试样或从试样表面掠射而过,电子的运动轨迹要发生变化,这个轨迹变化决定于电子与物质的相互作用,即决定于组成物质的原子核及其核外电子对电子的作用,其结果将以不同的信号反映出来。图 3.1 指示了入射电子与组成物质的原子相互作用产生的各种信息。使用不同的电子光学仪器将不同的信息加以搜集,整理和分析可得出材料的微观形态、结构和成分等信息。

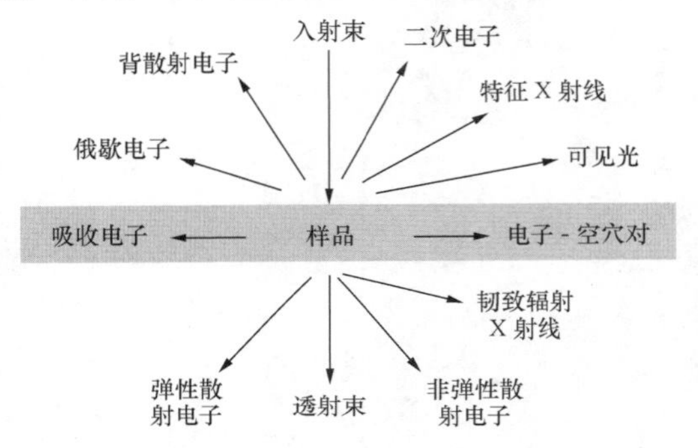

图 3.1　电子束穿过薄样品时产生的各种信息

本章只简单介绍在透射电子显微镜中经常出现的物理过程。

入射电子束与物质试样碰撞时,电子与组成物质的原子核与核外电子发生相互作用,使入射电子的方向和能量改变,有时还发生电子消失、重新发射或产生其他粒子、改变物质形态等现象,统称为电子的散射。

当考虑电子的粒子性时,原子对入射电子的散射类似于球与球之间的碰撞。电子散射分为:弹性散射(Elastic scattering) 和非弹性散射(Inelastic scattering)。只改变入射电子运动方向而基本不改变电子的能量(即不改变波长和速度)的散射称为弹性散射,它是电子衍射和电子衍衬像的基础。原子核对入射电子的散射主要是弹性散射,因为原子核的质量远远大于电子的质量,入射电子运动到原子核附近受原子核的强库仑场作用发生散射后只改变其运动方向而不损失其能量。非弹性散射改变电子的运动方向并导致电子能量损失,它是扫描电子显微镜像、能谱分析和能量损失谱的基础。原子核对入射电子的散射也可以是非弹性的。如果电子受原子核电势的作用而做减速运动则能量减少,电子损失的能量转变为 X 射线光子,这种非弹性散射将产生连续 X 射线。核外电子对入射电子的散射主要是非弹性散射,因为它们质量相当,相碰撞时入射电子不仅运动方向发生改变而且发生能量传递,核外电子将从入射电子获得能量,而与之相碰撞的入射电子将失去相应的能量,导致运动速度减慢，并产生热、光、特征X射线、二次电子等信号。

当考虑电子的波动性质时，可以将电子散射分为相干散射(Coherent scattering)和非相干散射(Non-coherent scattering)。如果入射电子波是相干的(即具有相同的波长和固定的位相)，相干的散射电子是指能够保持入射电子的位相和波长的电子；非相干散射电子是指在与试样相互作用后，没有确定的位相关系的电子。

散射电子的运动方向与入射电子束方向间的夹角叫作散射角。相对于入射束，电子可以以不同的角度散射，按照散射角度的不同可分为前散射(Front scattering)和背散射(Back scattering)。散射角小于90°的前散射包括了弹性散射、布拉格散射即衍射及非弹性散射。前弹性散射角通常较小(1°～10°)，前弹性散射角越大，非相干的程度就越大。背散射的散射角大于90°，大角的非弹性散射总是非相干的。

电子散射角的不同还与电子多次散射有关。通常，散射次数越多，散射角越大。最简单的散射过程是单散射。随着试样变厚，前散射电子越少，非相干的背散射电子越多，试样变为不"透明"。

3.1　电子的弹性散射

根据卢瑟福(Rutherford)经典散射理论，把原子核对电子的相互作用与核外电子对电子的相互作用看成两个完全孤立的独立过程，忽略了核外电子对核的屏蔽效应，它可近似地描述电子的弹性散射和非弹性散射过程，能定性地说明问题。

假如研究的客体是一个单原子，图3.2分别描述入射电子与单个原子作用的过程。入射电子受带正电的原子核吸引而偏转，受核外电子排斥而向反方向偏转，由于电子质量比原子核质量小很多，在碰撞过程中，可以认为原子核基本固定不动，且原子核对运动电子的吸引力服从距离平方反比定律，即核对入射电子的引力为[23]

$$F_n = \frac{-Ze^2}{r^2} \tag{3-1}$$

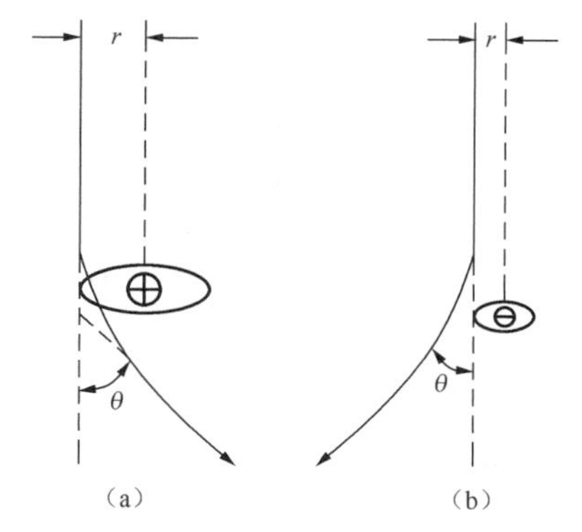

图3.2　原子核(a)和核外电子(b)引起电子束偏转示意图

原子核对入射电子的散射主要是弹性散射，电子轨迹为双曲线型[图3.2(a)]，散射角θ取决于入射电子与原子核的距离r，r越小，散射角θ越大。

核外电子对电子的排斥力为

$$F_e = \frac{e^2}{r^2} \tag{3-2}$$

核外电子对入射电子的散射主要是非弹性散射。比较式(3-1)和式(3-2)，可知电子在物质中的弹性散射是非弹性散射的Z倍，原子序数Z越大弹性散射部分就越重要，反之，非弹性散射就越重要。

电子受到散射时，散射角大于 θ 的概率为

$$\frac{\mathrm{d}N}{N}=\frac{\pi\rho N_A e^2}{A\theta^2}\left(1+\frac{1}{Z}\right)\frac{Z^2}{V^2}t \tag{3-3}$$

式中，ρ 是物质的密度；N_A 是阿伏伽德罗常数；A 是相对原子质量；V 是加速电压；Z 是原子序数；θ 是散射角；t 是试样厚度。式(3-3) 表明，试样越薄(t 越小)，原子越轻(Z 越小)，加速电压越高(V 越大)，则电子的散射概率越小，穿透本领越大。

原子对入射电子的散射是对入射 X 射线散射的 $10^3 \sim 10^4$ 倍，所以电子在物质内部的穿透深度要比 X 射线小很多，所以透射电子显微镜样品要求做得薄。

以上是电子受一个原子的散射，事实上是许多电子同时受到许多原子(原子集合) 的散射。在弹性散射的情况下，各原子散射的电子波相互干涉，使合成电子波的强度角分辨率受到调制，称为衍射(Diffraction)。衍射波振幅作为空间角分布函数就是试样内部电场电势函数的傅里叶变换。在透射电子显微镜里，可以同时观察到这种衍射谱的强度以及由电子透镜完成的第二次傅里叶变换，即观察到衬度与试样电势分布成比例的高分辨结构像。

电子受到试样的弹性散射是电子衍射谱和电子显微像的物理依据，它可以提供试样晶体结构及原子排列的信息。与 X 射线相比，电子受试样的散射更强烈，通常电子衍射强度是 X 射线的 $10^6 \sim 10^8$ 倍，所以透射电子显微镜更适合在原子尺度上观察结构的细节。

前面提到，原子核对入射电子不仅产生大角度弹性散射，入射电子还会受原子核的电势场作用而制动，即电子不仅改变方向，速度也将减慢，成为一种非弹性散射。电子损失的能量以连续 X 射线方式辐射，这称为韧致辐射，韧致辐射产生的连续背景会影响分析的灵敏度和准确度，必须加以扣除和修正。

3.2 电子的非弹性散射

核外电子对入射电子有散射作用，但因二者质量相当，相互碰撞几乎全是非弹性散射，入射电子损失的能量大部分转变为热能，还可能产生特征 X 射线、二次电子、背散射电子、俄歇电子、阴极荧光、透射电子、吸收电子、等离子体和声子激发等机制，这里只介绍其中的一部分，其他的在下一篇扫描电子显微镜中详细介绍。

3.2.1 透射电子

透射过试样的电子束携带着试样的成分信息。如果把发射的特征 X 射线及俄歇电子看作电子受试样非弹性散射“弹出去”的能量，那么交出这部分能量的入射电子将继续前进成为透射电子(Transmission electron)，通过对这些透射电子损失的能量的分析，也可以得出试样中相应区域的元素组成，得到作为化学环境函数的核心电子能量位移的信息。这就是电子能量损失谱的基础。

电子能量损失谱(Electron energy loss spectroscopy，EELS) 的原理是，由于非弹性散射

碰撞使电子损失一部分能量，这一能量等于原子与入射电子碰撞前基态能量与碰撞后激发态能量之差。如果最初电子束的能量是确定的，损失的能量又可准确地测得，就可以得到试样内原子受激能级激发态的精确信息，就元素成分分析而言，EELS 可以分析轻元素（$Z \geqslant 1$ 的元素），补偿 X 射线能谱的不足。

3.2.2　等离子体激发

等离子体激发主要发生在金属中。当入射电子通过电子云时，金属中自由电子基体发生振动，这种振动在 10^{-15} s 内就消失了，且该振动局限在纳米范围内，这就是等离子体激发（Plasma excitation）。等离子体激发是入射电子引起的，因此入射电子要损失能量，这种能量损失随材料的不同而不同。利用测量特征能量损失谱进行分析，就是能量分析显微术。若选择有特征能量的电子成像，就是能量损失电子显微术。

3.2.3　声子激发

声子是指晶体振动的能量量子，激发声子等于加热样品。入射电子激发声子会引起能量损失（小于 0.1 eV），同时声子激发使入射电子散射增大（5 ～ 15 mrad），导致衍射斑点产生模糊的背景。声子激发与 $Z^{3/2}$ 成正比，且随温度的增加而增加。声子激发对电子显微镜工作没有任何好处，通常采用冷却样品来减小声子激发。

3.3　辐照损伤

电子束与物质的相互作用也可以对样品带来不利的影响，这就是辐照损伤（Radiation damage）。电子束辐照可以打断某些材料的化学键合，如聚合物，也可以将某些原子碰撞出去。

减少辐照损伤的办法是：

（1）尽可能用最大的电压，减少散射截面。

（2）在不必要时，不要使用高亮度小束斑的电子束。

（3）使样品尽可能薄。

第4章

电子衍射

晶体中的原子在三维空间是周期性排列的，入射电子在受到这些规则排列的原子集合体的弹性散射后，各原子散射的电子波相互干涉使电子合成波在某些方向加强、某些方向减弱，其中相干散射加强的方向就是电子衍射束的方向。透射电子显微镜可以将这些电子衍射束聚焦放大投影到荧屏上或照相底版上，形成规则排列的斑点或线条，这就是电子衍射谱。弹性相干散射是电子束在晶体中产生衍射现象的基础。需要注意的是，这里弹性相干散射是指原子位置的相干性，不同于电子源的相干性[26]。

4.1 电子衍射与X射线衍射的区别

用电子或X射线照射晶体产生衍射都遵循劳厄方程和布拉格方程，因此都可以用来分析晶体结构。但是由于电子和X射线与物质交互作用的差异，使两种衍射存在如下差异：

(1) 由于使用的入射光波长不同，电子波波长较短(如100 kV加速电压下，波长约为0.003 7 nm)，而特征X射线波长较长(如CuK_α辐射的波长约为0.154 nm)，因此，电子衍射的衍射角θ很小，约为10^{-2} rad，而X射线衍射角很大，最大可接近90°。

(2) 电子在试样中的穿透深度很有限，所以电子衍射必须采用薄样品，在推导干涉函数时提到，薄样品的倒易阵点会沿着样品厚度方向拉长成杆状，因此增加了倒易阵点和厄瓦尔德球相交的机会，结果使略微偏离布拉格衍射条件的电子束也能发生衍射。如果用X射线衍射获得单晶体衍射谱，必须让试样旋转，或者用一定波长范围的连续X射线。但对于电子衍射，只需要用一个单一波长的电子束就可以得到许多衍射束。

(3) 波长短决定了电子衍射的厄瓦尔德球半径很大，其衍射的几何特征是：单晶电子衍射谱基本上与晶体的一个倒易点阵的二维截面相同，这使得晶体几何关系学的研究变得简单方便。

(4) 原子对电子的散射能力远高于它对X射线的散射能力(约高四个数量级)，因此电子散射强度比X射线衍射强度要高得多，适合微区分析，摄谱时间较短。有时衍射束的强度几乎与透射束相当，需要考虑它们之间的相互作用。在利用电子衍射进行晶体学分析时，我们关心的是衍射斑点或衍射线的位置，而不是它们的强度。因为电子在试样中发生多次衍射，电子束的强度不能被测量，而在X射线衍射分析中，衍射强度对于晶体结构分析具有重要的作用。

综上，电子衍射和 X 射线衍射一样也可以用于物相分析，但它具有自己鲜明的优点：

(1) 分析灵敏度非常高，纳米量级的微小晶体也能给出清晰的电子图像。

(2) 可以分析晶体取向关系，如晶体生长的择优取向，析出相与基体的取向关系等。对于未知的新结构，其单晶电子衍射谱(二维)比 X 射线多晶衍射谱易于分析。

(3) 电子衍射物相分析可与形貌观察结合进行，得到有关物相的大小、形态和分布等资料。

电子衍射是一个比较精细的结构分析手段，样品制备比较复杂，结果分析也需要一定时间，所以通常是将 X 射线物相分析与电子衍射相结合，这样能够快速得到比较精确的结构分析结果。

4.2　电子衍射基本原理

4.2.1　阿贝成像原理

阿贝(Abbe，1840～1905 年)在研究如何提高显微镜分辨本领的问题时，于 1873 年对相干光照明的物体提出了两步衍射成像原理。如图 4.1 所示，透射电子显微镜物镜成像相近于用单色平行光照明近轴小物 $O_1'O_0O_1$，成像于 $I_1I_0I_1'$。对于成像过程，可以用几何光学的物像关系理解，也可以从频谱转换的角度解释。晶体样品可以看作一系列不同空间频谱的集合。图示的相干成像分两步完成：第一步是入射光(电子)在样品上发生衍射，在透镜的背焦平面(F)上形成一系列的衍射斑；第二步是将各个衍射斑作为新的光源，其发出的各个球面次波在像平面上进行相干叠加，像是干涉的结果，即干涉场。这就是阿贝成像原理(Abbe imaging principle)。

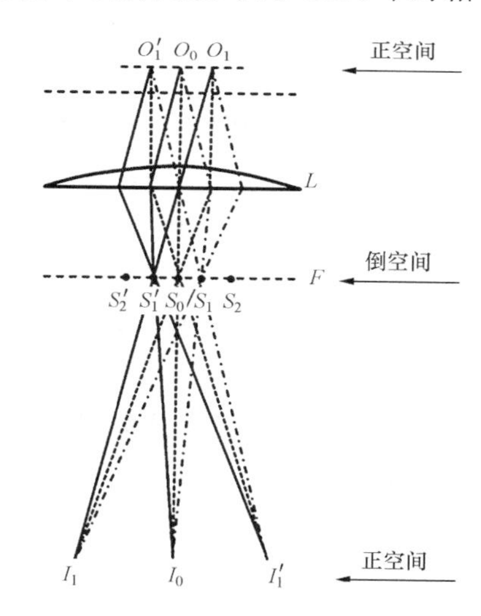

图 4.1　阿贝衍射成像原理示意图

在第 1 篇晶体学基础中讨论过：衍射过程中作为主体的光栅(晶体点阵)与作为客体的衍射像之间存在一个傅里叶变换的关系。所以，晶体点阵及其倒易点阵之间必然存在一个傅里叶变换关系，在晶体结构分析中，把晶体内部结构称为正空间，而晶体对 X 射线或电子的衍射空间被称为倒易空间。

所以基于阿贝成像原理可知：入射电子在晶体样品(正空间)上衍射，在物镜的后焦平面上形成一系列衍射斑，发生了一次从正空间到倒易空间的变换，所以首先可以在物镜背焦平面上获得衍射图像(对应倒易空间的二维截面)；接着，物镜后焦平面上的衍射斑(倒易空间)再经一次从倒易空间到正空间的变换，在物镜像平面上得到放大的正空间图像。所以一个简单的放大像形成实际上经历了两次正、倒空间的转换，即对应两次数学上的傅里叶变换。本章中我们仅仅讨论上述成像过程的第一阶段，即由正空间到倒易空间形成电子衍射谱。

既然晶体样品中，电子衍射与 X 射线衍射一样，都遵循劳厄方程和布拉格方程。所以下面从布拉格方程和厄瓦尔德图解法直接推导专门用于透射电子显微镜的电子衍射方程。

4.2.2 电子衍射布拉格方程图解

在了解了本书第一部分中倒易点阵的基本知识后，通过厄瓦尔德球图解法将电子衍射满足布拉格方程时的条件用几何图形直观地表达出来，图解的方式不仅表明了入射波矢量（电子束）与倒易点阵矢量的关系，更重要的是，通过它可以非常直观地表明单晶电子衍射谱与倒易点阵二维截面的对应关系。

将布拉格方程改写成 $\sin\theta=\frac{1/d}{2/\lambda}$，这样电子束（$\lambda$）、晶体（$d$）及其取向关系可用一个三角形 $\triangle AGO^*$ 表示（图 4.2），其中

$$|\overrightarrow{O^*G}|=|\boldsymbol{g}_{HKL}|=1/d_{HKL},\quad |\overrightarrow{AO^*}|=2/\lambda,\quad \angle O^*AG=\theta \tag{4-1}$$

以点 O 为中心，以 $1/\lambda$ 为半径作球，则 A、O^*、G 都在球面上，这个球就是厄瓦尔德球（Ewald sphere）。$\overrightarrow{AO^*}$ 表示电子入射方向，电子照射到位于 O 处的晶体上，一部分透射，一部分因晶面（HKL）沿 $\overrightarrow{OG}$ 方向产生衍射。

如图 4.2 所示，垂直方向的矢量 $\overrightarrow{OO^*}$ 代表入射电子束波矢 $\boldsymbol{k}_0$，矢量 $\overrightarrow{OG}$ 代表了电子散射波矢 $\boldsymbol{k}$，入射波矢 $\boldsymbol{k}_0$ 的端点 O^* 为倒易点阵原点。当晶面（HKL）满足布拉格方程时，即 $\boldsymbol{k}_0$ 和 $\boldsymbol{k}$ 之间夹角为 2θ 时，矢量 $\overrightarrow{O^*G}$ 代表了 $\boldsymbol{k}$ 与 $\boldsymbol{k}_0$ 的矢量差 $\boldsymbol{K}$，即该晶面相应的倒易点阵矢量 $\boldsymbol{g}_{HKL}$（即 $\boldsymbol{r}^*_{HKL}$）。图中应注意矢量 $\boldsymbol{g}_{HKL}$ 的方向，它和衍射晶面的法线方向一致，因为 $\boldsymbol{g}_{HKL}$ 矢量的模是衍射晶面面间距的倒数，因此位于倒易空间中的 $\boldsymbol{g}_{HKL}$ 矢量具有代表正空间中（HKL）衍射晶面的特性，所以它又叫作衍射晶面矢量。而矢量端点 G 点是相应的倒易阵点（HKL）*，位于厄瓦尔德球面上。若晶面（HKL）满足布拉格衍射条件，其倒易阵点必然落在厄瓦尔德球面上。倒易阵点不在厄瓦尔德球面上的晶面不满足布拉格衍射条件。

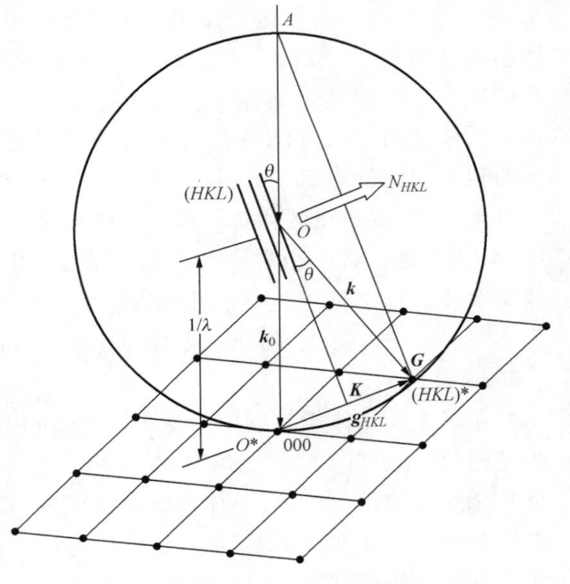

图 4.2 电子衍射厄瓦尔德图解法

4.2.3 晶带定律

晶体学部分介绍过晶带定律：在正空间点阵中，与晶体某一晶向［uvw］平行的所有晶面（HKL）属于同一个晶带，晶带轴用晶向指数［uvw］表示。因为属于同一晶带的晶面都平行于晶带轴方向，故其倒易矢量均垂直于晶带轴，构成一个与晶带轴方向正交的二维倒易点阵平面（uvw）*。若晶带轴用正空间矢量 $\boldsymbol{r}=u\boldsymbol{a}+v\boldsymbol{b}+w\boldsymbol{c}$ 表示，晶面（HKL）用倒易矢量

$\boldsymbol{r}_{hkl}^{*} = H\boldsymbol{a}^{*} + K\boldsymbol{b}^{*} + L\boldsymbol{c}^{*}$ 表示，由晶带定义 $\boldsymbol{r} \perp \boldsymbol{r}^{*}$，即 $\boldsymbol{r} \cdot \boldsymbol{r}^{*} = 0$ 得晶带轴和晶带面之间满足以下关系：

$$uH + vK + wL = 0 \tag{4-2}$$

式(4-2)就是在电子衍射谱分析中常用的晶带定律(Weiss zone law)。

$(uvw)^{*}$ 为与正空间中 $[uvw]$ 方向正交的倒易面。$(uvw)^{*} \perp [uvw]$，属于 $[uvw]$ 晶带的晶面族的倒易点 HKL 均在一个过倒易原点的二维倒易点阵平面 $(uvw)^{*}$ 上。

综上，正空间一组相互平行的晶面 (HKL) 可用倒易空间的一个倒易点 HKL 来表示，正空间的一个晶带 $[uvw]$ 可用倒易空间的一个二维截面即倒易面 $(uvw)^{*}$ 来表示，这大大方便了电子衍射谱的分析。

4.2.4　电子衍射的强度

布拉格方程非常简洁地表达了晶体产生衍射束的几何条件，并通过厄瓦尔德球非常直观地显示了单晶电子衍射谱与二维倒易平面点阵的关系。这只解决了电子衍射的方向问题，与 X 射线衍射一样，电子衍射也有强度问题，即使满足布拉格衍射方程也有可能观察不到衍射。

电子衍射强度与电子散射波振幅密切相关，实际衍射束的形成来自散射波振幅的叠加。满足布拉格条件的晶面组的衍射束强弱还取决于合成电子束的散射振幅。电子散射波合成振幅的大小和变化范围不仅与晶体的形状和大小有关，而且与晶体中原子的相对位置和数量有关。与 X 射线衍射强度的推导过程相似，电子衍射强度也需要从单原子对电子的散射振幅开始，累积到一个单胞对电子的散射振幅，进而到一个单晶体对电子的散射振幅和散射强度。

(1) 单原子对电子的散射振幅

原子对 X 射线的散射是由原子核外电子产生的，通常以一个电子的相干散射振幅为单位来表示原子的相对散射振幅，并定义这个相对的散射振幅为原子散射因子(Atomic scattering factor)：f_x。而原子对电子束的散射是由原子中原子核及核外电子产生的，综合考虑这两个因素，原子对电子束的散射因子 f_e 表达如下：

$$f_e(\theta) = \frac{me^2}{2h^2}\left[\frac{Z - f_x}{(\sin\theta/\lambda)^2}\right] = \frac{me^2}{2h^2}\left(\frac{\lambda}{\sin\theta}\right)^2 (Z - f_x) \tag{4-3}$$

式中，Z 为原子序数，反映原子核对电子的卢瑟福散射；f_x 为核外电子对电子束的散射因子，即原子对 X 射线的散射因子，负值表示核外电子对核的正电荷散射的屏蔽作用。

将有关数值代入式(4-3)，得到

$$f_e(\theta) = 2.38 \times 10^{-10}\left(\frac{\lambda}{\sin\theta}\right)^2 (Z - f_x) \quad (\text{cm}) \tag{4-4}$$

f_e 具有长度量纲，而 f_x 无长度量纲。为了比较，将 X 射线的原子散射因子表达为具有量纲的形式：

$$f_x(\theta)=\frac{e^2}{m_0c^2}f_x=2.82\times10^{-13}f_x \quad (\mathrm{cm}) \tag{4-5}$$

对于低指数晶面衍射，$\sin\theta/\lambda\approx0.02$ nm，$f_e(\theta)/f_x(\theta)\approx10^4$。

由式(4-4)可以看出：

①f_e 与 f_x 类似，都随散射角增大而变小。

② 电子的散射因子比X射线的散射因子大得多。原子对电子的散射能力大约是对X射线散射能力的一万倍，散射强度正比于散射振幅的平方，所以电子的散射强度比X射线大 10^8 倍左右。因此电子衍射谱的曝光时间短，取样少，但电子在物质中的穿透深度要比X射线小得多。

③ 由于电子衍射非常强，衍射束强度可与透射束相当，这就需要考虑它们之间的相干作用。

④ 原子对电子的散射因子随原子序数的增加而增大的趋势不如X射线那么明显，因此，重、轻原子对电子的散射能力差别较小。

(2) 一个单胞对电子的散射振幅

由单原子对电子的散射振幅累加到一个单胞对电子的散射振幅的推导过程与X射线衍射完全相同，设入射波 $\boldsymbol{k}_0$ 经过散射体一个单胞内两原子 A 和 O(O 为单胞原点处)散射后(图4.3)，得到两个散射波，它们的光程差为

$$\delta_{OA}=|\boldsymbol{BO}|+|\boldsymbol{OC}|=-\boldsymbol{k}_0\cdot\boldsymbol{r}_n+\boldsymbol{k}\cdot\boldsymbol{r}_n=(\boldsymbol{k}-\boldsymbol{k}_0)\cdot\boldsymbol{r}_n \tag{4-6}$$

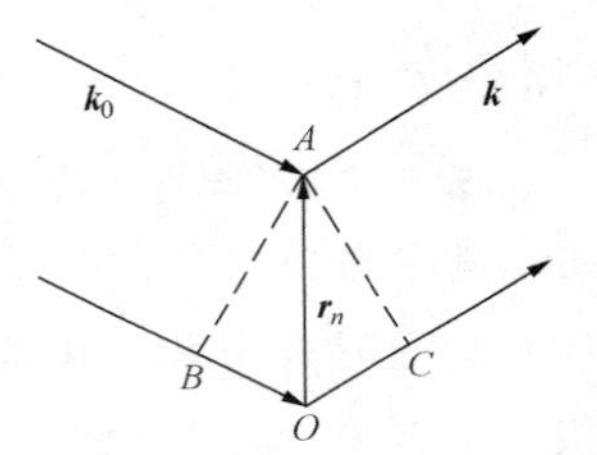

图4.3 两原子散射波的光程差示意图

设单胞有 n 个原子，电子束受到单胞散射的合成振幅为

$$F=\sum_{j=1}^{n}f_j\exp 2\pi\mathrm{i}(\boldsymbol{k}-\boldsymbol{k}_0)\cdot\boldsymbol{r}_j \tag{4-7}$$

式中，f_j 是晶胞中位于 $\boldsymbol{r}_j$ 的第 j 个原子的原子散射因子(或原子散射振幅)。

由于产生布拉格衍射的必要条件是

$$\boldsymbol{k}-\boldsymbol{k}_0=\boldsymbol{g}_{HKL} \tag{4-8}$$

倒易空间矢量为

$$\boldsymbol{g}_{HKL}=H\boldsymbol{a}^*+K\boldsymbol{b}^*+L\boldsymbol{c}^* \tag{4-9}$$

正空间矢量为

$$\boldsymbol{r}_i=x_i\boldsymbol{a}+y_i\boldsymbol{b}+z_i\boldsymbol{c} \tag{4-10}$$

将式(4-8) ~ 式(4-10)代入式(4-7)，得

$$F_{HKL}=\sum_{j=1}^{n}f_j\exp 2\pi\mathrm{i}(Hx_j+Ky_j+Lz_j) \tag{4-11}$$

式中，F_{HKL} 称为结构因子(Structure factor)，表示晶体的正点阵晶胞内所有原子的散射波在衍射方向上的合成振幅；x_j、y_j、z_j 为单胞中第 j 个原子的内坐标。

因为衍射的强度

$$I \propto |F_{HKL}|^2 \tag{4-12}$$

当 $|F_{HKL}|^2=0$ 时，即使满足布拉格方程也没有衍射产生，因为每一个晶胞内原子合成衍射强度 $I=0$。由此可见，满足布拉格方程只是产生衍射的必要条件，但不充分，只有满足布拉格方程同时又满足 $|F_{HKL}|^2 \neq 0$ 的(HKL)晶面族才能得到衍射束。故产生布拉格衍射的充要条件是：满足布拉格方程(决定衍射点的位置)且 $|F_{HKL}|^2 \neq 0$ (决定衍射点的强度)。晶面在严格满足布拉格方程的条件下，其衍射强度也会出现为零的情况，这称为消光(Extinction)。在第 2 篇中已经计算过典型晶体结构的结构因子，常见的几种晶体结构的点阵消光(Lattice extinction) 规律如下：

① 简单点阵

不会出现 $|F_{HKL}|^2=0$，不出现消光。

② 底心点阵(C 型底心)

当 $H+K=$ 偶数，即 H、K 全为偶数或奇数时，$|F_{HKL}|^2=4f_a^2$，衍射存在；

当 $H+K=$ 奇数，即 H、K 有奇有偶时，$|F_{HKL}|^2=0$，出现消光。

③ 体心点阵

当 $H+K+L=$ 偶数时，$|F_{HKL}|^2=4f_a^2$，衍射存在；

当 $H+K+L=$ 奇数时，$|F_{HKL}|^2=0$，出现消光。

④ 面心点阵

当 H、K、L 全为奇数或全为偶数时，$|F_{HKL}|^2=16f_a^2$，衍射存在；

当 H、K、L 奇偶混杂时 $|F_{HKL}|^2=0$，出现消光。

除点阵消光外，晶体结构中还有结构消光(Structure extinction)。结构消光的来源是由于晶体中的某些微观对称操作具有平移分量，此时只有垂直于对称要素的那些平面才能显示这类消光规律。如金刚石结构属于面心立方点阵，除面心立方点阵的消光点之外，金刚石结构中的螺旋轴还会引起附加消光，此外滑移面也会引起附加的结构消光，这些我们都在第 2 篇中有详细讨论，这里就不再重复了。

(3) 单晶体对电子的散射振幅和散射强度

如果入射电子束相对于一个小的单晶体中的(HKL)晶面的入射角满足布拉格条件，各晶胞散射波之间没有周相差，那么一个小晶体的散射可以简化为一个晶胞的散射。含有 N 个晶胞的小晶体的总散射振幅 $\phi=NF$。

如果入射电子束方向偏离布拉格角，那么要考虑各个晶胞散射波的周相差。这时散射矢量 $\boldsymbol{K} \neq \boldsymbol{g}_{HKL}$，而且有

$$\boldsymbol{K}=\boldsymbol{k}-\boldsymbol{k}_0=\boldsymbol{g}_{HKL}+\boldsymbol{s} \tag{4-13}$$

$$\boldsymbol{s}=s_x\boldsymbol{a}^*+s_y\boldsymbol{b}^*+s_z\boldsymbol{c}^* \tag{4-14}$$

式中，$\boldsymbol{s}$ 称为偏离矢量，它表示倒易阵点偏离厄瓦尔德球的程度，也反映入射电子束偏离布拉格角的程度，如图 4.4 所示。

现在考虑一个小单晶体的情况，小单晶体的三维尺寸如图 4.5 所示。$\boldsymbol{R}_n$ 是正空间点阵

矢量,代表任意一个晶胞的位置矢量：

$$\boldsymbol{R}_n = N_x\boldsymbol{a} + N_y\boldsymbol{b} + N_z\boldsymbol{c} \tag{4-15}$$

式中,N_x、N_y、N_z 分别代表晶胞沿 X、Y、Z 轴的坐标。

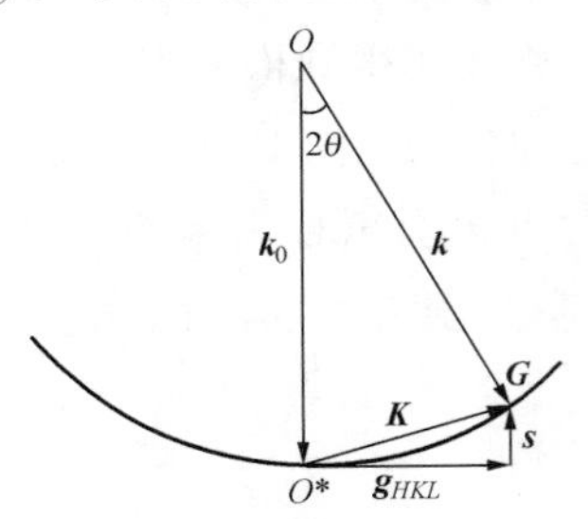

图 4.4　偏离矢量 $\boldsymbol{s}$ 的意义

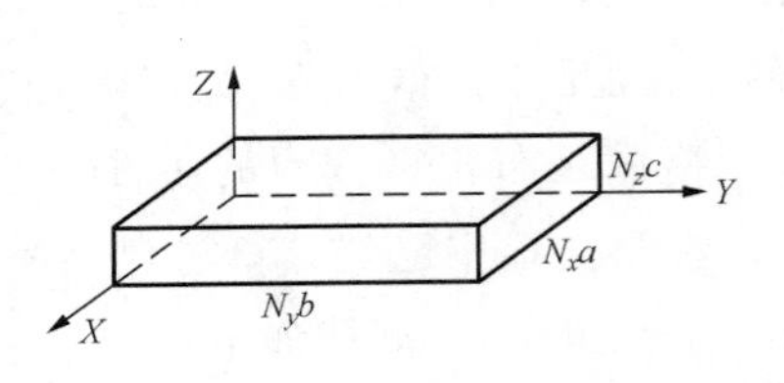

图 4.5　由 $N_xN_yN_z$ 个晶胞组成的薄晶体

首先考虑两个晶胞的散射。沿晶体中任意一个晶胞与原点上晶胞散射波的周相差为

$$\varphi = 2\pi(\boldsymbol{k} - \boldsymbol{k}_0)\cdot\boldsymbol{R}_n \tag{4-16}$$

当(HKL)晶面严格满足布拉格条件,即 $\boldsymbol{s}=0$,两个晶胞散射波的周相差为

$$\varphi = 2\pi(\boldsymbol{k} - \boldsymbol{k}_0)\cdot\boldsymbol{R}_n = 2\pi\boldsymbol{g}_{HKL}\cdot\boldsymbol{R}_n = 2\pi(HN_x + KN_y + LN_z) = 2n\pi \tag{4-17}$$

式中,H、K、L 是整数,N_x、N_y、N_z 也是整数,所以 n 是整数。也就是说两个晶胞散射波的周相差是 2π 的整数倍,因此两支散射波具有相同的周相而干涉加强。

当(HKL)晶面偏离布拉格条件,即 $\boldsymbol{s}\neq 0$,两个晶胞散射波的周相差为

$$\varphi = 2\pi(\boldsymbol{k} - \boldsymbol{k}_0)\cdot\boldsymbol{R}_n = 2\pi(\boldsymbol{g}_{HKL} + \boldsymbol{s})\cdot\boldsymbol{R}_n = 2\pi\boldsymbol{g}_{HKL}\cdot\boldsymbol{R}_n + 2\pi\boldsymbol{s}\cdot\boldsymbol{R}_n \tag{4-18}$$

对于小晶体中的所有晶胞合成散射波振幅为

$$\begin{aligned}\phi &= \sum F\exp(\mathrm{i}\varphi) = \sum F\exp[2\pi\mathrm{i}(\boldsymbol{g}_{HKL} + \boldsymbol{s})\cdot\boldsymbol{R}_n] \\ &= \sum F\exp(2\pi\mathrm{i}\boldsymbol{g}_{HKL}\cdot\boldsymbol{R}_n)\exp(2\pi\mathrm{i}\boldsymbol{s}\cdot\boldsymbol{R}_n)\end{aligned} \tag{4-19}$$

由于 $\exp(\mathrm{i}2\pi\boldsymbol{g}_{HKL}\cdot\boldsymbol{R}_n) = \exp(\mathrm{i}2n\pi) = 1$,得到

$$\begin{aligned}\phi &= \sum F\exp(2\pi\mathrm{i}\boldsymbol{s}\cdot\boldsymbol{R}_n) = \sum F\exp[\mathrm{i}2\pi(s_xN_x + s_yN_y + s_zN_z)] \\ &= F\left[\sum\exp(2\pi\mathrm{i}s_xN_x)\sum\exp(2\pi\mathrm{i}s_yN_y)\sum\exp(2\pi\mathrm{i}s_zN_z)\right]\end{aligned} \tag{4-20}$$

式中,F 为单个晶胞对电子的散射振幅。

令

$$G = \sum\exp(2\pi\mathrm{i}s_xN_x)\sum\exp(2\pi\mathrm{i}s_yN_y)\sum\exp(2\pi\mathrm{i}s_zN_z) \tag{4-21}$$

则

$$\phi = FG \tag{4-22}$$

散射波强度

$$I \propto \phi^2 = |F|^2|G|^2 \tag{4-23}$$

式中,$|G|^2$ 为干涉函数(Interference function)。

现在考虑一维晶胞排列(小晶柱)的情况。假设晶柱 PP' 在 X、Y 方向为一个晶胞截面大小,在 Z 方向由 N_Z 个单胞堆垛而成。以晶柱中点 O 作为原点,PP' 的厚度 $t=N_zc$,为晶

胞在 Z 方向的边长。对于晶柱所有晶胞合成散射波振幅为

$$\phi_g = \sum F \exp(\mathrm{i}\varphi) = \sum F \exp(2\pi \mathrm{i} s_z N_z) \tag{4-24}$$

或写成积分形式：

$$\phi_g = F\int_{-\frac{t}{2}}^{\frac{t}{2}} \exp(2\pi \mathrm{i} s_z N_z)\,\mathrm{d}z \tag{4-25}$$

当 $s_z = 0$ 时，$\phi_g = N_z F$。当 $s_z \neq 0$ 时，合成散射波振幅是各晶胞散射振幅的叠加。合成振幅为

$$\phi_g = F\,\frac{\sin(\pi s_z N_z c)}{\pi s_z} \tag{4-26}$$

散射强度为

$$I \propto |\phi_g|^2 = F^2\,\frac{\sin^2(\pi s_z N_z c)}{(\pi s_z)^2} \tag{4-27}$$

式中，$\frac{\sin^2(\pi s_z N_z c)}{(\pi s_z)^2}$ 为一维晶胞排列的干涉函数。干涉函数的大小反映了衍射强度的大小，与晶体的尺寸（晶胞数目 N_z）和偏离矢量 $\boldsymbol{s}_z$ 有关。

当偏离矢量 $\boldsymbol{s}_z$ 不变时，干涉函数随单胞数目（晶体厚度）的变化具有周期性[图 4.6(a)]。当晶体高度等于 n/s_z 时，干涉函数即衍射强度等于零，称为厚度消光或等厚消光。

当晶柱厚度 $N_z c$ 不变时，干涉函数随偏离矢量 $\boldsymbol{s}_z$ 变化如图 4.6(b) 所示。在 $s_z = 0$ 处，干涉函数具有最大值，相当于电子入射角为布拉格角。随着 $\boldsymbol{s}_z$ 增大，干涉函数呈周期性衰减。在 $s_z = \frac{n}{N_z c}$ 处，干涉函数即衍射强度等于零，称为倾斜消光或等倾消光。等厚消光和等倾消光在衍衬图像中产生等厚条纹和等倾条纹，将在后面详细介绍。

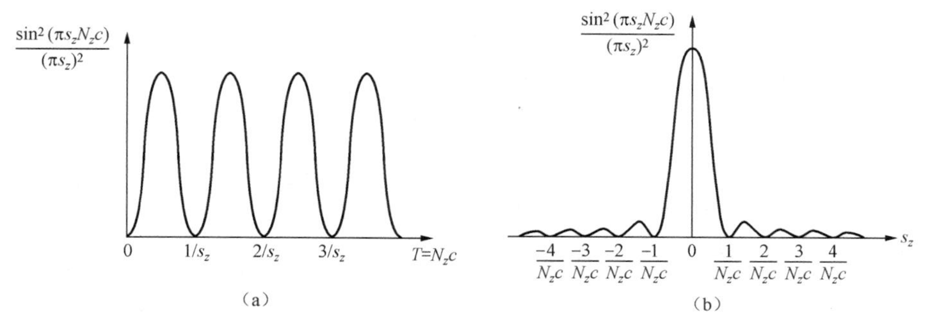

图 4.6　干涉函数随晶体尺寸(a) 和偏离矢量(b) 的变化

在 $s_z = \pm\frac{1}{N_z c}$ 的范围内，散射强度不为零，即在布拉格角附近合成散射波振幅在一定范围变化。这意味着在倒易空间，倒易阵点被拉长为一个长度为 $\frac{2}{N_z c}$ 的倒易杆，而使得不在厄瓦尔德球上的倒易阵点有可能与厄瓦尔德球相截。如图 4.7 所示，偏离角为 $\Delta\theta$ 的(HKL)

晶面倒易阵点被拉长，以至与厄瓦尔德球相截。图中右边的箭头标明了相应可观察到的衍射强度大小。这说明电子束入射角偏离布拉格角的晶面仍可产生具有一定衍射强度的衍射束。其结果是在电子衍射谱上仍然有这些晶面的衍射斑点(线)出现。

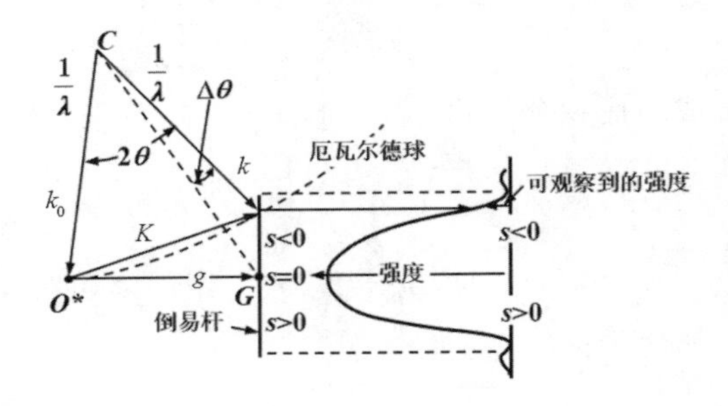

图 4.7　偏离角为 $\Delta\theta$ 的(HKL)晶面倒易杆与衍射强度分布

显然，沿 Z 方向晶胞数量越少，即晶体越薄，偏离矢量 $\boldsymbol{s}_z$ 允许偏离的范围越大，倒易阵点延伸的越长，将会有更多的倒易阵点与厄瓦尔德球相截，意味着在电子衍射谱中将有更多的衍射斑点出现。

考虑晶胞在三维方向的排列，得到干涉函数：

$$|G|^2=\frac{\sin^2(\pi s_x N_x a)}{(\pi s_x)^2}\cdot\frac{\sin^2(\pi s_y N_y b)}{(\pi s_y)^2}\cdot\frac{\sin^2(\pi s_z N_z c)}{(\pi s_z)^2} \tag{4-28}$$

式中，s_x、s_y 是在 x、y 方向的偏离分量。

相应地，倒易阵点在三维方向延伸的长度分别是 $\frac{2}{N_x a}$、$\frac{2}{N_y b}$ 和 $\frac{2}{N_z c}$。虽然，只有在晶体三维都无穷大的情况下，倒易阵点才是几何上的一个点。对于有限尺寸的实际晶体试样，实际的倒易阵点已不再是纯粹的几何点，而有了衍射强度大小的物理意义和具有一定的空间形状和尺寸。倒易阵点的形状和大小取决于晶体的形状和大小。如图4.8 所示，晶体若是一维晶须，则其倒易阵点则延伸为二维盘状。晶体若是二维晶片，则倒易阵点为拉长的倒易杆(大部分透射电子显微镜样品的情况就是如此)；对于一个有限大小的二维晶体，其倒易阵点也有一定的大小，晶体越小，其倒易阵点越大。

倒易阵点受晶体形状而控制，称为形状效应(Form effect)。这种形状效应可以提供晶体几何形状的信息。

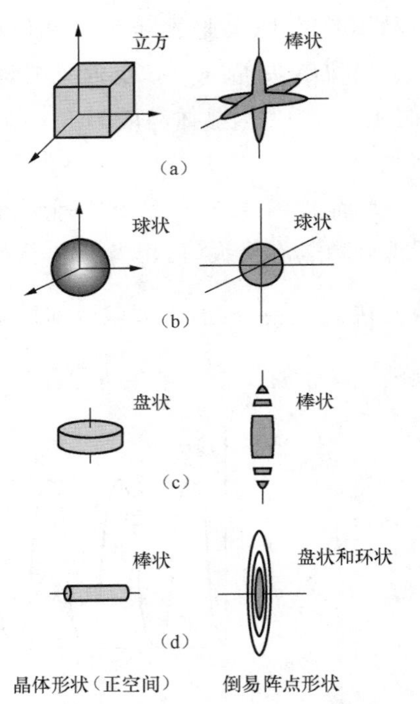

图 4.8　晶体形状对倒易阵点形状的影响

综上，按照图 4.2 所示的几何关系，理论上讲厄瓦尔德球与倒易空间点阵相截只可能有一个交点，但实际上电子衍射能够非常容易地得到一个倒易空间的二维截面，原因归纳如下：

① 电子波长极短，导致布拉格角非常小，发生衍射的各低指数晶面的倒易点$(HKL)^*$都集中落在入射束波矢量 $\boldsymbol{k}_0$ 的端点 O^* 附近的厄瓦尔德球面上(图 4.2 是非常夸张的画法)，发生衍射的各晶面的倒易点阵矢量 $\boldsymbol{g}_{HKL}$ 近似垂直于入射电子束 $\boldsymbol{k}_0$。

② 电子波长极短，导致厄瓦尔德球非常大，比倒易矢量大几十倍。对倒易矢量来说，在 O^* 附近的球面可视为平面。

③ 透射电子显微镜使用薄样品，薄晶体电子衍射时，倒易阵点延伸成杆状是获得电子衍射花样的主要原因，即尽管在对称入射情况下，倒易点阵原点附近的扩展了的倒易阵点(杆)也能与厄瓦尔德球相交而得到中心斑点强而周围斑点弱的若干个衍射斑点。

4.2.5 电子衍射基本公式

透射电子显微镜的物镜下方还有中间镜、投影镜等，都要对电子衍射谱进一步放大，所以当我们在荧光屏上观察、用照相底片或CCD相机记录电子衍射谱时，衍射谱已经被放大了。相当于将厄瓦尔德球放大了若干倍后与照相底片相截。如图4.9所示，在放大了的厄瓦尔德球下方垂直于入射电子束放一张照相底片。当入射电子束通过位于 O 点处的试样，晶面 (HKL) 满足布拉格条件发生衍射，在与入射束成 2θ 的方向形成衍射束。透射束和衍射束分别通过位于厄瓦尔德球上的 O^* 和 G 点，投射到照相底片的 O' 和 G' 点位置，O' 为衍射谱的中心透射斑点，G' 是晶面 (HKL) 的衍射斑点。试样中满足布拉格条件的其他晶面也产生衍射束，投射到相应的位置，形成衍射斑点。这样就得到一张有许多衍射斑点的衍射谱。

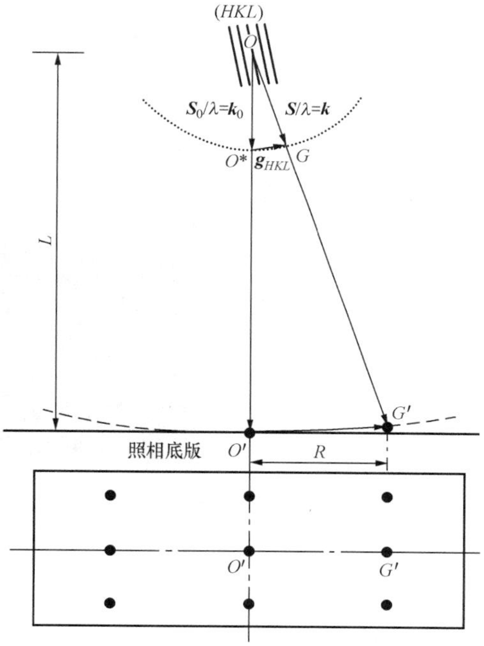

(HKL)
O
$S_0/\lambda=k_0$
$S/\lambda=k$
O^* g_{HKL} G
L
G′
照相底版 O′ R
O′ G′

图4.9　电子衍射花样与二维倒易点阵的几何关系示意图

$\triangle OO^*G$ 和 $\triangle OO'G'$ 可以看作相似三角形，由此得到以下关系：

$$\frac{O^*G}{O'G'}=\frac{OO^*}{OO'} \tag{4-29}$$

已知

$$\frac{OO^*}{OO'}=\frac{1/\lambda}{L},\frac{O^*G}{O'G'}=\frac{|\boldsymbol{g}_{HKL}|}{R}=\frac{1/d_{HKL}}{R} \tag{4-30}$$

得到

$$\frac{1/\lambda}{L}=\frac{1/d_{HKL}}{R} \tag{4-31}$$

整理得电子衍射基本公式：

$$Rd_{HKL}=L\lambda \tag{4-32}$$

或

$$R=L\lambda\frac{1}{d_{HKL}}=K\frac{1}{d_{HKL}} \tag{4-33}$$

式中，L 为相机长度(Camera length)(如果用照相底片记录，表示样品到底片的距离)；$L\lambda$ 称为相机常数(Camera constant)；R 是底片上中央透射斑到(HKL)衍射点的测量距离。

已知 $L\lambda$ 就可以通过测量 R 值，经上式求出 d_{HKL} 来标定衍射斑点。

由于 $L\lambda$ 是常数，所以

$$R \propto \frac{1}{d_{HKL}} \tag{4-34}$$

电子衍射中 R 与 $\frac{1}{d_{HKL}}$ 的正比关系，将是其花样指数化的基础，显然，它比 X 射线衍射中相应的关系要简单得多。

电子显微镜中使用的电子波长很短，即厄瓦尔德球的半径 $1/\lambda$ 很大，厄瓦尔德球面与晶体的倒易点阵的相截面可视为一平面，称反射面。电子衍射花样实际上是晶体的倒易点阵与厄瓦尔德球面相截部分在荧光屏上的投影，相机长度 L 相当于是放大倍数。单晶花样中的斑点可以直接被看成是相应衍射晶面的倒易阵点。各个斑点的矢量 $\boldsymbol{R}$ 也就是相应的倒易矢量 $\boldsymbol{g}$。

在通过电子衍射确定晶体结构的工作中，往往只凭一个晶带的一张衍射谱不能充分确定其晶体结构，而往往需要同时摄取同一晶体不同晶带的多张衍射谱(即系列倾转衍射)方能准确地确定其晶体结构，图 4.10 为 β-Ti 的两个不同取向的单晶电子衍射谱。

图 4.10 β-Ti 两个不同取向的单晶电子衍射谱

4.3 倒易点阵平面的画法

前面论述了电子衍射花样实际上是晶体的倒易点阵与厄瓦尔德球面相截部分在荧光屏上的投影，故单晶体的电子衍射谱是一个二维倒易平面的放大，衍射谱中衍射斑点的分布与经过结构消光后的二维倒易点阵基本相同，因此倒易点阵尤其是二维倒易点阵已成为电子衍射谱分析和标定的一个重要工具。

用电子衍射谱进行物相鉴定或确定晶体的结晶学方向，往往需要对衍射点进行指数标定，为此需要知道二维倒易点阵平面上倒易阵点的配置，即需要画出二维倒易点阵平面。下面介绍在晶体结构已知时，画出$(uvw)^*$倒易面的步骤：

(1) 根据已知的晶体结构，确定点阵类型，再根据点阵类型确定不消光的晶面(衍射点)出现的顺序，如立方晶系面心立方点阵衍射点出现的顺序为(N 值从小到大)111、200、220、311、222、…

(2) 对于任何点阵类型，倒易阵点 HKL 位于 $(uvw)^*$ 倒易面上的条件是应满足晶带定律，即满足 $Hu+Kv+Lw=0$。先用试探法在第一步所列晶面内找两个满足晶带定律的最低指数倒易点 $H_1K_1L_1$ 及 $H_2K_2L_2$，即

$$\begin{cases}H_1u+K_1v+L_1w=0\\H_2u+K_2v+L_2w=0\end{cases}\tag{4-35}$$

显然点 $(H_1+H_2,K_1+K_2,L_1+L_2)$ 也满足晶带定律，即点 $(H_1+H_2,K_1+K_2,L_1+L_2)$ 也在 $(uvw)^*$ 倒易面上。

(3) 设对应倒易点 $H_1K_1L_1$、$H_2K_2L_2$ 和 $(H_1+H_2,K_1+K_2,L_1+L_2)$ 的三个倒易矢量分别为 $\boldsymbol{g}_1$、$\boldsymbol{g}_2$、$\boldsymbol{g}_3$，这三个矢量的长度可由相应的晶面间距的倒数求得。这三个矢量的关系是 $\boldsymbol{g}_3=\boldsymbol{g}_1+\boldsymbol{g}_2$，它们构成一个平行四边形(图4.11)。平行四边形的夹角，即 $\boldsymbol{g}_1$ 和 $\boldsymbol{g}_2$ 的夹角可以由已知结构的晶面夹角公式计算得出。将此平行四边形向所有方向扩展就得到 $(uvw)^*$ 倒易面上二维倒易点阵的配置图形。

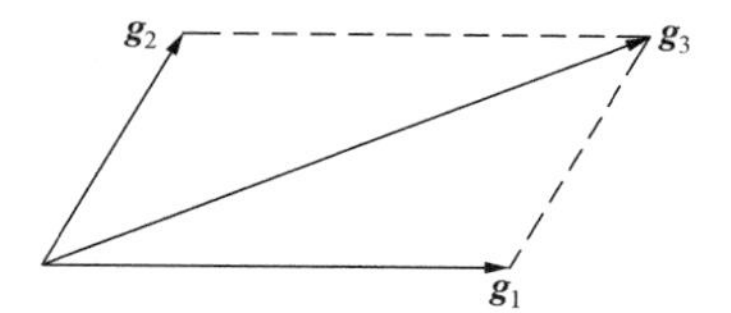

图4.11　由 $\boldsymbol{g}_1$、$\boldsymbol{g}_2$、$\boldsymbol{g}_3$ 构成的平行四边形

(4) 根据晶体结构，去除由微观对称要素引起的结构因子 $F=0$ 的禁止衍射的倒易点。

(5) 检查在 $(uvw)^*$ 倒易面上是否所有的倒易点都画上了，有可能在试探法寻找低指数晶面时遗漏掉一些可能的点，这些遗漏的点在作图过程中很容易检查出来。

对于立方晶系的情况，最好一开始就选择两个夹角为90°的低指数倒易点，这可以给画二维倒易面带来方便。

例4.1　画出面心立方点阵的 $(321)^*$ 倒易面。

解　① 面心立方点阵衍射点出现的顺序为(N 值从小到大)111、200、220、311、222、400、331、…

② 用试探法找到两个满足晶带定律的最低指数倒易点为 $1\bar{1}\bar{1}$ 和 $1\bar{3}3$ 在这个倒易面上。

③ 由立方晶系晶面夹角公式：

$$\cos\phi=\frac{H_1H_2+K_1K_2+L_1L_2}{\sqrt{(H_1^2+K_1^2+L_1^2)(H_2^2+K_2^2+L_2^2)}}\tag{4-36}$$

计算得出 $1\bar{1}\bar{1}$ 和 $1\bar{3}3$ 的夹角为82.4°。再由立方晶系面间距公式：

$$d=\frac{a}{\sqrt{H^2+K^2+L^2}}\tag{4-37}$$

得两倒易矢量长度比例为

$$|\boldsymbol{g}_2|:|\boldsymbol{g}_1|=d_1:d_2=\frac{1}{\sqrt{H_1^2+K_1^2+L_1^2}}:\frac{1}{\sqrt{H_2^2+K_2^2+L_2^2}}=\frac{1}{\sqrt{3}}:\frac{1}{\sqrt{19}}\tag{4-38}$$

④ 以此比例画出平行四边形，其端点分别为倒易点 $1\bar{1}\bar{1}$ 和 $1\bar{3}3$，由矢量相加原理得出如图4.12所示的倒易点 $2\bar{4}2$。

⑤ 重复这个基本单元就得到如图4.12所示的 $(321)^*$ 倒易点阵平面，核对没有微观对称

要素的消光。

熟悉常见的晶体类型的特定取向的标准电子衍射谱，对电子衍射物相分析工作是极为方便的。附录Ⅵ给出了常见晶体的标准电子衍射花样。

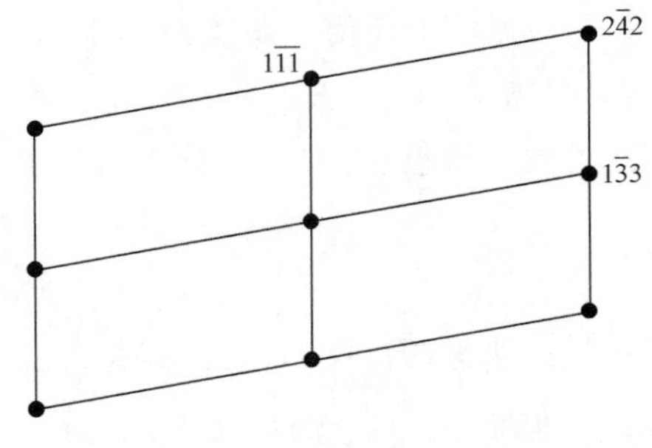

图 4.12　面心立方(321)* 的倒易面

另外，从电子衍射谱的对称形状也可帮助确定晶体点阵类型。电子衍射谱的对称性越多，晶系的对称性越高。如四方电子衍射谱只可能属于四方和立方晶系，正六角型的电子衍射谱只可能属于六方、菱方和立方晶系。如果一个物相的电子衍射谱既有四方点列，又有六方点列，则此物相一定属于立方晶系。一张四方形的电子衍射谱，若能排除是立方晶系的可能性，就可确定该物相属于四方晶系。

4.4　选区电子衍射

4.4.1　有效相机常数

如前所述，透射电子显微镜物镜的背焦面上形成样品晶体的衍射花样，如果把中间镜激磁电流调节到使其物平面与物镜背焦面重合，衍射花样就会经中间镜和投影镜进一步放大，在荧光屏或照相底片上观察和记录。

由此可见，利用透射电子显微镜进行电子衍射分析时，样品产生的衍射束在到达荧光屏或底片的过程中，将受到成像系统透镜的多次折射。但是，由于通过透镜中心的光线可以看成不受折射，对于物镜背焦面上形成的第一幅花样而言，物镜的焦距 f_0 相当于它的相机长度，如果这幅花样中衍射斑点 HKL 与中心斑点000之间的距离为 r，则根据电子衍射基本公式有：

$$rd=\lambda f_0 \tag{4-39}$$

由于底片上记录到的花样就是物镜背焦面上第一幅花样的放大像，若此时中间镜与投影镜的放大倍率分别为 M_i 和 M_p，则底片上相应斑点与中心斑点的距离 R 应为

$$R=rM_iM_p \tag{4-40}$$

于是

$$\left(\frac{R}{M_iM_p}\right)d=\lambda f_0 \tag{4-41}$$

$$Rd=\lambda f_0M_iM_p \tag{4-42}$$

如果定义“有效相机长度”(Effective camera constant)$L'=f_0M_iM_p$，则有

$$Rd=\lambda L'=K' \tag{4-43}$$

其中，K' 叫作有效相机常数。

由此可见，透射电子显微镜中经中间镜和投影镜放大得到的电子衍射花样仍然满足电

子衍射基本公式，但是式中L'并不直接对应于样品至照相底版的实际距离，而是随着放大倍数的变化有所变化。只要记住这一点，我们在习惯上可以不加区别地使用L和L'这两个符号，并用K代替K'。

因为f_0、M_i和M_p分别取决于物镜、中间镜和投影镜的激磁电流，因而有效相机常数K'也将随之而变化。为此，我们必须在三个透镜的电流都固定的条件下，标定它的相机常数，使R和$1/d$之间保持确定的比例关系。

目前的电子显微镜，由于计算机引入了控制系统，因此相机常数及放大倍数都随透镜激磁电流的变化而自动显示出来，并直接曝光在底片边缘。

4.4.2　磁转角

电子显微镜所用的磁透镜在聚焦、成像过程中，除了使电子发生径向折射以外，还有使电子运动的轨迹绕光轴转动的作用，无论是显微图像还是衍射花样，都存在一个磁转角的问题。若图像相对于样品的磁转角为φ_i，而衍射斑点相对于样品的磁转角为φ_d，则衍射斑点相对于图像的磁转角(Magnetic dip)为$\varphi=\varphi_i-\varphi_d$。

标定磁转角的传统方法是利用已知晶体外形的MoO_3薄片单晶体，如图4.13所示，MoO_3薄片单晶体具有独特的外形(长六角形)，其长的六角边对应[001]方向，所以只要将晶体旋转到指定的晶带轴方向，将薄片单晶体的电子衍射谱和形貌像采用二次曝光的方法同时记录在一张照相底片上，标定出电子衍射谱上的[001]方向和MoO_3薄片单晶体的长的六角边的夹角就是该放大倍数下形貌像和衍射像之间的磁转角。

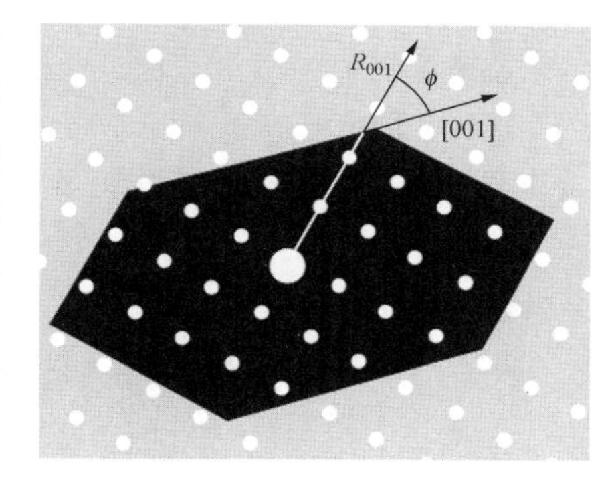

图4.13　MoO_3薄片单晶体的电子衍射谱和形貌像

因为磁转角随图像放大倍数和电子衍射相机长度的变化而变化，故需标定不同放大倍数和不同相机长度下的磁转角。目前的透射电子显微镜安装有磁转角自动补正装置，进行形貌观察和衍射花样对照分析时可不必考虑磁转角的影响，倒易矢量永远与其相应的晶面垂直，从而使操作和结果分析大为简化。

4.4.3　选区电子衍射

透射电子显微镜可以同时显示形貌图像和分析晶体结构，通常采用所谓“选区电子衍射(Selected area electron diffraction)”的方法，有选择地分析样品不同微区范围内的晶体结构特性。选区电子衍射的基本思路是在透射电子显微镜所观察的区域内选择一个小区域，然后只对这个所选择的小区域做电子衍射。从而得到有用的晶体学数据，如微小沉淀相的结构和取向、各种晶体缺陷的几何特征及晶体学特征，选区电子衍射方法在物相鉴定及衍衬图像分析中用途极广。

第 2 章中已经叙述过，透射电子显微镜不仅能观察图像，适当地改变中间镜电流，还可以作为一个高分辨率的电子衍射仪使用。当改变中间镜电流，使它的物平面与物镜的像平面重合，物镜像平面的像被传递并被中间镜和投影镜放大，在荧光屏上得到放大的物像，这称为图像模式。若改变中间镜电流，使中间镜的物平面与物镜的后焦平面重合，物镜的后焦面上的电子衍射谱被传递并被中间镜和投影镜放大，在荧光屏上得到放大的电子衍射谱，这称为衍射模式。在透射电子显微镜中，产生图像模式和衍射模式的中间镜电流已预先设置好，只要选择相应的按钮，就可方便地从一个模式切换到另一个模式。

1. 真实中心平面

真实中心平面(Eucentric plane) 是一个垂直于光轴并包括样品架轴线的平面(图 4.14)。这个平面在物镜中的位置称为真实中心高度(Eucentric height)。只有当样品的高度被调节到真实中心高度，即样品被放置在真实中心平面上，这时倾转样品台，图像不会移动。在透射电子显微镜合轴时，必须首先把样品置于真实中心高度。

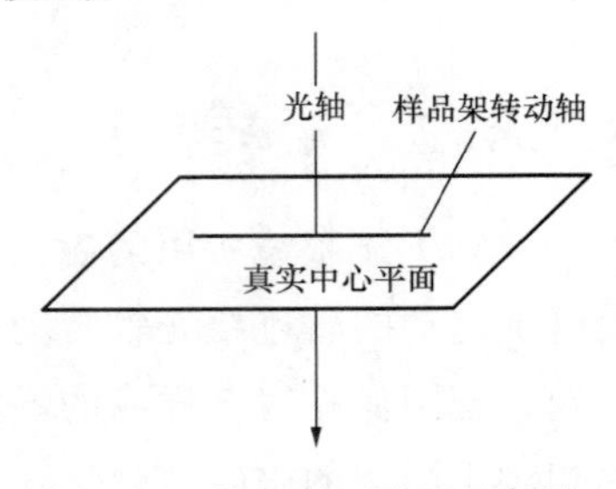

图 4.14　真实中心平面示意图

2. 选区光阑

选区光阑(Diffraction aperture) 是一个中心有孔的金属圆片(图 2.21)，光阑大小指的是金属圆片中心孔的直径，其作用是只让电子束通过光阑选定的区域做选区衍射。

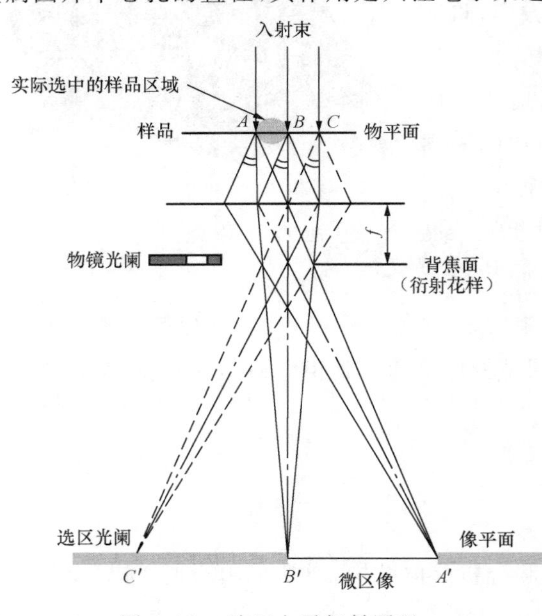

图 4.15　选区电子衍射原理

做选区电子衍射时，一般的想法是为了要让电子束只照射到所选区域，需要在样品的同一平面(物镜的物平面) 放置选区光阑，但样品所在平面已有样品，不可能插入光阑。解决的方法是将选区光阑放在与物平面共轭的物镜的像平面上(图 4.15)，这样就解决了无法在物平面插入选区光阑的问题，而且可以利用物镜的放大倍数使用较大的选区光阑。这非常具有实际意义：如选区直径为 1 μm，若在物平面放选区光阑，光阑孔径也要 1 μm，若将选区光阑放在物镜的像平面，假设物镜的放大倍数是 100，只要做一个直径为 100 μm 的光阑，它在物镜的物平面虚拟光阑的大小就是1 μm。这样可以大大减小光阑制作的难度。

由于选区衍射所选的区域很小，因此能在晶粒十分细小的多晶体样品中选取单个晶粒进行分析，从而为研究材料单晶体结构提供了有利的条件。

3. 选区电子衍射的准确性

(1) 物镜球差的影响

在物镜无球差的情况下，图 4.16 中透射束 000 与衍射束 HKL 所产生的像均与选区光阑所选定的像区域相重合，即得到的衍射谱全部来自所选区域的贡献。但是物镜总有球差，因此由旁轴射线 HKL 衍射所产生的像在图 4.16 中向下移动了 $M_0 C_s \alpha^3$，其中 M_0 是物镜的放大倍数；C_s 是物镜的球差系数；α 是衍射圆锥的半角($\alpha = 2\theta$)。对选区光阑所确定的像区而言，000 衍射束来自 $O_1 O_1'$，而 HKL 衍射不是来自 $O_1 O_1'$，而是来自 $O_2 O_2'$，向下移动了 $C_s \alpha^3$，造成衍射与选区的不对应。不难理解，衍射指数越高，这个不对应(位移) 就越显著。

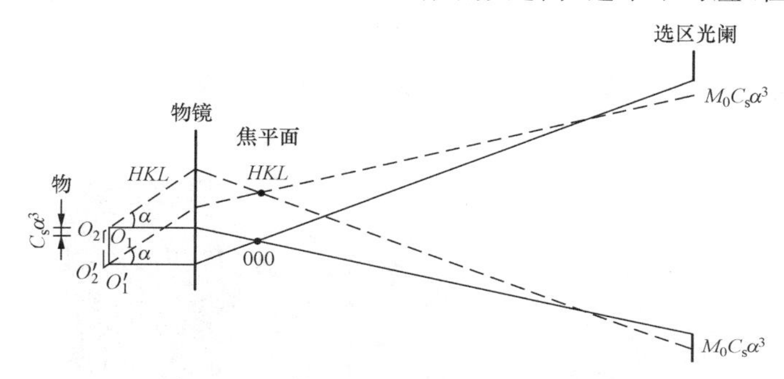

图 4.16　球差引起的衍射与选区不对应

[透射电子束(实线) 与 HKL 衍射束(虚线) 产生的像不重合]

例如，老式透射电子显微镜，球差系数 C_s 为 3.3 mm，当加速电压为 100 kV 时，铝的(111) 面各级衍射所产生的位移列于表 4.1。(555) 衍射的选区与透射束的选区相差 1 620 nm，如果选区的线长度是 1 000 nm，则这两个选区完全不重合，即(555) 衍射是由选区光阑所限定的区域以外的晶体产生的。而现代透射－电子显微镜的球差系数要小很多(表 4.1)，可从以前的 3.3 mm 减小到 0.3 mm，相应的由球差引起的位移也减小为 $\frac{1}{10}$。

表 4.1　在 100 kV 时铝的(111) 面各级衍射所产生的位移和球差系数的关系

HKL 衍射	111	222	333	444	555	666
$C_s\alpha^3$/nm [$C_s = 3.3$ mm]	13	100	250	760	1 620	2 800
$C_s\alpha^3$/nm [$C_s = 0.3$ mm]	1.2	9.1	31.9	69.3	150	250

(2) 物镜聚焦的影响

物镜的过聚焦与欠聚焦也产生衍射与选区的不对应性，这一点却往往为实际衍射工作者所忽略。图 4.17 是物镜过聚焦时的情况。聚焦面与物面距离为 D，此时(000) 衍射仍来自选区 $O_1 O_1'$，而 HKL 衍射来自选区 $O_2 O_2'$，位移为 $D\tan\alpha \approx D\alpha$。如果 $D \approx 10\ \mu$m，铝的(111) 衍射的位移为 0.16 μm，(222) 衍射的位移为 0.32 μm，(333) 衍射的位移为 0.98 μm，可见物镜聚焦不当引起的位移与物镜球差引起的位移相当。

如果同时考虑物镜聚焦不当与物镜球差所引起的位移，那么总的选区误差为

$$\delta = C_s \alpha^3 + D\alpha \tag{4-44}$$

典型的电子显微镜参数：D 约为 3 μm；C_s 约为 3.5 mm；α 约为 0.03 rad；总的选区误差 δ 约为 0.2 μm。故想通过缩小选区光阑的孔径使最小衍射区域小于 0.5 μm 是困难的，通常认为选区范围为 0.5～1 μm。现代电子显微镜的 D、C_s、δ 都很小，选区范围可小到 0.1～0.5 μm。

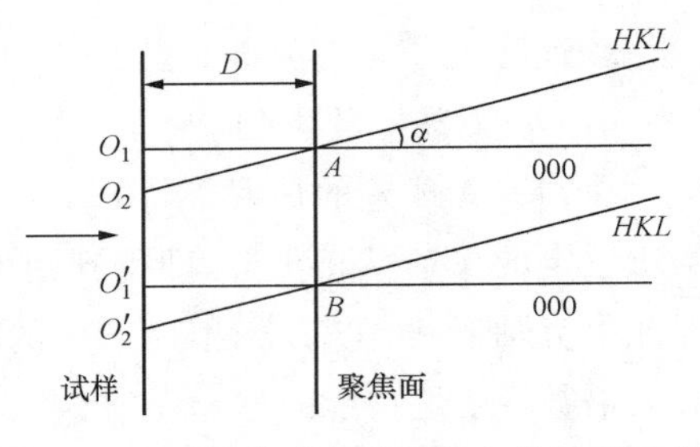

图 4.17　过聚焦引起的衍射与选区不对应

4. 选区电子衍射举例

图4.18所示为某渗氮样品，针对形貌像中圆圈选中区域进行衍射分析，可知样品上、下两部分虽然结构一致，都是面心立方，但是有晶格常数的差别，上方渗氮区域 $a=0.371$ nm，下方未渗氮区域 $a=0.364$ nm。

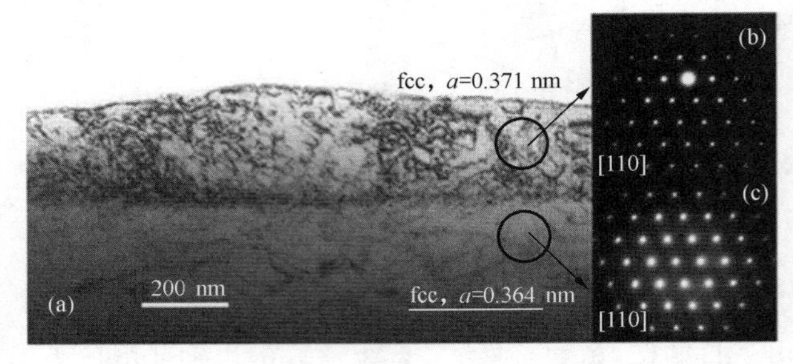

图 4.18　某渗氮样品的形貌(a)及选区电子衍射，(b)(c)分别为对应圆圈选中区域所做的衍射谱

4.5　单晶电子衍射

4.5.1　单晶电子衍射花样的产生及其几何特征

电子衍射基本原理以及衍射方向和强度的推导中，都是以单晶为前提的，单晶的电子衍射谱是一个二维倒易平面的放大，衍射谱中衍射斑点的分布与经过结构消光后的二维倒易点阵基本相同。实际透射电子显微镜分析中如果观察的是多晶样品，还可以利用选区电子衍射的方法，将观察区域限制在一个晶粒内部，所以也属于单晶电子衍射的范畴。

单晶电子衍射花样是靠近厄瓦尔德球面的倒易平面上阵点排列规则性的直接反映，若入射电子束方向与$[uvw]$晶带轴平行，在倒易点阵内，这一晶带中所有晶面的倒易阵点或倒易矢量必须都在垂直于$[uvw]$且过倒易原点 O^* 的一个倒易平面内，这个倒易平面用$(uvw)_0^*$表示，下标 0 表示这个倒易面倒易原点过 O^* 点，这个面叫"零阶劳厄带"(Zero order laue zone，ZOLZ)，它的法线即为$[uvw]$方向。$(uvw)_0^*$上所有倒易点的集合就代表正空间$[uvw]$晶带，满足晶带定律：

$$Hu + Kv + Lw = 0 \tag{4-45}$$

例如，[001] 晶带包括(100)、(010)、(110)、(120)等晶面。

那些不过倒易原点的倒易面，即 $Hu+Kv+Lw=N$（N 为非零整数）的倒易面，称为高阶（N 阶）劳厄带（High order laue zone，HOLZ），高阶劳厄带的衍射斑点对应于不过倒易原点的倒易面上的倒易点。零阶劳厄带和高阶劳厄带一起构成了二维倒易平面在三维空间的堆垛。因此高阶劳厄带为我们提供了倒易空间中第三维方向的信息，它们对晶体的相分析以及确定晶体的取向关系极为有用，我们将在后面的章节介绍。

单晶电子衍射花样的几何特征有：

(1) 衍射斑点分布的周期性

倒易点阵平面的一个重要特征是阵点排列具有周期性，反映在电子衍射谱中衍射斑点分布也具有周期性。如果选用两个距中心斑点最近的、不在一个方向上的两个衍射斑点所对应的矢量，即最短和不与其共线的次最短的两个矢量作为 $\boldsymbol{R}_1$ 和 $\boldsymbol{R}_2$，如图 4.19 所示，电子衍射谱中所有衍射斑点的位置可以通过平行四边形的平移来确定。一旦确定了 $\boldsymbol{R}_1$ 和 $\boldsymbol{R}_2$ 所对应的衍射斑点指数，其他所有衍射斑点的指数均可确定。$\boldsymbol{R}_1$ 和 $\boldsymbol{R}_2$ 的选择符合以下原则：$\boldsymbol{R}_1\leqslant\boldsymbol{R}_2$，$\boldsymbol{R}_1+\boldsymbol{R}_2=\boldsymbol{R}_3$，$\boldsymbol{R}_1$ 和 $\boldsymbol{R}_2$ 之间的夹角可以是锐角也可以是钝角。由 $\boldsymbol{R}_1$ 和 $\boldsymbol{R}_2$ 构成的平行四边形称为特征平行四边形，特征平行四边形构成电子衍射谱的基本单元，表征了电子衍射谱中衍射斑点分布的几何特征。

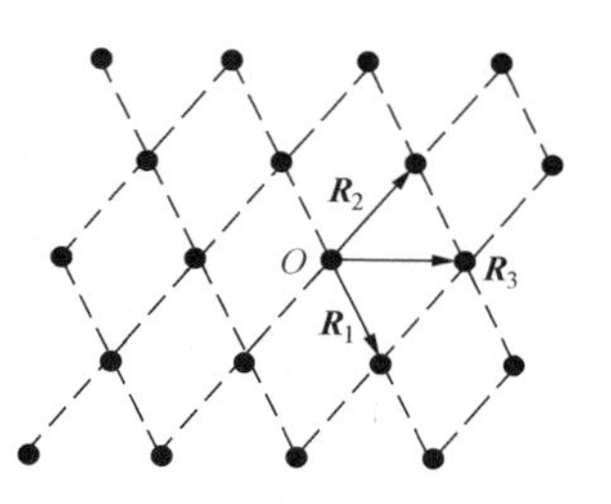

图 4.19　衍射斑点排列的周期性与特征平行四边形

(2) 衍射斑点分布的对称性

倒易点阵平面的另一个几何特征是阵点分布具有明显的对称性。但对于实际单晶电子衍射谱，这种对称性不仅表现在衍射斑点的几何配置上，而且当入射束与晶带轴平行时，衍射斑点的强度分布也具有对称性。这是由于：

对于晶体中两面指数符号相反的晶面（HKL）和（$\overline{H}\overline{K}\overline{L}$），在进行结构因子计算时有

$$F_{HKL}=\sum_{j=1}^{n}f_j\exp 2\pi\mathrm{i}(Hx_j+Ky_j+Lz_j) \tag{4-46}$$

$$F_{\overline{H}\overline{K}\overline{L}}=\sum_{j=1}^{n}f_j\exp 2\pi\mathrm{i}(-Hx_j-Ky_j-Lz_j) \tag{4-47}$$

$$|F_{HKL}|^2=|F_{\overline{H}\overline{K}\overline{L}}|^2 \tag{4-48}$$

因为衍射点的强度 $I\propto|F_{HKL}|^2$，所以可知在衍射谱上，中央透射斑点两侧的（HKL）和（$\overline{H}\overline{K}\overline{L}$）衍射点强度完全一致。由于衍射斑点强度的对称分布，使得倒易空间的对称性都是含有对称中心的，所以正空间的 32 种点群对应到倒易空间就只有 11 种中心对称点群了，这 11 种中心对称点群又称作劳厄点群。

这种衍射强度的对称性带来了一个标定过程的不唯一性，即任何一张简单电子衍射谱，可以有两种标定的指数，即对一种标定好的指数，将所有的衍射点的指数加个负号，改为 $\overline{HKL}$，该标定仍然成立。这相当于将试样沿着入射电子束方向转动 180°（图 4.20）。这种衍射谱标定不唯一性称为 180° 不确定性（180° ambiguity）。这个不确定性对大多数电子衍射

谱的分析没有影响，但对确定位错的柏格斯(Burgers)矢量，晶体间的取向关系等分析有影响。180°不确定性的消除办法，有兴趣的读者可参看 Edington 的书[27]。

(3) 衍射斑点的强度随偏离布拉格条件而变化

实际透射电子显微镜下观察的薄膜试样厚度小于 100 nm。由于形状效应，倒易阵点沿晶带轴方向延伸为倒易杆，而电子波长又很小，因此在与入射电子束垂直的二维零层倒易面 $(uvw)_0^*$ 上，倒易原点附近较大范围的倒易阵点都可能与厄瓦尔德球面接触(图 4.21)。反映在电子衍射图上是同时有大量衍射斑点出现。电子波长越短，厄瓦尔德球越大，倒易阵点与厄瓦尔德球面接触也越多。但不同晶面偏离布拉格条件的程度不同，则相应的衍射强度也不同。通常中心透射束的强度最大，这意味着大部分的入射电子未被散射，直接穿过试样。散射强度随散射角 θ 增大(斑点离中心透射束越远)而减弱，同时散射强度也会随试样的结构不同而变化。

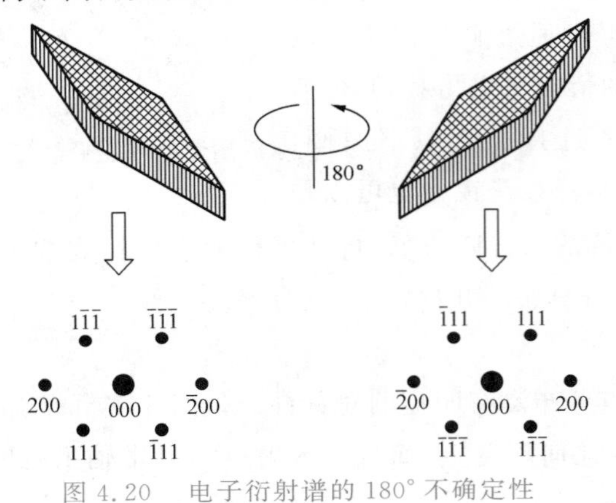

图 4.20 电子衍射谱的 180° 不确定性

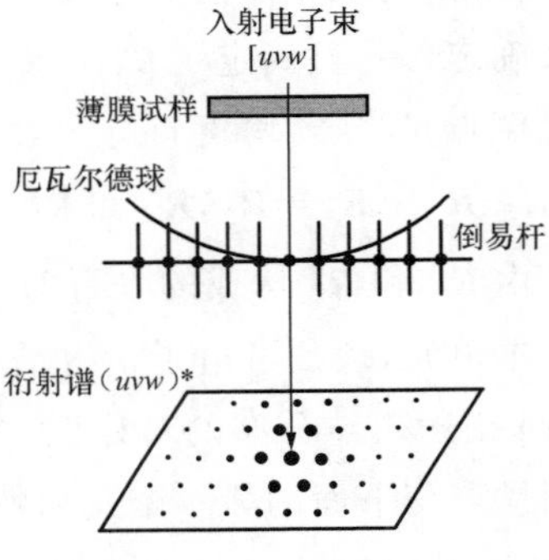

图 4.21 薄膜试样倒易杆和电子衍射谱

4.5.2 单晶电子衍射花样的标定

标定单晶电子衍射谱，目的就是确定零层倒易面上各 $\boldsymbol{g}_{HKL}$ 矢量端点(倒易阵点)的指数，定出零层倒易面的法向(即晶带轴[uvw])，并确定样品的点阵类型、物相及位向，这些是透射电子显微分析中最重要的部分，也是利用电子衍射方法研究材料晶体学问题的重要起点。

电子衍射谱的标定方法主要有：用尺和计算器直接进行测量计算，查阅标准图谱(仅限于立方晶体和具有标准轴比的密排六方晶体)和表格的方法，或借助于计算机软件标定衍射谱。尽管计算机标定衍射图有速度快的优点，但计算法、查表法和标准图谱对照法仍然是较常用的方法，标准电子衍射谱非常直观地显示了倒易平面阵点的分布规律和指数关系，而基本数据表给出倒易矢量的长度和夹角关系以及其他晶体学数据，这些都是标定电子衍射谱的重要依据。因此在标定过程，通常是几种方法同时使用，互相参照和比较，以提高标定的准确性。

与电子衍射谱的标定相关的注意事项：

(1) 如果是用照相底片记录的电子衍射谱，必须针对照相底片进行测量标定，而不是底片翻印的放大相片，放大相片上有很大的底片伸缩误差。

(2) 明确记录电子衍射谱时的加速电压。

(3) 明确记录电子衍射谱时的有效相机常数 $L\lambda$，必要时利用内标法进行修正。

(4) 标定需要利用电子衍射基本公式 $L\lambda = Rd$。

1. 有效相机长度的标定

如前所述，对于三透镜系统的电子显微镜来说，遵循标准的操作步骤时选区电子衍射的相机常数是唯一恒定的。相机长度 L 随物镜、中间镜、投影镜的电流而变，故很难保证每次获得衍射谱时 L 都恒等。因此为了精确分析未知样品的选区衍射花样，必须标定 L。

(1) 利用标准物质标定：即在实验条件下，对一些晶体学参数为已知的标准物质进行衍射。如金(Au)，属面心立方，晶格常数 $a = 0.4041$ nm。由于已知这些物质的晶面间距，所以在量出各(HKL)的 R 值后，就可根据 $Rd = L\lambda = K$ 计算出 $L\lambda$ 值。

除了单独喷制金膜外，也可在待分析的试样上喷金，这时衍射谱上将同时获得分析物质和金的衍射谱。先由金的衍射环求出 $L\lambda$ 值，再据此来标定分析物质的衍射谱。这种方法虽然较简便，但其缺点是：金的衍射环有时会模糊待分析物质的衍射谱。

利用标定的相机常数分析其他衍射花样时，必须保证仪器条件(物镜电流)的一致性。但是，实际工作中，即使遵循标准的选区电子衍射操作规程记录被分析样品的衍射花样，物镜聚焦电流仍受到样品位置变化(如样品杆长度不一、铜网不平整、样品较厚或不平整以及样品台倾斜等)的影响，造成与标定 K 值时的仪器条件并不相同，相机常数事实上已经改变。据分析，样品高度偏差 0.8 mm，可使 K 值发生 25% 的变化，如果强行使物镜电流保持固定，则会导致选区范围的误差。所以有时也应标定 K 值随物镜电流变化的曲线，解决这一困难的最好办法是采用内标法来标定相机常数，这样才能保证仪器条件的完全一致。

(2) 内标法：实际分析的样品中经常有几种相共存，如单晶 Si 基体上生长的各种薄膜，对薄膜直接观察时，选择区域稍大就会使基体 Si 和薄膜相的衍射谱同时出现，而基体 Si 的晶体学数据是已知的，因此可利用它来求 $L\lambda$，再据此计算未知薄膜相的结构。这种方法因为拍摄基体 Si 和薄膜相的所有实验条件都一样，所以最为准确，是实际电子衍射分析中最为常用的方法。

2. 已知结构的单晶电子衍射谱标定

已知结构的单晶电子衍射谱标定的目的在于，要确定所获得衍射谱的晶带轴指数以及衍射点对应的正空间晶面指数，实际上就是确定该衍射谱属于已知结构的哪一个倒空间二维截面。最直接的方法是：根据晶带定律和相应晶体点阵的消光规律绘出标准衍射花样(主要晶带的倒易截面)，然后将实际观察、记录到的衍射花样直接与标准花样对比，写出斑点的指数并确定晶带轴的方向。如果常见晶体的标准衍射花样可以在相关资料中获得，如本书附录 Ⅵ 中有立方晶系和六方晶系的标准衍射花样，那么可以缩短标定的时间。但是还有很多结构没有现成的标准电子衍射花样可对照，这样就要先绘制多张已知结构的电子衍射谱，然后再对照，工作量很大，这种情况下标准花样对比法不再是优选的方法。

首先介绍一种利用粉末 X 射线卡片（PDF 卡片）来标定已知结构电子衍射谱的方法，具体步骤如下：

（1）在待标定谱上量最短的三个矢量 $\boldsymbol{R}_1$、$\boldsymbol{R}_2$、$\boldsymbol{R}_3$ 的长度，三矢量符合以下原则：$\boldsymbol{R}_1 \leqslant \boldsymbol{R}_2$，$\boldsymbol{R}_1+\boldsymbol{R}_2=\boldsymbol{R}_3$，三矢量满足右手规则，即 $\boldsymbol{R}_2$ 在 $\boldsymbol{R}_1$ 的左侧。测量 $\widehat{\boldsymbol{R}_1\boldsymbol{R}_2}$ 的夹角。

（2）根据 $Rd=L\lambda$，计算 d_1、d_2、d_3。

（3）根据 d 值，查阅该物质的 PDF 卡片确定每个衍射点对应的晶面族指数。

（4）根据确定好的晶面族指数调整晶面指数使得 $H_3K_3L_3=H_1K_1L_1+H_2K_2L_2$，满足 $\boldsymbol{R}_1+\boldsymbol{R}_2=\boldsymbol{R}_3$ 的自洽条件，利用调整后的指数计算 $\widehat{\boldsymbol{R}_1\boldsymbol{R}_2}$ 夹角，如果与实测结果一致，则表示标定正确。

（5）根据自洽后的指数，利用 $\boldsymbol{R}_1\times\boldsymbol{R}_2$ 来计算晶带轴指数 $[uvw]$。

例 4.2 假设 γ-Fe 某电子衍射谱如图 4.22 所示，已知 γ-Fe 为面心立方结构，$a=0.36$ nm，测量得到衍射谱上 $R_1=R_2=14.4$ mm，$R_3=16.7$ mm，$\widehat{\boldsymbol{R}_1\boldsymbol{R}_2}=109.5°$，$L\lambda=3.0$ nm · mm。

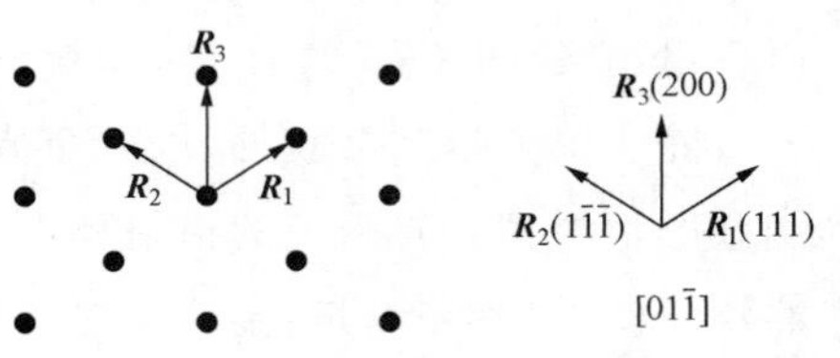

图 4.22 γ-Fe 某电子衍射谱

标定过程为：

① $R_1=R_2=14.4$ mm，$R_3=16.7$ mm。

② 根据 $Rd=L\lambda$，计算 $d_1=d_2=0.21$ nm，$d_3=0.18$ nm。

③ 查阅 γ-Fe 的 PDF 卡片（图 4.23）可知，$\boldsymbol{R}_1$ 和 $\boldsymbol{R}_2$ 对应的晶面族都为 $\{111\}$，$\boldsymbol{R}_3$ 对应的晶面族为 $\{200\}$。

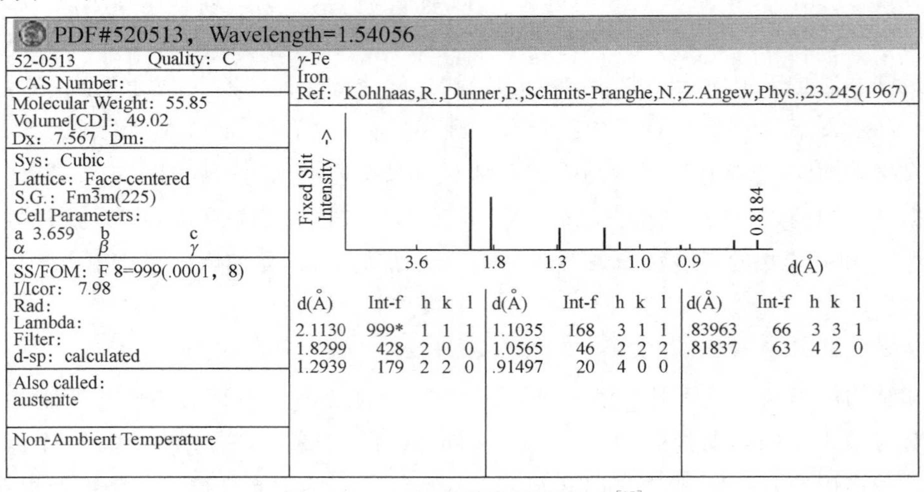
PDF#520513, Wavelength=1.54056

52-0513 Quality: C

CAS Number:

Molecular Weight: 55.85
Volume[CD]: 49.02
Dx: 7.567 Dm:

Sys: Cubic
Lattice: Face-centered
S.G.: Fm$\bar{3}$m(225)
Cell Parameters:
a 3.659 b c
α β γ

SS/FOM: F 8=999(.0001, 8)
I/Icor: 7.98
Rad:
Lambda:
Filter:
d-sp: calculated

Also called:
austenite

Non-Ambient Temperature

γ-Fe
Iron
Ref: Kohlhaas,R.,Dunner,P.,Schmits-Pranghe,N.,Z.Angew,Phys.,23.245(1967)

d(Å)	Int-f	h	k	l	d(Å)	Int-f	h	k	l	d(Å)	Int-f	h	k	l
2.1130	999*	1	1	1	1.1035	168	3	1	1	.83963	66	3	3	1
1.8299	428	2	0	0	1.0565	46	2	2	2	.81837	63	4	2	0
1.2939	179	2	2	0	.91497	20	4	0	0					

图 4.23 γ-Fe 的标准 PDF 卡片[17]

④ 令 $\boldsymbol{R}_1$ 为 (111)，则 $\boldsymbol{R}_2$ 应为 $(1\bar{1}\bar{1})$，可以满足 $(111)+(1\bar{1}\bar{1})=(200)=\boldsymbol{R}_3$。

立方晶系晶面夹角公式：

$$\cos\phi=\frac{H_1H_2+K_1K_2+L_1L_2}{\sqrt{(H_1^2+K_1^2+L_1^2)(H_2^2+K_2^2+L_2^2)}}$$

$$\cos\phi=\frac{1-1-1}{\sqrt{(1^2+1^2+1^2)[1^2+(-1)^2+(-1)^2]}}=-\frac{1}{3}$$

所以

$$\phi=109.5^\circ$$

⑤$\boldsymbol{R}_1\times\boldsymbol{R}_2=(111)\times(1\bar{1}\bar{1})=[01\bar{1}]=[uvw]$。

应用这一方法的前提是要有已知物质的标准PDF卡片，且指数自洽的过程常常不是一次就可以的，需要反复尝试，直到夹角关系符合测量结果。

接下来，介绍一种利用计算机软件进行已知结构电子衍射谱标定的方法，具体步骤如下：

(1) 在待标定谱上量最短的三个矢量 $\boldsymbol{R}_1$、$\boldsymbol{R}_2$、$\boldsymbol{R}_3$ 的长度，三个矢量符合以下原则：$\boldsymbol{R}_1\leqslant\boldsymbol{R}_2$，$\boldsymbol{R}_1+\boldsymbol{R}_2=\boldsymbol{R}_3$，且满足右手规则，即 $\boldsymbol{R}_2$ 在 $\boldsymbol{R}_1$ 的左侧。测量$\boldsymbol{R}_1\hat{}\boldsymbol{R}_2$的夹角。

(2) 根据 $Rd=L\lambda$，计算 d_1、d_2、d_3。

(3) 选择合适的电子衍射谱标定程序，目前有很多软件能够帮助我们进行一个已知结构的电子衍射谱的计算，计算的范围可由实验者自行选择。根据程序要求输入初始值，一般程序至少需要的已知条件为：晶格参数(a、b、c，α、β、γ)、点阵类型和晶系，计算出可能的电子衍射谱。

(4) 将测量谱与计算谱相对照，如有的计算程序中的结果文件需要对照以下几项：R_2/R_1、R_3/R_1、$\boldsymbol{R}_1\hat{}\boldsymbol{R}_2$的夹角、$d_1$ 和 d_2。如果各个值都吻合良好，那么计算结果就会直接显示标定结果：$(H_1K_1L_1)$、$(H_2K_2L_2)$ 和晶带轴指数$[uvw]$。

例 4.3　假设拍摄得到 γ-Fe 某电子衍射谱如图4.24所示，已知 γ-Fe 为面心立方结构，$a=0.36$ nm，测量得到的衍射谱：$R_1=16.7$ mm，$R_2=37.3$ mm，$R_3=40.9$ mm，$\boldsymbol{R}_1\hat{}\boldsymbol{R}_2=90^\circ$，$L\lambda=3.0$ nm·mm。

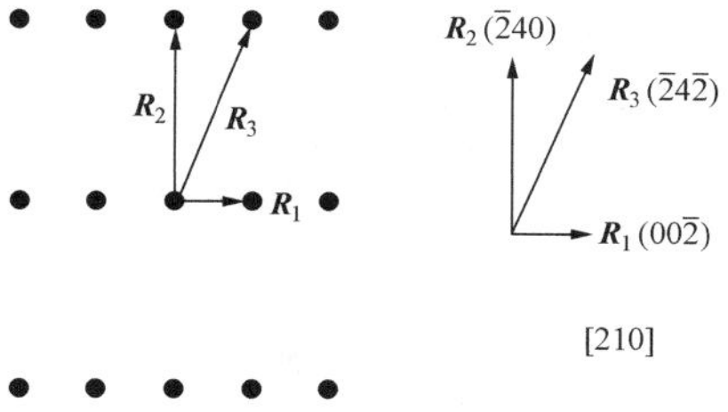

$\boldsymbol{R}_2(\bar{2}40)$　$\boldsymbol{R}_3(\bar{2}4\bar{2})$　$\boldsymbol{R}_1(00\bar{2})$　[210]

图 4.24　γ-Fe 某电子衍射谱

标定过程为：

① 根据 $R_1=16.7$ mm，$R_2=37.3$ mm，$R_3=40.9$ mm，计算 $R_2/R_1=2.23$，$R_3/R_1=2.45$。

② 根据 $Rd=L\lambda$，计算 $d_1=0.18$ nm，$d_2=0.08$ nm。

③ 将已知条件为：立方晶系，面心点阵，晶格参数 $a=0.36$ nm 输入到选定的电子衍射谱计算程序中，计算的结果列于表4.2。

④ 将测量谱与计算谱相对照，主要对照计算程序结果文件中后面5列：R_2/R_1、R_3/R_1、FAI($\boldsymbol{R}_1\hat{}\boldsymbol{R}_2$的夹角)、$d_1$ 和 d_2。显然，计算结果与结果文件的第11行后面5列各个值都吻合，那么第11行前面直接显示了标定结果：$(H_1K_1L_1)$ 为$(00\bar{2})$、$(H_2K_2L_2)$ 为$(\bar{2}40)$ 和晶带轴指数$[uvw]$ 为$[210]$。

表 4.2　γ-Fe 的可能电子衍射谱的计算结果(利用 RECI 软件)

PARAMETERS

A = 3.600 0　　B = 3.600 0　　C = 3.600 0

AF = 90.000　　BT = 90.000　　GM = 90.000

NUVW = 3　　NSY = 1　　NL = 1

SY：1 — CUBIC；2 — TETRA；3 — ORTH；4 — HEX；5 — MONO；6 — TRIC

LT：1 — F；2 — I；3 — C；4 — B；5 — A；6 — P；7 — R；

K	u	v	w	H_1	K_1	L_1	H_2	K_2	L_2	R_2/R_1	R_3/R_1	FAI	D_1	D_2
1	1	1	1	0	2	-2	-2	0	2	1.000	1.000	120.000	1.273	1.273
2	1	1	0	-1	1	-1	-1	1	1	1.000	1.155	70.53	2.078	2.078
3	1	0	0	0	-2	0	0	0	-2	1.000	1.414	90.00	1.800	1.800
4	3	3	2	2	-2	0	1	1	-3	1.173	1.541	90.00	1.273	1.085
5	2	2	1	2	-2	0	0	2	-4	1.581	1.581	108.43	1.273	0.805
6	2	1	1	1	-1	-1	0	2	-2	1.633	1.915	90.00	2.078	1.273
7	3	1	0	0	0	-2	-1	3	1	1.658	1.658	107.55	1.800	1.085
8	3	1	1	0	-2	2	2	-4	-2	1.732	1.732	73.22	1.273	0.735
9	3	2	2	0	2	-2	-4	2	4	2.121	2.121	103.63	1.273	0.600
10	3	3	1	2	-2	0	0	2	-6	2.236	2.236	102.92	1.273	0.569
11	2	1	0	0	0	-2	-2	4	0	2.236	2.449	90.00	1.800	0.805
12	3	2	1	1	-1	-1	-1	3	-3	2.517	2.582	97.61	2.078	0.826
13	3	2	0	0	0	-2	-4	6	0	3.606	3.742	90.00	1.800	0.499

注：表中 FAI 为 $\widehat{\boldsymbol{R}_1\boldsymbol{R}_2}$ 的夹角，D_1 和 D_2 表示 d_1 和 d_2，单位为 Å(1Å = 0.1 nm)。

应用这一方法的前提是要有专门的电子衍射谱计算程序，目前的透射电子显微镜以及很多晶体学软件里都带有相应的功能，计算前需明确已知结构的晶体学参数，以及相应的测量条件。现在利用电子衍射谱计算程序来进行标定已经是主流。但需要注意的是，很多计算软件里只是询问点阵类型和晶系，所以计算出来的衍射谱首先不考虑强度问题，其次没有去掉由微观对称要素造成的结构消光斑点。如渗碳体 Fe_3C，空间群为 $Pnma$，晶格参数为 0.508 90 nm、0.674 33 nm、0.452 35 nm，虽然它属于简单点阵，但是由于结构中含有 n 滑移面和 a 滑移面，而且含有两种元素(Fe 和 C)，所以它的衍射谱中各衍射点强度不一且有部分空缺(结构消光)，如图 4.25 所示。遇到这种情况，需要先根据微观对称要素存在状况，将计算谱中结构消光的斑点去掉，然后再与实测谱相对照，或者直接采用粉末 X 射线卡片(PDF 卡片)来标定，标定时不要受强度变化的干扰，大点、小点都正常对待，只要出现就可测量。

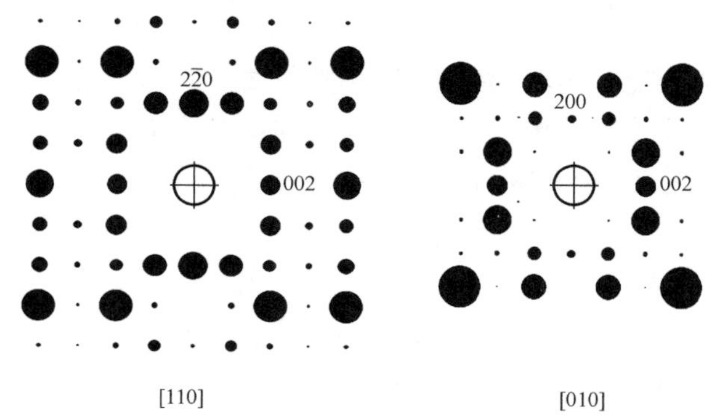

图 4.25　渗碳体 Fe_3C 模拟电子衍射谱

3. 未知结构的单晶电子衍射谱标定

对于未知结构的电子衍射谱的标定，需要明确以下三个方面：

第一，透射电子显微镜分析通常安排在其他实验分析（如 X 射线衍射等）之后，这主要是因为透射电子显微镜样品制备过程的复杂以及它的不可逆性，所以这使得研究者在进行电子显微镜分析之前可能获得其他实验结果（如 X 射线衍射或成分分析结果）作为指导，再加上查阅相关文献就可以收集到可能相的信息，将未知结构变成已知其存在的某一范围内，减少查找对照的工作量。

第二，将未知结构的标定分成三种状况分别考虑：

① 利用收集到的信息将未知结构界定到一定范围内，将整个范围内的所有可能相的粉末 X 射线衍射卡片找到，或利用专门的电子衍射谱计算程序将所有可能相的可能衍射谱计算出来，与实测谱相对比查找可能的结果。要注意这个方法适用于界定的范围较窄，这样查找卡片和计算衍射谱的工作量都不是太大。可以利用成分分析等其他前期实验结果帮助缩小范围。总之，前期实验结果越多越有利于透射电子衍射的分析。

② 如果根据前期实验结果可以确定晶系，那就可以按照不同晶系的标定方法直接进行标定，如立方相有专门的标定步骤不需要粉末 X 射线衍射卡片和电子衍射谱计算程序的帮助。

③ 如果分析的未知相是一个新相，即没有标准粉末 X 射线衍射卡片也不知道可能的结构类型，完全没有资料可以参照，那么需要采用三维倒易重构的方法来确定新相结构，此法需要至少三张连续的电子衍射谱。

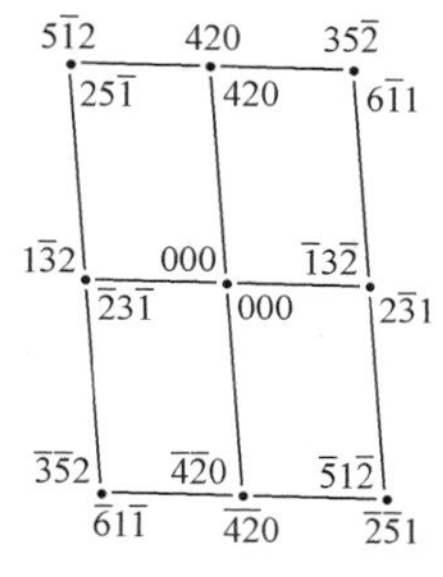

图 4.26　偶合不唯一性（体心立方晶体的[$2\bar{4}\bar{7}$]和[$\bar{1}28$]晶带的衍射花样相同）

第三，不论用上述什么方法来进行标定，比较准确的方法都应该是用三张独立的衍射谱才能唯一地确定一个倒易结构，这不仅仅因为电子衍射谱的 180° 不确定性，单晶花样指数化中可能出现的另一类不确定性，叫作偶合不唯一性（Coupled ambiguity），在具有高对称性的立方晶体中，有时几个不同类型指数的晶带，其零层倒易截面上阵点排列的图形恰巧完全相同，因而如图 4.26 所示的花样可以任意地被指数化为体心立方的[$2\bar{4}\bar{7}$]或[$\bar{1}28$]晶带。两套斑点指数的 N 值个个相同，R 之间的夹角也分别自洽。因此在晶体未知或需要确定晶体取向时，通常需要通过转动试样获得两个或更多个不同晶带的电子衍射谱，或者利用双晶带衍射和高阶劳厄带斑点来获得晶体三维结构信息，消除指数标定的不唯一性。

未知结构标定的三种状况，第一种在已知结构标定中已经清楚，这里无非扩大了对比查找的范围，下面我们着重讨论后面两种。

(1) 按照不同晶系直接标定

立方晶系的标定：

立方晶系的对称性最高，只有一个点阵参数 a。如果不考虑晶体取向，则电子衍射谱的标定相对比较简单。立方晶系晶面间距公式为

$$d^2 = \frac{a^2}{H^2 + K^2 + L^2} = \frac{a^2}{N} \tag{4-49}$$

式中，$N = H^2 + K^2 + L^2$ 是三个指数的平方和。

对于三种不同的立方点阵，N 的数值有如下规律：

简单立方：1，2，3，4，5，6，8，9，10，11，12，13，14，16，…

体心立方：2，4，6，8，10，12，14，16，…

面心立方：3，4，8，11，12，16，19，20，…

再根据电子衍射基本方程 $L\lambda = Rd$，有

$$d^2 = \frac{a^2}{N} = \frac{(L\lambda)^2}{R^2} \tag{4-50}$$

若把测得的 R_1、R_2、R_3 值平方，则

$$R_1^2 : R_2^2 : R_3^2 = N_1 : N_2 : N_3 \tag{4-51}$$

所以，由 $R_1^2 : R_2^2 : R_3^2 : \cdots$ 比值规律(即 N 值的规律)可直接判断是什么类型的立方点阵，然后由 N 值定出$\{HKL\}$，再由面指数自洽过程与晶面夹角建立联系，最终标定电子衍射谱。立方相电子衍射谱的具体标定步骤：

① 在待标定谱上量最短的三个矢量 $\boldsymbol{R}_1$、$\boldsymbol{R}_2$、$\boldsymbol{R}_3$ 的长度，三个矢量符合以下原则：$\boldsymbol{R}_1 \leqslant \boldsymbol{R}_2$，$\boldsymbol{R}_1 + \boldsymbol{R}_2 = \boldsymbol{R}_3$，三个矢量满足右手规则，即 $\boldsymbol{R}_2$ 在 $\boldsymbol{R}_1$ 的左侧。测量$\boldsymbol{R}_1\hat{}\boldsymbol{R}_2$的夹角。

② 完成表 4.3：根据 $Rd = L\lambda$，计算 d_1、d_2、d_3。将测量结果填入下表，其他需要计算的各项计算后填入，需要说明的是 R_i^2/R_1^2 计算结果经常是非整数，但是 N 值的连比一定是整数，所以这一步的关键是要将 R_i^2/R_1^2 的计算结果乘以一个公倍数变成整数比(N 值的连比)的形式。有了 N 值后，能够写出相应的晶面族指数$\{HKL\}$。由$\{HKL\}$写出真正的晶面指数(HKL)的过程，实际上就是完成指数自洽的过程，即调整晶面指数使得 $H_3K_3L_3 = H_1K_1L_1 + H_2K_2L_2$，满足 $\boldsymbol{R}_1 + \boldsymbol{R}_2 = \boldsymbol{R}_3$ 的自洽条件，利用调整后的指数计算$\boldsymbol{R}_1\hat{}\boldsymbol{R}_2$夹角，如果与实测结果一致，则表示标定正确。$a$ 值的计算需要根据确定好的晶面指数，利用立方晶系晶面间距公式得到。

表 4.3　立方相单晶电子衍射谱的标定

序号	R_i	R_i^2	R_i^2/R_1^2	N	$\{HKL\}$	(HKL)	d_i	a
1								
2								
3								

③ 根据自洽后的指数，利用 $\boldsymbol{R}_1 \times \boldsymbol{R}_2$ 来计算晶带轴指数[uvw]。

④ 如果是多张衍射谱要验证谱间夹角。前面提到为了回避电子衍射谱标定过程中的不唯一性，通常针对一个相需要拍几张电子衍射谱，如果这几张谱是围绕一个不动轴连续拍到的，那么存在谱与谱间的夹角。这种情况下，首先要将每张电子衍射谱单独标定完成，注意不动轴的标定在每张电子衍射谱中要保持一致，然后再利用每张谱的晶带轴指数来计算谱间夹角，计算还是利用立方晶系的晶面夹角公式，只不过将公式中的晶面指数全部换成晶带轴指数，如下：

$$\cos\phi = \frac{u_1u_2 + v_1v_2 + w_1w_2}{\sqrt{(u_1^2 + v_1^2 + w_1^2)(u_2^2 + v_2^2 + w_2^2)}} \tag{4-52}$$

谱间夹角计算结果和测量结果一致时表示标定正确，如果不一致则需要重新调整每张照片的晶面指数自洽，重新确定晶带轴指数，直到谱间夹角计算和测量结果完全一致。

⑤ 根据 N 值规律得出具体晶体结构并计算 a 的平均值。

例 4.4　假设某立方相物质电子衍射谱如图 4.27 所示，测量得到：$R_1 = R_2 = 16.7$ mm，$R_3 = 23.6$ mm，$\boldsymbol{R}_1\hat{}\boldsymbol{R}_2 = 90°$，$L\lambda = 3.0$ nm · mm。

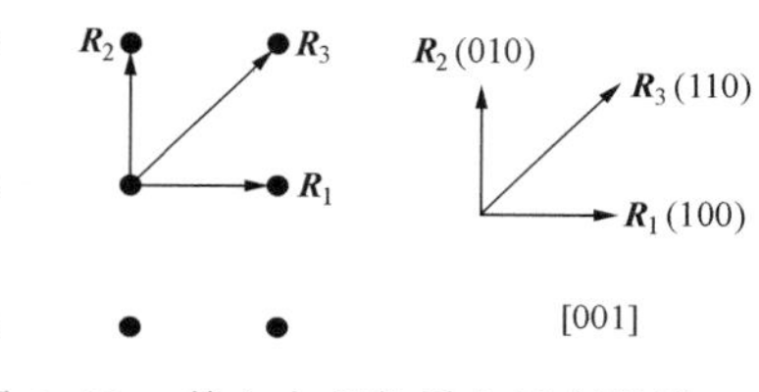

图 4.27　某立方相物质电子衍射谱

首先根据已知条件，完成下表：

序号	R_i	R_i^2	R_i^2/R_1^2	N	$\{HKL\}$	(HKL)	d_i	a
1	16.7	278.89	1	1	100	100	0.18	0.18
2	16.7	278.89	1	1	100	010	0.18	0.18
3	23.6	556.96	1.99	2	110	110	0.13	0.18

本题中 $R_i{}^2/R_1^2$ 的计算结果恰好都近似整数，所以 N 值可不必乘公倍数直接写出，进一步验证 $\boldsymbol{R}_1\hat{}\boldsymbol{R}_2$ 夹角也与测量值 90° 相等，所以这一组标定是正确的。

利用 $\boldsymbol{R}_1 \times \boldsymbol{R}_2$ 来计算晶带轴指数[uvw]为[001]。

最后根据 N 值规律 1 和 2 都出现了，所以得出具体晶体结构为简单点阵，计算 a 的平均值为 0.18 nm。

实际上，这张衍射谱还有其他的标定方式，由上面的计算可以看出：

$$R_1^2 : R_2^2 : R_3^2 = N_1 : N_2 : N_3 = 1 : 1 : 2$$

在这一比例控制下，N 值可以取上面的 1、1、2，也可以取 2、2、4；甚至于 3、3、6 和 4、4、8 等。

N 取 2、2、4 时，对应的($H_1K_1L_1$)、($H_2K_2L_2$) 和($H_3K_3L_3$) 为(110)、($1\bar{1}0$) 和(200)，$\boldsymbol{R}_1\hat{}\boldsymbol{R}_2$ 夹角也与测量值 90° 相等。此时，[uvw] 为[$00\bar{1}$]，a 的平均值为 0.25 nm。因为 R_3 标定为(200)，所以显然在这种标定中(100) 消光了。根据 N 值规律 2、2、4，晶体结构应为体心点阵。

N 取 3、3、6 时，不能满足指数自洽关系，所以不可能存在。

N 取 4、4、8 时，对应的($H_1K_1L_1$)、($H_2K_2L_2$) 和($H_3K_3L_3$) 为(200)、(020) 和(220)，$\boldsymbol{R}_1\hat{}\boldsymbol{R}_2$夹角也与测量值 90° 相等。此时，[$uvw$] 为[001]，$a$ 的平均值为 0.36 nm。因为 $\boldsymbol{R}_1$、$\boldsymbol{R}_2$ 和 $\boldsymbol{R}_3$ 标定为(200)、(020) 和(220)，所以显然在这种标定中(100)、(010) 和(110) 消光了。根据 N 值规律 4、4、8，晶体结构应为面心点阵。

综上，在只有上面一张单晶电子衍射的情况下，获得了三个标定结果，对应三种立方点阵，这使得我们无法真正确定晶体结构，所以进一步证明了完全确定一个结构需要多张(三张以上) 独立的电子衍射谱的标定结果。

例 4.5　假设某立方相物质电子衍射谱如图 4.28 所示，测量得到：$R_1 = 16.7$ mm，$R_2 = R_3 = 27.5$ mm，$\boldsymbol{R}_1\hat{}\boldsymbol{R}_2 = 107.5°$，$L\lambda = 3.0$ nm · mm。

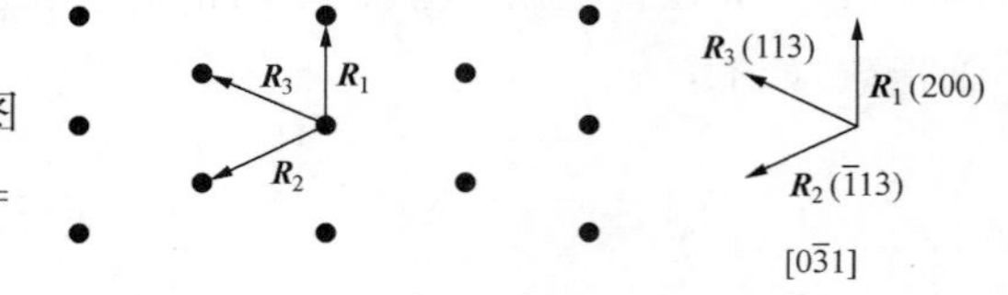

图 4.28　某立方相物质电子衍射谱

首先根据已知条件，完成下表：

序号	R_i	R_i^2	R_i^2/R_1^2	N	{HKL}	(HKL)	d_i	a
1	16.7	278.89	1	4	200	200	0.18	0.36
2	27.5	756.25	2.71	11	311	$\bar{1}13$	0.11	0.36
3	27.5	756.25	2.71	11	311	113	0.11	0.36

本题中 R_i^2/R_1^2 的计算结果需要乘以 4 后得 4、10.85 和 10.85，近似等于整数(因为实验误差存在，所以不可避免计算结果会稍微偏离整数)4、11 和 11，以这三个数为 N，进一步用晶面夹角公式验证$\boldsymbol{R}_1\hat{}\boldsymbol{R}_2 = 107.5°$，所以这一组标定是正确的。

利用 $\boldsymbol{R}_1 \times \boldsymbol{R}_2$来计算晶带轴指数 [$uvw$] 为[$0\bar{3}1$]。

因为$\boldsymbol{R}_1$ 标定为(200)，所以显然在这种标定中(100) 消光了。根据 N 值规律 4、11、11 晶体结构应为面心点阵。计算 a 的平均值为 0.36 nm。

这张衍射谱就没有出现上一张谱的情况，它只能标定成面心立方点阵，但是标定时 N 值需要在 R_i^2/R_1^2 的计算结果上乘以不同的数值来尝试，尝试的结果必须使上面所有标定步骤都是合理自洽的，与测量结果保持一致。

四方晶系的标定：

非立方晶系(如四方晶系和六方晶系) 的电子衍射谱的标定要比立方晶系的电子衍射谱的标定要复杂一些。

可以采取一些简单的方法来判定对称性。如倒易点阵平面的对称性越高，晶系对称性就越高。四方对称的电子衍射谱只可能属于四方和立方晶系，六角对称的电子衍射谱只可能属于六方、菱方(三方) 和立方晶系。如一个物相的电子衍射谱既有四方对称的电子衍射谱，又有六角对称的电子衍射谱，则此物相必属于立方晶系。

如发现一个显示四方对称的电子衍射谱，其衍射谱不能用立方晶系电子衍射谱的标定方法进行标定，则可断定此晶体必属于四方晶系。

一般来说，四方晶体的电子衍射谱并不一定显现四次对称性，可以根据以下规律确定它是否属于四方晶系。在四方晶系中，

$$\frac{1}{d^2}=\frac{H^2+K^2}{a^2}+\frac{L^2}{c^2} \tag{4-53}$$

令

$$a^*=\frac{1}{a},\quad c^*=\frac{1}{c},\quad M=H^2+K^2 \tag{4-54}$$

则有

$$\frac{1}{d^2}=Ma^{*2}+L^2c^{*2} \tag{4-55}$$

根据消光条件，M 可以取的值为 1、2、4、5、8、9、10、13、16、17、18、20 等(此数列的规律是任意一个 M 值乘以 2，就得到另一个允许的 M 值)，所以如在 $1/d^2$ 值(或 R_i^2 值中)有明显的 2 的因子，则此晶体可能有四方对称性。这些包含 2 的因子的衍射都是$\{HK0\}$的形式，在正确地指标化后，可通过$\{HK0\}$的 $1/d^2$ 值求点阵常数 a，再通过$\{HKL\}$的 $1/d^2$ 值求点阵常数 c。若存在$\{00L\}$的衍射点，则通过$\{00L\}$的 $1/d^2$ 值求点阵常数 c 更为方便。

在计算晶面间距时，如注意到以下规律，对分析四方晶体的电子衍射谱会有帮助：

① 不同衍射晶面的 L 指数相同时，有

$$\frac{1}{d_1^2}-\frac{1}{d_2^2}=(M_1-M_2)a^{*2} \tag{4-56}$$

一系列 $1/d^2$ 值相减，可得出 a^{*2} 值(当 $M_1-M_2=1$ 时)。

② 不同衍射晶面的 $M=(H^2+K^2)$ 相同时，有

$$\frac{1}{d_1^2}-\frac{1}{d_2^2}=(L_1^2-L_2^2)c^{*2} \tag{4-57}$$

一系列 $1/d^2$ 值相减，可得出 c^{*2} 或 c^{*2} 的倍数。可取下列值：

1、3、4、5、7、8、9、11、12、13、15、16、17、19、20、21、…

③L 和 M 都不相同时，有

$$\frac{1}{d_1^2}-\frac{1}{d_2^2}=(M_1-M_2)a^{*2}+(L_1^2-L_2^2)c^{*2} \tag{4-58}$$

因此，若计算一系列的$\left(\frac{1}{d_i^2}-\frac{1}{d_j^2}\right)$值后，应当能区别 a^{*2} 和 c^{*2}，进而计算出 a 和 c。因为不同衍射晶面的 M 值相同的机会要比 L 值相同的机会少，所以$(M_1-M_2)a^{*2}$出现的机会较多，故在 $1/d^2$ 差值中能更方便地找到 a 值。

对于已知晶体结构而需要进行指标化的电子衍射谱，常借助于 PDF 卡片与实验所得的电子衍射谱进行比较，就可以得到满意的结果。当然，由于电子与 X 射线的原理不一样，PDF 卡片上记载的衍射斑点强度与电子衍射有所不同。故往往需要制备此相的倒易面平面（或晶带）的基本数据表以适合于电子衍射谱的分析。

对于未知晶体结构的衍射，一般借助 R 比值和晶面夹角来进行分析。如两衍射斑点距中央透射斑点(000) 的距离分别为 R_1 和 R_2，由

$$\frac{1}{d^2}=\frac{H^2+K^2}{a^2}+\frac{L^2}{c^2} \quad 及 \quad L\lambda=Rd \tag{4-59}$$

可得

$$\frac{R_1}{R_2}=\left[\frac{(c/a)^2(H_1^2+K_1^2)+L_1^2}{(c/a)^2(H_2^2+K_2^2)+L_2^2}\right]^{1/2} \tag{4-60}$$

$(H_1K_1L_1)$ 和 $(H_2K_2L_2)$ 之间的夹角 ϕ 满足

$$\cos\phi=\frac{H_1H_2+K_1K_2+(a/c)^2L_1L_2}{\left[\sqrt{H_1^2+K_1^2+(a/c)^2L_1^2}\sqrt{H_2^2+K_2^2+(a/c)^2L_2^2}\right]^{\frac{1}{2}}} \tag{4-61}$$

由式(4-60) 和式(4-61) 可计算出各对晶面在不同的 c/a 值下 R 的比值(即晶面间距的倒数) 及夹角值。在指标化中，根据底片测得的 R 比值及 ϕ 值，查阅相关表格即可确定相应的 $(H_1K_1L_1)$ 和 $(H_2K_2L_2)$，且可得知 c/a 值。

四方晶体的标定较烦琐，可以利用四方晶体的电子衍射谱中经常出现的矩形点阵，使得衍射谱的标定简化(此法也可应用于六方等其他晶系)。

在四方晶系或六方晶系 R 比值与夹角表中，可发现矩形点阵中的一边常常是 $(HK0)$ 系列，因为 $(HK0)$ 的面间距与点阵常数有关，故可以由同一种物质的 M 个矩形点列衍射谱求出点阵常数 a，具体求解的方法如下：

首先量出这些矩形点阵的边长 R，根据 $\frac{1}{d^2}=\frac{H^2+K^2}{a^2}=Ma^{*2}$，找出相应的 M 值(M 应为 1、2、4、5、8、9 等整数值)。因为矩形系列只有一个边是 $HK0$ 系列，只可能有不到半数的 R 满足这一规律。再根据矩形系列的另一半来进一步求出点阵常数 c。由于矩形系列一边的指数已经确定是 H_1K_10，矩形系列的另一边指数为 $H_2K_2L_2$，因为两个点的夹角为 90°，故两个指数的点积为零。由 $H_1K_1+H_2K_2=0$ 可找出 $H_2K_2L_2$ 的范围来，但不能唯一地确定 H_2K_2，更不能确定 L_2。例如，若已确定 H_1K_10 是 210，则 $H_2K_2L_2$ 的具体指数可能是 $1\bar{2}0$、$\bar{1}21$、$\bar{1}22$、$\bar{1}2\bar{1}$ 等。但是我们可以从同一晶体的两个以上的矩形点列电子衍射谱确定这些 $H_2K_2L_2$ 以及相应的 R 值。具体做法是：从一个矩形点列可以得到一系列的满足要求的 $H_2K_2L_2$ 值及 c 值，其中相同的可能是正确的解，由此 c 值所对应的两个以上的矩形衍射谱的相应的 $H_2K_2L_2$ 值才是正确的标定指数。

六方晶系的标定：

在六方晶系的衍射谱中，最典型的就是具有六次对称分布的点列，产生六次对称分布点

列的晶体只能是立方晶系和六方晶系(包括有心六方即菱方晶系)。如该衍射谱不能用标定立方晶系的方法标定,则可断定这种六次对称点列就是六方晶系。

六方晶系的特征是有个六次旋转对称轴(c 轴),其他两个轴(a_1 和 a_2)长度相等,二者的夹角为 120°,呈六次对称分布,这两轴都与 c 轴垂直。六方晶体的单胞有两个点阵常数 a 和 c,其标定过程主要是借助于 R 比值和晶面夹角公式。

六方晶系中,晶面间距的公式为

$$\frac{1}{d^2}=\frac{H^2+HK+K^2}{3a^2/4}+\frac{L^2}{c^2}=(H^2+HK+K^2)a^{*2}+L^2c^{*2}=M'a^{*2}+L^2c^{*2} \tag{4-62}$$

其中

$$M'=H^2+HK+K^2,\quad a^*=\frac{2}{\sqrt{3}a},\quad c^*=\frac{1}{c} \tag{4-63}$$

M' 可取的值为 1、4、7、9、12、13、16、19、21 等。容易看出 M' 数列的任意一个值乘以 3 就得到另一个 M' 值。这个关系被用来识别六方晶系,不过此关系依赖于$\{HK0\}$ 反射,如果衍射的花样中 $L\neq 0$ 的衍射较多,就会掩盖这种 3∶1 的关系。

由式(4-62) 和式(4-63) 可得

$$\frac{R_1}{R_2}=\left[\frac{4(c/a)^2(H_1^2+H_1K_1+K_1^2)+3L_1^2}{4(c/a)^2(H_2^2+H_2K_2+K_2^2)+3L_2^2}\right]^{1/2} \tag{4-64}$$

$$\cos\phi=\frac{H_1H_2+K_1K_2+\frac{1}{2}(H_1K_2+K_1H_2)+\frac{3}{4}(a/c)^2L_1L_2}{\left\{\left[H_1^2+K_1^2+H_1K_1+\frac{3}{4}(a/c)^2L_1^2\right]\left[H_2^2+H_2K_2+K_2^2+\frac{3}{4}(a/c)^2L_2^2\right]\right\}^{\frac{1}{2}}} \tag{4-65}$$

利用式(4-64) 和式(4-65),可以计算出各对晶面在不同 c/a 值下的 R 比值及夹角。在指标化中,根据底片所测得的 R 比值和 ϕ 值,查阅相关表格确定此晶系的 c/a 值以及相应的 $(H_1K_1L_1)$ 和 $(H_2K_2L_2)$,并由此算出晶带轴$[uvw]$。

如四方晶系,在指标化后,可以利用 L 为 0 的衍射求点阵常数 a,然后由其他衍射和已求出的 a 求出点阵常数 c。同样也可作 $1/d^2$ 差值表,从 $(M'_1-M'_2)a^{*2}$ 项中求出 a,从 $(L_1-L_2)c^{*2}$ 中求出 c。

以上介绍的是采用密勒指数(即三指数) 来标定六方晶系的衍射点,为了显示六次对称性采用密勒-布拉菲指数(即四指数 $hkil$) 时,需要经三指数和四指数的换算公式将指数变回三指数形式,变换公式见晶体学部分。

在六方晶系的衍射谱中,最典型的就是具有六次对称分布的点列。因为产生六次对称分布的点列的晶体只可能是立方晶系或六方晶系,如果可以排除是立方晶系,则仅凭这种六次对称点列就能肯定该晶体属于六方晶系,衍射斑点采用四指数时,最近的六个衍射斑点是 $\{10\bar{1}0\}$,由此可直接算出晶格常数 a。

（2）三维倒易重构确定新相结构

对于完全没有资料可以参照的新相，需要采用三维倒易重构的方法来确定新相结构，此法需要至少三张连续的电子衍射谱。原理如下：

如果有某一物相的三维倒易点阵如图 4.29(a) 所示，在此倒易点阵中选择一个点列作为不动轴，即图中的 AB 轴，选择包含此轴的四个倒空间二维截面，即图中的 1、2、3、4 面。这四个面的特征是首先都含有 AB 轴，其次可绕 AB 轴旋转依次得到。它们的夹角用 α_1、α_2、α_3 表示。接下来沿 AB 轴轴向投影，则四个平面可被投影成夹角为 α_1、α_2、α_3 的四条直线，如图 4.29(b) 所示。投影图中每一条直线上的点排列的周期，就是二维截面中与 AB 轴垂直的点列的周期。

很显然，如果我们能够在未知相中先确立一个不动轴，沿此轴旋转得到三张以上的电子衍射谱，并记录每张图谱的谱间夹角，那么根据这几张电子衍射谱可以做一张如图 4.29(b) 所示的投影图，投影方向都是不动轴方向。将每一张谱投影成一条直线，按照谱间夹角画好，在每一条直线上标记所有点后，按照晶体学空间的平移对称性将缺点的部分补齐，就能够得到三维倒易点阵沿不动轴方向的二维投影，再根据不动轴上的点列周期，就可以将二维投影还原回三维倒易点阵。清楚了倒易点阵，根据正、倒空间对应性就可以求出正空间点阵。

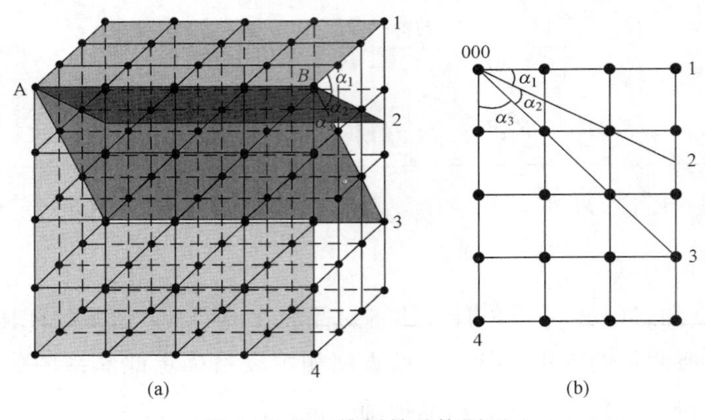

图 4.29 三维倒易重构原理

例 4.6 假如沿选定不动轴获得了某未知结构的 4 张电子衍射图，如图 4.30 左图所示（示意图），图中的不动轴都是竖直轴，首先将每一张谱沿不动轴方向投影成一条直线，按照谱间夹角画好，在每一条直线上标记与不动轴垂直的点列周期，然后按照晶体学空间的平移对称性将未画线部分（4 张谱以外的区域）的缺点补齐，就能够得到三维倒易点阵沿不动轴方向的二维投影，如图 4.30 右图所示。在这个二维投影中可以确认，基本单元是一个正方形（水平周期和垂直周期相等，夹角为 26.56°+18.43°+45.01°=90°）；进一步确认正方形周期长度与不动轴周期长度相等，又因为不动轴垂直于二维投影面，所以可以还原三维倒易空间是简单立方结构，那么其正空间也必为简单立方结构。接下来根据晶体结构标定各个衍射谱，标定结果如图 4.30 所示，注意在各张谱中不动轴的标定要保持一致，各张谱的谱间夹角要验证，即谱间要自洽。根据标定结果可求出正空间晶格常数 a。

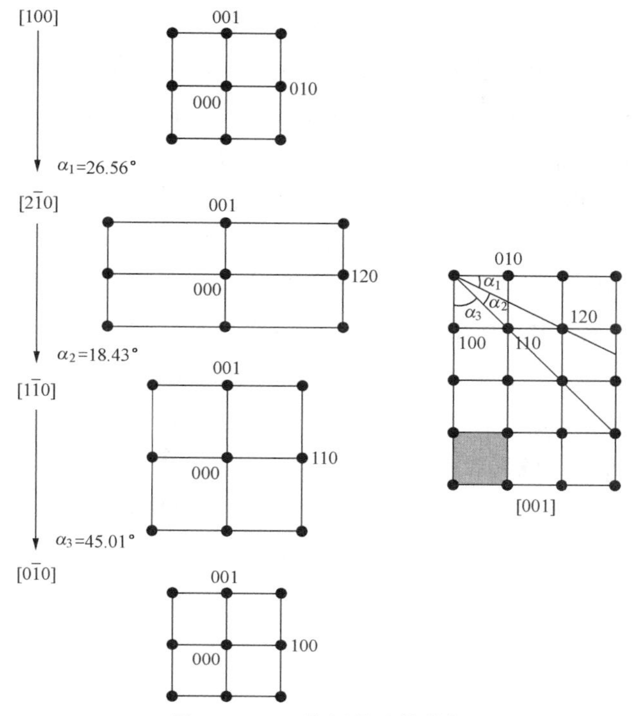

图 4.30　三维倒易重构举例

图 4.31 是六角相 Al_5FeNi 的连续选区电子衍射花样，该相结构的确定就是通过三维倒易重构的方法，衍射谱中竖直的轴就是不动轴。

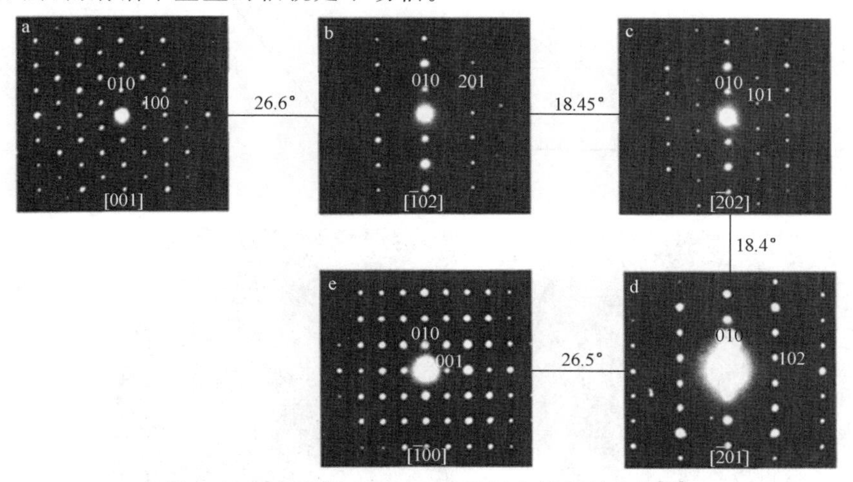

图 4.31　六角相 Al_5FeNi 的选区电子衍射花样[28]

4.6　多晶电子衍射

4.6.1　多晶电子衍射花样的产生及其几何特征

在 X 射线衍射分析中我们论述过，多晶体由无数个任意取向的小单晶即晶粒组成，就其位向而言，相当于单晶体围绕所有可能的轴线旋转，所以其某一晶面(HKL)的倒易点在4π立体空间中是均匀分布的，相同倒易矢长度的倒易点(相当于同间距晶面族)将落在同一个以倒易原点为中心的球面上，构成一个半径为$1/d_{HKL}$的球面，称之为倒易球面，显然此倒易球面对应于一个$\{HKL\}$晶面族。多晶体中不同间距的晶面，对应于不同半径的同心倒易球面。所以我们常说多晶体的倒易空间是一系列同心圆球。这一系列同心圆球如果与厄瓦尔德球面相截会产生若干个衍射圆锥，锥顶角为4θ。衍射圆锥经放大后与照相底片相截，就会产生多晶的电子衍射花样[29]：一系列同心的环[图4.32(a)]。多晶电子衍射谱类似于粉末X射线衍射谱。电子受到多晶体衍射，产生许多衍射圆锥，但比多晶体X射线衍射圆锥小(电子衍射的衍射角较小)，因此同心环数目要多，图4.32(b)和(c)为多晶Cu膜的形貌像和电子衍射像。当晶粒比较粗大时，参加衍射的晶粒不够多，衍射环将不连续；晶粒越细小，参加衍射的晶粒越多，衍射环将越连续。

所谓多晶电子衍射花样的指数化，就是确定产生这些衍射环的晶面族指数$\{HKL\}$。

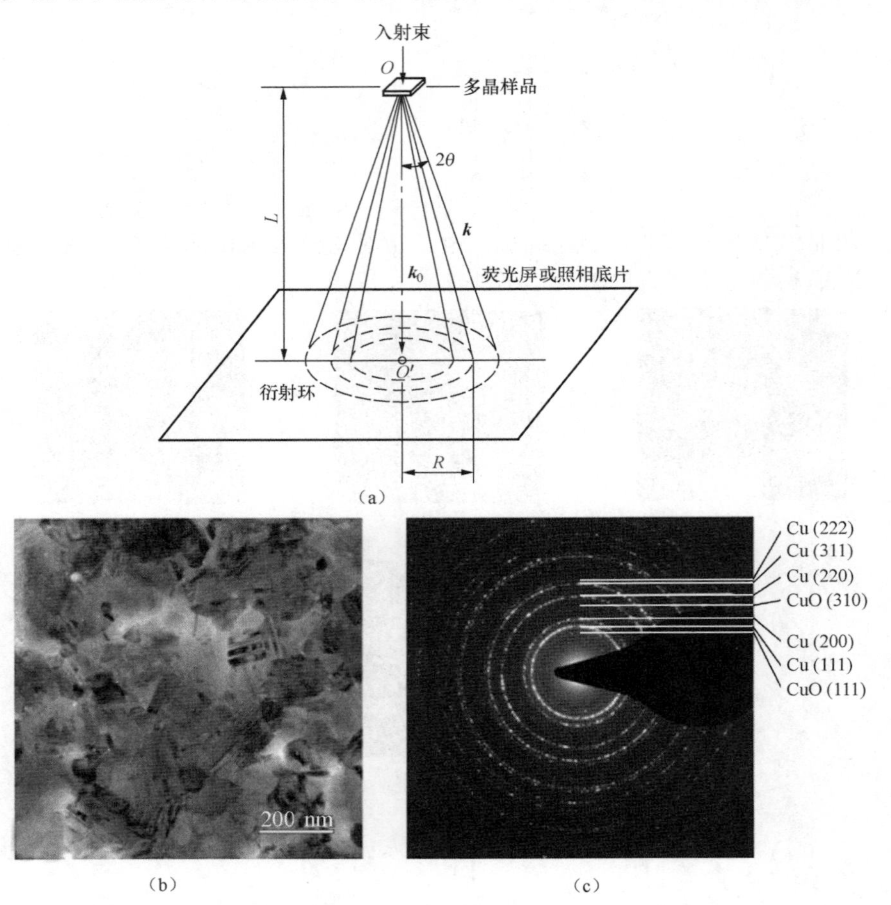

图4.32 多晶样品的电子衍射原理(a)和多晶Cu膜的形貌像(b)与衍射像(c)

4.6.2 多晶电子衍射花样的标定

电子衍射基本公式 $L\lambda = Rd$，它不仅可用于分析单晶电子衍射花样，也可用于分析多晶电子衍射花样。所以多晶环半径 R 正比于相应的晶面间距 d 的倒数，即

$$R = L\lambda / d \tag{4-66}$$

因为对同一张衍射花样，$L\lambda$ 是个定值，所以

$$R_1 : R_2 : \cdots : R_j : \cdots = \frac{1}{d_1} : \frac{1}{d_2} : \cdots : \frac{1}{d_j} : \cdots \tag{4-67}$$

上式建立了多晶环半径 R 的比值与各种晶体结构的晶面间距 d 比例的关系。下面我们将式(4-67)用于讨论立方晶系的多晶衍射花样。

对于立方晶系，晶面间距与晶面指数的关系为

$$d = \frac{a}{\sqrt{H^2 + K^2 + L^2}} = \frac{a}{\sqrt{N}} \tag{4-68}$$

其中

$$N = H^2 + K^2 + L^2 \tag{4-69}$$

由式(4-67)得

$$R_1 : R_2 : R_3 : \cdots = \sqrt{N_1} : \sqrt{N_2} : \sqrt{N_3} : \cdots \tag{4-70}$$

或

$$R_1^2 : R_2^2 : R_3^2 : \cdots = N_1 : N_2 : N_3 : \cdots \tag{4-71}$$

式(4-71)表明，在立方晶体多晶电子衍射花样中，各个环半径的平方一定满足整数的比例关系。前面已经讨论过，各种不同的点阵(简立方，面心立方，体心立方，金刚石立方)由于受到消光条件($F=0$)的限制，N 的取值序列是有差别的：

面心立方点阵，N 值为 3、4、8、11、12、16、19、20、…

体心立方点阵，N 值为 2、4、6、8、10、12、14、…(偶数)

简单立方点阵，N 值为 1、2、3、4、5、6、8、…(注意 N 值不能为 7、15 等禁数)

金刚石立方点阵，N 值为 3、8、11、16、19、24、…

如果该多晶体不属于立方晶系，那么各个环半径的平方的比值满足不同的规律。对于四方晶系，晶面间距与晶面指数的关系为

$$d = \frac{1}{\sqrt{\dfrac{H^2 + K^2}{a^2} + \dfrac{L^2}{c^2}}} \tag{4-72}$$

令 $M = H^2 + K^2$，根据消光条件，对应四方晶体 $L = 0$ 的衍射环的半径 R 满足比值

$$\begin{aligned} R_1^2 : R_2^2 : R_3^2 : \cdots &= M_1 : M_2 : M_3 : \cdots \\ &= 1 : 2 : 4 : 5 : 8 : 9 : 10 : 13 : 16 : 17 : 18 : \cdots \end{aligned} \tag{4-73}$$

对于六方晶系，晶面间距与晶面指数的关系为

$$d = \frac{1}{\sqrt{\frac{4}{3}\frac{H^2 + HK + K^2}{a^2} + \frac{L^2}{c^2}}} \tag{4-74}$$

令 $M' = H^2 + HK + K^2$，根据消光条件，对应四方晶体 $L = 0$ 的衍射环的半径 R 满足比值

$$\begin{aligned} R_1^2 : R_2^2 : R_3^2 : \cdots &= M'_1 : M'_2 : M'_3 : \cdots \\ &= 1 : 3 : 4 : 7 : 9 : 12 : 13 : 16 : 19 : 21 : \cdots \end{aligned} \tag{4-75}$$

可见不同晶系的衍射环半径平方的比值满足不同的规律，根据这个规律，可帮助我们判断所鉴定的材料的对称性。

从上述关于不同点阵类型的衍射晶体可能 N 值(或 M 值，M' 值)递增系列的讨论出发，多晶电子衍射花样的指数化将并不困难。

多晶电子衍射的标定步骤：

(1) 在待标定谱上测量所有衍射环半径 R_1、R_2、R_3、…、R_n 的长度，通常在衍射谱中间画一条直线，在这条直线上测量所有衍射环的直径，然后除以 2，这样的测量结果误差较小。

(2) 根据 $Rd = L\lambda$，计算所有衍射环对应的 d_1、d_2、d_3、…、d_n。

(3) 若该材料是立方晶系，则计算各 R_i^2，方法是逐个计算 R_i^2/R_1^2(其中 R_1 是最内层衍射环的半径)，如果所得比值不接近整数比，可以全部乘以 2 或 3 后再进行判断，由此确定各衍射环的 N 值(此法与 X 射线衍射分析中用 $\sin^2\theta_i : \sin^2\theta_1$ 求 N 值序列定结构一致)；并找出整数比值规律，估计所鉴定材料的晶体结构或点阵类型和 a 值；

(4) 若是非立方相，根据 d 值序列查 PDF 卡片，核对所有 d 值，并参照实际情况确定物相。

值得指出两点：

(1) 多晶电子衍射花样可能是多种合金相的多套花样的叠加，某些强线可能是多套谱线重合在一起。

(2) 为使分析结果更加可靠，应测量各谱线的相对强度，并找出强度最大的谱线的面间距(d_1)，以及次强、再次强的面间距(d_2，d_3)，再以 d_1 为 100，标定其余谱线的相对强度 I/I_0。在许多情况下，$d_{最大}$ 即低角度算起第一根线条的面间距是非常有用的。

一般先从卡片中检出与所测 d_1 值相近的一组卡片，再从中找出符合 d_2、d_3 的卡片，参照 $d_{最大}$ 的数值，可以逐步肯定各相的晶体结构。如果怀疑是两种相的谱线叠加，则可利用几条强线用试探法分组查对卡片。

近年以来，电子计算机已广泛应用于电子衍射谱的标定，使标定工作趋向于自动化。

4.6.3　多晶织构样品的电子衍射花样

在电子衍射工作中常会遇到一些由弧段构成的环状花样(图 4.33),这表明试样具有择优取向。有织构的多晶试样相当于在晶体中有一特定的晶轴,沿着某个方向排列,例如气相沉积,溶液凝析以及电解沉积等产物往往与衬底物质有一定的结晶学关系,常出现带有织构的多晶物质。

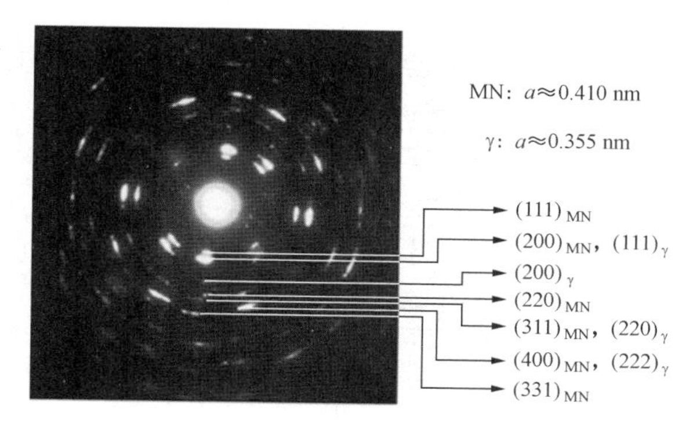

图 4.33　织构多晶样品的电子衍射花样[30]

最通常的织构是所谓丝织构(Fiber texture),这种试样的合成倒易点阵是由丝轴$[uvw]$的转动而获得的,围绕着这个轴的方向,取向是无规则排列的,于是每个倒易点扩展成连续环,且每一倒易面(uvw)由一套同心圆构成,如图 4.34 所示,位于相同面上的环的指数 HKL 由 $Hu+Kv+Lw=N$ 给出。如果电子束沿着$[uvw]$方向入射,则花样由 $N=0$ 平面上的环组成,而远离中心的花样 $N=1$ 和 $N=2$ 的面有贡献但不包括在内,如一阶和二阶劳厄带的情形(在本篇第 5 章讨论)。因此不是通常允许的所有衍射环都能出现,对衍射花样的中心区域而言,只有那些满足 $Hu+Kv+Lw=0$ 的 HKL 环才出现。例如,对面心立方结构,并且$[uvw]=[111]$,此时 $H+K+L=0$,因此观察到的环按其半径增加的顺序是$\{2\bar{2}0\}$、$\{4\bar{2}\bar{2}\}$、$\{4\bar{4}0\}$等。而通常观察到的$\{111\}$、$\{200\}$、$\{311\}$、$\{222\}$、$\{331\}$、$\{420\}$等环则不出现,实际上,从图 4.34 所示的理想取向作一微小的偏离,就能够使其具有后面这些指数的弱环出现。

如果试样绕垂直于$[uvw]$的轴倾斜,环状花样就破裂成一系列的圆弧,沿着平行于倾斜轴的直径方向,圆弧和原先的环状花样一致,但是当倾斜角增大时,圆弧就变得更短了。沿着垂直于倾斜轴的直径方向,原先的环消失了,由于倾斜使反射球和倒易点阵面 $Hu+Kv+Lw=1$、2、3 等相切而产生新的圆环(图 4.35)。沿着垂直于倾斜轴的直径方向,每一个新弧首先是以单个弧出现,但进一步倾斜就使其分裂成两个(参照图 4.34 可以看出这一点),然后这两个弧绕着通常衍射环以相反的方向朝着平行于倾斜轴的直径方向运动。当倾斜角为 90° 时,最后的衍射花样成为层线状。相当于反射球面垂直于图 4.34 中的圆面。这样,每一层线和一个圆面就相对应。虽然不能将薄膜试样倾斜到 90° 以得到后面这种花样,然而如取含有小的针状单晶集合体的试样,针状单晶都沿着一个方向排列,但绕针轴的方向彼此是无规则取向的,还是能够产生这种花样的。

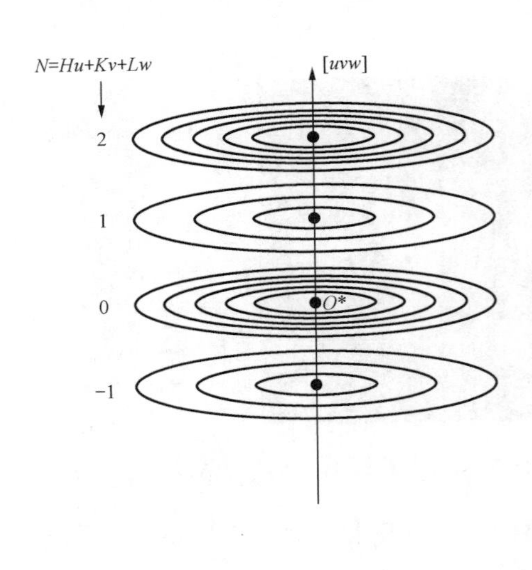

图 4.34 由一个[uvw]丝轴产生的同心环组成的倒易点阵

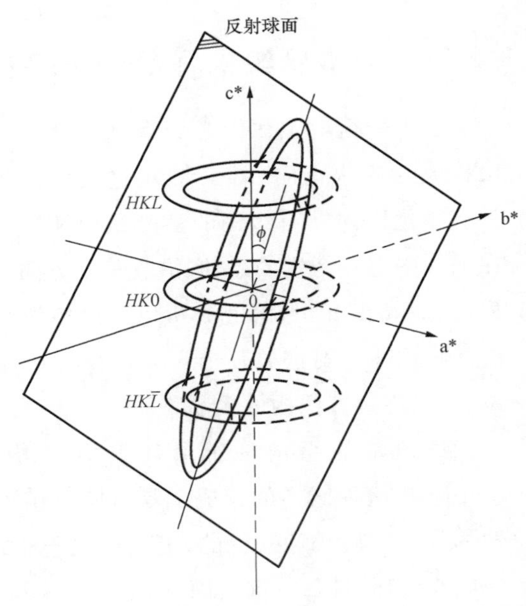

图 4.35 织构花样的产生

4.7 单晶、多晶和非晶电子衍射谱比较

单晶电子衍射谱的特点是衍射斑点具有对称性，中心的亮点是透射斑，对应000衍射，越靠近000斑点的衍射斑点 HKL 指数越小，越远离000斑点的衍射斑点 HKL 指数越大。

无序多晶体的电子衍射谱的特点是一个个的同心圆环。环越细越不连续，表示多晶体的晶粒越大，环越粗越连续，则多晶体的晶粒越小。

非晶电子衍射谱一般只有一个较强的晕环(Diffused ring)(图 4.36)，晕环的边界很模糊，比较常见的还可以在第一晕环的外侧看到一个较弱的更加宽化的第二晕环，非晶材料因为没有周期性，所以只要看到其衍射特征判断为非晶体即可，不需要标定。图4.37为单晶Si基体上生长的某非晶薄膜的形貌像和衍射像。

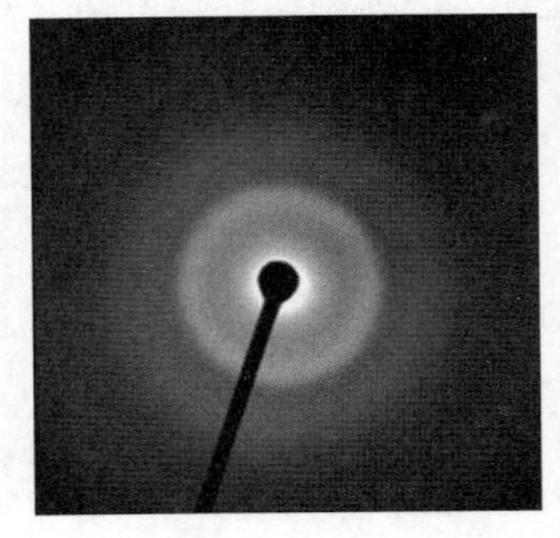

图 4.36 典型的非晶电子衍射谱

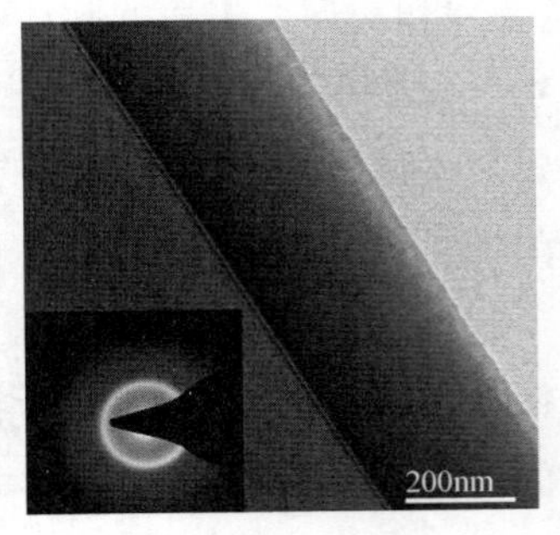

图 4.37 单晶 Si 基体上生长的某非晶薄膜的形貌像和衍射像(左下角)

因为单晶体、多晶体和非晶体的电子衍射谱完全不同，通过观察电子衍射谱的形状，可

以很方便地确定所研究的物质是单晶体、多晶体还是非晶体。

扩展阅读9:电子衍射的计算机分析

随着微型计算机的普及和发展,它已经广泛地用于处理和分析电子显微数据,如标定电子衍射谱等。用计算机来标定电子衍射谱的优点是:

(1) 高效率:人工标定需要花费一定时间,而计算机处理数据极快,可以在很短的时间内,试探许多不同的指数组合并判断该组合是否合适,从中找出较客观的结果,可以大大提高衍射谱标定的效率。

(2) 可分析各种对称性材料:特别是非立方对称性,对于立方晶系材料的电子衍射谱标定,采用人工标定还较简单,但对于非立方晶体材料的电子衍射谱,人工标定计算量很大也很复杂,采用计算机来标定,优势就很突出。

以下是几种常用的分析电子衍射谱的软件:

(1)EMS(Electron microscopy imagine simulation software)

PC用软件,可计算电子显微像和电子衍射花样,晶体结构。

(2)Desktop Microscopist

Virtural Laboratories公司的Macintosh用软件,可进行电子衍射、会聚束电子衍射花样的分析。

(3)ELD(Commercial package for windows)

PC用软件,与CRISP软件组合起来使用,输入电子衍射花样,就能进行指标化等电子衍射解析和晶体结构分析。

(4)CRISP

Calidris公司的PC用软件,输入透射电子显微镜像,可进行傅里叶变换等的图像处理和晶体结构分析。

(5)DIFPACK

Gatan公司的Macintosh用软件,它与Digital Micrograph软件组合起来实验,输入电子衍射花样,就可进行电子衍射分析。

(6)Digital Micrograph

Gatan公司的PC和Macintosh用软件,它可进行慢扫描CCD摄像机和像过滤器(GIF)的控制,以及透射电子显微镜像的解析和图像处理。

(7)Mac Tempas

Total Resolution公司的Macintosh用软件,它可按照多层法计算高分辨电子显微像和对电子进行衍射花样的计算。

(8)Mss Win32

JEOL公司的PC用软件,它可按照多层法计算高分辨电子显微像和进行电子衍射花样的计算。

(9)TriMerge

Calidris公司的PC用软件,它可将连续倾斜试样得到的一系列电子衍射花样输入进去,进行三维倒易重构。

(10)Tri View

Calidris 公司的 PC 用软件,显示用 TriMerge 软件建立的三维结构。

第5章

复杂电子衍射谱

前面对简单电子衍射谱的分析表明，薄单晶电子衍射谱的衍射斑点分布与考虑结构消光后的二维零层倒易平面的阵点相对应。但在实际电子衍射条件下，电子衍射谱可能包含不属于这些阵点的“多余”斑点。这些斑点的产生可能来自电子束的衍射效应，如高阶劳厄带和二次衍射，或由晶体形状和结构所致。这些“多余”衍射斑点的出现使电子衍射谱的分析和标定变得困难，但同时也提供更多的结构信息。因此认识这些衍射斑点的基本特征，不仅有助于电子衍射谱的分析和正确标定，而且借助于这些特殊衍射斑点还能获得有关晶体相结构、形貌和缺陷的信息[31]。

5.1　超点阵结构

许多合金在高温时，其组分原子(例如 AB 合金)会随机地占据晶格阵点，但温度下降时，这些原子会固定占据一些特别的阵点，这种转变称为无序 — 有序相变。合金在低温下形成有序的原子排列，这种合金称为有序合金(Ordered alloy)。转变过程中，当晶体内部的原子或离子产生有规律的位移或不同种原子产生有序排列时，将引起其电子衍射结果的变化，如可能使本来消光的衍射斑点出现，这种额外的衍射斑点称为超点阵(Superlattice)斑点。

例 5.1　Cu_3Au 为无序面心立方固溶体，即在面心立方的每一个阵点上，Cu 出现的概率为 75%，Au 出现的概率为 25%。而在一定条件下 Cu_3Au 会由无序固溶体向有序固溶体转变，结果是 Cu 始终处于面心位置，Au 始终位于单胞顶点位置，如图 5.1(a) 和(b) 所示。

根据结构因子的表达式：

$$F_{HKL} = \sum_{j=1}^{n} f_j \exp 2\pi i(Hx_j + Ky_j + Lz_j) \tag{5-1}$$

Cu_3Au 在无序的情况下为面心立方结构，晶胞中有 4 个阵点，坐标为(0,0,0)、(0,1/2,1/2)、(1/2,0,1/2)、(1/2,1/2,0)，每个阵点含有 0.75Cu、0.25Au，具有统计意义。

对 H,K,L 全奇全偶的晶面组，$|F_{HKL}|^2 = 16f^2_{平均}$；当 H,K,L 有奇有偶时，$|F_{HKL}|^2 = 0$，产生消光。

Cu_3Au 在有序相中为简单立方结构，晶胞由 1 个 Au 和 3 个 Cu 占据，坐标分别为

$$\text{Au:}(0,0,0);\quad \text{Cu:}(0,1/2,1/2)、(1/2,0,1/2)、(1/2,1/2,0)$$

$$|F_{HKL}|^2=\{f_{Au}+f_{Cu}[\cos\pi(H+K)+\cos\pi(H+L)+\cos\pi(K+L)]\}^2 \quad (5\text{-}2)$$

当 H,K,L 奇偶混杂时，$|F_{HKL}|^2=(f_{\mathrm{Au}}-f_{\mathrm{Cu}})^2$；当 H,K,L 全奇或全偶时，$|F_{HKL}|^2=(f_{\mathrm{Au}}+3f_{\mathrm{Cu}})^2$。

以上分析表明，在无序固溶体态时，由于 $|F_{HKL}|^2=0$ 应当消光的一些阵点，在有序化后其 $|F_{HKL}|^2\neq0$，衍射花样中出现相应的额外斑点，即超点阵斑点，如图 5.1(c)～(e) 所示。应特别注意的是，超点阵斑点的强度低，这与 $|F_{HKL}|^2$ 的计算结果是一致的。

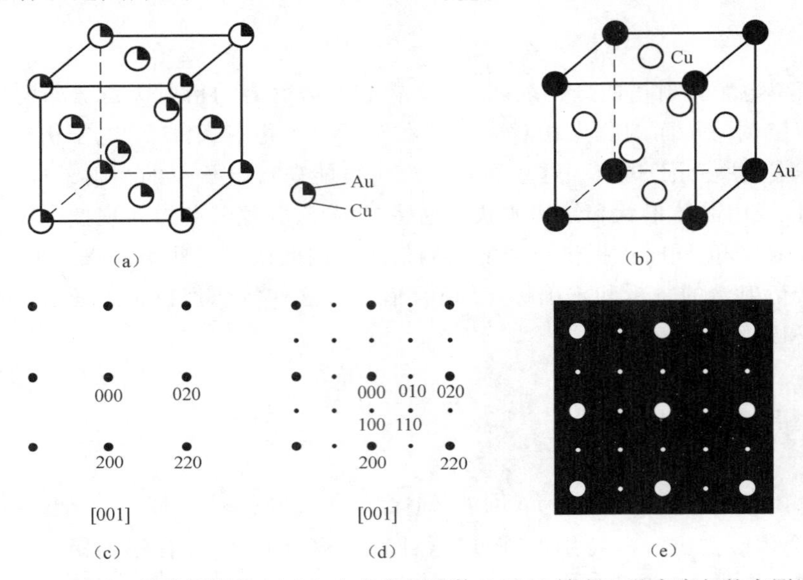

图 5.1 Cu_3Au 无序固溶体(a)(c) 向有序固溶体(b)(d) 转变以及有序相的实测谱(e)

5.2 长周期结构

在晶体点阵原来的周期上再叠加一个新的更长的周期，这种结构称为长周期结构(Long-period superlattice)。例如 AuCuⅡ 结构，在 b 方向上，每隔 5 个 AuCu 单胞就有一个 [1/2,0,1/2] 位移，这导致周期加大 10 倍，新周期为 $10b$(图 5.2)。

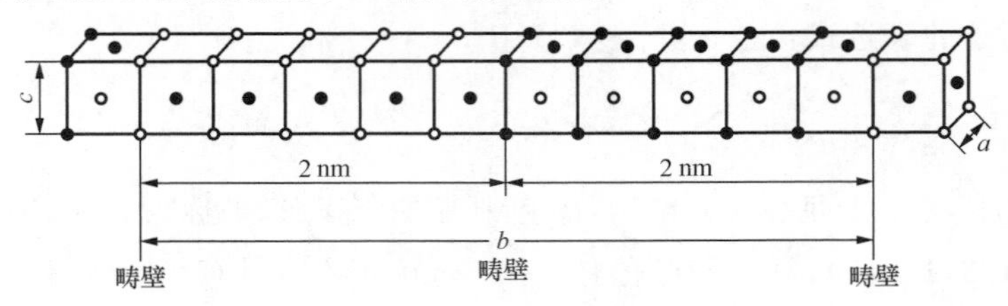

图 5.2 AuCu Ⅱ 长周期结构

长周期结构电子衍射的特征是在基体衍射斑点外，还出现一系列间隔较密、排列成行的衍射斑点。对于正交晶系的晶体，如果它在正空间某一个方向的周期是 a，那么它的衍射斑点在这个方向的间距正比于$\frac{1}{a}$；若在这个正交晶系的晶体上叠加 L 个周期，使新的长周期结构的周期变为 La，则该长周期结构衍射斑点的间距正比于$\frac{1}{La}$，即衍射斑点间距减小为$\frac{1}{L}$。

图 5.3(a) 是 Au_3Cd 长周期结构，图中左边第一个方格相当于一个周期，它在 c 方向的周期假定为 c，左边第二个方格是左边第一个方格移动了[0,1/2,1/2] 的结果，右边第一个方格与左边第一个方格相同，右边第二个方格与左边第二个方格相同，4 个方格组成一个长周期结构，它在 c 方向的周期为 $4c$。

这个结构的模拟衍射图如图 5.3(b) 所示，图中亮的衍射斑点间距对应于原先的周期 c，而亮点中间一排较弱的衍射斑点，其间距只有亮衍射斑点间距的 1/4，对应于长周期结构的 $4c$ 周期。

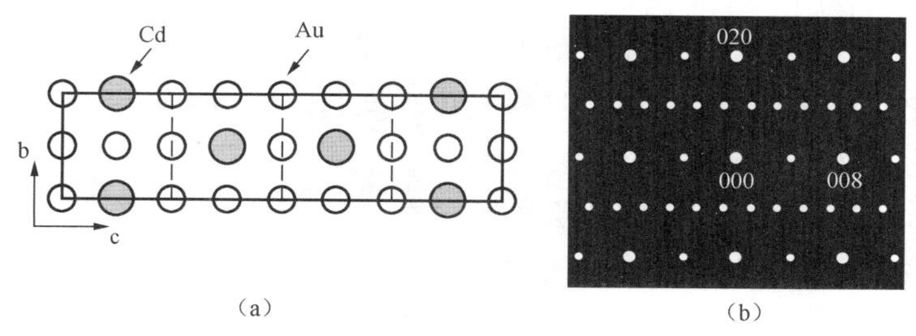

图 5.3 Au_3Cd 的结构图(a) 和模拟的衍射图(b)

(衍射图中较亮的衍射点是基本衍射斑点，较弱的衍射点是超衍射斑点)

图 5.2 的 AuCu Ⅱ 结构可看作点阵常数 a 加大 10 倍的超点阵结构(Superstructure)，也可看作在晶体点阵的周期上再在 a 方向上叠加一个 10 倍于晶体点阵的长周期，但长周期结构的概念比超点阵结构的概念更广泛。

(1) 长周期结构的周期可以变化很大，有时可达原周期的几百倍，长周期结构的周期可以是整数，也可以是非整数。

(2) 超点阵概念常与固溶体有序化联系在一起，除了这些由元素的长程有序分布引起的长周期结构外，还有由密排层的长程有序堆垛而成的长周期结构，甚至晶体缺陷的长程分布也可看作一种长周期结构。

(3) 通常长周期结构的周期或点阵常数是其亚结构(即原先的结构) 的有理数倍，称为有公度的长周期结构(Commensurate structure)。若长周期结构的周期或点阵常数是其亚结构的无理数倍，称为无公度的长周期结构(Incommensurate structure)。

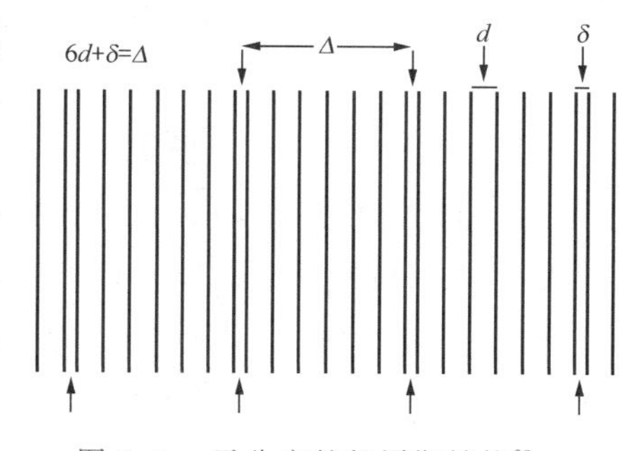

图 5.4 无公度的长周期结构[23]

(在每 6 层原子面中间插入一个面缺陷，使点阵每隔 6 个原子面扩大 δ)

图 5.4 是某一调制结构的示意图，该结构原来的周期是 d，重复 6 次后，再加上一个间隔为 δ($\delta < d$) 的结

构，新的长周期结构的周期为$\Delta=6d+\delta$，它不是d的有理数倍，故这个长周期结构是一个无公度的长周期结构。显然，无公度的长周期结构也是在基体衍射斑点外，还出现一系列间隔较密、排列成行的衍射斑点，可以根据附加衍射点的周期和原先结构的周期来计算无公度的倍数。

5.3 会聚束电子衍射

会聚束电子衍射(Convergent beam electron diffraction，CBD）是利用透射电子显微镜的聚光系统产生一个束斑很小的会聚电子束照射样品，形成发散的透射束和衍射束。因为透射束和衍射束束斑的大小与入射束的会聚角有直接的关系，所以如图 5.5(a)(b) 所示，如果增加入射束的会聚角，衍射图像上所有斑点都会扩展，扩展到一定程度，斑点间会有少许交叠，这时习惯称之为小角会聚束；继续增加入射束的会聚角，斑点会扩展得非常大，如图5.5(c) 所示，这时一个中央透射斑中含有周围很多衍射斑的交叠信息，所以只拍透射斑图像即可，这就是我们常说的大角会聚束图像。

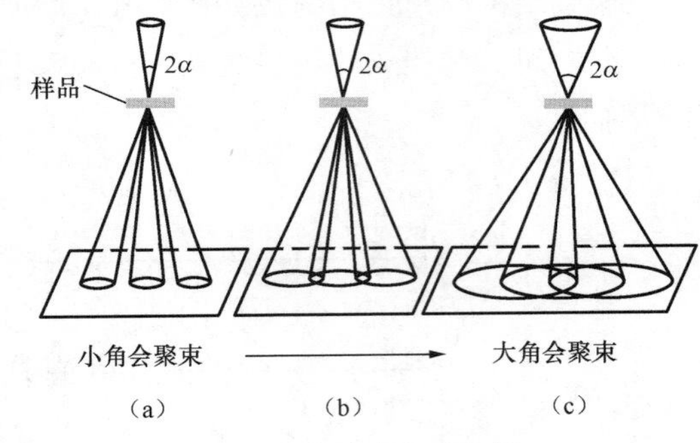

图 5.5 会聚束电子衍射

[由(a) 到(c) 会聚角逐渐增大]

典型的小角会聚束花样如图 5.6 左侧所示。当需要分析的区域比选区光阑的最小孔径尺寸还要小时，选区衍射失去作用，此时必须采用增大会聚角，即把入射光斑缩小到微(纳)米量级的会聚束电子衍射，所以小角会聚束又常称为微(纳米) 束衍射技术。该技术与选区衍射技术不同，不需要使用选区光阑来限制试样成像和分析的范围，而是通过聚光镜把入射电子束会聚成细小的电子束，然后照射到感兴趣的区域上，获得对应的衍射花样。现代电子显微镜技术已经可以把电子束斑会聚到纳米数量级。在电子显微镜合轴良好的基础上，微(纳米) 束衍射的基本操作流程如下：

(1) 把感兴趣的区域拖到荧光屏中央，调节聚焦钮，直到试样在观察屏上的像清晰。

(2) 选择微(纳米) 束衍射功能以及适当的束斑尺寸，调节聚光镜电流把束斑聚焦到最小，然后把束斑平移到试样中感兴趣的区域。

(3) 选择衍射功能即可获得相应的衍射花样。

由于入射电子束束斑较小，获得的衍射斑强度很低，因此记录衍射花样的曝光时间相应较长。另外微(纳米) 束衍射获得的衍射斑点直径往往比选区衍射的要大，有时甚至是尺寸较大的圆盘。此时要注意，如果获得的衍射谱斑点尺寸过大，不能通过调节聚光镜电流来聚焦衍射斑点，而应通过调节电子束的会聚角或改变聚光镜光阑孔径大小来调节。

因为小角会聚束电子衍射谱只是在原有单晶电子衍射的基础上，所有点扩展成盘，所以其标定方法同单晶电子衍射，要注意的是测量 R 值时，测盘边缘到边缘的距离更准确一些。

大角会聚束电子衍射的主要优点在于通过圆盘内晶带轴花样及其精细结构的分析，可以提供关于晶体对称性、点阵电势、色散面几何等大量结构信息。通常要获得大的入射束会聚角需要改变聚光镜光阑孔径大小。

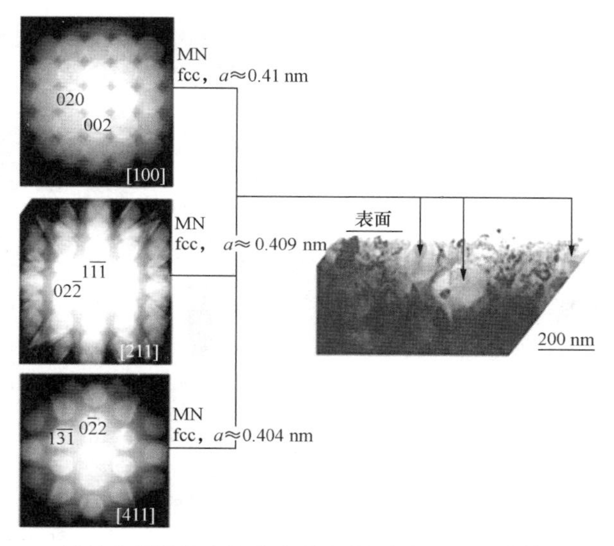

图5.6　某氮化薄膜的会聚束电子衍射(左侧)和形貌像(右侧)[30]

5.4　二次衍射

晶体对电子的散射能力远比 X 射线强，衍射束的强度与透射束强度相当，因此，衍射束又可以看成是晶体内新的入射束，继续在晶体内产生二次布拉格衍射或多次布拉格衍射，这种现象称为二次衍射(Double diffraction)或多次衍射(Multiple diffraction)。其电子衍射谱就是在一般的单晶衍射谱上出现一些附加斑点，这些二次衍射斑点有的可能与一次衍射斑点重合而使一次衍射斑点的强度出现反常，有的不重合，这就导致一些通常 $|F_{HKL}|^2=0$ 的禁止衍射斑点出现衍射强度。显然，多次衍射效应给我们进行电子衍射谱的强度分析带来了一定的干扰。

实际上，由于能够产生衍射强度的电子入射角非常小，衍射束偏离透射束的角度很小。由二次衍射产生的衍射谱与一次衍射谱基本相同，但其原点不是透射斑点，而是在产生二次衍射的一次衍射斑点($\boldsymbol{g}_1$)处。图5.7显示了密排六方晶体[010]晶带轴产生二次衍射的过程。图5.7(a)是一次衍射谱，图5.7(b)是二次衍射谱[它的中心是$(10\bar{1}1)$处]。而实际得到的衍射谱是一次衍射谱和二次衍射谱图的叠加，即将两张衍射谱的$(10\bar{1}1)$点重合叠加可得实际观察到的衍射谱，如图5.7(c)所示。这样在一次衍射的 $|F_{HKL}|^2=0$ 处将出现衍射斑点，如图5.7(c)中虚线圆圈位置。这些衍射斑点不是直接产生的，而是以$(10\bar{1}1)$晶面的衍射

束作为新的入射束，使$(\bar{1}010)$、$(\bar{1}012)$、$(\bar{1}01\bar{2})$等晶面再次衍射的结果。这些指数之间的关系为

$$(\bar{1}010)+(10\bar{1}1)=(0001)$$
$$(\bar{1}010)+(10\bar{1}\bar{1})=(000\bar{1})$$
$$(\bar{1}010)+(10\bar{1}3)=(0003)$$
$$(\bar{1}010)+(10\bar{1}\bar{3})=(000\bar{3})$$

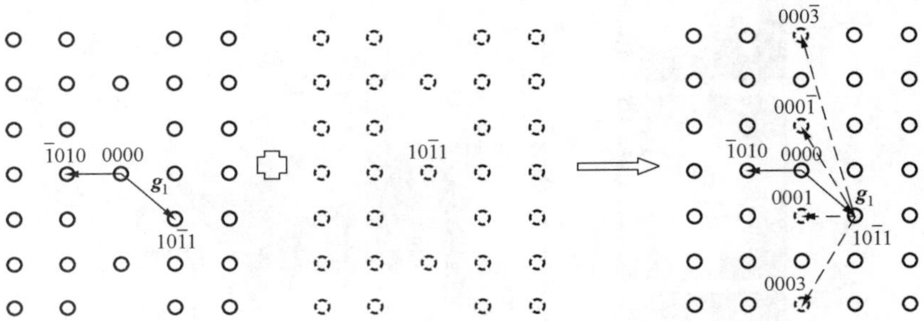

（a）一次衍射谱　（b）二次衍射谱　（c）合成衍射谱

图 5.7　密排六方晶体[010]晶带轴二次衍射的形成

图 5.8 是单晶 Si[011]电子衍射谱。根据结构消光，单晶 Si 具有金刚石结构，其(200)晶面禁止衍射，所以图中(200)衍射斑点是二次衍射的结果，即$(11\bar{1})$晶面的衍射束作为新的射线源，被$(1\bar{1}1)$晶面重新衍射，导致在一次衍射谱上出现(200)衍射斑点。它们的指数关系为

$$(11\bar{1})+(1\bar{1}1)=(200)$$

如图 5.9 所示，$(H_1K_1L_1)$、$(H_2K_2L_2)$和$(H_3K_3L_3)$为同一单晶体中三个不同晶面族，假设消光入射线经过$(H_1K_1L_1)$时不发生衍射，但通过$(H_2K_2L_2)$时正常地发生了一次衍射，由于其强度足够大，且方向作为$(H_3K_3L_3)$的入射线正好满足布拉格条件，从而产生了二次衍射。这二次衍射看起来像是$(H_1K_1L_1)$的一次衍射，通常标注为“$(H_1K_1L_1)$禁止”，其实这个斑点不是$(H_1K_1L_1)$的贡献。

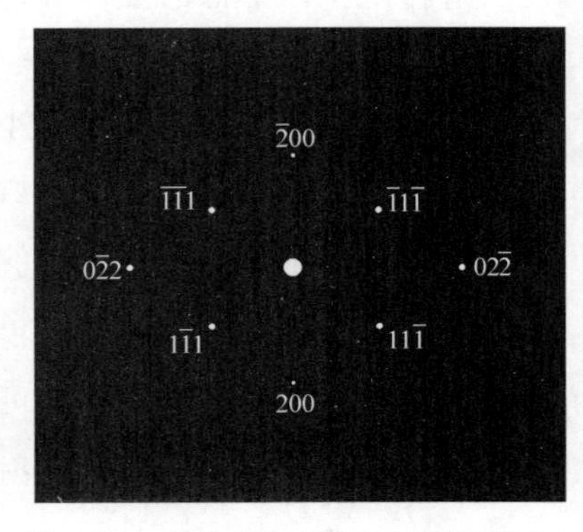

图 5.8　单晶 Si[011]电子衍射谱

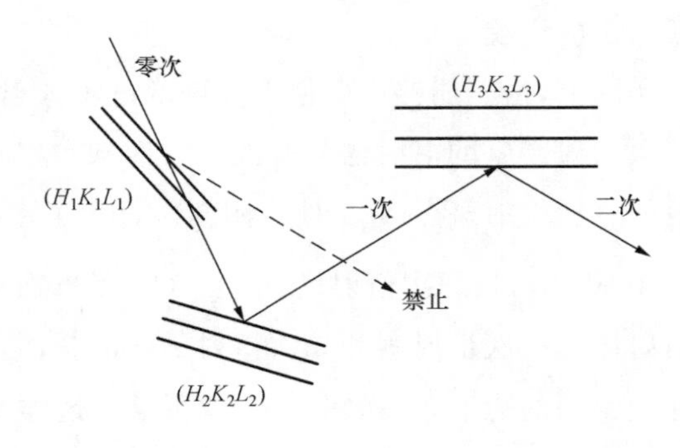

图 5.9　二次衍射效应产生的“禁止衍射”

此外，当电子束先后通过两片薄晶体时，也会产生二次衍射。例如，当电子束相继穿过单晶体与多晶膜时(图5.10)，若单晶的晶带轴为[001]，则电子通过单晶后，将得到000、010、100、110、… 衍射束。这些透射束和衍射束又分别成为多晶的入射束，产生二次衍射，从而在每个单晶衍射斑点周围都有一组多晶衍射环。由此可见，复合膜的电子衍射谱可以看作两套衍射谱的叠加，一套是单晶的一次衍射谱，另一套是多晶衍射谱。把多晶的一次衍射谱的中心逐次移到各个单晶的一次衍射斑点上，叠加起来就得到包括二次衍射的电子衍射谱。

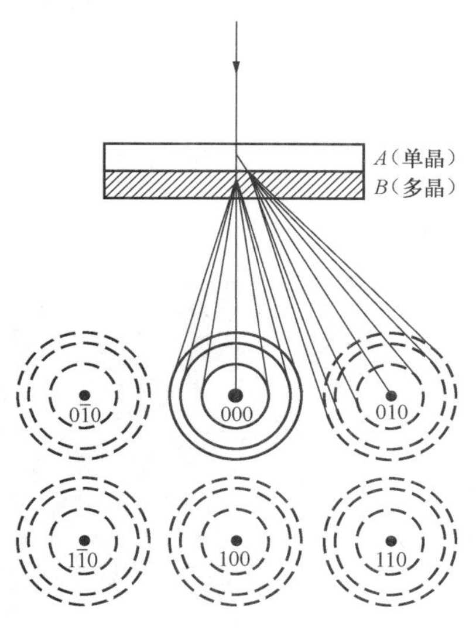

图5.10　电子束相继通过单晶、多晶试样时产生的电子衍射谱(实线实点是一次衍射，虚线是二次衍射)

显然，在二次衍射效应中，二次衍射斑点的指数必然是由最初的两个衍射斑点的指数叠加而成。如果$(H_1K_1L_1)$和$(H_2K_2L_2)$满足衍射条件产生一次衍射，那么$(H_1 \pm H_2, K_1 \pm K_2, L_1 \pm L_2)$也满足衍射条件产生二次衍射。

面心立方晶体和体心立方晶体中二次衍射产生的斑点和正常斑点重合。因此它们仅使正常斑点的强度发生变化，但在其他点阵类型的晶体中(如密排六方晶体和金刚石立方晶体)就会出现附加斑点，不仅改变衍射谱衍射斑点排列的几何特征，而且改变一次衍射斑点的强度分布，使衍射斑点间的强度差别减小，给晶体结构的分析带来困难。

一般来说，二次衍射发生在以下三种场合：

(1) 两相晶体之间，例如基体和析出物之间，基底和沉积层之间等。

(2) 同结构的不同方位晶体之间，例如孪晶，晶界附近等。

(3) 同一晶体的内部。

5.5　波纹图

在电子显微镜技术发展的早期，由于仪器的分辨本领尚不足以直接分辨晶格像，曾广泛利用二次衍射所提供的“水纹图形”间接显示晶面的规则排列和缺陷。在透射电子显微镜中，通过对试样的二次衍射产生波纹图(Corrugated figure)(图5.11)，可间接分辨晶格，不仅能显示晶体点阵的周期性，还能显示位错、层错等晶体缺陷。在单晶基底上的外延生长，合金中基体与析出相以及层状晶体的错排等常常呈现出波纹图。

波纹图的成像是二次衍射的结果。当入射电子束在一个晶体中产生强衍射束$\boldsymbol{k}_1(H_1K_1L_1)$时，它可成为二次衍射的射线源；当它进入第二个晶体后，产生二次衍射束$\boldsymbol{k}_2$。二次衍射的过程可以用反射球与倒易点阵关系来描述，如图5.12所示，$\boldsymbol{g}_1$是第一个晶体中的倒

易矢量,$\boldsymbol{g}_2$ 是第二个晶体中的倒易矢量,它们合成的新倒易矢量 $\boldsymbol{g}=\boldsymbol{g}_1+\boldsymbol{g}_2$,根据 $\boldsymbol{g}_1$、$\boldsymbol{g}_2$ 大小和取向不同,可产生三种波纹图。透射束 $\boldsymbol{k}_0$ 与二次衍射束 $\boldsymbol{k}_2$ 相互干涉产生的干涉条纹便是波纹图,波纹与 $\boldsymbol{g}$ 正交,间距为 D,$D=\dfrac{1}{|\boldsymbol{g}|}$。根据 $\boldsymbol{g}_1$、$\boldsymbol{g}_2$ 大小和取向的不同,可以产生三种波纹图。

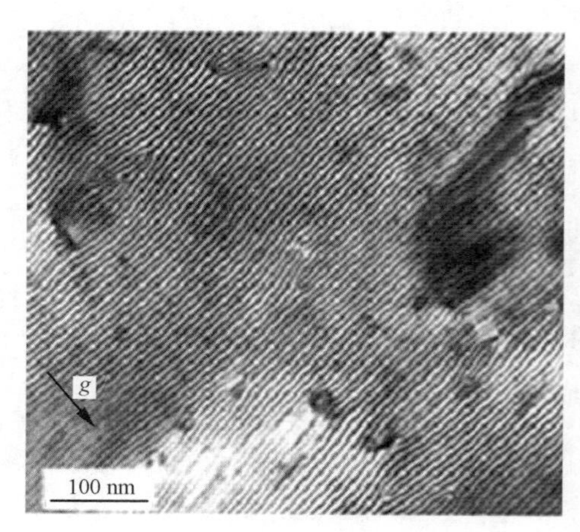

图 5.11 波纹图揭示在 GaAs 衬底上生长的 CoCa 膜中存在位错[23]

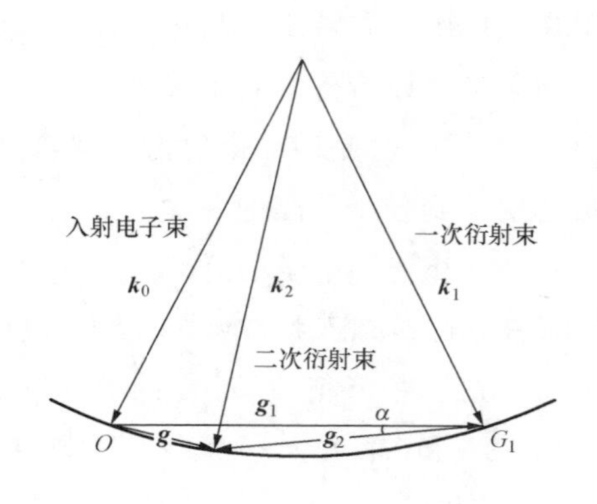

图 5.12 二次衍射产生波纹图的反射球构图

1. 平行波纹图

两个晶体面间距不同而取向相同的点阵平面平行重叠,此时 $|\boldsymbol{g}_1|\neq|\boldsymbol{g}_2|$,旋转角 $\alpha=0$,$\boldsymbol{g}_1$、$\boldsymbol{g}_2$ 及 $\boldsymbol{g}$ 在同一直线上。在这种情况下,获得的波纹图条纹间距为

$$D=\frac{1}{|\boldsymbol{g}|}=\frac{1}{|\boldsymbol{g}_2-\boldsymbol{g}_1|}=\frac{1}{\left|\dfrac{1}{d_2}-\dfrac{1}{d_1}\right|}=\frac{d_1d_2}{|d_1-d_2|} \tag{5-3}$$

图 5.13 是平行波纹图的示意图。平行波纹图的走向与原来的晶体平行,但面间距变大了,对 d_2 来说放大了 $\dfrac{d_1}{|d_1-d_2|}$ 倍,对 d_1 来说放大了 $\dfrac{d_2}{|d_1-d_2|}$ 倍。

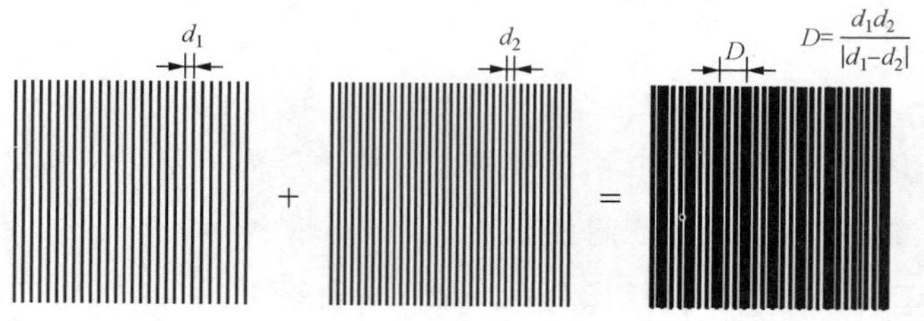

图 5.13 平行波纹图的示意图

2. 旋转波纹图

具有相同晶面间距的晶体重叠在一起,$|\boldsymbol{g}_1|=|\boldsymbol{g}_2|$,二者之间相差一个不大的旋转角 α(α 很小)。由图 5.14(a) 可得

$$\frac{|\boldsymbol{g}|}{2}=|\boldsymbol{g}_1|\sin\frac{\alpha}{2} \tag{5-4}$$

从而知旋转波纹图条纹间距为

$$D=\frac{1}{|\boldsymbol{g}|}=\frac{1}{2|\boldsymbol{g}_1|\sin\dfrac{\alpha}{2}}=\frac{d_1}{2\sin\dfrac{\alpha}{2}}\approx\frac{d_1}{\alpha}$$

即面间距放大了$\dfrac{1}{\alpha}$倍。旋转波纹图具有放大的功能，它的放大倍数为$\dfrac{1}{\alpha}$，两个晶体的取向差越小，放大倍数越大。图 5.14(b) 是旋转波纹图的示意图，注意旋转波纹的走向与原晶格垂直。

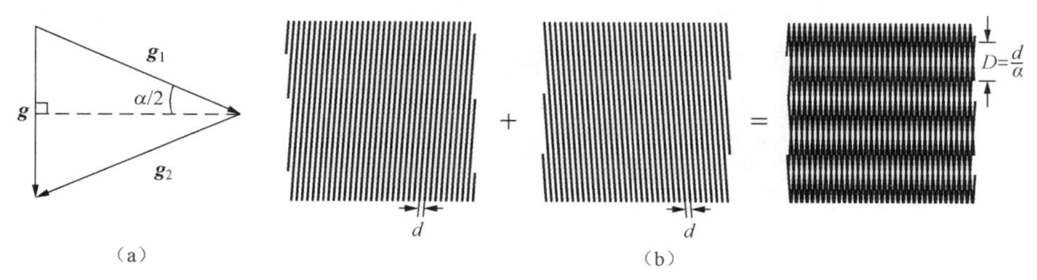

图 5.14　旋转波纹图的倒易矢量关系(a) 和示意图(b)

3. 混合波纹图

两个晶体的 $|\boldsymbol{g}_1|\neq|\boldsymbol{g}_2|$，同时取向也有差异，则有

$$|\boldsymbol{g}|^2=|\boldsymbol{g}_1|^2+|\boldsymbol{g}_2|^2-2|\boldsymbol{g}_1||\boldsymbol{g}_2|\cos\alpha \tag{5-5}$$

若 α 较小，则混合波纹图条纹间距为

$$D=\frac{d_1d_2}{\sqrt{(d_1-d_2)^2+d_1d_2\alpha^2}} \tag{5-6}$$

混合波纹图的示意图如图 5.15 所示。

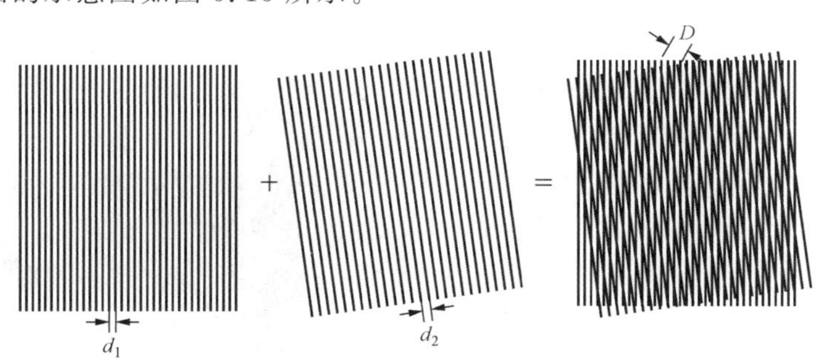

图 5.15　混合波纹图的示意图

目前，直接利用水纹法显示晶格像虽不常见，但在多相金属薄膜的衍衬图像中，两相的界面有时可以发现因二次衍射而造成的这种干涉条纹。波纹图被用来解释与基体具有相同晶体结构的有序和共格沉淀相所形成的图像（相当于平行波纹图）以及相同面间距的亚晶粒间界（相当于旋转波纹图）。波纹图还可被用来精确测定点阵间距（因为间距放大了），特别是当沉淀相与基体的点阵参数非常接近，且由于太薄而不能获得衍射斑点时，借助波纹图测量，可获得满意的结果。由于高分辨电子显微术可以分辨晶体的点阵像，故用波纹图来精确测定点阵间距已很少使用。此外，如果利用两个不同相的晶面组之间产生的二次衍射斑点进行暗场成像，这两个相将同时显示亮的衬度。

5.6 高阶劳厄带

简单电子衍射谱上所有衍射斑点都满足晶带定律 $Hu+Kv+Lw=0$，衍射花样均是过倒易原点的倒易平面$(uvw)^*$上的倒易点所贡献的，所有衍射斑点均在一套网格上。由于电子波具有一定的波长，厄瓦尔德球的半径不是无穷大。因此，除了通过原点的$(uvw)_0^*$倒易面上的阵点可能与厄瓦尔德球相截外，与此平行的其他$(uvw)^*$倒易面上的阵点也可能与厄瓦尔德球相截，从而产生另外一套或几套斑点。这些斑点满足广义晶带定律：

$$Hu+Kv+Lw=N,\quad N=0,\pm 1,\pm 2,\cdots \tag{5-7}$$

当 $N=0$ 时，为零阶劳厄带(Zero-order laue-zone，ZOLZ)，即简单电子衍射谱。注意，这里暂不考虑孪晶和菊池线等复杂情况。

当 $N\neq 0$ 时，为高阶劳厄带(Higher-order laue-zone，HOLZ)或 N 阶劳厄带。N 阶劳厄带中的衍射斑点与第 N 层$(uvw)^*$ 倒易面上的阵点相对应。

高阶劳厄斑的形成可以归结为以下三个原因：

(1) 由于薄膜试样的形状效应，使倒易阵点变长，如图 5.16(a) 所示，这种伸长的倒易杆很容易与反射球相交。

(2) 倒易面的倾斜增加了高层倒易阵点与反射球相交的机会，如图 5.16(b) 所示。

(3) 晶格常数很大的晶体试样，其倒易阵点细密排布，倒易面层间靠拢，如图 5.16(c) 所示，上两层阵点与零层同时与反射球相交。所以晶格常数大的物质，易于产生高阶劳厄带。

零阶与高阶劳厄带结合在一起就相当于二维倒易平面在三维空间的堆垛。高阶劳厄带提供了倒空间中的三维消息，弥补了二维电子衍射谱标定不唯一的缺陷，高阶劳厄带的分析对于相分析和研究取向关系极为有用。图 5.17 给出了一个零阶与高阶劳厄带一起出现的例子。

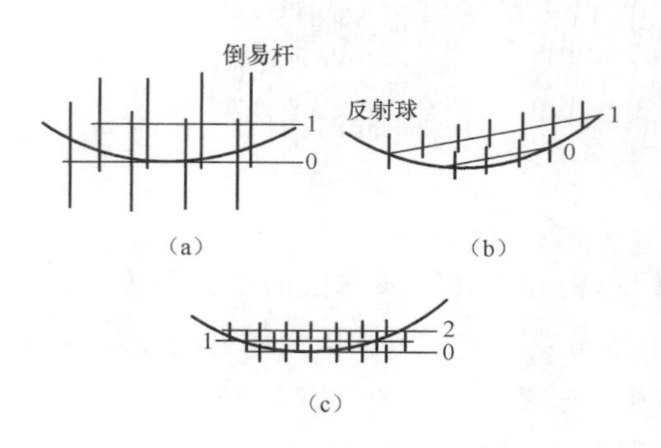

图 5.16　高阶劳厄带的形成

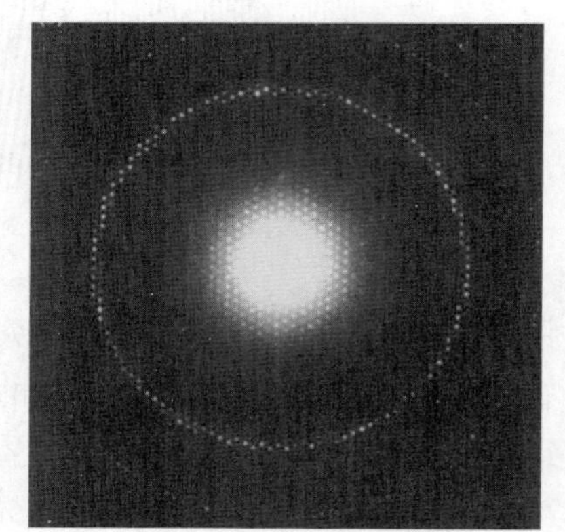

图 5.17　零阶与高阶劳厄带[23]

5.6.1 高阶劳厄带的种类

常见的高阶劳厄带有如下三种：

（1）对称的劳厄带

当晶带轴[uvw]与入射电子束平行时，电子束与一族倒易平面$(uvw)^*$正交，交线为半径不同的同心圆环。得到的零阶劳厄带是一个位于衍射谱中心的小圆区，高阶劳厄带是半径不同的同心圆环带，每个环有一定的宽度，各个环内斑点的几何分布是相同的，带间只有很弱的斑点（由于倒易棒拉长所致）或者没有斑点[图 5.18(a)]。

（2）不对称的劳厄带

电子束不与一组倒易平面$(uvw)^*$严格正交（有几度的偏离）。衍射谱由一系列同心圆的弧带构成，或者呈现衍射斑点偏聚在一边的同心圆环带[图 5.18(b)]，形成非对称劳厄带。根据圆弧中心偏离透射斑点的距离，可以求出晶带轴偏离的角度。

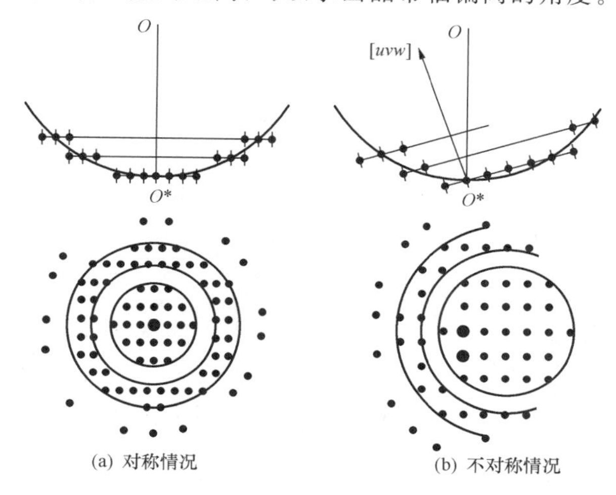

图 5.18　形成高阶劳厄带的几何示意图

（3）重叠的劳厄带

当晶体的点阵常数较大时，即倒易面的间距较小，而晶体较薄的情况下，倒易点成杆状，此时几个劳厄带可以重叠在一起，即在一套简单的平行四边形花样上又重叠了另外一套或几套同一形状的平行四边形（图 5.19）。这种情况在高温合金 $M_{23}C_6$ 及 M_6C 相中常出现。在重叠的劳厄带中，各劳厄带中的斑点网格几乎完全一样，只是根据晶体的点阵类型和晶带轴的取向不同，彼此间有一定的错开。

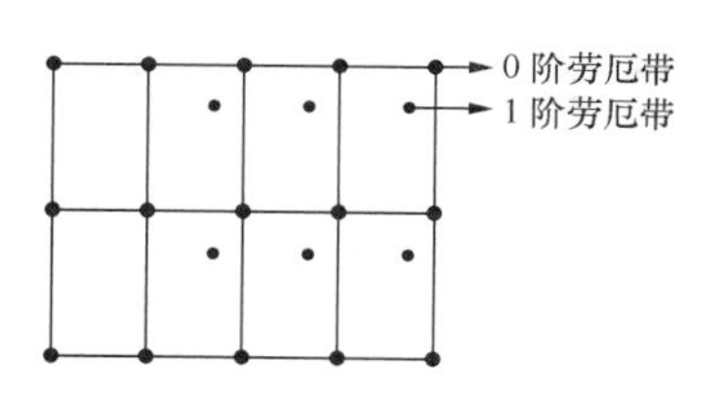

图 5.19　重叠的劳厄带

5.6.2　高阶劳厄带的应用

（1）估算晶体在电子束方向的厚度

电子波长越长，厄瓦尔德球半径越小，出现高阶劳厄带的机会就越大。晶体越厚，零阶劳厄带分布的范围越小，而高阶劳厄带之间的距离越大。可以根据零阶劳厄带分布的范围(R_0)和相机长度(L)，估算晶体在电子入射束方向的厚度(t)：

$$t = L^2 \frac{2\lambda}{R_0^2} \tag{5-8}$$

（2）物相鉴别

结构不同的两种晶体，在某些特殊的取向下，可能会有分布相同的 0 阶劳厄带斑点花样（偶合不唯一性），因此，不能根据 0 阶衍射图唯一确定物相。但此时，它们的高阶劳厄斑点在 0 阶劳厄带上的投影位置一般是不同的，故可以根据高阶劳厄斑点的投影位置来唯一确定物相。同时，利用高阶劳厄斑点也可消除单晶电子衍射谱的 180° 不确定性。

（3）估算点阵常数

正空间点阵的点阵参数越大，倒易空间中相邻的倒易面的面间距越小，高阶劳厄带出现的阶数越多，斑点机会就越大。根据高阶劳厄带的圆弧半径（R）可以粗略地估算点阵常数（c）：

$$c = L^2 \frac{2N\lambda}{R^2} \tag{5-9}$$

影响高阶劳厄带产生的因素主要有倒易面间距、反射球半径 $1/\lambda$ 和倒易阵点形状。有利于高阶劳厄带产生的条件是：

① 点阵常数增大，倒易面间距减小。

② 样品在入射束方向上的厚度越小，倒易阵点的扩展量越大。

③ 加速电压越小，λ 越大，$1/\lambda$ 越小。

④ 晶带轴偏离入射束方向的程度越大，越易出现高阶劳厄斑。

⑤ 晶带指数$[uvw]$增加，d^*_{uvw} 减小。

⑥ 会聚电子束使反射球面具有一定厚度。

5.7 菊池线

5.7.1 菊池线的产生

1928 年，菊池（Kikuchi）用电子束穿透较厚（> 0.1 μm）且内部缺陷密度较低的完整单晶试样时，在衍射照片上除了点状花样外，还有一系列平行的亮暗线。其亮线通过衍射斑点或在其附近，暗线通过透射斑点或在其附近。当厚度再继续增加时，点状花样会完全消失，只剩下大量亮、暗平行线对。菊池认为，这是电子经过非弹性散射失去较少能量，然后又受到弹性散射所致，这些线对称为菊池线对（图 5.20）。

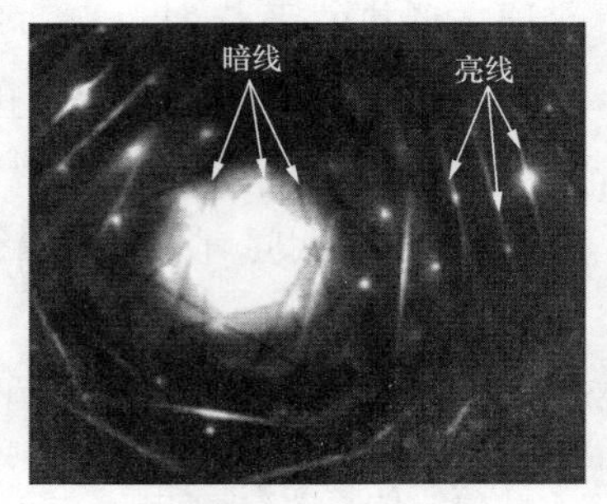

图 5.20 菊池线

入射电子在样品内所受到的散射作用有两类：一类是相干的弹性散射，由于晶体中散射质点的规则排列，使弹性散射电子彼此相互干涉，产生了前面所讨论的衍射环或衍射斑点；另一类是非弹性散射，即在散射过程中不仅有方向的变化，还有能量的损失，这是衍射花样中背景强度的主要来源。

通常，原子对电子的单次非弹性散射，只引起入射电子损失极少的能量($\leqslant 50$ eV)，因而可以近似地认为其波长没有发生变化。对于厚度 >100 nm 的试样，由于入射电子束和试样的非弹性散射的相互作用加强，使逸出试样的电子能量(波长)和方向相差很大，在晶体内出现了在空间所有方向上传播的子波，形成均匀的背底强度(中间较亮，旁边较暗，散射角越大，强度越低)。这些子波在符合布拉格条件的情况下，也可使晶面发生衍射，即再次发生相干散射，所以这也是一种动力学效应。

设在图 5.21(a) 中电子束射入晶体，P 点受到非相干散射后，成为球形子波的波源。非相干散射电子的强度和概率均是散射角的函数。在与入射束相同或接近方向上电子高度密集，散射电子强度极大，随着散射角的增大，其强度单调减少。如果以方向矢量的长度示意强度，那么从 P 点发出的散射波的强度分布为如图 5.21(a) 所示的液滴状，PQ 方向的电子散射强度大于 PR 方向。由 P 点发出的散射波入射到晶体的(HKL) 晶面上，其中部分(如 PR、PQ)将满足布拉格条件(在 R、Q 处)，产生衍射[图 5.21(b)]。下面分析由这些布拉格衍射而产生的出射波 RR' 和 QQ' 的强度。假设 c 为反射系数(即在 R 或 Q 处透射束转换给衍射束的能量分数)且 $c>1/2$，由图 5.21(b) 可得

$$I_{RR'}=(I_{PQ}-cI_{PQ})+cI_{PR}=I_{PQ}-c(I_{PQ}-I_{PR})<I_{PQ} \tag{5-10}$$

即出射波 RR' 的强度相对于入射波 PQ 是减弱了，如图 5.21(c) 所示。同理可得

$$I_{QQ'}=(I_{PR}-cI_{PR})+cI_{PQ}=I_{PR}+c(I_{PQ}-I_{PR})>I_{PR} \tag{5-11}$$

即出射波 QQ' 的强度相对于入射波 PR 是增强了，如图 5.21(c) 所示。

非相干散射电子相对于(HKL) 晶面族所产生的可能的衍射方向一定分布在半顶角为 $\left(\frac{\pi}{2}-\theta\right)$ 的圆锥上，且衍射束与入射束在同一圆锥面上。这两个衍射锥面与厄瓦尔德球(接近于平面)相截，相截处为两条双曲线。因 θ 值很小，样品至底片的距离(即相机长度 L)很大，故交线近似为一对平行的直线，如图 5.21(d) 所示。因为 $I_{PQ}>I_{PR}$，且 $c>1/2$，所以

$$I_{QQ'}-I_{RR'}=(2c-1)(I_{PQ}-I_{PR})>0 \tag{5-12}$$

即总的背底沿着 QQ' 增强，沿着 RR' 减弱，这样就形成一对菊池线(Kikuchi lines)，背底增强的线称为“增强线”，背底减弱的线称为“减弱线”。由于晶体中其他晶面族也可能产生类似的线对，因此形成由许多亮暗线对构成的菊池线谱。

电子衍射谱斑点是由弹性散射电子的布拉格衍射造成的，菊池线谱是由非弹性散射电子(前进方向改变且损失一部分能量)的布拉格衍射造成的。二者都满足布拉格方程，不同的是，产生斑点衍射谱的入射电子束有固定的方向，而菊池线是由发散的电子束产生的衍射。

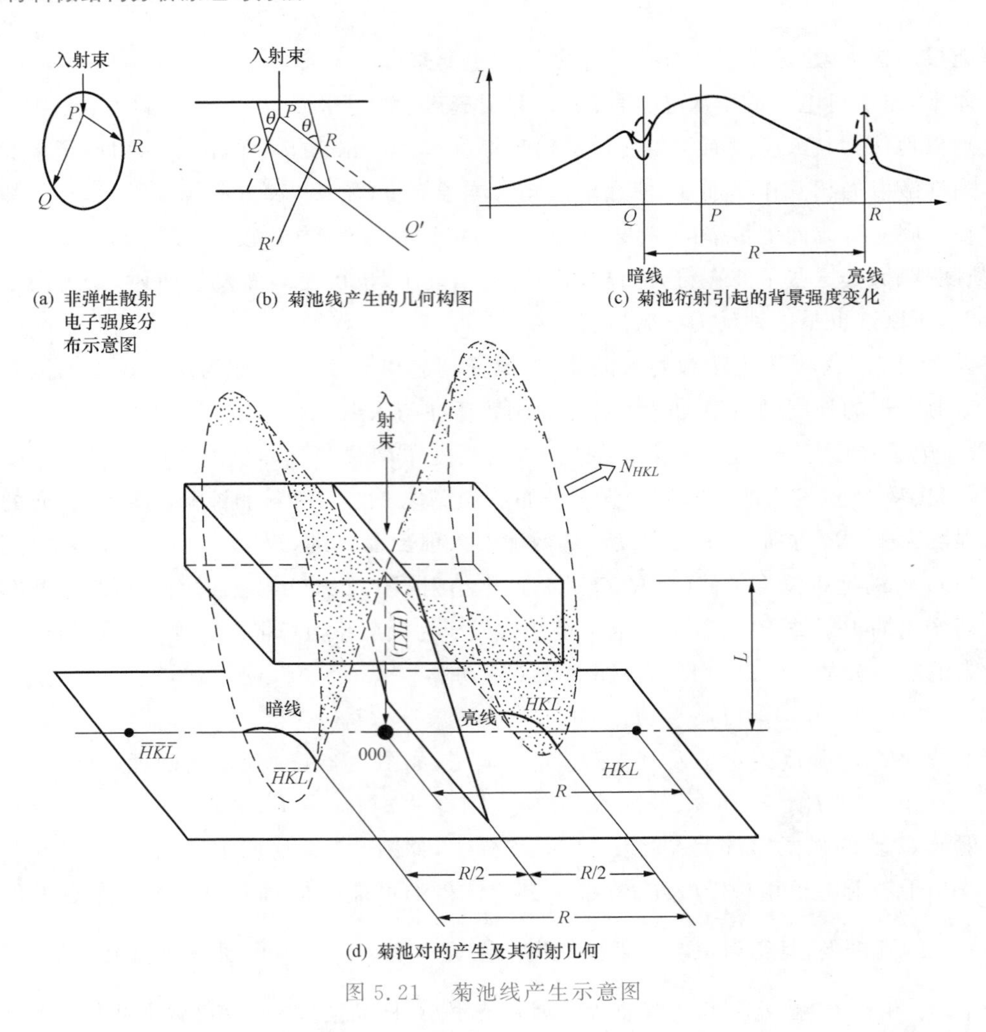

(a) 非弹性散射电子强度分布示意图　(b) 菊池线产生的几何构图　(c) 菊池衍射引起的背景强度变化

(d) 菊池对的产生及其衍射几何

图 5.21　菊池线产生示意图

5.7.2　菊池线的几何特征

由图 5.21(d) 可知，任一平面的边线如(HKL)平面与底片(或荧光屏)相交于暗线和亮线之间的一半处，也即 HKL 线对的中线，故菊池线能直观地反映(HKL)晶面的取向。它将随(HKL)转动而转动，对晶体的取向非常敏感，而单晶衍射斑对小范围的转动不敏感(确定取向只能精确到 3°)。菊池花样成为精确测定晶体取向的常用方法，如果 L=500 mm，当晶体旋转 1°时，菊池线可移动 8.5 mm，故用菊池线测晶体取向可精确到 0.1°。

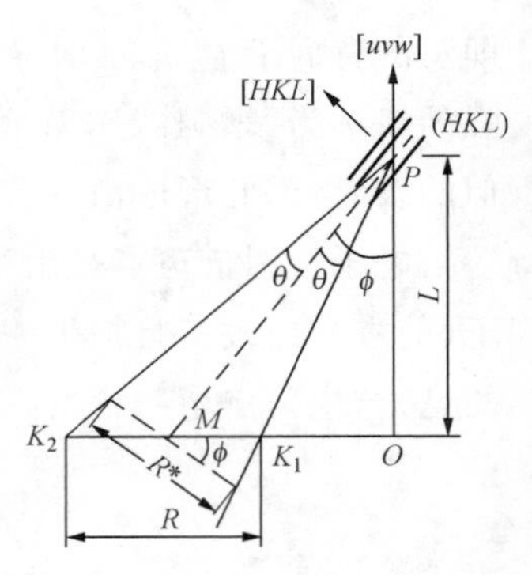

图 5.22　菊池线间距和其他参数的关系

如何由菊池线对测面间距和晶体取向？设从透射斑到所讨论的菊池线对的中线距离为 OM(图 5.22)，样品与电子束相交

处为 P，从 P 到菊池线对的中线距离为 PM，从 P 到菊池线对中一条线的距离为 PK_1，从 P 到菊池线对中另一条线的距离为 PK_2，(HKL) 与透射电子束夹角为 ϕ，衍射角为 θ，菊池线对间距为 R，相机长度为 L，与 PM 正交且过菊池线对中线 M 处的线段与 PK_1 和 PK_2 相交，两交点间距为 R^*。由图 5.22 可知

$$\frac{L}{PM}=\cos\phi \tag{5-13}$$

$$\frac{R^*}{2}/PM=\tan\theta\approx\theta \tag{5-14}$$

由式 (5-13) 和式 (5-14) 得

$$R^*=2\theta L\sec\phi \tag{5-15}$$

又因为

$$\frac{R^*}{2}=\frac{R}{2}\cos\phi \tag{5-16}$$

由式(5-15) 和式(5-16) 得

$$\theta=\frac{R\cos^2\phi}{2L} \tag{5-17}$$

将布拉格方程 $2d\sin\theta=\lambda$ 改写为

$$\frac{1}{d}=\frac{2\sin\theta}{\lambda}\approx\frac{2\theta}{\lambda}=\frac{R\cos^2\phi}{\lambda L} \tag{5-18}$$

再利用关系式 $OM=L\tan\phi$，可得

$$d=\frac{L\lambda}{R}\sec^2\left(\arctan\frac{OM}{L}\right) \tag{5-19}$$

所以，若从底片上测出某一线对的间距 R 和线对中点到透射斑的距离 OM，就可由式(5-19) 算出相对应的晶面间距 d。

由式(5-19) 可见，晶面和入射电子束间的夹角 ϕ 决定着菊池线对的分布，即晶体取向决定菊池线谱。而 HKL 菊池线对与 HKL 衍射斑的相对位置又能直接反映晶体的取向，下面讨论几种特殊情况。

(1) 当 $\phi=0$ 时，即晶面(HKL) 与入射电子束平行，菊池线对称地出现在中心透射斑的两侧(菊池线间距 $R=L\lambda/d$)，分别在 HKL 及 $\overline{HKL}$ 衍射斑的一半距离处，而菊池线的中线正好过透射斑[图 5.23(a)]。[注意：按照我们的理论推导，在对称入射时左右两根菊池线的强度应该一样，即从背景上看不出菊池线，可是，也许是由于所谓“反常吸收(或通道) 效应”的缘故，在相应线对之间常出现暗带(晶体较厚时) 或亮带(晶体较薄时)，被称为菊池带(Kikuchi band)。精确解释菊池带要复杂些，需用动力学理论。]

(2) 当 $\phi=\theta$ 时，即晶格严格处于布拉格衍射位置，倒易点 HKL 正好落在反射球上，菊池线正好通过 HKL 单晶衍射斑，而暗线过 000 点(透射斑)，在这种双光束情况下，菊池线的特征不明显，只在 000 与 HKL 之间存在一个暗的菊池带，这个暗带的两边线就相当于菊池线的位置[图 5.23(b)]。

(3) 当 ϕ 为其他任何值时，菊池线对任意分布，菊池线对的两条线可在透射斑的同一侧，也可位于透射斑的两侧，如图 5.23(c) 所示。一般来说，菊池线对的两条线相对于透射斑是不对称分布的，亮线也不通过相应的衍射斑。任意 HKL 菊池线对与中心斑点到 HKL 衍射斑的连线正交，而菊池线对的夹角与对应晶面夹角相等。

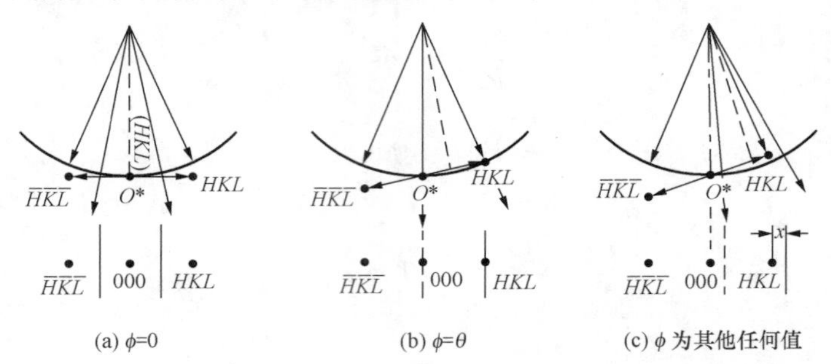

图 5.23　菊池线与衍射斑的相对位置

菊池线对的中线是(HKL) 面的延长线与荧光屏的截线，两条中线的交点即两个对应的晶面所属的晶带轴与荧光屏的截点，称为菊池极，同一晶带的菊池线对的中线交于一点，这是菊池衍射的一个对称中心。如果电子束严格沿[001] 方向入射，这时菊池花样的对称中心和单晶衍射谱的(000) 透射斑重合。

在单晶衍射谱中，只有晶带轴与电子束接近平行的晶带才能产生衍射，因此，一般只有一个晶带的衍射斑出现在衍射谱中。而在菊池线花样中，对参与衍射的晶带无此限制，因此菊池极也不止一个，与晶带轴对应的菊池线是确定晶带取向的重要根据，虽然一个菊池极就足以确定取向，但精确度不高，如能找到两到三个菊池极就可精确地测定晶体取向(见后面的例子)。

衍射斑和菊池线虽然都由布拉格衍射产生，但前者的入射束就是原始的入射束，而后者的入射束是原始入射电子束中，经物质原子非弹性散射的电子中，对(HKL) 来说入射方向满足布拉格条件的部分，因此，同一晶面可以不产生单晶衍射斑点，但可能产生菊池线。

在底片上看到的不同反射的菊池线对，其强度是不同的，这取决于晶体取向、厚度和晶体的完整性。菊池线的出现与样品的厚度有关；当样品较薄(如厚度小于最大允许厚度的一半) 时，一般只出现明锐的单晶衍射；当样品厚度在 0.5 ～ 1 个最大允许厚度时，单晶衍射斑可以与菊池线同时存在；继续增加样品厚度，电子完全被样品吸收，单晶衍射斑与菊池线都看不见。

综上所述，菊池线对的几何特征如下：

(1) 菊池线对间距等于相应衍射斑到中心斑的距离。

(2) 菊池线对的中线可视为(HKL) 晶面与底片的交线。

(3) 线对公垂线与相应的斑点坐标矢量平行。

(4) 菊池线对在衍射图中的位置对样品晶体的取向非常敏感。

5.7.3 菊池线的应用

菊池线主要用途：精确测定晶体取向，精确测定试样倾转角，以及测定偏离布拉格位置的偏离矢量 $\boldsymbol{s}$ 等。

1. 测定晶体取向

在菊池线谱中往往可以观察到，一些菊池线对的中线在某一点相交，这一点称为菊池极(Kikuchi pole)。围绕每个菊池极分布的菊池线对属于同一个晶带[32]。一张菊池线谱可以有多个菊池极，图 5.24 为单晶硅[111]菊池衍射谱示意图。

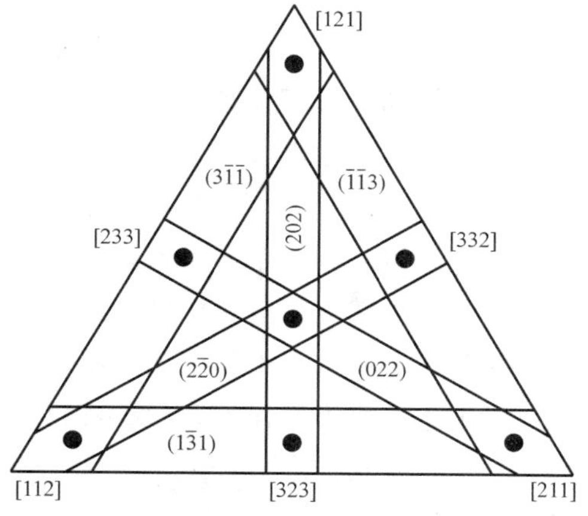

图 5.24　单晶硅[111]菊池衍射谱示意图（菊池线谱中圆点处即为菊池极）

利用菊池线测定晶体取向，往往采用三菊池极法，即在底片上找出三对独立的菊池线[图 5.25(a)]，先确定它们的指数 $H_iK_iL_i(i=1,2,3)$。再由此确定它们的中线交点 A、B、C 所代表的晶带轴 $\boldsymbol{Z}_i=[u_iv_iw_i](i=1,2,3)$。例如由 $H_1K_1L_1$ 和 $H_2K_2L_2$ 确定的过 B 点的晶带轴，令电子束入射方向为 $\boldsymbol{r}=[uvw]$，则

$$\boldsymbol{Z}_i\cdot\boldsymbol{r}=|\boldsymbol{Z}_i||\boldsymbol{r}|\cos\phi_i\quad(i=1,2,3)\tag{5-20}$$

式中，ϕ_i 为晶带轴 $\boldsymbol{Z}_i$ 与电子束入射方向 $\boldsymbol{r}$ 之间的夹角[图 5.25(b)]。而

$$\begin{cases}\phi_1\approx\tan\phi_1=OA/L\\ \phi_2\approx\tan\phi_2=OB/L\\ \phi_3\approx\tan\phi_3=OC/L\end{cases}\tag{5-21}$$

若已知有效相机长度 L，并测得 OA、OB、OC，就可由上面的三个方程求得 uvw。

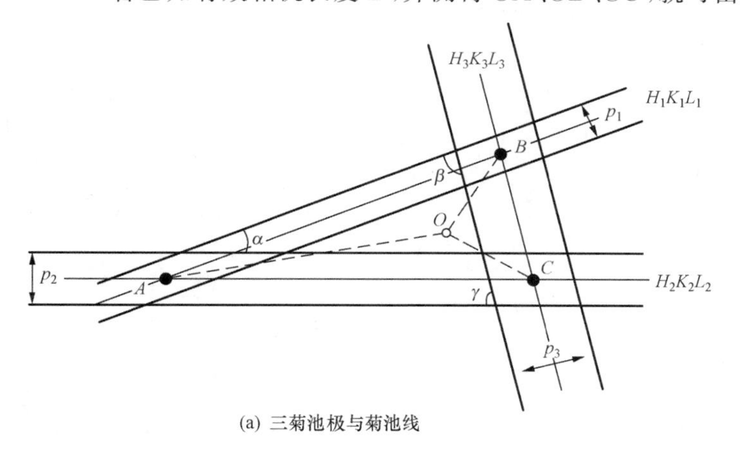

(a) 三菊池极与菊池线

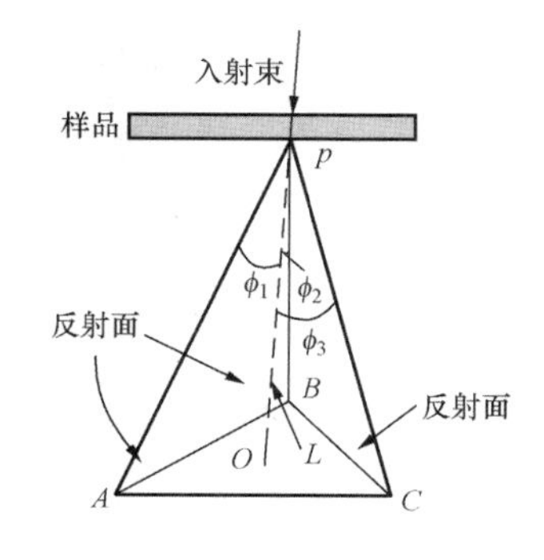

(b) 三个晶带轴与电子束入射方向的夹角

图 5.25　三菊池极法

2. 精确测定试样倾转角

当试样绕垂直于入射束的某轴(垂直于纸面)倾斜一个微小角度 $\delta\theta$,这时菊池线位置要平移一个 $\boldsymbol{a}$,$\boldsymbol{a}$ 的方向随偏离矢量 $\boldsymbol{s}$ 为正或负而异。菊池线的位移矢量 $\boldsymbol{a}$ 和倾动角 $\delta\theta$ 以及相机长度 L 有如下关系:

$$\delta\theta=\frac{|\boldsymbol{a}|}{L} \tag{5-22}$$

比较倾动前后两张底片上同一对菊池线的位置,可求得 $\boldsymbol{a}$,从而算出 $\delta\theta$ 值。一般来说,如果利用几个菊池极(例如三个)或者与斑点花样结合起来分析,可使测量精度大大提高,达到 $\pm(0.1°\sim0.5°)$。利用这个原理,菊池衍射花样可以用来精确测定两个晶体的取向关系。特别是以小角度晶界分开的两个晶粒斑点花样将无法显示其极小的位向差,可以通过灵敏度更高的菊池衍射花样进行测定。

实际电子显微镜工作中常常用这种方法来校正电子显微镜试样倾动台的倾转角。倾动台由于加工精度不能保证,其倾角读数误差有时高达 20%,为此只能在进行试验时,利用试样获得的衍射花样进行校正。测量时应注意倾斜时保持同一视场,同时,为避免倾斜机构的机械不稳定性,操作时总是向同一方向旋转,尽可能选用清晰的菊池线对。

3. 测定偏离矢量 s

偏离矢量 $\boldsymbol{s}$ 用来描述某衍射(HKL)偏离准确布拉格位置的程度,如图 5.26 所示。图中 P 点为准确布拉格位置,P' 点偏离准确布拉格位置一个正 $\boldsymbol{s}$ 矢量,P'' 点偏离准确布拉格位置一个负 $\boldsymbol{s}$ 矢量。通常定义菊池线位于相应衍射斑点外侧时,$\boldsymbol{s}$ 为正,位于斑点内侧[靠(000)一侧]时,$\boldsymbol{s}$ 为负。由图 5.26 可见:

(1)$\phi=\theta$ 时,$\boldsymbol{s}=0$,(HKL)处于准确布拉格位置,衍射斑点最强,菊池线的亮线(B 线)正好通过斑点,暗线(W 线)正好通过原点,叫作"双光束条件"。菊池线的这一特征位置有助于寻找和确定样品的有利成像条件。

(2)ϕ 大于或小于布拉格角 θ 时,(HKL)斑点变弱,但位置基本不变。

(3)$\phi<\theta$ 时,$\boldsymbol{s}$ 为负,亮暗线同时向内平移 a。

(4)$\phi>\theta$ 时,$\boldsymbol{s}$ 为正,亮暗线同时向外平移 a。

由图 5.26 可知

$$\delta\theta=\frac{|\boldsymbol{s}|}{|\boldsymbol{g}|} \tag{5-23}$$

所以

$$\delta\theta=\frac{|\boldsymbol{a}||\boldsymbol{g}|}{L} \tag{5-24}$$

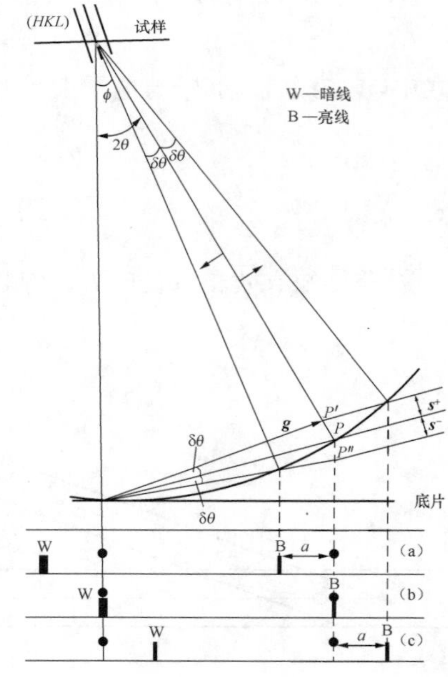

图 5.26 倾转试样对菊池线和斑点位置的影响[23] (a) 试样倾斜 $\delta\theta$ 减小,$\boldsymbol{s}<0$;(b) 试样处于准确反射位置,$\boldsymbol{s}=0$;(c) 试样倾斜 $\delta\theta$ 增加,$\boldsymbol{s}>0$

可见,若反射指数 HKL 已知,即 $|\boldsymbol{g}|=\dfrac{1}{d_{HKL}}$ 已知,如能

从底片上测得它偏离(HKL)斑点的距离 a[从原点作菊池线的垂线,必经过(HKL)斑点],就可求出偏离布拉格衍射位置的偏离量 s。偏离矢量 s 在薄晶体的电子显微镜衍衬分析中极为有用。

菊池衍射除上述应用外,还可用在以下几个方面:

(1) 确定晶体的完整性。由于只有厚且完整的晶体才能产生清晰的菊池衍射,故可用菊池线的清晰度和是否消失来判断晶体的完整程度。

(2) 确定同一样品中两个相的取向关系。

(3) 标定电子波长和电子束加速电压。

(4) 确定晶体的对称性,菊池线对的中线是晶面与底片的截线,故菊池线对的分布能直观地反映晶体的对称特性。如六角晶体的[0001]菊池衍射谱显示六次对称性,而立方晶体的[111]菊池衍射谱显示三次对称性。

5.8 孪　晶

孪晶(Twin crystal)是在凝固、相变和变形过程中,晶体内形成的按一定取向规律排列的两个或多个晶体。如图 5.27 所示,这两部分结构相同,取向不同,构成孪晶的对称方式可以有多种,至于把哪一部分作为基体(或孪晶)则完全是任意的。基体和孪晶相对于一个平面(孪晶面,Twin plane)成镜面对称。孪晶是绕孪晶面法线方向[uvw]旋转 60°、90°、120°和 180°形成的,最常见的是 180°,此法线方向被称为"孪晶轴"(Twining axis)。

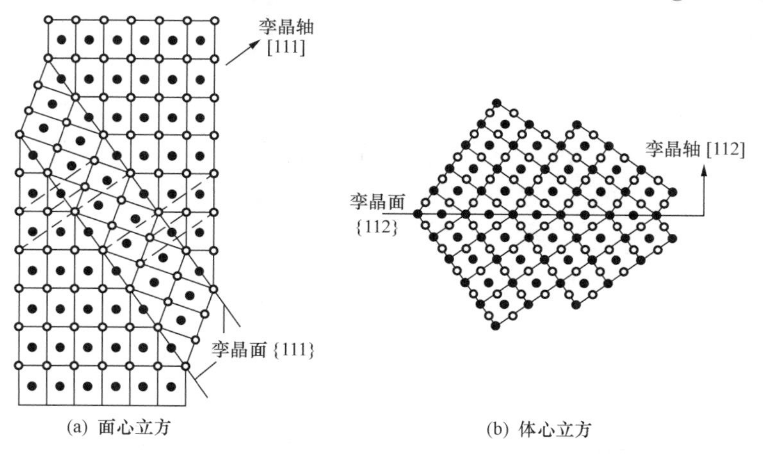

图 5.27　立方晶系晶体通过切变产生孪晶的几何模型

面心立方晶体的孪晶面是{111},孪晶部分可以认为是基体部分以{111}为镜面的反映;体心立方晶体的孪晶面是{112}。事实上,由于立方晶体的对称性很高,不仅无须区分反映孪晶和旋转孪晶(因为二者是等效的),而且面心立方的{111}孪晶和体心立方的{112}孪晶所反映的对称关系也是等效的。

晶体点阵有孪晶关系,相应的倒易点阵也有孪晶关系,只是在正空间中面与面的对称关系应转换成倒易阵点之间的对称关系,即孪晶的几何关系也可由衍射谱反映出来。既然孪晶是由不同位向的两部分晶体所组成,所以其衍射花样应是两套不同晶带单晶斑点的叠加,而这两套斑点的相对位向势必反映基体和孪晶之间存在的对称取向关系。在电子衍射谱中,单晶的衍射斑点都出现在倒易空间的整数位置,若在分数位置出现一些附加的斑点,有时就表明有孪晶关系的存在。但在某些情况下,即使有孪晶关系存在,也不一定存在附加斑点。孪晶电子衍射谱的分析实际上就是孪晶倒易点阵的分析。图 5.28 为面心立方 Cu 的孪晶电子衍射谱。

晶体中的孪晶关系可用一次旋转对称描述。孪晶的倒易点阵也可用同一对称轴的二次旋转操作得到,即基体中任一倒易矢量 $\boldsymbol{g}_{\mathrm{M}}$ 或倒易阵点 hkl 绕孪晶轴$[HKL]$旋转 180° 后成为孪晶的对应倒易矢量 $\boldsymbol{g}_{\mathrm{T}}$ 或倒易阵点 hkl_{T}(下标 M 代表基体,T 代表孪晶)。指数 hkl_{T} 是在孪晶倒易点阵中的指数(图 5.29)。为了得出晶体与孪晶的合成倒易点阵,需要将孪晶倒易点阵的指数 hkl_{T} 用基体点阵中的指数 $h^t k^t l^t$ 来表示。

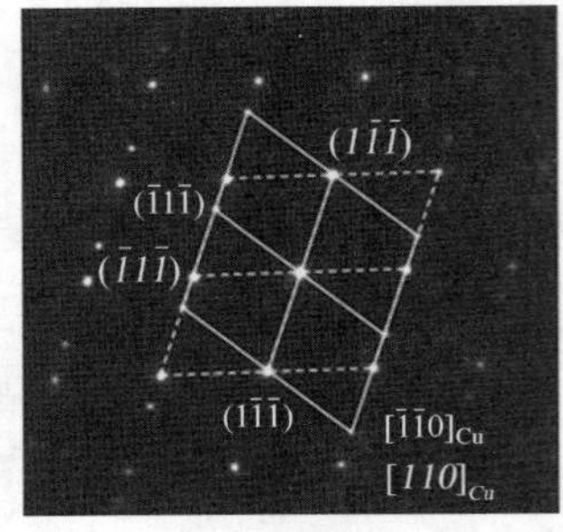

图 5.28　面心立方 Cu 的孪晶电子衍射谱

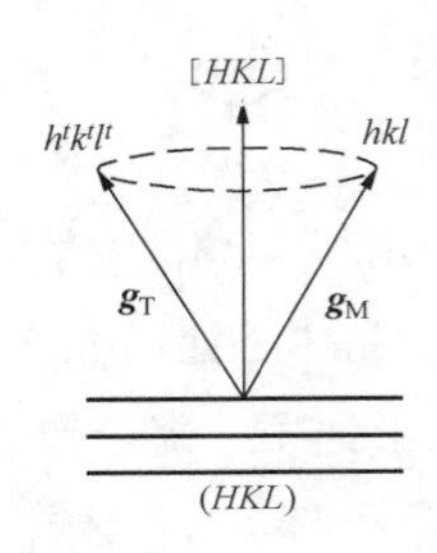

图 5.29　基体倒易阵点与孪晶倒易阵点的关系

设 hkl 是基体中一倒易阵点 $\boldsymbol{g}_{\mathrm{M}}$ 的指数,与它对应的孪晶倒易阵点 $\boldsymbol{g}_{\mathrm{T}}$ 的指数可用基体倒易点指数表示为 $h^t k^t l^t$,(HKL)是孪晶面,$[HKL]$是孪晶面法线方向或孪晶轴,如图 5.29 所示。

$$|\boldsymbol{g}_{\mathrm{T}}| = |\boldsymbol{g}_{\mathrm{M}}| \tag{5-25}$$

$$\boldsymbol{g}_{\mathrm{T}} + \boldsymbol{g}_{\mathrm{M}} = \boldsymbol{n}[HKL] \tag{5-26}$$

式中,$\boldsymbol{n}$ 是在$[HKL]$方向的一个矢量,它取决于 HKL 的值。即

$$[hkl] + [h^t k^t l^t] = n[HKL] \tag{5-27}$$

上式可用分量表示为

$$\begin{cases} h + h^t = nH \\ k + k^t = nK \\ l + l^t = nL \end{cases} \tag{5-28}$$

对正交晶系的晶体,其点阵常数和晶面夹角满足 $a \neq b \neq c$,$\alpha = \beta = \gamma = 90°$,面间距可用下式表示:

$$\frac{1}{d^2} = \frac{h^2}{a^2} + \frac{k^2}{b^2} + \frac{l^2}{c^2} \tag{5-29}$$

对于孪晶,式(5-29) 同样成立。由式(5-28) 和式 (5-29) 得

$$\frac{1}{d^2} = \frac{(h^t)^2}{a^2} + \frac{(k^t)^2}{b^2} + \frac{(l^t)^2}{c^2} = \frac{(nH - h)^2}{a^2} + \frac{(nK - k)^2}{b^2} + \frac{(nL - l)^2}{c^2} \tag{5-30}$$

比较式（5-29）和式（5-30）得

$$\frac{h^2}{a^2}+\frac{k^2}{b^2}+\frac{l^2}{c^2}=\frac{(nH-h)^2}{a^2}+\frac{(nK-k)^2}{b^2}+\frac{(nL-l)^2}{c^2} \tag{5-31}$$

解得

$$n=\frac{2\left(\frac{Hh}{a^2}+\frac{Kk}{b^2}+\frac{Ll}{c^2}\right)}{\left(\frac{H}{a}\right)^2+\left(\frac{K}{b}\right)^2+\left(\frac{L}{c}\right)^2} \tag{5-32}$$

将式（5-32）代入式（5-28）就得孪晶点阵在基体点阵中的指数 $h^t k^t l^t$：

$$\begin{cases} h^t=\dfrac{H\left(\frac{Hh}{a^2}+\frac{2Kk}{b^2}+\frac{2Ll}{c^2}\right)-h\left(\frac{K^2}{b^2}+\frac{L^2}{c^2}\right)}{\left(\frac{H}{a}\right)^2+\left(\frac{K}{b}\right)^2+\left(\frac{L}{c}\right)^2} \\ k^t=\dfrac{K\left(\frac{2Hh}{a^2}+\frac{Kk}{b^2}+\frac{2Ll}{c^2}\right)-k\left(\frac{H^2}{a^2}+\frac{L^2}{c^2}\right)}{\left(\frac{H}{a}\right)^2+\left(\frac{K}{b}\right)^2+\left(\frac{L}{c}\right)^2} \\ l^t=\dfrac{L\left(\frac{2Hh}{a^2}+\frac{2Kk}{b^2}+\frac{Ll}{c^2}\right)-l\left(\frac{H^2}{a^2}+\frac{K^2}{b^2}\right)}{\left(\frac{H}{a}\right)^2+\left(\frac{K}{b}\right)^2+\left(\frac{L}{c}\right)^2} \end{cases} \tag{5-33}$$

式(5-33) 仅对正交晶系成立。对立方晶系，有 $a=b=c$，式(5-32) 和式（5-33）可简化为

$$n=\frac{2(Hh+Kk+Ll)}{H^2+K^2+L^2} \tag{5-34}$$

$$\begin{cases} h^t=-h+\dfrac{2H}{H^2+K^2+L^2}(Hh+Kk+Ll) \\ k^t=-k+\dfrac{2K}{H^2+K^2+L^2}(Hh+Kk+Ll) \\ l^t=-l+\dfrac{2L}{H^2+K^2+L^2}(Hh+Kk+Ll) \end{cases} \tag{5-35}$$

下面以面心立方晶体为例讨论式（5-34）、式（5-35）。在面心立方晶体中，孪晶面是 $\{111\}$，即 $[HKL]=[111]$，式（5-34）和式（5-35）可简化为

$$n=\frac{2}{3}(Hh+Kk+Ll) \tag{5-36}$$

$$\begin{cases} h^t=-h+\dfrac{2}{3}H(Hh+Kk+Ll) \\ k^t=-k+\dfrac{2}{3}K(Hh+Kk+Ll) \\ l^t=-l+\dfrac{2}{3}L(Hh+Kk+Ll) \end{cases} \tag{5-37}$$

式(5-37) 的作用如下：

(1) 判断什么条件下孪晶不产生新的衍射斑点

当 $Hh+Kk+Ll=3N(N=0、1、2、3、\cdots)$ 时，得

$$\begin{cases} h^t=-h+2NH \\ k^t=-k+2NK \\ l^t=-l+2NL \end{cases} \tag{5-38}$$

或用矩阵的形式表示为

$$\begin{bmatrix} h^t \\ k^t \\ l^t \end{bmatrix}=\begin{bmatrix} \bar{h} \\ \bar{k} \\ \bar{l} \end{bmatrix}+2N\begin{bmatrix} H \\ K \\ L \end{bmatrix} \tag{5-39}$$

这表示，当 $Hh+Kk+Ll=3N$ 时，孪晶的 hkl_T 倒易阵点从基体的 $\overline{h}\overline{k}\overline{l}$ 倒易阵点沿 HKL 方向位移 $2N$，到达另一个基体倒易阵点处并与之重合(即 $h^tk^tl^t$ 均为整数)，故不产生新的衍射斑点。在这种情况下，同一个衍射斑点可以有两套指数，一套是基体指数，一套是孪晶指数，二者的指数是不同的。

如面心立方晶体中，孪晶面[111]作用下衍射点 $hkl=\bar{2}44$ 对应的孪晶指数 $h^tk^tl^t$ 可用式(5-39)求出。因为 $Hh+Kk+Ll=6=3N$，即 $N=2$，则

$$\begin{bmatrix} h^t \\ k^t \\ l^t \end{bmatrix}=\begin{bmatrix} \bar{h} \\ \bar{k} \\ \bar{l} \end{bmatrix}+2N\begin{bmatrix} H \\ K \\ L \end{bmatrix}=\begin{bmatrix} 2 \\ \bar{4} \\ \bar{4} \end{bmatrix}+4\begin{bmatrix} 1 \\ 1 \\ 1 \end{bmatrix}=\begin{bmatrix} 6 \\ 0 \\ 0 \end{bmatrix} \tag{5-40}$$

即 $(h^tk^tl^t)=(600)$，也即孪晶 $\bar{2}44$ 倒易阵点与基体的(600)倒易阵点重合(但指数不同)，因此在 $Hh+Kk+Ll=3N$ 层上仅看见一套衍射斑点。

(2) 在衍射点与孪晶斑点不重合时，求出孪晶斑点的指数

当 $Hh+Kk+Ll=6=3N\pm1(N=0、1、2、3、\cdots)$ 时，由式(5-37)得

$$\begin{bmatrix} h^t \\ k^t \\ l^t \end{bmatrix}=\begin{bmatrix} \bar{h} \\ \bar{k} \\ \bar{l} \end{bmatrix}+(2N\pm1)\begin{bmatrix} H \\ K \\ L \end{bmatrix}\mp\frac{1}{3}\begin{bmatrix} H \\ K \\ L \end{bmatrix} \tag{5-41}$$

式(5-41)右边前两项是整数，而第三项是非整数，从而导致出现指数不是整数的孪晶斑点，该孪晶斑点出现在基体倒易阵点沿着[HKL]方向位移 1/3 的位置上。

如面心立方晶体中，孪晶面[111]作用下衍射点 $hkl=11\bar{1}$ 对应的孪晶指数 $h^tk^tl^t$ 可用式(5-41)求出。因为 $Hh+Kk+Ll=1(=3N\pm1)$，属于 $3N\pm1$ 类型，$N=0$，取"+"号，则

$$\begin{bmatrix} h^t \\ k^t \\ l^t \end{bmatrix}=\begin{bmatrix} \bar{1} \\ \bar{1} \\ 1 \end{bmatrix}+\begin{bmatrix} 1 \\ 1 \\ 1 \end{bmatrix}-\frac{1}{3}\begin{bmatrix} 1 \\ 1 \\ 1 \end{bmatrix}=\frac{1}{3}\begin{bmatrix} \bar{1} \\ \bar{1} \\ 5 \end{bmatrix}=\begin{bmatrix} 0 \\ 0 \\ 2 \end{bmatrix}-\frac{1}{3}\begin{bmatrix} 1 \\ 1 \\ 1 \end{bmatrix} \tag{5-42}$$

即

$$(h^tk^tl^t)=\frac{1}{3}(\bar{1}\bar{1}5)=(002)-\frac{1}{3}(111) \tag{5-43}$$

可见在 $Hh+Kk+Ll\neq3N$ 时，在基体衍射斑点 002 处位移 $\frac{1}{3}(111)$ 即得到孪晶衍射斑点

$\frac{1}{3}(\bar{1}\bar{1}5)$。该孪晶斑点出现在分数位置上，即孪晶$(11\bar{1})$的倒易阵点在$\frac{1}{3}(\bar{1}\bar{1}5)$处。

一般来说，当电子束与孪晶面的法线$[HKL]$(即孪晶轴)平行时，孪晶斑点与基体斑点重合。沿面心立方晶体的〈111〉、体心立方晶体的〈112〉方向入射，所有孪晶斑点与基体斑点相重合。在一般情况下，面心立方晶体和体心立方晶体中基体与孪晶的倒易阵点阵有1/3相重合，故孪晶衍射斑点的出现是有择优取向的，不能认为在衍射花样上没有看到孪晶斑点就断定试样中不存在孪晶。

如果入射电子束和孪晶面不平行，得到的衍射花样就不能直观地反映出孪晶和基体间取向的对称性，此时可先标定出基体的衍射花样，然后根据矩阵代数导出结果，求出孪晶斑点的指数。

目前已可利用计算机计算出面心立方晶体和体心立方晶体的全部孪晶倒易阵点在基体倒易空间中的位置。面心立方晶体有四个可能的孪晶面：(111)，$(\bar{1}11)$，$(1\bar{1}1)$，$(11\bar{1})$，体心立方晶体有12个可能的孪晶面：(112)，$(\bar{1}12)$，$(1\bar{1}2)$，$(11\bar{2})$，(121)，$(\bar{1}21)$，$(1\bar{2}1)$，$(12\bar{1})$，(211)，$(\bar{2}11)$，$(2\bar{1}1)$，$(21\bar{1})$，分别制得16张孪晶衍射位置表。对于一张含有孪晶的电子衍射谱，首先应标定基体斑点，然后根据孪晶斑点相对于基体斑点的位置，直接从表中查出指数，并确定属于哪一类孪晶，孪晶面指数也随之标定。（这种孪晶衍射位置表适用于任意取向的晶体，参见：黄孝瑛著《透射电子显微学》附录七，上海科学技术出版社，1997年）

如无现成表可查，只需要考虑在基体$(uvw)^*$上孪晶倒易阵点的配置和指数，就可标定孪晶电子衍射谱。具体步骤如下：

① 确定基体晶带轴$[uvw]$，根据式(5-44)[此式是仿照式(5-35)得到的]算出与其平行的孪晶晶带轴：

$$\begin{cases} u^t = -u + \dfrac{2H}{H^2+K^2+L^2}(Hu+Kv+Lw) \\ v^t = -v + \dfrac{2K}{H^2+K^2+L^2}(Hu+Kv+Lw) \\ w^t = -w + \dfrac{2L}{H^2+K^2+L^2}(Hu+Kv+Lw) \end{cases} \tag{5-44}$$

式(5-44)仅适用于立方晶系。其中，HKL是孪晶面，uvw是基体晶带轴，$u^tv^tw^t$是平行于基体$[uvw]$的孪晶晶带轴。此晶体有几种可能的孪晶面(即几种可能的HKL值)，则$[u^tv^tw^t]$就有几种可能的解。

② 分别绘制基体的$(uvw)^*$及孪晶所有可能的$(u^tv^tw^t)^*$。与实验得到的孪晶的电子衍射谱比较，以确定可能的$(u^tv^tw^t)^*$。

③ 将基体的$(uvw)^*$与孪晶的$(u^tv^tw^t)^*$按一定取向关系叠加在一起，最后确定孪晶关系并标定孪晶电子衍射谱。

第6章

透射电子显微术图像衬度

透射电子显微镜除了能成不同的衍射像外，其另一个主要成像种类是形貌像。透射电子显微镜形貌像的形成取决于入射电子束与材料相互作用，由于试样的不同区域对电子的散射能力不同，强度均匀的入射电子束在经过试样散射后变成强度不均匀的电子束，因而，透射到荧光屏上的强度是不均匀的，这种强度不均匀的电子像称为衬度像。衬度(Contrast)就是指显微图像中不同区域的明暗差别。

形貌像的衬度是指样品上两个相邻部分的电子束强度差，如一部分电子束强度为 I_1，另一部分电子束强度为 I_2，则电子像的衬度 C 可表示为

$$C=\frac{I_1-I_2}{I_2}=\frac{\Delta I}{I_2} \tag{6-1}$$

通常，人眼所能分辨的最小衬度差别在 5% ~ 10%。如果能把图像用数字化的方法记录下来，则可以用电子学方法把衬度增加到人眼能分辨的程度。

透射电子显微像的衬度来源主要有三种：

(1) 质量 - 厚度衬度(简称质厚衬度，Mass-thickness contrast)(图 6.1)

图 6.1 单晶Si基体上生长非晶薄膜的质厚衬度像

由于材料不同区域的质量和厚度差异造成的透射束强度差异而形成的衬度。

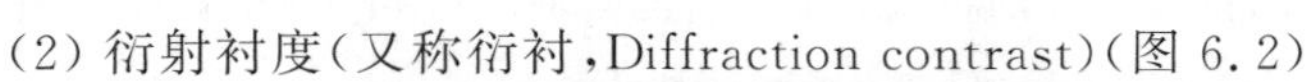

(2) 衍射衬度(又称衍衬，Diffraction contrast)(图 6.2)

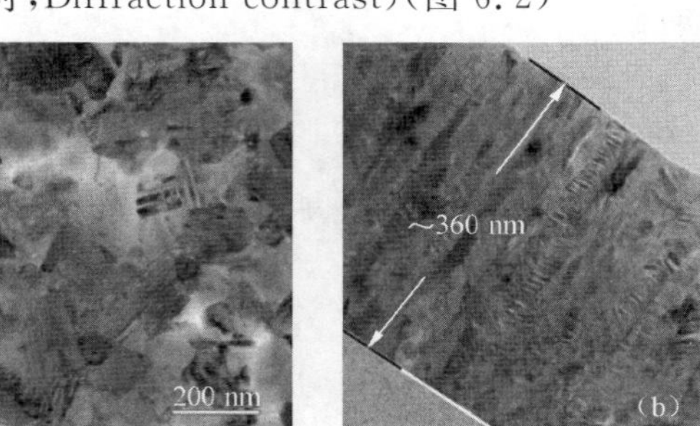

图 6.2 多晶 Cu 膜柱状晶的平面(a) 和截面(b) 衍射衬度像[33]

由于试样各组成部分满足布拉格方程的程度不同，以及结构振幅不同而产生的衬度。

它是晶体材料透射电子显微镜形貌像的主要衬度来源。

质厚衬度和衍射衬度都是由于样品不同区域散射能力差异而形成的电子显微像上透射振幅和强度变化，都属于振幅衬度。

(3) 相位衬度(Phase contrast)

当试样很薄(一般在 10 nm 以下)，试样相邻晶柱透射的振幅差异不足以区分相邻的两个像点时，得不到振幅衬度，但可利用电子束在试样出射表面上的相位不一致，使相位差转换成强度差而形成衬度，即相位衬度。如果让多束相干的电子束干涉成像，可以得到能反映物体真实结构的相位衬度像 —— 高分辨像(图 6.3)。另外还有一种原子序数衬度像(Z contrast image)，其衬度正比于原子序数 Z 的平方，属非相干的相位衬度像，这种图像将在扫描透射电子显微镜中介绍。

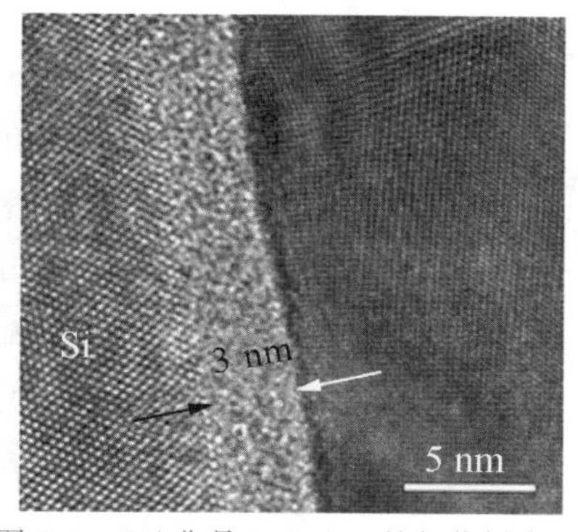

图 6.3　Si/ 非晶 SiO_2/Cu 的相位衬度

相位衬度和振幅衬度可以同时存在，当试样厚度大于 10 nm 时，以振幅衬度为主；当试样厚度小于 10 nm 时，以相位衬度为主。

6.1　质厚衬度

入射电子束通过样品必然产生电子与物质的相互作用，产生散射与吸收。由于透射电子显微镜样品很薄，所以可忽略吸收。质厚衬度来源于电子非相干弹性散射(卢瑟福散射)，主要决定于散射电子的数量。散射本领大、透射电子数少的样品部分所形成的像要暗些，反之，则亮些。例如非晶样品，不发生衍射，弹性散射是随机发生的，散射的强度只与样品的厚度和质量(密度)有关系。图 6.4 定性地显示了质量和厚度不同产生衬度的机理。

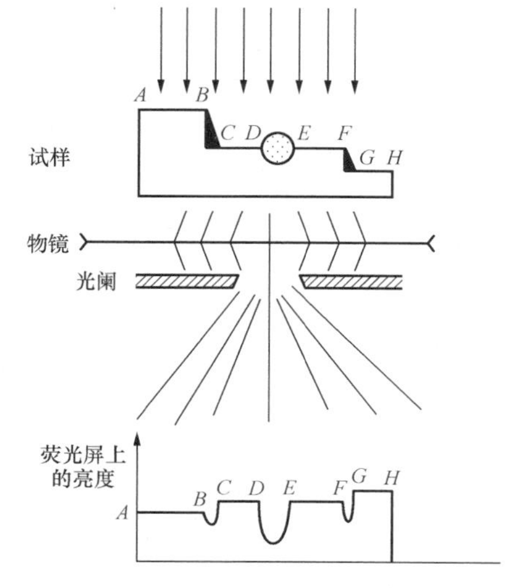

图 6.4　质厚衬度的形成

当产生散射时，如散射角大于一定值，通过插入物镜光阑，挡掉大角散射电子，使到达荧光屏的电子数减少，由于试样各部分对电子的散射能力不同，使得通过物镜光阑的透射电子数目不同，从而引起电子束的强度差异，形成衬度。物镜光阑的大小决定了参与成像电子的强度，因而决定了图像的衬度。

当其他因素确定后，元素的种类不同对电子的散射能力就不同。重元素比轻元素的散射能力强，成像时被散射到光阑以外的电子多，所以重元素成的像比轻元素的像暗；试样越厚，入射电子透过样品时碰到的原子数目越多，发生的散射就越多，相应部位的参与成像的电子就越少，所以厚样品的像比薄样品的像暗；样品表面凸凹不平时，由于样品表面增大，将增加散射概率，使图像变暗。

设单个原子的散射截面（即单位电子流密度的入射电子通过单位厚度的一个散射靶的物质受到的散射概率）为 σ_0，则

$$\sigma_0 = \pi\left(\frac{Ze}{V\theta}\right)^2 \tag{6-2}$$

式中，Z 为原子序数；V 为加速电压；e 为电子电荷；θ 为散射角。若忽略原子间的相互作用，则每立方厘米包含 N 个原子的样品的总散射截面为

$$Q = N\sigma_0 \tag{6-3}$$

式中，$N = N_0\rho/A$，N_0 为阿伏伽德罗常数；ρ 为密度；A 为试样的相对原子质量。

面积为 1 cm^2、厚度为 $\mathrm{d}t$ 的试样，散射截面为

$$\sigma = Q\mathrm{d}t = N_0\frac{\rho}{A}\sigma_0\mathrm{d}t \tag{6-4}$$

式中，σ 表示入射电子穿透厚度为 $\mathrm{d}t$ 的试样被散射到物镜光阑外（事实上是某个角度 θ 外）的概率。当入射到 1 cm^2 样品的电子数为 n 时，透过厚度为 $\mathrm{d}t$ 的样品后有 $\mathrm{d}n$ 个电子被散射到物镜光阑外，其电子数减少率为

$$-\frac{\mathrm{d}n}{n} = \sigma = Q\mathrm{d}t \tag{6-5}$$

由于透射电子显微镜试样很薄，可忽略电子吸收。

如图 6.5 所示，设在样品的上表面（对应于厚度 $t=0$ 处）入射电子总数为 n_0。由于受到厚度为 t 的样品的散射，最后只有 n 个电子透过物镜光阑成像。对式(6-5)两边积分有

$$\int_{n_0}^{n}\frac{\mathrm{d}n}{n} = -\int_0^t Q\mathrm{d}t$$

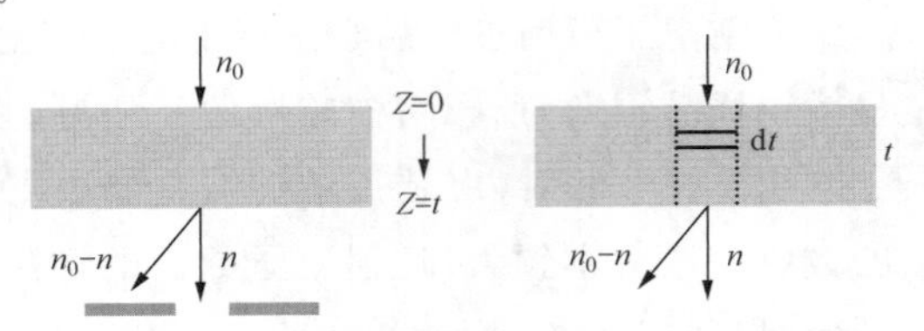

图 6.5　质厚衬度计算的示意图

得

$$n = n_0\mathrm{e}^{-Qt} = n_0\mathrm{e}^{-\frac{N_0}{A}\sigma_0\rho t} \tag{6-6}$$

从而得到电子束强度：

$$I = ne = I_0\mathrm{e}^{-Qt} = I_0\mathrm{e}^{-\frac{N_0}{A}\sigma_0\rho t} \tag{6-7}$$

式(6-7)说明，强度为 I_0 的入射电子穿透总散射截面为 Q、厚度为 t 的样品后，透过物镜光阑参与成像的电子束强度 I 随乘积 Qt 的增大而指数衰减。样品越薄，原子序数越小，加速电压越高，被散射到物镜光阑以外的概率越小，通过光阑参与成像的电子越多，像的亮度就越高。

当 $Qt=1$ 时，成像电子强度为 $I = I_0/e \approx I_0/3$，定义这时的 t 为临界厚度 Ω，即

$$\Omega = t = 1/Q \tag{6-8}$$

当厚度 t 远远小于临界厚度 Ω 时，绝大部分电子可以透过试样，可以认为试样对电子束是透明的。定义 ρt 为质量厚度，对于成分均匀的样品，参与成像的电子束强度 I 随质量厚度 ρt 的增大而指数衰减。当 $Qt=1$ 时，得到临界质量厚度 $(\rho t)_c$ 如下：

$$(\rho t)_c=\frac{A}{N_0\sigma_0}=\frac{A}{N_0\pi}\left(\frac{V\theta}{Ze}\right)^2 \tag{6-9}$$

若 I_1 代表强度为 I_0 的入射电子通过样品 1 区（厚度为 t_1，总散射截面为 Q_1）后参与成像的电子强度，I_2 代表强度为 I_0 的入射电子通过样品 2 区（厚度为 t_2，总散射截面为 Q_2）后参与成像的电子强度，将式(6-7)代入衬度定义(6-1)得到衬度

$$C=1-\mathrm{e}^{-N_0\left(\frac{\sigma_{02}}{A_2}\rho_2 t_2-\frac{\sigma_{01}}{A_1}\rho_1 t_1\right)} \tag{6-10}$$

由于透射电子显微镜样品的厚度很小，式(6-10)可写成

$$C=N_0\left(\frac{\sigma_{02}}{A_2}\rho_2 t_2-\frac{\sigma_{01}}{A_1}\rho_1 t_1\right) \tag{6-11}$$

对于一般非晶材料，样品内 σ_0、ρ、A 处处相等，所以衬度

$$C=N_0\frac{\sigma_0}{A}\rho(t_2-t_1)=N_0\frac{\sigma_0}{A}\rho\Delta t \tag{6-12}$$

式中，$\Delta t=|t_2-t_1|$，即衬度主要取决于 Δt，试样相邻部位厚度差 Δt 越大，衬度 C 越大。将式(6-2)代入式(6-10)得

$$C=1-\mathrm{e}^{-\frac{\pi N_0 e^2}{V^2\theta^2}\left(\frac{Z_2^2\rho_2 t_2}{A_2}-\frac{Z_1^2\rho_1 t_1}{A_1}\right)} \tag{6-13}$$

对于透射电子显微镜试样，由于厚度很小，上式可写成

$$C=\frac{\pi N_0 e^2}{V^2\theta^2}\left(\frac{Z_2^2\rho_2 t_2}{A_2}-\frac{Z_1^2\rho_1 t_1}{A_1}\right) \tag{6-14}$$

由式(6-14)可以得出结论：衬度与加速电压 V、散射角 θ、原子序数 Z、密度 ρ 和厚度 t 有关。

(1) 降低电压（对应小的 V）能提高衬度。

(2) 用大孔径的物镜光阑（对应大的 θ），则衬度减小；用小孔径的物镜光阑（对应小的 θ），则衬度增大。因此，实际工作时常常可通过改变物镜光阑的孔径大小来调节衬度。

质厚衬度对非晶材料、复型样生物样品和合金中的第二相是非常重要的。但任何质量和厚度的变化都会产生质厚衬度，由于绝大多数试样的质量和厚度不可能绝对均匀，所以几乎所有试样都显示质厚衬度。

薄试样的散射主要是前散射。如果用低角度（小于 5°）散射的电子成像，主要是质厚衬度，但它也与布拉格衍射衬度相竞争。也可以用高散射角（大于 5°）但低强度的非相干散射电子束成像，此时相干散射可以忽略。这些电子束的强度仅取决于原子序数(Z)，这种衬度称为 Z 衬度。利用扫描透射电子显微镜可以得到具有原子分辨率的图像，这将在后面介绍。

6.2 衍射衬度

如果薄晶体样品的厚度大致均匀，平均原子序数也没有太大差别，那么不同部位对电子的散射或吸收将大致相同。这类样品不能利用"质厚衬度"来得到满意的图像反差，必须用衍射衬度来得到图像。

衍射衬度来源于电子的弹性相干散射，是由于晶体试样满足布拉格衍射条件程度不同，使得对应试样下表面处有不同的衍射效果，形成随位置而异的衍射振幅分布，与此相应的强度分布形成的衬度。衍射衬度是振幅衬度的一种，因为布拉格衍射取决于试样的晶体结构和位向，利用这种衍射来产生衬度，可获得试样晶体学结构特征。

6.2.1 电子衍衬像的运动学理论

电子衍衬像的运动学理论是讨论晶体激发产生的衍射强度的简单方法，它建立在以下基本假设基础上：

(1) 双束近似(Two beam approximation。双束：一束透射束，一束衍射束)

假定当电子通过晶体时，只存在一束强衍射束且其衍射平面接近但不完全处于准确的布拉格位置，即偏离矢量$\boldsymbol{s} \neq \boldsymbol{0}$；假定透射束与衍射束无相互作用($\boldsymbol{s}$越大，厚度$t$越小，这假定就越成立)，即不考虑它们之间的能量交换；由于原子对电子的散射非常强，各衍射束之间的能量交换是不可避免的，所以当衍射束的强度相对于入射束的强度非常小时(这只在入射束波长较短和试样较薄时成立)，才能近似满足假定。用非常薄的样品，电子速度很快时，因吸收而引起的能量损失和多次散射以及严格双束情况下有限的透射束和衍射束之间的交互作用可以忽略不计。实际上，要做到上述假设是非常困难的，应尽可能地调整样品的取向，以期达到双束成像条件。

实验时倾转晶体，选择合适的晶体取向，使只有一组晶面接近准确布拉格衍射位置，此时衍射谱上除较强的透射点外，只见一个强衍射斑点，说明所有其他晶面均远离各自的布拉格衍射位置。这种近似实际是通过简化电子束与试样相互作用过程中的能量分配，达到简化理论计算的目的。

(2) 柱体近似(Cylinder approximation)

如图6.6所示，采用此近似目的是简化计算衍射强度。

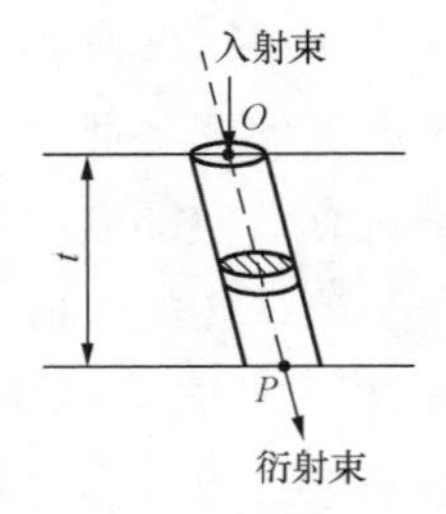

图6.6 沿衍射束柱体的示意图

电子束在很薄的样品中传播，无论是透射束还是衍射束的振幅都是由截面甚小的晶柱内原子或晶胞散射振幅的叠加。因此样品可以看成是由许许多多这样的晶柱平行排列组成的散射体，此晶柱的截面积等于或略大于一个晶胞的底面积，晶柱之间不发生交互作用，电子波在每一个柱体内的传播都是封闭的，也就是说入射到某一个小柱体内的电子波在传播过程中不会被散射到周围其他柱体里去，在周围小柱体内传播的电子波也不会被散射到这个小柱体。晶柱底面上的衍射强度只代表一个晶柱内晶体结构的情况，因此，只要把各个晶柱底部的衍射强度记录下来，就可以推测整个晶体下表面的衍射强度(衬度)。这种把薄晶体下表面上每点的衬度和晶柱结构对应起来的处理方法就是柱体近似。

由布拉格方程 $2d\sin\theta=\lambda$，在 100 kV 下，$\lambda=0.0037$ nm，晶面间距 $d=0.1$ nm，因此衍射角很小，通常只有 10^{-2} 弧度。如果样品的厚度为 100 nm，在样品的下表面透射束和衍射束距离为 $t\cdot 2\theta=100\times2\times10^{-2}=2$ nm。

1. 双束条件成像

通常利用单晶衍射谱来选择透射电子束或衍射电子束，可以通过插入物镜光阑来选择透射电子束斑或特定晶面的衍射电子束斑。对于晶体试样，质厚衬度成像和衍射衬度成像之间存在差别。对于质厚衬度成像，将物镜光阑放在透射束斑点的位置，得到明场像，而暗场像可来自任何散射束。但对于衍衬成像，要使明场像和暗场像具有高的衍射衬度，需要满足双束条件，即除了透射束外，只有一个满足布拉格条件的晶面的衍射束最强，而其他晶面的衍射束强度非常弱。

可以通过倾转试样来获得不同的双束条件。在透射电子显微镜下得到衍射谱后，一边倾转试样，一边看着衍射谱中衍射斑点的变化，直到有一个衍射斑点最强为止，这时其他衍射斑点并没有消失，但相对比较弱，即近似双束条件。选择不同的衍射斑点倾转，可得到一系列不同的双束条件，进而得到不同的暗场像。显然要建立一系列双束条件，需要精确的试样倾转装置。通常用双倾试样台来得到晶体试样在相对于 X 和 Y 两个方向的倾转。

假设晶体薄膜里有两晶粒 A 和 B [图 6.7(a)]，A、B 取向不同，其中 A 与入射束不成布拉格角，强度为 I_0 的入射束穿过试样时，A 晶粒不产生衍射，透射束强度等于入射束强度，即 $I_A=I_0$；而入射束与 B 晶粒满足布拉格衍射条件，产生衍射，衍射束强度为 I_{HKL}，透射束强度 $I_B=I_0-I_{HKL}$，这里显然认为除了衍射束之外还有部分透射强度。如果用物镜光阑，让透射束通过物镜光阑，而将衍射束挡掉，那么在荧光屏上，A 晶粒比 B 晶粒亮，这时得到的像是明场(Bright field)像。显然，只让单一透射束通过物镜光阑，成明场像。

如果用物镜光阑孔套住 HKL 衍射斑，让对应于衍射点 HKL 的电子束 I_{HKL} 通过，而把透射束挡掉，那么 B 晶粒比 A 晶粒亮，这时得到的像是暗场(Dark field)像。显然，让单一衍射束通过物镜光阑成暗场像。在这种方式下，衍射束倾斜于光轴，故又称离轴暗场像[图 6.7(b)]。离轴暗场像的质量差，物镜的球差限制了像的分辨能力。因此随后出现了另一种方式的暗场像，即通过倾斜照明系统使入射电子束倾斜 2θ，让 B 晶粒的($\overline{HKL}$)晶面处于布拉格条件，产生强衍射，而物镜光阑仍在光轴上，此时只有 B 晶粒的$\overline{HKL}$ 衍射束正好沿光轴通过光阑孔，而透射束被挡掉[图 6.7(c)]，这种方式称为中心暗场成像方式。

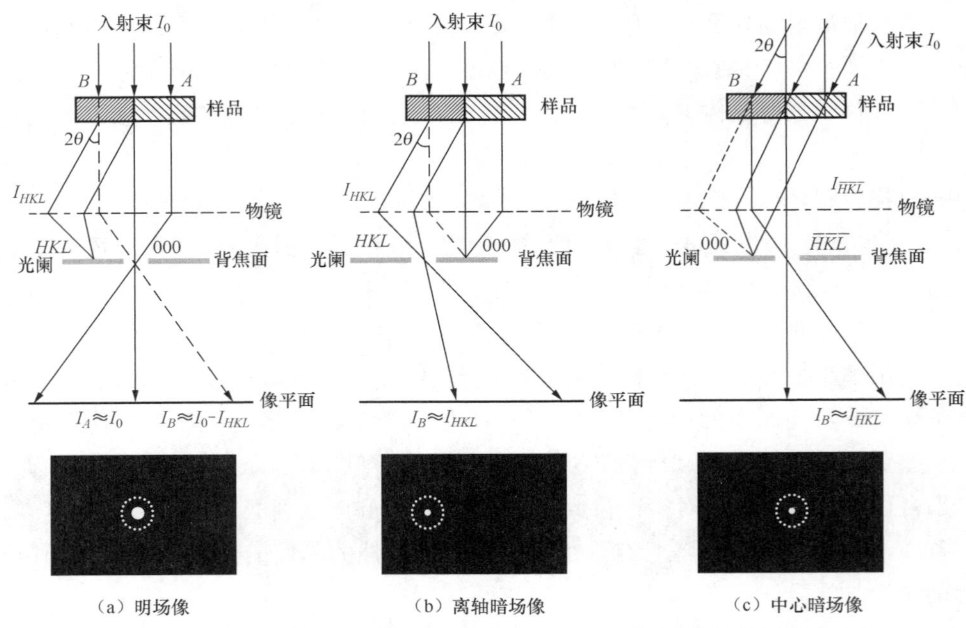

图 6.7 双束近似下的明场像、离轴暗场像和中心暗场像(图中虚线圆表示光阑孔)

双束条件下,明场像的衬度是跟暗场像互补的,即某个部分在明场像中是亮的,则在暗场像中是暗的,反之亦然。图 6.8 是 Al-3%Li 在双束条件下的明场像和暗场像,可见明场像和暗场像衬度是互补的。由衬度公式可以推知,暗场像的衬度明显高于明场像。

在衍衬成像中,某一最符合布拉格衍射条件的(HKL)晶面族起十分关键的作用。它直接决定了图像衬度,特别是在暗场像条件下,像的亮度直接等于样品上相应物点在光阑孔所选定的那个方向上的衍射强度。正因为衍衬像是由衍射强度差别所产生的,所以,衍衬图像是样品内不同部位晶体学特征的直接反映。

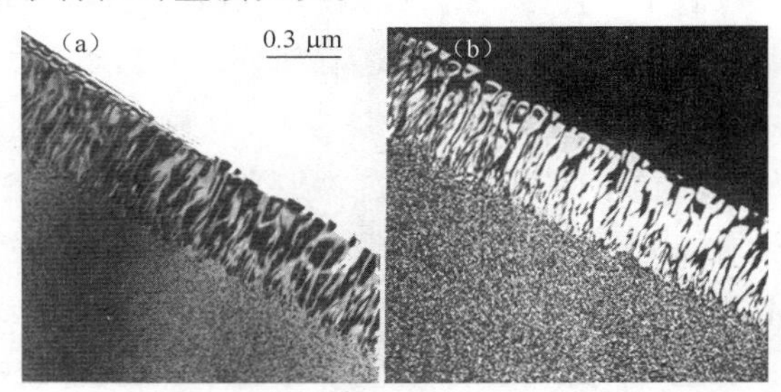

图 6.8 Al-3%Li 在双束条件下的明场像(a) 和暗场像(b)[21]

2. 消光距离(Extinction distance)

在双束条件下,除有一束强的透射电子波外,只有一束(HKL)晶面强衍射波满足布拉格条件。当波矢为 $\boldsymbol{k}_0$ 的入射电子波到达晶体表面时,开始受到晶体内(HKL)晶面的相干散射,产生波矢为 $\boldsymbol{k}_g$ 的衍射波。在晶体表面附近,由于参与散射的原子数量有限,衍射波的强度 I_g 较低。随着入射电子波在晶体内传播的距离增加,衍射波的强度逐渐增加,透射波强度 I_0 相应减小。在一定厚度时,透射波强度为零,而衍射波强度达到最大值。入射束与(HKL)晶面之间的夹角满足布拉格条件,而衍射束与该晶面也具有相同的夹角,衍射束将作为新的入射波激发同一晶面的二次衍射，其衍射方向就是原透射波的方向，因此二次衍射波可视为透射波。随着电子波传播距离的增加，衍射波的强度不断减少，直到为零；而透射波的强度相应增大，而后又重新开始相反的过程。图 6.9 给出了在严格满足布拉格条件时，电子波在晶体厚度方向的传播过程和电子波的振幅与强度的变化规律。双束交互作用的结果是透射波强度和衍射波强度在晶体深度方向周期性振荡，振荡的周期叫作消光距离，记为 ξ_g，代表了衍射强度的两个最大值或最小值之间的距离。

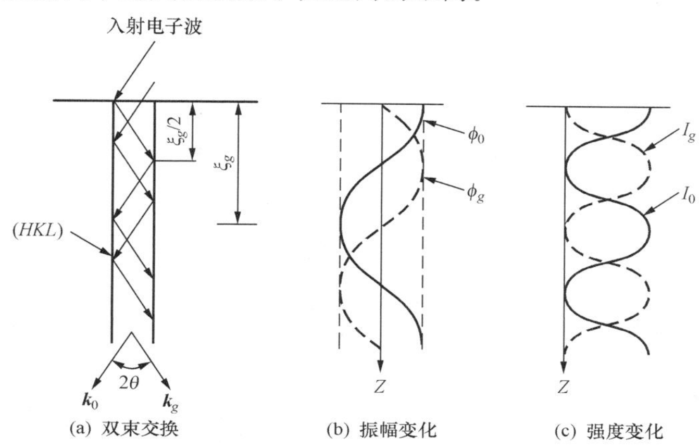

图 6.9　电子波在晶体厚度方向的传播

3. 理想晶体的衍射强度

理想晶体的衍射强度是指无点、线、面缺陷(如位错、层错、晶界和第二相物质等微观晶体缺陷)的晶体下表面处 P 点(图 6.10)的衍射强度。将晶体看成是由沿入射电子束方向的一系列简单晶胞所组成的，每个晶胞只有一个原子，n 个晶胞叠加在一起组成一个小晶柱，并将每个小晶柱分成平行于晶体表面的若干层，相邻晶柱之间不发生任何作用，这个模型称为柱体近似。P 点的衍射振幅是入射电子束作用在柱体内各层平面上产生振幅的叠加。在离开晶体表面深度为 $\boldsymbol{r}_n$ 的 A 处，每一层原子面对入射电子束振幅的贡献是

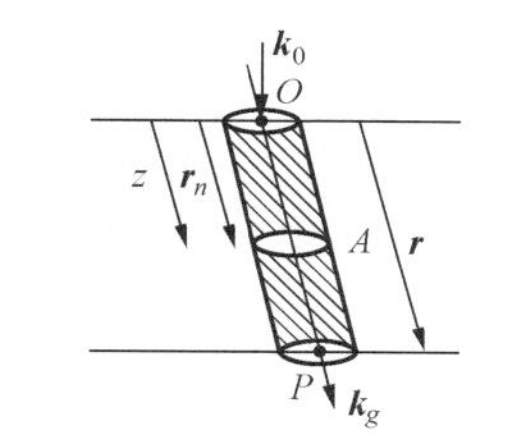

图 6.10　晶体下表面处 P 点的衍射强度

$$\frac{\mathrm{i}n\lambda F_g}{\cos\theta}\mathrm{e}^{-2\pi\mathrm{i}\boldsymbol{K}\cdot\boldsymbol{r}_n}\mathrm{e}^{2\pi\mathrm{i}\boldsymbol{k}_g\cdot\boldsymbol{r}} \tag{6-15}$$

其中，$\boldsymbol{r}_n$ 是原点 O 到晶体 A 点的坐标矢量；$\boldsymbol{r}$ 是原点 O 到晶体 P 点的坐标矢量；$\boldsymbol{K}=\boldsymbol{k}_g-\boldsymbol{k}_0$，是晶体的衍射矢量；$\boldsymbol{k}_0$ 是入射波波矢；$\boldsymbol{k}_g$ 是衍射波波矢，当 $\boldsymbol{k}_g-\boldsymbol{k}_0=\boldsymbol{g}$ 时，$\boldsymbol{K}$ 就是倒易矢量 $\boldsymbol{g}$；F_g 是结构因子；$\frac{\lambda nF_g}{\cos\theta}$ 是单位厚度的散射振幅；n 为单位面积内单胞数目；i 表示衍射束相对于入射束相位改变 $\pi/2$；$\mathrm{e}^{2\pi\mathrm{i}\boldsymbol{k}_g\cdot\boldsymbol{r}}$ 为传递因子，是常数，在下面的处理中该因子将忽略不计。当衍射方向偏离布拉格条件时，$\boldsymbol{K}=\boldsymbol{k}_g-\boldsymbol{k}_0=\boldsymbol{g}+\boldsymbol{s}$，则

$$\mathrm{e}^{-2\pi\mathrm{i}\boldsymbol{K}\cdot\boldsymbol{r}_n}=\mathrm{e}^{-2\pi\mathrm{i}(\boldsymbol{g}+\boldsymbol{s})\cdot\boldsymbol{r}_n}=\mathrm{e}^{-2\pi\mathrm{i}\boldsymbol{s}\cdot\boldsymbol{r}_n}\mathrm{e}^{-2\pi\mathrm{i}\boldsymbol{g}\cdot\boldsymbol{r}_n} \tag{6-16}$$

对于完整晶体，$\boldsymbol{g}\cdot\boldsymbol{r}_n$ 为整数，所以 $\mathrm{e}^{-2\pi\mathrm{i}\boldsymbol{g}\cdot\boldsymbol{r}_n}=1$，故 $\mathrm{e}^{-2\pi\mathrm{i}\boldsymbol{K}\cdot\boldsymbol{r}_n}=\mathrm{e}^{-2\pi\mathrm{i}\boldsymbol{s}\cdot\boldsymbol{r}_n}$。

选坐标 z 在 $\boldsymbol{r}$ 方向上，所以 $\mathrm{e}^{-2\pi\mathrm{i}\boldsymbol{s}\cdot\boldsymbol{r}_n}=\mathrm{e}^{-2\pi\mathrm{i}sz}$，小柱体内平行原子层平面之间的距离为 a(假

定 a 非常小)，则 A 处厚度元 dz 内有 dz/a 层原子，每一小平面产生的散射振幅为

$$dA_g = \frac{in\lambda F_g}{\cos\theta} e^{-2\pi isz} \frac{dz}{a} = \frac{i\lambda F_g}{V_c \cos\theta} e^{-2\pi isz} dz \tag{6-17}$$

式中，V_c 为单位晶胞体积。定义消光距离

$$\xi_g = \frac{\pi V_c \cos\theta}{\lambda F_g} \tag{6-18}$$

则

$$dA_g = \frac{i\pi}{\xi_g} e^{-2\pi isz} dz \tag{6-19}$$

在 P 点处衍射总振幅应为每个小平面产生的散射振幅的叠加，即 P 点处衍射总振幅

$$A_g = \frac{i\pi}{\xi_g} \int_0^t e^{-2\pi isz} dz \tag{6-20}$$

积分可得

$$A_g = \frac{i\pi}{\xi_g} \frac{\sin(\pi st)}{\pi s} e^{-\pi ist} \tag{6-21}$$

因此，P 点的衍射强度为

$$I_g = A_g A_g^* = \frac{\pi^2}{\xi_g^2} \frac{\sin^2(\pi st)}{(\pi s)^2} \tag{6-22}$$

式(6-22)就是完整晶体衍射强度的运动学方程，$\sin^2(\pi st)/(\pi s)^2$ 是干涉函数，表明暗场像强度 I_g 是厚度 t 与偏离矢量 $\mathbf{s}$ 的正弦周期函数。由于运动学理论认为明暗场的衬度是互补的，若明场像强度用 I_T 表示，故令

$$I_T + I_g = 1$$

因此

$$I_T = 1 - I_g = 1 - \frac{\pi^2}{\xi_g^2} \frac{\sin^2(\pi st)}{(\pi s)^2} \tag{6-23}$$

从式(6-22)可以看出，当一束平行电子波进入晶体试样时，开始时($t = 0$)，衍射波强度为零，透射波强度极大，等于入射波强度。衍射波强度随着电子束进入晶体的深度逐渐增加达到极大值，这时透射波强度达到相应的极小值，两波相位相差 $\pi/2$(图 6.9)。因此电子束在晶体中由强变弱，再由弱变强，具有周期性，这种由一个极强到下一个极强的深度距离即为前面提到的消光距离 ξ_g，有

$$\xi_g = \frac{\pi V_c \cos\theta}{\lambda F_g}$$

因为 θ 很小，$\cos\theta \approx 1$，所以

$$\xi_g = \frac{\pi V_c}{\lambda F_g} \tag{6-24}$$

值得注意的是，上述分析中，假定散射波最大振幅为 1，这等于承认了入射束能量全部转向了散射束，这当然和一开始提出的运动学假设相矛盾。由此看来，ξ_g 实质是一个动力学概念。ξ_g 值愈小，说明电子束只需在晶体中运行较浅的深度，就可完成一次能量由入射束向散射束的

转换，也说明透射束和衍射束之间的交互作用比较强烈。为了使试验较好地满足运动学条件，要求试样厚度远小于一个消光距离，这意味着对一般金属而言，只能是几纳米，这是相当困难的，由此也看出了运动学理论的局限性。此外，从式(6-24)可知，ξ_g 值与试样物质的原子序数、晶体结构控制下的晶面指数(HKL)和加速电压有关。

P 点的衍射强度 I_g 有以下两种变化情况：

(1) 等厚条纹(Equal thickness fringes，衍射强度随样品厚度的变化)

如果晶体保持在确定的位向，偏离矢量往往保持恒定，这时式(6-22)可写成

$$I_g = \frac{1}{(s\xi_g)^2}\sin^2(\pi st) \qquad (6\text{-}25)$$

显然，当 s 为常数时，衍射强度 I_g 随样品厚度 t 的变化发生周期性振荡(图 6.11)，振荡周期为 $t_g = 1/s$。当 $t_g = n/s$(n 为正整数)时，衍射强度 $I_g = 0$，称为等厚消光，对应于暗条纹；而当 $t_g = (n + 1/2)/s$ 时，衍射强度最大，$I_{g\max} = \frac{1}{(s\xi_g)^2}$，对应于亮条纹。

图 6.11　衍射强度 I_g 随晶体厚度的变化

I_g 随 t 周期性振荡这一运动学结果，可以定性地解释晶体样品楔形边缘处出现的厚度消光条纹。考虑晶体薄膜中有一孔洞[图 6.12(a)]，孔洞边缘沿晶体厚度呈楔形变化。明场下，透射束呈周期性变化，相应于不同厚度的下表面处呈现明暗相间的衬度条纹，暗条纹相当于透射强度极小，衍射强度极大，条纹间距正好对应于消光距离 ξ_g，此时 $t_g = \frac{1}{s}$，条纹宽度与楔形斜度有关系。因为同一条纹上晶体的厚度是相同的，所以这种条纹叫作等厚条纹。图6.12(b)就是金属样品边缘(薄晶体试样)的等厚消光条纹。

可用等厚消光条纹来测薄晶体试样的厚度，方法如下：

① 衍衬像中测出条纹数目 n。

② 从衍射谱中求得相应倒易矢量 $\boldsymbol{g}$，求出消光距离 $\xi_g = \frac{\pi V_c}{\lambda F_g}$。

③ 由公式 $t = n\xi_g$ 算出薄晶体试样厚度 t。

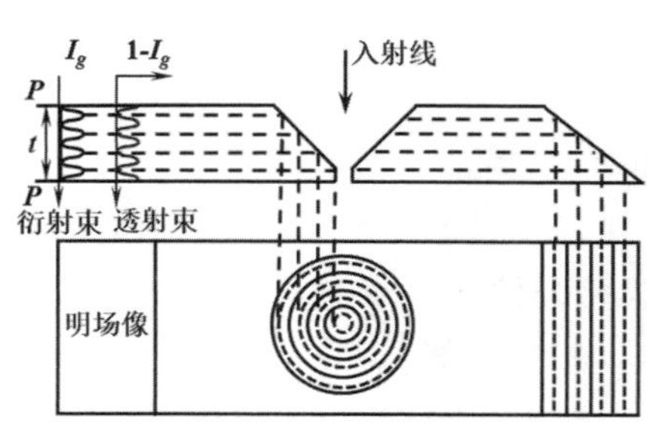

(a) 孔洞边缘处楔形引起的衬底条纹示意图（实线表示亮条纹）

(b) 金属样品边缘的等厚消光条纹

图 6.12　等厚消光

对孔洞边缘的分析也可应用于晶体中倾斜界面的分析，实际晶体内部的晶界、亚晶界、

孪晶界和层错等都相当于倾斜界面。图 6.13(a) 是这类界面的示意图。若图中下方晶体偏离布拉格条件甚远,则可认为电子束穿过这个晶体时无衍射产生;而上方晶体在一定的偏离矢量(s=常数) 下可产生等厚条纹,这就是实际晶体中倾斜界面的衍衬图像。图 6.13(b) 即为某金属多晶样品中倾斜晶界的等厚消光条纹。

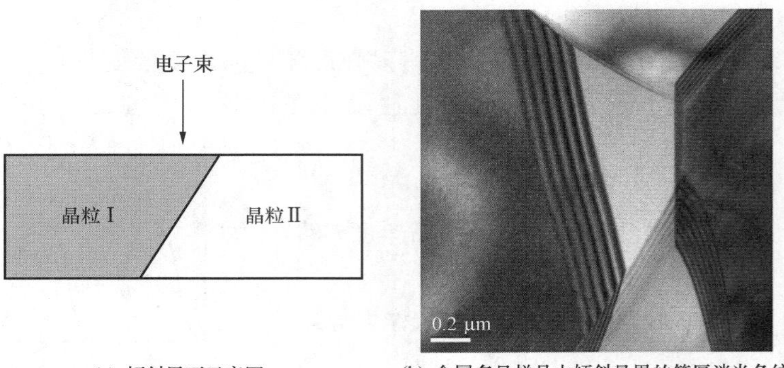

(a) 倾斜界面示意图　(b) 金属多晶样品中倾斜晶界的等厚消光条纹

图 6.13　倾斜界面的等厚消光条纹

(2) 等倾条纹(Equal inclination fringes,衍射强度随偏移矢量的变化)

将式(6-22) 改写成

$$I_g = \frac{(\pi t)^2}{\xi_g^2} \frac{\sin^2(\pi t s)}{(\pi t s)^2} \tag{6-26}$$

因为厚度 t 为常数,故 I_g 随偏移矢量 $\boldsymbol{s}$ 而变,其变化规律如图 6.14 所示。可见,当 $s=0$、$\pm\frac{3}{2t}$、$\pm\frac{5}{2t}$、… 时,I_g 有极大值;当 $s=0$ 时,衍射强度最大,有

$$I_{g\max} = \frac{(\pi t)^2}{\xi_g^2} \tag{6-27}$$

而当 $s=\pm\frac{n}{t}$,$n=1$、2、3、… 时,衍射强度 $I_g=0$,称为等倾消光,相应的条纹称为等倾条纹。由于 $s=\pm\frac{3}{2t}$ 时的二次衍射强度峰已经很小,可以把 $\pm\frac{1}{t}$ 范围看作偏离布拉格条件后能产生衍射强度的界限。它对应于倒易杆的长度,即 $s=\frac{2}{t}$。由此可见,晶体越薄(t 越小),倒易杆越长。

如果没有缺陷的薄晶体厚度不变,稍加弯曲,局部晶面取向发生变化,衍射强度将随偏离参量的变化而变化,则在衍射图像上可出现弯曲消光条件,即等倾条纹。在图 6.15 中,如果样品上 O 处衍射晶面的取向精确满足布拉格条件(θ 等于布拉格衍射角 θ_0,$s=0$)。由于样品弯曲,在 O 点两侧该晶面向相反方向转动,$\boldsymbol{s}$ 的符号相反,且 $\boldsymbol{s}$ 的大小随距 O 点的距离增大而增大,由式(6-22) 可知,当 $s=0$ 时,I_g 取最大值。因此衍射图像中对应于 $s=0$ 处,将出现亮条纹(暗场像)或暗条纹(明场像)。在其两侧对应于 $I_g=0$($s=\pm\frac{1}{t}$) 处将出现暗条纹(暗场像)或亮条纹(明场像)。邻近区域随着偏离布拉格条件的增大,还会相继出现亮、暗相同的条纹，同一条纹相对应的样品位置的衍射晶面的取向是相同的（s 相同）。即相对于入射束的倾角是相同的，故这种条纹称为等倾条纹。实际上，等倾条纹是由于样品弹性弯曲变形而引起的，故也称为弯曲消光条纹。

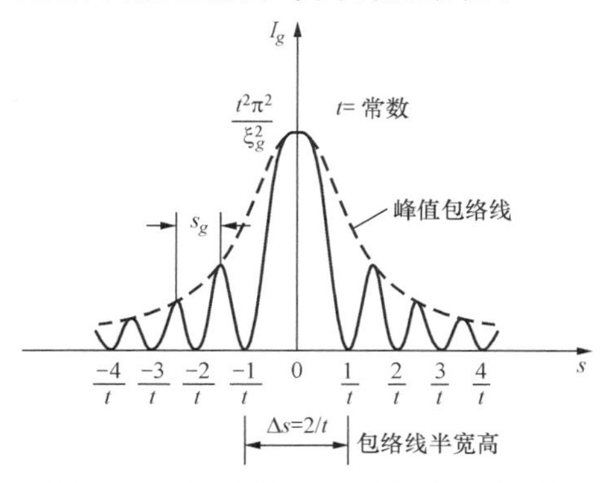

图 6.14　衍射强度 I_g 随偏移矢量 s 值的变化

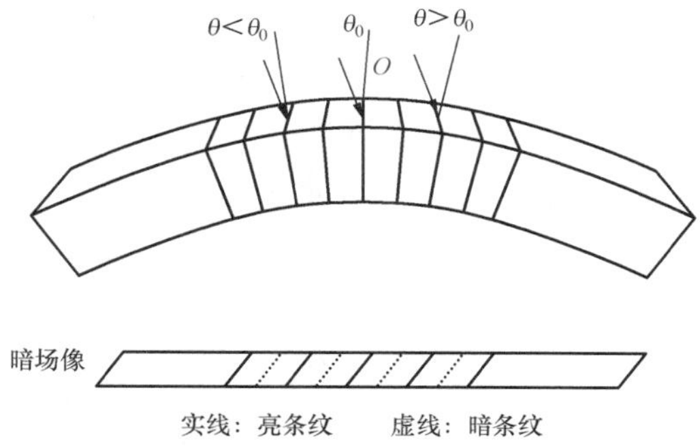

$\theta<\theta_0$　θ_0　$\theta>\theta_0$　O

暗场像

实线：亮条纹　虚线：暗条纹

图 6.15　等倾条纹形成示意图

由于薄晶体样品在一个观察视场中弯曲程度很小，s 值大都在 $0\sim\pm\frac{3}{2t}$ 范围内，且随 $|\boldsymbol{s}|$ 增大衍射峰值迅速衰减，因此条纹数目不会很多。在一般情况下，只能观察到 $s=0$ 处的条纹。

如果样品变形状态比较复杂，那么等倾条纹则没有对称的特征，可能出现相互交叉的等倾条纹（图 6.16）。有时样品受电子束的照射后，由于温度升高而变形，或者样品稍加倾转，甚至在试样不动的情况下，可观察到等倾条纹在荧光屏上发生大幅度扫动，这是因为样品的温度变化或倾斜导致样品在 $s=0$ 的位置发生改变，故等倾条纹出现的位置也随之而变。而等厚干涉条纹当试样不动时，无变化（缺陷也是如此）。这一点也因此被用来鉴别等倾消光轮廓和正常缺陷的衍射效应。

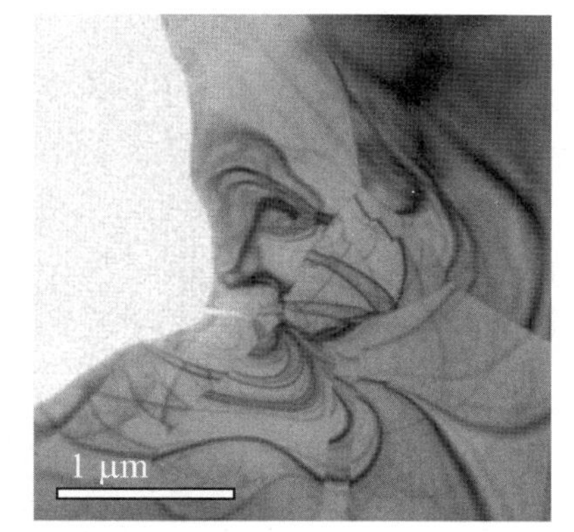

图 6.16　金属薄膜试样的明场像消光条纹

衍射衬度与成像所用的衍射束有关，用不同的衍射束成像，则像的衬度包括消光条纹也会发生相应的变化。

4. 不完整晶体衍衬像的运动学理论

对于理想晶体，只能在厚度不一样处看到等厚条纹和在样品弯曲处看到等倾条纹，而实际晶体是不完整的。我们更需要了解晶体里的缺陷，知道晶体缺陷引起的衬度相对理想晶体的衬度是如何变化的，事实上采用衍射衬度来观察晶体里的缺陷，观察的就是这个衬度的相对变化，即缺陷的衍射衬度像是缺陷引起的衬度相对理想晶体的衬度的变化而不一定是缺陷本身的像。

晶体的不完整性可由以下原因引起：

① 取向关系改变（例如，晶界、孪晶界、沉淀物与基体界面）。

② 晶体缺陷引起的弹性位移(例如,点、线、面、体缺陷)。

③ 相变引起的不完整性。

④ 成分改变而组织不变,如调幅分解(Spinodal decomposition)。

⑤ 组织改变而成分不变,如马氏体相变。

⑥ 相界面(共格、半共格、非共格)。

由于不完整性晶体的存在,改变了完整晶体中原子正常排列状况,使得晶体中某一区域的原子偏离了原来正常位置而产生晶格畸变,晶格畸变使缺陷处晶面与电子束相对方向发生了变化,使得晶面取向不同于完整晶体的取向。于是在有缺陷区域和无缺陷区域满足布拉格条件的程度不一样,造成了衍射强度有差异,从而产生了衬度。根据这种衬度效应,人们可以判断晶体内存在什么缺陷和相变。

对不完整晶体的暗场像,可采用与完整晶体相似的处理方法,其衍射振幅

$$A_{\mathrm{D}}=\frac{\mathrm{i}\pi}{\xi_g}\mathrm{e}^{-2\pi\mathrm{i}\boldsymbol{K}\cdot\boldsymbol{r}_n'}=\frac{\mathrm{i}\pi}{\xi_g}\mathrm{e}^{-2\pi\mathrm{i}(\boldsymbol{g}+\boldsymbol{s})(\boldsymbol{r}_n+\boldsymbol{R}_n)} \tag{6-28}$$

式中,$\boldsymbol{K}=\boldsymbol{g}+\boldsymbol{s}$,$\boldsymbol{r}_n'=\boldsymbol{r}_n+\boldsymbol{R}_n$,$\boldsymbol{R}_n$ 是单胞离开其正常位置 $\boldsymbol{r}_n$ 的偏离矢量(与不完整性有关)。因为 $\boldsymbol{g}\cdot\boldsymbol{r}_n$ 是整数。$\mathrm{e}^{-2\pi\mathrm{i}\boldsymbol{g}\cdot\boldsymbol{r}_n}=1$,$\boldsymbol{s}\cdot\boldsymbol{R}_n$ 很小,$\mathrm{e}^{-2\pi\mathrm{i}\boldsymbol{s}\cdot\boldsymbol{R}_n}$ 可忽略。则

$$A_{\mathrm{D}}\approx\frac{\mathrm{i}\pi}{\xi_g}\mathrm{e}^{-2\pi\mathrm{i}\boldsymbol{g}\cdot\boldsymbol{R}_n}\mathrm{e}^{-2\pi\mathrm{i}\boldsymbol{s}\cdot\boldsymbol{r}_n}=\frac{\mathrm{i}\pi}{\xi_g}\mathrm{e}^{-2\pi\mathrm{i}\boldsymbol{g}\cdot\boldsymbol{R}}\mathrm{e}^{-2\pi\mathrm{i}sz} \tag{6-29}$$

式中,$\boldsymbol{R}$ 为在晶体深 z 处单胞的位移,z 的方向与 $\boldsymbol{s}$ 相同。仍然采用柱体近似,并用积分代替求和,当试样厚度为 t 时,在晶体下表面逸出的散射波振幅是

$$A_{\mathrm{D}}=\frac{\mathrm{i}\pi}{\xi_g}\int_0^t\mathrm{e}^{-2\pi\mathrm{i}\boldsymbol{g}\cdot\boldsymbol{R}}\mathrm{e}^{-2\pi\mathrm{i}sz}\,\mathrm{d}z \tag{6-30}$$

式(6-30)称为不完整晶体的运动学方程。式中,$\mathrm{e}^{-2\pi\mathrm{i}\boldsymbol{g}\cdot\boldsymbol{R}}$ 为不完整性引入的相位因子,称为附加相位因子。可将附加相位因子改写成 $\mathrm{e}^{-2\pi\mathrm{i}\boldsymbol{g}\cdot\boldsymbol{R}}=\mathrm{e}^{-\mathrm{i}\alpha}$,其中 $\alpha=2\pi\boldsymbol{g}\cdot\boldsymbol{R}=2\pi n$,$n=\boldsymbol{g}\cdot\boldsymbol{R}$,这里 n 可为整数、零或分数。不同的晶体缺陷引起晶体畸变程度不同,即 $\boldsymbol{R}$ 不同,因而相位差 α 不同,产生的衍射振幅 A_{D} 不同,从而衍衬像也就不同。

附加相位因子对缺陷衬度的影响分为以下几种情况:

① 当 $\boldsymbol{g}\cdot\boldsymbol{R}=$整数或0时,附加相位因子 $\mathrm{e}^{-\mathrm{i}\alpha}=1$,有缺陷晶体的衍射振幅 A_{D} 与完整晶体的衍射振幅完全一样,即衍衬像没有不同,故缺陷不可见。$\boldsymbol{g}\cdot\boldsymbol{R}=n$($n$ 为整数或0时)是缺陷不可见的判据(Invisibility criterion),是缺陷晶体学定量分析的重要依据和出发点。

② 当 $\boldsymbol{g}\cdot\boldsymbol{R}\neq$ 整数时,附加相位因子 $\mathrm{e}^{-\mathrm{i}\alpha}$ 不为1,则有缺陷晶体的衍射振幅 A_{D} 与完整晶体的衍射振幅不同,缺陷可见。

③ 当 $\boldsymbol{g}\,/\!/\,\boldsymbol{R}$ 时,$\boldsymbol{g}\cdot\boldsymbol{R}$ 有最大值,此时有最大的衬度。

④ 当 $\boldsymbol{g}\perp\boldsymbol{R}$ 时,$\boldsymbol{g}\cdot\boldsymbol{R}=0$,附加相位因子 $\mathrm{e}^{-\mathrm{i}\alpha}=1$,缺陷不可见。

由 $\boldsymbol{g}\cdot\boldsymbol{R}$ 的上述情况,运用运动学原理来说明常见的几种缺陷衍衬像:

(1) 层错(Stacking fault)

堆积层错是晶体中原子正常堆垛遭到破坏时产生的一种最简单的面缺陷。层错上下方

分别是位向相同的两块理想晶体，但下方晶体相对于上方晶体存在一个恒定的位移 $\boldsymbol{R}$。这种面缺陷和材料的力学性能有非常密切的关系。层错的形成总是和位错的分解反应直接相关，全位错分解为不全位错，不全位错正是层错和完整晶体的边界。通常把不全位错和它们之间的层错统称为扩展位错。下面我们用面心立方（fcc）中的层错为例子。在 $fcc\{111\}$ 中，正常堆垛次序为 $\cdots ABCABC\cdots$。层错形成有两种机制：一种是在正常堆垛次序中抽掉一层晶面，例如抽掉一层 B 层，这时原子排列次序为 $\cdots ABCACABC\cdots$，这种层错称为抽出型层错；另一种是在正常堆垛次序中插入一层晶面，例如在 A 层后插入一层 C 层，这时原子排列次序为 $\cdots ABCACBCABC\cdots$，这种层错称为插入型层错。

由于层错的存在破坏了原子近邻关系，产生了一个因畸变而造成的位移矢量 $\boldsymbol{R}$，$fcc\{111\}$ 面层错位移矢量 $\boldsymbol{R}=\frac{1}{6}\langle 112\rangle$，或者 $\pm\frac{1}{3}\langle 111\rangle$。层错引起的相位差分别为

$$\alpha=2\pi\boldsymbol{g}\cdot\boldsymbol{R}=2\pi(HKL)\cdot\frac{1}{6}\langle 112\rangle=\frac{\pi}{3}(H+K+2L)$$

$$\alpha=2\pi\boldsymbol{g}\cdot\boldsymbol{R}=2\pi(HKL)\cdot\pm\frac{1}{3}\langle 111\rangle=\pm\frac{2\pi}{3}(H+K+L)$$

在 fcc 中 HKL 为全奇或全偶时才有布拉格衍射，因此，α 只可能取 $\pm 2n\pi$ 或 $\pm\frac{2}{3}n\pi$（n 为整数）。当 $\alpha=\pm 2n\pi$ 时，附加相位因子 $\exp(-i\alpha)=1$，层错不显示衬度；当 $\alpha=\pm\frac{2}{3}n\pi$ 时，附加相位因子 $\exp(-i\alpha)\neq 1$，层错可观察。

因此在 fcc 中，只有选择合适的倒易矢量 $\boldsymbol{g}_{HKL}$，使附加相位因子 $\alpha=\pm\frac{2}{3}n\pi$，才能观察到层错。所以在透射电子显微镜中看不见层错，并不表示层错不存在，可能是由于所选择的 $\boldsymbol{g}_{HKL}$ 不合适，使得层错不显示衬度。

层错在晶体中处于不同方位时显示出不同的衬度。

① 倾斜于晶体表面的层错

图 6.17 是层错面与晶体薄膜表面倾斜相交的情况。根据运动学理论：倾斜于薄膜表面的层错与其他倾斜界面（如晶界等）相似，显示为平行于层错与上、下表面交线的亮暗相间的条纹，其深度周期为 $t_g=1/s$，如图 6.18 所示。当改变入射条件，变换倒易矢量 $\boldsymbol{g}$ 时，晶体下表面的衍射强度将发生变化。在特定条件下，当样品很薄，且小于一个消光距离时，对于原子序数小的金属（如铝、锰、铜等）将不显示条纹衬度。孪晶的形态不同于层错，孪晶是由黑白衬度相间、宽度不等的平行条带构成，相间的相同衬度条带为同一位向，而另一衬度条带为相对称的位向。层错是等间距的条纹，图 6.18 给出了实际样品中倾斜于晶体表面的层错的明暗场形貌。

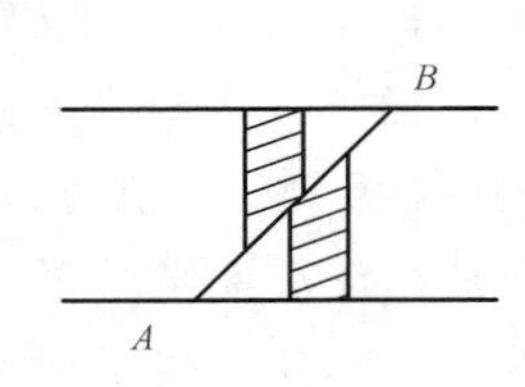

图 6.17　倾斜于晶体表面的层错的示意图

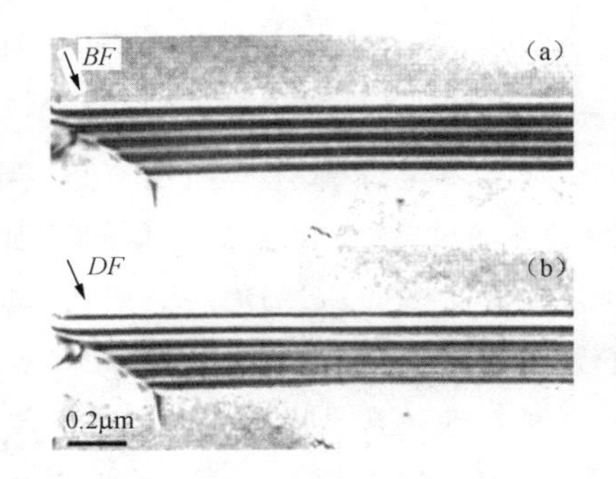

图 6.18　实际样品中倾斜于晶体表面的层错的明(a)暗(b)场像[21]

② 平行于晶体表面的层错

当层错面 AB 平行于晶体表面时，如图 6.19 所示，层错面上下两部分的晶体为完整晶体，这时具有层错 AB 的晶体部分 1 与完整晶体 2 区域的衍射振幅不同，显示出来的衬度是整个层错区域和完整区域的衍射强度的差异。若入射电子束方向正好与表面垂直，则层错区域本身不产生衬度，因此在图像上看到的是均匀的衬度效应，即在均匀的背景上或呈现一条均匀的宽度为 AB 的暗带，或呈现一条均匀的宽度为 AB 的亮带，这差异取决于两区域衍射强度的差异，层错平行于膜面的情况和衬度大小受晶体厚度及所处晶体深度的影响。若层错正处于某消光距离上，这时层错观察不到。

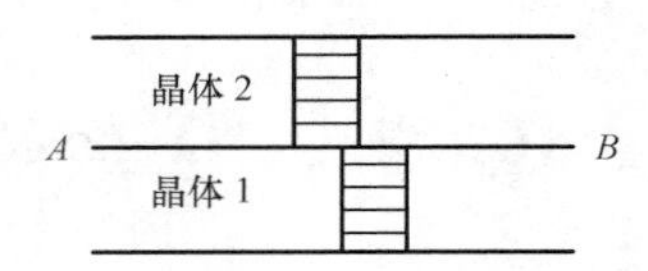

图 6.19　平行于晶体表面的层错的示意图

③ 与试样表面垂直的层错

这时层错是不可见的。

④ 重叠层错

以面心立方{111}层错为例，在晶体较厚的情况下，相邻{111}面上如果都存在层错，则可以形成重叠层错，重叠层错的衍衬图像可从附加相位加以判断。若重叠层错合成相位移为 0 或 $2n\pi$，则衬度消失，前者如两个相反符号的层错的叠加，后者如三个相同符号的层错叠加。具体而言，如果一个层错相位角为 $\alpha=-120°$，另一个层错相位角为 $\alpha=+120°$，则合成的 $\alpha=0$，衬度不出现；如果三个层错重叠在一起，则总的相位角为 360° 或 $2n\pi$，此时也无衬度出现，所以以上两种情况都看不见层错。原则上讲，当相位因子之和 $\alpha=0$ 或 $2n\pi$ 时，重叠层错不出现衬度，但如果重叠层错之间有一段距离，则所观察的衬度就不完全相同了。如图 6.20(a) 所示，两个相同类型的层错重叠，且靠得较近时，则相位因子相加 $\frac{-2\pi}{3}+\frac{-2\pi}{3}=\frac{-4\pi}{3}=\frac{+2\pi}{3}-2\pi$，第一个干涉条纹在层错重叠处改变衬度。如果三个相同类型的层错相重叠，相位因子为 2π 或 0，则不产生衬度[图 6.20(b)]。当两个不同类型的层错重叠[图 6.20(c)]，且靠得很近时，$\alpha=\frac{-2\pi}{3}+\frac{2\pi}{3}=0$，也无衬度产生。图 6.21 给出了不锈钢中重叠层错的例子。

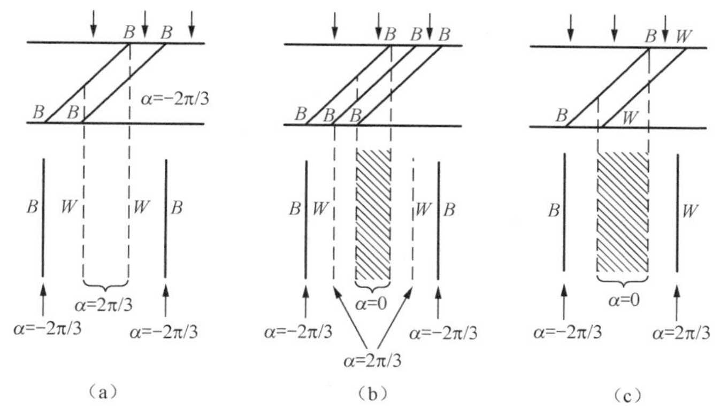

图6.20　面心立方晶体中不同重叠层错的衬度示意图($\alpha = \pm\frac{2\pi}{3}$时)

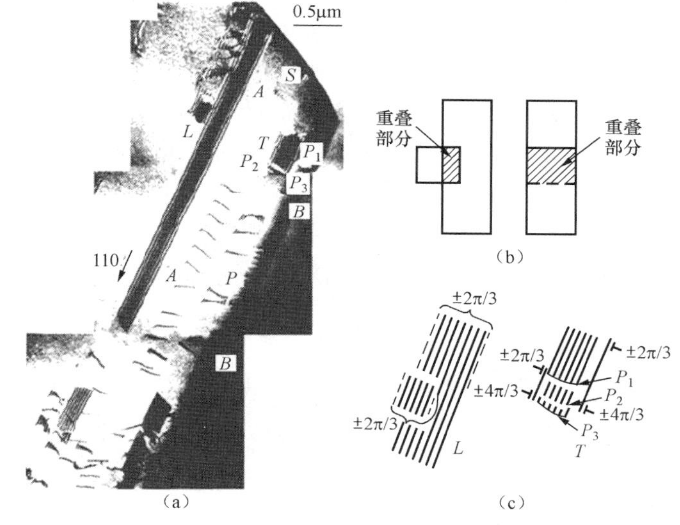

图6.21　不锈钢中的重叠层错[34]

总之附加相位因子$\alpha = 2\pi \boldsymbol{g} \cdot \boldsymbol{R}$是影响层错衬度的关键，对同一类型的层错，$\boldsymbol{R}$一定，选择不同的倒易矢量$\boldsymbol{g}_{HKL}$(可改变)，可得到不同的衬度。另外，层错衬度是晶体厚度t和缺陷所处的深度z的函数，α不仅与$\boldsymbol{g}_{HKL}$有关，也与$\boldsymbol{R}$有关。从分析层错排列条纹的颜色(可亮也可暗)还可推断层错类型(抽出 / 插入型)，决定层错的倾斜状态，具体见相关文献。

(2) 位错

位错(dislocation)是一种线缺陷，处于位错附近的原子偏离正常位置而发生畸变，缺陷周围应变场的变化引入的附加因子$\alpha = 2\pi \boldsymbol{g} \cdot \boldsymbol{R}$是偏离矢量$\boldsymbol{R}$的连续函数，而层错引入的附加因子则是突然变化的。利用透射电子显微镜观察位错具有独特的优点，它不仅能证实位错的存在，而且能直观地反映位错的起源、增殖、扩展及其相互作用。

位错有两种类型：螺位错(Screw dislocation)，其位错线与柏格斯矢量(Burgers vector)$\boldsymbol{b}$平行；刃位错(Edge dislocation)，其位错线与柏格斯矢量$\boldsymbol{b}$垂直。

单纯的刃位错或螺位错都是直线型的，实际上大部分位错是混合型位错，形状为曲线型。在透射电子显微镜观察中，柏格斯矢量$\boldsymbol{b}$(简称柏氏矢量)是判断位错组态的重要依据。刃位错和螺位错衍射衬度像的形成机制如下：

① 螺位错

图 6.22 是螺位错 EF 在晶体滑移面 $ABCD$ 上的示意图。先考虑最简单的情况，假设一螺位错平行于晶体表面，距离上下晶面分别为 z_1 与 z_2（图 6.23），当忽略表面效应时，晶体中位移可用矢量 $\boldsymbol{R}$ 表示，图中不同的 ϕ 角对应不同的 z 值。当 ϕ 角转 2π 弧度时，螺位错的畸变量正好是一个柏氏矢量 $\boldsymbol{b}$，因此 $R : b = \phi : 2\pi$，可以得到偏离矢量：

$$\boldsymbol{R}=\frac{\phi}{2\pi}\boldsymbol{b}=\frac{\arctan\left(\dfrac{z}{x}\right)}{2\pi}\boldsymbol{b} \tag{6-31}$$

式中，x 表示螺位错线到完整晶柱 PP' 的距离。图中 MM' 表示经过变形后的晶柱，而

$$\alpha=2\pi\boldsymbol{g}\cdot\boldsymbol{R}=\boldsymbol{g}\cdot\boldsymbol{b}\arctan\left(\frac{z}{x}\right)=n\arctan\left(\frac{z}{x}\right) \tag{6-32}$$

式中，$n=\boldsymbol{g}\cdot\boldsymbol{b}$，为一整数。当 $\boldsymbol{g}\cdot\boldsymbol{b}=0$，即 $\boldsymbol{g}\perp\boldsymbol{b}$ 时，$n=0$，$\alpha=0$，从而附加相位因子为 1，即位错不可见。若 $\boldsymbol{g}\cdot\boldsymbol{b}\neq 0$，即 $\alpha\neq 0$，即晶体下表面的衍射振幅为

$$A_{\mathrm{D}}=\frac{\mathrm{i}\pi}{\xi_g}\int_0^t \mathrm{e}^{-\mathrm{i}n\arctan\left(\frac{z}{x}\right)}\ \mathrm{e}^{-2\pi\mathrm{i}sz}\,\mathrm{d}z \tag{6-33}$$

从而产生衍射衬度变化，即有位错处的衍射衬度与旁边完整的晶体的衍射衬度不同，故位错可见。从式(6-33)可见，n 与 x 的变化会引起 A_{D} 的变化，对位错像的衬度有影响。

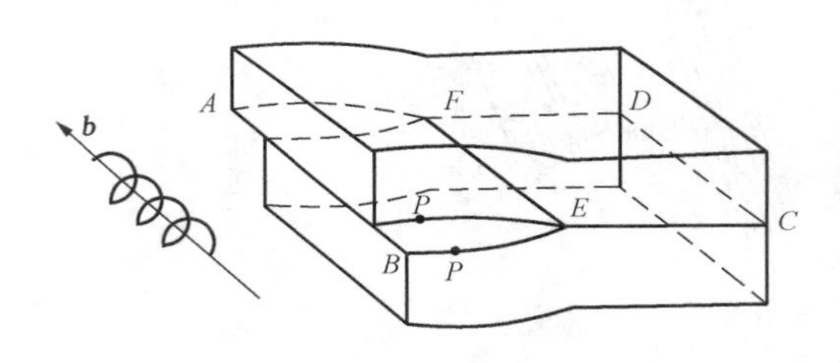

图 6.22　晶体中螺位错的示意图

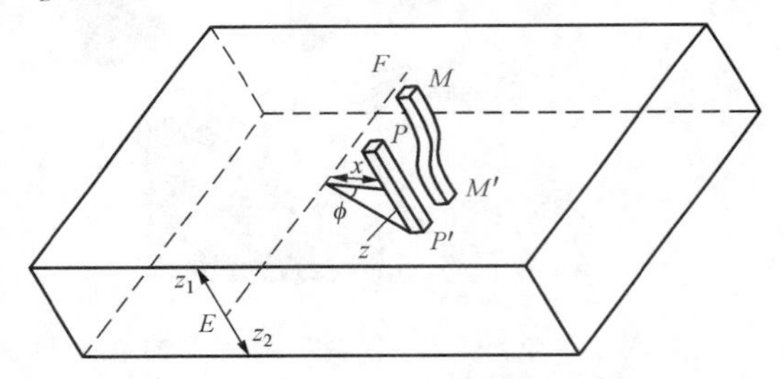

图 6.23　晶体中平行表面的螺型位错 EF

注意：位错衍衬像中心与位错线并不重合，它总是在实际的位错线的旁边。当 s 为正时，位错衍衬像中心在 x 为负值的一边（图 6.24）；当 s 为负时，位错衍衬像中心在 x 为正值的一边。位错衍衬像中心偏离位错线的距离相当于位错衍衬像半宽度 Δx，而 $\Delta x\sim\left(\dfrac{1}{s\pi}\right)$，且数值随偏离矢量 s 的减小而加大。

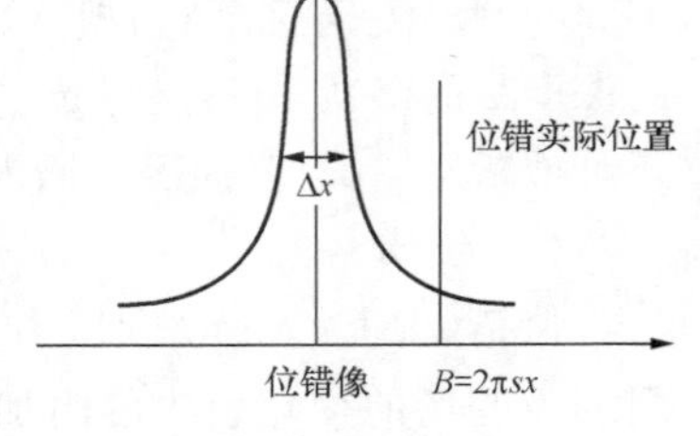

图 6.24　位错衍衬像中心与位错线不重合

若是多束成像条件，由于同时有多个衍射束存在，在明场像中，位错线的像可能是两根大体平行的暗线，类似于对称弯曲试样所产生的双弯曲条纹。

② 刃位错

刃位错线与柏氏矢量相互垂直，相应的位移矢量有两个，一个是平行于柏氏矢量的分量 $\boldsymbol{R}_1$，一个是垂直于滑移面的分量 $\boldsymbol{R}_2$（图 6.25）。而平行于位错线的分量 $\boldsymbol{R}_3=0$。定性地讨论刃

位错衬度的产生及其特征：设 HKL 是由位错线 D 引起的、局部畸变的一组晶面(图 6.26)，并以它作为衍射面用于成像。若该晶面与布拉格条件的偏离矢量为 $\boldsymbol{s}_0$，并假设 $\boldsymbol{s}_0>0$，则在远离位错线 D 的区域(例如 A 和 C 位置，相当于理想晶体)的衍射强度为 I(即暗场像中的背景强度)。位错引起它附近晶面的局部转动，意味着在此应变场范围内，(HKL)晶面存在着实际的附加偏差 $\boldsymbol{s}'$。离位错越远，$\boldsymbol{s}'$ 越小；在位错线的右侧，假定 $\boldsymbol{s}'>0$，在其左侧 $\boldsymbol{s}'<0$。于是，在右侧区域内(例如 B 位置)，晶面的总偏差 $\boldsymbol{s}_0+\boldsymbol{s}'>\boldsymbol{s}_0$，使衍射衬度 $I_B<I$；而在左侧，由于 $\boldsymbol{s}'$ 与 $\boldsymbol{s}_0$ 符号相反，总偏差 $\boldsymbol{s}_0+\boldsymbol{s}'<\boldsymbol{s}_0$，且在某个位置(例如 D' 处)，恰好 $\boldsymbol{s}_0+\boldsymbol{s}'=0$，衍射强度满足 $I_{D'}=I_{\max}$，这样在偏离位错线实际位置的左侧，将产生位错线的像(暗场像中为亮线，明场像为暗线)。如果衍射晶面的原始偏离参量 $\boldsymbol{s}_0<0$，那么位错线的像将出现在其实际位置的另一侧。

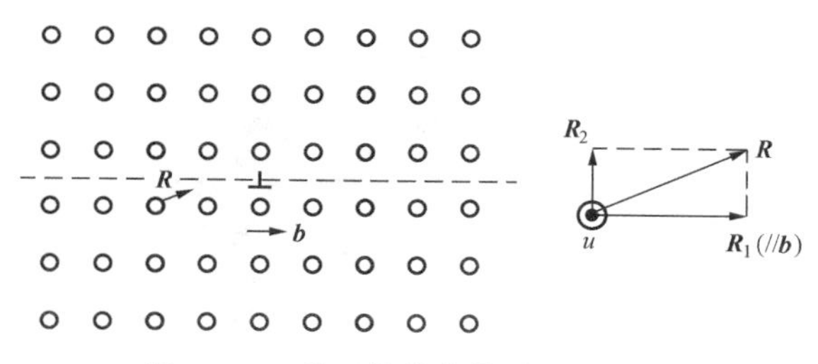

图 6.25　纯刃位错的位移矢量 $\boldsymbol{R}$

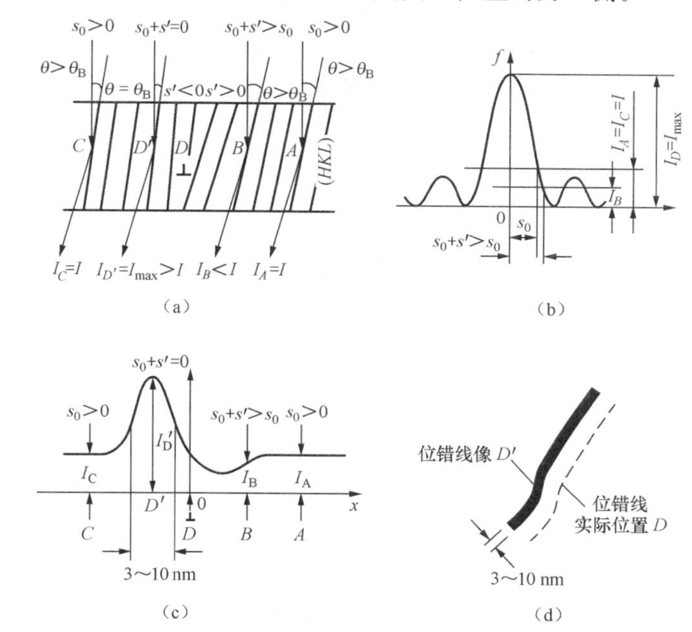

图 6.26　刃位错衬度的产生及其特性[24]

层错的衍射像是平行的直线条纹，而位错的衍射像主要是线条(往往不是直线)，如图6.27所示。位错线像总是出现在实际位置的一侧或另一侧，说明其衬度本质上是由位错附近的点阵畸变所产生的，叫作“应变场衬度”(Strain field contrast)。而且，由于附加的偏差 $\boldsymbol{s}'$ 随离开位错中心的距离而逐渐变化，使位错线的像总是有一定的宽度(一般为 3 ～ 10 nm)，位错线像偏离实际位置的距离也与像的宽度在同一数量级范围内。刃位错的宽度为螺位错的两倍。

位错衍衬像不是位错本身，位错像的大小、相似性都可能与位错本身不相同，它的形成往往由于样品情况、摄照条件以及位错在样品内所处的位置不同而发生很大的差异。

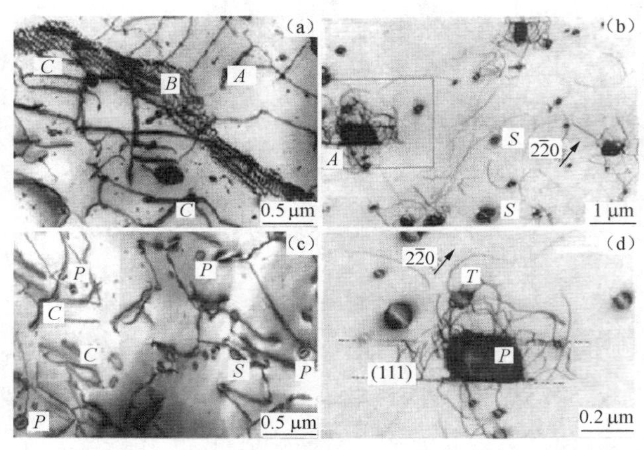

图 6.27 实际晶体中的位错线[23]

在透射电子显微镜下观察薄晶体，不是所有的位错线都是可见的，$\boldsymbol{g}\cdot\boldsymbol{b}=0$ 是位错不可见判据，对螺位错完全适用。但对于刃位错，即使 $\boldsymbol{g}\cdot\boldsymbol{b}=0$，有时也显示出弱的衬度像。只有当柏氏矢量及位错线都平行于表面，即位错是在垂直于入射电子束的滑移面上，位错才不可见。也就是说，同时满足 $\boldsymbol{g}\cdot\boldsymbol{b}=0$ 和 $\boldsymbol{g}\cdot(\boldsymbol{b}\times\boldsymbol{u})=0$ 时，位错才不可见（$\boldsymbol{u}$ 是沿位错线正方向的单位矢量）。而同时满足这两个条件是很困难的，通常只要这种残余衬度不超过远离位错处的基体衬度的 10%，就可以认为衬度已消失。位错不可见判据是测定柏氏矢量的重要依据。

（3）第二相粒子

第二相粒子所产生的衬度是一个比较复杂的问题，因为它们和许多因素有关，例如，粒子的形状，在膜内的深度，晶体结构、取向、化学成分以及与晶体之间的应变量大小和基体点阵错排程度等。此外，界面附近还可能存在浓度和缺陷梯度。一般来说，第二相粒子通过两种方式产生衬度：

① 沉淀物衬度：穿过粒子的晶体柱内衍射波的振幅和相位方式变化，叫作沉淀物衬度。沉淀物衬度有结构因子衬度、虚点阵衬度、位移条纹衬度、水纹衬度、界面条纹衬度、取向衬度。

② 基体衬度：第二相粒子的存在引起周围基体点阵方式局部的畸变，这类似于位错衬度的来源，也是一种应变场衬度，叫作基体衬度。沉淀物衬度效应总是存在的，而基体衬度则不一定存在，通常只有粒子与基体之间既有共格关系（部分和完全）又有错配度的情况下才会出现。

在合金中，第二相粒子以共格沉淀或夹杂物的形式存在。由于基体点阵常数与第二相粒子点阵常数不相同，破坏了晶体中原子的正常排列，使得第二相粒子与附近基体发生畸变。由此引入了缺陷矢量 $\boldsymbol{R}$，使产生畸变的晶体部分和不产生畸变的部分之间出现衬度的差别。不论是在共格或非共格的情况下，第二相都会引起特征衬度效应，根据这种衬度效应，可以判断沉淀相及夹杂物的有关信息。设基体各向同性，夹杂物为球形，则位移是径向的，可以表示为

$$R = \varepsilon r_0^3 / r^2, \quad r \geqslant r_0$$

$$R = \varepsilon r, \quad r \leqslant r_0 \tag{6-34}$$

式中，r 为畸变区任一点 O 至球心距离；r_0 为夹杂物半径；ε 为弹性应变场参量，与夹杂物和基体之间错配度有关，$\varepsilon = \frac{2}{3}\delta$；$\delta$ 为错配度。

对于图 6.28 中的球形共格粒子，其周围基体中晶格弯曲成弓形，产生缺陷矢量 $\boldsymbol{R}$，利用运动学基本方程分别计算畸变晶柱底部的衍射波振幅(或强度)和理想晶柱(远离球形粒子的基体)的衍射波振幅，二者必然存在差别。但是凡通过粒子中心的晶面都没有发生畸变(如通过图中圆心的水平和垂直两个晶面)。如用这些晶面不畸变的晶面做衍射面，则这些晶面不存在 $\boldsymbol{R}$，从而不出现缺陷衬度，因晶面畸变的位移量是随着离开粒子中心的距离变大而增加的，因此形成基体应变场衬度。图 6.29 球形共格沉淀物的明场像中，粒子分裂成两瓣，中间是个无衬度的线状亮区，因为衍射晶面正好通过粒子的中心，晶面的法线为 $\boldsymbol{g}$ 方向，电子束是沿着和中心无畸变晶面接近平行的方向入射的。由此，若选用不同的操作矢量，无衬度线的方位将随操作矢量而变，操作矢量 $\boldsymbol{g}$ 与无衬度线成 90° 角。

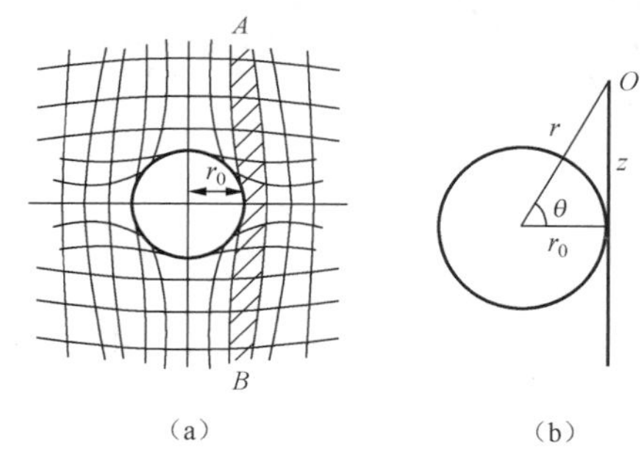

图 6.28　球形夹杂物对附近晶体引起畸变示意图

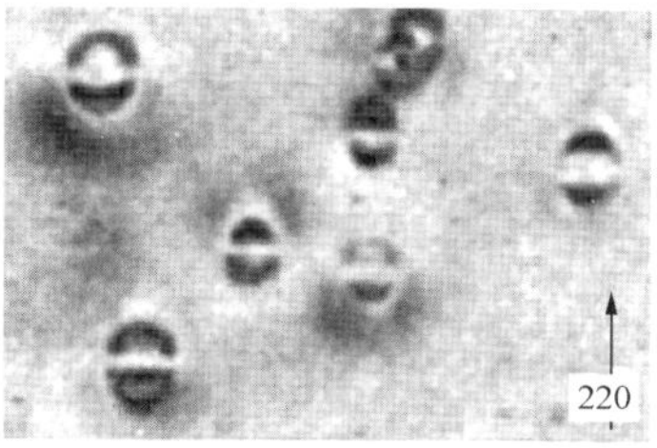

220

图 6.29　球形夹杂物的衍射像[21]

应该指出的是共格第二相粒子的衍衬图像并不是该粒子真正的形状和大小，这是一种因基体畸变而造成的间接衬度。

在进行薄膜衍衬分析时，样品中的第二相粒子不一定都会引起基体晶格的畸变，因此在荧光屏上看到的第二相粒子和基体间的衬度差别主要是下列原因造成的：

① 第二相粒子和基体之间的晶体结构以及位向存在差别，由此造成的衬度。利用第二相提供的衍射斑点做暗场像，可以使第二相粒子变亮。这是电子显微镜分析过程中最常用的验证与鉴别第二相结构和组织形态的方法。

② 第二相的散射因子和基体不同造成的衬度。如果第二相的散射因子比基体大，则电子束穿过第二相时被散射的概率增大，从而在明场像中第二相变暗。实际上，造成这种衬度的原因和形成质厚衬度的原因类似。另一方面，由于散射因子不同，二者的结构因子也不相同，由此造成了所谓结构因子衬度。

(4) 小角晶界和大角晶界

① 小角晶界

小角晶界指取向差甚小的两相邻晶体的界面，从像衬角度来说，两晶体可能是有相同的衍射面倒易矢量 $\boldsymbol{g}$，但有不同的偏离矢量 $\boldsymbol{s}$。按取向分，小角晶界可分为倾转晶界和扭转晶界两种。

倾转晶界：图 6.30(a) 是倾转晶界理想化的几何示意图。实际上，这个区域在由失配造成的高应变的作用下，将发生弛豫，形成一系列间距为 D 的刃位错［图 6.30(b)］，所以其衍衬像是在条纹的背底上又夹有许多近似等间距的位错线，如图 6.31 所示。

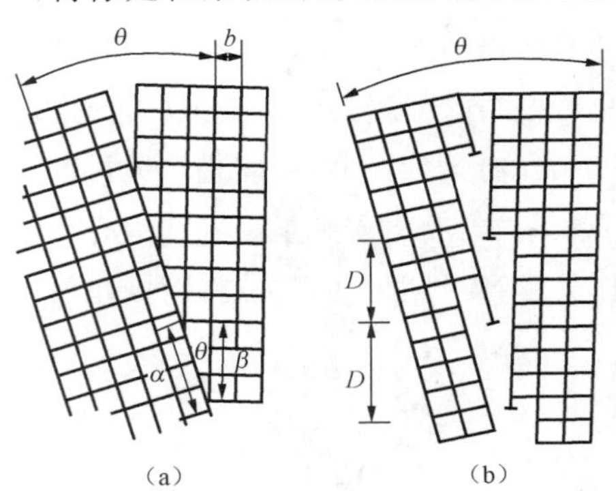

图 6.30　小角度倾转晶界几何模型

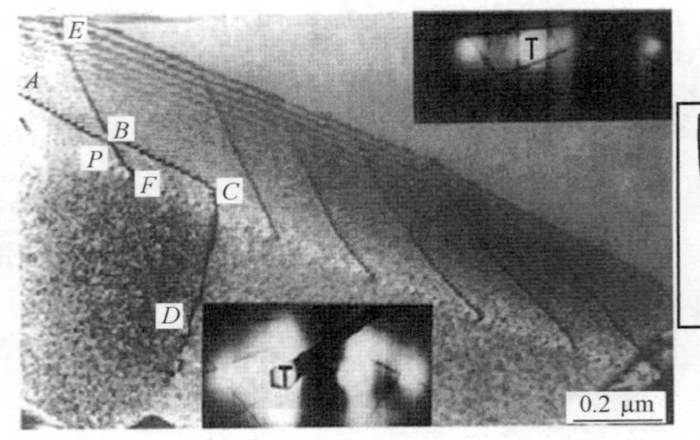

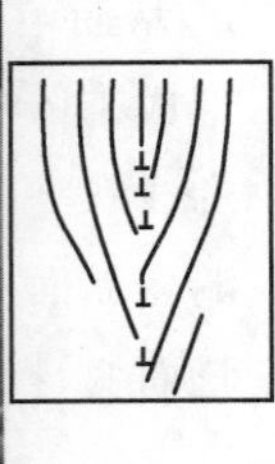

图 6.31　小角度倾转晶界的衍衬像

扭转晶界：图 6.32 是扭转晶界形成的几何示意图，表示一块单晶沿一个面切开成晶体上下两部分，然后二者相对中心轴旋转一个很小的角度 θ，从而形成图 6.32(b) 所示的扭转晶界。图 6.32(c) 是扭转晶界上原子排列状态图，可以看出，扭转晶界实际上是由交叉的螺型位错组成，图 6.33 中 A 区域是扭转晶界的衍衬像，从图中可以看到螺位错组成的网络。

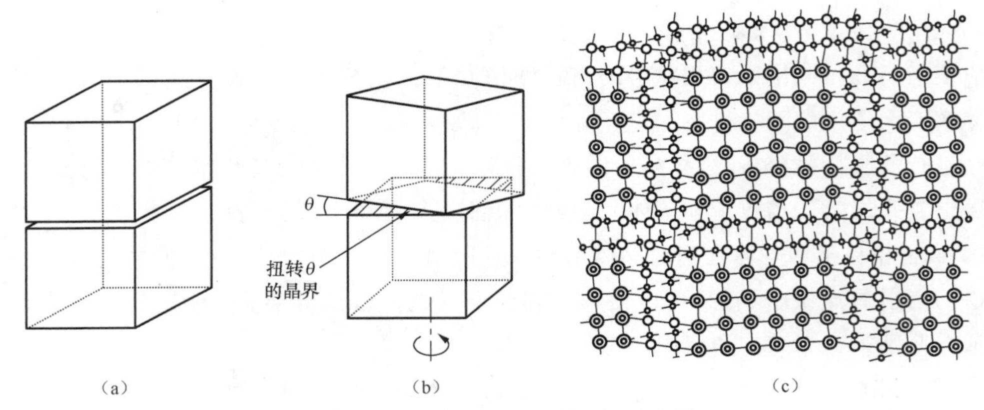

图 6.32　扭转晶界形成的几何示意图

② 大角晶界

因为相邻晶体的取向差比较大，通常是晶界一侧晶体满足衍射条件，另一侧不满足衍射条件，因此，入射电子相当于遇到楔形晶体，大角晶界显示的衬度是明暗相间的条纹，如图 6.33 中 B 区域。

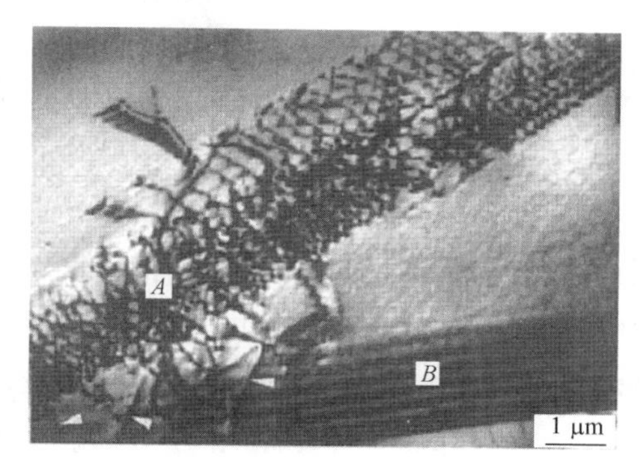

图 6.33　7.0%Al-Ni 合金中的扭转晶界和大角晶界
（A 为扭转晶界，B 为大角晶界；箭头所指为界面位错）

6.2.2　电子衍衬像的动力学理论

衍衬运动学理论有其成功之处：运动学理论对复杂的衍射问题做了简化处理，提供了简明解释晶体和晶体缺陷衍射衬度像的方法；对于衍射衬度成像，运动学理论成功地预测了一些衬度特征，如位错像的线状特征、等厚条纹和等倾消光轮廓等。但是也有许多不足之处，这是因为衍衬运动学理论做了如下假设：

（1）试样的衍射面不严格处于精确的布拉格位置，即 $s \neq 0$。

（2）衍射束与透射束相比强度很小，它们之间的相互作用可以忽略不计。

（3）试样较薄，吸收效应可以忽略不计。

在此基础上，求得在完整晶体下表面处的衍射强度

$$I_g = |A_g|^2 \approx \frac{\pi^2}{\xi_g^2} \frac{\sin^2(\pi st)}{(\pi s)^2} \tag{6-35}$$

当 $s=0$ 时，上式变为

$$I_g = |A_g|^2 \approx \frac{(\pi t)^2}{\xi_g^2} \tag{6-36}$$

即衍射束强度随试样厚度 t 的平方增大而增大。当 t 很大时，I_g 可能超过入射电子强度 I_0，这显然是不合理的，即衍衬运动学理论有缺陷。根据能量守恒原理，不可能大于入射束强度 I_0，若假设入射束强度 $I_0=1$，则由能量守恒原理：$\frac{(\pi t)^2}{\xi_g^2} \leqslant 1$，即 $t \leqslant \left(\frac{\xi_g}{\pi} \sim \frac{\xi_g}{3}\right)$。对于加速电压为 100 kV 的电子来说，一般材料低衍射指数的消光距离 ξ_g 为 15 ～ 50 nm，故若要把衍衬运动学理论用在 $s=0$ 的情况，晶体厚度 t 必须小于 10 nm。而事实上，在电子显微镜中所用的薄晶体厚度在几十纳米甚至更厚一些(通常为 $10\xi_g$ 厚)。

我们知道由衍衬运动学理论可得出等厚条纹间距为 $1/s$，当 s 趋向 0 时，条纹间距趋向无穷大，这也不合理，因为实际上条纹间距是一个有限值。另外，电子衍射强度 I_g 往往可与透射强度相比，以致常发生二次衍射效应及透射束与衍射束之间的相互作用，还有由于吸收出现的反常衬度效应等衍衬像的细节等。衍衬运动学理论虽然定性地解释了等厚消光条纹、

等倾消光条纹产生的原因，但这些条纹衬度的很多细节无法用运动学衍衬理论加以解释。如对于等厚条纹，其衬度并非准确地随深度 N/s 周期变化等。这些都是运动学理论无法处理的，因此必须发展衍射衬度的动力学理论。

要想深入地认识电子衍射和电子衍射衬度现象，必须借助电子衍衬的动力学理论。但是电子衍衬的动力学理论的数学推导较烦琐，物理图像也较抽象，这里只介绍一些基本概念。为了处理简单，仅考虑双束近似的情况，也就是说晶体内只有一个强衍射束和一个透射束，在它们之间不断交换能量，保持动态平衡。根据动力学理论，在晶体内透射束和衍射束的强度是交替变化的，而不像在运动学情况下，透射束不断减弱，衍射束一直在加强。

电子衍衬的动力学理论保留了运动学理论中的双束近似和柱体近似假设；考虑了样品对电子的吸收，并认为存在一个极限；更重要的是考虑了各级衍射束之间的交互作用，透射束振幅和衍射束振幅都随晶柱的深度而变化，是 z 的函数；在双束近似下，动力学认为样品晶柱内传播的是一个波函数。

1. 完整晶体的衍衬动力学理论

设透射束振幅为 ϕ_0，衍射束振幅为 ϕ_g，则 ϕ_0、ϕ_g 随深度的变化可表示为

$$\begin{cases}\dfrac{\mathrm{d}\phi_0}{\mathrm{d}z}=\dfrac{\pi i}{\xi_0}\phi_0+\dfrac{\pi i}{\xi_g}\phi_g\exp(2\pi isz)\\[2ex]\dfrac{\mathrm{d}\phi_g}{\mathrm{d}z}=\dfrac{\pi i}{\xi_0}\phi_g+\dfrac{\pi i}{\xi_g}\phi_0\exp(-2\pi isz)\end{cases}\tag{6-37}$$

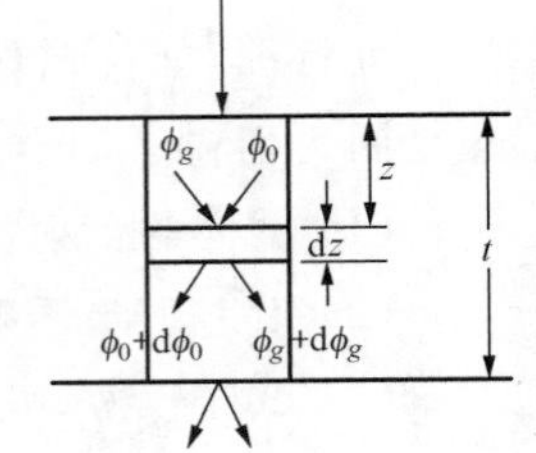

图 6.34　衍衬运动学理论推导时所用模型

第一个方程描述透射波振幅在小柱体单元 dz 中的变化（图6.34），这种变化部分是由于透射波向前散射，部分是由于衍射波的布拉格散射。式(6-37) 第二个方程也可做类似的解释，式(6-37) 本身就反映了两种波的交互作用。

令

$$\begin{cases}\phi'_0=\phi_0\exp(-i\pi z/\xi_0)\\ \phi'_g=\phi_g\exp(2\pi isz-i\pi z/\xi_0)\end{cases}\tag{6-38}$$

将其代入式(6-37) 得

$$\begin{cases}\dfrac{\mathrm{d}\phi'_0}{\mathrm{d}z}=\dfrac{\pi i}{\xi_g}\phi'_g\\[2ex]\dfrac{\mathrm{d}\phi'_g}{\mathrm{d}z}=\dfrac{\pi i}{\xi_g}\phi'_0+2\pi is\phi'_g\end{cases}\tag{6-39}$$

对式(6-39) 中的第一式两边求导，再将第二式代入得

$$\frac{\mathrm{d}^2\phi'_0}{\mathrm{d}z^2}-2\pi is\frac{\mathrm{d}\phi'_0}{\mathrm{d}z}+\frac{\pi^2}{\xi_g^2}\phi'_0=0\tag{6-40}$$

利用边界条件，可以解方程(6-40)，考虑到在样品的上表面 $\phi'_0(0)=1$，$\phi'_g(0)=0$，于是得到（在公式中已经省去了“′”符号）

$$\begin{cases} I_g = \left(\dfrac{\pi}{\xi_g}\right)^2 \dfrac{\sin^2(\pi t s_{\text{eff}})}{(\pi s_{\text{eff}})^2} \\ I_0 = 1 - \left(\dfrac{\pi}{\xi_g}\right)^2 \dfrac{\sin^2(\pi t s_{\text{eff}})}{(\pi s_{\text{eff}})^2} = 1 - I_g \end{cases} \tag{6-41}$$

式中

$$s_{\text{eff}} = \sqrt{s^2 + \frac{1}{\xi_g^2}} \tag{6-42}$$

为有效偏离矢量，它比运动学的偏离参量大。与运动学公式相比，唯一的不同是在式(6-41)里用s_{eff}代替了s。由于式(6-41)与式(6-22)形式相同，可知衍衬运动学理论关于等厚、等倾的定性结论在衍衬动力学理论中仍然有效。

(1) 当$s \gg \dfrac{1}{\xi_g}$时，$s_{\text{eff}} \approx s$，$I_g = \left(\dfrac{\pi}{\xi_g}\right)^2 \dfrac{\sin^2(\pi s t)}{(\pi s)^2}$，动力学的公式退化为运动学公式。也就是说，运动学理论是动力学理论的一个特例(偏离矢量$\boldsymbol{s}$很大的情况)。

(2) 动力学理论得出的等厚条纹间距为

$$\frac{1}{s_{\text{eff}}} = \frac{1}{\sqrt{s^2 + \dfrac{1}{\xi_g^2}}} \tag{6-43}$$

当$s=0$时，$\dfrac{1}{s_{\text{eff}}} = \xi_g \neq 0$，这是合理的。而由运动学理论，当$s=0$，条纹间距$1/s$为无穷大，动力学理论改进了运动学理论中不合理的部分。

定义有效消光距离为

$$\xi_{\text{eff}} = \frac{1}{s_{\text{eff}}} = \frac{\xi_g}{\sqrt{1 + (s\xi_g)^2}} \tag{6-44}$$

有效消光距离ξ_{eff}与消光距离ξ_g差一个因子，当$s=0$时，二者一样。

当$s=0$时，有效偏离矢量

$$s_{\text{eff}} = \sqrt{s^2 + \frac{1}{\xi_g^2}} = \frac{1}{\xi_g}$$

从而

$$I_g = \left(\frac{\pi}{\xi_g}\right)^2 \frac{\sin^2(\pi t s_{\text{eff}})}{(\pi s_{\text{eff}})^2} = \sin^2\left(\frac{\pi t}{\xi_g}\right) \leqslant 1$$

即在动力学理论中，衍射束强度不会大于入射束强度，这是合理的。动力学理论改进了运动学理论中另一个不合理的部分。

可以解出

$$\begin{cases} \phi_0'(z) = \left[\cos\left(\dfrac{\pi z}{\xi_g}\sqrt{1+\omega^2}\right) - \dfrac{\mathrm{i}\omega}{\sqrt{1+\omega^2}}\sin\left(\dfrac{\pi z}{\xi_g}\sqrt{1+\omega^2}\right)\right] \mathrm{e}^{\pi \mathrm{i} s z} \\ \phi_g'(z) = \left[\dfrac{\mathrm{i}\sin\left(\dfrac{\pi z}{\xi_g}\sqrt{1+\omega^2}\right)}{\sqrt{1+\omega^2}}\right] \mathrm{e}^{\pi \mathrm{i} s z} = \left(\dfrac{\mathrm{i}\pi}{\xi_g}\right) \dfrac{\sin(\pi z s_{\text{eff}})}{\pi s_{\text{eff}}} \mathrm{e}^{\pi \mathrm{i} s z} \end{cases} \tag{6-45}$$

式中，$\omega=\xi_g s$ 为量纲一的量，是动力学条件下表示偏离衍射条件的偏离参数。由式 (6-45) 可知

$$I_0+I_g=|\phi_0|^2+|\phi_g|^2=1$$

即明场像、暗场像的强度是互补的，如用 s 代替

$$s_{\text{eff}}=\sqrt{s^2+\frac{1}{\xi_g^2}}$$

则(6-45) 式的第二式变成

$$\phi'_g=\frac{\mathrm{i}\pi}{\xi_g}\frac{\sin(\pi ts)}{\pi s} \tag{6-46}$$

这和衍衬运动学方程的结果类似。所以由动力学理论得到结论：

(1) 式(6-42) 中，当 $s=0$ 时，$\frac{1}{s_{\text{eff}}}=\xi_g\neq 0$。

(2) 倒易阵点附近的衍射分布为

$$I_g=\frac{\pi^2}{\xi_g^2}\frac{\sin^2(\pi ts_{\text{eff}})}{(\pi s_{\text{eff}})^2} \tag{6-47}$$

它的形状如图 6.35(b) 所示，可见当 $s\to 0$ 时，I_g 不一定有极大值，其强度分布曲线的细节也不同于运动学理论 [图 6.35(a)] 得到的结果。

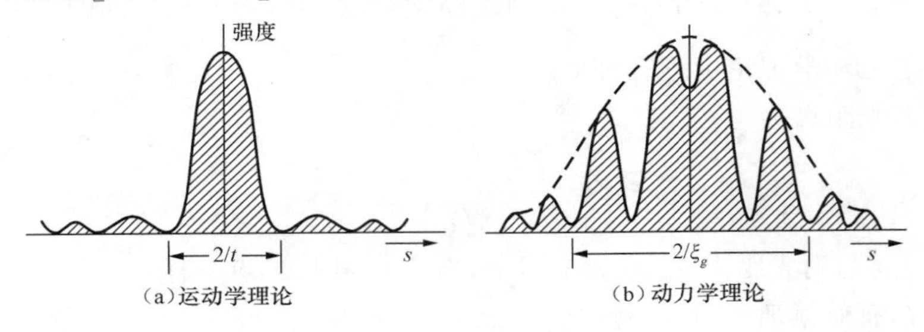

图 6.35　围绕倒易阵点的强度分布

2. 不完整晶体的衍衬运动学理论

衍衬的运动学理论也可以推广应用到晶体缺陷研究中。与衍衬运动学理论一样，在柱体近似中引入位移矢量 $\boldsymbol{R}$ 和附加相位角 $\alpha=2\pi\boldsymbol{g}\cdot\boldsymbol{R}$，并在相位因子中考虑进去就可得到不完整晶体的动力学方程。这时，只要在式 (6-37) 中做如下代换：

$$s\to s+\frac{\mathrm{d}}{\mathrm{d}z}(\boldsymbol{g}\cdot\boldsymbol{R}) \tag{6-48}$$

于是方程 (6-37) 变成

$$\begin{cases}\dfrac{\mathrm{d}\phi_0}{\mathrm{d}z}=\dfrac{\pi\mathrm{i}}{\xi_0}\phi_0+\dfrac{\pi\mathrm{i}}{\xi_g}\phi_g\exp(2\pi\mathrm{i}sz+2\pi\mathrm{i}\boldsymbol{g}\cdot\boldsymbol{R})\\ \dfrac{\mathrm{d}\phi_g}{\mathrm{d}z}=\dfrac{\pi\mathrm{i}}{\xi_g}\phi_0\exp(-2\pi\mathrm{i}sz-2\pi\mathrm{i}\boldsymbol{g}\cdot\boldsymbol{R})+\dfrac{\pi\mathrm{i}}{\xi_0}\phi_g\end{cases} \tag{6-49}$$

令

$$\begin{cases} \phi'_0 = \phi_0(z)\exp(-\mathrm{i}\pi z/\xi_0) \\ \phi'_g = \phi_g(z)\exp(2\pi \mathrm{i}sz - \mathrm{i}\pi z/\xi_0) \end{cases} \tag{6-50}$$

则式(6-49) 变成

$$\begin{cases} \dfrac{\mathrm{d}\phi'_0}{\mathrm{d}z} = \dfrac{\pi \mathrm{i}}{\xi_g}\phi'_g \\ \dfrac{\mathrm{d}\phi'_g}{\mathrm{d}z} = \dfrac{\pi \mathrm{i}}{\xi_g}\phi'_0 + 2\pi \mathrm{i}\left(s + \boldsymbol{g}\cdot\dfrac{\mathrm{d}\boldsymbol{R}}{\mathrm{d}z}\right)\phi'_g \end{cases} \tag{6-51}$$

式(6-51) 必须采用数值解法,有兴趣的读者可参阅有关文献。式(6-51) 的第二式表示缺陷应变场以 $\boldsymbol{g}\cdot\frac{\mathrm{d}\boldsymbol{R}}{\mathrm{d}z}$ 形式对衍射振幅变化$\frac{\mathrm{d}\phi'_g}{\mathrm{d}z}$施加影响。也就是说,由于缺陷的存在,使衍射平面局部发生旋转,从而使偏离矢量由 $\boldsymbol{s}$ 变成$\boldsymbol{s}+\boldsymbol{g}\cdot\frac{\mathrm{d}\boldsymbol{R}}{\mathrm{d}z}$,因此可以认为缺陷处局部衍射强度的增加,是由于衍射平面的局部旋转,以致缺陷处较其他处更接近 $\boldsymbol{s}=\boldsymbol{0}$ 的条件,局部增加了布拉格衍射强度,从而使缺陷显示出来。

另外,动力学理论可处理衍衬像的许多精细结构(与反常吸收有关)。

6.3　相位衬度

当透射束和至少一束衍射束同时通过物镜光阑参与成像时,由于透射束与衍射束的相干作用,形成一种反映晶体点阵周期性的条纹像和结构像。这种像衬的形成是透射束和衍射束相位相干的结果,故称为相位衬度。

电子波通过试样,除了可能产生振幅衬度外,由于电子波与试样物质电势场的交互作用,还可在试样出射面形成波的相位差异。当试样足够薄时,即使在光轴上加入最小尺寸的物镜光阑仍不能得到可察觉的"光阑衬度",或试样中相邻晶柱所产生的透射波振幅之差非常小,以致不足以区分相邻的两个像点,这时可视为电子显微像上的振幅衬度为零,忽略试样内的散射与取向的依赖关系,这种情况下的薄试样可称为相位物。近似地将电子波透过试样后波的振幅变化忽略不计,称为相位物近似。通常将能满足相位物近似的试样厚度限制在 10 nm 甚至更小。

与衍射衬度的单束、无干涉成像过程不同,相位衬度成像是多束干涉成像,即选用大尺寸物镜光阑。除透射束外,还让尽可能多的衍射束携带着它们的振幅和相位一起通过物镜光阑,并干涉叠加,从而获得能够反映试样结构真实细节的高分辨相位衬度图像。进入光阑的衍射束愈多,获得的结构细节愈丰富,图像愈接近真实的结构。高分辨电子显微学的目的就是将在试样电势场作用下电子波产生的相位变化尽可能圆满地转变为可观察到的像强度分布,从相位衬度的高分辨图像上提取试样真实结构信息。

6.3.1 高分辨透射电子显微术的发展史

高分辨透射电子显微术(High resolution transmission electron microscopy,HRTEM或HREM)是相位衬度显微术,它能使大多数晶体材料中的原子列成像,这些像通常用晶体的投影势(Projected crystal potential)来解释。例如,金刚石结构Si单质完整晶体[001]方向的高分辨像如图6.36所示,其中白色亮点为Si原子列的投影位置。

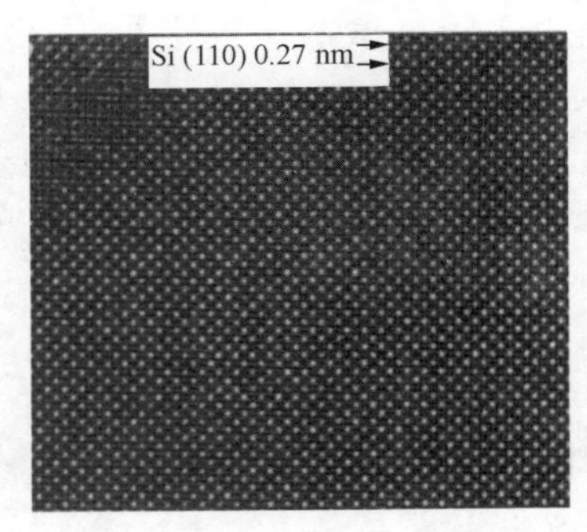

图 6.36 Si单质晶体[001]方向的高分辨像

高分辨率透射电子显微术始于20世纪50年代。1956年,门特(Menter)用透射电子显微镜直接拍摄了酞菁铜[$(00\bar{1})$面间距1.26 nm]和钛菁铂的晶格像。但因对高分辨成像的机理不够清楚,且那时透射电子显微镜的分辨率也不高,故在此后的十几年内,高分辨透射电子显微术没有得到进一步的发展,仅仅作为鉴定电子显微镜分辨率的一种方法(晶格条纹法)。20世纪70年代初,井岛(Ijima)用分辨率为0.35 nm的透射电子显微镜拍到了一例复杂氧化物的可直接解释的像,这时考利(Cowley)和穆迪(Moodie)提出的用电子衍射的多片层传播动力学理论来计算电子衍射波振幅与相位的技术也趋于成熟,为解释高分辨透射电子显微像提供了理论基础。

20世纪70和80年代,一般大型透射电子显微镜已能保证0.144 nm的晶格分辨率和0.2～0.3 nm的点分辨率。高分辨透射电子显微术发展很快,除了能观察反映晶面间距的晶格条纹像外,还可以拍摄反映晶体结构中原子或原子团配置情况的结构像。1978年日本植田夏等人成功地用高分辨技术拍摄了世界上第一张原子像,观察到氯化铜-酞花青染料的分子结构照片。目前高分辨透射电子显微术已是电子显微镜技术中普遍使用的方法,由于其分辨率已达到了0.1～0.2 nm(若采用球差校正技术,分辨率可达到0.1 nm以下)。它在材料微结构的研究,特别是纳米材料的研究上,发挥了很大的作用。

目前生产的透射电子显微镜一般都能做高分辨图像,但这些透射电子显微镜被分成了两类:高分辨型的和分析型的。二者的区别是,高分辨型的透射电子显微镜配备了高分辨物镜极靴和光阑组合,这使得样品台的倾转角很小,从而可获得较小的物镜球差系数,得到更高的分辨率。而分析型的透射电子显微镜为了要做各种分析,需要有较大的样品台倾转角,故物镜极靴用得与高分辨型的不一样,这就影响了分辨率。在Philips CM200ST型场发射透射电子显微镜(FEG TEM)上,可把物镜球差减小至0.05 mm,使电子显微镜点分辨率由0.24 nm提高到0.14 nm。而200 kV的分析型透射电子显微镜的分辨率为0.23 nm,即使在0.23 nm的分辨率下,对大多数材料,拍高分辨像也已足够了。

6.3.2 相位衬度的成像原理

1. 样品透射函数

透射电子显微镜的作用是将样品上的每一点转换成最终图像上的一个扩展区域。既然样品每一点的状况都不相同，可以用样品透射函数 $q(x,y)$ 来描述样品，而将最终图像上对应着样品上 (x,y) 点的扩展区域描述成 $g(x,y)$。

假设样品上相邻的 A、B 两点在图像上分别产生部分重叠的图像 g_A 和 g_B，则可将图像上每一点同样品上很多对图像有贡献的点联系起来：

$$g(x,y)=q(x,y)*h[(x,y)-(x',y')] \tag{6-52}$$

式中，* 表示卷积；$h(x,y)$ 是点扩展函数，也叫脉冲响应函数，它描述了一个点怎样扩展为一个盘，只适用于样品中临近电子显微镜光轴的小平面中的小片层；$h[(x,y)-(x',y')]$ 则描述了样品上每一点对图像上每一点的贡献的大小。

可用一个总的模型来描述试样厚度为 t 时样品的透射函数 $q(x,y)$：

$$q(x,y)=A(x,y)\exp[\mathrm{i}\phi_t(x,y)] \tag{6-53}$$

式中，$A(x,y)$ 是振幅；$\phi_t(x,y)$ 是相位，它依赖于样品厚度 t。

在高分辨电子显微术中，将入射电子波的振幅设为单一值，即 $A(x,y)=1$，可将这一模型进一步简化。相位的改变只是依赖于物体的势函数 $V(x,y,z)$，势函数的作用是使电子好像穿过样品一样。假定样品足够薄，则晶体结构沿 z 方向的二维投影势可表示为

$$V_t(x,y)=\int_0^t V(x,y,z)\,\mathrm{d}z \tag{6-54}$$

这一公式对很多高分辨像的解释是非常重要的。

真空中的电子波长 λ 和其能量 E 之间的关系式为

$$\lambda=\frac{h}{\sqrt{2meE}} \tag{6-55}$$

式中，h 为普朗克常量。

这里应用的是非相对论的形式，只是为了简化公式，但其原理是一样的。这样，当电子进入晶体中时，电子波长 λ 变成

$$\lambda'=\frac{h}{\sqrt{2me[E+V(x,y,z)]}} \tag{6-56}$$

这样，每穿过厚度为 $\mathrm{d}z$ 的晶体片层，电子经历的相位改变为

$$\begin{aligned}\mathrm{d}\phi&=2\pi\frac{\mathrm{d}z}{\lambda'}-2\pi\frac{\mathrm{d}z}{\lambda}=2\pi\frac{\mathrm{d}z}{\lambda}\left[\sqrt{\frac{E+V(x,y,z)}{E}}-1\right]\\&=2\pi\frac{\mathrm{d}z}{\lambda}\left\{\left[1+\frac{V(x,y,z)}{E}\right]^{\frac{1}{2}}-1\right\}\end{aligned} \tag{6-57}$$

$$\mathrm{d}\phi\approx 2\pi\frac{\mathrm{d}z}{\lambda}\frac{1}{2}\frac{V(x,y,z)}{E}=\frac{\pi}{\lambda E}V(x,y,z)\,\mathrm{d}z=\sigma V(x,y,z)\,\mathrm{d}z \tag{6-58}$$

$$\phi\approx\sigma\int V(x,y,z)\,\mathrm{d}z=\sigma V_t(x,y) \tag{6-59}$$

式(6-59)表明，总的相位移动的确仅仅依赖于晶体的势函数 $V(x,y,z)$。式中，$\sigma=\dfrac{\pi}{\lambda E}$ 为相互作用常数。它不是散射横截面，而是弹性散射的另外一种表述。

考虑到样品对电子波的吸收效应，则可在样品透射函数 $q(x,y)$ 的表达式里增加吸收函数 $\mu(x,y)$ 项：

$$q(x,y)=\exp[\mathrm{i}\sigma V_t(x,y)+\mu(x,y)] \tag{6-60}$$

对薄的样品来说，吸收效应是非常小的，因此这一模型将样品描述成相位体，上式就是相位体近似(Phase-object approximation，POA)。如果样品非常薄，以至于 $V_t(x,y)\ll 1$，则这一模型可进一步简化。将指数函数展开，忽略 $\mu(x,y)$ 和高阶项，则

$$q(x,y)=1+\mathrm{i}\sigma V_t(x,y) \tag{6-61}$$

这就是弱相位体近似(Weak-phase-object approximation，WPOA)。弱相位体近似主要表明，对非常薄的样品来说，透射波函数的振幅与晶体的投影势呈线性关系。值得注意的是，这种模型中的投影势只是考虑了 z 方向的变化，而一个电子与原子核发生的散射作用和它与核外电子云的散射作用大不相同。例如，弱相位体近似就不适用于一个电子波通过单独的一个铀(Uranium)原子中心；而对于复杂的氧化物 $Ti_2Nb_{10}O_{27}$ 来说，弱相位体近似只适用于样品厚度小于 0.6 nm 的情况。尽管如此，弱相位体近似还是被广泛地应用于高分辨电子显微术的计算机模拟。然而，在用各种软件包进行模拟计算时一定得记住，只是用一个模型来代表了真实的样品，这种计算有其局限性。

2. 衬度传递函数

在高分辨像中，原子是暗的还是亮的呢？综合考虑物镜光阑、离焦效应、球差效应以及色差效应的影响，物镜衬度传递函数可以表示为

$$A(\boldsymbol{u})=R(\boldsymbol{u})\exp[\mathrm{i}\chi(\boldsymbol{u})]B(\boldsymbol{u})C(\boldsymbol{u}) \tag{6-62}$$

式中，$\boldsymbol{u}$ 为倒易矢量；$R(\boldsymbol{u})$ 为物镜光阑函数；$B(\boldsymbol{u})$ 为照明束发散度引起的衰减包络函数；$C(\boldsymbol{u})$ 为色差效应引起的衰减包络函数；$\chi(\boldsymbol{u})$ 为物镜球差系数 C_s 与离焦量 Δf 引起的相位差。

$$\chi(\boldsymbol{u})=\pi\Delta f\lambda u^2+\frac{1}{2}\pi C_s\lambda^3u^4 \tag{6-63}$$

影响 $\sin\chi$ 的两个主要因素是球差系数 C_s 与欠焦量 Δf。图 6.37 是 JEM2010 透射电子显微镜在加速电压为 200 kV、球差系数 $C_s=0.5$ mm时的 $\sin\chi$ 函数。这一函数随欠焦量的变化很大。欠焦量 $\Delta f=-43.3$ nm时，$\sin\chi$ 曲线的绝对值为 1 的平台(通带)展得最宽，称为最佳欠焦条件，即 Scherzer 欠焦条件。在这个条件下，电子显微镜的点分辨率为0.19 nm(第一通带与横轴的交点处 $u=5.25\ \mathrm{nm}^{-1}$)。它的含义是：在符合弱相位体成像条件下，像中不低于 0.19 nm 间距的结构细节可以认为是晶体投影势的真实再现。

在弱相位物体近似或赝弱相位物体近似成立的情况下，选择 Scherzer 欠焦条件获得的相位衬度-高分辨像可以直接解释为晶体投影势分布，像的解释容易和直观。如果样品条件不满足弱相位物体近似或赝弱相位物体近似，则必须求助于衍射动力学计算。

当欠焦偏离 Scherzer 条件时，$\sin\chi$ 函数的通带向高频率方向移动，同时变窄。此时得到的像不可轻易地认为是结构像，因为 $\sin\chi$ 函数的左半部形式发生了变化，必须依据计算机模拟来解释实验所得到的高分辨像。

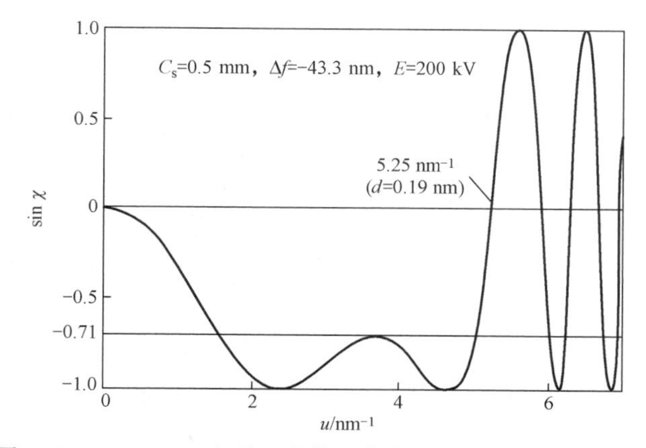

图 6.37　JEM2010 电子显微镜最佳欠焦条件下的 sin χ 函数

3. 相位衬度

晶体的高分辨像是由电子枪发射的电子波经过晶体后，携带着它的结构信息，经过电子透镜在电子显微镜的像平面透射束与衍射束干涉成像的结果，是相位衬度像。设 $q(x,y)$ 为晶体的透射函数(即为样品下表面出射电子波)，当电子波透过晶体之后经过物镜时，物镜传递函数对电子波函数进行调制。图 6.38 为高分辨电子显微术成像过程的示意图。晶体透射函数 $q(x,y)$ 经过物镜后在背焦面呈现电子衍射图 $Q(u,v)$。以衍射波作为次级子波源，在像平面干涉重建放大了的像 $q(x_i,y_i)$。

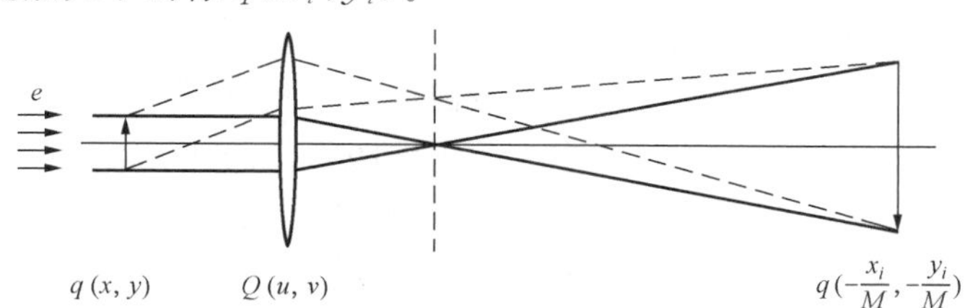

图 6.38　高分辨电子显微镜成像过程示意图

因此，考虑物镜传递函数对电子波的调制，则在物镜背焦面上电子衍射波为

$$Q(u,v)=F[q(x,y)]A(u,v) \tag{6-64}$$

式中，F 表示傅里叶变换。以衍射波 $Q(u,v)$ 为次级子波源，再经过一次傅里叶变换，在像平面上可重建出放大的高分辨像。

对于弱相位体，当电子束经过晶体时，可认为振幅基本无变化，而只发生相位的变化，其透射函数可简化为式(6-61)。此时，从式(6-64)可以得到

$$Q(u,v)=[\delta(u,v)+\mathrm{i}\sigma V_t(x,y)]A(u,v) \tag{6-65}$$

电子波到达像平面后，在像平面上的像强度分布是 $Q(u,v)$ 经过傅里叶变换后再与其共轭函数相乘，略去 σV_t 的二次项后

$$I(u,v)=1-2\sigma V_t(x,y) * F[\sin\chi(u,v)RBC] \tag{6-66}$$

式中，* 表示卷积运算。为简单起见，如果不考虑物镜光阑、色差与束发散度的影响，那么像的衬度为

$$C(x,y)=I(u,v)-1=-2\sigma V_t(x,y) * F[\sin\chi(u,v)] \tag{6-67}$$

当 $\sin\chi=-1$ 时，

$$C(x,y)=2\sigma V_t(x,y) \tag{6-68}$$

式中，σ 是相互作用常数。此时，像衬度与晶体的势函数投影成正比，像反映了样品的真实结构。像衬度直接反映样品的投影电荷密度分布，即样品中原子或原子集团的投影位置分布，像可以解释为结构。也就是说，我们在高分辨像上看到的一个点像实际上相当于在 z 方向排列的一列原子在(x,y)平面的"投影像"。因此，$\sin\chi$ 是否能在倒易空间一个较宽的范围内接近于 -1 是成像最佳与否的关键条件。可以证明，当 C_s 固定，总存在一组 Δf 值（最佳欠焦值）使 $\sin\chi$ 展宽成 -1 的平台（称为通带），通常所容纳的最宽处对应这种欠焦条件下电子显微镜的最高分辨率。当欠焦量偏离最佳欠焦时，$\sin\chi$ 曲线发生变化，此时需借助计算模拟高分辨像作为解释的依据。

应当指出，只有在弱相位体近似及最佳欠焦条件下拍摄的像才能正确反映晶体结构。但是，实际上弱相位体近似的要求很难满足。当样品厚度超过一定值或样品中含有重元素等情况下，往往使弱相位体近似条件失效。此时，尽管仍然可拍得清晰的高分辨像，但像衬度与晶体结构投影已经不是一一对应关系了，对于这些像只能通过模拟计算与实验像的细致匹配才能够解释。另外，对于具有非周期特征的界面结构高分辨像，也需要建立结构模型后计算模拟像来确定界面结构。这种方法已成为高分辨电子显微学研究的一个重要手段。

4. 相位衬度的影响因素

实际上，高分辨像的获得往往使用了足够大的物镜光阑，使得透射束和至少一个衍射束参加成像。透射束的作用是提供一个电子波波前的参考相位，高分辨像实际上是所有参加成像的衍射束与透射束之间因相位差而形成的干涉图像。因此，离焦量和试样厚度非常直观地影响高分辨像的衬度。高分辨像照片中黑色背底上的白点可能随离焦量和试样厚度的改变而变成白色背底上的黑点，即出现图像衬度反转，同时，像点的分布规律也会发生改变。

电子束倾斜和样品倾斜均对高分辨像衬度有影响，二者的作用是相当的。从前述的衬度传递理论可知，电子束轻微倾斜的主要影响是在衍射束中导入了不对称的相位移动。实验证明，即使是轻微的电子束或样品倾斜，对高分辨像衬度也会产生显著的影响。

实际电子显微镜操作过程中，可利用样品边缘的非晶层（或非晶支持膜）来对中电子束。若这一区域的衍射花样非常对称，则电子束倾斜非常小。对那些抗污染的样品来说，其周边没有非晶层，这时得考查衍射谱的晶体对称性，或者观察样品较厚区域的二级效应来获得足够精确的电子束和样品对中性能。

因为高分辨透射电子显微像可随厚度和欠焦量等改变，故得到一张高分辨图像后，不能简单地说这张像对应什么晶体结构，而必须先做计算机模拟计算。就所研究的材料的结构，在不同的厚度与欠焦量下计算高分辨像，得到一系列模拟像，将其与实验获得的像相比较，从而确认实验得到的高分辨像中各像点代表什么原子，故对高分辨透射电子显微像的解析一定要慎重。高分辨像的计算机模拟对其像的解析起着十分关键的作用，但计算模拟像，必须先搞清楚所研究材料的结构。

多年来高分辨像的计算机模拟技术只是用来定性地解释实验所得到的高分辨像，但近来更多地被用来进行定量的图像匹配。高分辨像模拟计算结果表明，实验像中的衬度往往比模拟像中的衬度小得多。导致这一差距的主要因素有入射电子与样品的弹性和非弹性相互作用机制、对衍射束强度和物镜聚焦作用的模拟计算，以及图像记录系统的点扩展函数。这些因素的综合作用造成了高分辨模拟像与实验像之间的区别，也就是说，往往不能直接解释实验所获得高分辨像。因此，高分辨像的计算机模拟技术显得非常重要。

电子对晶体的投影势非常敏感，因此最终的高分辨像强烈地依赖于晶体中投影势的分布。样品对电子的散射作用要比对X射线和中子强烈得多，散射的强度和相位取决于晶体厚度。散射波的动力学行为和电子光学理论已经很清楚，而且在部分相干照明条件下图像形成的理论也逐渐完善。透射电子显微镜的成像系统可以用传递函数来表征，它表示电子显微镜对晶体波函数傅里叶部分的强度和相位的改变情况。入射电子被晶体强烈散射后经过电子显微镜进行信息传递的最终干涉结果就是高分辨像，其衬度的主要影响因素为晶体的厚度和电子显微镜的传递函数(欠焦)。当主要的衍射束与透射束在高分辨电子显微镜的物镜像平面上同相位时就会获得很好的高分辨像，采用适当的晶体厚度和电子显微镜欠焦的配合可满足这一精确条件。

6.3.3　高分辨透射电子显微镜在材料科学中的应用

由于衍射条件和样品厚度不同，可以把具有不同结构信息的高分辨电子显微像分成如下几种[26]：

(1) 晶格条纹

如果用物镜光阑选择后焦面上的两个波来成像，由于两波干涉，得到一维方向上的强度呈周期性变化的条纹花样，这就是晶格条纹。它不要求电子束准确平行于晶格平面，在微晶和析出物的观察中，经常利用透射波和衍射波干涉得到晶格条纹。在各种样品厚度和聚焦条件下都可以容易地拍摄到，样品的晶体结构信息可以从晶格条纹间距和傅里叶变换得到的衍射花样上获得。图6.39为非晶Si上生长的β-$FeSi_2$小颗粒的晶格条纹，图中黑色的颗粒和虚线选中的区域都是晶化颗粒的晶格条纹。

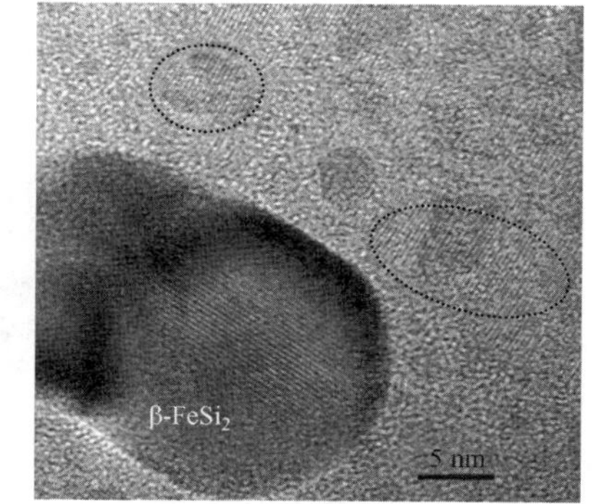

图6.39　非晶Si上生长的β-$FeSi_2$小颗粒的晶格条纹[35]

(2) 一维结构像

图6.40是Bi系超导氧化物的一维结构像，在严格满足布拉格衍射条件下，两条纹之间的距离就是晶面间距。

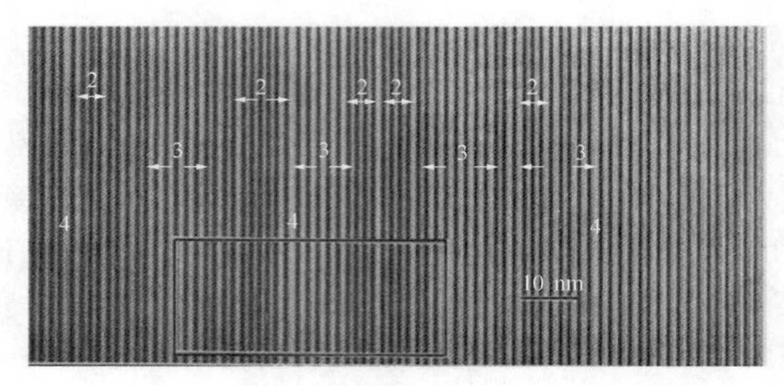

图 6.40 Bi 系超导氧化物的一维结构像[36]

(3) 二维晶格像

它采用一个晶带的衍射成像,要求有一个沿晶带轴的准确入射方向。对于这样的电子衍射花样,在原点(透射波)附近,出现反映晶体单胞的衍射波,在衍射波和透射波干涉生成的二维像中,能观察到显示单胞的二维晶格像。二维晶格像虽然含有单胞尺度的信息,但是因为不含原子尺度(单胞内原子排列)的信息,所以称为晶格像。图 6.41(a) 给出了尖晶石 / 橄榄石界面的二维晶格像,从图中可以很清楚地看出界面原子的排列情况,这种像在材料的界面研究中有广泛的应用。图 6.41(b) 显示了 InAsSb 和 InAs 异质结的结构,很容易看出在这个材料中存在位错。注意,用衍衬像只能看到位错的"反映",并没有直接看到位错,只能间接地观察位错,而用二维晶格像可以直接看到位错。即使对于比较厚的区域(数十纳米)也能观察到同样的晶格像,因此,这种像可以用于晶格缺陷的研究。

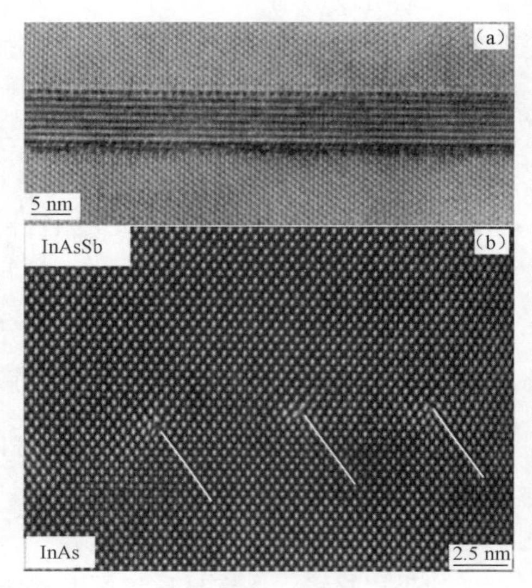

图 6.41 二维晶格像(a) 尖晶石 / 橄榄石界面;(b) InAsSb 和 InAs 异质结上的位错[21]

(4) 二维结构像

图 6.42 给出了沿 c 轴方向 α 和 β 相 Si_3N_4 陶瓷材料的高分辨结构像。参照各自的晶体结构可知,原子列的位置呈现暗的衬度,没有原子的地方则呈现亮的衬度,与投影的原子列能一一对应。这样,把晶体结构投影势高(原子)位置是暗的、投影势低(原子间隙)位置呈现亮衬度的高分辨电子显微像称为二维晶体结构像。它与点阵投影的点阵像不同,点阵像只能反映晶体的对称性,而结构像还能直观地反映晶体的结构。结构像只是在参与成像的波与样品厚度保持比例关系激发的薄区才能观察到,因此,在波振幅呈分散变化的试样较厚区域是观察不到的。二维结构像和实际晶体中原子或原子团的配置有很好的对应性,可用来研究位错、晶界等复杂和有畸变的结构。

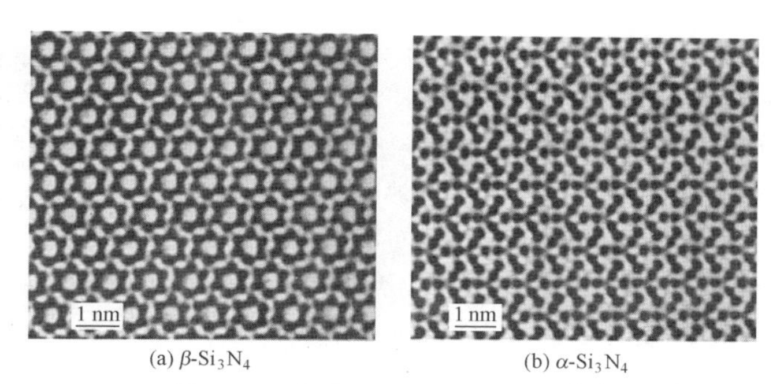

(a) β-Si_3N_4　　(b) α-Si_3N_4

图 6.42　氮化硅的高分辨结构像[36]

下面给出一些典型的高分辨照片，图示说明高分辨透射电子显微镜在材料原子尺度显微组织结构、表面与界面以及纳米尺度微区成分分析中的应用。

图 6.43 是 $Tl_2Ba_2CuO_6$ 超导氧化物的高分辨结构像，它清楚地显示出了晶体的结构信息。大的暗点对应于 Tl、Ba 重原子位置，小的暗点对应于轻的 Cu 位置。另外，通过仔细的探讨，可以区分 Tl、Ba 和 Cu。将其他信息(成分分析、粉末 X 射线衍射等) 和这样的高分辨电子显微像结合起来，就可以唯一确定阳离子的原子排列。如果仔细查看图中的暗点位置，就能够看到与理想的钙铁矿结构(体心立方) 有一系统的偏离。在这个照片上测定 10 个暗点的距离，取平均值，再与单晶 X 射线衍射晶体结构分析确定的原子坐标比较，可以看出，在测量误差(0.01 nm) 范围内是一致的。

图 6.44 中的高分辨像则示出了硅中的 Z 字形缺陷，即所谓的 Z 字形层错偶极子(Faulted dipole)。如右上插图所示，这个缺陷是两个扩展层错在滑移面上移动时相互作用，夹着一片层错 AB 相互连接而不能运动的缺陷。在层错偶极子上下，层错的上部和下部分别存在着插入原子面。

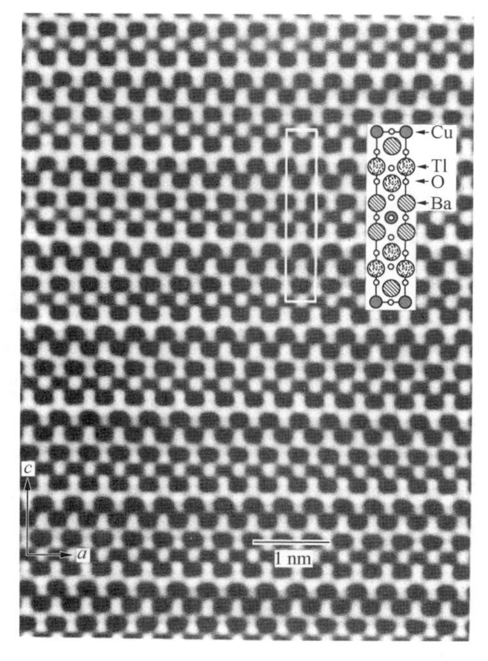

图 6.43　$Tl_2Ba_2CuO_6$ 超导氧化物的高分辨结构像[36]

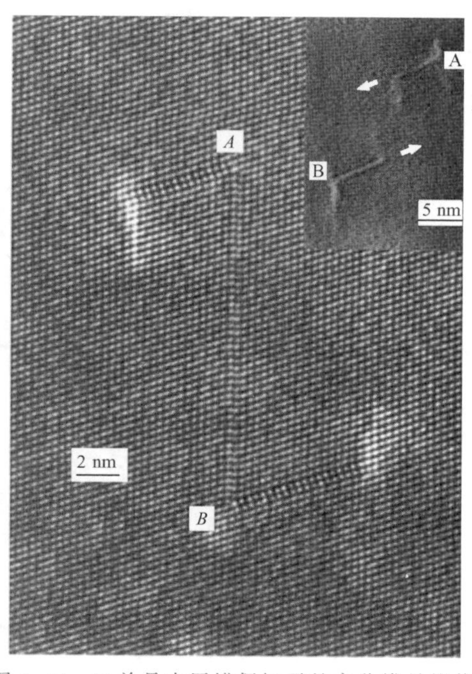

图 6.44　Si 单晶中层错偶极子的高分辨晶格像[36]

图 6.45 给出几种典型的平面界面的高分辨像，包括非晶层与晶粒间的界面、两种不同材料间的界面和表面轮廓像等。图 6.45(a) 为半导体 Ge 中的晶界，图 6.45(b) 为陶瓷材料 Si_3N_4 中的晶界，界面上有玻璃相存在，图 6.45(c) 为 NiO 和 $NiAl_2O_4$ 间的相界，图 6.45(d) 则为 Fe_2O_3(0001) 表面的轮廓像。从这些实例图中可以得到这样一些信息：即使分辨率很低，晶格条纹像也能给出界面局部区域的拓扑结构信息；如果界面处非晶层的厚度非常厚(如 $>$ 5 nm)，就可以在电子显微镜中直接观察到；能在原子尺度直接观察到界面的真实结构。

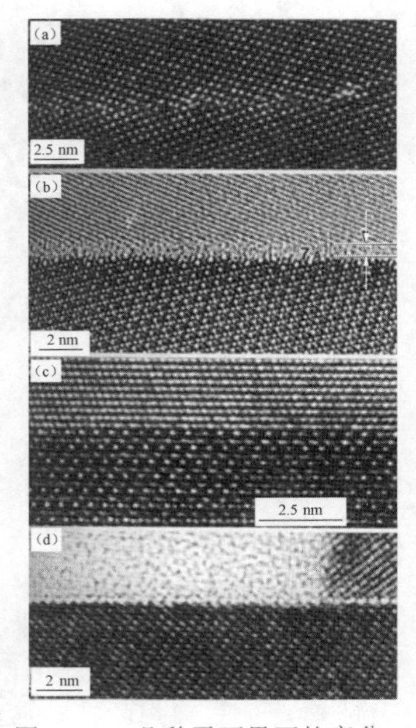

图 6.45　几种平面界面的高分辨像(a)Ge 中的晶界，(b)Si_3N_4 中的晶界，(c)NiO 和 $NiAl_2O_4$ 间的相界，(d)Fe_2O_3(0001) 表面的轮廓像[21]

电子显微镜技术从 20 世纪 50 年代以前的复型观察(这只是超高倍显微镜的水平)，到 50 年代以后蓬勃发展起来对金属薄膜直接观察的衍衬成像，以及与此同步发展起来的成像理论的日益完善，对电子与物质原子相互作用提供的更深层次信息的深入发掘，这些都极大地推动了电子显微镜设计的改进和性能的提高，也使电子显微镜技术提高到了今天的前所未有的水平。20 世纪 70 年代至今发展并完善起来的高分辨电子显微学和分析电子显微学相关分析测试技术，及其对材料结构在原子水平上所取得的丰富的研究成果，就是很好的证明。

第7章

扫描透射电子显微镜

扫描透射电子显微镜(Scanning transmission electron microscopy,STEM)是透射电子显微镜(TEM)与扫描电子显微镜(SEM,将在第4篇详细介绍)的巧妙结合。它采用聚焦的高能电子束扫描能透过电子的薄膜样品,利用电子与样品物质相互作用产生的各种信息来成像。它能够获得透射电镜所不能获得的一些特殊信息,但要求非常高的真空度,且电子光学系统比透射电镜和扫描电镜都复杂。

目前大多数分析型透射电镜都具有TEM/STEM双重工作模式,STEM模式下借助偏转线圈可使入射电子束在薄膜样品平面上逐点扫描,与扫描电镜不同之处在于探测器置于试样下方,接收透射或散射电子束流,经放大后,在荧光屏上显示与常规透射电子显微镜相对应的扫描透射电子显微镜的明场像和暗场像。

7.1 扫描透射电子显微镜的工作原理

7.1.1 STEM的Z-衬度像

STEM中最初的环形暗场(Annular dark field,ADF)接收器由克鲁(Crewe)等科学家研制,早期用于生物和有机样品的研究,因为这些样品对电子束敏感,组织结构容易产生辐照损伤。当样品表面扫描的电子束被汇聚成纳米束后,单位面积上电子束辐照能量减少,从而减少对样品的损伤。随着应用的推广,扫描透射电子显微镜也开始用于无定型材料的研究。对于晶体材料,低角度散射的电子主要是相干电子,所以STEM-ADF图像包含衍射衬度,为避免衍射衬度的干扰,要求收集角度大于50 mrad,非相干电子信号才占主导,这就需要高角度环形暗场(High angle annular dark field,HAADF)接收器。随着接收角度的增加,相干散射逐渐被热扩散散射取代,晶体同一列原子间的相干影响仅限于相邻原子间。在这种条件下,每一个原子可以被看作独立的散射源,散射的横截面可以做散射因子。因为电子和原子核质量的差别,电子撞击原子核属卢瑟福散射,因此可以用相对论卢瑟福微分截面近似计算,卢瑟福微分截面σ与原子序数平方Z^2成正比,所以电子散射的截面对成分分析也是敏感的,图像的衬度是原子衬度。STEM图像衬度用公式表示如下:

$$C=\left(\frac{\sigma_x}{\sigma_y}-F_s\right)c_x \tag{7-1}$$

式中，σ_x 和 σ_y 分别表示元素 x 和 y 的卢瑟福微分截面；F_s 是元素替换分子；c_x 是元素 x 的浓度。由此可见扫描透射电子显微镜图像衬度 $C \propto Z^2$。

7.1.2 STEM 的工作原理

图 7.1(a) 为扫描透射电子显微镜的成像示意图。入射电子束首先被会聚成直径很小的"探针束"(Probe)，其最小尺寸由电子枪决定，采用冷场发射电子枪，电子束最小尺寸可以达到 1 nm 以下。STEM 模式下，入射束的孔径半角 α 要比传统 TEM 模式($\alpha=0.5$ mrad) 大，为 1 ～ 10 mrad。然后通过双偏转线圈控制电子束对样品进行逐点扫描。在样品下方，对应于每个扫描位置的探测器接收信号并转换成电流强度，最终显示在荧光屏或计算机显示器上，样品上的每一点与所产生的像点一一对应。环形探测器有一个中心孔，从中间孔洞通过的电子可以利用明场探测器形成一般高分辨的明场像。环形探测器不接收中心透射电子，而收集高角度散射的卢瑟福散射电子，图像是由到达高角度环形探测器的所有卢瑟福散射电子产生的，其图像的亮度与原子序数的平方(Z^2) 成正比，因此，这种图像称为原子序数衬度像(或 Z- 衬度像)。STEM 成像方式最大的优点是不用电磁透镜成像，因此透镜的像差不会影响图像的分辨率。STEM 像的分辨率取决于会聚电子束的光斑尺寸，而成像的质量则取决于会聚电子束的有关参数。

7.1.3 扫描透射电子显微镜的成像方式

传统透射电镜的明场像和暗场像是真正的"光学式" 成像，符合阿贝成像原理，试样经过成像系统的电磁透镜逐级放大，最后在荧光屏上形成放大像。入射电子束的孔径角很小，近似于平行束照明。明、暗场像是分别用透射束、衍射束经两次傅里叶变换在物镜像平面得到的薄试样放大像。STEM 在电镜镜筒内安装了中心探测器和环形探测器，分别用来形成试样的扫描透射明、暗场像，入射束在扫描过程中始终保持与试样的相对方向不变。

如图 7.1(b) 所示，STEM 的主要成像方式有：

(1) 明场(Bright field，BF) 像：高聚焦会聚电子束在试样上做光栅式扫描，由中心探测器接收 10 mrad 以下的透射电子束，再调制成像形成 STEM 明场像。

(2) 环形暗场(Annular dark field，ADF) 像：由环形探测器接收散射角度在 10 ～ 50 mrad 的散射电子或者多束布拉格衍射束成像，与传统 TEM 相比，STEM 的 ADF 像有多束衍射束参与成像，可以提供更多信息。

(3) 高角环形暗场(High angle annular dark field，HAADF) 像：用高角度环形探测器接收角度大于 50 mrad 的卢瑟福散射电子，再调制成像形成高角环形暗场像。

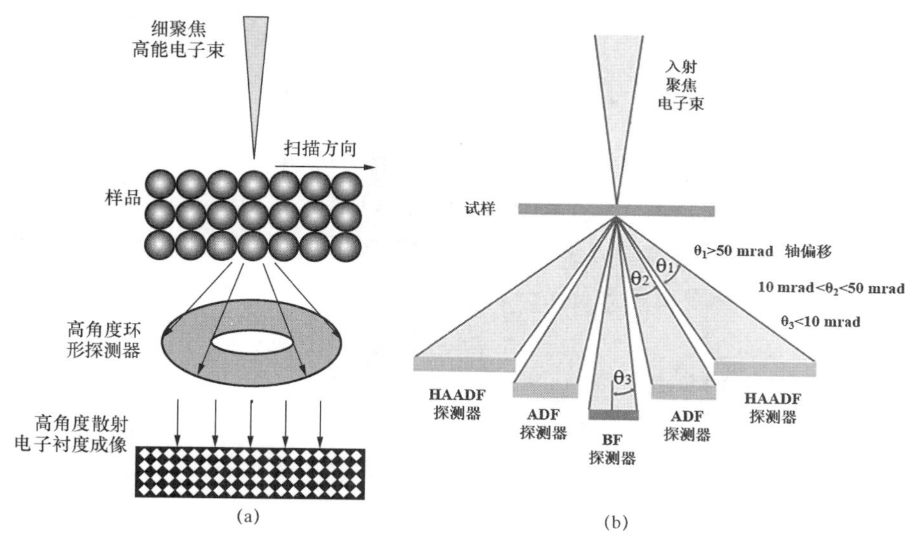

图 7.1　STEM 成像示意图(a) 和散射角度与探测器的关系(b)

7.2　扫描透射电子显微镜的特点

7.2.1　STEM 的优点

(1) 分辨率高。首先,由于 Z- 衬度像几乎完全是非相干条件下的成像,而对于相同的物镜球差和电子波长,非相干像分辨率高于相干像,因此 Z- 衬度像的分辨率要高于相干条件下的成像。同时,Z- 衬度不会随试样厚度或物镜聚焦有较大的变化,不会出现衬度反转,即原子或原子列在像中总是一个亮点。其次,透射电子显微镜的分辨率与入射电子的波长 λ 和透镜系统的球差 C_s 有关,因此,大多数情况下点分辨率能达到 0.2 ～ 0.3 nm;而扫描透射电子显微镜图像的点分辨率与获得信息的样品面积有关,一般接近电子束的尺寸,目前场发射电子枪的电子束直径能小于 0.13 nm。最后,高角度环形暗场探测器由于接收范围大,可收集约 90% 的散射电子,比普通透射电子显微镜中的一般暗场像更灵敏。

(2) 对化学组成敏感。由于 Z- 衬度像的强度与其原子序数的平方(Z^2) 成正比,因此 Z- 衬度像具有较高的组成(成分) 敏感性,在 Z- 衬度像上可以直接观察夹杂物的析出、化学有序和无序,以及原子柱排列方式。

(3) 图像解释简明。Z- 衬度像是在非相干条件下成像,具有正衬度传递函数。而在相干条件下,随空间频率的增加,其衬度传递函数在零点附近快速振荡,当衬度传递函数为负值时,以翻转衬度成像;当衬度传递函数通过零点时,不显示衬度。也就是说,非相干的 Z- 衬度像不同于相干条件下成像的相位衬度像,它不存在相位的翻转问题,因此图像的衬度能够直接反映客观物体。对于相干像,需要计算机模拟才能确定原子列的位置,最后得到样品晶体的信息。

(4) 图像衬度大。特别是生物材料、有机材料在透射电子显微镜中需要染色才能看到衬度。扫描透射电子显微镜因为接收的电子信息量大，而且这些信息与原子序数、物质的密度相关，这样原子序数大的原子或者密度大的物质在被散射时的电子量大，对分析生物材料、有机材料、核壳材料非常方便。

(5) 对样品损伤小，可以应用于电子束敏感材料。

(6) 利用扫描透射模式时物镜的强激励，可以实现微区衍射。

(7) 利用后接能量分析器的方法可以分别收集和处理弹性散射和非弹性散射电子，以及进行高分辨分析、成像及生物大分子分析。

7.2.2 STEM 的缺点

(1) 对环境要求高，特别是电磁场。

(2) 图像噪声大。

(3) 对样品洁净要求高，如果表面有碳类物质，很难得到理想的图片。

7.3 扫描透射电子显微镜的应用

样品中两种元素原子序数差别越大，扫描透射电子显微镜图像中两种元素的图像衬度就越大，如果样品的厚度是均匀的，扫描透射电子显微镜图像则可以被直接看作元素分布图。图 7.2 为细菌附载 Ag 纳米离子的扫描透射电子显微镜环形暗场像，图 7.2(a) 和图 7.2(b) 为样品的两个区域，放大倍数有差别。因 Ag 的原子序数较大，所以在图中显示更高的亮度，可由衬度差别直接分辨细菌细胞内部的 Ag 粒子，还可以进行晶粒尺寸的直接测量。

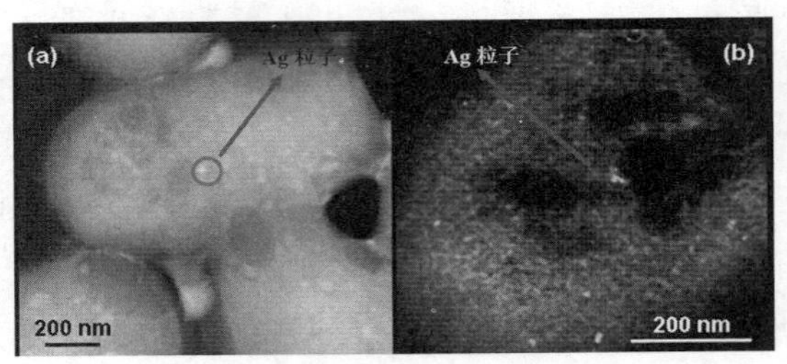

图 7.2　细菌附载 Ag 纳米离子的 STEM 环形暗场像

扫描透射电子显微镜利用汇聚成纳米量级的电子束，在样品的表面扫描，使得单位面积上电子束的能量减少，从而对样品的损伤较小。图 7.3 为 SiO_2 包裹生长 Pt 纳米线的 TEM 明场像和 STEM 环形暗场像。在 TEM 模式下 Pt 纳米线被电子束照射后融化，形成不连续的状态，而在 STEM 模式下，可以观察到 SiO_2 包裹的非常完整的 Pt 纳米线，而且图像的衬度较透射电子显微镜高。

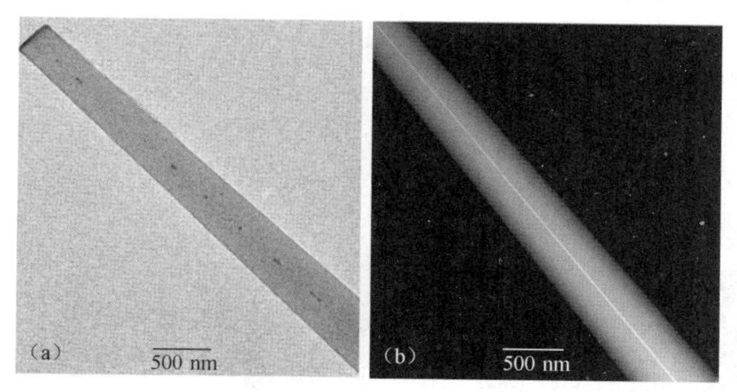

图 7.3　SiO_2 包裹生长 Pt 纳米线的 TEM 明场像(a) 和 STEM 环形暗场像(b)

扫描透射电子显微镜因为使用环形光阑,所以接受的电子信息量大,这些信息与原子序数和物质密度相关,可以得到更大的图像衬度。图 7.4 为两种多孔二氧化钛材料的高角度环形暗场像,无论是有序孔洞还是无定形孔洞都能得到清晰显示。图 7.4(b) 中箭头指示的浅色方形区域是前期高倍数扫描后在样品表面留下的痕迹,证实扫描透射电子显微镜也会带来一定的样品损伤,但是要较透射电子显微镜小得多。

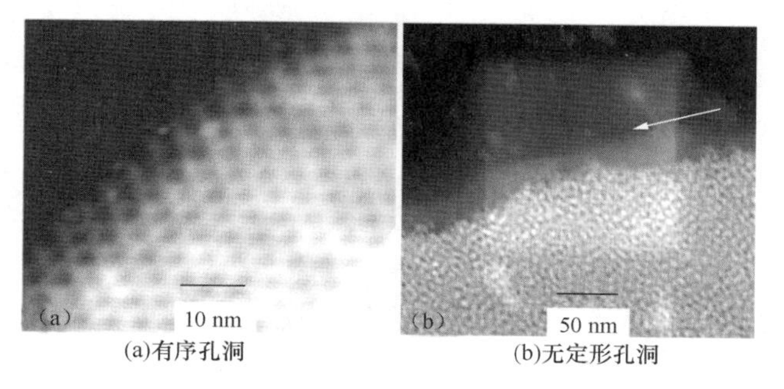

图 7.4　多孔二氧化钛材料的高角度环形暗场像

扫描透射电子显微镜还可以同步电子能量损失谱或能谱仪进行样品的成分分析,图 7.5 为某半导体截面样品的高角度环形暗场像[图 7.5(a)],针对其中直线 1,可以做 Si、O、C 元素的电子能量损失谱线扫描分析[图 7.5(b)],也可以做 Pt 元素的能谱仪线扫描分析[图 7.5(c)]。

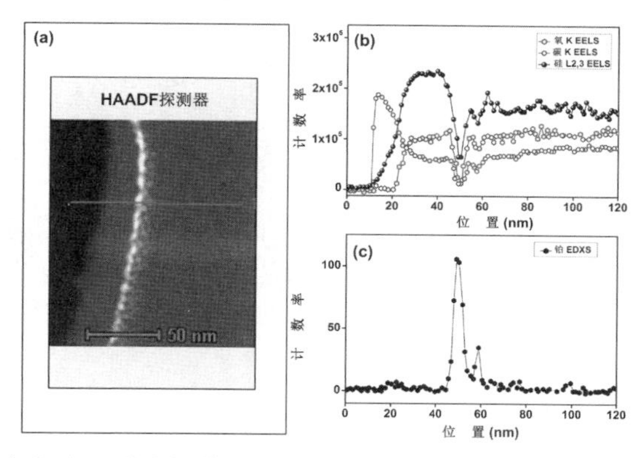

图 7.5　某半导体样品的高角度环形暗场像(a) 电子能量损失谱线扫描分析(b) 和能谱仪线扫描分析(c)

图 7.6 为 Er 离子注入 SiC 样品，在注入态和退火态的 Z-衬度像里都能看到清晰的位错，图 7.6(c) 为同一样品的高分辨像，相比较而言，Z-衬度像能更真实地表现样品的微观结构，图 7.6(d) 为在样品中 Er 富集的原子柱处采集的电子能量损失谱，很好地显示了 Er 的存在，这与图像右上角的 Z-衬度像里的图像衬度一致，因为样品中 Er 的原子序数最大，所以有 Er 存在的地方亮度比较高。

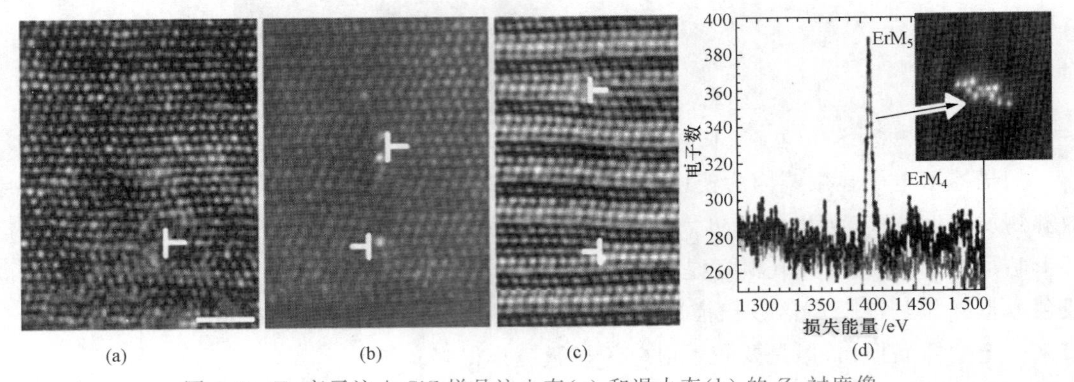

图 7.6 Er 离子注入 SiC 样品注入态(a) 和退火态(b) 的 Z-衬度像，以及同一样品的高分辨像(c)，(d) 为 Er 富集的原子柱处采集的电子能量损失谱[37]

第4篇

扫描电子显微镜与电子探针显微分析

扫描电子显微镜是在透射电子显微镜和光学显微镜的基础上发展起来的电子光学仪器，它因为样品制作相对于透射电子显微镜简单，而分辨率又远远大于光学显微镜，所以近年来得到了非常广泛的应用。而在微观形貌分析的基础上，进一步研究样品的微区成分，则在扫描电子显微镜的基础上又诞生了电子探针显微分析。本篇着重介绍这两种仪器，主要内容有：

（1）简要介绍了扫描电子显微镜的诞生原因和早期历史。

（2）详细介绍了与扫描电子显微镜和电子探针相关的电子与物质相互作用产生的信号。

（3）详细介绍了扫描电子显微镜的原理、结构和性能。

（4）详细介绍了扫描电子显微镜表面形貌衬度原理及其应用。

（5）详细介绍了扫描电子显微镜原子序数衬度原理及其应用。

（6）简要介绍了基于扫描电子显微镜的新技术，即电子背散射衍射的原理和应用。

（7）详细介绍了电子探针显微分析仪的原理、结构和应用。

通过本篇的学习，使读者对利用电子进行材料表面形貌和成分分析的原理、方法有比较系统的认识。

第1章

扫描电子显微镜概述和发展历史

1.1 扫描电子显微镜概述

扫描电子显微镜(Scanning electron microscope,SEM)的成像原理与光学显微镜和透射电子显微镜不同,不用透镜放大成像,而是用细聚焦电子束在样品表面扫描时激发产生某些物理信号来调制成像。反射式的光学显微镜虽可以直接观察大块试样,但分辨本领、放大倍数、景深都比较低;透射电子显微镜分辨本领、放大倍数虽高,但对样品的厚度要求却十分苛刻。因此在一定程度上限制了它们的适用范围。扫描电子显微镜的出现和不断完善弥补了光学显微镜和透射电子显微镜的某些不足之处。它既可以直接观察大块试样,又具有介于光学显微镜和透射电子显微镜之间的性能指标。扫描电子显微镜具有样品制备简单,放大倍数连续、调节范围大、景深大、分辨本领比较高等特点,是进行样品表面分析研究的有效工具,尤其适合于比较粗糙的表面,如金属断口和显微组织三维形态的观察研究。

场发射电子枪的研制成功,使扫描电子显微镜的分辨本领获得较显著的提高。在实际分析工作中,往往在获得样品表面形貌放大像后,希望能在同一台仪器上进行原位化学成分或晶体结构分析,提供包括形貌、成分、晶体结构或位向在内的丰富资料。为此,越来越多的附件被安装到扫描电子显微镜中用于获得上述样品信息,如X射线能量色散谱仪(Energy dispersive spectrometer,EDS)、电子能量损失谱(Electron energy loss spectroscopy,EELS)和电子背散射衍射仪(Electron backscatter diffraction system,EBSD)等。

1.2 扫描电子显微镜的发展历史

(1)1935年,德国的克诺尔(Knoll)提出了扫描电子显微镜的概念(其实是扫描透射电子显微镜的概念),制成了第一台具有扫描电子显微镜基本工作原理的仪器。

(2)1938年,阿登纳(Ardenne)用一个透射电子显微镜的光栅电子束第一次推断了扫描电子显微镜,并制成了第一台真正的扫描电子显微镜。

(3)1942年,兹维里金(Zworykin)、希利尔(Hillier)、斯奈德(Snyder)等人第一次为块状样品发展了扫描电子显微镜。这台扫描电子显微镜的缺点:信噪比太差,用很长的记录时间得到的显微照片噪声仍然很大,仪器复杂,记录系统昂贵。因此,这台仪器的发展前途并没有得到充分的肯定,其设计后来也就中断了。

(4) 1948 年,剑桥大学制成第一台扫描电子显微镜,设计者是麦克马伦(McMullan)。麦克马伦的工作在扫描电子显微镜的发展中是头等重要的,但由于他在剑桥的大部分时间都花在设计和制造仪器方面,还来不及用来观察各种各样的样品。

(5) 1958 年,史密斯(Smith) 为加拿大制造了一台扫描电子显微镜,这台仪器现保存在渥太华的加拿大国家科学博物馆里。他继承了麦克马伦的电子显微镜,并对仪器做了大量改进。尤其是通过改变探测器的位置并使它处于对试样的正电位,史密斯做到了在接收较快的背散射电子的同时,还能接收较慢的二次电子。这样,提高了信噪比和最后图像的反差。扫描电子显微镜在 1958 年后已经成为一种有用的研究工具。

(6) 1965 年,第一台商品扫描电子显微镜问世;剑桥仪器公司(现为剑桥科学仪器公司) 生产的商品 Stereoscan(立体扫描) 使得扫描电子显微镜的工作达到了高潮,如图 1.1 所示为第一台商用扫描电子显微镜 Stereoscan。

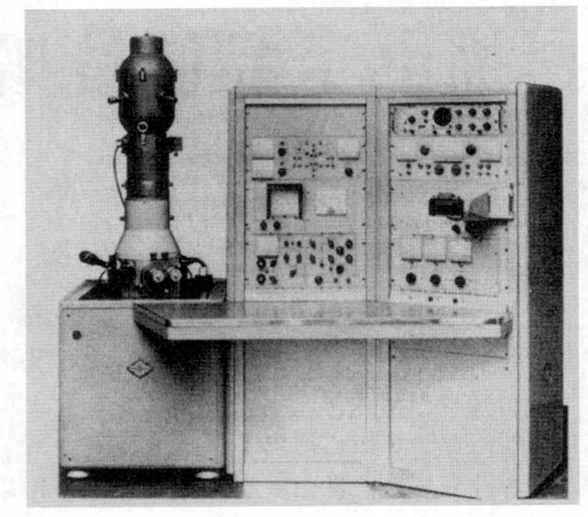

图 1.1　第一台商用扫描电子显微镜 Stereoscan

第2章

电子与物质的交互作用

电子是一种带负电的粒子，当一束高能量、细聚焦的电子束沿一定方向入射到固体样品时，在样品物质原子的库仑电场作用下，入射电子和样品物质将发生剧烈的相互作用，产生弹性散射和非弹性散射（第3篇第3章已介绍）。伴随着散射过程，相互作用的区域中将产生多种与样品性质有关的物理信息。扫描电子显微镜、电子探针及其他许多相关的显微分析仪器通过检测这些信号，对样品的微观形貌、微区成分及结构等方面进行分析。现对电子与固体样品相互作用区的特点、各种信号产生的物理过程及特性加以简介，这对正确解释扫描电子显微镜图像和显微分析结果很有必要。

2.1 电子与固体物质的相互作用区

高能电子入射固体样品后，会与物质的原子核和核外电子相互作用，发生弹性散射和非弹性散射。弹性散射仅仅使入射电子运动方向发生偏离（偏离初始的运动方向），从而引起电子在样品中的横向扩散。而非弹性散射不仅使入射电子改变运动方向，同时也使其能量不断衰减，直至被样品吸收，从而限制了入射电子在样品中的扩散范围。所谓电子与固体样品的相互作用区就是在散射的过程中，电子在样品中穿透的深度和侧向扩散的范围，也称为电子在固体样品中的扩散区，图2.1给出了这种作用区的定性说明。相互作用区的形状、大小主要取决于作用区内样品物质元素的原子序数、入射电子的能量（与加速电压有关）和样品的倾斜角效应。

2.1.1 原子序数的影响

当入射电子束能量一定时，相互作用区的形状主要与样品物质的原子序数有关。根据卢瑟福模型的描述，弹性散射截面正比于照射样品的原子序数。在大原子序数样品中，电子在单位距离内经历的弹性散射比小原子序数样品更多，其平均散射角也较大。因此电子运动的轨迹更容易偏离起始方向，在固体中穿透深度随之减少。在小原子序数的固体样品中，电子偏离原方向的程度较小，而穿透得较深。相互作用区的形状明显随原子序数而改变，从小原子序数的“梨”形（也称滴状）变为大原子序数的近似“半球”形（图2.1）。

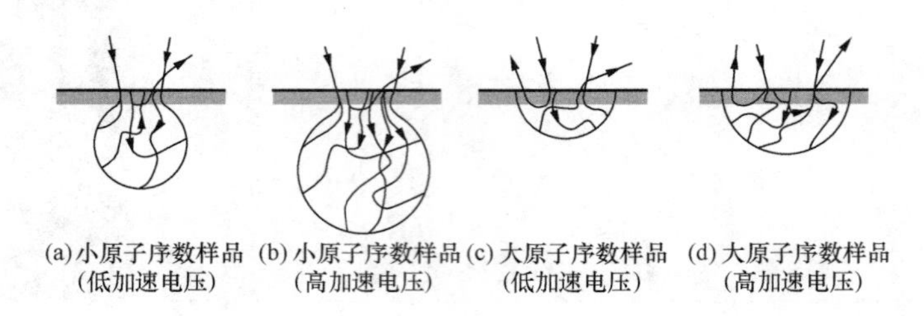

图 2.1 入射电子在样品中扩散区域的示意图

2.1.2 入射电子束能量的影响

对于同一物质的样品，作用区的尺寸正比于入射电子束能量。而入射电子束能量取决于加速电压，当入射电子束能量变化时，相互作用区的横向和纵向尺寸随之成比例改变，其形状无明显变化(图 2.1)。根据 Betch 的关系式：

$$\frac{\mathrm{d}E}{\mathrm{d}z} \propto \frac{1}{E} \tag{2-1}$$

可知，入射电子能量 E 随穿行距离 z 的损失率与其初始能量 E 成反比。即电子束初始能量越高，电子穿过某段特定的长度后保持的能量越大，电子在样品中能够穿透的深度越大。另外，从卢瑟福模型可知，电子在样品中的弹性散射截面与其能量的平方成反比，因而当能量增加时，接近表面的入射电子轨迹变得较直，某些电子在遭遇样品的原子核、核外电子多次散射反射回表面之前可在固体中穿透更深。

2.1.3 样品的倾斜角效应

样品倾斜角的大小对相互作用区的大小也有一定影响。当样品倾斜角增大时，相互作用区减小，这主要是因为电子束在任何单独散射过程中都具有向前散射的趋向，也就是说电子偏离原前进方向的平均角度较小。当垂直入射(倾斜角为 0°) 时，电子束向前散射的趋向使大部分电子传播到样品的较深处。当样品倾斜时，电子向前散射的趋势使其在表面附近传播，从而减小了相互作用区的深度。

2.2 电子束与样品相互作用产生的信号

高能电子束入射样品后，经过多次弹性散射和非弹性散射后，其相互作用区内将有多种电子信号与电磁波信号产生(图 2.2)。这些信号包括二次电子、背散射电子、吸收电子、透射电子、俄歇电子、特征 X 射线等。它们分别从不同侧面反映了样品的形貌、结构及成分等微观特征。在第 3 篇第 3 章中已经介绍了一部分信号，现将剩下的与扫描电子显微镜相关的信号产生的机制及特点分别做以简介。

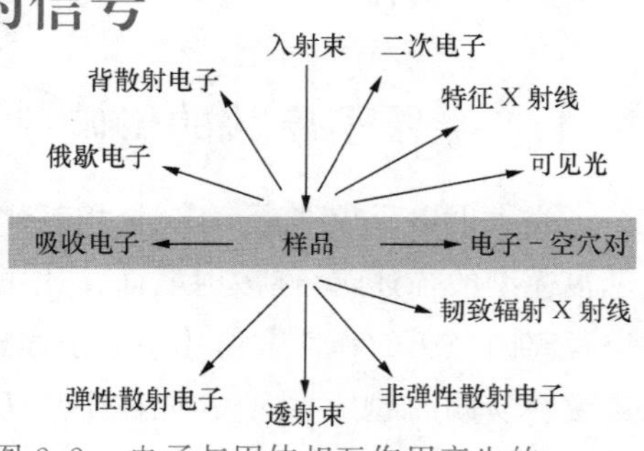

图 2.2 电子与固体相互作用产生的电子及电磁波信号

2.2.1　非弹性散射机制

非弹性散射既使入射电子改变运动方向，又使之有不同程度的能量损失。所损失的能量除了主要转变为热量外，还将引起核外电子的激发或电离、价电子云集体振荡等物理效应。

(1) 单电子激发(Single electron excitation)

样品内原子的核外电子在受到入射电子轰击时，有可能被激发到较高的空能级，甚至被电离。价电子与核的结合能很小，被激发时只引起入射电子少量的能量损失和小角度散射。但是内层电子的结合能较大，受到入射电子激发时需要消耗较多的能量，并发生大角度散射。

(2) 等离子激发(Plasma excitation)

晶体是由处于点阵固定位置上的带正电的原子实(即剥去价电子的正离子)和漫散在整个晶体空间的价电子云所组成的电中性体系，因此可把它看成等离子体。高能电子入射样品时，会瞬时破坏入射区域的电中性。在其周围的价电子受到排斥，做径向发散运动。在入射点附近产生带正电的区域，而在较远的区域由于价电子的富集，出现带负电的区域，如图 2.3 所示。然后在两区域库仑电场作用下，使负电区域多余的价电子向正电区域运动，当其超过平衡位置后，正电区域变成负电区，而负电区域变成正电区，如此往复不已，引起价电子云的集体振荡。价电子云集体振荡的能量也是量子化的，该能量量子叫作等离子。若振荡的角频率为 ω_p，则等离子能量 $\Delta E = \frac{h}{2\pi}\omega_p$。所以入射电子激发价电子云集体振荡可以看作激发等离子。激发后入射电子的能量损失也是 ΔE_p。对于不同的元素，ΔE_p 分别有确定的数值，见表 2.1，因此等离子激发是一种特征能量损失过程。

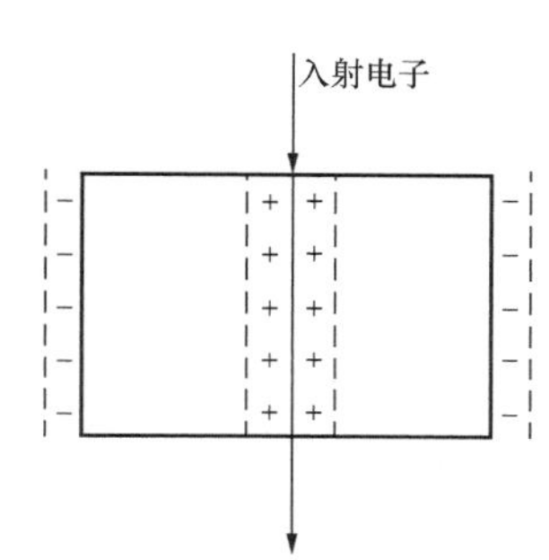

图 2.3　入射电子引起价电子云集体振荡

表 2.1　入射电子激发等离子后能量损失 ΔE_p

元素	Be	Mg	Al	Ge	石墨	Si	MgO	MoS_2
能量损失 /eV	19.0	10.5	15.8	16.5	7.5	17	10.5	20

因为等离子激发平均自由程 l_p 随入射电子能量增大而迅速增加，表 2.2 中铝在 100 keV 入射电子作用下，等离子激发平均自由程为 160 nm。一般透射电子显微镜或扫描透射电子显微镜观察的铝薄膜厚度为 200 ～ 1 000 nm，所以入射电子在铝晶体中不同深度将产生多于一次的等离子激发。因此在透射电子谱上将出现能量损失为 ΔE_p 整数倍的几个峰(广义说在背散射电子谱上也有)，即所谓的特征能量损失电子峰。

表 2.2　铝的等离子激发平均自由程 l_p

入射电子能量 E_0 /keV	1	5	10	50	100
等离子激发平均自由程 l_p/nm	3.6	13	22	91	160

由于入射电子波长很短($\lambda < 0.1$ nm)，动量($p = \frac{h}{\lambda}$) 很大，等离子振荡波长较长，一般

超过 100 nm，动量很小。所以入射电子激发等离子后不致引起大角度散射。

(3) 声子激发(Phonon excitation)

晶格振动的能量也是量子化的，其能量量子叫作声子。若晶格振动的角频率为 ω_s，一个声子能量为 $\Delta E_s = \frac{h}{2\pi}\omega_s$，其最大值仅为 0.03 eV，所以热运动很容易激发声子。在常温下晶体中有许多声子，由于声子波长比较短(0.1 nm 量级)比等离子要小 2 ~ 3 个数量级，动量相当大。入射电子与晶格相互作用可以看作激发或吸收声子的过程。虽然入射电子激发或吸收声子后能量变化(降低或增加)甚微，但动量变化却相当大，将使入射电子发生大角度散射。

(4) 韧致辐射(Braking radiation)

高速入射电子受原子核库仑电场的作用可能引起大角度弹性散射，但也可能被原子核库仑电场所制动而减速，发生非弹性散射。带负电的电子在受到减速作用的同时，在其周围的电磁场将发生急剧的变化，产生一个电磁波脉冲，这种现象叫作韧致辐射。由于大量电子入射样品的时间和条件不尽相同，每一个入射电子受到的减速作用也不一样，损失的能量大小不等，所释放的电磁波波长也就长短不一，所以是无确定的特征值构成的连续 X 射线。

2.2.2 背散射电子

背散射电子(Backscattered electron，BSE)也称初级背散射电子，是指受到固体样品原子的散射之后又被反射回来的部分入射电子，约占入射电子总数的 30%。它主要由两部分组成。一部分是被样品表面原子反射回来的入射电子，散射角大于 90° 的那些入射电子，称为弹性背散射电子。它们只改变运动方向，本身能量没有损失(或基本没有损失)，所以弹性背散射电子的能量能达到数千到数万电子伏，其能量等于(或基本等于)入射电子的初始能量。另一部分是入射电子在固体中经过一系列散射后最终由原子核反弹或由核外电子产生的，散射角累计大于 90°，不仅方向改变，能量也有不同程度损失的入射电子，称为非弹性背散射电子。其能量大于样品表面逸出功，可从几个电子伏特到接近入射电子的初始能量。由于这部分入射电子遭遇散射的次数不同，所以各自损失的能量也不相同，因此非弹性背散射电子能量分布范围很广，数十电子伏至数千电子伏。图 2.4 是信号电子能量分布示意图，清楚地显示了这一特点。

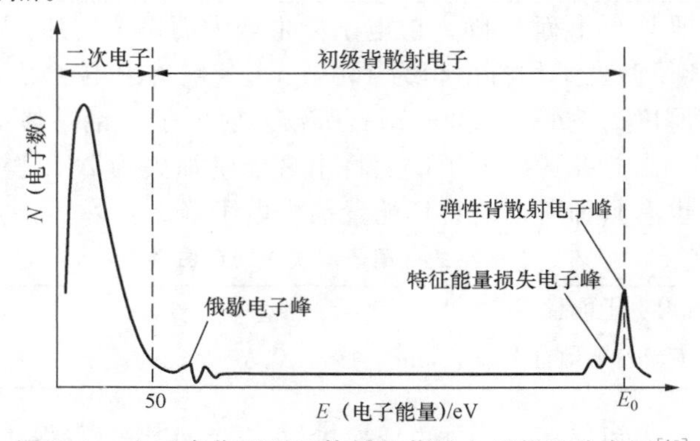

图 2.4　电子束作用下固体样品信号电子能量分布图[10]

从电子能谱曲线上不难看出，虽然非弹性背散射电子能量分布范围宽，但能接收到的电子数量比弹性背散射电子少得多。所以，在电子显微分析仪器中利用的背散射电子信号通常是指那些能量较高、其中主要是能量等于或接近入射电子初始能量的弹性背散射电子。

背散射电子对样品的原子序数十分敏感，当电子束垂直入射（平样品）时，背散射电子的产额通常随样品的原子序数 Z 的增加而单调上升，尤其在低原子序数区，这种变化更为明显（图 2.5），但其与入射电子的能量关系不大。

样品的倾斜角（即电子束入射角）的大小对背散射电子产额有明显的影响。因为当样品倾斜角 θ 增大时，入射电子束向前散射的趋势导致电子靠近表面传播，因而背散射机会增加，背散射电子产额 η 增大。

基于背散射电子产额 η 与原子序数 Z 及倾斜角 θ 的关系可见，背散射电子不仅能够反映样品微区成分特征（平均原子序数分布），显示原子序数衬度，定性地用于成分分析，也能反映形貌特征。因此以背散射电子信号调制图像衬度可定性地反映样品微区成分分布及表面形貌。

利用背散射电子衍射信息还可以研究样品的结晶学特征以及进行结构分析（通道花样），所以背散射电子为扫描电子显微镜提供了极为有用的信号。

另外，由于电子束一般要穿透到固体中某个距离后才经受充分的弹性散射作用，使其穿行方向发生反转并引起背反射，因此，射出的背散射电子带有某个深度范围的样品性质的信息。根据样品本身的性质，一般背散射电子产生的深度范围在 100 nm ～ 1 μm，由于入射电子进入试样较深，入射电子束已被散射开，如图 2.6 所示。

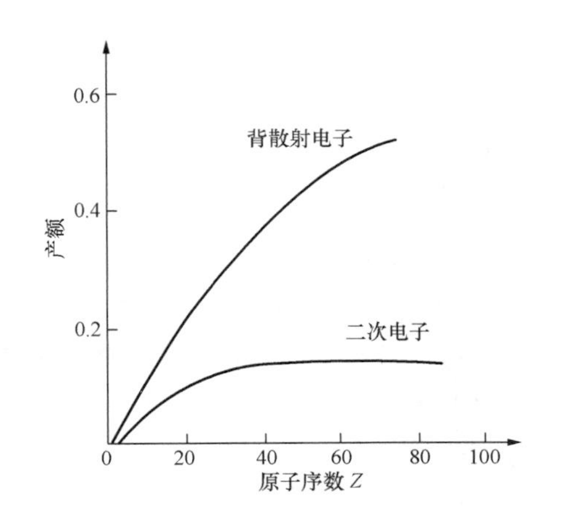

图 2.5　背散射电子和二次电子产额随样品原子序数的变化（加速电压为 30 kV）[10]

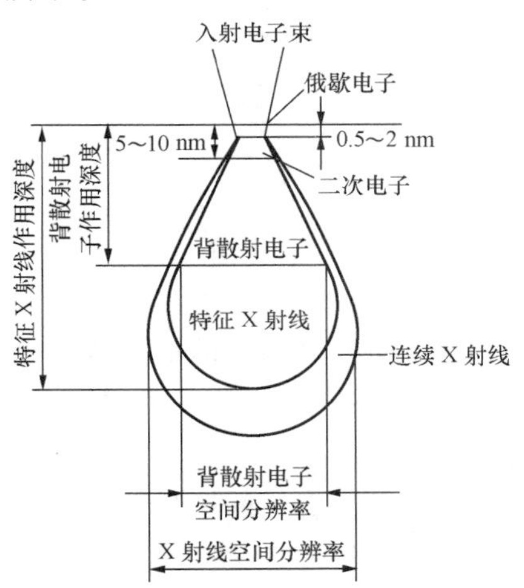

图 2.6　电子束在试样中散射示意图

2.2.3　二次电子

当样品原子的核外电子受入射电子激发（非弹性散射）获得了大于临界电离的能量后，便脱离原子核的束缚，变成自由电子，其中那些处在接近样品表层而且能量大于材料逸出功的自由电子就可能从表面逸出成为真空中的自由电子，即二次电子（Secondary electron，SE）。

原子外层的价电子与原子核的结合能很小(对于金属来说，一般在 10 eV 左右)，而内层电子的结合能与之相比，则高得多(有的高达数千电子伏)，所以，相对于内层电子，价电子被电离的概率要大得多。实验证明，一个能量很高的入射电子射入样品时，可以在样品中产生许多自由电子，其中价电子约占 90%，因而在样品表面上方检测到的二次电子绝大部分来自价电子。

二次电子的产生是高能束电子与弱结合的核外电子相互作用的结果，而且在这个相互作用的过程中入射电子只将几个电子伏特的能量转移给核外电子，所以二次电子能量较低，一般小于 50 eV，大部分只有几个电子伏特。图 2.4 的信号电子能量分布曲线表明，所收集的二次电子能量多为 2 ~ 5 eV。当能量增加时，分布曲线陡降。二次电子探测器收集二次电子时，少量的低能量(小于 50 eV) 的非弹性背散射电子也会收集进去，实际上这二者是无法分开的。

二次电子的一个重要特征是它的取样深度较浅，这是因为二次电子能量很低，在相互作用区内产生的二次电子不管有多少，只有在接近表面大约 10 nm 内的二次电子才能逸出表面(图 2.7)，成为可接收的信号。

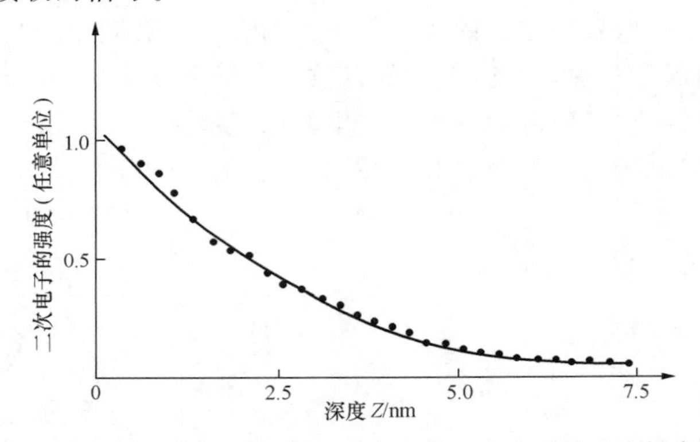

图 2.7　在样品表面下深度 Z 处产生的二次电子的逃逸概率[10]

二次电子对样品表面的形貌特征十分敏感，其产额 δ_{SE} 与入射束相对于样品表面的入射角 θ 之间存在下列关系：当 θ 角增大时，二次电子产额随之增大。但二次电子产额对样品成分的变化相当不敏感(图 2.5)，它与原子序数间没有明显的依赖关系。因此二次电子是研究样品表面形貌最为有用的工具，但是不能进行成分分析。

由于二次电子来自试样 5 ~ 10 nm 深的表面层，入射电子还没有被多次散射，因此产生二次电子的面积与入射电子的照射面积没多大区别，如图 2.6 所示。

2.2.4　吸收电子

高能电子入射比较厚的样品后，其中部分入射电子随着与样品中原子核或核外电子发生非弹性散射次数的增多，其能量不断降低，直至耗尽，这部分电子既不能穿透样品，也无力逸出样品，只能留在样品内部，即称为吸收电子(Absorption electron，AE)。若通过一个高灵敏度的电流表(如毫安表) 把样品接地，将检测到样品对地的电流信号，这就是吸收电流或称样品电流信号。

实验证明，假如入射电子束照射一个足够厚度（μm 数量级）、没有透射电子产生的样品，透射电子电流 $I_T=0$，那么入射电子电流强度 I_0 则等于背散射电子电流强度 I_b、二次电子电流强度 I_s 和吸收电子电流强度 I_a 之和。

对于一个多元素的平试样来说，当入射电流强度 I_0 一定时，I_s 一定（仅与形貌有关），那么吸收电流 I_a 与背散射电流 I_b 存在互补关系，即背散射电子增多则吸收电子减少，因此吸收电子产额同背散射电子一样与样品微区的原子序数相关。那么当入射电子束射入一个多元素样品中时，因二次电子产额与原子序数无关，则背散射电子较多的部位（Z 较大）其吸收电子的数量就减少，反之亦然；吸收电子能产生原子序数衬度，即可用来进行定性的微区成分分析。若把吸收电子信号调制成图像，则其衬度恰好和背散射电子信号调制的图像衬度相反。

2.2.5　透射电子

如果样品很薄，其厚度比入射电子的有效穿透深度（或全吸收厚度）小得多，那么将会有相当一部分入射电子穿透样品而成为透射电子（Transmission electron，TE）。透射电子可被安装在样品下方的电子检测器检测到，用 I_T 表示透射电子电流。这里所指的透射电子是采用扫描透射操作方式对薄样品成像和微区成分分析时形成的透射电子。这种透射电子是由直径很小（<10 nm）的高能电子束照射薄样品时产生的，因此透射电子的强度取决于微区的厚度、成分、晶体结构和晶向。

透射电子是一种反映多种信息的信号，在扫描电子显微镜、透射电子显微镜中利用其质厚效应、衍射效应、衍衬效应可实现对样品微观形貌、晶体结构、位向缺陷等多方面的分析。透射电子中除了有能量和入射电子相当的弹性散射电子外，还有各种不同能量损失的非弹性散射电子，其中有些遭受特征能量损失 ΔE 的非弹性散射电子（即特征能量损失电子）和分析区域的成分有关，因此可以利用特征能量损失电子配合电子能量分析器来进行微区成分分析，即电子能量损失谱。

如果样品接地保持电中性，上述四种电子信号强度与入射电子强度之间满足：

$$I_b+I_s+I_a+I_t=I_0$$

进一步改写为

$$\eta+\delta+\alpha+\tau=1 \tag{2-2}$$

式中，η 为背散射电子产额；δ 为二次电子产额；α 为吸收电子产额；τ 为透射电子产额。

2.2.6　特征 X 射线

如果入射电子具有足够的能量将一个原子内壳层（如 K 层）电子激发出去（使原子电离），留下一个空位，这时外层的电子会向下跃迁来填充这个空位，内外两壳层的能量差以一个 X 射线光子的形式发射出去，即产生特征 X 射线（Characteristic X-ray）（图 2.8）。不同原子序数 Z 的元素有不同的电离能（Criticalionization energy，E_c），原子序数大的元素，有较大

的 E_c。特征 X 射线被用于透射电子显微镜和扫描电子显微镜中的能谱分析，通过检测特征 X 射线的波长或能量可以分析样品中含有的元素类型。

特征X射线就是在能级跃迁过程中直接释放的具有特征能量和特征波长的一种电磁波辐射。其能量和波长取决于跃迁前后的能级差，而能级差仅与元素（或原子序数）有关，所以特征 X 射线的能量和波长也仅与产生这一辐射的元素有关，故称为该元素的特征 X 射线（详见第 2 篇第 1 章）。

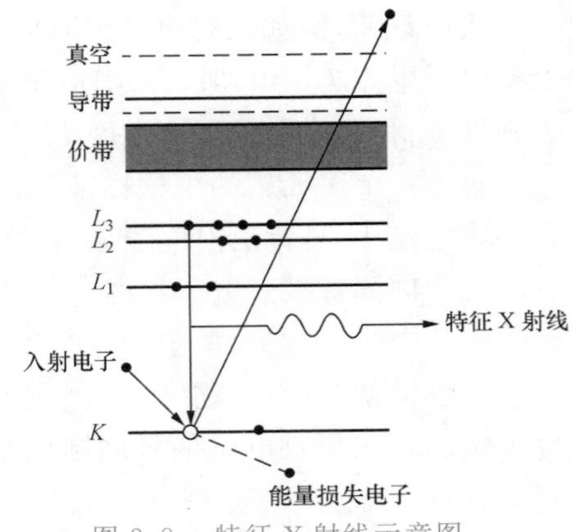

图 2.8　特征 X 射线示意图

特征X射线的波长和原子序数间的关系服从莫塞莱定律：

$$\lambda = K/(Z-\sigma)^2 \tag{2-3}$$

其中，Z 为原子序数；K、σ 为常数。

可见原子序数和特征 X 射线的特征能量、特征波长之间有对应关系，据此可进行成分分析（根据测定的波长，可确定样品中包含的元素种类）。根据电子束在试样中散射示意图（图 2.6），特征射线可来自样品较深的区域。

2.2.7　俄歇电子

如果入射电子有足够的能量使原子内层电子（例如 K 层）激发而产生空位，这时其他外层电子向下跃迁填补空位，跃迁产生的能量差交给另一壳层的电子，使它逸出样品外形成俄歇电子（Auger electron）（图2.9）。俄歇电子的能量与电子所处的壳层有关，故其也能给出元素的原子序数信息。俄歇电子对轻元素敏感（X 射线对重元素敏感），它的能量很低，一般为 50 ～ 1 500 eV，随不同元素、不同跃迁类型而异，因此在较深区域中产生的俄歇电子，在向表面运动时，必然会因碰撞而损失能量，使之失去了具有特征能量的特点。因此，用于分析的俄歇信号主要来自样品的表层以下 2 ～ 3 个原子层，即 2 nm 以内范围，它适用于表面化学成分分析。利用俄歇电子做表面分析的仪器称为俄歇电子谱仪（Auger electron spectrometer，AES），本书第 5 篇第 1 章将详细介绍。表面的氧化与污染会妨碍俄歇电子谱的分析，俄歇电子谱仪必须在超高真空（UHV）下工作，目前已有了 Auger/STEM 系统。

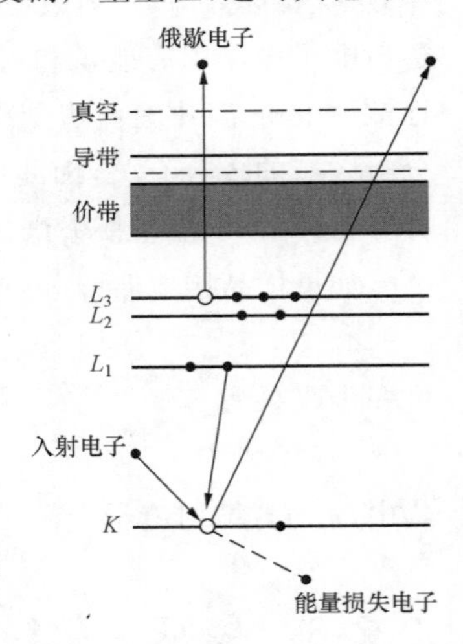

图 2.9　俄歇电子示意图

2.2.8 阴极荧光

阴极荧光(Cathodoluminescence) 和电子 - 空穴对是紧密相关的。如果半导体样品被入射电子照射[图 2.10(a)]，价带电子会被激发到导带，留下一个空穴，即产生电子 - 空穴对[图 2.10(b)]，空穴会被导带中的电子再填充，即导带电子跳到空穴位置"复合"时，会发射出一个光子[图 2.10(c)]，这叫作阴极荧光。光子的产生率与半导体的能带有关或与半导体中杂质有关，所以阴极荧光谱(CL) 被用于半导体与杂质的研究上。阴极荧光谱主要用于扫描电子显微镜，原则上也可用于扫描透射电子显微镜。阴极荧光产生的物理过程对杂质和缺陷的特征十分敏感，因此是用来检测杂质和缺陷的有效方法，常用于鉴定物相、杂质和缺陷分布。

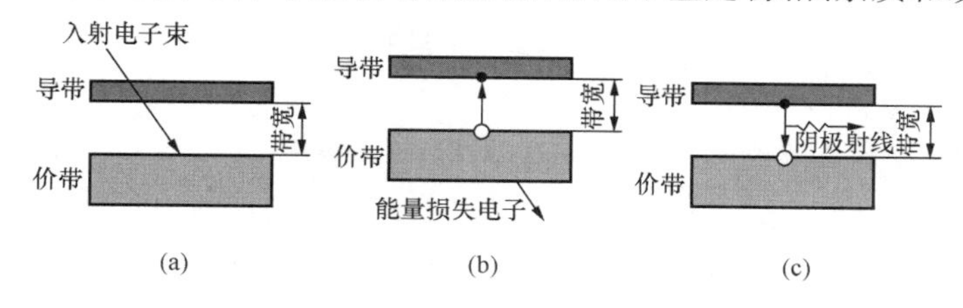

图 2.10　阴极荧光的示意图

除上述信号外，电子与物质相互作用还会产生电子束感生电流(效应)，它反映了在电子束作用下半导体样品导电性的变化，可检测少数载流子的扩散长度和寿命，为半导体材料和固体电路的研究提供了非常有用的物理信息。

第3章

扫描电子显微镜的原理、结构和性能

3.1 扫描电子显微镜的工作原理

图 3.1 是扫描电子显微镜工作原理示意图。由三极电子枪发射出来的电子束，经栅极静电聚焦后，成为直径为50 μm的点光源。在两个30 kV的加速电压作用下经过2～3个电磁透镜所组成的电子光学系统，电子束会聚成孔径角较小、束斑为5～10 nm的电子束，并在试样表面聚焦。末级透镜上方装有扫描线圈，在它的作用下，电子束在试样表面扫描。高能电子束与样品物质交互作用，产生了二次电子、背散射电子、吸收电子、X射线等信号。这些

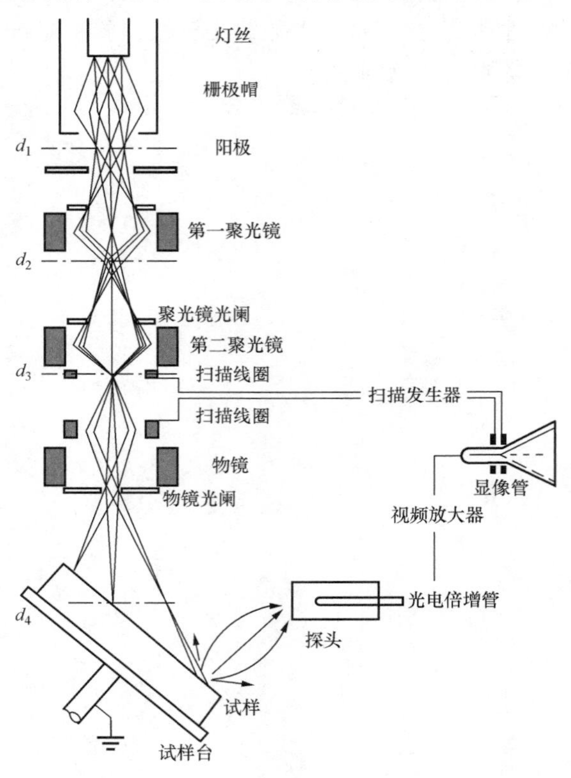

图 3.1 扫描电子显微镜工作原理示意图

信号可分别被相应的接收器接收，经放大器放大后，用来调制荧光屏的亮度。由于经过扫描线圈上的电流与显像管相应的偏转线圈上的电流同步，因此，试样表面任意点发射的信号与显像管荧光屏上相应点的亮度一一对应。也就是说，电子束打到试样上一点时，在荧光屏上就有一亮点与之对应。而对于我们所观察的试样表面特征，扫描电子显微镜则是采用逐点成像的图像分解法完成的。试样表面由于形貌不同，对应于许多不同的小单元，这些小单元又称像元，它们被电子束轰击后，能发射出数量不等的二次电子、背散射电子等信号。依次从各像元检出信号，再按顺序逐个像元一一传送出去，最终完成一幅图像。采用这种图像分解法，就可用一套线路传送整个试样表面不同信息。为了按规定顺序检测和传送各像元的信息，必须把聚得很细的电子束在试样表面做逐点逐行扫描，这就是光栅扫描[38,39]。

3.2　扫描电子显微镜的结构

扫描电子显微镜起源于透射电子显微镜，但是它们的工作方式不同，所以结构上有很大差异。与透射电子显微镜相比，它需要具备专门的扫描线圈用于指挥聚焦电子束在样品表面进行往复运动，而且由于其接收的信号种类比较多，所以相应的探测器数目也比较多，要在仪器设计时专门考虑各种探测器的布置和选择较优的接收位置。图 3.2 为 JEOL 公司的 JSM-7100F 型扫描电子显微镜外观图。扫描电子显微镜一般由电子光学系统、扫描系统、信号的检测及放大系统、图像的显示与记录系统、真空系统与电源系统组成。

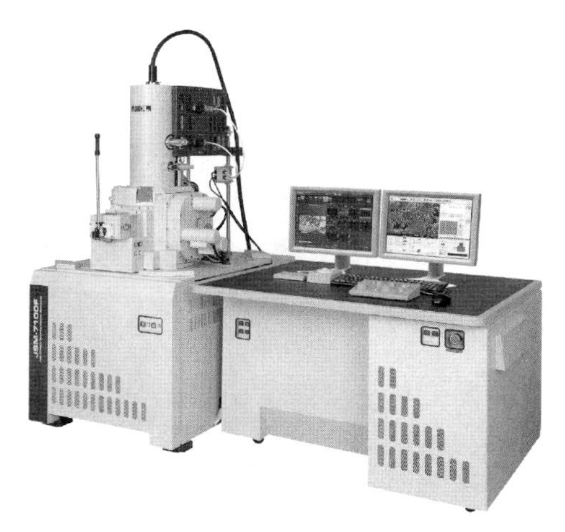

图 3.2　JSM-7100F 型扫描电子显微镜

3.2.1　电子光学系统

扫描电子显微镜的电子光学系统主要由电子枪、电磁聚光镜、光阑和样品室组成。它的作用是获得高能量细聚焦电子束，以此作为使样品产生各种信号的激发源。

1. 电子枪

扫描电子显微镜的电子枪（Electronic gun）构造和功能与透射电子显微镜完全一致，所不同的是加速电压比透射电子显微镜低，此处不再叙述，请参照第 3 篇第 2 章。

2. 电磁聚光镜

扫描电子显微镜中各电磁透镜（Electromagnetic lens）都不作成像透镜用，而是作聚光镜用，它们的功能只是把电子枪的束斑（虚光源）逐级聚焦缩小，使原来直径约为 50 μm 的束斑缩小成一个只有数个纳米的细小斑点，要达到这样的缩小倍数，必须用几个聚光镜来完成。通常扫描电子显微镜光学系统一般由三级电磁聚光镜组成：第一聚光镜、第二聚光镜和末级聚光镜(即物镜)。前两个聚光镜是强磁透镜,用来缩小电子束光斑尺寸。第三个聚光镜是弱磁透镜,具有较长的焦距,该透镜下方放置样品。布置这个末级透镜的目的在于使样品室和透镜之间留有一定的空间,以便装入各种信号探测器。

扫描电子显微镜中照射到样品上的电子束直径越小,就相当于成像单元的尺寸越小,相应的分辨率就越高。一般的钨丝热发射电子枪电子源直径为 20 ~ 50 μm,最终电子探针可达 3.5 ~ 6 nm,缩小率为几千分之一,甚至是万分之一。若采用六硼化镧阴极和场发射电子枪,电子束束径还可进一步缩小。

末级聚光镜除了会聚功能外,还起到使电子束聚焦于样品表面的作用。因此出于功能的特殊要求,其结构也较特殊。首先,透镜内腔应有足够的空间以容纳扫描线圈和消像散器等组件;其次,样品必须置于物镜焦点附近,因像差随焦距的增加而增加,所以为了实现高分辨率,透镜焦距应尽可能短些,故样品应直接放在透镜极靴以下;第三,有效收集二次电子。二次电子的能量仅为数电子伏,所以样品必须处于弱磁场区,即物镜磁场在极靴孔以下应迅速减弱,探测器必须对准和靠近样品,以提高二次电子的采样率。为实现这一目标,扫描电子显微镜的物镜采用上下极靴不同且孔径不对称的特殊结构,这样可以大大减小下极靴的圆孔直径,从而减小试样表面的磁场强度,以避免磁场对二次电子轨迹的干扰,如图 3.3 所示。

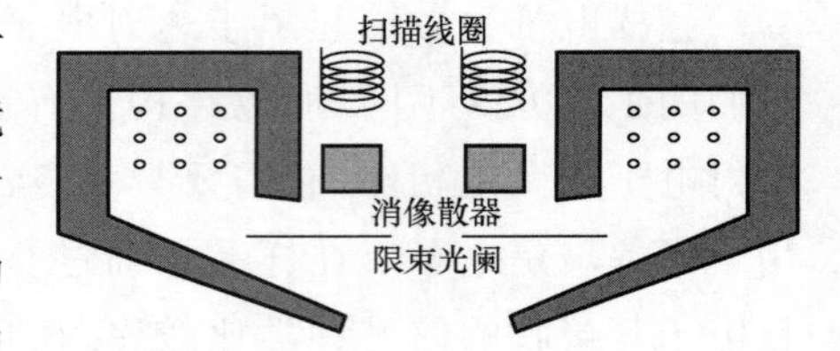

图 3.3　扫描电子显微镜中的物镜

3. 光阑

每一级透镜都装有光阑(Diaphragm),一、二级透镜通常是固定光阑,主要是为了挡掉一大部分无用的电子,防止对电子光学系统的污染。物镜上的光阑也称末级光阑,位于上下极靴之间磁场的最强处,它除了与固定光阑具有相同的作用外,还具有将入射电子束限制在相当小的张角内的作用,这样可以减小球差的影响,这个张角一般为 10^{-3} rad。扫描电子显微镜中的物镜光阑一般为可移动式,故也称为可动光阑,其上有四个不同尺寸的光阑孔,一般为 ϕ100 μm、ϕ200 μm、ϕ300 μm 和 ϕ400 μm,根据需要选择不同尺寸光阑孔,以提高束流强度或增大景深,从而改善图像的质量。

4. 样品室

末级透镜下方紧连样品室(Specimen chamber),扫描电子显微镜的样品室空间较大,一般可放置 $\phi 20 \times 10$ mm 的块状样品。为适应断口实物等大零件的需要,近年来还开发了可放置尺寸在 ϕ125 mm 以上样品的大样品台。观察时,样品台可根据需要沿不同方向平移,在水平面内旋转或沿水平轴倾斜。样品室内除放置样品外,还安置各种信号检测器。信号的收集效率和相应检测器的安放位置有很大关系,如果安置不当,则有可能收不到信号或收到的信号很弱。

样品台本身是一个复杂而精密的组件,它能夹持一定尺寸的样品,并能使样品做平移、倾斜和转动等运动,以利于对样品上每一特定位置进行各种分析。新式扫描电子显微镜的样品室实际上是一个微型试验室，它带有多种附件，可使样品在样品台上加热、冷却和进行机械性能试验（如拉伸和疲劳），以便于研究材料的动态组织及性能。

3.2.2　扫描系统

扫描系统的作用是使入射电子束在样品表面与阴极射线管电子束在荧光屏上能够同步扫描，改变入射电子束在样品表面的扫描振幅，以获得所需放大倍数的图像。扫描系统是扫描电子显微镜一个独特的结构，主要由扫描发生器、扫描线圈、放大倍率变换器组成。

扫描线圈分上下两组，置于末级透镜的内孔中（图3.3），目的是让电子束通过二次偏转后在末级光阑中心与轴相交并进入透镜场区，实现对样品的扫描。

扫描线圈的作用是使电子束偏转，并在样品表面做有规则的扫动，电子束在样品上的扫描动作和显像管上的扫描动作保持严格同步，因为它们是由同一扫描发生器控制的。图3.4示出电子束在样品表面进行扫描的两种方式。进行形貌分析时都采用光栅扫描方式[图3.4(a)]。当电子束进入上偏转线圈时，方向发生转折，随后又由下偏转线圈使它的方向发生第二次转折，发生二次偏转的电子束通过末级透镜的光心射到样品表面。在电子束偏转的同时还带有一个逐行扫描动作，电子束在上下偏转线圈的作用下，在样品表面扫描出方形区域，相应地在样品上也画出一帧比例图像。样品上各点受到电子束轰击时发出的信号可由信号探测器接收，并通过显示系统在显像管荧光屏上按强度描绘出来。如果电子束经上偏转线圈转折后未经下偏转线圈改变方向，而直接由末级透镜折射到入射点位置，这种扫描方式称为角光栅扫描或摇摆扫描[图3.4(b)]。入射束被上偏转线圈转折的角度越大，则电子束在入射点上摆动的角度也越大，在进行电子通道花样分析时，我们将采用这种操作方式。

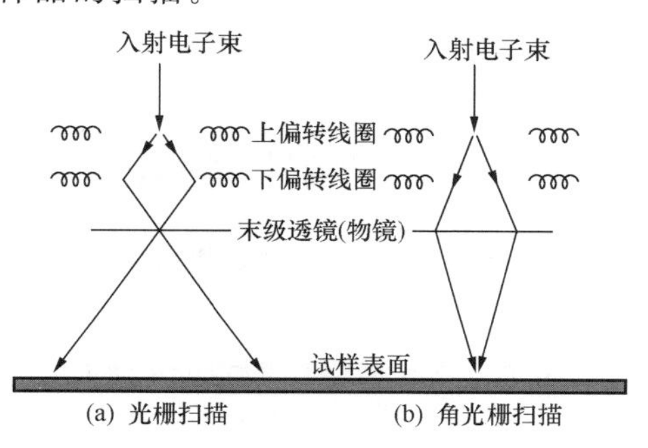

图3.4　电子束在样品表面进行扫描的方式

扫描电子显微镜的放大倍数基本取决于显像管扫描线圈电流与镜筒中扫描线圈电流强度之比。因为扫描电流值较小，且可灵活改变，故可方便地调节放大倍率。一般的扫描电子显微镜的放大倍数可从几倍或十几倍至几十万倍连续可调。值得注意的是，样品上被扫描区域的宽度不仅决定于电子束的偏转角度，也与样品离末光阑的位置或工作距离有关，所以仪器标定的放大倍率值只对近似平坦的样品才是完全正确的。

3.2.3　信号的检测及放大系统

在入射电子束作用下，样品表面产生的各种物理信号被检测并经转换放大成用以调制图像或做其他分析的信号，这一过程就是由该系统来完成的。对于不同的物理信号要用不同的检测器来检测，目前扫描电子显微镜常用的检测器主要是电子检测器和X射线检测器。

扫描电子显微镜的电子检测器通常采用闪烁体计数器，主要用于检测二次电子、背散射电子和透射电子等信号，我们将在后面的章节专门介绍二次电子和背散射电子的部分，分别介绍二次电子探测器和背散射电子探测器。X 射线检测器主要用于检测样品被激发产生的特征 X 射线，一般分波谱仪和能谱仪两种，主要用于成分分析，我们将在第 4 篇详细介绍。

3.2.4 图像的显示与记录系统

该系统的作用是把信号检测系统输出的调制信号转换为阴极射线管荧光屏上的图像，供观察或照相记录。随着计算机技术的发展和应用，图像的记录方式也已多样化，除照相外还可以存储、拷贝，并可以进行多种处理。

3.2.5 真空系统与电源系统

因为扫描电子显微镜和透射电子显微镜使用同样的电子枪，所以必须有满足仪器需要的真空系统和电源系统。为保证扫描电子显微镜电子光学系统的正常工作，对镜筒内的真空度有严格的要求，根据灯丝的种类不同，真空度的要求也不同，具体参见第 3 篇第 2 章。

3.3 扫描电子显微镜的主要性能

3.3.1 分辨率

扫描电子显微镜的分辨率是通过测定图像中两个颗粒（或区域）间的最小距离来确定的。实际测定时，在已知放大倍数（一般在 10 万倍）的条件下，把在图像上测得的最小间距除以放大倍数所得数值就是分辨率。图 3.5 为用蒸镀金膜样品测定分辨率的照片。目前商品生产的扫描电子显微镜二次电子像的分辨率已优于 5 nm，如日立公司的 S-570 型扫描电子显微镜的点分辨率为 3.5 nm，而 TOPCON 公司的 OSM-720 型扫描电子显微镜点的分辨率为 0.9 nm。

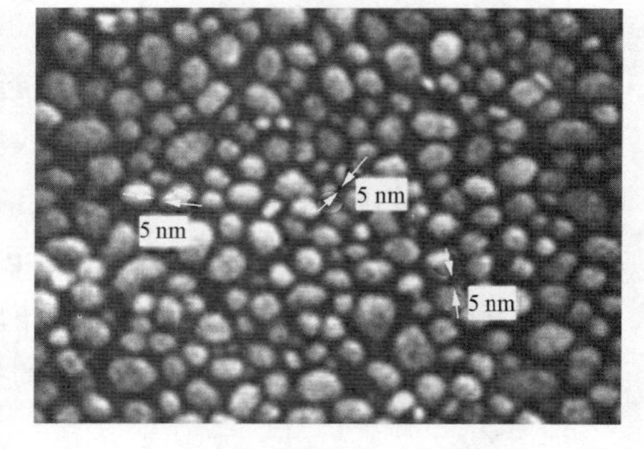

图 3.5　扫描电子显微镜点分辨率测定照片（真空蒸镀金膜表面金颗粒分布形态）

必须指出，分辨本领为 7 nm，并不意味着所有小至 7 nm 的显微细节都能显示清楚。因为它不仅与仪器本身有关，还与样品的性质以及环境条件等有关。影响扫描电子显微镜像分辨率的主要因素有[40]：

(1) 扫描电子束的束斑大小

一般认为，即使在理想的情况下，扫描电子显微镜的分辨率也不可能小于扫描电子束斑直径。故束斑直径越细，电子显微镜的分辨本领越高。束斑直径的大小主要取决于电子光学系统，尤其是电子枪的类型和性能、束流大小、末级聚光镜光阑孔径大小及其污染程度等。其电子枪类型和性能的影响尤为突出，钨灯丝电子枪的扫描电子显微镜分辨率为 3.5 ～ 6 nm，LaB_6 的为 3 nm，场发射（冷场）一般为 1 nm 左右，最好的可达 0.5 nm。

（2）入射电子束在样品中的扩展效应（检测部位的原子序数）

前面已经讲过，高能入射电子在样品内经过上百次散射后，从整体来说失去了方向性，向各个方向的散射概率相等，叫作漫散射。电子进入样品后达到漫散射的深度，与原子序数有关。对于轻元素样品，入射电子经过许多次小角度散射，在尚未达到较大散射角之前即已深入到样品内部一定的深度，然后随散射次数的增多，散射角增大，才达到漫散射的程度。此时，电子束散射区域形状将如图 3.6(a) 所示，叫作“梨形（或滴状）作用体积”。如果是重元素样品，入射电子在样品表面不是很深的地方就达到漫散射的程度，则电子束散射区域形状如图 3.6(b) 所示，呈现“半球形作用体积”，可见电子在样品内散射区域形状主要取决于检测部位的原子序数。

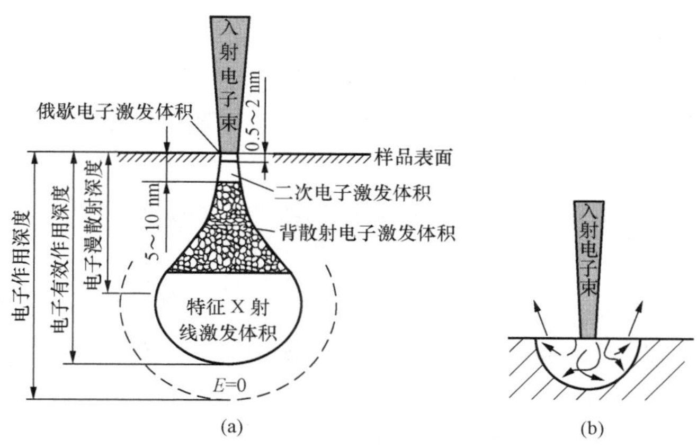

图 3.6　电子束作用体积

改变入射电子束的能量只能引起作用区体积的大小变化，而不会显著改变其形状。因此，提高入射电子的能量对提高分辨率不利。值得注意的是，这种扩展效应对二次电子分辨率影响不大，因为二次电子主要来自样品表面，即入射电子束还未侧向扩展的表层区域。

（3）检测信号的类型

成像操作所用检测信号的种类不同，分辨率有着明显的差别，造成这种差别的原因主要与信号本身的能量和信号取样的区域范围有关。表 3.1 给出了不同检测信号对应的分辨率。

表 3.1　各种信号成像的分辨率

信号	二次电子	背散射电子	吸收电子	特征 X 射线	俄歇电子
分辨率 /nm	5 ～ 10	50 ～ 200	100 ～ 1 000	100 ～ 1 000	0.5 ～ 2

俄歇电子和二次电子因其本身能量较低以及平均自由程很短，只能在样品的浅层表面内逸出，在一般情况下能激发出俄歇电子的样品表层厚度为 0.5 ～ 2 nm。以二次电子为调制信号，它主要来自两个方面：由入射电子直接激发的二次电子（成像信号）和由背散射电

子、X射线光子射出表面过程中间接激发的二次电子(本底噪声)。因为二次电子能量比较低(小于50 eV),在固体样品中平均自由程只有1～10 nm,只能从样品表层5～10 nm的深度范围激发出来。在这样浅的表层里,入射电子与样品原子只发生次数很有限的散射,基本上未侧向扩展。因此可以认为在样品上方检测到的二次电子主要来自直径与扫描束斑相当、深度为5～10 nm的样品体积内[图3.6(a)],因为图像分析时二次电子(或俄歇电子)信号的分辨率最高。所谓扫描电子显微镜的分辨率,即二次电子像的分辨率,目前高性能扫描电子显微镜的二次电子像分辨率优于7 nm(普通电子枪)和3 nm(场发射电子枪)。

如果以背散射电子为调制信号,由于背散射电子能量比较高(接近入射电子能量),穿透能力比二次电子强得多,可以从样品中较深的区域逸出(约为有效穿透深度的30%左右)。在这样的深度范围,入射电子已经有了相当宽度的侧向扩展。这个区域范围远远大于入射电子束斑的尺寸,故背散射电子像的空间分辨率比二次电子像的低得多,一般为50～200 nm。

入射电子束还可以在样品更深的部位激发出特征X射线,从图3.6特征X射线的作用体积看,若用特征X射线调制成像,它的分辨率比背散射电子更低。

透射方式以透射电子为调制信号。因样品很薄,在入射电子穿透样品的过程中只可能发生有限次数的散射,侧向尺寸基本上没有变化,所以扫描透射电子像分辨率也等于扫描电子束斑直径。

吸收电子、特征X射线等信号均来自整个电子束散射区域,故所得的扫描图像分辨率都比较低。

应该指出的是,电子束射入重元素样品时,作用体积不呈滴状,而是半球状。电子束进入表面后立即向横向扩展,因此在分析重元素时,即使电子束的束斑很细小,也不能达到较高的分辨率,此时二次电子的分辨率和背散射电子的分辨率之间的差距明显变小。

此外,影响分辨率的因素还有信噪比、磁场条件及机械振动等。信号强度是扫描电子显微镜成像的关键,主要取决于入射电子能量和束流等;噪声则干扰成像,使荧光屏上出现雪花点,图像变得模糊,噪声的大小主要取决于所用的检测器和样品情况等。信号噪声比越高,则分辨率越高。无论是镜筒内的还是周围环境的杂散磁场都可能使扫描电子束形状发生畸变,改变样品发射的二次电子运动轨迹,降低图像质量,从而使分辨率下降,而机械振动将引起束斑漂移等。

由此可见,在其他条件相同的情况下(如信噪比、磁场条件及机械振动等),电子束的束斑大小、检测信号的类型以及检测部位的原子序数是影响扫描电子显微镜分辨率的三大因素。

3.3.2 景　深

扫描电子显微镜景深大、成像富有很强的立体感,这是它最鲜明的优点。1 000倍下景深最大约为100 μm,比光学显微镜高出2个数量级,故特别适合粗糙表面(断口等)的观察和成像。

图3.7是扫描电子显微镜景深示意图，景深D与扫描电子显微镜的分辨率d_0（即电子束斑直径尺寸）、电子束的发散角（孔径角）α的关系为

$$D=\frac{d_0}{\tan\alpha}\approx\frac{d_0}{\alpha}=\frac{0.2\ \mathrm{mm}}{\alpha M} \tag{3-1}$$

式中，M为放大倍数。

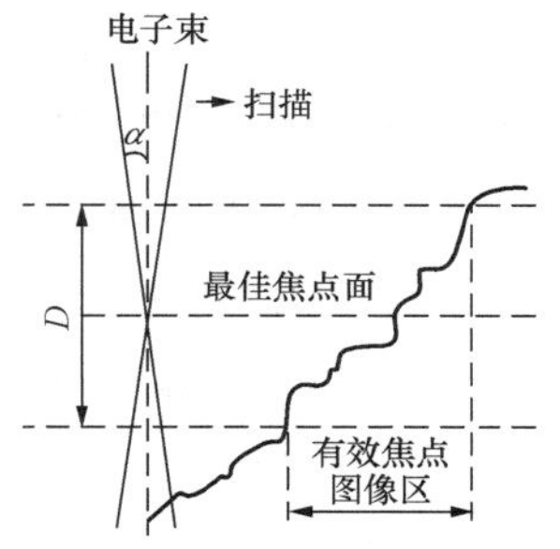

图 3.7 扫描电子显微镜景深示意图[10]

当电子探针大小固定时，减小孔径角或缩小放大倍数都可以增大景深。当放大倍数和探针尺寸一定时，孔径角是唯一可调参数，选择末级光阑半径R或改变工作距离WD，可以调节孔径角：

$$\alpha=\frac{R}{WD} \tag{3-2}$$

在观察起伏大的粗糙样品时，应选用孔径最小的末级光阑和最长的工作距离，以得到最大的景深。表3.2给出了在不同放大倍数下，扫描电子显微镜像分辨率和相应的景深值（$\alpha=10^{-3}$ rad）。为便于比较，也给出相应放大倍数下光学显微镜的景深值。由此可见，扫描电子显微镜的景深比光学显微镜大得多，所以特别适用于粗糙表面的观察和分析。

表 3.2 扫描电子显微镜的景深

放大倍数 M	分辨率 $d_0/\mu m$	景深 $D/\mu m$ 扫描电子显微镜	景深 $D/\mu m$ 光学显微镜	放大倍数 M	分辨率 $d_0/\mu m$	景深 $D/\mu m$ 扫描电子显微镜	景深 $D/\mu m$ 光学显微镜
20	5	5 000	5	5 000	0.02	20	—
100	1	1 000	2	10 000	0.01	10	—
1 000	0.1	100	0.7				

3.3.3 放大倍率

在扫描电子显微镜中，电子束在样品表面扫描与阴极射线管电子束在荧光屏上扫描保持精确的同步。扫描区域一般都是方的，如图3.8所示，由大约1 000条扫描线所组成。

当入射电子束做光栅扫描时，若电子束在样品表面扫描的幅度为A_s，相应地在荧光屏上阴极射线同步扫描的幅度是A_c，A_c和A_s的比值就是扫描电子显微镜的放大倍数，即

$$M=A_c/A_s \tag{3-3}$$

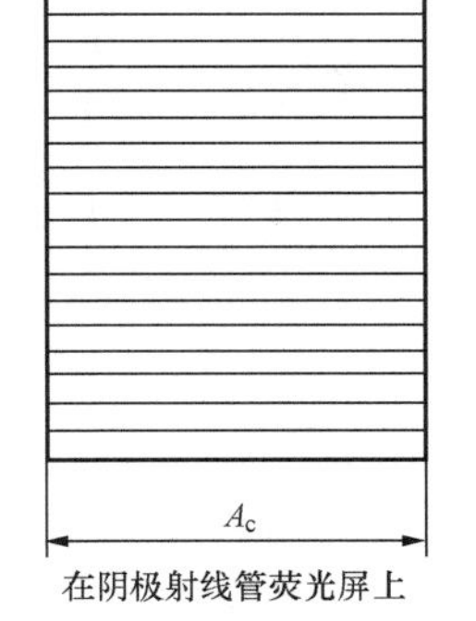

图 3.8 光栅扫描

由于扫描电子显微镜的荧光屏尺寸是固定不变的，电子束在样品上扫描一个任意面积的矩形时，在阴极射线管上看到的扫描图像大小都会和荧光屏尺寸相同。因此只要减小镜筒中电子束的扫描幅度，就可以得到高的放大倍数；反之，若增加扫描幅度，则放大倍数就减

小。例如,荧光屏的宽度(即阴极射线同步扫描的幅度)$A_c = 100$ mm 时,电子束在样品表面扫描幅度 $A_s = 5$ mm,放大倍数 $M = 20$,如果 $A_s = 0.05$ mm,放大倍数就可提高到 2 000。

扫描电子显微镜的放大倍数变化范围宽,可从几倍到几十万倍,填补了光学显微镜和透射电子显微镜之间的空隙。放大倍率的改变是通过调节控制镜筒中电子束偏转角度的扫描线圈中的电流实现的,故放大倍数连续可调,操作快速、容易,对试样的观察非常方便。目前,使用的普通扫描电子显微镜的放大倍数多为 20 ~ 20 万倍,最低可到 5 倍。场发射扫描电子显微镜具有更高的放大倍数,一般可达 60 万 ~ 80 万倍,最高达 2×10^6 倍。这样大的放大倍数可以满足各种样品的观察的需求。

3.3.4 加速电压

扫描电子显微镜的加速电压改变会明显影响电子束入射样品的深度,对成像产生明显影响,无论是轻元素样品还是重元素样品,低电压对应较浅的入射深度和较小的作用区域,而高电压对应较深的入射深度和较大的作用区域,如图 3.9 所示。图 3.10 为某颗粒样品在不同加速电压下的扫描电子显微镜图像,由图可见,高电压(30 kV) 下对应较深的电子束入射深度,所以图像趋于更加透明,更多地显示了颗粒内部的纤维状分布;而低电压(如 5 kV) 下对应图中较浅的电子束入射深度,所以图像趋于表达更清晰的表面精细结构,如颗粒表面的白色小吸附微粒。而如果加速电压太低,如 3 kV,则因为分辨率下降,不能得到令人满意的图像质量。由此可见,加速电压是进行准确图像分析要选择的重要参数。较高的加速电压提供的是相对内部的信息而非表面信息,反映不出真实的表面形貌。另外,一些起伏很小的样品,用高的电压就观察不到,如单层排列的碳纳米管,由于只有纳米级的起伏,只能用低电压观察。

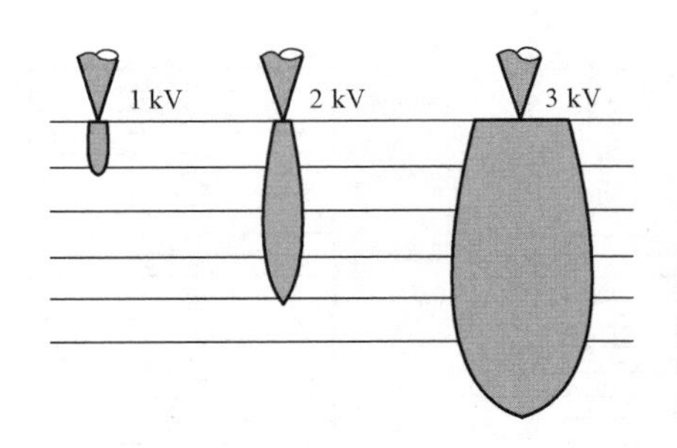

图 3.9 加速电压对入射样品深度的影响

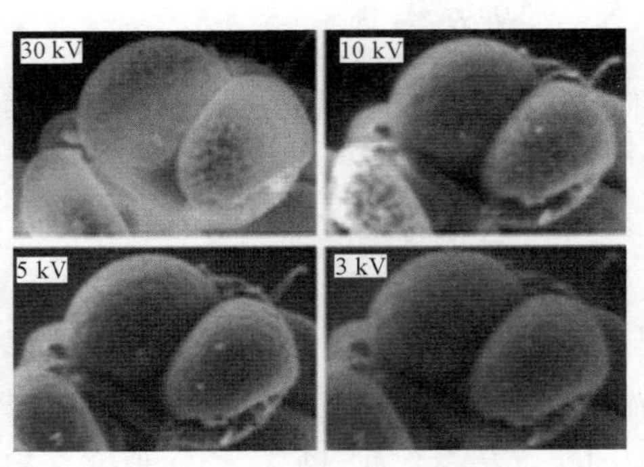

图 3.10 某颗粒样品在不同加速电压下的扫描电子显微镜图像[41]

图 3.11 总结了加速电压对一般扫描电子显微镜观察的影响,如采用较高的加速电压(一般 10 kV 以上),对应如下状况:

(1) 相对不清晰的表面精细结构:电子束能量高,穿透样品较深,得到的不是样品真实的表面信息。图 3.12 为相同放大倍数、不同加速电压下墨粉的扫描电子显微镜形貌像。比较可知,选择 5 kV 加速电压时,可更清楚地观察到墨粉的表面精细结构。因此对于需要观察表面精细结构的样品应选择低的加速电压。

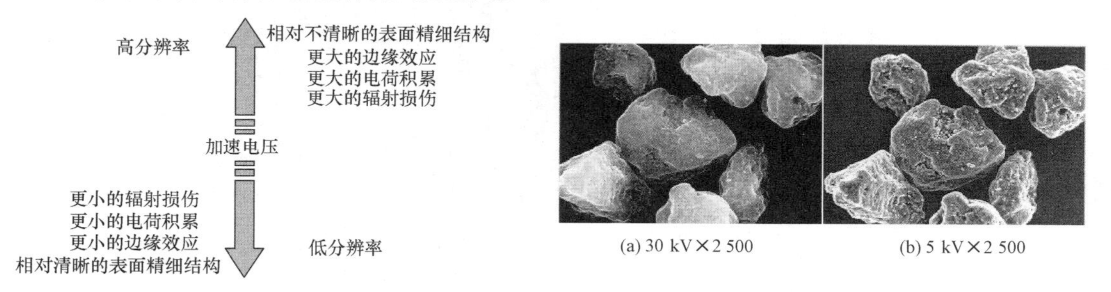

(a) 30 kV×2 500　　(b) 5 kV×2 500

图 3.11　加速电压的影响

图 3.12　相同放大倍数、不同加速电压下墨粉的 SEM 形貌像[41]

（2）较大的辐照损伤：对于不耐电子束的样品（如有机材料），损伤较大。图 3.13 为电子束长时间照射苍蝇复眼产生的辐照损伤，加速电压越高，电子束能量高，损伤也就越大。

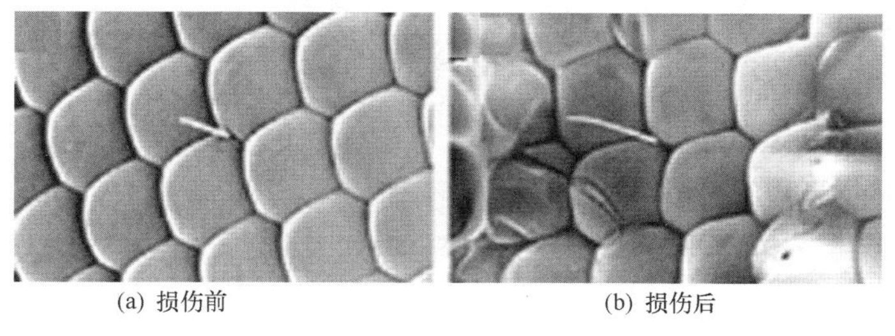

(a) 损伤前　　(b) 损伤后

图 3.13　电子束长时间照射苍蝇复眼产生的辐照损伤[41]

（3）较大的电荷积累和边缘效应：对于导电性不好的样品，表面积累电荷造成荷电和样品漂移，严重影响观察。图 3.14 为醋蝇前肢在不同加速电压下的电荷积累效应，比较可知，高的加速电压下电荷积累效应会影响样品细节的显示。

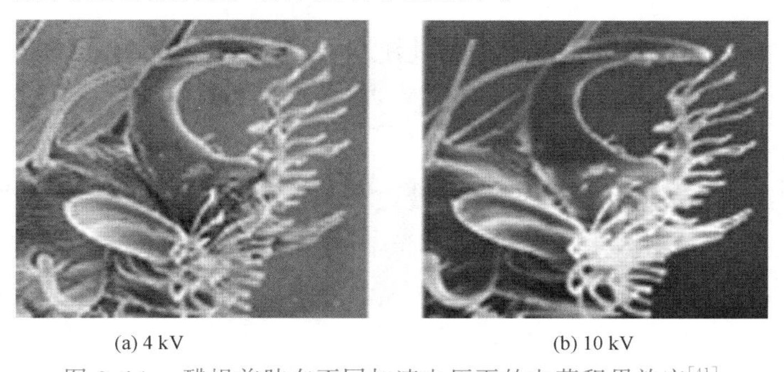

(a) 4 kV　　(b) 10 kV

图 3.14　醋蝇前肢在不同加速电压下的电荷积累效应[41]

（4）较高的分辨率：图 3.15 为相同放大倍数、不同加速电压下 Au 粉的扫描电子显微镜形貌像，显然高的加速电压对应更高的分辨率。

低加速电压可以有效地减少对样品的损伤和荷电效应，对于不导电的样品可以直接观察，比如一些高分子微 / 纳米球在较高的加速电压下发生坍塌、损坏，而且表面荷电严重，放电现象明显，严重影响观察拍照，即使喷涂导电层也存在放电现象，而在低加速电压下能够保持其形态，而且没有明显的荷电现象。

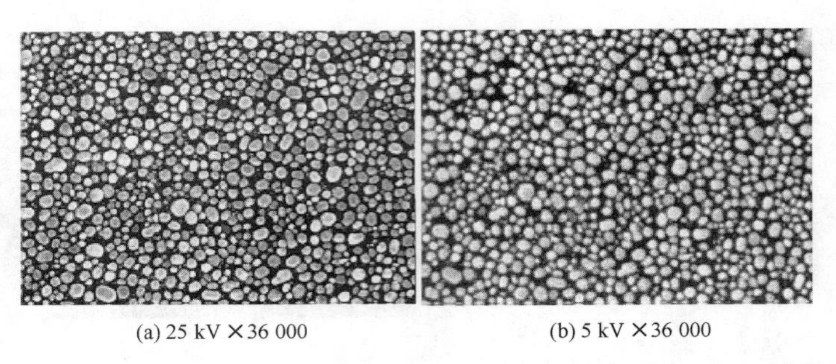

图 3.15　相同放大倍数、不同加速电压下 Au 粉的 SEM 形貌像[41]

要应用低加速电压观察样品，要求电子显微镜的电子枪有足够的亮度，以获得足够的束流，提高图像分辨率；观察时要减小工作距离，甚至把样品升到物镜下极靴面，使物镜激励增强，焦距变短，像差减小，提高分辨率。如 Hitachi S-4800 型扫描电子显微镜，应用低电压(1 kV) 观察，需要 Probe Current 选 High 模式，工作距离小于 3 mm，二次电子探头用上探头，即 U 探头。

虽然低电压有以上优点，但是低加速电压比高加速电压的分辨率低，如 Hitachi S-4800 型扫描电子显微镜在 1 kV 的分辨率是 1.4 nm，而在 15 kV 的分辨率为 1 nm。应用减速模式(Deceleration mode) 可在保持较高分辨率的同时保持低电压的优势，即在电子枪发射时使用较高的加速电压，在电子束到达样品之前加一个减速电场以减速电压(Deceleration voltage)，使实际到达样品的电压(Landing voltage) 减小。

3.4　扫描电子显微镜样品的制备

扫描电子显微镜一个突出的特点就是对样品的适应性大，所有的固态样品(块状的、粉末的、金属的、非金属的、有机的、无机的) 都可以观察，且样品的制备相对于透射电子显微镜的样品制备要简单得多。

虽然要求低，但仍有一定的技术要求，若过分忽视，就不可能得到满意的结果。一般的扫描电子显微镜要求样品有适当的大小，样品大小要适合扫描电子显微镜专用样品座的尺寸，不能过大。一般小的样品座直径为 3 ～ 5 mm，大的样品座直径为 30 ～ 50 mm，以分别用来放置不同大小的试样，样品的高度也有一定的限制，一般为 5 ～ 10 mm。对于细小的或者形状不规则的样品，可用导电树脂进行镶样。

扫描电子显微镜涉及的样品如下：

(1) 块状试样：金属和陶瓷等块状样品，首先需要切割成大小合适的尺寸，然后对于导电性好的样品，直接用导电胶将其粘贴在电子显微镜的样品座上即可直接进行观察。

为防止假象的存在，在放试样前应先将试样用丙酮或酒精等进行清洗，必要时用超声波振荡器振荡，或进行表面抛光。在实际工作中经常遇到观察分析断口样品，一般用于检测材料各项机械性能的试样相对较小，其断口也较清洁，因此这类样品可直接放入扫描电子显微镜样品室中进行观察分析。实际构件的断口会受构件所处的工作环境的影响，有的断口表面存在油污和锈斑，还有的断口因构件在高温或腐蚀性介质中工作而在断口表面形成腐蚀产物，对这类断口试样首先要进行宏观分析，并用醋酸纤维薄膜或胶带纸干剥几次，或用丙酮、酒精等有机剂清洗，去除断口表面的油污及附着物，干燥后才能观察。对于太大的断口样品，要通过宏观分析确认能够反映断口特征的部位，用线切割等方法取下后放入扫描电子显微镜样品室中进行观察分析。

（2）磁性样品：要预先去磁，以免观察时电子束受到磁场的影响。

（3）粉末试样：粉末样品需先黏结在样品座上，黏结的方法可在样品座上先涂一层导电胶或火棉胶溶液，将试样粉末撒在上面，待导电胶或火棉胶挥发把粉末黏结牢靠后，用吸耳球将表面上未粘住的试样粉末吹去。或在样品座上粘贴一张双面胶带纸，将试样粉末撒在上面，再用吸耳球把未粘住的粉末吹去。也可将粉末粘牢在样品座上后，再镀层导电膜，然后才能放在扫描电子显微镜中观察。

（4）非导电性样品：如塑料、矿物质等，在电子束作用下会产生电荷堆积，影响入射电子束斑形状和样品发射的二次电子运动轨迹，使图像质量下降。因此，这类样品在观察前，要进行喷镀导电层处理。对于具有低真空或低电压功能的扫描电子显微镜或场发射扫描电子显微镜，不导电的样品可以在低真空或低电压下直接观察，无须进行喷镀处理。

最常用的喷镀材料是金、金/钯、铂/钯和碳等。表面粗糙的样品，镀的膜要厚一些。对只用于扫描电子显微镜观察的样品，先镀膜一层碳，再镀膜 5 nm 左右的金，效果更好。对除了形貌观察还要进行成分分析的样品，则以镀碳膜为宜。为了使镀膜均匀，镀膜时试样最好要旋转。镀膜的方法主要有两种：

① 真空镀膜法。在高真空状态下把所要喷镀的金属加热，当加热到熔点以上时，会蒸发成极细小的颗粒喷射到样品上，在样品表面形成一层金属膜，使样品导电。喷镀用的金属应选择熔点低、化学性能稳定、高温下与钨不反应的材料，有高的二次电子产生率，并且镀膜本身没有结构。现在一般选用金或金和碳。为了获得细的颗粒，有用铂或金-钯、铂-钯合金的。金属膜的厚度一般为 10 ～ 20 nm。真空镀膜法所形成的膜，金属颗粒较粗，膜不够均匀，操作较复杂并且费时，目前已经较少使用。

② 离子溅射镀膜法。在低真空状态下，在阳极与阴极之间加上几百至上千伏的直流电压时，电极之间会产生辉光放电，放电的过程中，气体分子被电离成带正电的阳离子和带负电的电子，在电场的作用下，阳离子被加速跑向阴极，而电子被加速跑向阳极。如果阴极用金属作为电极（常称靶极），那么在阳离子冲击其表面时，就会将其表面的金属粒子打出，这种现象称为溅射。此时被溅射的金属粒子呈中性，即不受电场的作用，而靠重力作用下落。如果将样品置于下面，被溅射的金属粒子就会落到样品表面，形成一层金属膜，用这种方法给样品表面镀膜，称为离子溅射镀膜法。

与真空镀膜法比较，离子溅射镀膜法具有以下优点：

① 由于从阴极上飞溅出来的金属粒子的方向不一致，因而金属粒子能够进入样品表面的缝隙和凹陷处，使样品表面均匀地镀上一层金属膜。对于表面凹凸不平的样品，也能形成

很好的金属膜，且颗粒较细。

② 受辐射热影响较小，对样品的损伤小。

③ 消耗金属少。

④ 所需真空度低，节省时间。

第4章

表面形貌衬度原理及其应用

扫描电子显微镜中最常用的电子信号是二次电子，最主要的操作模式是二次电子像，其次是背散射电子和背散射电子像，本章和下一章主要介绍这两种电子图像的衬度原理及其应用。

影响扫描电子显微镜图像衬度的因素有很多，主要有表面凹凸产生的形貌衬度，原子序数差别产生的成分衬度和电位差存在产生的电压衬度。由于二次电子对原子序数的变化不敏感，均匀性材料的电位差别也不明显，在此主要讨论形貌衬度。

形貌衬度是由于试样表面形貌差别而形成的衬度，利用对试样表面形貌变化敏感的物理信号如二次电子、背散射电子等作为显像管的调制信号，可以得到形貌衬度像，其强度是试样表面倾角的函数。而试样表面微区形貌差别实际上就是各微区表面相对于入射束的倾角不同，因此电子束在试样上扫描时任何两点的形貌差别，表现为信号强度的差别，从而在图像中形成显示形貌的衬度。二次电子像的衬度是最典型的形貌衬度，下面以二次电子为例说明形貌衬度形成过程及显微图像。

4.1　二次电子检测器

如图 4.1 所示，二次电子检测器的探头是涂有超短余晖的荧光粉的塑料闪烁体，其接收端加工成半球形，并镀有一层 0.07 μm 左右的铝膜作为反射层，既可阻挡杂散光的干扰，又可作为高压极，闪烁体的另一端与光导管相接，光导管再与镜筒外面的光电倍增管连接，闪烁体探头周围有金属屏蔽罩，其前端是栅网收集极。当用来检测二次电子时，栅网上加 250 ～ 500 V 正偏压，对低能二次电子起加速作用，增大了检测的有效立体角，吸引样品上发射的二次电子飞向探头。探头铝膜上施加 10 ～ 20 kV 的高压使二次电子加速轰击闪烁体上的荧光粉发光，产生光子，使二次电子转换成光信号，经光导管送到光电倍增管，加以放大并转换成电信号，从这里输出的电流信号为 0 ～ 12 μA，再经前置放大、视频放大，变成几个伏特的电压信号，以此来调制荧光屏的亮度。用这种检测系统在很宽的信号范围内可获得远大于原始信号的输出，而且噪声很小。当进行背散射电子检测时，则需在栅网上加 50 V 的负偏压，以阻止二次电子到达检测器，即关闭二次电子检测器。

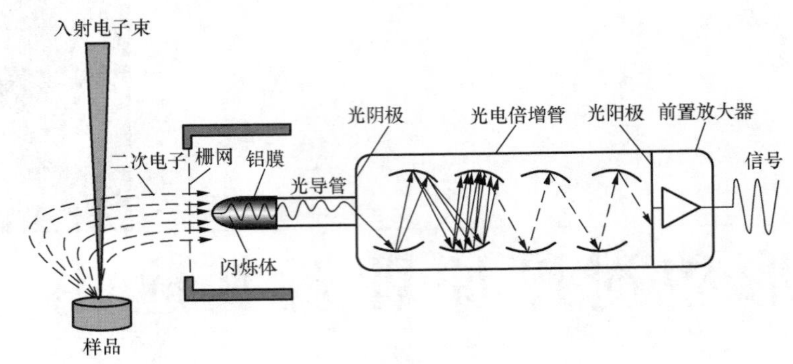

图 4.1　二次电子检测器

4.2　二次电子成像原理

前面提到，以二次电子为调制信号，它主要来自两个方面：由入射电子直接激发的二次电子（成像信号）和由背散射电子、X 射线光子射出表面过程中间接激发的二次电子（本底噪声），如图 4.2 所示。用于分析样品表面形貌的二次电子信号只能从样品表面层 5 ～ 10 nm 深度范围内被入射电子束激发出来，深度大于 10 nm 时，虽然入射电子也能使核外电子脱离原子而变成自由电子，但因其能量较低以及平均自由程较短，不能逸出样品表面，最终只能被样品吸收。

二次电子信号的强弱与二次电子的数量有关，而被入射电子束激发出的二次电子数量和原子序数没有明显的关系，但是与入射电子能量和微区表面的几何形状关系密切。

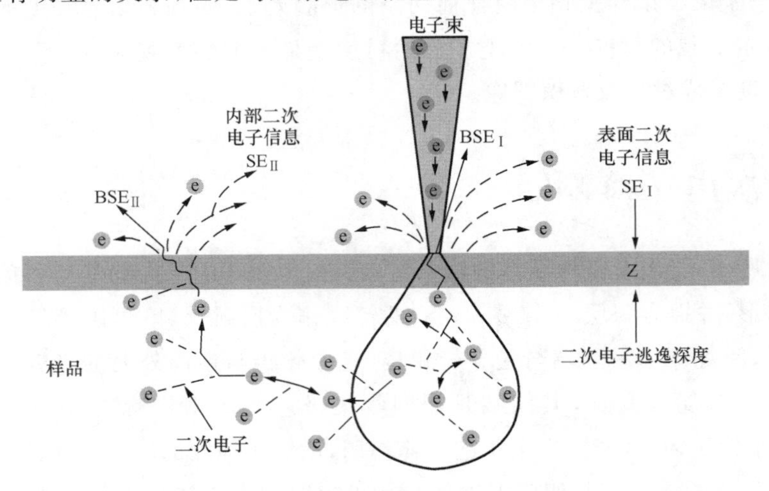

图 4.2　二次电子和背散射电子信号的产生原理

1. 二次电子产额与入射电子能量的关系

由于二次电子必须有足够的能量克服材料表面的势垒才能从样品中发射出来。因此入射电子的能量 E_0 至少应达一定值才能保证二次电子产额 δ 不为零。图 4.3 为 δ 与入射电子能量之间的关系，对大多数材料，δ 与入射电子能量之间具有相同的关系规律：入射电子能量较低时，δ 随 E_0 增加而增加；而在高束能区，δ 随 E_0 增加而逐渐降低。这是因为当入射电子能量开始增加时，激发出来的二次电子数自然要增加，同时，电子进入试样内的深度增加，深部区域产生的低能二次电子在向表面运行过程中被吸收。由于这两种因素影响，入射电子能量与 δ 之间的关系曲线上出现极大值，这就是说，在低能区电子能量的增加主要提供更多的二次电子激发，高能区主要是增加入射电子的穿透深度。对金属材料，E_{max} 为 100 ~ 800 eV，δ_{max} 为 0.35 ~ 1.6；对绝缘体，E_{max} 为 300 ~ 2 000 eV，δ_{max} 为 1 ~ 10。

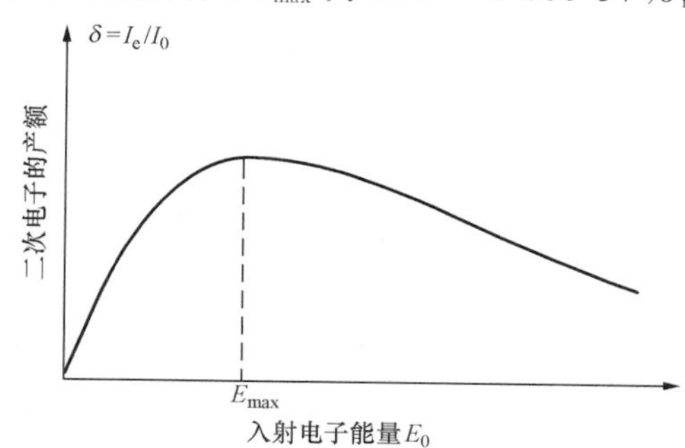

图 4.3　二次电子产额 δ 与入射电子能量 E_0 的关系

2. 二次电子产额与入射电子束角度的关系

设 θ 为入射电子束与试样表面法线之间的夹角，对于光滑试样表面，二次电子的产额 δ 与入射电子束角度 θ 之间满足下式：

$$\delta \propto 1/\cos\theta \tag{4-1}$$

可见，入射电子束与试样表面法线间夹角愈大，二次电子产额愈大。这是因为随 θ 增加，入射电子束在样品表层范围内运动的总轨迹增长，引起价电子电离的机会增多，产生的二次电子数量就增多；其次是随 θ 增大，入射电子束作用体积更靠近表面层，作用体积内产生的大量自由电子离开表层的机会增多，从而二次电子产额增大。

图 4.4 更加直观地体现了样品表面和电子束相对位置与二次电子产额之间的关系。入射束和样品表面法线平行时，即图中 $\theta=0°$，二次电子的产额最少。若样品表面倾斜了 45°，则电子束穿入样品激发二次电子的有效深度增加到$\sqrt{2}$ 倍，入射电子使距表面 5 ~ 10 nm 的作用体积内逸出表面的二次电子数量增多(图中阴影区域)。若入射电子束进入了较深的部位[如图 4.4(b) 中的 A 位置]，虽然也能激发出一定数量的自由电子，但因 A 位置距表面较远(大于 $L=5$ ~ 10 nm)，自由电子只能被样品吸收而无法逸出表面。

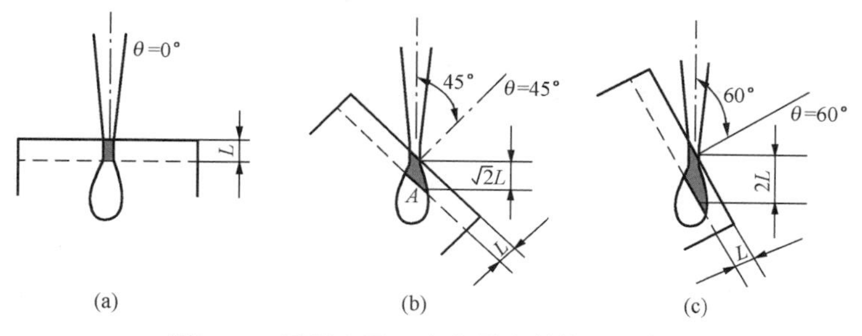

图 4.4　不同 θ 下二次电子发射体积示意图

图 4.5 为根据上述原理画出的造成二次电子形貌衬度的示意图。图中 D 区的倾射角 θ

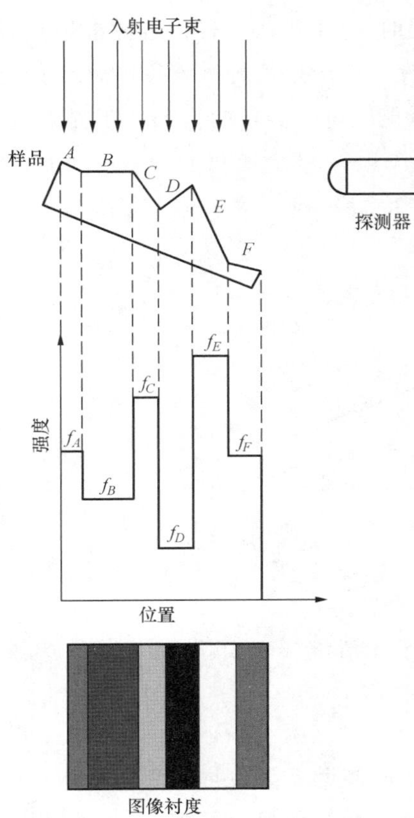

图 4.5　二次电子形貌衬度形成示意图

虽比较大，但其相对于探测器的方位不利，故检测到的二次电子强度 f_D 很小；相反，C 区不仅样品倾角大，而且面向探测器，绝大部分二次电子都能被探测器检测到，故 f_C 很强，因此样品相对于检测器的角度不同便可形成强弱不同的衬度(即阴影衬度)。但是，由于二次电子的能量很低，其轨迹易受探测器和样品之间所加电场的影响，所以即使处于不利方位发射的二次电子也有一部分仍可经过弯曲的路径到达探测器，使处于不利方位的区域的形貌细节也可以比较清晰地显现，故二次电子像显示出较柔和的立体衬度。

3. 二次电子与样品表面积

样品表面积增大区(如突起物边缘等)可使激发的二次电子增多。实际样品的表面形貌是很复杂的，但不外乎也是由具有不同倾斜角的大小刻面、曲面、尖棱、粒子、沟槽等所组成。其形成二次电子像衬度的原理是相同的。图 4.6 为实际样品中二次电子被激发的一些典型例子，从中可以看出，凸出的尖棱、小粒子以及比较陡的斜面处二次电子产额较多，在荧光屏上这些部位的亮度较大；平面上二次电子的产额较小，亮度较低；在深的凹槽底部虽然也能产生较多的二次电子，但这些二次电子不易被检测器收集到，因此槽底的衬度也会显得较暗。

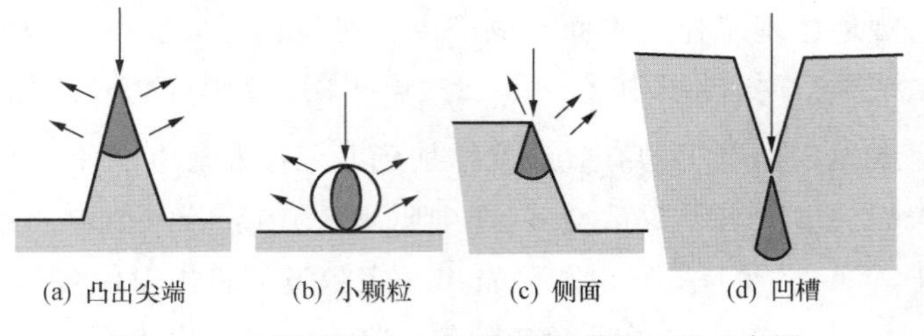

图 4.6　实际样品中二次电子的激发过程示意图

4.3　二次电子形貌衬度的应用举例

1. 表面处理样品形貌的观察

图 4.7 是强流脉冲电子束处理金属样品的分析，该方法的特点是电子束能量比较高，对样品表面的损伤比较大，所以在截面分析[图 4.7(a)]中可以明显看出表面处理后有一个厚度约为 1.7 μm 的影响区，由于影响区内应力比较大，所以已经出现了与基体分离的现象。平面分析[图 4.7(b)]也显示，多次电子束轰击后影响区的应力已经导致样品开裂，表面变

得凹凸不平。观察可知，二次电子像显示表面的立体细节很清晰。

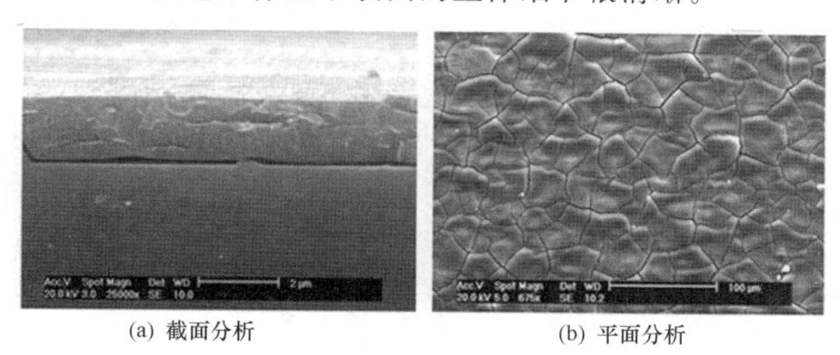

(a) 截面分析　　(b) 平面分析

图 4.7　强流脉冲电子束处理金属样品的二次电子形貌

2. 断口形貌的观察

由二次电子形貌衬度原理可以看出，二次电子形貌衬度比较真实地反映了样品表面凹凸不平的形貌特征，加之它的立体感强，分辨率高，所以二次电子形貌像特别适用于粗糙表面的观察与研究，是断口分析最为有效的手段，也可用作抛光腐蚀后的高倍金相及烧结样品的自然表面分析，并可用于断裂过程的动态原位观察。

韧窝是典型的韧性断裂的断口形貌特征。韧性断裂是一种伴随着大量塑性变形的断裂方式。试样在拉伸或剪切变形时，由于第二相粒子和基体变形的不协调性，导致在其界面处发生位错塞积，产生应力集中，进而形成显微孔洞，随着应力应变的增加，微孔不断长大并连接，直至试样最后断裂，在断口上形成许多微孔坑，即称为韧窝。图 4.8 为典型的韧窝断口二次电子照片。因为韧窝的边缘类似尖棱，故亮度较大，韧窝底部比较平坦，图像亮度较低。有些韧窝的中心部位有第二相小颗粒，由于小颗粒的尺寸很小，入射电子束能在其表面激发出较多的二次电子，所以这种颗粒往往是比较亮的(漫射衬度)。

沿晶断裂是材料沿晶粒界面开裂的一种脆性断裂方式，宏观上无明显的塑变特征。高温回火脆性、应力腐蚀、蠕变、焊接热裂纹等都常常导致晶界弱化，引发沿晶断裂。沿晶断裂的起因不同，其断口的微观形貌也不尽相同，多呈现类似冰糖块状的晶粒多面体形态并常常伴有沿晶的二次裂纹，也有的在晶粒界面上可看到一些小的浅韧窝，表明断裂过程中微观上有少量的塑性变形。图 4.9 是变形镁合金的沿晶断口形貌，因为靠近二次电子检测器的断裂面亮度大，背面则暗，故断口呈冰糖块状或石块状。

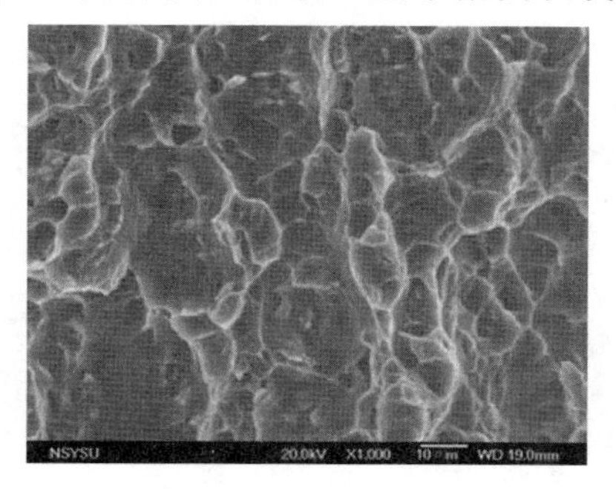

图 4.8　高塑性变形镁合金的拉伸断口

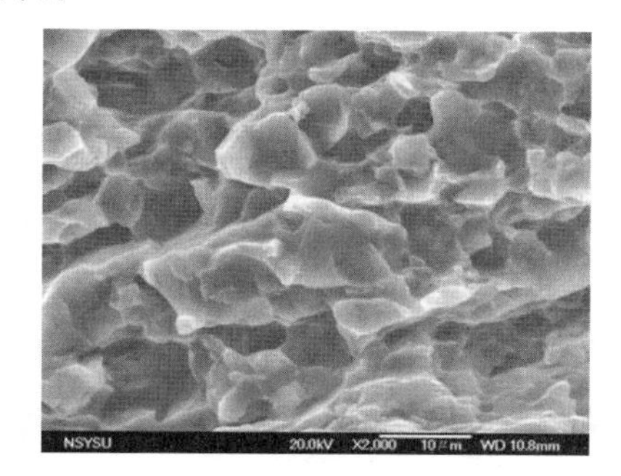

图 4.9　变形镁合金的沿晶断口

3. 氧化样品表面形貌的观察

用于热障涂层的黏结层(NiCrAlY)900 ℃/100 h 氧化实验后的表面分析，显示了两种氧化形貌:球形氧化[图 4.10(a)] 和较平坦的氧化[图 4.10(b)] 形貌。

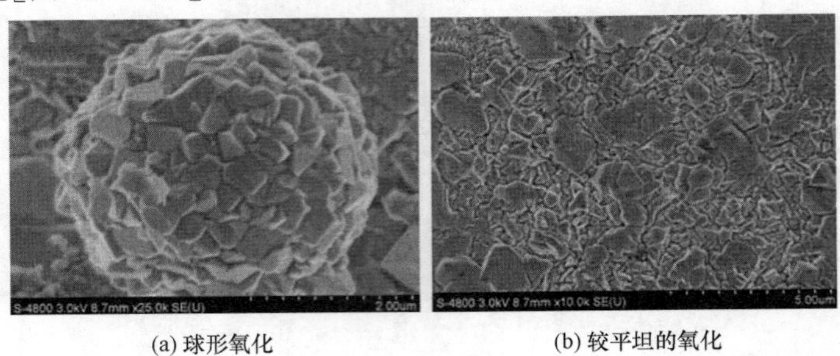

(a) 球形氧化　　(b) 较平坦的氧化

图 4.10　热障涂层的黏结层(NiCrAlY)900 ℃/100 h 氧化实验后的表面形貌

第5章

原子序数衬度原理及其应用

5.1 背散射电子检测器

背散射电子产额随入射电子能量增加变化不明显,这是因为随入射电子能量增加,电子穿透深度增加,但其平均自由程较长,单位长度上的散射概率小。由于背散射电子产自较近表层的区域,当入射电子束与样品表面法线间夹角增大时,背散射电子产额增加。但背散射电子随倾角 θ 的变化远没有二次电子明显[42]。

根据背散射电子发射的机制和特点,背散射电子可形成多种衬度的像,如成分衬度、形貌衬度、磁衬度、电子背散射衍射衬度、通道花样等。背散射电子的信号既可用来进行形貌分析,也可用于成分分析。在进行晶体结构分析时,背散射电子信号的强弱是造成通道花样衬度的原因。下面主要讨论引起形貌衬度和原子序数衬度的原理。

目前,背散射电子检测器多采用半导体探测器或罗宾逊探头,该类型探测器应用原理是电子空穴对的产生。背散射电子探测器是可伸缩型的,检测时位于最终镜头下面,非常靠近样品,不使用时离开光路。

用背散射电子进行成分分析时,为了避免形貌衬度对原子序数衬度的干扰,被分析的样品只进行抛光,不必腐蚀。对有些既要进行形貌分析又要进行成分分析的样品,采用一对检测器收集样品同一部位的背散射电子(图 5.1),然后把两个检测器收集到的信号输入计算机处理,通过处理可以分别得到放大的形貌信号和成分信号。

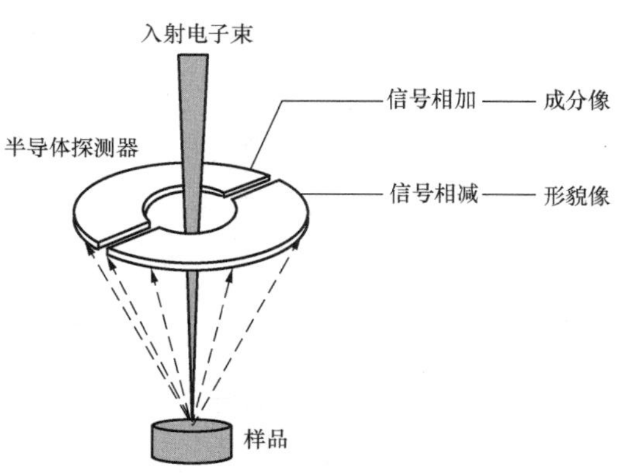

图 5.1 背散射电子的用途

图 5.2 示意地说明了这种背散射电子检测器的工作原理。图中 A、B 表示一对半导体硅检测器,将其放在相互对称的位置上。这样,由原子序数不同所产生的衬度在 A、B 两检测器上是相同的,也就是说,在原子序数高的区域,A、B 两检测器都能检测到强的背反射电子信号;在原子序数低的区域,A、B 两检测器收集到的背散射电子信号都弱。当样品因凹凸不平使得 A 检测器接收到较强的背散射电子信号时,则因此区背离 B 检测器,使得进入 B 检

测器的背散射电子信号就少，即由样品表面形貌产生的衬度效果在 A、B 两检测器上是相反的。若用 I_F 表示原子序数对应的信号强度，用 I_Z 表示表面形貌对应的信号强度，则 A 检测器收集到的混合信号强度为

$$I_A = I_F + I_Z \tag{5-1}$$

B 检测器收集到的混合信号强度为

$$I_B = I_F - I_Z \tag{5-2}$$

若取 A、B 两检测器信号之和，则会得到只是由原子序数所产生的衬度，即

$$I_{A+B} = I_A + I_B = 2I_F \tag{5-3}$$

若取 A、B 两检测器信号之差，则会得到只是由表面形貌所产生的衬度，即

$$I_{A-B} = I_A - I_B = 2I_Z \tag{5-4}$$

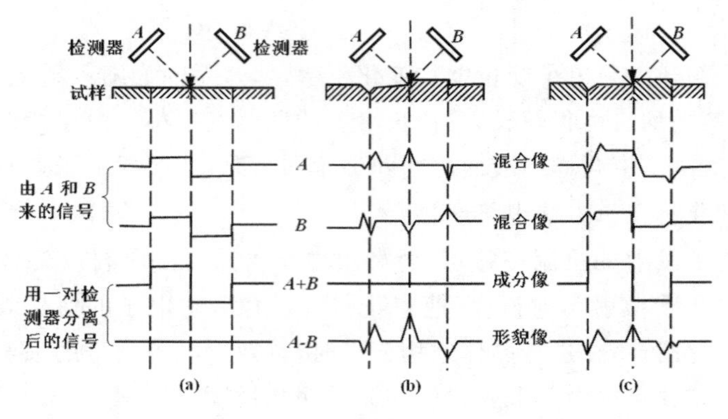

图 5.2　半导体硅对检测器信号处理示意图

图 5.2(a) 所示样品表面光滑，只有成分差别，因而 A、B 检测器都显示相同的成分衬度，两检测器信号相加，使衬度反差加倍。图 5.2(b) 所示样品表面凹凸不平，但成分均匀，因而 A、B 两检测器分别显示与形貌有关的相反衬度。将两检测器信号相减，得到衬度更明显的形貌像。图 5.2(c) 所示样品表面粗糙，成分也不均匀，因而在 A、B 检测器上分别显示与成分和形貌都有关的混合像。但将两检测器信号相加，只得到成分像；将两检测器信号相减，只得到形貌像。

5.2　背散射电子像衬度原理

1. 背散射电子形貌衬度特点

用背散射电子信号进行形貌分析时，其分辨率远比二次电子低，因为背散射电子是在一个较大的作用体积内被入射电子激发出来的，成像单元变大是分辨率降低的原因。此外，背散射电子的能量很高，它们以直线轨迹逸出样品表面，对于背向检测器的样品表面，因检测器无法收集到背散射电子而变成一片阴影，因此在图像上显示出很强的衬度。衬度太大会失去细节的层次，不利于分析。用二次电子信号做形貌分析时，可以在检测器收集栅上加一定的正电压(一般为 250 ～ 500 V)，来吸引能量较低的二次电子，使它们以弧形路线进入闪

烁体，这样在样品表面某些背向检测器或凹坑等部位上逸出的二次电子也能对成像有所贡献，图像层次（景深）增加，细节清楚。图 5.3 为背散射电子和二次电子行进路线以及它们进入检测器时的情景。

虽然背散射电子也能进行形貌分析，但无论是分辨率还是立体感以及反映形貌的真实程度，背散射形貌像远不及二次电子像。因此，在做无特殊要求的形貌分析时，都不用背散射电子信号成像。

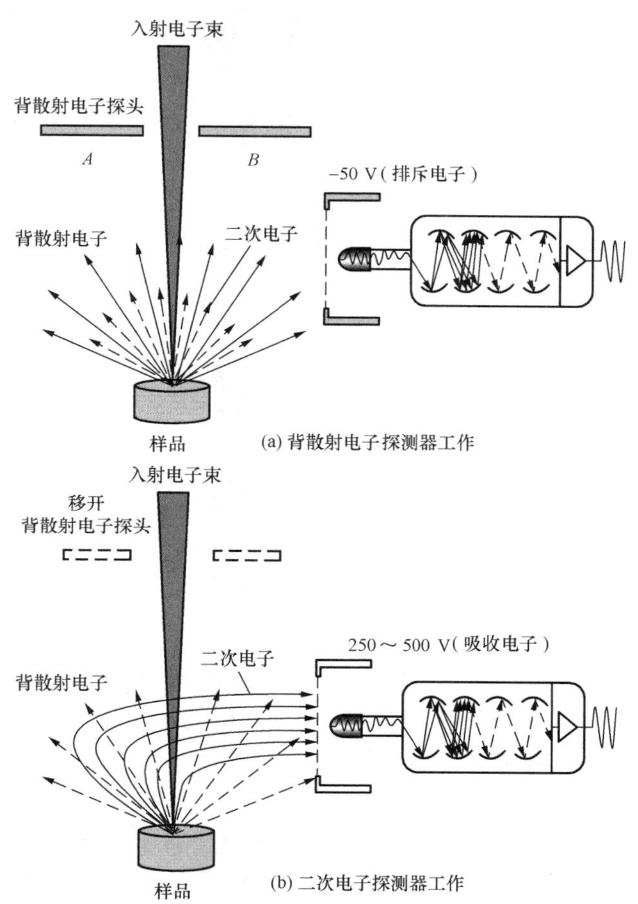

图 5.3　背散射电子和二次电子行进路线与检测器的关系

2. 背散射电子原子序数衬度原理

图 5.4 示出了原子序数对背散射电子产额的影响，在原子序数 $Z<40$ 的范围内，背散射电子的产额对原子序数十分敏感。在进行分析时，样品上原子序数较高的区域中由于收集到的背散射电子数量较多，故荧光屏上的图像较亮。因此，利用原子序数造成的衬度变化可以对各种金属和合金进行定性的成分分析。样品中重元素区域相对于图像上是亮区，而轻元素区域则为暗区。当然，在进行精度稍高的分析时，必须事先对亮区进行标定，才能获得满意的结果。例如，图 5.5 为 Cu-Zn 合金的二次电子像和背散射电子像，图 5.5(b) 中浅色区域为富 Zn 相，比较可看出背散射电子像能够显示成分偏析的信息，而二次电子像只能看到样品上的裂纹。

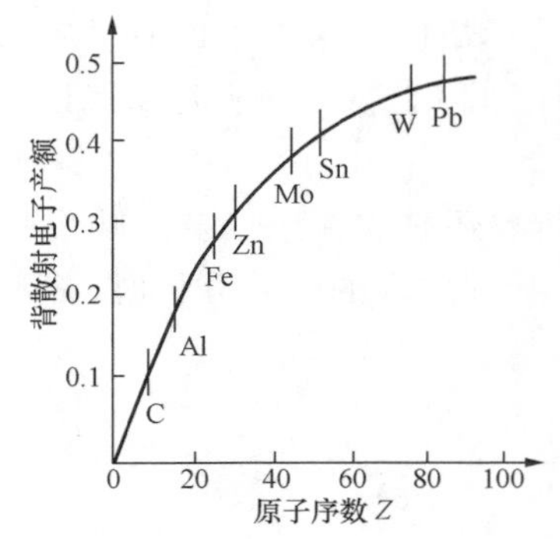

图 5.4　原子序数和背散射电子产额之间的关系曲线

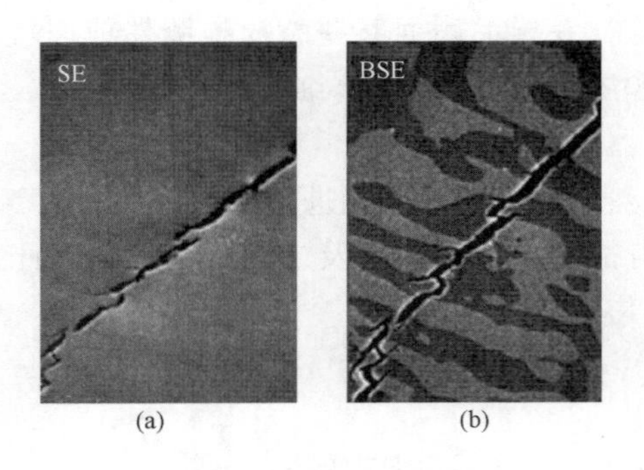

图 5.5　Cu-Zn 合金的二次电子像(a)和背散射电子像(b)[41]

5.3　背散射电子像衬度的应用举例

背散射电子像应用最广泛的是其成分衬度像，与二次电子形貌像(或背散射电子形貌像)相配合。根据背散射电子的原子序数衬度，可以很方便地研究元素在样品中的分布状态。根据原始资料与形貌特点，定性分析样品中的物相。图 5.6 是 $Fe_4Si_{7.8}C_{0.2}$ 铸态合金的背散射电子像，根据成分衬度很容易判断组织中的成分差别，进一步结合电子探针成分分析(原理见第 4 篇第 7 章)可知，该样品出现了明显的相分离现象，点分析结果则显示灰色团状相成分为 $Fe_{49.1}Si_{48.7}C_{2.2}$，为 ε 相，基底成分为 $Fe_{32.3}Si_{66.0}C_{1.7}$，为 β 相，但因为 ε 相生成，其 Fe 含量相对少一些。而黑色块状相的成分为 $Fe_{0.4}Si_{55.5}C_{44.1}$，Si 和 C 化学计量比接近 1∶1，这说明大多数 C 是以 SiC 的形式存在的。

图 5.7 为 $(Cu\text{-}Cu_{12})\text{-}[Ni_{12/18}Cr_{6/18}]_5$ 合金的背散射电子像，能够看到明显成分偏析，出现大量微米量级的析出物，有尺寸较小的深色析出相和尺寸较大的团状镂空浅色析出相。图中给出了析出物区域的电子探针能谱点分析结果，可知深色析出物 Cr 含量较高($Cu_{25}Ni_4Cr_{71}$)，浅色析出物 Ni 含量相对较高($Cu_{22}Ni_{48}Cr_{30}$)。而基体部分($Cu_{84}Ni_{14}Cr_2$)由于上述两相的析出使得成分偏离设计值，呈现较高的 Cu 含量。从能谱结果看，如果考虑基体对于能谱测量的影响，深色析出物倾向于以 Cr 的单质形式析出，而浅色析出物由于 Ni 和 Cr 的含量基本相当，所以更接近以化合物形式析出。

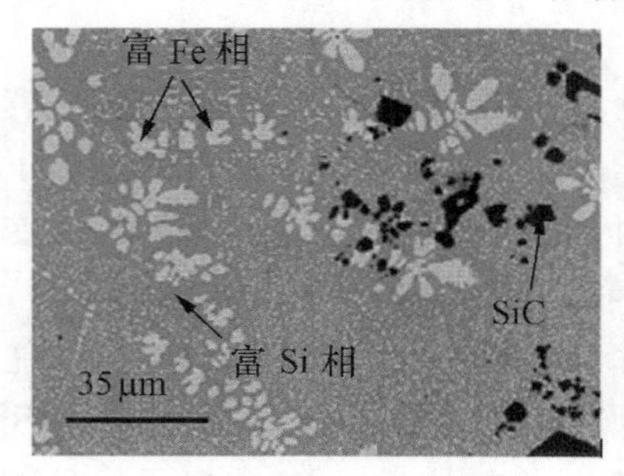

图 5.6　$Fe_4Si_{7.8}C_{0.2}$ 铸态合金的背散射电子像

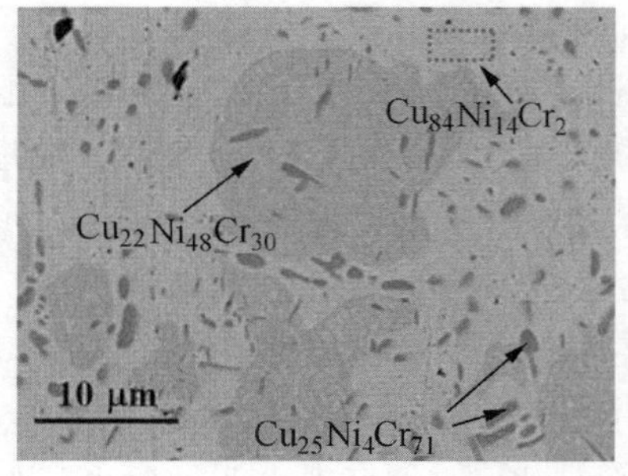

图 5.7　$(Cu\text{-}Cu_{12})\text{-}[Ni_{12/18}Cr_{6/18}]_5$ 合金的背散射电子像

5.4　吸收电子衬度原理及应用

吸收电子的产额与背散射电子相反，样品的原子序数越小，背散射电子越少，吸收电子越多；反之，样品的原子序数越大，则背散射电子越多，吸收电子越少。因为二次电子的产额与样品原子序数无关，所以吸收电子像的衬度与背散射电子像的衬度互补。因此背散射电子图像上的亮区在相应的吸收电子图像上必定是暗区。图5.8为背散射电子像和吸收电子像的衬度示意图，二者正好互补。吸收电子既然能产生原子序数衬度，就可用来进行定性的微区成分分析，但是因为它的成像质量较背散射电子像还要差很多，所以应用得很少。

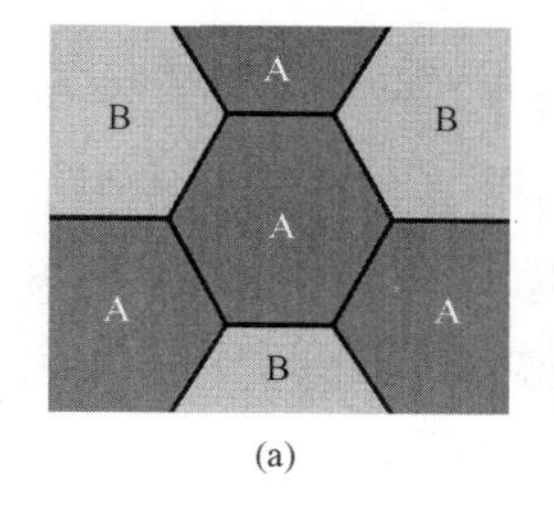

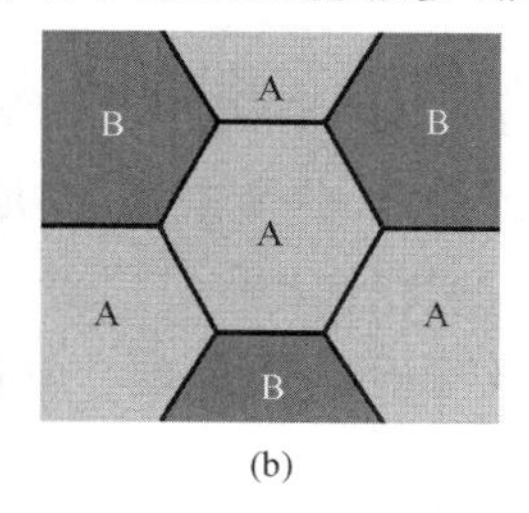

图5.8　背散射电子像(a)和吸收电子像(b)的衬度示意图

第6章

电子背散射衍射

材料的力学、磁学等方面的性能与晶体结构及晶粒取向关系密切，而材料晶体结构及晶粒取向的传统研究方法主要有两个方面：一是利用X射线衍射或中子衍射，测定宏观材料中的晶体结构及宏观取向的统计分析；二是利用透射电子显微镜中的电子衍射及高分辨成像技术，对微区晶体结构及取向进行研究。前者虽然可以获得材料晶体结构及取向的宏观统计信息，但不能将晶体结构及取向信息与微观组织形貌相对应，也无从知道多相材料和多晶材料中不同相及不同晶粒取向在宏观材料中的分布状况。而后者由于受到样品制备及方法本身的限制，往往只能获得材料非常局部的晶体结构及晶体取向信息，无法与材料制备加工工艺及性能直接联系。

电子背散射衍射(Electron backscattered diffraction，EBSD)是基于扫描电子显微镜的新技术，可以进行样品的显微组织结构观察，同时获得晶体学数据，并进行相应的数据分析。此技术兼备了X射线衍射统计分析和透射电子显微镜电子衍射微区分析的特点，是X射线衍射和电子衍射晶体结构和晶体取向分析的补充。电子背散射衍射技术已成为研究材料形变、回复和再结晶过程的有效分析手段[43]。

电子背散射衍射也称取向成像显微技术(Orientation imaging microscopy，OIM)，其主要特点是在保留扫描电子显微镜的常规特点的同时，进行空间分辨率亚微米级的衍射(给出结晶学的数据)。它改变了以往结构分析的方法，并形成了全新的科学领域，称为“显微织构”，将显微组织和晶体学分析相结合。与“显微织构”密切联系的是应用EBSD进行相分析，获得界面(晶界)参数和检测塑性应变。目前，EBSD技术已经能够实现全自动采集微区取向信息，样品制备较简单，数据采集速度快(能达到约36万点/小时，甚至更快)，分辨率高，为快速高效地定量统计研究材料的微观组织结构和织构奠定了基础，因此已成为材料研究中一种有效的分析手段。EBSD技术也可以集成在透射电子显微镜系统中，可以实现更加微区的织构检测，但是由于系统复杂，没有集成在扫描电子显微镜上常用。

6.1 EBSD的结构及基本原理

6.1.1 EBSD系统的组成

EBSD分析系统的基本布局如图6.1所示。放入扫描电子显微镜样品室内的样品经过大角度倾转后(一般倾转65°~70°,通过减小背散射电子射出表面的路径,以获取足够强的背散射衍射信号,减小吸收信号),入射电子束与样品表面区作用,产生菊池带(它与透射电子显微镜下透射方式形成的菊池带有一些差异)。由衍射圆锥组成的三维花样投影到低光度磷屏幕上,在二维屏幕上被截出相互交叉的菊池带花样,花样被后面的CCD相机接收,经图像处理器处理(如信号放大、加和平均、背底扣除等),由抓取图像卡采集到计算机中。计算机通过霍夫变换,自动确定菊池带的位置、宽度、强度、带间夹角,与对应的晶体学库中理论值比较,标出对应的晶面指数与晶带轴,并算出所测晶粒晶体坐标系相对于样品坐标系的取向。

图6.2为安装了EBSD系统的扫描电子显微镜实物照片。场发射扫描电子显微镜上配置的EBSD系统有更高的分辨率(可达2.5 nm)和更强的电子束流,从而可进行纳米尺度组织的衍射分析。

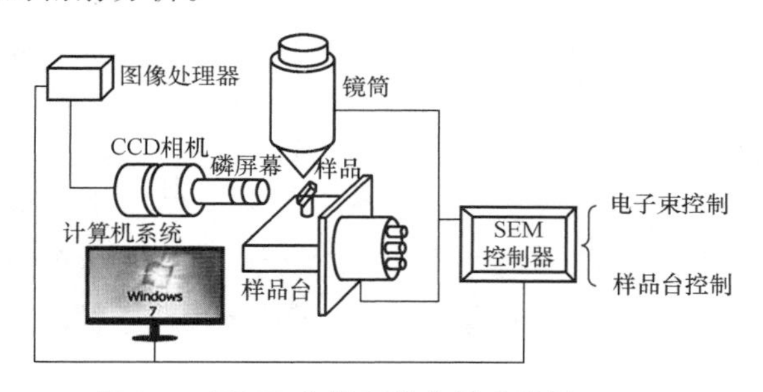

图6.1 EBSD分析系统布局示意图

图6.2 安装在SEM上的EBSD系统

6.1.2 EBSD系统硬件

EBSD系统硬件由EBSD探头、图像处理器和计算机系统组成。最重要的硬件是探头部分,包括探头外表面的磷屏幕及屏幕后的CCD(Charge couple device)相机,如图6.3所示。目前的探头都用CCD相机,以前也有使用硅增强靶(Silicon intensified target,SIT)的探头(EDAX-TSL公司),这种探头非常灵敏,但不能受自然光照射,因此在更换样品、打开样品室时需关闭相机,否则相机受损。CCD相机的优点是:稳定,不随工作条件变化,菊池花样不畸变,不怕可见光,寿命长。

带相机的探头从扫描电子显微镜样品室的侧面(或后面)与电子显微镜相连。探头可以手动方式或机械方式插入(使用)或抽出,既可由外置的控制装置控制,也可由EBSD数据采集软件控制。探头表面的磷屏很娇脆,不能与任何硬质物质碰撞。图6.4显示了扫描电子显微镜样品仓内的 EBSD 探头位置。

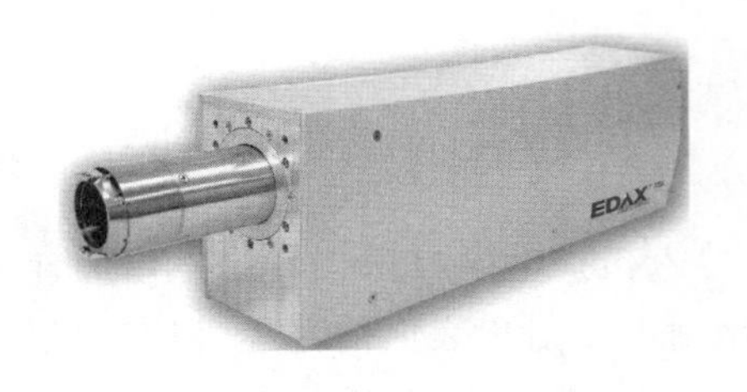

图 6.3　Hikari CCD 相机＋前置散射探测器 FSD

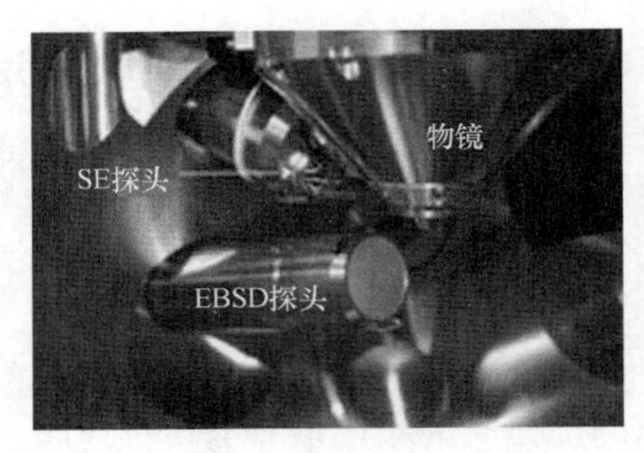

图 6.4　扫描电子显微镜样品仓内的 EBSD 探头位置

6.1.3　菊池带

不论是在透射电子显微镜下还是在扫描电子显微镜下，获取结构、取向信息的基本过程都是通过电子衍射，得到与不同晶面直接对应的菊池带衍射花样（或者衍射斑花样）。确定样品表面在某一晶粒内的晶体取向包括两个步骤：一是确定菊池带或区轴（也称晶带轴或菊池极）的晶体学指数；二是确定这些带或极轴相对于样品坐标系的相对取向。

在透射电子显微镜中菊池带的产生已经在第 3 篇阐明，不再赘述。而在扫描电子显微镜中，电子束与大角倾斜的样品表层区作用，衍射发生在一次背散射电子与点阵面的相互作用中。将样品表面倾斜 60°～70°，背散射电子传出的路径变短，更多的衍射电子可以从表面逃逸出来且被磷屏接收。图 6.5 为电子背散射衍射花样产生示意图。图 6.6 为单个晶面电子背散射衍射原理示意图。与透射电子显微镜下形成的菊池带相比，主要有两个差异：一是 EBSD 图捕获的角度范围比透射电子显微镜下大得多，可超过 70°（透射电子显微镜下约 20°），这是实验设计所致，它便于标定或鉴别对称要素；二是 EBSD 中的菊池带没有透射电子显微镜下的清晰，这是电子传输函数不同所致。带的亮度高，带的边线强度低。透射电子显微镜下从菊池带测量的数据精度更高。

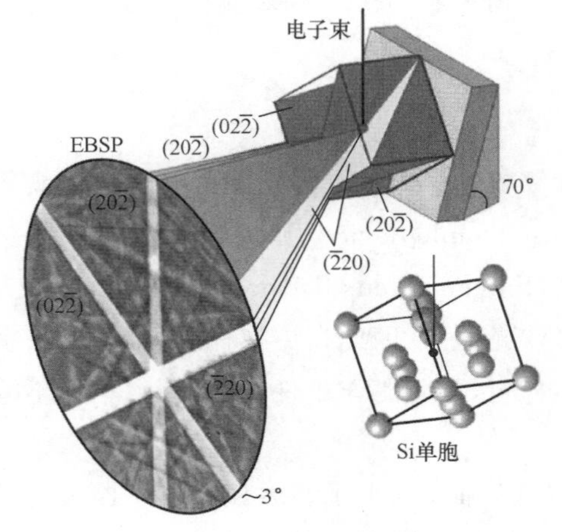

图 6.5　电子背散射衍射花样产生示意图[44]

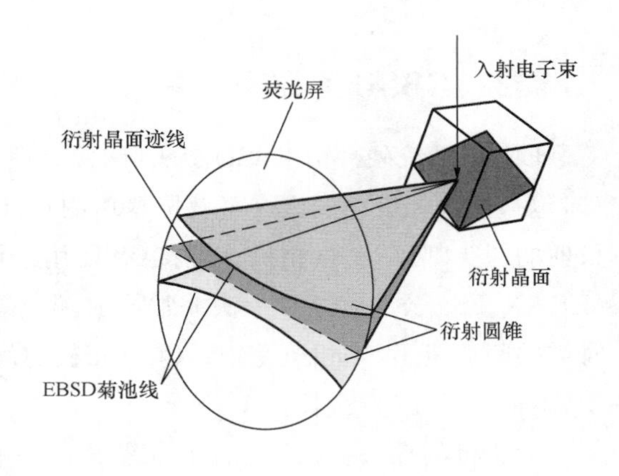

图 6.6　单个晶面电子背散射衍射原理示意图[44]

菊池花样还有其他方面的信息，如点阵的应变情况。若点阵弯曲，菊池带会变模糊。再结晶晶粒比形变晶粒的菊池带清晰很多，这也是软件自动鉴别再结晶区域和形变区域的依据。分析中自动寻找晶界的准则是菊池花样的突然变化（也称晶带轴或菊池极）。

6.1.4　取向标定原理

对于一幅透射电子显微镜菊池花样，已知垂直于该平面的方向是样品表面的法向（样品为倾转时），水平方向是轧向（若不是，只需要做相应旋转变换）。三个不平行的菊池带一定有三个交点，它们是三个晶带轴，晶带轴指数可用菊池带对应的晶面指数叉乘得出。根据测出的三个晶带轴和菊池带间的夹角，对照该晶系标准晶轴 / 面间的夹角关系，就可确定三个晶轴（或三条菊池带）的指数。按布拉格衍射方程，已知电子衍射时，波长很短，这时菊池带水平面上的夹角关系基本与空间真实夹角值相等，利用此特性确定菊池带面指数。也可按菊池带的宽度 P 和已知的有效相机长度 L（可看成是透射电子显微镜下样品到投影屏之间的距离或扫描电子显微镜下倾转样品分析点到 EBSD 探头的垂直距离 DD）关系，$P_{hkl}=2L\theta_{hkl}$ 及 $P_{hkl}d_{hkl}=\lambda L$ 计算出对应的晶面指数（θ_{hkl} 为衍射角，d_{hkl} 为晶面间距，λ 为电子束波长）。还可通过与标准菊池球对比，定出整个菊池带的晶面指数。用两个已知晶带轴可求出相机常数及角放大关系。例如，已标定花样中的两个晶带轴，量出其间的长度 Y，又已知其间的夹角 θ，则角放大关系为 θ/Y。EBSD 系统的矫正就是根据这个原理。

扫描电子显微镜下晶粒取向的标定要比透射电子显微镜下晶粒取向的标定麻烦，其原因是样品被倾转，样品表面与投影屏不再平行，如图 6.7 所示，这就需要坐标变换。所涉及的三个坐标分别是：

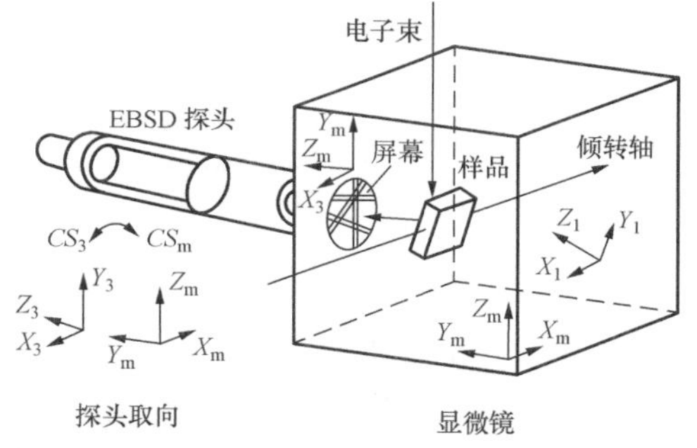

图 6.7　EBSD 取向测定时涉及的三个坐标系（电子显微镜坐标系 CS_m；倾转样品坐标系 CS_1；探头或投影屏坐标系 CS_3）

（1）扫描电子显微镜样品台的坐标系 CS_m（或电子束坐标，它是三维的，一般与操作者观察的二维屏幕对应）。

（2）倾转 70° 后的样品坐标系 CS_1（也是三维的）。

（3）EBSD 探头磷屏坐标系 CS_3。

探头屏幕与样品表面分析点有个屏幕间距，也称探头距离 DD。屏幕上有一菊池花样中心坐标 PC（pattern center；X_0，Y_0），它不是屏幕本身的中心，是倾斜样品表面菊池花样激发点（也是分析点）到屏幕上的最近点，其特征是 EBSD 探头伸向或离开（倾转的）样品方向时，该点的位置不变，而其他屏幕上的点都呈放射状的逐渐放大或缩小。

因各扫描电子显微镜厂家生产的电子显微镜留给 EBSD 探头的几何位置不同，就有不同的坐标变换关系。例如，日本电子（JEOL）电子显微镜的 EBSD 窗口有的在样品室的后面（如场发射枪的扫描电子显微镜），也可能在正面中心偏右。探头屏幕可与 70° 倾转样品表面平行，但多数是与电子束平行（此时与 70° 倾转样品表面成 20°）。

利用两条菊池带标定取向的坐标变换原理见文献[45]。

6.1.5 菊池带的自动识别原理

目前，菊池衍射花样采用计算机自动标定。自动标定的主要问题是如何有效定出相对衬度较弱的菊池带。霍夫(Hough) 1964 年发明了自动寻找菊池带的专利[46]，霍夫变换可有效地确定更弱的菊池带，且自动识别过程时间短，与菊池带的质量无关。这些过程本质上属于图像识别技术。

霍夫变换将原始衍射花样上的一个点(X_i, Y_i)，按$\rho(\varphi)=X_i\cos\varphi+Y_i\sin\varphi$的原则转变成霍夫空间的一条正弦曲线(图 6.8)，而原始图中同一条直线上的不同点在霍夫空间相交于同一点，即原始图一条直线对应霍夫空间的一点。这样，由强度较高的菊池带经霍夫变换使强度大幅度提高。计算机便可有效定出菊池带的位置、强度和宽度。一条菊池带经霍夫变换后为一对最亮和最暗的点，两点间距为菊池带的宽度 p。计算机按前 5 条最强菊池带的位置、夹角，定出晶面指数和晶带轴指数，并算出取向。当然，实际过程并非如此简单，在霍夫变换时，为加快运算过程，采用了将 5 × 5 Pixel(像素) 等于 1 点的简化方式。

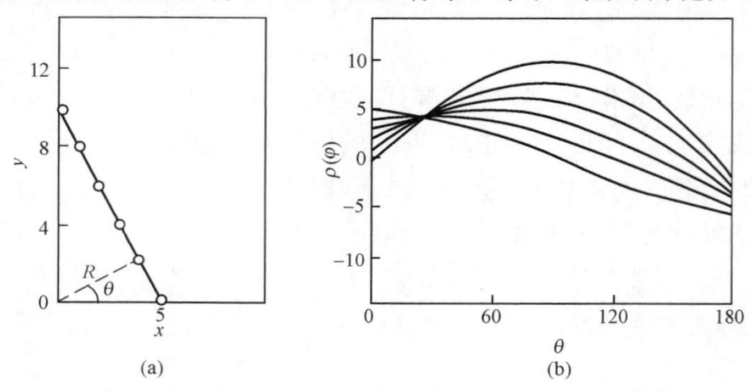

图 6.8 原始坐标系(a) 与霍夫空间(b) 的关系[43]

图 6.9 为 EDAX-TSL 数据获取软件自动标定时产生的霍夫变换图像。图 6.9(a) 中每个“蝴蝶结”似的点对应图 6.9(b) 菊池花样中的一个带。在 *HKL* 的 Flamenco 取向获取软件中也可实时地观察到每个菊池花样对应的霍夫空间图及反算模拟出的菊池带。这里只完成了菊池带的自动识别，计算机还要根据前面介绍的与外界几何关系，算出该菊池花样对应的取向并模拟出对应的菊池带以及算出角偏差，当然这个过程只需不到 0.01 s。

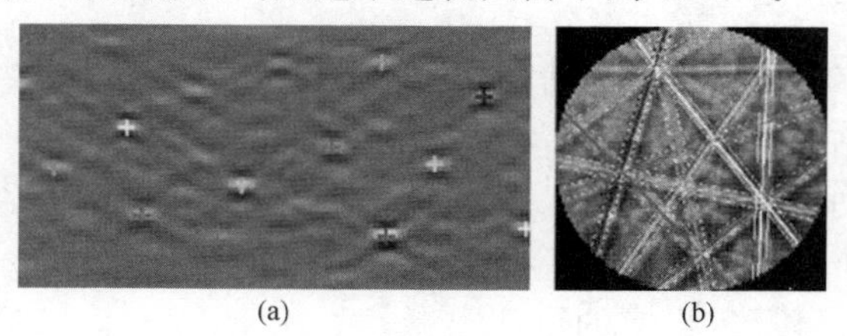

图 6.9 EDAX-TSL 数据获取软件自动标定时产生的霍夫变换图像

6.2 EBSD 的分辨率

EBSD 的空间分辨率远低于扫描电子显微镜的图像分辨率(一般为 3 nm)，为 200 ～

500 nm。角分辨精度为1°。因为样品是倾斜的,电子在样品表面下的作用不对称,因此造成电子束在水平方向与垂直方向的分辨率有差异,垂直分辨率低于水平分辨率。一般用两个值的乘积或平均值表示EBSD的分辨率。影响分辨率的因素如下:

(1) 样品原子序数

因背散射电子信号数目随原子序数的增加而增加,高原子序数样品的电子穿透区小,背散射信号强,可减小样品倾转角度,提高分辨率。因此,高原子序数样品衍射细节更多,花样清晰度更高。

(2) 样品的几何位置

一般屏幕距离不变,倾转角降低,分辨率提高,但衍射信号降低。样品倾转45°以上就可观察到EBSD花样,但电子穿透深度随倾转角的增大而减小,超过80°,EBSD花样会畸形,样品表面平行及垂直于倾转轴的作用区差异加大。70°倾转角比较理想,此时电子在样品中作用的体积各向异性(指垂直与平行于样品倾转轴条件下)比是3∶1。

对一般的图像分析,工作距离短,分辨率高,聚焦畸变小,但样品易碰撞到电子枪的极靴,也过度偏离了EBSD探头屏幕中心。综合考虑,工作距离在15～25 mm比较合适,这时可使菊池花样中心与磷屏幕中心靠得较近。

(3) 加速电压

加速电压与电子束在样品上的作用区域大小是线性关系,若要求高的分辨率,可用低的加速电压。高的加速电压可提高磷屏幕的发光效率而有更亮的衍射花样,从而不受周围电磁场的干扰,也减小了受表面氧化或污染的影响;但是分辨率下降,图像漂移加剧,加速表面污染。加速电压的提高使菊池带的宽度变细,但面间距及区轴间角度不变。

(4) 束流

束流的影响不如加速电压显著,电子束越细,其在样品中的作用区越小,分辨率越高,但衍射花样的清晰度也降低,标定困难,所以一般采用一个折中值。

(5)EBSD的准确度

它是通过测单晶中相邻两点的取向差(实际是不存在)而得出的,与系统标定的好坏和花样质量有关,也与相机位置不同造成的花样放大程度有关。衍射花样的清晰度提高标定菊池带的准确度,但却降低精度。高度放大的花样提高精度,可以通过抽出EBSD探头来实现。另外用慢扫描、长的图像处理时间,可提高花样清晰度。

6.3　取向显微术及取向成像

取向显微术指对样品中选定区域逐点进行自动取向测定及存储,这使得取向与位置坐标直接关联,所得到的直观图形称取向成像图。它可用于显示下列几方面的信息:

(1) 不同织构组分的空间分布。

(2) 取向差及界面分布。

(3) 晶粒内取向的起伏变化。

(4) 晶粒尺寸及晶粒形状分布。

(5) 形变程度图(以花样质量值表示)。

取向成像的优势在于:

(1) 抽象的取向数据视觉化,这是别的方法所不具有的。可显示及表达的形式有取向、晶界参数、应变或其组合。

(2) 完全定量化的组织、取向数据,如沿晶内某一路线取向及取向差的变化。

(3) 一组取向数据相当于用几种不同方法获取的数据,如组织、取向、晶界类型。

(4) 以取向变化确定的晶粒尺寸是真正的晶粒尺寸,特别适合组织不易浸蚀的样品。

取向成像的缺点是占用过长的扫描电子显微镜测量时间。有时仅要了解织构变化时,可选高步幅测量,尽管得到的取向成像图并不漂亮。

6.4 EBSD 样品的制备

相对透射电子显微镜分析用薄膜样品而言,EBSD 的样品制备较简单,但是与普通扫描电子显微镜观察样品相比较,EBSD 的样品要求要严格许多。对 EBSD 样品最基本的要求是:样品表面要"新鲜"、无应力(弹、塑性应力)、清洁、平整,具有良好的导电性;需要绝对数据时,样品外观坐标系要准确。

EBSD 数据仅来自样品表面 10 ~ 50 nm 厚的区域,沿平面方向远大于这个值,样品表面要避免机械损伤、表面污染或氧化层的干扰。不导电时要喷金、喷碳或使用导电胶带。因此,EBSD 分析用样品需要进行高标准的抛光处理,常规的抛光方法有机械抛光、化学抛光、电解抛光等。对硬度较高的样品,或原子序数较大的样品,直接进行机械抛光及化学浸蚀即可,如钢、金属间化合物。化学浸蚀可在一定程度上改善样品表面的质量,减少形变层。目前,EBSD 分析较多使用的是电解抛光法,如钢、铝、镁等。该方法需要合适的电解液配方和电解抛光参数相匹配。对于脆性样品,如矿物、陶瓷、半导体可机械抛光;对于表面污染或氧化的样品,应及时超声清洗或离子轰击。

EBSD 取向成像时可不对样品进行浸蚀,而直接用电解抛光的样品。但要对某类特殊的组织进行 EBSD 分析时,可能要浸蚀。这时要注意,浸蚀不要太重,因样品倾转 70° 后表面高低不平会显著影响获取菊池带的效果。

6.5 EBSD 的应用

6.5.1 物相鉴定及相含量测定

EBSD 技术长时间以来可利用菊池花样的差别鉴别样品中的不同相,例如双相钢中的铁素体和残余奥氏体。然而,从 1999 年开始 EBSD 联合成分分析技术鉴定未知相,如能谱或波谱。用这种方法进行物相鉴定的过程是:首先确定化学成分,在相数据库里搜索可能的相,然后索引最匹配该相的电子背散射花样(EBSP)。这是一种鉴定/鉴别具有相似的化学成分(如硅碳化物)或含有许多轻元素(如碳、硼或氮)难以进行成分定量分析的相的理想方法。

最新的综合 EBSD-EDS 系统能够同时获得化学和晶体学数据,允许更完整地表示多相样品的特性。图 6.10 为金属 Co 中面心立方 β 相和密排六方 α 相的鉴定过程,这是用元素的成分分析方法无法区分的,在相鉴定和取向成像图绘制的基础上,EBSD 的软件还可以自动计算选择区域内的相含量。利用 EBSD 花样提供的晶体结构信息,将不同的物相赋予不同的颜色,从而显示相的分布。图 6.11 为 TiB_2/TiN 复合材料相分布图像。

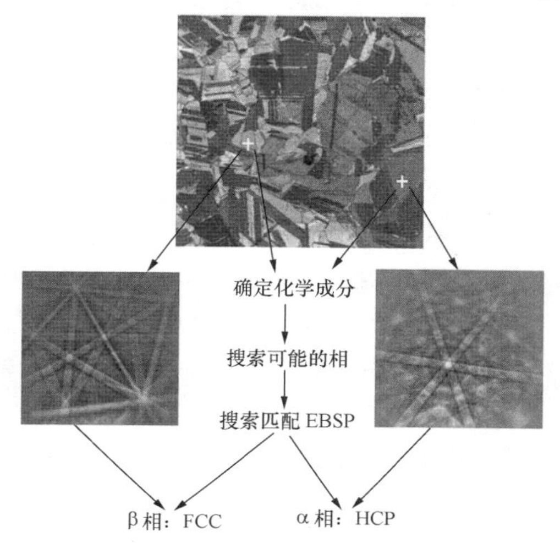

图 6.10　金属 Co 中不同相的鉴定过程(转变温度 422 ℃)[44]

图 6.11　TiB_2/TiN 复合材料相分布图像[44]

6.5.2　晶体取向信息

EBSD 最大的优势在于微观组织形貌与取向可同时获得,它不仅能测量宏观样品中各晶体取向所占的比例,还能知道各种取向在样品中的显微分布,这是不同于 X 射线宏观结构分析的重要特点。EBSD 所能完成的晶体取向测定如下:

(1) 单晶定向

标定晶体样品的菊池衍射花样可获得样品的取向信息。

(2) 相邻两个晶粒取向差测定

EBSD 测量的是样品中每一点的取向,那么不同点或不同区域的取向差异也就可以获得。

沉积在硅片上的陶瓷薄膜 PZT 中会出现孪晶及对应的晶粒异常生长现象,图 6.12 为 PZT 薄膜中的大晶粒形貌,大晶粒中都有相互穿插的孪晶,不同区域的孪晶 EBSD 花样显示它们互为 60°〈111〉旋转孪晶关系。

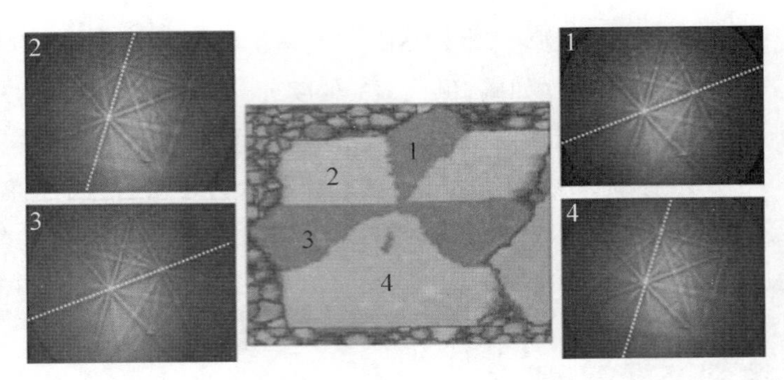

图 6.12 PZT 薄膜中大晶粒形貌及晶粒中穿插孪晶的 EBSD 花样[44]

(3) 取向成像显示晶粒的形状及晶粒尺寸测量

传统的晶粒尺寸测量依赖于显微组织图像中晶界的观察,但显微组织有时不能真实地反映样品中的晶粒大小及其分布,如孪晶和小角晶界常常不能被常规浸蚀方法显现。由于晶粒主要被定义为均匀结晶学取向的单元,所以 EBSD 是正确显示晶粒形状及晶粒尺寸测量的理想工具。EBSD 分析通过电子束的逐点扫描鉴别,可得到晶界和亚晶界的分布图及统计数据,图 6.13 为铝合金晶粒和亚晶粒形貌。图 6.14 为 In 718 合金晶粒尺寸的测量,(a) 为 5° 小角晶界区分的亚晶粒形貌,(c) 为相应的亚晶粒尺寸分布图,(b) 为大角晶界区分的晶粒形貌,(d) 为相应的晶粒尺寸分布图。

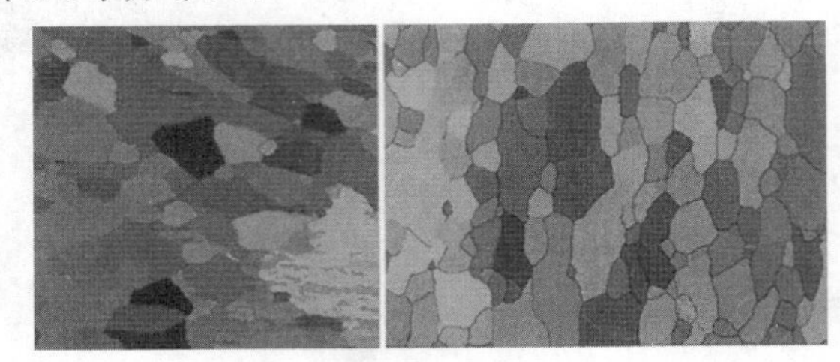

图 6.13 铝合金晶粒和亚晶粒形貌[44]

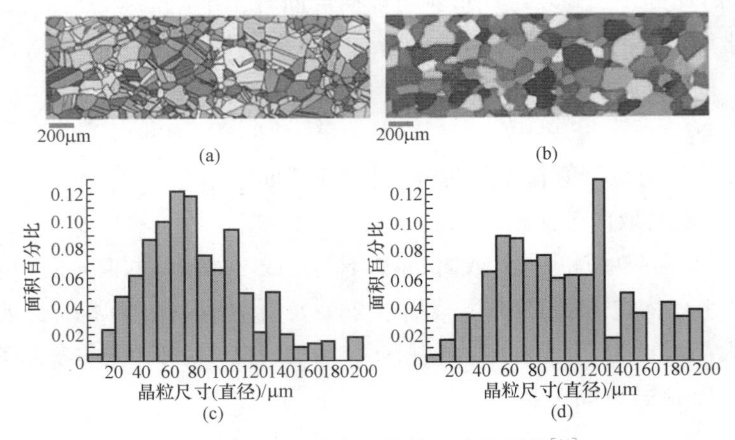

图 6.14 In 718 合金晶粒尺寸的测量[44]

(4) 显示各类晶界及计算晶粒间取向差分布

在得到 EBSD 整个扫描区域相邻两点之间的取向差信息后,可对所有界面的性质进行确定,如亚晶界、相界、孪晶界、特殊界面(重合位置点阵 CSL 等),甚至在选定区域中任意画一条线，就可得到沿此线的取向差分布。图6.15为某多晶样品晶粒取向差统计图，从图中可见，60°左右的取向差所占的份额相对较大。

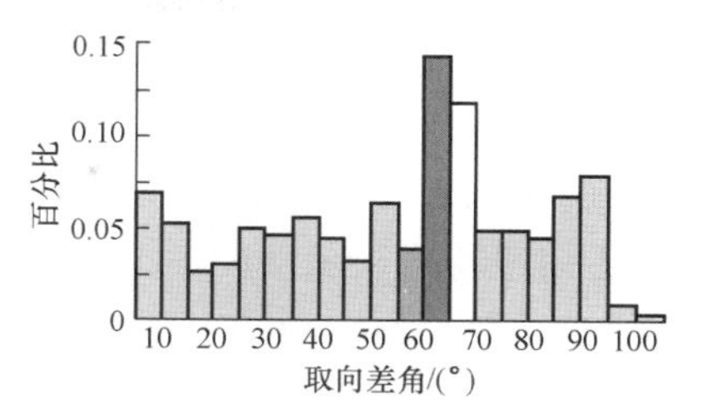

图6.15　某多晶样品晶粒取向差统计图

(5) 织构分析

多晶体的晶粒取向集中分布在某一个或者某些取向附近的现象称择优取向(Preferred orientation)，多晶体的择优取向称织构。织构的表示法主要有极图法、反极图法和取向分布函数法。

极图法是选择区域内所有晶粒某一晶面极点的极射赤道平面投影图，可表示织构强弱，主要用于描述板织构。对于丝织构，经常用反极图来表示，即极图上标出样品某些特征方向在晶体空间中的分布密度。很明显极图和反极图是用二维图形来描述三维空间取向分布，它们都有局限性。采用空间取向 $g(\varphi_1,\Phi,\varphi_2)$ 的分布密度 $f(g)$ 可表示整个空间的取向分布，称为空间取向分布函数(ODF)。该方法可定量描述织构材料中晶粒取向的空间分布[用一组欧拉角表示其取向 $\Omega(\psi,\theta,\phi)$，通常以取向密度来描述晶粒的取向分布情况，取向密度用 $\omega(\psi,\theta,\phi)$ 表示]。关于极图表示法的细节已经在第2篇第10章详细叙述过，所不同的是这里的织构分析和测量不是用XRD的方法，而是用EBSD进行空间分辨率亚微米级的衍射方法。图6.16和图6.17分别给出了用上述三种方法表示的高纯镍的轧制织构和高纯镍退火后的再结晶织构。

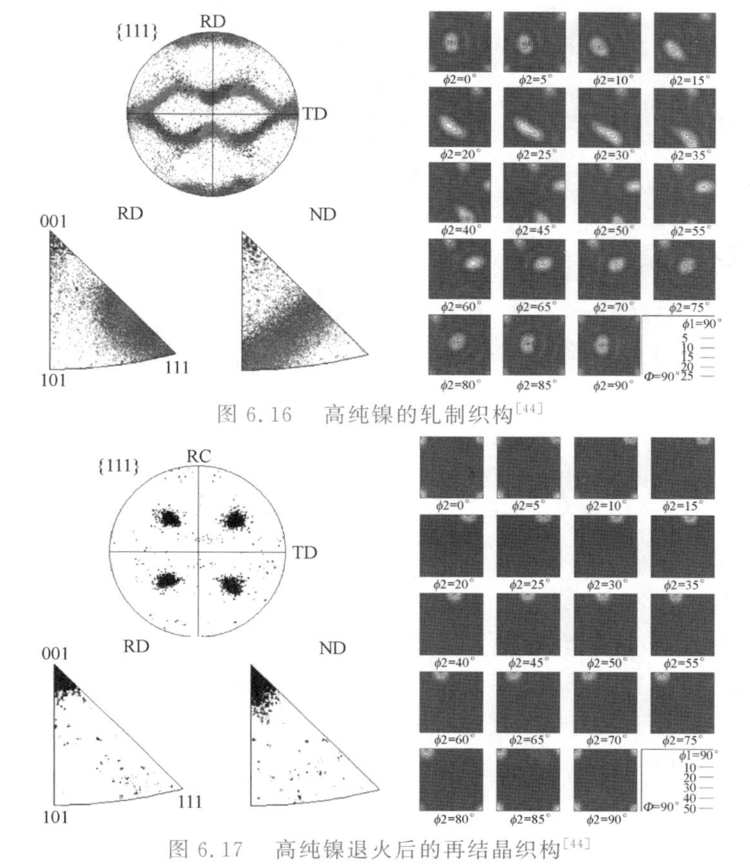

图6.16　高纯镍的轧制织构[44]

图6.17　高纯镍退火后的再结晶织构[44]

(6) 多相材料中两相取向关系测定

两相或多相存在时，它们之间常会出现特定的取向关系，比如共晶、共析反应、脱溶转变、马氏体相变及不少有色合金内的多形性转变。这时，常用两种结构相中某一类面平行和某一方向平行来表示。EBSD可应用于取向关系测量的范例有：确定第二相和基体间的取向关系、穿晶裂纹的结晶学分析、单晶体的完整性、微电子内连使用期间的可靠性、断口面的结晶学、高温超导体沿结晶方向的氧扩散、形变研究，以及薄膜材料晶粒生长方向测量。图6.18即是多相材料中两相取向关系的测定结果。

	相应晶向	相应晶面	取向关系	转变个数
Bain	[110]γ // [010]α	(001)γ// (001)α	〈1 0 0〉 45°	3
K-S	[101]γ // [111]α	(111)γ// (110)α	〈1 1 2〉 90°	24
N-W	[211]γ // [011]α	(111)γ// (110)α	〈3 6 2〉 95.3°	12

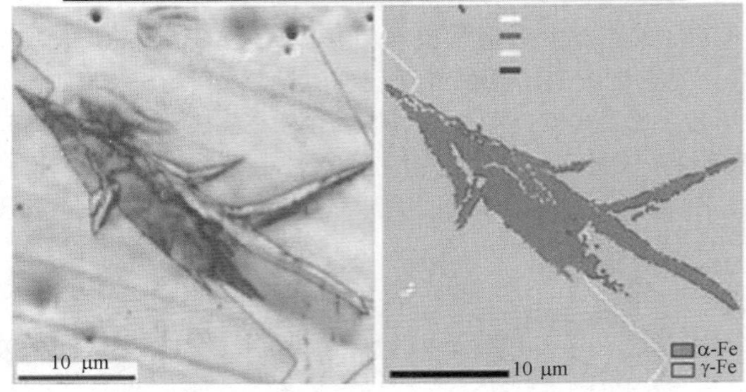

图6.18　两相取向关系的测定[44]

6.5.3　应变信息

由于多晶体内各晶粒取向不同，形变时各晶粒内滑移出现的早晚及数目都不同，位错间交互作用的强弱也不同，晶内的取向差分布则一定不同，形变组织也不同。因此，多晶形变应不会是均匀的。这种差异对样品随后的动(静)态再结晶或相变有不同的影响。用EBSD技术可很方便地测出这种差异，即衍射花样中菊池线的模糊证明晶格内存在塑性应变。因此从花样质量可直观地定性评估晶格内存在的塑性应变。以下给出两方面的例子：一是确定bcc结构的低碳钢中两类取向晶粒内的形变差异；二是给出fcc结构铝中形变不均匀性对第二相析出先后和形态的影响。图6.19显示了某形变样品中形变区域和未形变区域菊池衍射花样的清晰度差别。图6.20显示了304钢测量硬度压痕附近和裂纹附近的应变分布。

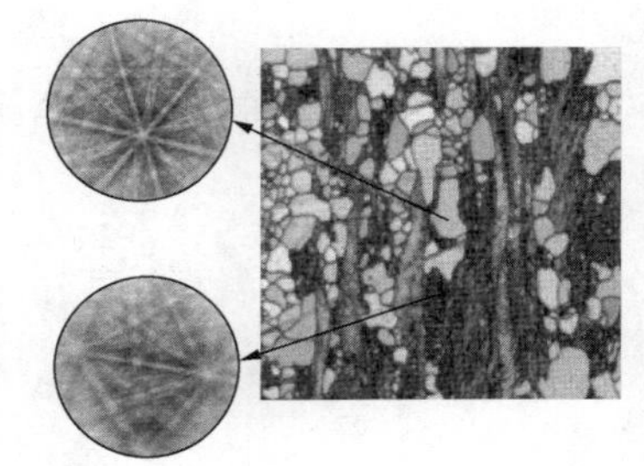

图6.19　某形变样品中形变区域和未形变区域菊池衍射花样的清晰度差别[44]

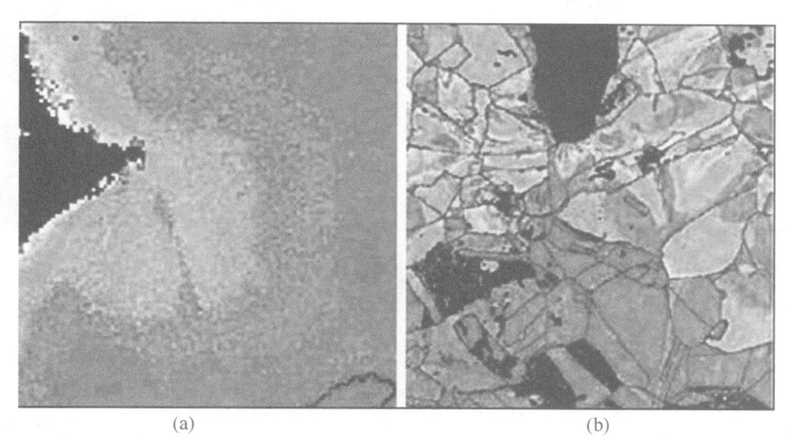

图 6.20　304 钢硬度压痕附近(a) 和裂纹附近(b) 的应变分布[44]

第7章

电子探针显微分析

组织形貌、结构和成分是材料分析与研究的重要内容。前面的章节中我们着重讨论了材料的(晶体)结构与微观形貌的检测与鉴定方法。本章将介绍一种强有力的成分分析工具——电子探针显微分析仪。

电子探针显微分析仪(Electron probe microscope analyser,EPMA)简称电子探针,是一种现代微区化学成分分析手段。它利用一束束斑直径 4 nm ~ 100 μm 的细聚焦高能电子束(1 ~ 40 kV)轰击样品表面,在一个有限深度与侧向扩展的微小体积内,激发和收集样品的特征X射线信息,并依据特征X射线的波长(或能量)确定微区内各组成元素的种类,同时可利用谱线强度解析样品中相关组元的具体含量[47]。

一般来说,湿法或光谱化学分析等传统成分分析方法只能获得样品整体或平均的成分结果,很难处理样品中常发生的微观组织成分不均匀性问题,在分辨率、灵敏度、检测精度与适应性等方面,这些成分分析技术难以满足当代科技发展的需要。电子探针仪可对材料的微小区域进行精确的化学成分分析,其元素定性和定量分析的空间分辨率达到微米乃至亚微米量级。与传统物理或化学的成分分析方法相比,它有如下特点:

(1) 微区分析

电子探针仪常用工作电压为 1 ~ 40 kV。对应能量区间的电子束在样品中的穿透深度和侧向扩展尺度约为 1 μm 数量级,这决定了被采样分析的区域体积大小约为几个立方微米,质量处于 10^{-10} g 量级。

(2) 高准确度与灵敏度

在基体修正的基础上,多数情况下电子探针能以优于 ±2% 的相对误差对周期表中绝大部分元素进行定量分析。当样品组元的原子序数 $Z > 22$ 时,其探测精度极限可达 100×10^{-6};当 $10 < Z < 22$ 时,探测极限降为 $1\,000 \times 10^{-6}$;而当 $Z < 10$ 时,其探测灵敏度也有 0.1% ~ 1%。一般来说,电子探针显微分析仪元素分析的相对灵敏度约为万分之一,由于其分析的样品微区质量在 10^{-10} g 上下,电子探针显微分析仪的绝对灵敏度可达 10^{-14} ~ 10^{-15} g 量级。

(3) 可分析的元素范围宽,实验操作易实现规范化与自动化

电子探针仪可检测分析周期表中 $_{4}$Be ~ $_{92}$U 元素(元素前的下标数字为其原子序数);操作过程易实现程序化,并可通过操作自动化提高工作效率。

7.1　电子探针仪的理论基础与构造

7.1.1　理论基础

电子探针仪检测与分析的信号是样品受到高能电子束轰击产生的特征 X 射线，电子探针仪实现自身功能的理论基础是莫塞莱定律。

1913 年，莫塞莱(Moseley) 发现，元素(对应于样品靶材中的组元) 的特征 X 射线谱与其原子序数关系密切，其特征 X 射线波长 λ 与原子序数 Z 存在关联：

$$\lambda = \frac{K}{(Z-\sigma)^2} \tag{7-1}$$

式(7-1) 就是著名的莫塞莱定律。对于某一特定跃迁过程，K 为常数，σ 是核屏蔽系数，K 系激发时 $\sigma = 1$。

相应的，波长为 λ 的 X 射线的能量 E 为

$$E = \frac{hc}{\lambda} = \frac{hc(Z-\sigma)^2}{K} \tag{7-2}$$

式中，c 为 X 射线的传播速度；h 为普朗克常量。

元素的原子序数不同，它们在同一激发态下产生的特征 X 射线的波长与能量也各异。如果检测到样品中各组元的特征 X 射线的波长(或能量) 信息，就可依据莫塞莱定律推断它们的原子序数 Z，即确定被测组元的元素种类。而且，样品中某一组元的含量越多，其被激发出的特征 X 射线强度也相应越高，也就是说，该元素含量与其被激发出的特征 X 射线强度存在对应关系。

设电子探针测得某一试样中 A 组元所产生的特征 X 射线强度为 I_A，以含 A 元素浓度已知的样品为参考标样，在同等条件下，测得其中 A 元素的同一特征 X 射线的强度为 I_0，则所测样品与标样中的 A 元素浓度值之比 k_A 可表示为

$$k_A = \frac{C_A}{C_0} \propto \frac{I_A}{I_0} \tag{7-3}$$

式中，C_A 和 C_0 分别表示被测试样与参考标样中 A 组元的浓度。

若忽略特征 X 射线在样品中的吸收与荧光激发等效应的影响，则可将上式近似表达为

$$k_A = \frac{C_A}{C_0} = \frac{I_A}{I_0} \tag{7-4}$$

实际研究中，一般将 A 元素的纯物质作为标样，此时 $C_0 = 100\% = 1$，相应地 $C_A = I_A/I_0$。因此，根据所测样品与标样中某元素的特征 X 射线的相对强度值，就可推断所测样品中该元素的具体含量(即浓度)。电子探针仪就是基于这个基本原理进行微区成分的定量分析的。

7.1.2 仪器构造

1951年，卡式坦(Castaing)的博士论文奠定了电子探针分析技术的仪器、原理、实验和定量计算的基础，其中较完整地介绍了原子序数、吸收、荧光修正测量结果的方法，被人们誉为电子探针显微分析学科的经典著作。1958年，法国CAMECA公司制备出世界上首台电子探针仪商品，取名为MS-85。此后，电子探针技术得到迅猛发展，并于20世纪70年代中期趋于成熟。最近30多年来，随着高新科技的发展与应用，电子探针显微分析技术已迈入新的发展阶段，呈现高自动化、高灵敏度、高精确度、高稳定性和高集成度等特征。现在，电子探针通常为波谱仪和能谱仪组合，操作简单方便，工作效率高。

本质上，电子探针仪可视为电子光学与X射线光谱分析技术的综合体。前者提供了在材料微区内激发X射线的手段，后者则给出了通过X射线光谱实现成分分析的实用技术。因此，除检测X射线信号所需的部件以外，电子探针仪的总体构造与扫描电子显微镜类似。图7.1给出了电子探针仪的实物图与结构示意图。

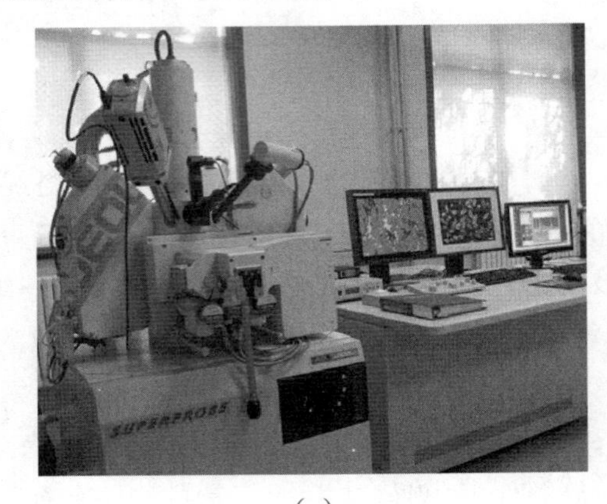

(a)

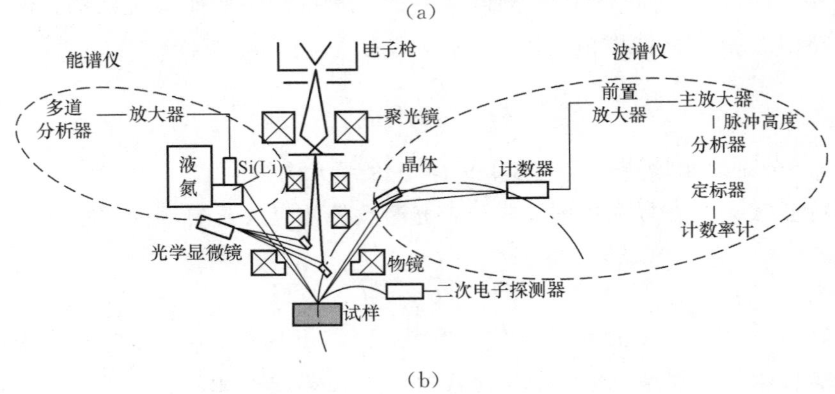

(b)

图7.1 电子探针仪实物(a)及其结构示意图(b)

近年来，电子光学系统已经完全等同于一台高分辨率的扫描电子显微镜，所以其结构就不再重复叙述，请参见本篇第3章。该系统除在样品微区内激发特征X射线外，还可提供样品相应区域的金相形貌、二次电子、背散射或吸收电子像等。样品室内还可安装电子通道花样拍摄装置等，同时实现形貌、结构取向等其他测试分析功能。

自样品表面出射的X射线透过样品室上方的窗口进入X射线谱仪室，经弯曲分光晶体或能谱探头展谱后由X射线观察记录系统接收记录谱线的波长或能量、强度等信息。下一小节将分别讨论两种不同谱线接收方式及相应的接收装置。

为满足某些实际研究的特殊需求，现代电子探针仪中还可装备一些附属装置，如样品加热、拉伸装置以及高扫描速度的电视（TV）扫描观察系统等。

7.2　X射线谱仪——能谱仪与波谱仪

X射线谱仪是电子探针用以分析鉴定样品组元种类与含量的核心部件。一般情况下，样品中含有多种元素，高能电子束轰击样品会激发出各种波长的特征X射线，为了将各元素的谱线检测出来，就必须把它们分散开，即展谱。

根据具体的展谱模式，X射线谱仪分为能谱仪和波谱仪两种类型。前者是利用不同元素特征X射线的能量差异来展谱，进行成分分析的仪器，称为能量色散X射线谱仪（Energy dispersive spectrometer，EDS），简称能谱仪[48]；而后者是基于特征X射线的波长不同来展谱，进行成分分析的仪器，称为波长分散谱仪（Wave dispersive spectrometer，WDS），即波谱仪。

一般地，电子探针X射线谱仪与扫描电子显微镜或透射电子显微镜组成一个多功能仪器，以满足实际研究中对样品微区形貌、晶体结构及化学组成的同位分析需要。例如，在扫描电子显微镜上加装能谱仪，可同时对材料进行表面形貌和成分分析，适合任何样品；而在扫描电子显微镜上加装波谱仪，组成一套专门的分析系统，就构成了人们常说的电子探针仪，它要求试样表面光滑平整，更擅于样品微区化学成分的精确分析。

下面依次介绍能谱仪与波谱仪的工作原理与特点。

7.2.1　能谱仪

每个元素都有自己的特征X射线。根据样品的X射线激发机理，其特征X射线波长大小与核外电子能级跃迁时释放出的特征能量ΔE一一对应。能谱仪就是基于不同元素发出的特征X射线能量（ΔE）不同这一事实来进行成分分析的。图7.2是能谱仪的外形。能谱仪一般作为扫描或透射电子显微镜的附件使用。除与主机共用部分（电子光学系统、真空系统、电源系统）外，X射线探测器、多道脉冲高度分析器是其主要部件。能谱仪主要组成如

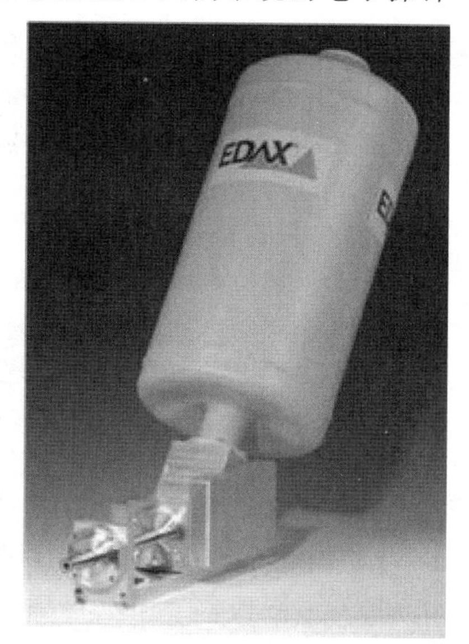

图7.2　X射线能谱仪外形

图 7.3 所示，来自样品的 X 射线信号穿过薄窗（或超薄窗）进入 Si(Li) 探头，硅原子吸收一个 X 射线光子，产生一定量的电子 - 空穴对（其数量正比于 X 射线能量），形成一个电荷脉冲，经前置放大器与主放大器进一步放大，并转换成一个正比于 X 射线能量的电压脉冲，而后将其输入多道分析器，转换成数字信号，按数字信号的数量大小对 X 射线进行分类、计数和存储，通过计算机进一步处理，以谱图或数据形式输出检测结果。

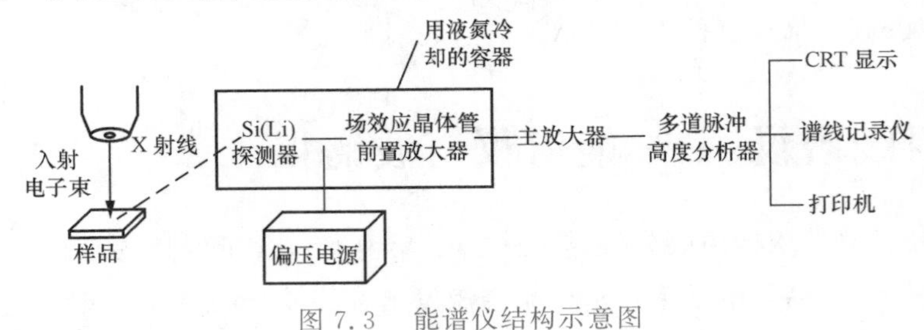

图 7.3　能谱仪结构示意图

1. 能谱仪的结构

(1) X 射线探测器

X 射线探测器（X-ray detector）由 Si(Li) 半导体探头、场效应晶体管（Field effect transistor，FET）和前置放大器组成。Si(Li) 半导体探头（即 Li 漂移 Si 半导体探头），是能谱仪中的一个关键部件，它决定了能谱仪的分辨率。为保证探头的高性能，Si(Li) 半导体探头必须具有本征半导体的高电阻、低噪声特性。实际上，最佳质量的 Si 晶体中也有杂质而使其电阻率降低。为获得一定大小的本征区，在制造晶体时，通常向 Si 晶体注入原子半径小、电离能低、易放出价电子的 Li，以中和杂质，这就是所谓的 Li 漂移 Si 半导体探头。这种探头相当于一个以 Li 为施主杂质的 P-I-N 型（P 型 - 本征 intrinsic-N 型）二极管。当源自样品的 X 射线光子进入 Si(Li) 探头内，在本征区被 Si 原子吸收，引发光电效应使 Si 原子发射出光电子，光电子在电离的过程中产生大量的电子 - 空穴对。同时，处于激发态的 Si 原子在弛豫过程中又放出俄歇电子或 X 射线，俄歇电子的能量将很快消耗在探头物质内，产生电子 - 空穴对。Si 的 X 射线又通过光电效应将能量转给光电子或俄歇电子。这种过程一直持续下去，直到能量耗完为止。X 射线光子的能量在这个光电吸收过程中绝大部分转化为电子 - 空穴对，它们在外加偏压作用下移动，形成电荷脉冲。

Si(Li) 探头本身无任何增益，(1 ～ 10) keV 的 X 射线引起的电荷脉冲仅包含 260 ～ 2 600 个电子 - 空穴对，相当于 10^{-16} 库仑电量。对这样小的信号，能谱仪一般都采用低噪声、高增益、电荷灵敏的场效应晶体管及前置放大器，对其进行放大并转换成电压脉冲，而后再输入到主放大器，进一步放大、整形。主放大器输出电压的大小决定于初始电荷脉冲的大小，正比于相应的 X 射线光子能量。

为降低电子线路中的噪声及防止探头中 Li 的迁移，探头与场效应晶体管直接紧贴在一起，并放在由液氮控制的 100 K 低温恒温器中。由于探头处于低温，表面容易外露污染，故需置于较高的真空环境中，并用薄窗将它与样品室隔开。然而，窗口材料将直接影响能谱仪可能的元素检测范围。能谱仪探头一般带有铍（Be）窗，其厚度为 7 ～ 8 μm，对超轻元素的 X 射线吸收极为严重，致使这些元素无法被检测到。因此，带铍窗的 Si(Li) 探头仅能检测 $_{11}$Na

以上的元素。新近发展的电制冷能谱和有机超薄窗能谱仪对 X 射线能量的吸收极小，使 Si(Li) 探头可检测$_4$B ～ $_{92}$U 所有元素，结束了传统 Be 窗能谱仪不能检测(超) 轻元素的历史，使能谱仪的应用更广泛。

(2) 多道脉冲高度分析器

多道脉冲高度分析器(Multiple channel pulse height analyzer，MCA) 是用来对检测到的各种元素的 X 射线信号进行分类、统计、存储并将结果输出的单元。它主要包括：模拟数字转换器(Analog digital converter，ADC)、存储器、计算机及打印机等输出设备。探头接收到的每一个 X 射线光子经信号的转换、放大，由主放大器输出一个脉冲电压，这个电压的幅值是模拟量，只有将其变成数字量才能进行分类和计数，这一转换工作是由模拟数字转换器来完成的。不同元素的特征 X 射线的能量不同，故所得到的脉冲电压的大小及经 ADC 转换成的数字信号的数字量也各不相同，因此依据数字量的大小对电压脉冲进行分类，也就是按能量大小对 X 射线进行了分类，并在存储器中对应记下每种能量值 X 射线光子的数目。MCA 中的存储器实际上是一组设定好地址的各自独立的通道(也称定标器)，各通道之间相差预定的电压增量，用来存储记录不同幅值的电压脉冲的数目(即不同能量的 X 射线光子数)。存储器中每一通道所对应的能量通常是 10 eV、20 eV 或 40 eV，对于常用的拥有 1 024 个通道的多道分析器，其检测的 X 射线光子的能量范围相应为 0 ～ 10.24 keV、0 ～ 20.48 keV 或 0 ～40.96 keV。实际上，0 ～ 40.96 keV 的能量范围已足以检测周期表上所有元素的特征 X 射线。

将存储结果输入计算机等设备以谱图的形式输出，谱图中的横坐标表示道址(能量)，纵坐标表示 X 射线光子数目(即强度)。同时可以进行其他定性或定量分析。

2. 能谱仪的性能指标与特点

(1) 能谱仪的主要性能指标

① 分析元素范围：有 Be 窗口的范围为$_{11}$Na ～$_{92}$U；无窗或超薄窗口的为$_4$Be ～$_{92}$U。

② 分辨率：指分开 / 识别相邻谱峰的能力，目前能谱仪的分辨率约 120 eV。

③ 探测极限：将元素可测的最小百分浓度定义为能谱仪的探测极限，这与所测元素种类、样品的组分等因素有关。能谱仪的探测极限一般为 0.1% ～ 0.5%。

(2) 能谱仪的特点

能谱仪的优点主要有：

① 分析速度快：可瞬时同步接收和检测来自样品的所有不同能量的 X 射线光子信号，能在几分钟内分析和确定样品中所含的全部元素。

② 灵敏度高：X 射线收集立体角大，由于能谱仪中 Si(Li) 探头不采用聚焦方式，不受聚焦圆的限制，探头可以靠近试样放置，其强度几乎没有损失，所以灵敏度高，入射电子束单位强度所产生的 X 射线计数率可达 10^4 cps/nA(1 nA = 10^{-9} A)。此外，能谱仪可在低入射电子束流(约 10^{-11} A) 条件下工作，这有利于提高分析的空间分辨率。

③ 谱线重复性好：由于能谱仪没有运动部件，稳定性好，且没有聚焦要求，所以谱线峰值位置的重复性好且不存在失焦问题，适合粗糙表面的成分分析。

能谱仪的缺点主要有：

① 能量分辨率低，峰背比低。能谱仪的能量分辨率在 120 eV 左右，这比波谱仪的能量

分辨率(约5 eV)低很多;且谱线重叠现象严重,特别是特征能量相近的X射线能谱仪难以分辨。另一方面,背散射电子或荧光X射线信号导致能谱仪测得的谱图的峰背比偏低。因此,能谱仪所能检测的元素浓度最低可达 $1\,000 \times 10^{-6}$,高于波谱仪10倍。

② 分析轻元素受限。

③ 工作条件严格:Si(Li)探头必须保持液氦冷却或电制冷。

3. 能谱分析中涉及的常见概念

在能谱分析中,常涉及以下基本概念:

(1) 死时间(Dead time,DT):死时间是脉冲处理器占线不能处理新入射X射线脉冲的时间,以百分比表示,70%以下时可以进行分析,一般要求在30%~40%。

(2) 活时间(Live time,LT):脉冲处理器实际处理X射线脉冲的时间。

(3) 分析时间(Analysis time,AT):收集谱所需要的实际时间。

(4) 能量分辨率:能量分辨率的定义是谱线强度最大值一半处的峰宽度(即半高宽FWHM),对 MnK_α 来说,Si(Li)能谱仪的分辨率(FWHM)为120~150 eV。

(5) 计数率:即每秒钟输入主放大器的脉冲数目,单位为cps。其大小可通过改变束流的大小来控制。一般地,计数率要求在1 000~3 000 cps。过低将延长分析时间,影响分析效率;过高则因脉冲信号堆积而增加分析误差。

(6) 逃逸峰:由Si(Li)固体探头引起。当能量为 E 的X射线光子进入探头后,在产生光电子的同时,若激发了Si的K层电子,且Si K_α 射线从探头中逃逸出去,就会带走一部分能量(Si K_α 的能量 $E_{\mathrm{Si\,K_\alpha}} = 1.74$ keV),那么记录到的脉冲就相当于是由能量为 $E - E_{\mathrm{Si\,K_\alpha}}$ 的光子所产生,结果在能谱图上出现一个能量比主峰低1.74 keV的子峰,即逃逸峰。逃逸峰强度很小;且只有入射X射线光子能量大于Si的吸收边界(1.83 keV)时才会产生逃逸峰。

(7) 和峰:若收谱时的计数率很高,可能有两个K系X射线光子(如 K_α 与 K_β 或 K_α 与 K_α)同时进入Si(Li)探头,这时检测到的脉冲就相当于两个X射线光子能量之和所产生的,因此,能谱图上会在二者能量之和的位置出现一个小峰,即和峰。若存在和峰,可降低计数率重新收谱来避免。峰识别时,和峰与逃逸峰都属于虚假峰。

7.2.2 波谱仪

波谱仪通过晶体衍射分光的途径来实现对不同波长的X射线分散展谱、鉴别与测量。图7.4为波谱仪的工作原理示意图,在样品上方放置了一块有适当晶面间距 d_{hkl} 的平面晶体。若忽略高阶衍射,由布拉格衍射方程可知,对于任意一个给定的入射角 θ,只有一个确定波长能满足晶体的"反射"条件:$\lambda = 2d_{hkl}\sin\theta$。若连续地改变 θ 角,就可在与入射方向成 2θ 的方向上接收到不同波长的单色X射线,从而展示适当波长范围内的全部X射线谱信号。这就是波谱仪利用波长差异展谱的基本原理。

1. 波谱仪的结构

主要包括分光系统(即波长分散系统)和信号检测系统,如图7.5所示为波谱仪的主要结构示意图。

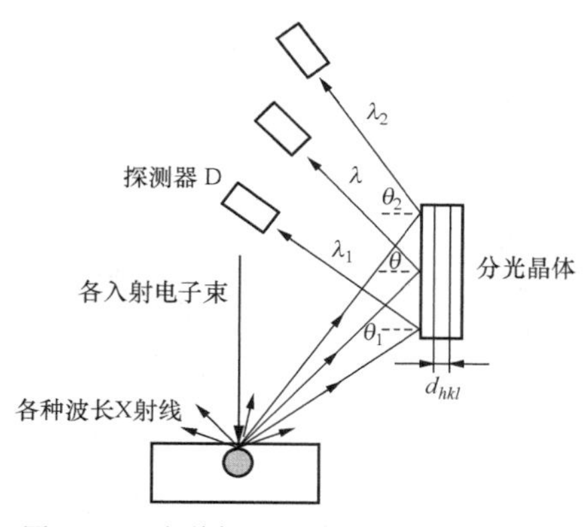

图 7.4　波谱仪的工作原理示意图

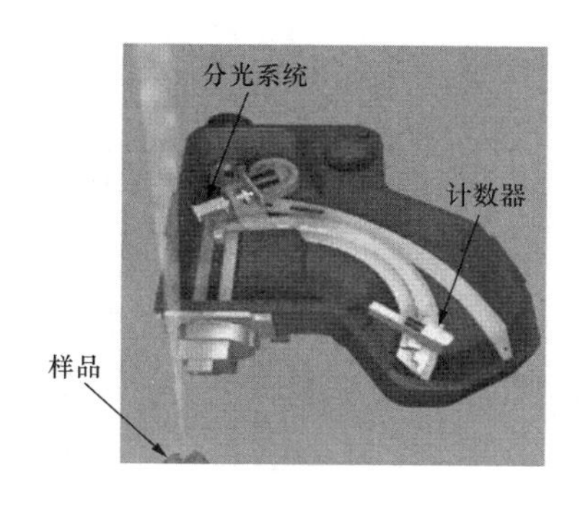

图 7.5　波谱仪的主要组成部分

(1) 分光系统

① 分光晶体

分光晶体是分光系统的最关键部件。

由于被测样品微区内含有多种组元，其受激发产生的 X 射线具有多种特征波长，且它们都以点光源的形式向四周发射。因此对某个波长为 λ 的特征 X 射线来说，只有从某些特定的入射方向进入晶体才能获得较强的衍射束。图 7.4 中示意给出了不同波长的 X 射线以不同方向入射时产生衍射束的情况。如果面向衍射束安置一个接收器，便可记录下这些不同波长的 X 射线衍射线。图中所示的平面晶体就是分光晶体，它可以将样品中被测微区内产生的不同波长的特征 X 射线分散并展示出来。

由图 7.4 可见，X 射线与晶体的取向关系满足 $n\lambda=2d_{hkl}\sin\theta$ 时就产生衍射，在衍射方向用探测器将其接收。当 $n=1$ 时，所选分光晶体的晶面间距 d 必须大于所测 X 射线波长的一半，即 $d=\lambda/(2\sin\theta)\geqslant\lambda/2$。而且，由于不同元素的特征 X 射线的波长不同：轻元素的特征 X 射线的波长长；重元素波长短，不同元素选用不同的分光晶体。此外，在长波波段中难找到合适的分光晶体。要在易于探测的角度范围内使 X 光产生衍射，分光衍射晶体的晶格间距要和所衍射的 X 光波长大致相当。轻元素产生的特征 X 射线波长为 $13\sim2\ \mu m$，但迄今尚未发现晶面间距为几微米且可用以充当分光晶体的天然或人工晶体，只能用堆叠百十层皂化薄膜的办法权当伪晶体使用。

如图 7.4 所示，由于各种波长的单色 X 射线都来自样品表面以下很小的受激发微区（约 $1\ \mu m^3$ 量级），它相当于一个点光源 S，其发出的任何 X 射线都是发散的。假如利用一块平整晶体对这些不同波长的 X 射线进行分光，对于任意一个特定波长的单色 X 射线，由于点光源的发散性，导致在晶体表面发生强烈衍射的 X 射线（即严格满足 $\lambda=2d_{hkl}\sin\theta$ 衍射几何条件）只是其中很少的一部分。虽然这种平面晶体可实现不同波长 X 射线的分光展开，但就单一特定波长的特征 X 射线的收集效率来说，是非常低的。为了克服这一不足，就要求分光晶体还有衍射 X 射线的聚焦功能。为此，人们采用弯晶分光系统，即将平面分光晶体做适当弹性弯曲，让 X 射线源、弯曲晶体表面和检测管口位于同一个 Rowland 圆（即罗兰圆，也称聚焦圆）的圆周上，以使分光晶体表面就可能处处满足同样的衍射几何条件，在实现 X 射线分光的同时，达到衍射束聚焦的效果，这样可大大提升单一波长 X 射线的收集效率。

电子探针仪中常用弯曲分光系统有约翰逊(Johansson) 与约翰(Johan) 两种聚焦方式。

约翰逊聚焦法：图 7.6(a) 为其原理图。其中的分光晶体被适当弯曲，使其衍射面(hkl) 的曲率半径为聚焦圆半径的 2 倍(即 $2R$)，并将表面曲率半径研磨成与聚焦圆相符(R)。此时，由于衍射晶面的曲率中心总是位于聚焦圆的圆周上(例如图中的 M 点)，将使晶体表面相对于由 S 发射的发散 X 射线入射角处处相等，若此刻入射的特征 X 射线满足布拉格衍射定律，则必定发生强烈衍射，且衍射束被聚焦于圆上的 D 点。这种聚焦法称为约翰逊聚焦法，也叫全聚焦法。如果将检测器的接收窗口夹缝放在 D 点，即可收集到由全部晶体表面强烈衍射的单一波长 X 射线。

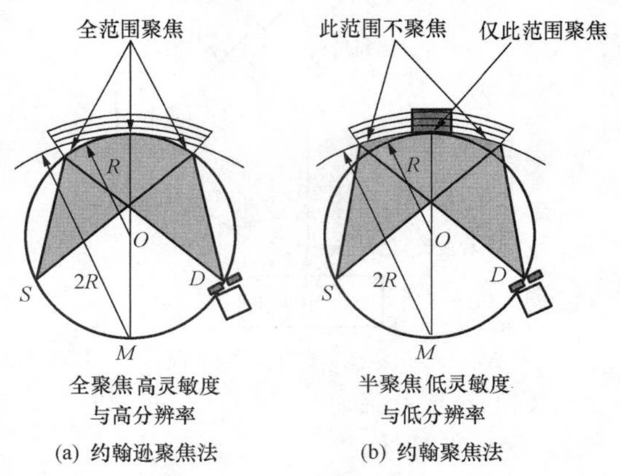

(a) 约翰逊聚焦法 (b) 约翰聚焦法

图 7.6 弯曲分光系统的聚焦方式

约翰聚焦法：为符合布拉格衍射的几何条件，将分光晶体弯曲又不使其产生畸变是非常困难的。有些晶体只能将其弯成 $2R$ 的曲率半径而不研磨，此时，衍射晶面平行于晶体表面，如图 7.6(b) 所示，这种弯晶称为约翰型弯晶。聚焦圆上从 S 点发出的一束发散的 X 射线，经过弯曲晶体的衍射，聚焦于聚焦圆上的另一点 D。由于弯曲晶体表面只有中心部分位于聚焦圆上，因此不可能得到完美的聚焦，弯晶两端与圆周不重合会使聚焦线变宽，出现一定的散焦。所以约翰聚焦只是一种近似的聚焦方式，称半聚焦法。这种聚焦法虽然在离开晶体中心的各点上不能严格满足聚焦条件，但是如果检测器上接收狭缝有足够的宽度，实测结果还是可以满足要求的，所以多被采用。

需要指出的是，在实际检测时，点光源发射的 X 射线在垂直于聚焦圆平面的方向上仍有发散性。分光晶体表面不可能处处精确符合布拉格条件，加之有些分光晶体虽可以进行弯曲，但不能磨制，因此不大可能达到理想的聚焦条件，如果检测器上的接收狭缝有足够的宽度，即使采用不大精确的约翰聚焦法，也是能够满足聚焦要求的。

② 弯晶聚焦谱仪的结构及工作原理

前面提到，由于不同元素的特征 X 射线的波长不同，应选用不同的分光晶体。通常波谱仪一般具有若干个可换的分光晶体，一般为 4 ～ 8 块。分光晶体被加工成弯曲晶体后，需要将几块不同的弯晶合理布置到谱仪中，电子探针用弯晶聚焦谱仪常见的布置模式有两种：直进式与回转式。

图 7.7 是直进式波谱仪工作原理图。使分光晶体沿直线方向移动，并同时绕垂直于聚焦圆平面的轴旋转，使其表面始终保持与聚焦圆相切。探测器的运动则保证它与发射源 S 和晶体 C 三者始终处于同一聚焦圆的圆周上，显然，分光晶体与发射源的距离(即谱仪长度 L) 为

$$L = 2R\sin\theta = \frac{R}{d}\lambda$$

对于特定的波谱仪，其聚焦圆半径 R 为定值；且当分光晶体确定后，衍射晶面间距 d 也一定。因而 L 与衍射线波长 λ 间存在简单的线性关系。改变 L 就能使不同波长（对应于不同元素）的 X 射线得到检测。

直进式波谱仪的优点是 X 射线照射分光晶体的方向是固定的，即保证了 X 射线的出射角不变，使 X 射线穿出样品表面过程中所走的路径相同，也就是吸收条件相同，从而可以避免定量分析时因吸收效应带来的误差。

鉴于这种谱仪结构上的限制，谱仪长度 L 一般为 10 ～ 30 cm。若聚焦圆半径 $R=20$ cm，θ 的变化范围在 15° ～ 65°。可见一个分光晶体能够分散展开检测的波长范围是有限的，因此它只能检测一定原子序数范围内元素的特征 X 射线。要分析 $Z=4$ ～ 92 的元素，则必须使用几块晶面间距不同的分光晶体，故一个谱仪中经常装有可以互换的几块分光晶体，而一台电子探针仪上往往装有 2 ～ 6 个谱仪。如果几个谱仪一起工作，可以同时测定几个元素。

图 7.8 为回转式波谱仪工作原理图。聚焦圆的圆心 O 不能移动，分光晶体和检测器在聚焦圆的圆周上以 1∶2 的角速度运动，以保证满足布拉格方程关系。这种波谱仪的优点是结构简单，但源自样品的 X 射线的出射方向改变很大，造成不同 X 射线在样品内的行进路线差别明显，这导致的吸收条件差异将带来定量成分分析上的误差。

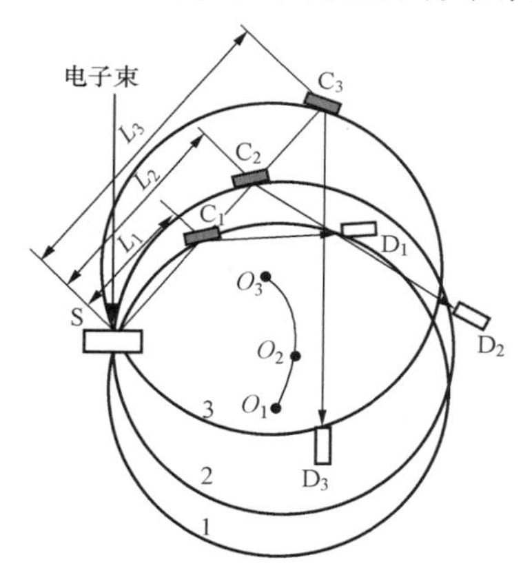

图 7.7　直进式波谱仪工作原理图

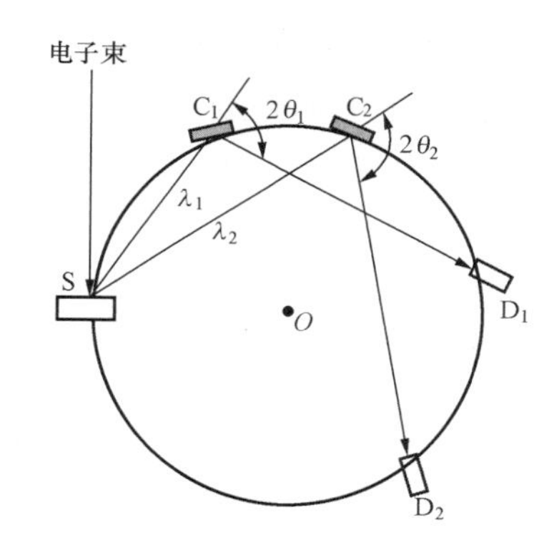

图 7.8　回转式波谱仪工作原理图

(2) 信号检测系统

检测系统的作用是将由分光晶体衍射所得的特征 X 射线信号接收、放大、转换成电压脉冲并进行计数，通过计算机处理，进行定性或定量分析计算。该系统主要包括计数管、前置放大器、比例放大器、波高分析器、定标器、计数率表以及计算机和打印机等输出设备。

① 计数管：信号转换是由气体正比计数管完成的，它有一个圆筒状外电极和丝状内电极(图 7.9)，当某一 X 射线光子进入计数管后，管内气体电离，并在电场作用下产生电流脉冲信号。由于信号十分微弱，必须通过靠近计数管处的前置放大器及比例放大器将其放大并转换成电压脉冲(一个 X 射线光子产生一次电压脉冲)，然后进行波高分析处理。

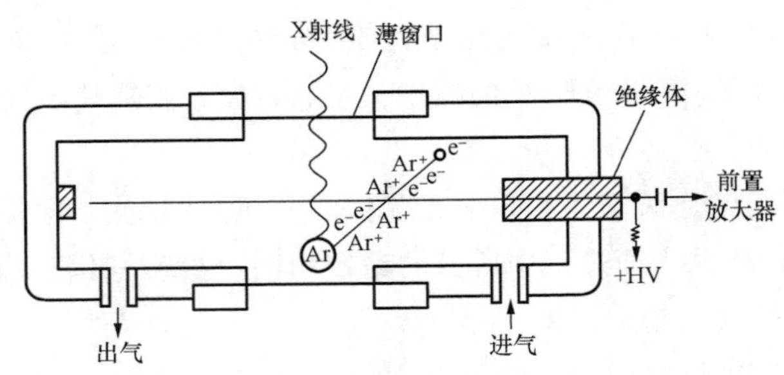

图 7.9 气体正比计数管

② 波高分析器:包括波高分析和波高鉴别两部分。前者的作用在于通过设定通道宽度(即允许通过的电压脉冲幅值范围),把由高次衍射线产生的重叠谱线排除;后者通过选择基线电位,挡掉连续X射线谱和线路噪声引起的背底,提高检测灵敏度,提高峰背比。

③ 定标器和计数率表:把从波高分析器输出的脉冲信号进行计数。采用定时计数方法,用数值显示管显示在任选时间内,例如20 s、40 s或数百秒内的脉冲数目;而计数率表则可连续显示每秒钟内的平均脉冲数(cps)。这些数值还可在 $x \sim y$ 记录仪上或通过计算机输出,也可送到显像管配合扫描装置得到X射线扫描像。

2. 波谱仪的性能指标与特点

(1) 波谱仪的主要性能指标

① 波谱仪分析的元素范围为$_{4}$Be ～$_{92}$U。

② 波谱仪的分辨率较能谱仪要高,可达 5 ～ 10 eV。

③ 波谱仪的探测极限为 0.01% ～ 0.1%(质量分数)。

(2) 波谱仪的特点

波谱仪的优点有:

① 分辨率高。其波长对应的能量分辨率为 5 ～ 10 eV,可将波长十分接近的谱线清晰地分开。

② 峰背比高。波谱仪所能检测的元素最低浓度是能谱仪的 1/10,一般达 100×10^{-6}。

③ 无须液氮冷却。

④ 可分析轻元素。

波谱仪的缺点有:

① 采集效率低,分析速度慢。这是由谱仪本身结构特点决定的。要想有足够的色散率(波长分散率),聚焦圆的半径就要足够大,这时弯晶离X射线光源距离较远,使之对X射线光源张开的立体角变小。因此对X射线光源发射的X射线光子的收集率就会下降,导致X射线信号的利用率很低。要保证分析的准确性和精度,采集时间必然要加长。另外,由于分光晶体在一种条件下只能对一种元素的X射线进行检测,故波谱仪检测与分析速度都较慢。

② 探测X射线光子的效率低,需要经分光晶体衍射。由于经晶体衍射后,X射线强度损失很大,其检测效率低,所以波谱仪难以在低束流和低激发强度下使用,且难与高分辨率的

电子显微镜(如冷场场发射电子显微镜等)配合使用。

③ 结构复杂,有机械传动部件。

④ 要求平面样品。

7.2.3 波谱仪与能谱仪的比较

基于自身的工作原理与构造,波谱仪与能谱仪各有优势与不足。表 7.1 比较了这两种 X 射线谱仪的主要性能指标。

表 7.1 波谱仪与能谱仪的主要性能指标比较

操作特征	波谱仪(WDS)	能谱仪(EDS)
分析元素范围	$Z \geqslant 4$	$Z \geqslant 11$(铍窗),$Z \geqslant 4$(无窗)
分辨率	与分光晶体无关,5 ～ 10 eV	与能量有关,约 120 eV
几何收集效率	改变,< 0.2%	< 0.2%
量子效率	改变,< 30%	约 100%[(2.5 ～ 15) keV]
瞬时接收范围	谱仪能分辨的范围	全部有用能量范围
最大记数速率	约 50 000 cps(在一条谱线上)	与分辨力有关,使在全谱范围得到最佳分辨时,< 2 000 cps
谱线显示	可同时使用 4 道波谱仪,显示所有谱线,定性分析时间长,1 ～ 20 min才完成	同时显示所有谱线,定性分析速度快,几十秒可完成
分析精度(浓度 > 10%,$Z > 10$)	为 ±(1% ～ 5%)	≤± 5%
对表面要求	平整,光滑	较粗糙表面也适用
典型数据收集时间	> 10 min	2 ～ 3 min
谱失真	少	主要包括:逃逸峰、峰重叠、电子束散射、铍窗吸收效应等
最小束斑直径	约 200 nm	约 5 nm
定量分析	精度高,能做"痕量"元素、轻元素及有重叠峰存在时的分析	对中等浓度的元素可得到良好的分析精度。但对"痕量"元素、轻元素及有重叠峰存在时的分析,精度不高
定性分析	擅长做"线分析"和"面分析"图,因成谱速度慢,对未知成分的点分析不太好	获得全谱的速度快,做点分析方便。做"线分析"和"面分析"图不太好
探测极限 /%	0.01 ～ 0.1	0.1 ～ 0.5
其他	有复杂的机械系统。操作麻烦复杂,不易掌握,售价高	基本无可动部件操作,简单易操作,售价便宜

7.3 电子探针分析

7.3.1 电子探针用样品与标样

电子探针仪是研究微米量级区域内元素浓度与分布的有力工具。其所测样品多限于固体,要求待测样品不能有气体等物质放出。但含气体元素的化合物或者被样品吸附的非游离气体,是可作为分析对象进行测量分析的。

样品大小的最大限度是由仪器，尤其是样品室及样品座的大小决定。为记取确定分析点位置、范围或坐标，可在样品表面做某种参考标记，例如，用维氏显微硬度计的压痕、画线或用适当的覆盖等来指明分析部位。

表面状态对入射电子在样品中的行程及X射线的产生与出射路径有极大影响。鉴于表面凹凸不平将降低检测与分析结果的可靠性，因而样品表面尽可能平整为好。一般地，X射线显微分析仪所用样品，其表面质量须达到可做光学显微镜金相观察的程度。电子探针用样品与扫描电子显微镜样品要求接近，表面平整度和清洁度上要求更高一点，对于粉体和不导电性样品的处理方法与扫描电子显微镜相同。值得一提的是，如果为了导电而对样品进行了喷镀，则入射电子的能量将会在喷镀层中损失一部分，而且由样品所产生的X射线也会被这层喷镀膜部分吸收，所以X射线的强度也会受到影响。因此，在定量成分分析时，不仅对所要分析的样品，而且对标准样品以及测量背底所用的样品都必须进行同样的喷镀。如果喷镀不在相同条件下进行，膜的厚度与质量差异会给测量带来误差。

电子探针仪有专门的标准样品用来进行元素的定量分析：

（1）标准样品与测量背底用样品的选用

电子探针仪的定量成分分析，是基于化学成分已知的样品（即标准样品）和未知样品所产生的X射线信号（强度）对比进行的。其中，选用的标准样品应满足：成分已知，且在物理和化学上稳定；在微米量级范围内成分均匀。通常，采用仅含所测元素的“单质”（例如各种纯金属）作为标准样品。有时却无法使用单质标样，例如：① 化学性质活泼的元素（如碱族和碱土族元素等）；② 常温下为气体的非金属物质（如氧、氮、惰性气体等）；③ 存在峰值漂移（Peak shift）问题的场合。这些情况下，就选取成分已知的化合物作为标准样品，并且尽可能要求化合物与待测样品的元素价态一致。此外，对于稳定性较差的标准样品，必须经常关注其表面状态，并在保管等问题上采取各种相应措施。

测量背底所用的样品，其重要性有时并不亚于标准样品。无论对标准样品还是未知样品的测量都需要这种样品，其主要选用原则是不含所需分析的元素，而且应当与相应样品的平均原子序数相近。此外，测量背底所用样品的物理、化学性质也尽量与待测量样品相似。

（2）标准样品的合成

当不能以单质作为标准样品，又没有合适化合物可用的情况下，要进行精度非常高的分析；或为验证所提修正理论的正确性时，有必要合成含各种浓度的多元标准样品系列。制作该类（合成）标准样品的基本方法如下：

① 配制所需成分样品，进行熔化、铸锭，为消除成分偏析，再反复进行均匀化退火。

② 利用粉末冶金技术，将微米量级大小的粉末进行混合、烧结，并将得到的烧结体进行锻造等加工；随后，在尽可能高的温度下进行退火处理。

③ 快速冷却方法。因为可通过方法 ① 制作且均匀化退火效果良好的合金不多，而方法 ② 既复杂又费时。快速冷却方法对不能进行均匀化退火而液相下又不发生沉淀的合金系统几乎都适用。并且，X射线衍射分析、电子显微术等实际分析结果表明，由急冷甩带制得的

薄片形样品质地与成分均一,完全可作为电子探针仪的标准样品使用。

另外,在分析含气体元素的物质时,为使相关定量分析工作简便可行且精确可靠,也可采取制作合成(标准)样品的办法,获取X射线强度随元素浓度变化的曲线图,以对未知样品的测量结果进行修正。

7.3.2　电子探针分析方法

1. 定性分析

电子探针仪定性分析的理论依据是布拉格衍射方程和莫塞莱定律。下面主要以波谱仪为例说明定性分析的基本过程。

由谱仪把一个元素发出的特征X射线辐射展开成光谱,并按照谱线波长的长短次序排开。因谱仪所用晶体晶格间距 d 及 Rowland 圆半径 R 等参数一定,且谱线的出现位置 L 可测,通过布拉格衍射方程就可以知道其波长:

$$L = 2R\sin\theta = \frac{nR}{d}\lambda \Rightarrow \lambda = \frac{2d\sin\theta}{n} = \frac{Ld}{nR} \tag{7-5}$$

再通过莫塞莱定律,找出产生这条特征谱线元素的原子序数。

为了简化分析手续,可用现成的谱线波长表。据其可以从线性谱仪的导轨行程 L 读出衍射角的正弦值,对照所用晶体的专用表,查找是哪个元素对应的哪个线系的衍射线。由于X光谱线各线系的谱线数量不多,强度很有规律,识别起来一般不太麻烦。因此,只要用谱仪做一次波长扫描,就能达到定性分析要求。

为分析和确认各条谱线间的强度关系,在记录图上应显示所有谱线的强度,并用线性坐标表示。试验前,用试样中已知元素的强X射线来调整记录器的放大倍率,使这些最强谱线大致满刻度,这样就可以录下所有谱线的强度,且免于出现谱线出格的情况。有时,为突出低含量元素的谱线,可让高含量元素的某些强线故意出格或改用对数坐标来记录强度,以突出弱线。同时,探测的谱线强度越弱,所用的扫描速度应越低,但要保证可在适当时间内完成所需谱段的记录。 此外,使用脉冲幅度分析器可起到滤掉某些来自高阶衍射线的干扰线和减低背景的作用。脉冲幅度分析器的窗口宽度应设置为要研究谱线半高宽的两倍。

如果激发条件满足,对于X射线光谱中所有可产生的谱峰都应以其预期的强度出现。元素H和He没有X射线峰。通常每个元素有2～10个强峰,相对其他光谱分析,谱峰数少:

(1) 原子序数 $Z<32$ 的较轻元素,只出现一个 K_α 双峰和一个较高能量的 K_β 峰,用K线系计算分析。

(2) $32\leqslant Z\leqslant 72$ 的较重元素,增加了几个L峰,大多数有一个 L_α 双峰,其后跟随具有更高能量的 L_β、L_γ 峰群,用L线系计算分析。

(3) $Z>72$ 的重元素,没有K峰,除L峰外还出现M峰,通常用M线系计算分析。

一般来说,为确认某种元素存在与否,不能仅凭一两条谱线。否则,受干扰线的影响容易造成误认。除了波长,还应结合谱线的相对强度,以及激发电位和其他物理化学知识来减少相关误判。

图 7.10 显示了重原子序数可能发生的电子跃迁和由此产生的 X 射线特征谱的主要谱线[22]。通常，在一阶衍射（即布拉格衍射方程中 $n=1$）的 K 系线中，可看到 K_α 和 K_β 两条谱线，K_β 的波长较短，强度约为 K_α 的 1/5；在高阶衍射（即 $n=2$、3、4、…）情况下，K_α 双线可分开成 $K_{\alpha1}$ 和 $K_{\alpha2}$：$K_{\alpha1}$ 的波长短于 $K_{\alpha2}$ 的波长，相距约0.000 4 nm，它们的强度比约为 2∶1。对于 L 系谱线，至少可观察到三条。按波长递减次序，依次是最强的 $L_{\alpha1}$ 线，次强的 $L_{\beta1}$ 线，以及较弱的 $L_{\gamma1}$ 线，三者间隔基本相等。对于 $_{82}Pb$ 附近的元素，它们的 $L_{\beta1}$ 和 $L_{\beta2}$ 靠得很近，有可能分不开。轻元素的 $L_{\beta2}$ 波长比 $L_{\beta1}$ 短，而重元素则相反。如果该元素的含量很高，那么还可能出现 L 系的其他谱线。

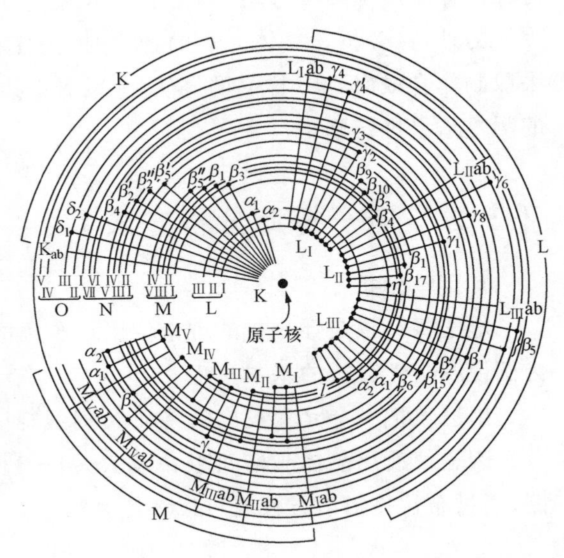

图 7.10　重原子序数可能发生的电子跃迁和由此产生的 X 射线特征谱的主要谱线[12]

它们大部分位于 $L_{\alpha1}$ 和 $L_{\gamma1}$ 之间，它们的强度比大致为 $\alpha_1:\alpha_2:\beta_1:\beta_2:\beta_3:\beta_4:\gamma_1=100:10:50:20:6:4:10$。在 M 系中，$M_{\alpha1}$ 和 $M_{\alpha2}$ 谱线的强度几乎相等；它的 α、β、γ 线的强度比约为 100∶50∶4。

为避免出错，尽可能多用几条谱线来鉴定一个元素。如果认为某个峰是 Pb K_α，那么，应该能找到一个强度约为它的 1/5 的 Pb K_β。同样，如果怀疑某峰为 Pb 的 $L_{\beta1}$ 峰，那么必然会存在较强的 Pb $L_{\alpha1}$ 峰和较弱的 Pb $L_{\gamma1}$ 峰。如果找不到本该出现的谱线，就必须分析原因。

关于谱线的相对强度，还有一个这样的规律，当元素的浓度相同时，在同一衍射角范围内，K_α 一阶衍射线是 $L_{\alpha1}$ 一阶衍射线强度的 7 ～ 10 倍；当使用 LiF 分光晶体时，二阶衍射线强度大约是一阶衍射线强度的 1/10。

若出现了谱线相对强度的反常，应更加细致分析。例如，假定某一个强峰是 Cu K_α，则 Cu K_β 的强度约为其 1/5。若太弱，不符合这种相对强度关系，则应该考虑是否有干扰谱线重叠于 Cu K_α 线，使其强度反常增高；或者，判断样品中是否有大量的 Ni 与 Cu 共存，导致 Cu K_β 线被 Ni 强烈吸收而强度过低；否则，应该怀疑此强线是否为 Cu K_α 了。

2. 电子探针仪的工作方式

电子探针仪有三种基本工作方式：点分析、线分析和面分析。下面依次介绍三种工作模式的特点与误差来源，其中定点定量分析留在最后讨论。

（1）点分析

点分析也称定点分析，就是用聚焦电子束照射在样品表面上某一需要分析的指定点或微区上（图 7.11），激发试样元素的特征 X 射线；用能谱仪探测并做全谱扫描，根据谱线峰值位置的波长或能量确定分析点区域中存在的元素，即可获得分析微区所含元素的定性结果，结合谱线的强度可进行元素半定量分析。若采用多道谱仪并配以计算机自动寻谱，可在15 min左右定性完成$_4$Be～$_{92}$U全部元素的特征X射线波长范围的全谱扫描。

图7.11 电子探针定点分析模式示意图

定点微区成分分析是电子探针仪最主要的工作方式，尤其在合金沉淀相和夹杂物的鉴定等方面有广泛应用。由于空间分辨率的限制，被分析的粒子或相区尺寸一般应大于1～2 μm。对于用一般方法难以鉴别的各种类型的非化学计量式金属间化合物(如A_xB_y，其中x、y不一定是整数，且分别在一定范围内变化)以及元素组成随合金成分及热处理条件不同而变化的合金碳化物、硼化物、碳氮化物等可通过电子探针分析鉴定。由于特征X射线的激发概率和波长不同，在波谱仪中，可检测到元素"存在"的最低浓度极限也因元素而异；此外，仪器的操作条件(例如加速电压和束流)、基体成分(指分析点微区内所有元素的实际浓度情况)也对其有影响。在最佳条件下要给出表明某元素"存在"的确切信息，其实际含量应不低于50×10^{-6}。若采用能谱仪进行全谱定性分析，虽然可大大缩短分析时间，但元素鉴别能力和检测浓度极限均将受到严重影响。

在稳定的入射电子束轰击下，扫描曲线上测得的各个元素同类特征谱线在扣除背底和计数器死时间对所测值的影响后，元素的谱线强度值与其浓度有关，即各元素特征谱线强度的相对高低与其浓度大体一致。据此，不妨假定背景校正以后的强度测量值I与其浓度C成正比：

$$I_A : I_B : \cdots : I_j : \cdots : I_N = C_A : C_B : \cdots : C_j : \cdots : C_N \tag{7-6}$$

其中A、B、…、N是分析微区内所含元素种类，相应地，元素j的浓度C_j可由强度I归一化加以计算：

$$C_j = \frac{I_j}{\sum_{j=A}^{N} I_j} \tag{7-7}$$

然而，上述假定并不符合实际情况。例如，钢中Ni和V的浓度相差一倍以上，它们的谱线强度却近似相等，而Cr和Mn的浓度相对大小与强度的次序却相反。显然，由谱线强度的直接对比判断元素的相对含量，或由强度归一化求得的浓度值，充其量只能是一种半定量的分析结果。这可从两个方面来解释：首先，电子束激发样品微区内元素的特征X射线信号，是一个十分复杂的物理现象，谱线强度除与各元素的存在量有关以外，还受到样品总的化学成分的影响，称为"基体效应"。其次，谱扫描过程中测量不同元素谱线时的条件也不尽相同。虽然直进式谱仪可保持出射角的恒定，但晶体的衍射强度随衍射角2θ不同有很大的变化，计数管对不同波长的 X 射线检测灵敏度也有差异，这些因素可归结为谱仪效率的影响。从谱仪测量条件的角度来看，不同元素谱线强度的测量值与其浓度之间基本上不存在明显的可比性。如果谱扫描的波长范围必须换用几个晶体或检测器，则情况更复杂。

为此，人们引入成分精确已知的标准样品，通常采用纯元素或者化合物作为标样。对未知样品和标样在完全相同的入射条件(加速电压和束流均不变)下测量同一元素 A 的特征 X 射线强度 I'_A 和 I^0_A，此时谱仪条件的影响可完全排除。若暂时忽略二者化学成分不同引起的基体效应，则作为第一级近似，将有如下关系：

$$I'_A : I^0_A = C_A : C^0_A \tag{7-8}$$

在纯元素做标样的情况下，即 $C_A = 1$，未知样品内被分析元素 A 的浓度 C_A 就直接等于试样与标样中 A 元素的特征 X 射线的谱线强度比(亦称探针比 k_A)：

$$C_A = \frac{I'_A}{I^0_A} = k_A \tag{7-9}$$

若获得样品所含全部元素的 k_j，则它们的浓度值可由归一化分别求得

$$C_j = \frac{k_j}{\sum\limits_{j=A}^{N} k_j} \tag{7-10}$$

与从谱线强度值直接推算组元浓度的方法相比，由上式计算的结果要好许多，但其中标样的引入和强度比计算仍没有计入“基体效应”的影响。事实上，纯元素标样与未知样品间的基体条件差别甚大，“基体效应”的影响不可忽略。例如，当未知样品内元素的浓度高于 10% 时，未经“基体效应”校正计算得到的 k 与 C 值间的相对误差一般可达 25%。所以把强度比作为浓度值的第一级近似，只能作为一种半定量的分析方法。若要进一步提高定量精度(达到 ±5% 左右)，必须对基体成分的影响做详细的探讨，以建立一整套校正计算方法，把 k 值换算成较精确的浓度值。这将在本节最后电子探针定量分析中简要讨论。

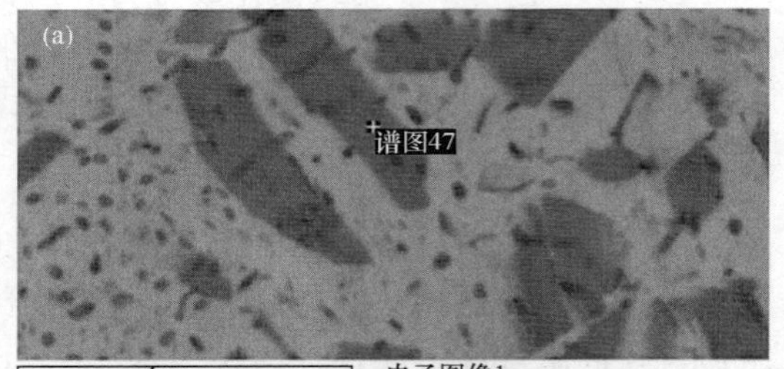

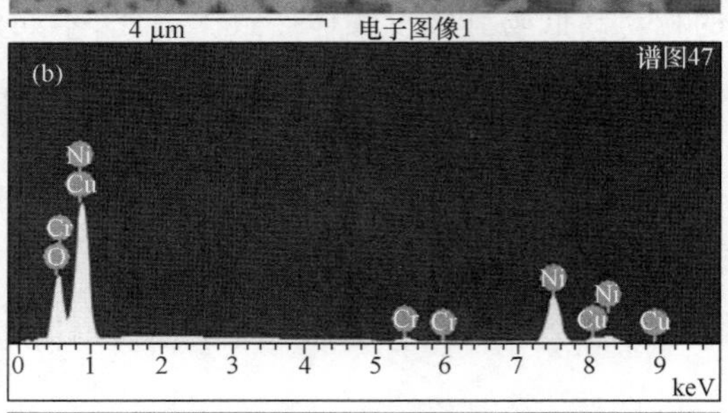

元素	质量分数/%	原子分数/%
O K	14.00	37.92
Cr K	1.42	1.18
Ni K	57.77	42.62
Cu L	26.81	18.28
总量	100.00	100.00

图 7.12 Cu-Ni-Cr 合金高温氧化后氧化皮某区域的能谱点分析结果

除“基体效应”与谱仪测量条件外，入射电子束在样品内的深度和侧向扩展也可导致定点分析产生重大误差。当通过光学显微镜和扫描成像方式在试样表面选定一个粒子或微区进行定点分析时，谱仪实际接收到的 X

射线信号来自电子束轰击点以下一个范围(即分析的采样体积),并超越了所选目标点(区域),所得结果也是采样体积内的平均成分。因此为获得较正确检测结果,应选择多个同类型区域进行定点测试,分析比较。图7.12为Cu-Ni-Cr合金高温氧化后氧化皮某区域的能谱点分析结果,图7.12(a)是该区域的背散射电子像及其点分析位置,图7.12(b)为分析点的能谱结果,最后经计算机处理,将各元素的含量列于表中。

(2)线分析

确定所需测定的某一元素,据其特征X射线的能量或波长信息,将谱仪(波谱仪或能谱仪)固定于相关测量位置,并使聚焦电子束在试样观察区内沿一感兴趣的指定路径做直线扫描,如图7.13所示,可探测到所测元素沿该直线的X射线强度的分布曲线,进而显示该元素在这一直线的浓度分布与变化情况;改变谱仪位置便可得到另一元素沿该直线的浓度变化曲线。线分析时,也可使电子束不动而通过移动样品进行。

图7.13 电子探针线扫描分析示意图

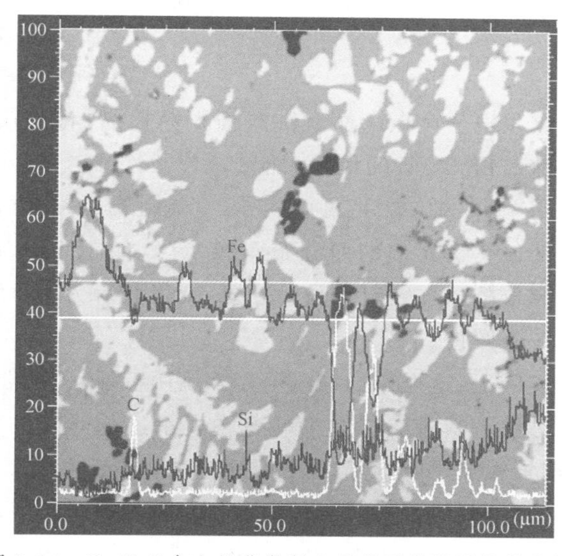

图7.14 Fe-Si-C合金的背散射电子像及其波谱仪线分析结果

电子探针线分析模式常被用来研究元素的扩散行为。该方法比剥层化学分析或放射性示踪原子等技术更便捷。沿扩散界面的垂直方向做线扫描分析,可显示元素浓度与扩散距离的关系。若结合微米级逐点分析模式,还可相当精确地测定扩散系数和激活能。线扫描分析是测试分析材料表面渗层、电镀镀层或其他涂层的厚度、成分及梯度变化情形的有效手段。不足的是,对于常见的C、N、B以至Al、Si等低原子序数元素,其检测灵敏度与定量精度还不理想,有关技术尚需发展完善。图7.14为Fe-Si-C合金的背散射电子像及其波谱仪线分析结果,分析的是两条白色平行线之间的区域,由图可以清楚地看出不同相区各元素的分布情况。图7.15为Cu-Ni-Cr合金高温氧化后氧化皮某区域的能谱线分析结果,图7.15(a)是该区域的背散射电子像及其线分析位置,图7.15(b)是能谱线分析结果。由图可知,线分析位置穿过合金中的一个黑色颗粒,该颗粒中Cr和O的含量较多,可断定该颗粒是富Cr的氧化相。

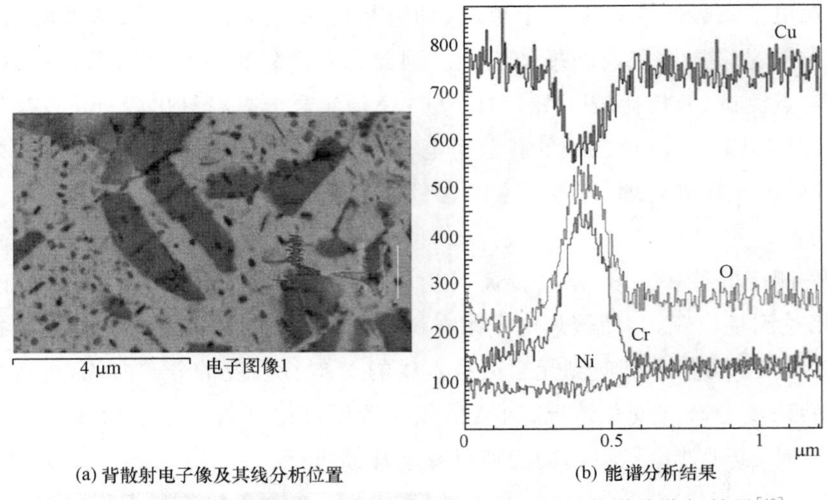

(a) 背散射电子像及其线分析位置　　(b) 能谱分析结果

图 7.15　Cu-Ni-Cr 合金高温氧化后氧化皮某区域的能谱线分析结果[49]

(3) 面分析

聚焦电子束在试样上做二维光栅扫描，将谱仪（能谱仪或波谱仪）接收的信号（能量或波长）固定在某一元素特征 X 射线的位置上，利用该信号调制成像，此时荧光屏显示的便是该元素的面分布图像情况，如图 7.16 所示。若把谱仪的位置固定在另一位置，则可获得另一种元素的浓度分布图像。

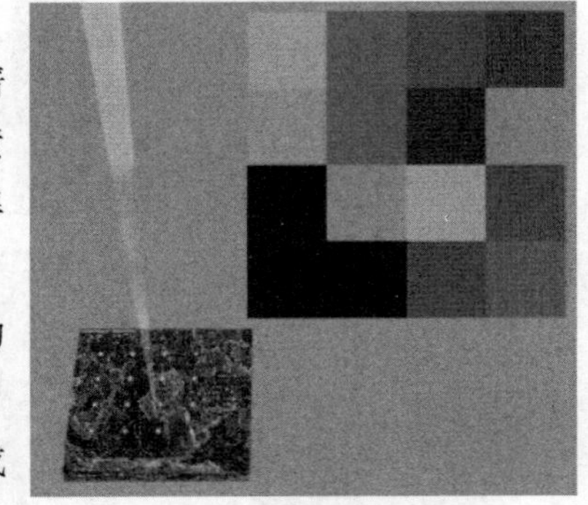

图 7.16　电子探针面扫描分析示意图

实际上，这也是扫描电子显微镜用特征 X 射线调制成像的方法。其所成图像中的亮区表示这种元素的含量较高，反之亦然。因此元素的 X 射线扫描像可提供该元素面分布的浓度不均匀性资料，且可与材料的微观组织对应。一般地，不同区域间元素浓度差超过 2 倍时 X 射线扫描图像的衬度才较好。需要指出的是，同一视域内不同元素特征 X 射线扫描像的衬度无可比性，不能当作元素相对含量的标志。不同元素的线分析结果也不能直接用以比较各种元素的含量。图7.17 为 Cu-Ni-Si 合金样品在高温氧化后氧化层某区域的背散射电子像及其能谱仪面分析结果。

波谱仪和能谱仪都具有上述点、线、面三种工作方式。不同的是，能谱仪检测效率高，它进行定点分析时，利用多道分析（MCA），可使样品中所有元素的特征 X 射线信号同时被检测与显示。一般情况下，得到一个全谱定性分析的结果只需几十秒，比波谱分析快得多。类似地，能谱仪进行线分析、面分析时，也可同时检测并给出几十种元素的分布曲线或分布图结果。此外，能谱仪探头在接收 X 射线信号时，无须严格聚焦几何条件，它不要求平整的样品表面，可方便地研究断面上各种析出物或夹杂物成分。

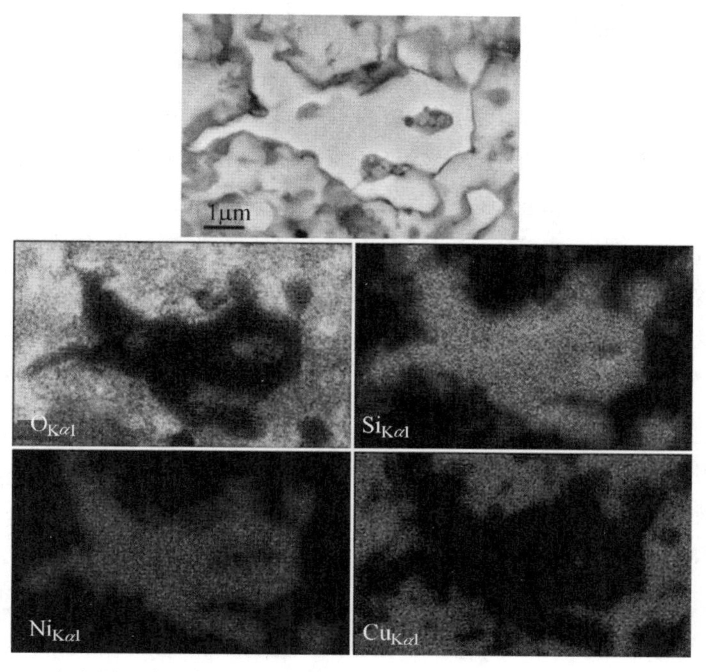

图 7.17　Cu-Ni-Si 合金样品高温氧化后氧化层某区域的背散射电子像及其能谱仪面分析结果[50]

3. 定量分析

如前面点分析章节中所述，通过电子探针仪所测的各组元特征 X 射线强度比来直接推算样品组元浓度，只是一种精确度不大高的半定量分析方法。为达到 ±5% 左右的高精度测量结果，必须计入"基体效应"的影响，以修正元素特征 X 射线的谱线强度比与其实际含量（浓度）间的关联。

具体地，样品"基体效应"主要包括原子序数效应（Z）、X 射线吸收效应（A）和二次荧光效应（F）。相应地，计入"基体效应"影响后，元素特征 X 射线的谱线强度比 k_j 与其浓度 C_j 间的关联将修正为

$$C_j = ZAFk_j \tag{7-11}$$

式中，Z 为原子序数修正项；A 是 X 射线吸收修正项；F 则代表二次荧光修正项。

一般情况下，对于原子序数大于 10 且质量分数（浓度）大于 10% 的元素，修正后的浓度误差可限定在 ±5% 之内。但是，这种引入"基体效应"影响因素的定量成分分析涉及的计算十分繁杂。然而，现代电子探针仪都有高性能计算机系统，并配备相关定量分析软件。X 射线强度的测量、ZAF 校正及定量分析计算都可由计算机辅助完成。

需要指出的是，定量分析时涉及的元素谱线强度比计算，将关系到样品与标样的元素谱线的实测强度，而这些强度值在被采用前必须扣除背景计数引起的背底以及计数管死时间的影响。

(1) 背景计数的来源与扣除

电子探针在做谱线强度测量时，必然把谱线所在位置的背景计数一并加以收录。因此

应当将混入的背景计数撇清并予以扣除，才能得出真正峰值计数以供下一步修正计算。

背景计数的来源：除了 X 射线连续谱和其他元素的特征谱（一阶或高阶反射）或是散射后的辐射外，还有来自未经分光晶体反射的直接射线、散射回来的电子或二次电子，以及在样品以外的部件上所激发的 X 射线。此外，还有来自计数管和计数线路的噪声等。

背景噪声计数一般通过谱仪在特定元素谱线左右两侧各移动一个小角度来测定（角度具体大小需视谱仪的分辨率来定），并以它们的平均值作为该谱线位置的背景计数值。但是，要避免把谱仪移至与所测元素的另一弱线位置或与之共存的某些微量元素的谱线位置测量背景计数，且要留心有无伴线的存在。因此为确定谱线两侧的真正背景计数值，有时必须记录谱线位置附近 1° 范围内的辐射。另外，由于计数管中气体的吸收不连续，会导致在某些角度处测得的背景噪声突然降低，造成额外误差。

假如一样品主要由 A 元素构成，则其中 B 元素的某一谱线周围的背景噪声可以这样快速测定：把谱仪放置在 B 元素的特定谱线位置，仅需将试样换成纯 A 元素标样进行测定。这比移动谱仪测背景噪声的方法要快捷许多，但有时会引入大的误差。例如，需要测定 Ni K_α 谱线的背景计数，可把谱仪调到该谱线位置，如果测定一块纯 Fe 标样的谱线背景，这时仅会得到一个非常低的背景计数，因为 Fe 对背景噪声里波长约等于 Ni K_α 线的辐射的吸收系数极高。如果测定一块纯 Ni 标样 K_α 谱线两侧的背景水平，这样做无疑是引入了一个很大的误差；但如果测定一块含少量 Ni 的铁基合金上出射的 Ni K_α 谱线周围的背景水平，这样测就比较符合真实情况了。

总之，试样和标样间同一元素谱线的背景水平可以相差很大。这个差别可来自试样的吸收，也可源自试样与标样的原子序数差别，因为连续谱强度正比于靶材物质（试样或标样）的平均原子序数。

（2）计数管死时间的修正

扣除背底后的谱线强度计数并不能直接用于 ZAF 修正计算，还必须经过计数管死时间的修正。

事实上，一个入射的 X 射线光子在计数管里造成一次脉冲放电后的瞬间内，由于正离子的迁移率较小，导致丝极附近形成一个正离子鞘，这大大改变了丝极区域的电位梯度。因此，在短时间内，即使有另一个 X 射线光子相继而来，也不能引起一场新的雪崩放电。于是这个 X 射线光子将会被漏记，即计数管在该时间段内停止工作，这段时间被称为计数管死时间 τ。由于死时间的存在，电子探针测得的谱线强度计数率需要进行死时间修正，才能得到每秒进入计数管的真正的 X 射线光子数。

通常，计数管死时间的修正办法如下：假设实验测得的每秒脉冲数为 N，则每秒钟内因计数管死时间而损失的计数工作时间为 $N\tau$。X 射线光子的发射是统计分布的，既然在 $1-N\tau$ 秒时间内接收到 N 个 X 射线光子，按比例关系，在整个一秒钟内到达计数管的 X 射线光子数的真值 N_0 应该满足：$N_0/N=1/(1-N\tau)$，得 $N_0=N/(1-N\tau)$。

计数管的死时间与其几何形状、充气成分、压力、工作电压等因素有关。计数管的死时间愈长，计数率愈高，因漏记引起的相对误差也愈大。正比计数管的死时间远小于盖氏计数管，在 10^{-6} 秒数量级，它可容许在很高计数率下使用而不致出现大的漏记误差；在计数率不高的情况下，做半定量分析时甚至可省去死时间修正。例如，一个死时间为 3×10^{-6} 秒的正比计数管在 10^4 脉冲 / 秒的计数率下使用时，其漏记造成的计数误差大约为 3%。这也是现代电子探针仪都采用正比计数管的重要原因。

由于 X 射线光子数和电子束的束流 i_b（或试样的吸收电流）之间存在正比关系：$N_0 = Ai_b$，其中，A 为比例常数。又因 $N_0 = N/(1-N\tau)$，可得 $Ai_b = N/(1-N\tau)$，即 $N/i_b = A(1-N\tau)$。如果以实验测得的 N/i_b 和 N 为变量来做它们的线性关系直线图，那么该直线在 $N=0$ 轴上的截距为 A，而 $-A\tau$ 就是它的斜率，相应地可得到 τ 值。这就是实验法测计数管死时间的依据。

7.3.3　电子探针微区分析应用举例

下面试举几例说明电子探针微区分析技术的应用：

（1）合金及矿石相成分测定

工程合金的基体上常出现细小析出物，矿石也是由许多颗粒细小的岩相组成。用电子探针仪检测分析这些相的成分不仅速度快，而且分析精度高。例如，不锈钢在 900 ℃ 以上长期退火后，容易析出很脆的 σ 相和 X 相，它们外形相似，用普通金相法难以区分。如采用电子探针分析技术，就可在观察各相形貌的同时，直接测定它们的化学成分；根据测得的成分及其含量，可以较准确地确定合金中存在的相类型。

（2）合金元素分布情况

由于合金组元的熔点各不相同，加之晶界和晶粒内部在结构上存在差异，这些因素容易造成结晶和热处理过程中合金发生成分偏析现象。通过电子探针技术可对合金成分进行点分析、线分析或面分析，从而可明确合金中各元素的分布特征。

（3）元素扩散现象研究

渗碳、渗氮、渗硼和渗金属等化学热处理渗层中，从表面至心部，渗入元素的分布存在浓度梯度，采用电子探针技术在垂直于样品表面的方向上进行线分析，就可得到元素浓度随扩散距离的变化曲线。

利用电子探针对一个扩散偶从 100% 的纯金属开始直到浓度变化到零的位置，逐相进行分析，就可以迅速确定该温度下相图上的相界位置。而且，利用电子探针还可研究扩散和氧化过程，结合相关扩散理论与数学模型，还可以测定元素的扩散系数与扩散激活能等参数。例如，Fe-Cr 合金在 950 ～ 1 000 ℃ 蒸汽中加热，形成的氧化层可以分为两层，用电子探针检测得知外层为 FeO，内层为铁和铬的氧化物。

鉴于电子探针技术具有分析元素范围广、快速准确、不破坏样品等优点，且可将材料的组织形貌与化学成分一起对应分析。目前已被广泛应用到金属、地质、生物、化工等诸多领域的研究分析中。

第5篇

其他显微分析方法

在了解了材料微结构分析方法（X射线衍射分析和透射电子衍射分析）的基础上，介绍了与电子显微镜相关的材料微区成分分析方法（能谱和波谱）。实际上材料的微区成分分析不仅只有能谱和波谱，材料的显微分析也不仅限于结构和成分，所以为了适应材料分析发展的要求，本篇介绍一些较常用的相关材料分析方法，包括能谱分析类、光谱分析类和探针型显微镜分析类三章，主要内容有：

（1）简要介绍了俄歇电子能谱仪、X射线光电子能谱、X射线荧光光谱和电子能量损失谱的原理、构造和应用。

（2）简要介绍了红外光谱、拉曼光谱和紫外-可见吸收光谱的原理、构造和应用。

（3）简要介绍了场离子显微镜与原子探针、扫描隧道显微镜与原子力显微镜的原理、构造和应用。

通过本篇的学习，可拓展读者视野，使之掌握更多的材料分析方法，为精确详实地表征材料各方面性能提供理论知识。

第1章

能谱分析类

1.1 俄歇电子能谱

1.1.1 俄歇电子能谱的基本分析原理

当高能电子束与固体样品相互作用时,如原子内壳层电子因电离激发而留下一个空位,由较外层电子向这一能级跃迁,使原子释放能量的过程中,可以发射一个具有特征能量的X射线光子,也可以将这部分能量交给另外一个外层电子,引起进一步的电离,从而发射一个具有特征能量的俄歇电子。检测俄歇电子的能量和强度可以获得有关表层化学成分的定性或定量信息,这就是俄歇电子能谱仪(Auger electron spectroscopy,AES)的基本分析原理。

俄歇跃迁涉及三个核外电子,如原子发射一个 KL_2L_2 俄歇电子,其能量由下式给定:

$$E_{KL2L2} = E_K - E_{L2} - E_{L2} - E_w \tag{1-1}$$

一般原理是:由于A壳层电子电离,B壳层电子向A壳层的空位跃迁,导致C壳层电子的发射。考虑到后一过程中 A 电子的电离将引起原子库仑电场的改组,使 C 壳层能级略有变化,可以看成原子处于失去一个电子的正离子状态,因而对于原子序数为 Z 的原子,电离以后C壳层由 $E_C(Z)$ 变为 $E_C(Z+\Delta)$,E_w 为样品材料的逸出功,于是俄歇电子的特征能量应为

$$E_{ABC}(Z) = E_A(Z) - E_B(Z) - E_C(Z+\Delta) - E_w \tag{1-2}$$

其中,Δ 是一个修正量,数值在1/2到3/4之间,近似地可以取作1。这就是说,式中 E_C 可以近似地认为是比 Z 高1的那个元素原子中C壳层电子的结合能。

前面提到,原子处于激发态后,可能向外发射特征X射线,也可能发射俄歇电子,如对于K层电离的初始激发状态,其后的跃迁过程中既可能发射各种不同能量的K系特征X射线光子($K_{\alpha 1}$、$K_{\alpha 2}$、$K_{\beta 1}$、$K_{\beta 2}$、…),也可能发射各种不同能量的K系俄歇电子(KL_1L_1、$KL_1L_{2,3}$、…),这是两个互相竞争的不同跃迁方式。它们的相对发射概率,即荧光(特征X射线光子)产额 ω_K 和俄歇电子产额 $\bar{\alpha}_K$ 满足

$$\omega_K + \bar{\alpha}_K = 1 \tag{1-3}$$

同样,以L或M层电子电离作为初始激发态时,也存在同样的情况。事实上,最常见的俄歇电子能量总是相应于最有可能发生的跃迁过程,即那些给出最强X射线谱线的电子跃迁过程。各种元素在不同跃迁过程中发射的俄歇电子的能量如图1.1所示。显然,选用强

度较高的俄歇电子进行检测有助于提高分析的灵敏度。

俄歇电子产额 $\bar{\alpha}$ 随原子序数的变化如图 1.2 所示。俄歇电子产额较高的有：原子序数 $Z<15$ 的轻元素的 K 系、几乎所有元素的 L 和 M 系。由此可见，俄歇电子能谱分析轻元素特别有效；而中、高原子序数的元素，采用 L 和 M 系俄歇电子比采用荧光产额很低的长波长 L 或 M 系特征 X 射线进行分析灵敏度高得多。通常，对于 $Z \leqslant 14$ 的元素，采用 KLL 电子来鉴定；对于 $Z \geqslant 14$ 的元素，宜采用 LMM 电子；对于 $Z \geqslant 42$ 的元素，以 MMN 和 MNO 电子为佳。激发上述类型的俄歇跃迁，产生必要的初始电离所需的入射电子能量都不高，一般 2 keV 以下就足够了。

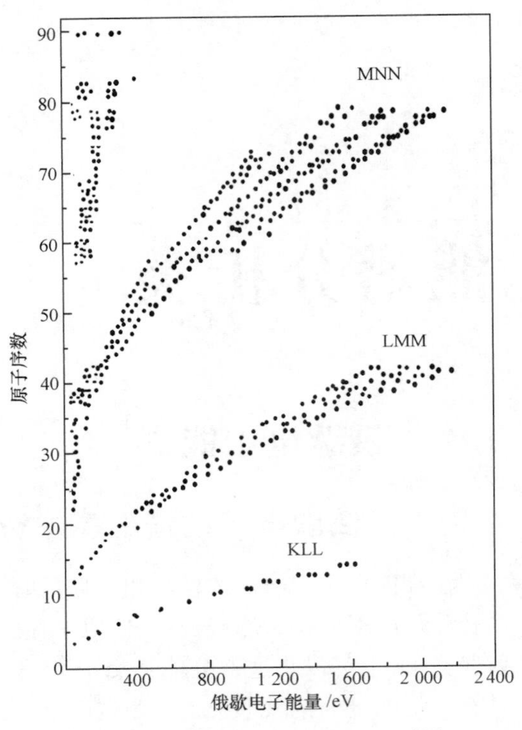

图 1.1　各种元素的俄歇电子能量[51]

大多数元素在 50 ～ 100 eV 能量范围内都有较高产额的俄歇电子，入射电子束的束斑直径会直接影响其有效激发体积与发射的深度。虽然俄歇电子的实际发射深度由入射电子的穿透能力决定，但真正能够保持其特征能量而逸出表面的俄歇电子却仅限于表层以下 0.1 ～ 1 nm 的深度范围。这是因为大于这一深度处发射的俄歇电子，在到达表面以前将由于与样品原子的非弹性散射而被吸收，或者部分地损失能量而混同于大量二次电子信号的背景。0.1 ～ 1 nm 的深度只相当于表面几个原子层，这就是俄歇电子能谱仪作为有效的表面分析工具的依据。显然，在这样的浅表层内，入射电子束的侧向扩展几乎完全不存在，其空间分辨率直接与束斑直径相当。目前，利用细聚焦入射电子束的"俄歇探针仪"可以分析大约 50 nm 的微区表面化学成分。

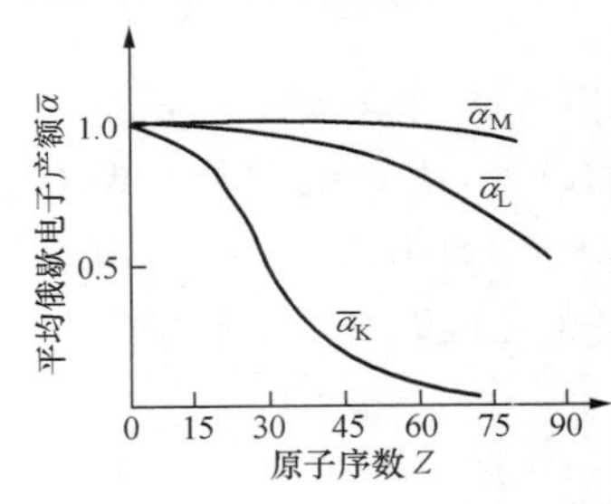

图 1.2　平均俄歇电子产额 $\bar{\alpha}$ 随原子序数 Z 的变化

1.1.2　俄歇电子能谱仪的结构

目前，由于超高真空（$10^{-8} \sim 10^{-7}$ Pa）和能谱检测技术的发展，俄歇谱仪作为一种有效的表面分析工具，日益受到人们的重视。在人们最关注的俄歇电子能量范围内，由初级入射电子激发所产生的大量二次电子和非弹性背散射电子形成了很高的背景强度。俄歇电子的电流约为 10^{-12} A 数量级，而二次电子等的电流高达 10^{-10} A 数量级，所以俄歇电子谱的信噪比（S/N）极低，检测相当困难，需要某些特殊的能量分析器和数据处理方法。

1. 阻挡场分析器(RFA)

俄歇谱仪与低能电子衍射仪在许多方面相似，如电子光学系统、超高真空样品室等，它们需要检测的电子信号都是低能的微弱信息。因此，俄歇谱仪的早期发展大多利用原有的低能电子衍射仪，仅增加一些接收俄歇电子并进行微分处理的电子学线路而已。

在图 1.3 所示的低能电子衍射装置中，一方面提高电子枪的加速电压(200 ～3 000 V)，另一方面让半球形栅极 G_1 和 G_3 的负电位在 0 ～ 1 000 V 连续可调，即可用来检测俄歇电子能谱。把电子枪装在半球形分析器的外面，试样略有侧斜。使初级电子束以 15° ～ 25° 的小角度入射，可以大大降低背散射电子的信号强度，使分辨率提高。

如果使栅极 G_2 和 G_3 处于 $-U$ 电位，则它们将对表面发射的电子中能量低于 eU 的部分产生一个阻挡电场，使之不能通过，而仅有能量高于 eU 的电子得以到达接收极。这样的检测装置称为阻挡场分析器，具有“高通滤波器”的性质。接收极收集到的电流信号，包括所有能量高于 eU 的电子，显然，要直接从这样得到的 $I(E)$-E 能谱曲线(图 1.4 中曲线 1)上检测到微弱的俄歇电子峰，将是十分困难的，至少灵敏度是极差的。

为了提高测量灵敏度，在直流阻挡电压上叠加一个交流微扰电压 $\Delta U = k\sin\omega t$，典型的情况是 $k = 0.5 \sim 5$ V，$\omega = 1 \sim 10$ kHz。这样，接收极收集的电流信号 $I(E + \Delta E)$(其中 $\Delta E = eU$) 也有微弱的调幅变化。

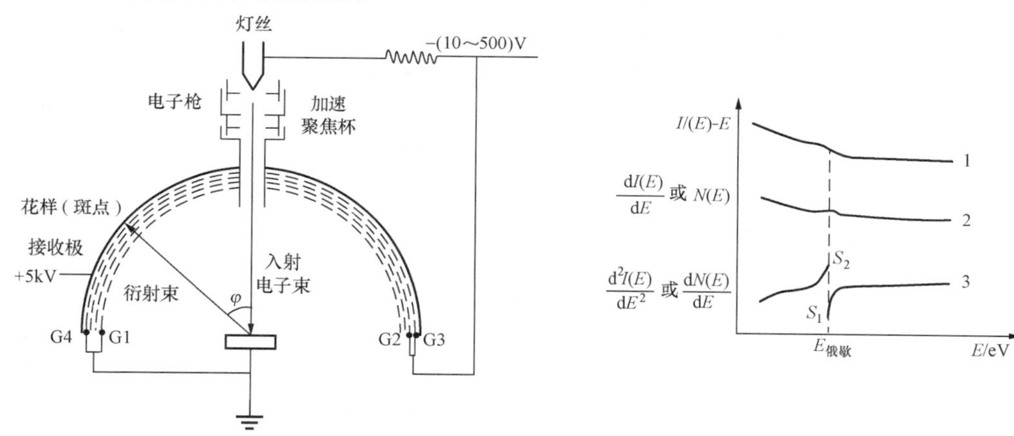

图 1.3　利用后加速技术的低能电子衍射装置示意图

图 1.4　接收极信号强度的三种显示方式

利用相敏检波器可以将频率为 ω 或 2ω 的信号挑选出整流并放大，分别给出 $\dfrac{\mathrm{d}I(E)}{\mathrm{d}E}$ 或 $\dfrac{\mathrm{d}^2 I(E)}{\mathrm{d}E^2}$ 随阻挡电压 U 或电子能量 $E = eU$ 的变化曲线，如图 1.4 中曲线 2 或 3 所示。由于接收极收集的电流信号 $I(E) \propto \int_E^{\infty} N(E)\mathrm{d}E$，其中 $N(E)$ 是能量为 E 的电子数目，于是

$$N(E) \propto \frac{\mathrm{d}I(E)}{\mathrm{d}E} \tag{1-4}$$

所以曲线 2 也可以看作 $N(E)$ 随 E 的变化，即电子数目随能量分布的曲线，在二次电子等产生的较高背景上叠加有微弱的俄歇电子峰。因俄歇峰高度较小，当信号较弱时，在 $N(E)$-E 曲线上俄歇峰也不明显，如果对 $N(E)$-E 曲线进行微分处理，曲线 3 则是电子能量分布的一

次微分 $\left[\frac{\mathrm{d}N(E)}{\mathrm{d}E}\right]$。此时，原来较低的俄歇电子峰转化为一对双重峰，使俄歇峰表现为背景低而明锐(典型的相对能量分辨率可达0.3%～0.5%，S/N 为4 000左右)，且计数清晰容易辨认，这是俄歇谱仪常用的显示方式。双重峰极小值处的能量代表俄歇电子特征能量，极大值和极小值差代表俄歇电子计数，从俄歇峰的能量可进行元素定性分析，根据峰高度可进行半定量和定量分析。如图 1.5 所示为实测某 Cu-C 薄膜的俄歇电子谱。

2. 圆筒反射镜分析器(CMA)

1996 年推出的一种新型电子能量分析器为近代俄歇谱仪所广泛使用，即圆筒反射镜分析器。如图 1.6 所示，它是由两个同轴的圆筒形电极所构成的静电反射系统，内筒上开有环状的电子入口和出口光阑，内筒和样品接地，外筒接偏转电压 U。两个圆筒的半径分别为 r_1 和 r_2，典型的 r_1 为 3 cm 左右，$r_2=2r_1$。若光阑选择的电子发射角为 $42°18'$，则由样品上轰击点 S 发射的能量为 E 的电子，将被聚焦于距离 S 点为 $L=6.19r_1$ 的 F 点，并满足如下关系：

$$\frac{E}{Ue}=1.31\ln\frac{r_1}{r_2} \tag{1-5}$$

连续改变外筒的偏转电压 U，即可得到 $N(E)$ 随电子能量分布的谱线(同样进行微分处理)。通常采用电子信号倍增管作为电子信号的检测器。显然，这是一种“带通滤波器”性质的能量分析装置，因为只有满足式(1-5)的能量为 $E+\Delta E$ 的电子可以聚焦并被检测。ΔE 受反射镜系统的球差、光阑的角宽度(约 $\pm 3°$)，以及杂散电磁场的限制，能量分辨率理论上可达 0.04%，实际上一般在 0.1% 左右。圆筒反射镜分析器总的灵敏度可比阻挡场分析器提高2～3 个数量级。

俄歇谱仪的电子枪常装在圆筒反射镜分析器的内筒腔里，形成同轴系统，而在侧面安放溅射离子枪做样品表面清洁或剥层之用，如图 1.6 所示。

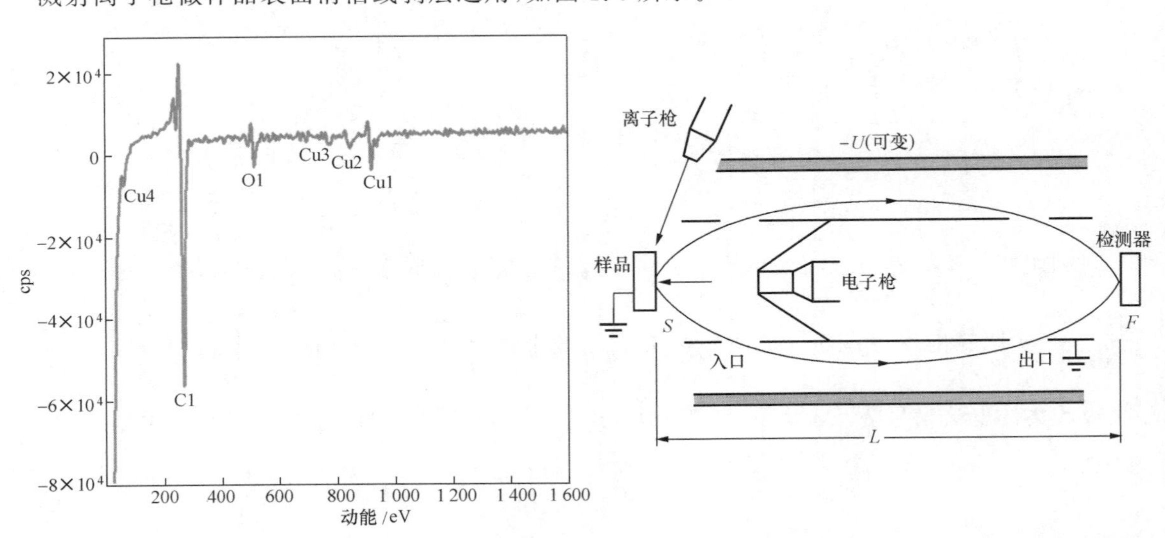

图 1.5　某 Cu-C 薄膜的俄歇电子谱[52]

图 1.6　俄歇谱仪所用的圆筒反射镜电子能量分析器

1.1.3 俄歇电子能谱仪的应用

1. 定性表面成分分析

利用俄歇电子能谱仪的宽扫描程序，收集 20 ～ 1 700 eV 动能区域的俄歇谱。为了增加谱图的信背比，通常采用微分谱来进行定性鉴定，如图 1.5 所示。对于大部分元素，其俄歇峰主要集中在 20 ～ 1 200 eV；对于有些元素，则需利用高能端的俄歇峰来辅助进行定性分析。此外，为了提高高能端俄歇峰的信号强度，可以通过提高激发电子能量的方法来获得。通常采取俄歇微分谱双重峰极小值处的能量代表俄歇电子特征动能，进行元素的定性标定。在分析俄歇能谱图时，必须考虑荷电位移问题。一般来说，金属和半导体样品几乎不会荷电，因此不用校准。但对于绝缘体薄膜样品，有时必须进行校准，以 C 的 KLL 峰的俄歇动能 278.0 eV 作为基准。在判断元素是否存在时，应用其所有的次强峰进行佐证，否则应考虑是否为其他元素的干扰峰。

2. 定量表面成分分析

目前，利用俄歇电子谱仪进行表面成分的定量分析，精度还比较低，只是半定量水平。常规情况下，相对精度约为 30%。如果能对俄歇电子的有效发射深度估计得较为正确，并充分考虑到表面以下基底材料的背散射对俄歇电子产额的影响，精度可能提高到与电子探针相近，相对误差约 5%。

显然，微分俄歇能谱曲线（图 1.4 中曲线 3）的峰 - 峰幅值 S_1S_2 的大小，应是有效激发体积内元素浓度的标志。为了把测量得到的峰 - 峰幅值 I_A（A 为某元素符号）换算成它的原子分数 C_A，需要采用特定的纯元素标样（银），并通过下式计算：

$$C_A = \frac{I_A}{I_{Ag}^0 S_A D_x} \tag{1-6}$$

式中，I_{Ag}^0 是纯银标样的峰 - 峰幅值；S_A 是元素 A 的相对俄歇灵敏度因数，它考虑了电离截面和跃迁概率的影响，可由专门的手册查得；D_x 为标度因数，当 I_A 和 I_{Ag}^0 的测量条件完全相同时，$D_x = 1$。

如果测得俄歇谱中所有存在元素（A、B、C、…、N）的峰 - 峰幅值，则摩尔分数的计算公式为

$$C_A = \frac{I_A/S_A}{\sum_{j=A}^{N}(I_j/S_j)} \tag{1-7}$$

3. 深度剖析

俄歇电子能谱仪的深度剖析功能是用 Ar 离子把一定厚度的表面层溅射掉，然后分析剥离后的表面元素含量，接下来再溅射掉一层，再分析剥离后的表面元素含量，这样不断交替，就可以获得各元素沿样品深度方向的分布。由于俄歇电子能谱的采样深度较浅，因此俄歇电子能谱的深度分析比 X 射线光电子能谱（1.2 节介绍）的深度分析具有更好的深度分辨率。这一功能是俄歇电子能谱最有用的分析功能，但该方法是一种破坏性分析方法，当离子束与样品表面的作用时间较长时，会引起表面晶格损伤、择优溅射和表面原子混合等现象。但当其剥离速度很快和剥离时间较短时，以上效应就不太明显，一般可以不考虑。通常采用

离子束/电子枪束的直径比应大于10,以避免离子束的溅射坑效应。

图1.7是Si基Cu-Ti-N薄膜的俄歇深度分析谱。横坐标为溅射时间,与溅射深度有对应关系,纵坐标为元素的原子分数,从图上可以清晰地看到各元素从薄膜表面到基体Si中的分布情况。

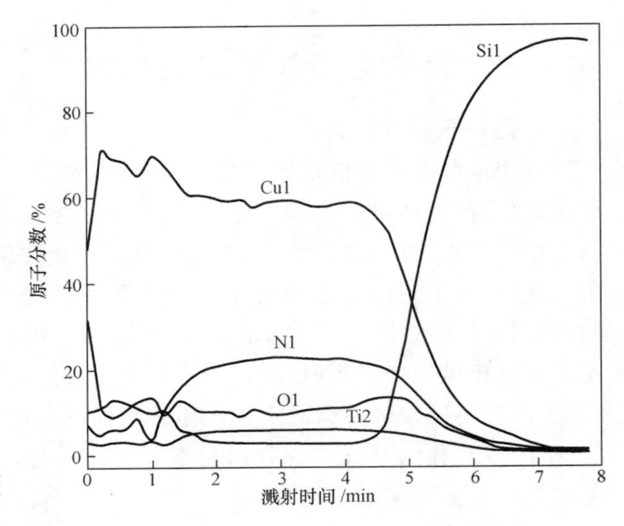

图1.7 Si基Cu-Ti-N薄膜的俄歇深度分析谱

4. 微区分析

俄歇电子能谱微区分析可以分为点、线和面三种。

(1) 点分析

由于采用电子束作为激发源,其束斑面积可以聚焦到非常小。理论上,俄歇电子能谱点分析的空间分辨率可以达到束斑面积大小。因此,利用俄歇电子能谱可以在很小的微区到大面积宏观范围内进行点分析。微区点分析可以通过计算机控制电子束的扫描,在样品表面的吸收电子像或二次电子像上锁定待分析点。对于大范围点分析,一般采取移动样品的方法,使待分析区和电子束重叠,选点范围取决于样品架的可移动程度。利用计算机软件选点,可以对多点进行表面定性、定量成分分析,化学价态分析和深度剖析。这是一种非常有效的微探针分析方法。

(2) 线分析

为了了解一些元素沿某一方向的分布情况,可以在微观到宏观的范围内进行(1～6 000 μm)利用俄歇线扫描很好地解决这一问题,这常应用于表面扩散研究、界面分析研究等方面。

(3) 面分析

俄歇电子能谱面分析也称俄歇电子能谱元素分布图像分析。它可以把某个元素在某一区域内的分布以图像的方式表示出来,就像电子显微镜照片一样。只不过电子显微镜照片提供的是样品表面的形貌像,而俄歇电子能谱提供的是元素的分布像。结合俄歇化学位移分析,还可以获得特定化学价态元素的化学分布像。俄歇电子能谱的面分析适于微型材料和技术的研究,也适于表面扩散等领域的研究。在常规分析中,由于该分析方法耗时非常长,一般很少使用。

1.2 X射线光电子能谱

1958年,以塞班(Siegbahn)为首的一个瑞典研究小组首次观测到光峰现象,并发现此方法可以用来研究元素的种类及其化学状态,故而取名"化学分析光电子能谱"(Electron spectroscopy for chemical analysis,ESCA)。"X射线光电子能谱"(X-ray photoelectron spectroscopy,XPS)是目前最广泛应用的表面分析方法之一,主要用于成分和化学态的分析。目前XPS和ESCA已被公认为是同义词而不再加以区分。X射线光电子能谱仪可以获得丰富的化学信息，对样品的损伤轻微。缺点是由于X射线不易聚焦，因而照射面积大，不适于微区分析，不过近年来这方面已取得一定进展。

X射线光电子能谱能在不太高的真空度下进行表面分析研究，这是其他方法都做不到的。当用电子束激发时，如用俄歇电子能谱仪，必须使用超高真空，以防止样品上形成碳的沉积物而掩盖被测表面。X射线比较柔和的特性使得在中等真空度下对样品表面观察几个小时而不会影响测试结果。此外，化学位移效应也是X射线光电子能谱法不同于其他方法的另一特点，即采用直观的化学知识即可解释X射线光电子能谱中的化学位移。相比之下，采用俄歇电子能谱仪解释起来就困难很多。

1.2.1　X射线光电子能谱的测量原理

单色X射线照射样品时，具有一定能量的入射光子与样品原子相互作用，光致电离产生光电子，这些光电子从产生之处输运到表面，然后克服逸出功而发射，这就是X射线光电子发射的三步过程。用能量分析器分析光电子的动能，从而得到X射线光电子能谱。

由于光电子发射过程的后两步(即光电子从产生处输运到表面，然后克服逸出功而发射出去)与俄歇电子完全一样，只有深度极浅范围内产生的光电子，才能够能量无损地输运到表面，所以和俄歇谱一样，由X射线光电子能谱得到的也是表面的信息，信息深度与俄歇谱相同。X射线光电子能谱可进行定性分析：根据测得的光电子动能，确定表面存在什么元素以及该元素原子所处的化学状态；也可进行定量分析：根据某种能量的光电子的数量，确定其在表面的含量。如果离子束溅射剥蚀表面和X射线光电子能谱分析二者交替进行，还可得到元素及其化学状态的深度分布，这就是深度剖析。

X射线光电子能谱的测量原理很简单，它是建立在爱因斯坦光电发射定律基础之上的，对于孤立原子，其光电子动能为

$$E_k = h\nu - E_b$$

式中，$h\nu$ 是入射光子的能量；E_b 是电子的结合能。$h\nu$ 是已知的，E_k 可以用能量分析器测出，于是可得出 E_b。同一种元素的原子，不同能级上的电子 E_b 不同，所以在相同的 $h\nu$ 下，同一元素会有不同能量的光电子，在能谱图上，就表现为不止一个谱峰。其中最强而又最易识别的就是主峰，一般也采用主峰来进行分析。不同元素的主峰，E_b 和 E_k 不同，所以用能量分析器分析光电子动能，便能进行表面成分分析。

如图1.8所示，对于从固体样品发射的光电子，如果光电子出自内层，不涉及价带，由于逸出表面要克服逸出功 φ_s，所以光电子动能为

$$E'_k = h\nu - E_b - \varphi_s \tag{1-8}$$

其中，E_b 从费米能级算起。

实际用能量分析器分析光电子动能时，分析器与样品相连，存在着接触电位差 $\varphi_A - \varphi_s$，于是进入分析器的光电子动能为

$$E'_k = h\nu - E_b - \varphi_s - (\varphi_A - \varphi_s) = h\nu - E_b - \varphi_A \tag{1-9}$$

式中，φ_A 是分析器材料的逸出功(Work function)。

在X射线光电子能谱中，电子能级符号以 nl_j 表示，例如 $n=2$，$l=1$(即p电子)，$j=3/2$

的能级,就以 $2p_{3/2}$ 表示。$1s_{1/2}$ 一般就写成 1s。图 1.8 表示 $2p_{3/2}$ 光电子能量,为清楚起见,其他内层电子能级及能带均未画出。

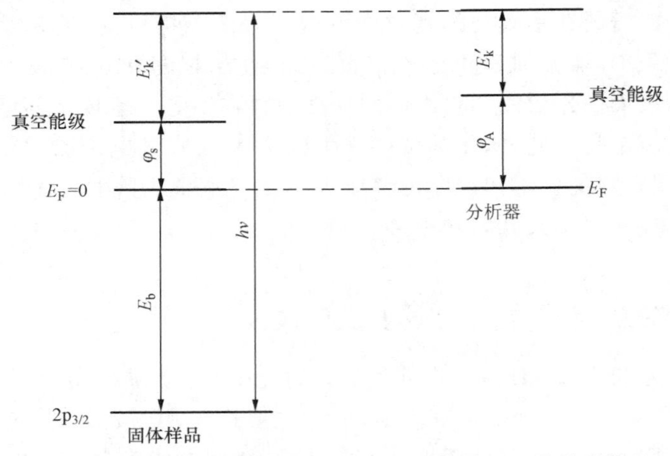

图 1.8　从固体样品发射的 $2p_{3/2}$ 光电子能量(E_F 是费米能级)

在式(1-9)中,如 $h\nu$ 和 φ_A 已知,测 E'_k 可知 E_b,便可进行表面分析。X 射线光电子能谱仪最适于研究内层电子的光电子能谱。如果要研究固体的能带结构,则利用紫外光电子能谱仪(Ultraviolet photoelectron spectroscopy,UPS)更为合适。

1.2.2　X 射线光电子能谱的结构

图 1.9 为 X 射线光电子能谱的基本结构框图,其主要部分(X 射线源、样品和能量分析器)需要在高真空下,另外还有微弱信号检索及数据处理部分。

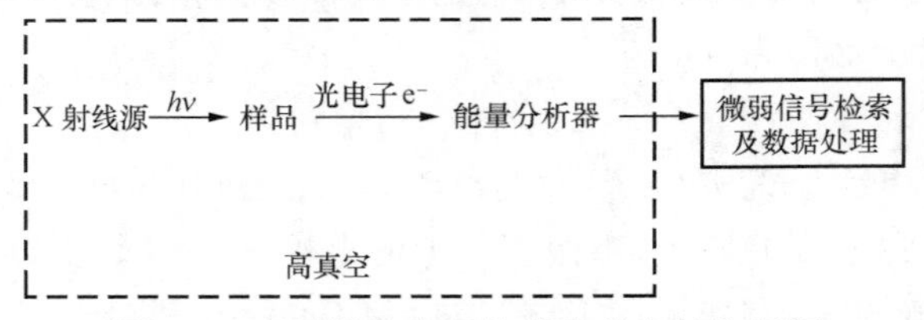

图 1.9　X 射线光电子能谱的基本结构框图

常用的 X 射线源有两种:

MgK_α 线:能量为 125 eV,线宽为 0.7 eV;Mg 的 K_α 线稍窄一些,但由于 Mg 的蒸气压较高,用它作阳极时能承受的功率密度比 Al 阳极低。

AlK_α 线:能量为 1 486 eV,线宽为 0.9 eV。

它们 K_α 双线之间的能量间隔很近,因此 K_α 双线可认为是一条线。这两种 X 射线源所得射线线宽还不够理想,而且除主射线 K_α 线外,还产生其他能量的伴线,它们也会产生相应的光电子谱峰,干扰光电子谱的正确测量。此外,由于 X 射线源的韧致辐射,还会产生连续的背底。测量小的化学位移时,解决上述问题的方法有:

(1) 用单色器可以使线宽变得更窄,且可除去 X 射线伴线引起的光电子谱峰,以及除去因韧致辐射造成的背底。不过,采用单色器会使 X 射线强度大大削弱。

(2) 在数据处理时用卷积也能消除 X 射线线宽造成的谱峰重叠现象。

能量分析器：主要是带预减速透镜的半球或接近半球的球偏转分析器SDA，其次是具有减速栅网的双通筒镜分析器CMA，因源面积较大而且能量分辨要求高，用前者比较合适。能量分析器的作用是把从样品发射出来的、具有某种能量的光电子选择出来，而把其他能量的电子滤除。对于以上两种能量分析器，选取的能量与加到分析器的某个电压成正比，控制电压就能控制选择的能量。如果加的是扫描电压，便可依次选取不同能量的光电子，从而得到光电子的能量分布，也就是X射线光电子能谱。采用预减速时，有两种扫描方式：一种是固定分析器通过（透射）能量方式（CAT方式），不管光电子能量是多少，都被减到一个固定的能量再进入分析部分；另一种是固定减速比方式（CRR方式），光电子能量按一固定比例减小，然后进入分析部分。

X射线光电子能谱不用微分法，直接测出能谱曲线，图1.10为Cu(C)薄膜的X射线光电子能谱。由于信号电流非常微弱，在$1\sim10^5$ cps范围内，因此用脉冲记数法测量。与俄歇谱相比，分析速度较慢。一般采用通道电子倍增器或位置灵敏检测器（PSD），可以明显提高信号强度。

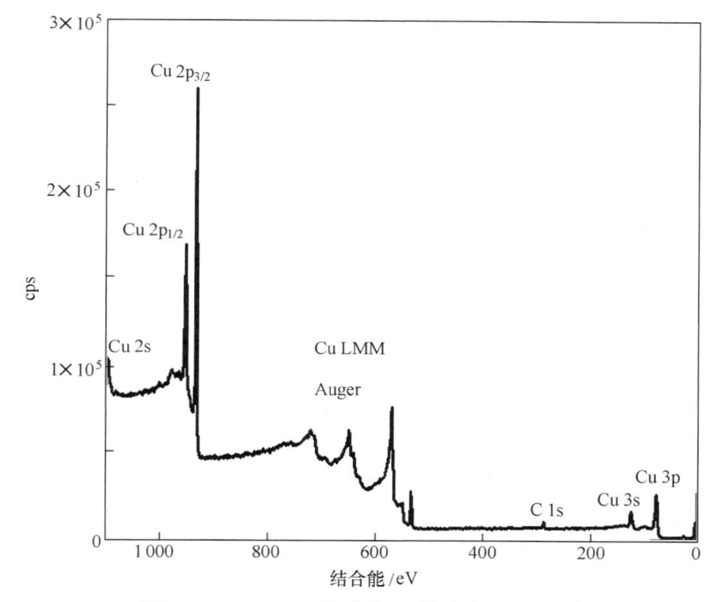

图1.10　Cu(C)薄膜的X射线光电子能谱

X射线光电子能谱的检测极限受限于背底和噪声。X射线照射样品产生的光电子在运输到表面的过程中受到非弹性散射损失部分能量后，就不再是信号而成为背底。对于性能良好的X射线光电子能谱仪，噪声主要是信号与背底的散粒噪声。所以X射线光电子能谱的背底和噪声与被测样品有关。一般说来，检测极限大约为0.1%。采用位置灵敏检测器能检测含量更小的元素，但设备较复杂，价格较高。

1.2.3　X射线光电子能谱的应用

1. 测量化学位移

原子所处的化学环境不同，使内层电子结合能发生微小变化，表现在X射线光电子能谱上，就是谱峰位置发生微小的移动，即 X 射线光电子能谱的化学位移。这里所指的化学环境，一是指所考虑原子的价态，二是指在形成化合物时，与所考虑原子相结合的其他原子的情况。测量中所反映出来的化学位移规律如下：

(1) 氧化价态越高，结合能越大

三种不同状态的金属 Be，经 Al K_α 射线照射所得的 Be1 s 光电子能谱图如图 1.11 所示。

① 金属 Be 在 1.33×10^{-3} Pa 下蒸发到基片上[图 1.11(a)]。

② 将样品在空气中加热，使金属 Be 完全氧化[图 1.11(b)]。

③ 在蒸发 Be 样品的同时用锆做还原剂阻止氧化[图 1.11(c)]。

对比这三张 Be 的 1 s 光电子谱，很容易看出，BeO 中 Be 的 1 s 电子结合能比纯 Be 中 Be 的 1 s 电子结合能要高大约 2.9 eV。

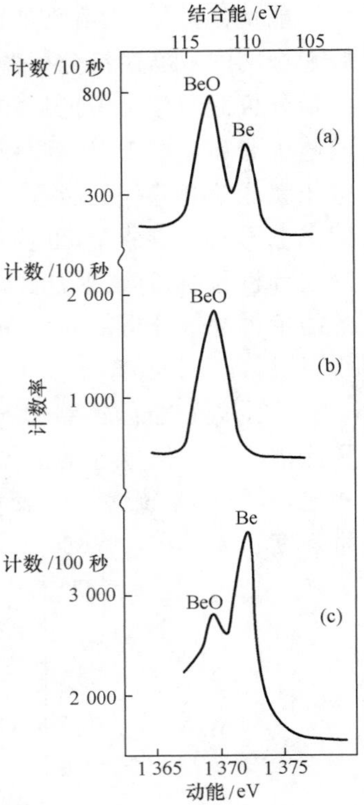

图 1.11　三种不同状态的金属 Be 经 Al K_α 射线照射所得的 Be 1 s 光电子能谱图

(2) 与所考虑原子相结合的原子，其元素电负性越高，结合能越大

电负性反映原子在结合时吸引电子能力的相对强弱，仍以 Be 的 1 s 光电子谱为例。图1.12 给出了 BeO 和 BeF_2 中 Be 的 1 s 光电子谱峰的相对位置。尽管在这两种化合物中，Be 都是正二价的，但是由于 F 的电负性比 O 的电负性高，在 BeF_2 中的 Be 的 1 s 电子结合能就要大一些。

元素在不同的化合物中的化学位移是通过实验测量的，已有大量实验数据收集在 Perkin-Elmer 公司的 X 射线光电子谱手册中。Li 以上的各种元素都有一张实测的“化学位移表”，可供查阅。

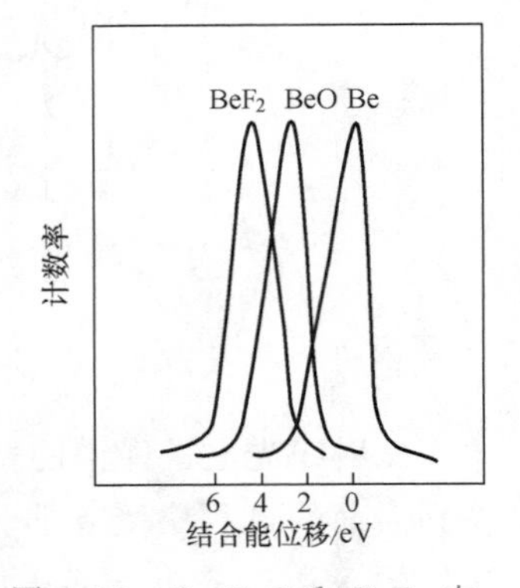

图 1.12　Be、BeO 和 BeF_2 中 Be 的 1 s 光电子谱峰位移

2. 定性分析与俄歇峰的利用

根据测量所得光电子谱峰位置，可以确定表面存在哪些元素以及这些元素存在于什么化合物中，这就是定性分析。定性分析可借助手册进行，最常用的手册就是 Perkin-Elmer公司的 X 射线光电子能谱手册[53]。在此手册中有在 Mg K_α 和 Al K_α 照射下，从 Li 开始各种元素的标准谱图，谱图上有光电子谱峰和俄歇峰的位置，还附有化学位移的数据。图 1.13(a) 和(b) 就是 Cu 的标准谱图，对照实测谱图与标准谱图，不难确定表面存在的元素及其化学状态。

定性分析所利用的谱峰，当然应该是元素的主峰(也就是该元素最强最尖锐的峰)。有时会遇到含量少的某元素主峰与含量多的另一元素的非主峰相重叠的情况，造成识谱的困难。这时可利用“自旋-轨道耦合双线”，也就是不仅看一个主峰，还看与其 n、l 相同但 j 不同的另一峰，这两峰之间的距离及其强度比是与元素有关的，并且对于同一元素，两峰的化学位移又是非常一致的，所以可根据两个峰（双线）的情况来识别谱图。

伴峰的存在与谱峰的分裂会造成识谱的困难，因此要进行正确的定性分析，必须正确鉴别各种伴峰及正确判定谱峰分裂现象。

一般进行定性分析首先进行全扫描（整个X射线光电子能量范围扫描），以鉴定存在的元素，然后再对所选择的谱峰进行窄扫描，以鉴定化学状态。在X射线光电子能谱图里，C1s、O1s、C(KLL)、O(KLL)的谱峰通常比较明显，应首先鉴别出来，并鉴别其伴线。然后由强到弱逐步确定测得的光电子谱峰，最后用“自旋-轨道耦合双线”核对所得结论。

在X射线光电子能谱中，除光电子谱峰外，还存在X射线产生的俄歇峰。对某些元素，俄歇主峰相当强也比较尖锐。俄歇峰也携带着化学信息，如何合理利用它是一重要问题。

瓦格纳（Wagner）利用光电子谱峰和俄歇峰联合，对一部分元素进行化学位移的测量，简单介绍如下：首先引进一个新的参数——俄歇参数α，定义为

$$\alpha = E_A - E_p \tag{1-10}$$

此处，E_p是光电子主峰的能量，而E_A则是一个最强、最窄的俄歇峰的能量。由于

$$E_p = h\nu - E_b \tag{1-11}$$

所以

$$\alpha = E_A + E_b - h\nu \tag{1-12}$$

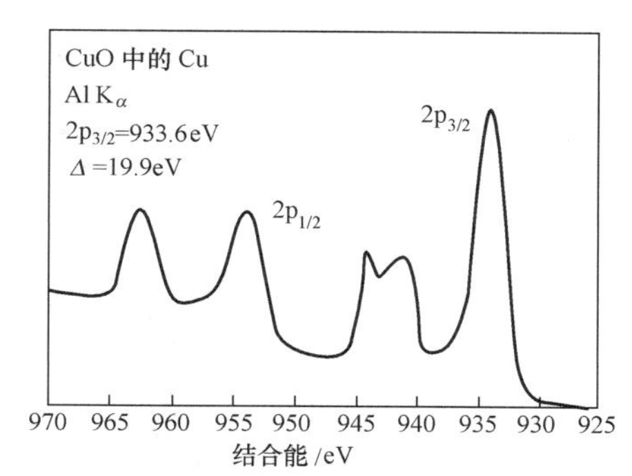

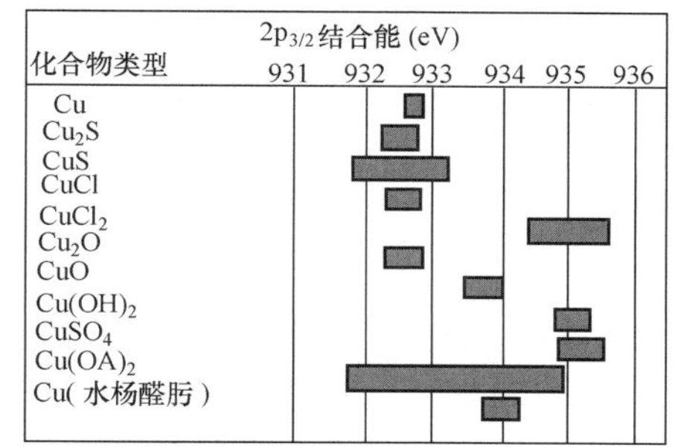

(a) X射线光电子谱主峰和化学位移表

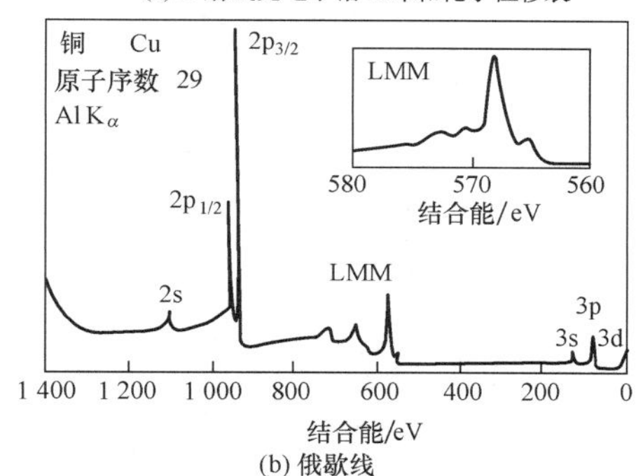

(b) 俄歇线

图1.13　Cu的标准谱图

$$h\nu + \alpha = E_A + E_b \tag{1-13}$$

由于结合能定标的误差和荷电效应，结合能的测定有一定误差。光电子谱峰的化学位移很小时，测量化学位移有困难，测得的结果不可靠。然而俄歇参数α却不受定标误差和荷电效应的影响，这误差对于俄歇电子能量的影响和对于光电子能量的影响是完全一样的，因而互相抵消。如果把$h\nu+\alpha$定义为改进的俄歇参数α'，则α'不仅不受定标误差和荷电效应的影响，而且也与X射线光子能量$h\nu$无关，并且总是一个正数。不同的化学环境造成光电子谱峰和俄歇峰的微小位移，因而也造成α或α'的微小变化，所以α或α'又是反映化学位移的一个量。

瓦格纳用化学状态区域图来表示α或α'与化学环境的关系。图1.14是Cu的化学状态区域图。图中横坐标是Cu的$2p_{3/2}$结合能，纵坐标是Cu的LMM俄歇电子动能。由图可见，对于Cu仅利用光电子谱线是难以区别化学环境的。例如，Cu、Cu_2S、Cu_2O和CuCl的Cu，仅根据$2p_{3/2}$光电子结合能是难以区分的。但是如果再利用俄歇线，根据α的不同，是可以清

楚地分开的。对于光电子谱峰化学位移比较小而俄歇峰化学位移比较显著的元素，利用化学状态区域图是很有利的，在 X 射线光电子谱手册中，有多种元素（F、Na、Cu、Zn、As、Cd、In 和 Te）的标谱图上附有化学状态区域图。

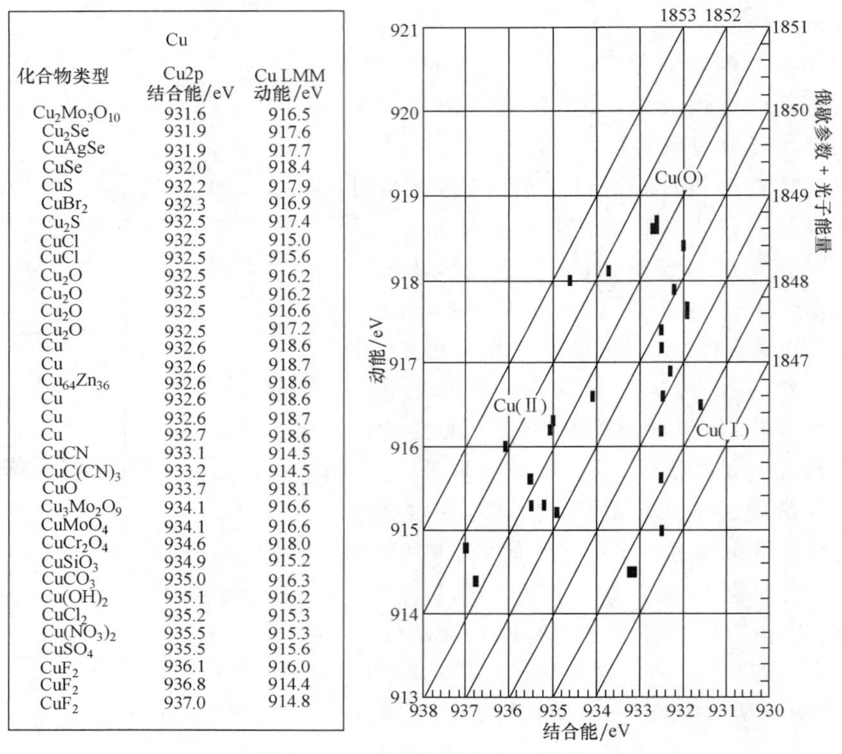

Cu		
化合物类型	Cu2p 结合能/eV	Cu LMM 动能/eV
$Cu_2Mo_3O_{10}$	931.6	916.5
Cu_2Se	931.9	917.6
CuAgSe	931.9	917.7
CuSe	932.0	918.4
CuS	932.2	917.9
$CuBr_2$	932.3	916.9
Cu_2S	932.5	917.4
CuCl	932.5	915.0
CuCl	932.5	915.6
Cu_2O	932.5	916.2
Cu_2O	932.5	916.2
Cu_2O	932.5	916.6
Cu_2O	932.5	917.2
Cu	932.6	918.6
Cu	932.6	918.7
$Cu_{64}Zn_{36}$	932.6	918.6
Cu	932.6	918.6
Cu	932.6	918.7
Cu	932.7	918.6
CuCN	933.1	914.5
$CuC(CN)_3$	933.2	914.5
CuO	933.7	918.1
$Cu_3Mo_2O_9$	934.1	916.6
$CuMoO_4$	934.1	916.6
$CuCr_2O_4$	934.6	918.0
$CuSiO_3$	934.9	915.2
$CuCO_3$	935.0	916.3
$Cu(OH)_2$	935.1	916.2
$CuCl_2$	935.2	915.3
$Cu(NO_3)_2$	935.5	915.3
$CuSO_4$	935.5	915.6
CuF_2	936.1	916.0
CuF_2	936.8	914.4
CuF_2	937.0	914.8

图 1.14　Cu 的化学状态区域图

3. 定量分析

定量分析是根据光电子谱峰强度，确定样品表面元素的相对含量，主要采用灵敏度因子法。光电子谱峰强度可以是峰的面积，也可以是峰的高度，一般用峰的面积更精确些。计算峰的面积要正确地扣除背底。元素的相对含量可以是试样表面区域单位体积原子数之比 $\frac{n_i}{n_j}$，也可以是某种元素在表面区域的原子浓度 $C_i = \frac{n_i}{\sum_j n_j}$（$j$ 包括 i）。

与俄歇定量相比，X 射线光电子谱没有背散射增强因子这个复杂因素，也没有微分谱造成的峰形误差问题，因此定量结果的准确性比俄歇好。一般认为，对于不太重要的样品，误差可以不超过 20%。

1.3　X 射线荧光光谱

1.3.1　X 射线荧光光谱的原理

X 射线荧光光谱主要使用 X 射线束激发荧光辐射，第一次是 1928 年由格洛克尔（Glocker）和施雷伯（Schreiber）提出的。该法是非破坏性分析技术。当材料暴露在短波长

X射线或γ射线下，如果其能量大于等于原子某一轨道电子的结合能，将该轨道电子电离，对应地形成一个空穴，使原子处于激发状态。较外层的电子跃迁（符合量子力学理论）至内层空穴所释放的能量以辐射的形式放出，便产生了X荧光。X荧光的能量与入射的能量无关，它只等于原子两能级之间的能量差。由于能量差完全由该元素原子的壳层电子能级决定，故称为该元素的特征X射线，也称荧光X射线或X荧光。这个仪器的主要作用是进行待测样品中元素含量的定性和定量分析，不能成像。

用X射线照射试样时，试样可以被激发出各种波长的荧光X射线，需要把混合的X射线按波长（或能量）分开，分别测量不同波长（或能量）的X射线的强度，以进行定性和定量分析，为此使用的仪器叫作X射线荧光光谱仪（X-ray fluorescence，XRF）。图1.15是德国布鲁克公司生产的S4 Pioneer型X射线荧光光谱仪。目前XRF可分为波长色散型和能量色散型两种。

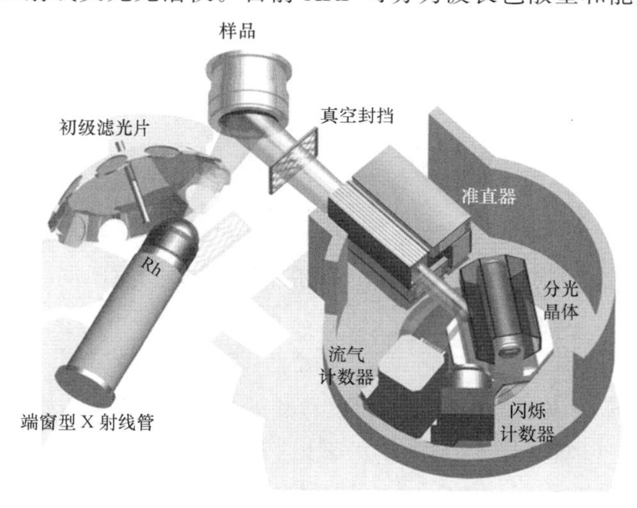

图1.15 S4 Pioneer型X射线荧光光谱仪

X射线荧光光谱分析的特点如下：

① 分析元素范围广$_{4}$Be～$_{92}$U。

② 测量元素含量范围为0.000 1%～100%。

③ 分析试样物理状态不做要求，固体、粉末、晶体、非晶体均可。

④ 不受元素化学状态的影响。

⑤ 属于物理过程的非破坏性分析、试样不发生化学变化的无损分析。

⑥ 可以进行均匀试样的表面分析。

1.3.2 X射线荧光光谱的结构

X射线荧光光谱主要由激发光源、能/波谱仪、检测记录系统三部分组成。

1. 激发光源

两种类型的X射线荧光光谱仪都需要用X射线管作为激发光源。图1.16为端窗型X射线管结构示意图。灯丝和靶极密封在抽成真空的金属罩内，灯丝和靶极之间加高压（一般为40 kV），灯丝发射的电子经高压电场加速撞击在靶极上，产生X射线。X射线管产生的一次X

射线作为激发 X 射线荧光的辐射源。只有当一次 X 射线的波长稍短于受激元素吸收限 l_{min} 时，才能有效激发出 X 射线荧光。大于 l_{min} 的一次 X 射线，其能量不足以使受激元素激发。

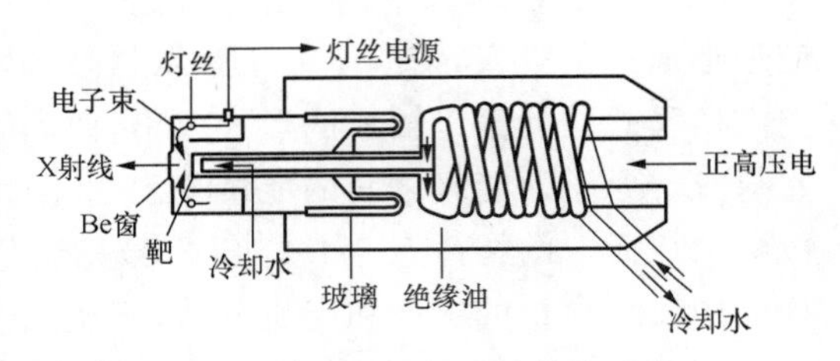

图 1.16　端窗型 X 射线管结构示意

X 射线管的靶材和管工作电压决定了能有效激发受激元素的那部分一次 X 射线的强度。管工作电压升高，短波长一次 X 射线比例增加，故产生的荧光 X 射线的强度也增强。但并不是说管工作电压越高越好，因为入射 X 射线的荧光激发效率与其波长有关，越靠近被测元素吸收限波长，激发效率越高。

X 射线管产生的 X 射线透过 Be 窗入射到样品上，激发出样品元素的特征 X 射线，正常工作时，X 射线管所消耗功率的 0.2% 左右转变为 X 射线辐射，其余均变为热能使 X 射线管升温，因此必须不断地通冷却水冷却靶极。

通常 X 射线管与样品之间还有一个初级滤光装置。

2. 能 / 波谱仪

样品被光源激发产生的特征 X 射线，是用能谱仪和波谱仪(带有分光晶体) 接收的，这一点与 EPMA 相同。因此，EPMA 和 XRF 最主要的区别是激发源不同。关于能谱仪和波谱仪的详细介绍参见本书第 4 篇第 7 章。

3. 检测记录系统

常用的检测装置有两种：气流式正比计数管和闪烁计数器，其结构示意图参见第 4 篇图 7.9 和第 2 篇图 4.6。气流式正比计数管主要由金属圆筒负极和芯线正极组成，适用于轻元素的检测。闪烁计数器主要由闪烁晶体和光电倍增管组成，适用于重元素的检测。

除上述两种检测器外，还有半导体探测器等。

1.3.3　X 射线荧光光谱的应用

1. 定性分析

定性分析是用测角仪进行角度扫描，通过分光晶体对 X 射线荧光进行分光，记录仪记录谱图，再解析谱图中的谱线以获知样品中所含的元素。其分析的基础是莫塞莱定律，即运用了特征 X 射线的波长与元素原子序数的一一对应关系。

目前绝大部分元素的特征 X 射线均已准确测出，新型 X 射线荧光光谱仪已将所有谱线输入电脑储存，扫描后的谱图可通过应用软件直接匹配谱线。X 射线荧光的光谱单纯，但也有一些干扰现象，会造成谱线的误读，即使电脑也不例外，因此在分析谱图过程中应遵守 X 射线规律特点，对仪器分析的误差进行校正，这部分内容同样在第 4 篇已经详述。

2. 半定量分析

半定量分析的出现是因为层出不穷的新材料需要进行成分分析，而传统的湿化学法既费时又费力，且有关工业废弃物中有害元素的立法，增加了对快速半定量分析方法的需求；

非破坏分析的要求增加，又无合适的标准样品可用，或者用户对半定量分析结果已满意，无须再做进一步的精密定量分析。

1989 年，UniQuant 首先问世，作为新一代半定量分析软件。之后，各 XRF 制造商陆续推出各自的半定量分析软件，如 SemiIQ、ASQ、SSQ 等。Philips 公司在 SemiIQ 无标样软件基础上，开发出最新的 IQ^+ 无标样定量分析软件。这些软件的共同特点是：所带标样只需在软件设定时使用一次；分析试样原则上可以是不同大小、形状和形态；分析元素范围 $_{9}F \sim _{92}U$；分析一个样品的时间是 15 ～ 30 min。

半定量分析是由仪器制造商测量校准样品，储存强度和校准曲线，然后将这些数据转到用户的 X 射线荧光分析系统中，并用随软件提供的参考样品校正仪器漂移。因此，无标样分析不是不需要标样，而是将校准曲线的绘制工作由仪器制造商来做，用户将用户仪器和厂家仪器之间的计数强度差异进行校正。半定量分析的准确度与样品本身有关，如样品的均匀性、块状样品表面是否光滑平整、粉末样品的颗粒度等，不同元素半定量分析的准确度可能不同，因为半定量分析的灵敏度库并未包括所有元素。同一元素在不同样品中，半定量分析的准确度也可能不同。大部分主量元素的半定量分析结果相对不确定度可以达到 10%（95% 置信水平）以下，某些情况下甚至接近定量分析的准确度。

半定量分析适用于对准确度要求不是很高、要求速度特别快（30 min 以内可以出结果）、缺少合适的标准样品、非破坏性分析等情况。

3. 定量分析

X 射线荧光光谱定量分析是一种比较法，即需要和标准样品比对才能得到未知样中被分析元素的浓度。首先对具有浓度梯度的一系列标准样品用适当的样品制备方法处理，并在适当条件下测量得到分析线的净强度 I_i（扣除了背景和可能存在的谱线重叠干扰）；然后建立特征谱线强度与相应元素浓度 C_i 之间的函数关系：$C_i = f(I_i)$，最后测量未知样中分析元素谱线强度，根据前述函数关系计算得到未知样中分析元素的浓度。

这种用标准样品建立的浓度和强度的关系称为校正曲线。校正曲线是 X 射线荧光光谱定量分析中最复杂也是最重要的。只有在少数特殊情况下，校正曲线可以近似为线性，如基体变化很小或样品很薄时。大多数情况下，由于基体效应对分析线强度的影响，校正曲线偏离线性，此时就需要对这种偏离进行校正。

所谓基体（matrix），是样品中除待测元素以外的所有元素的总称。在含多种元素的试样中，每种元素都是其他元素基体的一部分，所以在同一试样中，不同元素的基体也是不同的。基体元素对分析线强度产生影响，使分析线的强度增加或减小的现象，就是基体效应。

基体效应可分成两大类：第一类包括颗粒度、表面结构、化学态和矿物结构等效应。可以通过适当的样品处理来消除或得到校正，通常是将标样和未知样处理成一样的状态。第二类称为元素间吸收 / 增强效应。以不锈钢为例来说明元素间的吸收 / 增强效应：不锈钢的主要成分包括 Cr、Fe 和 Ni，当受到 X 射线管辐照时，都会发射 K 系谱线。通常将激发源激发产生的荧光谱线称为一次荧光。

Ni 和 Fe 的 K 系谱线都处在 Cr 的 K 系吸收限的短波侧，所以 Ni 和 Fe 的 K 系谱线一次荧光会被 Cr 吸收从而激发 Cr 的 K 系谱线，这种由一次荧光激发而产生的荧光称为二次荧光。同样，Ni 的 K 系谱线波长又在 Fe 的 K 系吸收限的短波侧，所以 Ni 的 K 系谱线也会被 Fe 吸收并激发产生 Fe 的 K 系谱线二次荧光。同理，Fe 的 K 系谱线二次荧光可以激发 Cr 的 K 系谱线三次荧光。

如果考虑 Ni 和 Fe 两个元素之间的相互影响，Ni 的 K 系谱线强度因为被 Fe 吸收而降低了，而 Fe 的 K 系谱线强度则由于 Ni 的存在而增强了，这就是元素之间的吸收 / 增强效应。很显然，在多元素体系中，还会出现三次以上的荧光，但是 X 射线荧光光谱理论计算中，一般只考虑到三次荧光，因为四次以上的荧光强度对总荧光强度的贡献很小。

为了对第二类基体效应进行校正，分析工作者提出了各种定量分析方法，如校正曲线法、内标法、标准加入法和标准稀释法等，通常定量分析的过程由计算机程序进行。

1.3.4 几种表面微区成分分析技术的对比

综合前面所讲的几种表面微区成分分析技术进行对比，见表 1.1。

表 1.1 几种表面微区成分分析技术的性能对比

类型	激发源	空间分辨率 /μm	分析深度 /μm	采样体积质量 /g	可检测质量极限 /g	可检测浓度极限 /10^{-6}	可分析元素	定量精度 (w_c > 10%)	真空度要求 /Pa	对样品的损伤	定点分析时间 /s
电子探针	电子束	0.5 ~ 1	0.5 ~ 2	10^{-12}	10^{-16}	50 ~ 10 000	$Z \geq 4$ ($Z \leq 11$ 时灵敏度差)	±(1% ~ 5%)	1.33×10^{-3}	对非导体样品损伤大，一般情况下无损伤	100
X 射线光电子能谱仪	X 射线	10	0.000 5 ~ 0.01	10^{-8}	10^{-18}	1 000	$Z \geq 3$		1.33×10^{-5} ~ 10^{-8}	损伤少	
俄歇谱仪	电子束	0.1	< 0.005	10^{-16}	10^{-18}	10 ~ 100	$Z \geq 3$		1.33×10^{-8}	损伤少	1 000
X 射线荧光光谱	X 射线		一般为 ≤ 0.1 mm (金属 ≤ 0.1 mm；树脂 ≤ 3 mm)		约 10^{-2}	1	$Z \geq 4$，通常用于 $Z \geq 11$	0.1%		无损伤	

1.4 电子能量损失谱分析

光谱实验和碰撞实验是进行原子分子结构和动力学研究的基本实验方法。对于碰撞实验，电子碰撞方法是最有价值的。20 世纪 70 年代以来，塞班开辟了用光电离电子能谱研究分子能级结构的方法，各种电子能谱仪和电子碰撞方法迅速发展起来，包括电子能量损失谱 (Electron energy loss spectroscopy，EELS) 方法、电子碰撞光谱测量和总截面测量，以及测量散射电子与碰撞产生的各种次级粒子的复合实验等。目前这些方法已经成为研究原子分子能级结构、能态分辨波函数、化学键和化学反应活性、动力学的有力工具。

电子能量损失谱是通过探测透射电子在穿透样品过程中所损失能量的特征谱图来研究材料的元素组成、化学成键和电子结构的显微分析技术。通过分析入射电子与样品发生非弹性散射后的电子能量分布，可以了解材料内部化学键的特性、样品中原子对应的电子结构、材料的介电响应等。目前，电子能量损失谱的能量分辨率能够达到约 0.1 eV，因而可以在纳米尺度下分析材料精细的电子结构，从而极大地拓展了电子能量损失谱的应用范围。

1.4.1　电子能量损失谱的原理

入射电子在穿透样品薄膜的过程中与样品薄膜中的原子发生弹性和非弹性两类交互作用，其中后者使非弹性散射电子损失能量。对于不同的元素，电子能量的损失有不同的特征值，这些特征能量损失值与分析区域的成分有关。透射电子显微镜中的成像电子经过一个静电或电磁能量分析器，按电子能量不同分散开来，就可获得电子能量损失谱。

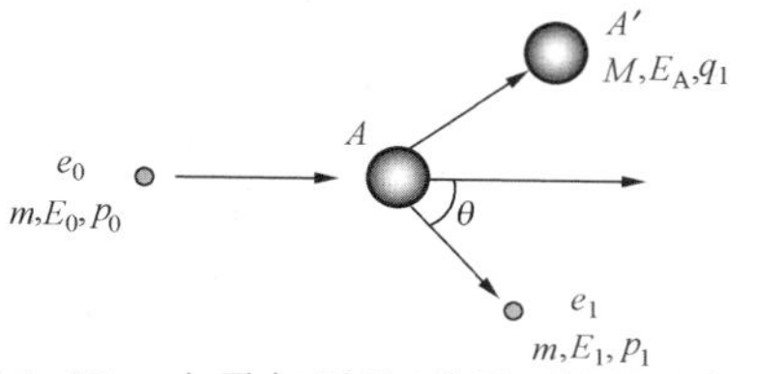

由于非弹性碰撞使入射电子损失其部分动能，而此能量等于原子（分子）与电子碰撞前的基态能量和碰撞后的激发态能量之差。图 1.17 为电子与原子（分子）散射示意图，基本过程为

图 1.17　电子与原子（分子）散射示意图

$$e_0(E_0,\vec{p}_0)+A\rightarrow e_1(E_1,\vec{p}_1)+A'(E_A) \tag{1-14}$$

图 1.17 中 e_0、e_1、A、A' 分别为入射电子、散射电子、靶原子（分子）、受能原子（分子），电子和原子（分子）的质量分别为 m 和 M，入射电子的动能和动量分别为 E_0 和 p_0，散射电子的动能和动量分别为 E_1 和 p_1，受能原子（分子）的动能和动量分别为 E_A 和 q_1，散射角度为 θ。根据能量和动量守恒定律，可以得到散射电子的能量为

$$E_1=\frac{1}{(m+M)^2}\Big[(M^2-m^2)E_0-(m+M)ME_u+2m^2\cos^2\theta E_0+ 2m\cos\theta E_0\sqrt{m^2\cos^2\theta+(M^2-m^2)-(m+M)M\frac{E_u}{E_0}}\Big] \tag{1-15}$$

式中，E_u 表示原子（分子）的激发能。由于 $m\ll M$，在通常的快电子碰撞实验中满足 $1\ll E_0/E_u\ll M/m$，因此在小角度有 $E_u=E_0-E_1$，也就是说发生非弹性散射时，入射电子的能量损失 E 近似为激发能。

$$E=E_0-E_1\approx E_u \tag{1-16}$$

因此通过测量电子被原子（分子）散射的能量损失谱就可以得到原子（分子）的各种激发能量，从而可以确定原子（分子）的价壳层和内壳层的激发态结构。这些激发态结构包括里德伯态、自电离态、双电子激发态等。这就是电子能量损失谱法，这种测量装置称为电子能量损失谱仪。

1.4.2　电子能量损失谱仪的基本结构

电子能量损失谱仪由电子能量分析仪和电子探测系统组成，电子经过电子能量分析仪后会在能量分散平面按电子能量分布。早期的电子能量损失谱仪采用串行电子探测系统，其探测组元一次只能处理一个能量通道。要得到全部能量特征谱，必须对各个能量通道逐个进行探测，所以工作效率较低。并行电子能量损失谱仪解决了这一问题，它采用多重四级透镜，将电子能量分布放大，并投影到荧光屏上，使得由光敏二极管或电荷耦合探测器组成的一维或二维探测组元能对多个能量通道进行并行记录。

电子能量损失谱仪有两种类型：一种是磁棱镜谱仪，另一种是 Ω 过滤器。磁棱镜谱仪安装在透射电子显微镜照相系统下面，Ω 过滤器安装在镜筒内。下面以磁棱镜谱仪为例说明电子能量损失谱仪的工作原理，如图 1.18 所示。磁棱镜谱仪主要组成为：扇形磁铁、狭缝光阑和电子能量接收与处理器。透过试样的电子能量各不相同，它们在扇形磁棱镜中的绝缘封闭套管中沿弧形轨迹运动，由于磁场的作用，能量较小电子的运动轨迹的曲率半径较小，而能量较大电子的运动轨迹的曲率半径较大。显然能量相同的电子在聚焦平面处达到的位置一样，那么具有能量损失的电子和没有能量损失的电子在聚焦平面上就会存在一定位移差，从而可以对不同位移差处的电子进行检测和计算。

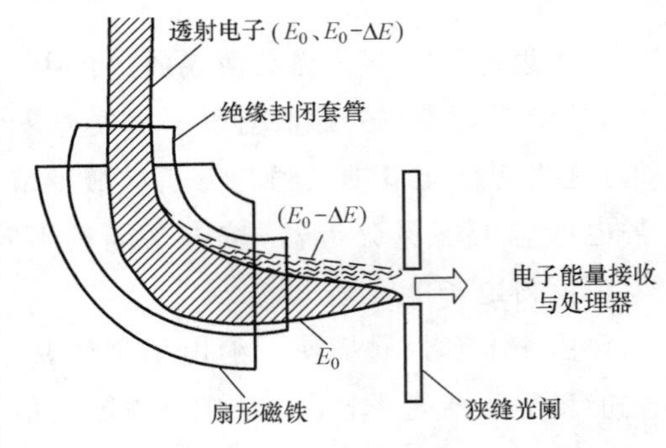

图 1.18 磁棱镜谱仪工作原理示意图

1.4.3 电子能量损失谱的应用

1. 电子能量损失谱

图 1.19 为 Ni-O 化合物的电子能量损失谱示意图。电子能量损失谱大体上分为三个区域：零损失谱区、低能损失谱区（5 ～ 50 eV）和高能损失谱区（> 50 eV）。零损失谱区包括未经过散射和经过完全弹性散射的透射电子，以及部分能量小于 1 eV 的准弹性散射的透射电子的贡献。通常情况下，零损失峰在电子能量损失谱中是无用的特征。

低能损失谱区是由入射电子与固体中原子的价电子非弹性散射作用产生的等离子峰和若干带间跃迁小峰组成。等离子激发的入射电子能量损失为

$$\Delta E_{\mathrm{p}} = h\omega_{\mathrm{p}} \tag{1-17}$$

式中，h 为普朗克常量；ω_{p} 为等离子振荡频率。

等离子振荡频率是参与振荡的自由电子数目的函数。此外等离子振荡引起的第一个强度与零损失峰强度的比值和样品厚度与等离子振荡平均自由程的比值有关，而等离子振荡平均自由程又和入射电子能量及样品成分有关。这样一来，等离子激发能量损失 ΔE_{p} 就和样品厚度、微区化学元素成分及浓度相关。因此对低能损失区能够获得的信息有：

（1）样品厚度、微区化学成分。

（2）复介电系数。

（3）价带和导带电子态密度、禁带宽度、电子结构等信息。

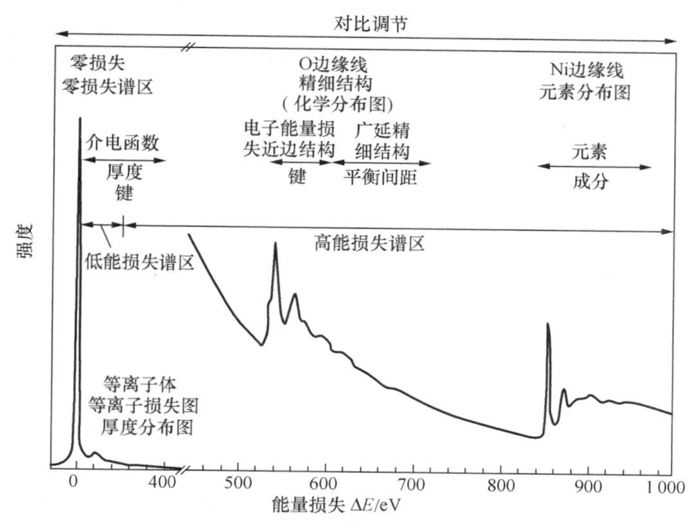

图 1.19　Ni-O 化合物的电子能量损失谱示意图

高能损失谱区（50～2 000 eV）由迅速下降的光滑背底和一般呈三角形的电离吸收边组成。电离吸收边是元素的K、L、M等内壳层电子被激发产生的，是样品中所含元素的一种特征，用于元素的定性和定量分析。在电子能量损失谱中，电离损失峰通常为三角形或者锯齿形，它的始端能量也就是电离边等于内壳层电子电离所需的最低能量，因而可以成为元素鉴别的唯一特征能量。

电子能量损失谱中电离损失峰阈值附近，电子能量损失谱的形状是样品中原子空位束缚态电子密度的函数。原子被电离后产生的激发态电子可以进入束缚态，成为谱形的能量损失近边结构。从电离损失峰向更高能量损失的数百电子伏范围内，还存在微弱的振荡，称为广延精细结构。对这些谱区内电离吸收边精细结构和广延精细结构进行细致的分析研究，可以获得样品区域内元素的价键状态、配位状态、电子结构、电荷分布等。

2. 能量过滤成像系统

在透射电子显微镜中高能电子束穿过样品时发生弹性散射和非弹性散射，通常弹性散射电子用于成像或衍射花样，而非弹性散射电子或被忽略或供电子能量损失谱仪进行分析。1986年，Lanio等人发展了安置在投影镜系统内的能量过滤器。20世纪90年代初，美国Gatan公司又在原来的平行电子能量损失谱仪的基础上，发展了能量过滤成像系统。它可以安装在各类电子显微镜的末端，利用电子能量过滤成像系统。从电子能量损失谱不但可以得到样品的化学成分、电子结构、化学成键等信息，还可以对电子能量损失谱的各部位选择成像；不仅明显提高电子显微像与衍射图的衬度和分辨率，而且可提供样品中的元素分布图。元素分布图是表征材料的纳米或亚纳米尺度的组织结构特征，如细小的掺杂物、析出物和界面的探测及元素分布信息、定量的相鉴别及化学成键图等的快速有效的分析方法。

电子能量过滤成像可以呈以下图像：

（1）完全弹性散射电子像。

（2）元素成分分布图。

（3）其他特征能量电子过滤成像。

第2章

光谱分析类

2.1 红外光谱

红外线(Infrared ray)是一种电磁波,具有与无线电波及可见光一样的本质。红外线的波长为0.76～1 000 μm,介于无线电波与可见光之间,可按波长分为近红外波段(0.76～3 μm)、中红外波段(3～40 μm)和远红外波段(40～1 000 μm)。任何物体在常规环境下都会由于自身分子、原子运动,不停地辐射出红外能量。分子和原子的运动越剧烈,辐射的能量越大;反之,辐射的能量越小。温度在热力学温度零度以上的物体,都会因自身的分子运动而辐射出红外线。物体的温度越高,辐射出的红外线越多。物体在辐射红外线的同时,也在吸收红外线,物体吸收了红外线后自身温度就会升高。

红外光谱(Infrared spectroscopy)可分为发射光谱和吸收光谱两类。物体的红外发射光谱主要取决于物体的温度和化学组成,由于测试比较困难,红外发射光谱只是一种正在发展的新的实验技术,如激光诱导荧光。常规的红外光谱指红外吸收光谱,其是一种分子光谱。将一束不同波长的红外线照射到物质的分子上,某些特定波长的红外线被吸收,形成这一分子的红外吸收光谱。由于分子中各原子在平衡位置附近作相对运动,分子不停地作振动和转动从而产生红外吸收现象。每种分子都有由其组成和结构决定的独有的红外吸收光谱,多原子分子可组成多种振动图形。当样品受到频率连续变化的红外光照射时,分子吸收了某些频率的辐射,并由其振动或转动运动引起偶极矩的净变化,产生分子振动和转动能级从基态到激发态的跃迁,使相应于这些吸收区域的透射光强度减弱。记录红外光的百分透射比与波数或波长关系曲线,就得到红外光谱[54]。

通常红外吸收带的波长位置与吸收谱带的强度,反映了分子结构上的特点,可以用来鉴定未知物的结构组成或确定其化学基团;而吸收谱带的吸收强度与分子组成或化学基团的含量有关,可用以进行定量分析和纯度鉴定。其中:近红外光谱是由低能电子跃迁、含氢原子团(如O—H、N—H、C—H)伸缩振动的倍频吸收等产生的。该区的光谱可用来研究稀土和其他过渡金属离子的化合物,并适用于水、醇、某些高分子化合物以及含氢原子团化合物的定量分析;中红外光谱属于分子的基频振动光谱,远红外光谱则属于分子的转动光谱和某些基团的振动光谱。由于基频振动是红外光谱中吸收最强的振动,并且绝大多数有机物和无机物的基频吸收带都出现在中红外区,所以该区最适于进行红外光谱的定性和定量分析。同时,由于中红外光谱仪最为成熟、简单,而且目前已积累了该区大量的数据资料,因此它是应用极为广泛的光谱区。通常所说的红外光谱即指中红外光谱。

2.1.1 红外光谱仪的工作原理

1908 年,科布伦茨(Coblentz) 制备了以氯化钠晶体为棱镜的红外光谱仪;1910 年,伍德(Wood) 等研制了小阶梯光栅红外光谱仪;1918 年,史立特(Sleator) 和兰德尔(Randall) 研制出高分辨仪器;20 世纪 40 年代开始研究双光束红外光谱仪;1950 年美国 PE 公司开始商业化生产名为 Perkin-Elmer21 的双光束红外光谱仪。现代红外光谱仪是以傅里叶变换为基础的仪器,该类仪器不用棱镜或者光栅分光,而是用干涉仪得到干涉图,采用傅里叶变换,将以时间为变量的干涉图变换为以频率为变量的光谱图。

红外吸收光谱有两种类型:

(1) 棱镜和光栅光谱仪。属于色散型,它的单色器为棱镜或光栅,属单通道测量,即每次只测量一个窄波段的光谱源。转动棱镜或光栅,逐点改变其方位后,可测得光源的光谱分布。随着信息技术和电子计算机的发展,出现了以多通道测量为特点的新型红外光谱仪,即在一次测量中,探测器就可同时测出光源中各个光谱源的信息。

(2) 傅里叶变换红外光谱仪。它是非色散型的,其核心部分是一台双光束干涉仪。当仪器中的动镜移动时,经过干涉仪的两束相干光间的光程差就改变,探测器所测得的光强也随之变化,从而得到干涉图,干涉光的周期是 $\lambda/2$。干涉光的强度可表示为

$$I(x)=B(\nu)\cos(2\pi\nu x) \tag{2-1}$$

式中,$I(x)$ 为干涉光信号强度,与光程差 x 相关;$B(\nu)$ 为入射光的强度,它是入射光频率的函数。

由于入射光是多色光,频率连续变化,干涉光强度为各种频率单色光的叠加,因此对式(2-1) 进行积分,可以得到总的干涉光强度为

$$I(x)=\int_{-\infty}^{\infty} B(\nu)\cos(2\pi\nu x)\,\mathrm{d}\nu \tag{2-2}$$

经过傅里叶变换的数学运算后,就可以得到入射光的光谱为

$$B(\nu)=\int_{-\infty}^{\infty} I(x)\cos(2\pi\nu x)\,\mathrm{d}x \tag{2-3}$$

傅里叶变换红外光谱仪工作原理如图 2.1 所示,主要由光源、干涉仪、计算机系统等组成,其核心部分是迈克尔逊干涉仪。测定红外吸收光谱,需要能量较小的光源。黑体辐射是最接近理想光源的连续辐射,满足此要求的红外光源是稳定的固体在加热时产生的辐射,如能斯特灯等。干涉仪由定镜、动镜、光束分离器和探测器组成,其中光束分离器是核心部分。光束分离器的作用是使进入干涉仪中的光,一半透射到动镜上,一半反射到定镜上,又返回到光束分离器上,形成干涉光后送到样品上。当动镜、定镜到达探测器的光程差为 $\lambda/2$ 的偶数倍时,相干光相互叠加,其强度有最大值;当光程差为 $\lambda/2$ 的奇数倍时,相干光相互抵消,其强度有最小值;当连续改变动镜的位置时,可在探测器得到一个干涉强度对光程差和红外光频率的函数图。

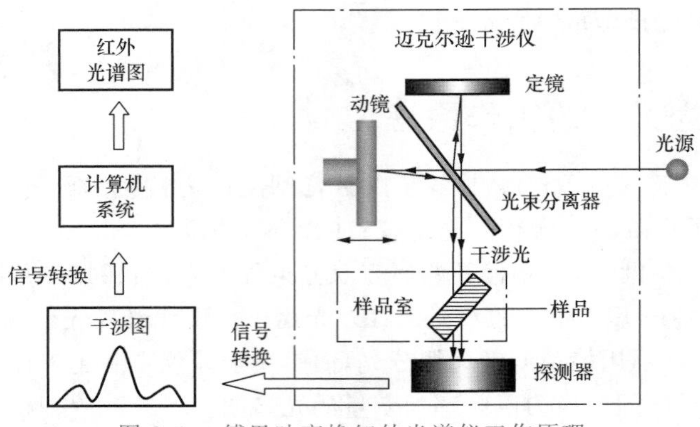

图 2.1　傅里叶变换红外光谱仪工作原理

由红外光源发出的红外光，经准直为平行红外光束进入干涉仪系统，经干涉仪调制后得到一束干涉光。干涉光通过样品获得含有光谱信息的干涉信号到达探测器上，由探测器将干涉信号变为电信号。此处的干涉信号是一时间函数，即由干涉信号绘出的干涉图，其横坐标是动镜移动时间或动镜移动距离。这种干涉图经过信号转换送入计算机，由计算机进行傅里叶变换的快速计算，即可获得以波数为横坐标的红外光谱图。

2.1.2　分子振动

红外光谱的理论解释是建立在量子力学和群论的基础上的。理解红外光谱的原理，首先需要明白分子振动问题。可以按照双原子振动和多原子振动来研究。双原子振动可以用谐振子和非谐振子模型来解释，谐振子振动模型可以看成两个用弹簧连接的小球的运动，如图2.2 所示。根据这样的模型，双原子分子的振动方式就是在这两个原子的链轴方向做简谐振动。将两个原子视为质量为 m_1 和 m_2 的小球，可以把双原子分子称为谐振子，根据胡克定律可以推出

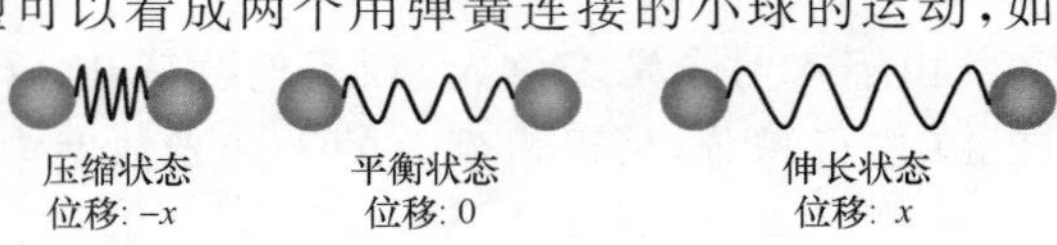

图 2.2　谐振子振动模型

$$\nu' = \frac{1}{2\pi c}\sqrt{\frac{k}{\mu}} \tag{2-4}$$

式中，c 为光速，$c = 3\times 10^8$ m/s；k 为化学键的力常数，N/m；μ 为折合质量，kg。

$$\mu = \frac{m_1 m_2}{m_1 + m_2} \tag{2-5}$$

由此可见，双原子分子的振动波数取决于化学键的力常数和原子的质量。化学键越强，k 值越大，折合质量越小，振动波数越高。

根据量子力学求解该体系的薛定谔方程解为

$$E = \left(\nu + \frac{1}{2}\right)\frac{h}{2\pi c}\sqrt{\frac{k}{\mu}} \tag{2-6}$$

式中，$\nu = 1,2,3$ 称为振动量子数，其势能函数为对称的抛物线，如图 2.3(a) 所示。

实际上双原子分子并不是理想的谐振子，因此其势能函数不再是对称的抛物线形，而是

图 2.3(b) 所示的曲线。分子的实际势能随着原子核间距的增大而增大，当原子核间距达到一定程度之后，分子就离解成原子了，其势能为一常数。

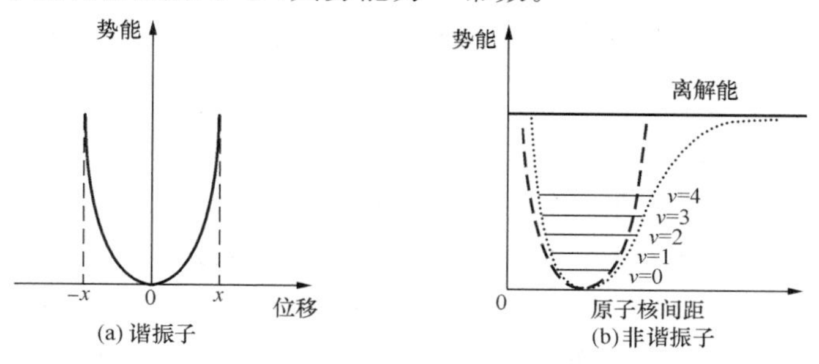

图 2.3　谐振子和非谐振子势能函数

此时按照非谐振子的势能函数求解薛定谔方程，可以得到体系的势能为

$$E = \left(\nu + \frac{1}{2}\right) hc\nu' - \left(\nu + \frac{1}{2}\right)^2 xhc\nu' + \cdots \tag{2-7}$$

式(2-7) 实际可以看作对谐振子势能函数的进一步校正，通常校正项取到第二项，x 为非谐性常数，其值远小于 1。图 2.3(b) 中水平线为各个振动量子数 ν 所对应的能级，原子振动振幅较小时，可以近似地用谐振子模型来研究；振幅较大时，则不能用谐振子模型来处理。常温下分子处于最低振动能级 $\nu=0$，此时称为基态。当分子吸收一定波长的红外光后，可以从基态跃迁到第一激发态 $\nu=1$，此过程产生的吸收带强度高，称为基频。当然也有从 $\nu=0$ 跃迁到 $\nu=2$、$\nu=3$ 等能级的，产生的吸收带强度依次减弱，称为第一、第二等倍频。

由两个以上原子组成的多原子分子是一个复杂的体系。多原子分子内包含的原子数目和种类较多，并有各种各样的排布，因此在研究与分子结构相关联的问题时，难以进行精确的理论处理，往往采用粗略的近似方法。如果分子具有某些对称性，那么理论工具特别有用。

分子处于确定的电子态并忽略分子的转动，就是纯振动的情况。要描述多原子分子的各种振动方式，首先必须确定各个原子的相对位置，那么需要建立空间坐标(x，y，z)，则每个原子具有 3 个自由度，由 N 个原子组成的分子则具有 $3N$ 个自由度。由于原子不是孤立存在的，而是通过化学键结合形成一个整体分子，因此还必须从分子整体来考虑自由度。分子整体自由度有三个属于分子整体平动(质心沿 x、y 、z 三个方向移动)，三个属于分子的转动(对线性分子只有两个转动自由度)，其余的属于振动自由度，数目是 $3N-6$。每个振动自由度相当于一个基本振动，这些基本的振动构成分子的简正振动。

简正振动的振动状态是分子质心保持不变，整体不转动，每个原子都在其平衡位置附近做简谐振动，其振动频率和相位都相同，即每个原子都在同一瞬间通过其平衡位置，而且同时达到其最大位移处。分子中任何一个复杂振动都可以看成是这些简正振动的线性组合。简正振动的基本形式有伸缩振动和变形振动，如图 2.4 所示。

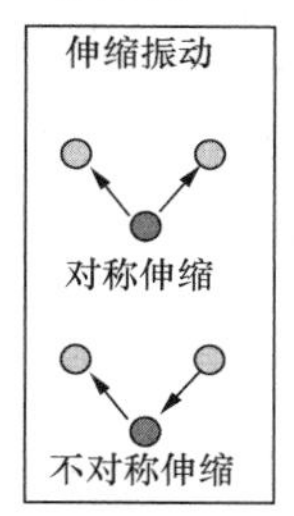

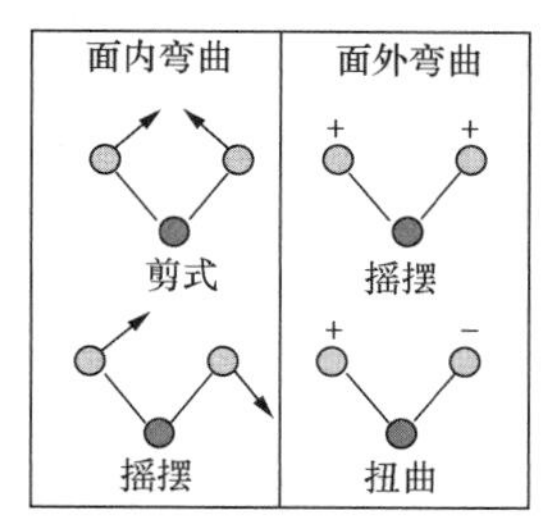

图 2.4　简正振动的基本形式

(1) 伸缩振动(Stretching vibration)

原子沿键轴方向伸缩,键长发生变化而键角不变的振动称为伸缩振动,按其对称性又可以分为对称伸缩振动和不对称伸缩振动。对同一基团,不对称伸缩振动的频率要稍高于对称伸缩振动。

(2) 变形振动(Deformation vibration)(又称弯曲振动或变角振动)

基团键角发生周期变化而键长不变的振动称为变形振动。变形振动又分为面内变形振动和面外变形振动。面内变形振动是指振动方向位于分子的平面内的振动,面外变形振动是指在垂直于分子平面方向上的振动。面内变形振动又分为剪式振动和平面摇摆振动。若两个原子在同一平面内彼此相向弯曲,则称为剪式振动;若基团键角不发生变化,只是作为一个整体在分子的平面内左右摇摆,则是平面摇摆振动。面外变形振动又分为非平面摇摆和扭曲振动。非平面摇摆是指基团作为整体在垂直于分子对称面的前后摇摆;而扭曲振动是指基团离开纸面,方向相反地来回扭动。由于变形振动的力常数比伸缩振动的小,因此,同一基团的变形振动都在其伸缩振动的低频端出现。

每种简正振动都有其特定的振动频率,似乎都应有相应的红外吸收带。但实际上,绝大多数化合物在红外光谱上出现的峰数远小于理论计算的振动数,这是由如下原因引起的:没有偶极矩变化的振动,不产生红外吸收;相同频率的振动吸收重叠,即简并;仪器不能区分频率十分接近的振动;吸收带很弱,仪器也检测不出;有些吸收带落在仪器测量范围之外。

2.1.3 红外光谱与基团频率

当一束具有连续波长的红外光通过物质,物质分子中某个基团的振动频率或转动频率和红外光的频率一样时,分子就吸收能量,由原来的基态振(转)动能级跃迁到能量较高的振(转)动能级,分子吸收红外辐射的能量后发生振动和转动能级的跃迁,该处波长的光就被物质吸收。所以,红外光谱法实质上是一种根据分子内部原子间的相对振动和分子转动等信息来确定物质分子结构和鉴别化合物的分析方法。将分子吸收红外光的情况用仪器记录下来,就得到红外光谱。红外光谱图通常以波长或波数为横坐标,表示吸收峰的位置,以透光率或者吸光度为纵坐标,表示吸收强度。

当外界电磁波照射分子时,若照射的电磁波的能量与分子的两能级差相等,该频率的电磁波就被该分子吸收,从而引起分子对应能级的跃迁,宏观表现为透射光强度变小。电磁波能量与分子两能级差相等为物质产生红外吸收光谱必须满足的条件之一,这决定了吸收峰出现的位置。光子的能量为 $E = h\nu$(ν 为红外辐射频率),分子相邻的两个振动能级发生能级跃迁时,应满足

$$\Delta E = E_{(\nu+1)} - E_{(\nu)} = h\nu$$

红外吸收光谱产生的第二个条件是红外光与分子之间有耦合作用,为了满足这个条件,分子振动时其偶极矩必须发生变化。这实际上保证了红外光的能量能传递给分子,这种能量的传递是通过分子振动偶极矩的变化来实现的,并非所有振动都会产生红外吸收,只有偶

极矩发生变化的振动才能引起可观测的红外吸收，这种振动称为红外活性振动。偶极矩等于零的分子振动不能产生红外吸收，称为红外非活性振动。组成分子的各种基团都有自己特定的红外特征吸收峰。不同化合物中，同一种官能团的吸收振动总是出现在一个窄的波数范围内，但不是出现在一个固定波数上，具体出现在哪一波数，与基团在分子中所处的环境有关。

基团频率主要由基团中原子的质量和原子间的化学键力常数决定，引起基团频率位移的因素是多方面的。其中外部因素主要是分子所处的物理状态和化学环境，如温度效应和溶剂效应等。对于导致基团频率位移的内部因素，迄今已知的有分子中取代基的电性效应（如诱导效应、共轭效应、中介效应、偶极场效应等），机械效应（如质量效应、张力引起的键角效应、振动之间的耦合效应等）。这些问题虽然已有不少研究报道，并有较为系统的论述，但是，若想按照某种效应的结果来定量地预测有关基团频率位移的方向和大小，却往往难以做到，因为这些效应大都不是单一出现的。这样，在进行不同分子间的比较时就很困难。另外，氢键效应和配位效应也会导致基团频率位移，如果发生在分子间，则属于外部因素，若发生在分子内，则属于分子内部因素。因而，同样的基团在不同的分子和不同的外界环境中，基团频率可能会有一个较大的范围。了解影响基团频率的因素，对解析红外光谱和推断分子结构都十分有用。

现将影响基团频率位移的因素大致概括为：

(1) 诱导效应

由于取代基具有不同的电负性，通过静电诱导作用，引起分子中电子分布的变化，从而改变了键力常数，使基团的特征频率发生了位移。

(2) 共轭效应

当含有孤对电子的原子（O、S、N 等）与具有多重键的原子相连时，也可起类似的共轭作用。由于含有孤对电子的原子的共轭作用，使 C—O 上的电子云移向氧原子，C ═ O 双键的电子云密度平均化，造成 C ═ O 键的力常数下降，使吸收频率向低波数位移。对同一基团，若诱导效应和共轭效应同时存在，则振动频率最后位移的方向和程度取决于这两种效应的结果。当诱导效应大于共轭效应时，振动频率向高波数移动，反之，振动频率向低波数移动。

(3) 氢键效应

氢键的形成使电子云密度平均化，从而使伸缩振动频率降低。

(4) 振动耦合

当两个振动频率相同或相近的基团相邻，具有一公共原子时，由于一个键的振动通过公共原子使另一个键的长度发生改变，产生一个“微扰”，从而形成了强烈的振动相互作用。其结果是使振动频率发生变化，一个向高频移动，另一个向低频移动，谱带分裂。

红外谱带的强度是一个振动跃迁概率的量度，而跃迁概率与分子振动时偶极矩的变化大小有关，偶极矩变化越大，谱带强度越大。偶极矩的变化与基团本身固有的偶极矩有关，故基团极性越强，振动时偶极矩变化越大，吸收谱带越强；分子的对称性越高，振动时偶极矩变化越小，吸收谱带越弱。

按吸收峰的来源，可以将 400 ～ 4 000 cm^{-1} 的红外光谱图大体上分为基团频率区（也称为官能团区或特征区）（1 300 ～ 4 000 cm^{-1}）以及指纹区（400 ～ 1 300 cm^{-1}）两个区域。其中特征频率区中的吸收峰基本由基团的伸缩振动产生，数目不是很多，但具有很强的特征性，因此在基团鉴定工作上很有价值，主要用于鉴定官能团。如羰基，在酮、酸、酯或酰胺等类化合物中，其伸缩振动总是在 1 700 cm^{-1} 左右出现一个强吸收峰。指纹区的情况不同，该区峰多而复杂，没有强的特征性，主要是由一些单键C—O、C—N和C—X（卤素原子）等的伸缩振动，C—H、O—H 等含氢基团的弯曲振动，以及 C—C 骨架振动产生。

当分子结构稍有不同时，该区的吸收就有细微的差异。这种情况就像每个人都有不同的指纹一样，因而称为指纹区。指纹区对于区别结构类似的化合物很有帮助。

2.1.4 红外光谱分析应用

红外光谱法主要研究在振动中伴随有偶极矩变化的化合物（没有偶极矩变化的振动在拉曼光谱中出现）。因此除了单原子和同核分子如 Ne、He、O_2、H_2 等之外，几乎所有的有机化合物在红外光谱区均有吸收。红外吸收带的波数位置、波峰的数目以及吸收谱带的强度反映了分子结构上的特点，红外光谱分析可用于研究分子的结构和化学键，也可以作为表征和鉴别化学物种的方法。红外光谱具有高度特征性，可以采用与标准化合物的红外光谱对比的方法来进行分析鉴定。利用化学键的特征波数来鉴别化合物的类型，并可用于定量测定。因此红外光谱法与其他许多分析方法一样，能进行定性和定量分析。

红外光谱是物质定性的重要方法之一，它能够提供许多关于官能团的信息，可以帮助确定部分乃至全部分子类型及结构。其定性分析有特征性高、分析时间短、需要的试样量少、不破坏试样、测定方便等优点。红外光谱法鉴定物质采用比较法，即与标准物质对照和查阅标准谱图的方法，该方法对于样品的要求较高，并且依赖于谱图库的大小。如果在谱图库中无法检索到一致的谱图，则可以用人工解谱的方法，这就需要有大量的红外知识及经验积累。大多数化合物的红外谱图很复杂，即便是有经验的专家，也不能保证从一张孤立的红外谱图上得到全部分子结构信息，如果需要确定分子结构信息，就要借助其他分析测试手段，如核磁、质谱、紫外光谱等。尽管如此，红外谱图仍是提供官能团信息最方便、快捷的方法。

红外光谱定量分析法的依据是朗伯 - 比尔定律，与其他定量分析方法相比还存在一些缺点，因此只在特殊的情况下使用。它要求所选择的定量分析峰应有足够的强度，即摩尔吸光系数大的峰，且不与其他峰重叠。红外光谱的定量分析方法主要有直接计算法、工作曲线法、吸收度比较法和内标法等，常用于异构体的分析。

由于分子中邻近基团的相互作用，使同一基团在不同分子中的特征波数有一定变化范围。红外光谱分析特征性强，气体、液体、固体样品都可测定，并具有用量少、分析速度快、不破坏样品的特点。此外，在高聚物的构型、构象、力学性质的研究，以及物理、天文、气象、遥感、生物、医学等领域，也广泛应用红外光谱。

2.2 拉曼光谱

2.2.1 拉曼光谱概述及原理

拉曼光谱(Raman spectrum)是一种散射光谱，它基于1928年印度科学家拉曼(Raman)所发现的散射效应。拉曼光谱分析法对与入射光频率不同的散射光谱进行分析，以得到分子振动和转动方面信息，应用于分子结构研究。1939 年，我国物理学家吴大猷完成了专著《多原子分子的振动谱和结构》，是自 1930 年拉曼荣获诺贝尔奖以来，第一部全面总结分子拉曼光谱研究成果的著作。

当光穿过透明介质时，被分子散射的光发生频率变化，这一现象称为拉曼散射，如图 2.5 所示。拉曼光谱的理论解释是，入射光子能量为 $h\nu_0$，与分子发生非弹性散射，处于基态或者激发态的分子吸收频率为 ν_0 的光子，达到虚态后又发射 $\nu_0-\nu_1$ 的光子，同时分子从低能态跃迁到高能态(斯托克斯线)；处于基态或者激发态的分子吸收频率为 ν_0 的光子，达到虚态后又发射 $\nu_0+\nu_1$ 的光子，同时分子从高能态跃迁到低能态(反斯托克斯线)。处于基态或者激发态的分子吸收频率为 ν_0 的光子，同时也发射频率为 ν_0 的光子，同时分子从原来的能级达到虚态后又返回原来的能级，称为瑞利散射。

换言之，在透明介质的散射光谱中，频率与入射光频率 ν_0 相同的部分称为瑞利散射。频率对称分布在 ν_0 两侧的谱线或谱带 $\nu_0\pm\nu_1$ 即为拉曼光谱，其中频率较小的成分 $\nu_0-\nu_1$ 又称为斯托克斯线，频率较大的成分 $\nu_0+\nu_1$ 又称为反斯托克斯线。靠近瑞利散射线两侧的谱线称为小拉曼光谱，远离瑞利线的两侧出现的谱线称为大拉曼光谱。瑞利散射线的强度只有入射光强度的 1/1 000，拉曼光谱强度大约只有瑞利线的 1/1 000。小拉曼光谱与分子的转动能级有关，大拉曼光谱与分子振动 - 转动能级有关。

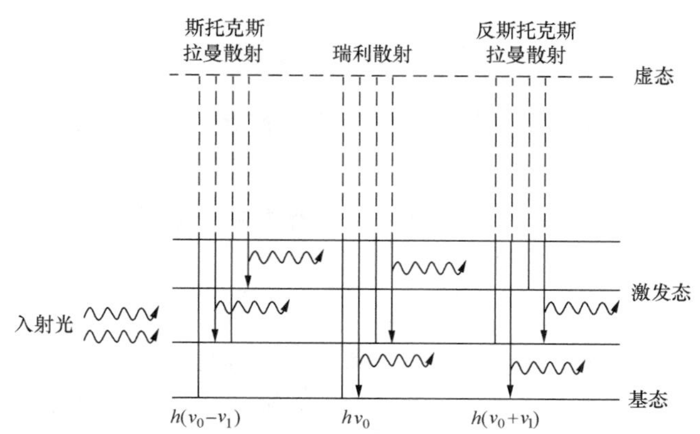

图 2.5　瑞利散射、斯托克斯拉曼散射及反斯托克斯拉曼散射的产生

瑞利散射为光与样品分子间的弹性碰撞，光子的能量和频率不变，只改变了光子运动的方向；而拉曼效应为光子与样品中分子的非弹性碰撞，即光子与分子相互作用中有能量的交

换并改变方向。斯托克斯与反斯托克斯散射光的频率与激发光源频率之差 $\Delta\nu$ 统称为拉曼位移。拉曼位移取决于分子振动能级的变化,不同的化学键或基态有不同的振动方式,决定了其能级间的能量变化,因此,与之对应的拉曼位移是特征的。这是拉曼光谱进行分子结构定性分析的理论依据。

正负拉曼位移线的跃迁概率是相等的,但由于反斯托克斯起源于受激振动能级,处于这种能级的粒子很少,因此反斯托克斯的强度小,而斯托克斯强度较大,是在拉曼光谱分析中主要应用的谱线。激光器的问世,提供了优质高强度单色光,有力地推动了拉曼散射的研究及其应用。拉曼光谱的应用遍及化学、物理学、生物学和医学等各个领域,对于纯定性分析、高度定量分析和测定分子结构都有很大价值。

2.2.2 激光拉曼光谱仪的工作原理

激光拉曼光谱仪的结构主要包括光源、外光路、色散系统、接收系统、信息处理及显示系统等部分,如图 2.6 所示。

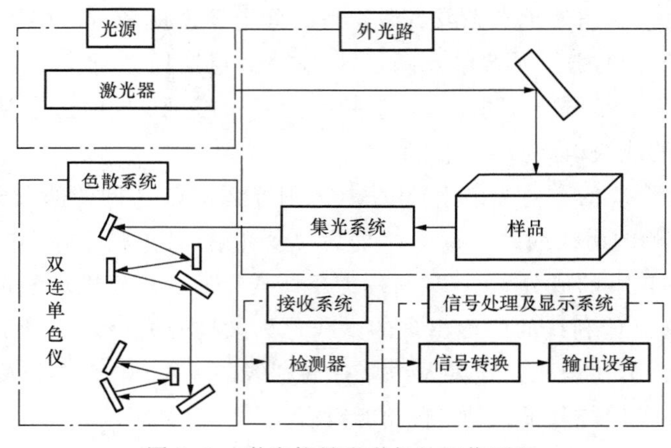

图 2.6 激光拉曼光谱仪的工作原理

(1) 光源

它的功能是提供单色性好、功率大并且最好能多波长工作的入射光。目前拉曼光谱实验的光源已全部用激光器代替历史上使用的汞灯。对常规的拉曼光谱实验,常见的气体激光器基本上可以满足实验的需要。在某些拉曼光谱实验中要求入射光的强度稳定,这就要求激光器的输出功率稳定。

(2) 外光路

外光路部分包括聚光、集光、样品架、滤光和偏振等部件。

① 聚光:用一块或两块焦距合适的会聚透镜,使样品处于会聚激光束的腰部,以提高样品光的辐照功率,可使样品在单位面积上辐照功率比不用透镜会聚前增强。

② 集光:常用透镜组或反射凹面镜作散射光的收集镜。通常是由相对孔径数值在 1 左右的透镜组成。为了更多地收集散射光,对某些实验样品,可在集光镜对面和照明光传播方

向上加反射镜。

③ 样品架：样品架的设计要保证使照明最有效和杂散光最少，尤其要避免入射激光进入光谱仪的入射狭缝。为此，对于透明样品，最佳的样品布置方案是使样品被照明部分呈光谱仪入射狭缝形状的长圆柱体，并使收集光方向垂直于入射光的传播方向。

④ 滤光：安置滤光部件的主要目的是为了抑制杂散光，以提高拉曼散射的信噪比。在样品前面，典型的滤光部件是前置单色器或干涉滤光片，它们可以滤去光源中非激光频率的大部分光能。小孔光阑对滤去激光器产生的等离子线有很好的作用。在样品后面，用合适的干涉滤光片或吸收盒可以滤去不需要的瑞利线的一大部分能量，提高拉曼散射的相对强度。

⑤ 偏振：做偏振谱测量时，必须在外光路中插入偏振元件。加入偏振旋转器可以改变入射光的偏振方向；在光谱仪入射狭缝前加入检偏器，可以改变进入光谱仪的散射光的偏振；在检偏器后设置偏振扰乱器，可以消除光谱仪的退偏干扰。

(3) 色散系统

色散系统使拉曼散射光按波长在空间分开，通常使用单色仪。由于拉曼散射强度很弱，因而要求拉曼光谱仪有很好的杂散光水平。各种光学部件的缺陷，尤其是光栅的缺陷，是仪器杂散光的主要来源。当仪器的杂散光水平小于 1×10^{-4} 时，只能作气体、透明液体和透明晶体的拉曼光谱。

(4) 接收系统

拉曼散射信号的接收类型分单通道接收和多通道接收两种。光电倍增管接收就是单通道接收。

(5) 信息处理及显示系统

为了提取拉曼散射信息，常用的电子学处理方法是直流放大、选频和光子计数，然后用记录仪或计算机接口软件画出图谱。

2.2.3　红外光谱与拉曼光谱比较

(1) 相同点

对于一个给定的化学键，其红外吸收频率与拉曼位移相等，均代表第一振动能级的能量。因此，对某一给定的化合物，红外吸收波数与拉曼位移均在红外光区，某些峰二者完全相同，都反映分子的结构信息。

(2) 不同点

产生机理不同：红外吸收是由于振动引起分子偶极矩或电荷分布变化产生的；拉曼散射是由于键上电子云分布产生瞬间变形而引起暂时极化，是极化率的改变，产生的诱导偶极，当返回基态时发生的散射，散射的同时电子云也恢复原态。与红外光谱不同，拉曼散射不要求有偶极矩的变化，却要求有极化率的变化，因此两种光谱可以互为补充。对于具有对称中心的分子来说，具有互斥规则：与对称中心有对称关系的振动，红外不可见，拉曼可见；与对称中心无对称关系的振动，红外可见，拉曼不可见；对于无对称中心的分子其分子振动，对红外和拉曼都是活性的。

分析方法不同：红外光谱是某一吸收频率能量相等的(红外)光子被分子吸收，是吸收光谱，横坐标用波数或波长表示，主要反映分子的官能团；而拉曼光谱为散射光谱，横坐标是拉曼位移，主要反映分子的骨架(主要应用于分析生物大分子)。

测试技术不同：① 红外光谱的入射光及检测光均是红外光，能斯特灯、碳化硅棒或白炽线圈作光源；而拉曼光谱的入射光大多数是可见光，散射光也是可见光，用激光作光源。② 红外光谱分析的样品要经过前处理；拉曼光谱分析的样品不需前处理。③ 红外光谱可以覆盖的光谱范围为 $400 \sim 4\ 000\ cm^{-1}$，拉曼光谱一次可以同时覆盖 $50 \sim 4\ 000\ cm^{-1}$ 的区间，可对有机物及无机物进行分析。相反，若让红外光谱覆盖相同的区间则必须改变光栅、光束分离器、滤波器和检测器。

2.2.4 拉曼光谱的应用特点

拉曼散射谱线的波数虽然随入射光的波数而不同，但对同一样品，同一拉曼谱线的位移与入射光的波长无关，只和样品的振动、转动能级有关。在以波数为变量的拉曼光谱图上，斯托克斯线和反斯托克斯线对称地分布在瑞利散射线两侧，这是由于在上述两种情况下，分别相应于得到或失去了一个振动量子的能量。一般情况下，斯托克斯线比反斯托克斯线的强度大。这是由于 Boltzmann 分布，处于振动基态上的粒子数远大于处于振动激发态上的粒子数。基于这些明显的谱线特征，拉曼光谱具有明显的应用优势：

(1) 拉曼测试激光束的直径在它的聚焦部位通常只有 $0.2 \sim 2$ mm，常规拉曼光谱只需要少量的样品就可以得到。这是拉曼光谱相对常规红外光谱的一个很大的优势。而且，拉曼显微镜物镜可将激光束进一步聚焦至 20 μm 甚至更小，可分析更小面积的样品。

(2) 由于水的拉曼散射很微弱，拉曼光谱是研究水溶液中的生物样品和化合物的理想工具。

(3) 拉曼光谱谱峰清晰尖锐，更适合定量研究、数据库搜索以及运用差异分析进行定性研究。在化学结构分析中，独立的拉曼光谱区间的强度和功能集团的数量相关。

(4) 共振拉曼效应可以用来有选择性地增强大生物分子特征发色基团的振动，这些发色基团的拉曼光强能被选择性地增强 $1\times10^3 \sim 1\times10^4$ 倍。

拉曼光谱技术提供快速、简单、可重复，且更重要的是无损伤的定性、定量分析，它无须样品准备，样品可直接通过光纤探头或者通过玻璃、石英和光纤测量。

拉曼散射光谱的缺点：

(1) 不同振动峰重叠和拉曼散射强度容易受光学系统参数等因素的影响。

(2) 荧光散射现象对傅里叶变换拉曼光谱分析具有干扰，由于拉曼散射光极弱，所以一旦样品或杂质产生荧光，拉曼光谱就会被荧光所淹没。

2.2.5 拉曼光谱分析应用

1. 定性与定量分析

拉曼位移是分子结构的特征参数，它不随激发光频率的改变而改变。这是拉曼光谱可以作为分子结构定性分析的理论依据。激光拉曼光谱法通常可应用于有机化学、高聚物、生物、表面和薄膜等方面。

拉曼光谱在有机化学方面主要是作结构鉴定的手段，拉曼位移的大小、强度及拉曼峰形状是鉴定化学键、官能团的主要依据。利用偏振特性，拉曼光谱可以作为顺反式结构判断的依据。

拉曼光谱可以提供关于碳链或环的结构信息。在确定异构体（单体异构、位置异构、几何异构等）的研究中，拉曼光谱可以发挥其独特作用。电活性聚合物如聚吡咯、聚噻吩等的研究常利用拉曼光谱为工具，在高聚物的工业生产方面，如对受挤压线性聚乙烯的形态、高强度纤维中紧束分子的观测，以及聚乙烯磨损碎片结晶度的测量等研究中都采用拉曼光谱。

拉曼光谱是研究生物大分子的有力手段，由于水的拉曼光谱很弱，谱图又很简单，故拉曼光谱可以在接近自然状态、活性状态下来研究生物大分子的结构及其变化。拉曼光谱在蛋白质二级结构的研究、DNA 和致癌物分子间的作用、动脉硬化操作中的钙化沉积和红细胞膜等研究中的应用均有文献报道。

拉曼光谱可以用来测定晶体结构。晶体可分为两种类型：同极晶体和极性晶体。同极晶体由中性原子组成，在这种晶体中光学振动模不产生电偶极矩，不产生红外吸收；极性晶体由不同符号的离子组成，离子晶体属于极性晶体。 能够产生电偶极矩的光学模称为极性晶格振动模，否则称为非极性晶格振动模。非极性晶格振动模具有拉曼散射效应，具有非极性振动模的晶体有金刚石结构的晶体、石墨晶体、金红石结构的晶体、六方密堆积的金属晶体等。

2. 应用举例

(1) 傅里叶变换拉曼光谱微量探测技术

傅里叶变换拉曼光谱与微量探测技术相结合，可以广泛地分析微量样品及聚合物表面微观结构。图 2.7 为由 5 种薄膜组成的复合膜的示意图。用普通红外透射光谱法很难找到恰当的位置收集组分薄膜的拉曼散射；采用傅里叶变换拉曼光谱微量探头，可以逐点依次收集拉曼光谱，如图2.7 所示。经傅里叶变换拉曼光谱微量探测技术分析，该复合膜的 5 种聚合物分别是聚乙烯(PE)、聚异丁烯(PIB)、尼龙(PA)、聚偏氯乙烯(PVDC) 和涤纶(PET)。

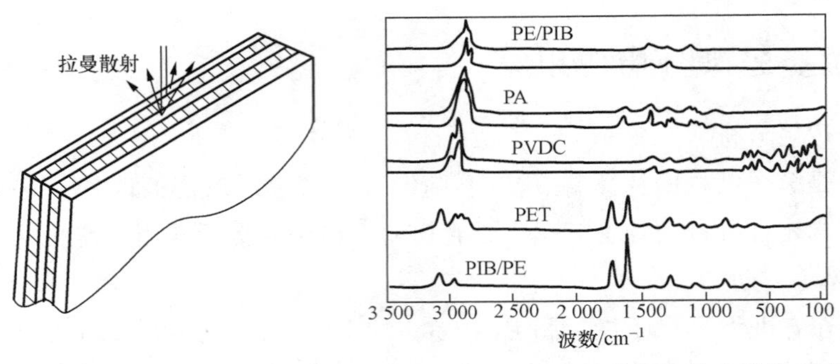

图 2.7 用傅里叶变换拉曼光谱微量探测技术逐点依次收集拉曼光谱的示意图

(2) 利用拉曼光谱测量单壁碳纳米管的尺寸

碳纳米管的碳原子在直径方向上的振动，如同碳纳米管在呼吸一样，称为径向呼吸振动模式(RBM)[55]，如图 2.8(a) 所示。其径向呼吸振动模式通常出现在 120 ~ 250 cm^{-1}。在图 2.8(b) 中给出了 Si/SiO_2 基体上的单壁碳纳米管的拉曼光谱，位于 156 cm^{-1} 和 192 cm^{-1} 的峰是径向呼吸振动峰，而 225 cm^{-1} 的台阶和 303 cm^{-1} 的峰来源于基体。

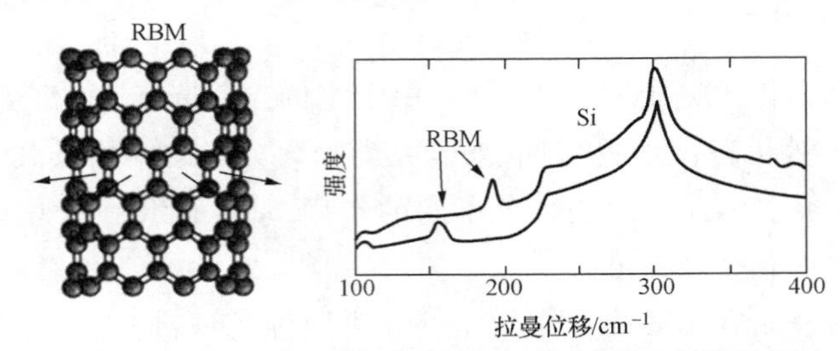

(a) 径向呼吸振动模式 (b) 拉曼光谱（其中两条曲线来自不同的样品部位，显示了不同尺寸的单壁碳纳米管的信号）

图 2.8 单壁碳纳米管的径向呼吸振动模式及其拉曼光谱[55]

呼吸振动峰的信息对于表征纳米管的尺寸非常有用，直径为 1 ~ 2 nm 的单壁碳纳米管，其呼吸振动峰位和直径符合 $\omega_{RBM} = A/\mathrm{d}t + B$。其中 A 和 B 是常数，可以通过实验确定(B 是由管之间的相互作用引起的振动加速)。用直径为 1.5 ± 0.2 nm 的碳纳米管束实验，测得 $A = 234\ cm^{-1}$，$B = 10\ cm^{-1}$。对于直径小于 1 nm 的碳纳米管，由于碳纳米管晶格扭曲变形，ω_{RBM} 的值会依赖于碳纳米管的手性，上述公式不再适用。对于尺寸大于 2 nm 的碳纳米管束，呼吸振动峰的强度太弱，以至于无法观测。

2.3 紫外 - 可见吸收光谱

紫外线(Ultraviolet，UV) 是约翰 · 威廉 · 里特(Johann Wilhelm Ritter) 在 1801 年发现的，是真空中波长为 10 ~ 400 nm 辐射的总称。这范围内开始于可见光的短波极限，而与长波 X 射线的波长相重叠，不能引起人们的视觉。波长为 10 ~ 190 nm 称为远紫外或真空紫外区，190 ~ 400 nm 称为近紫外区。其中近紫外光被划分为 A 射线、B 射线和 C 射线(简称 UVA、UVB 和 UVC)，波长分别为 315 ~ 400 nm、280 ~ 315 nm 和 190 ~280 nm。

可见光是电磁波谱中人眼可以感知的部分，可见光谱没有精确的范围。一般人的眼睛可以感知的电磁波的波长在 400 ～ 700 nm，但还有一些人能够感知到波长为 380 ～ 780 nm 的电磁波。正常视力的人眼对波长 555 nm 左右的电磁波最为敏感，这种电磁波处于光学频谱的绿光区域。人眼可以看见的光的范围受大气层影响，大气层对于大部分的电磁波辐射来讲都是不透明的，只有可见光波段和其他少数(如无线电通信)波段等例外。

紫外 - 可见吸收光谱(Ultraviolet-visible absorption spectromtry)是利用某些物质的分子吸收 10 ～ 800 nm 光谱区的辐射来进行分析测定的方法，这种分子吸收光谱产生于价电子和分子轨道上的电子在电子能级间的跃迁，广泛用于有机和无机物质的定性和定量测定。该方法具有灵敏度高，准确度好，选择性优，操作简便，分析速度好等特点。

分子在紫外 - 可见光区的吸收与其电子结构紧密相关。紫外光谱的研究对象大多是具有共轭双键结构的分子。紫外 - 可见光研究对象大多在 200 ～ 380 nm 的近紫外光区和(或)380 ～ 780 nm 的可见光区有吸收。紫外 - 可见吸收测定的灵敏度取决于产生光吸收分子的摩尔吸收系数。该法仪器设备简单，应用十分广泛。如医院的常规化验中，95% 的定量分析都用紫外 - 可见分光光度法。在化学研究中，如平衡常数的测定、求算主 - 客体结合常数等都离不开紫外 - 可见吸收光谱。

2.3.1　紫外 - 可见吸收光谱的产生机理

紫外吸收光谱、可见吸收光谱都属于电子光谱，它们都是由于价电子的跃迁而产生的。用一束具有连续波长的紫外 - 可见光照射材料，其中某些波长的光被材料的分子吸收。若材料的吸光度对波长作图就可以得到该材料的紫外 - 可见吸收光谱。在紫外 - 可见吸收光谱中，常用最大吸收位置处波长 λ_{max} 和该波长的摩尔吸收系数 ε_{max} 来表征材料的吸收特征。

1. 分子轨道

在理解电子跃迁之前，首先需要明白分子轨道理论。分子轨道理论是处理双原子分子及多原子分子结构的一种有效的近似方法。它与价键理论不同，后者着重于用原子轨道的重组杂化成键来理解结构，而前者则注重于分子轨道的认知，即认为分子中的电子围绕整个分子运动。1932 年，美国化学家密立根(Mulliken)和德国化学家洪特(Hund)提出了一种新的共价键理论 —— 分子轨道理论(Molecular orbital theory)，即 MO 法。该理论注意了分子的整体性，因此较好地说明了多原子分子的结构。目前，该理论在现代共价键理论中占有很重要的地位。

原子在形成分子时，所有电子都有贡献，分子中的电子不再从属于某个原子，而是在整个分子空间范围内运动。在分子中电子的空间运动状态可用相应的分子轨道波函数 ψ(称为分子轨道)来描述。分子轨道和原子轨道的主要区别在于：① 在原子中，电子的运动只受一个原子核的作用，原子轨道是单核系统；而在分子中，电子则在所有原子核势场作用下运动，分子轨道是多核系统。② 原子轨道的名称用 s、p、d、… 符号表示，而分子轨道的名称则相应地用 σ、π、δ、… 符号表示。

分子轨道可以由分子中原子轨道波函数的线性组合(Linear combination of atomic orbitals,LCAO)而得到。几个原子轨道可组合成几个分子轨道,其中有一半分子轨道分别由正负符号相同的两个原子轨道叠加而成,两核间电子的概率密度增大,其能量较原来的原子轨道能量低,有利于成键,称为成键分子轨道,如 σ、π 轨道(轴对称轨道);另一半分子轨道分别由正负符号不同的两个原子轨道叠加而成,两核间电子的概率密度很小,其能量较原来的原子轨道能量高,不利于成键,称为反键分子轨道,如 σ^*、π^* 轨道(镜面对称轨道,反键轨道的符号上常加"*"以与成键轨道区别)。若组合得到的分子,轨道的能量跟组合前的原子轨道能量没有明显差别,也就是说,化合物分子中存在未参与成键的电子对,是孤对电子,也叫非键电子,简称为 n 电子,所得的分子轨道叫作非键分子轨道,即 n 轨道。

2. 原子轨道线性组合的原则

(1) 对称性匹配原则

只有对称性匹配的原子轨道才能组合成分子轨道,称为对称性匹配原则。原子轨道有 s、p、d 等各种类型,从它们的角度分布函数的几何图形可以看出,它们对于某些点、线、面等有着不同的空间对称性。对称性是否匹配,可根据两个原子轨道的角度分布图中波瓣的正、负号对于键轴(设为 x 轴)或对于含键轴的某一平面的对称性决定。

(2) 能量近似原则

在对称性匹配的原子轨道中,只有能量相近的原子轨道才能组合成有效的分子轨道,而且能量越相近越好,这称为能量近似原则。

(3) 轨道最大重叠原则

对称性匹配的两个原子轨道进行线性组合时,其重叠程度越大,则组合成的分子轨道的能量越低,所形成的化学键越牢固,这称为轨道最大重叠原则。

在上述三条原则中,对称性匹配原则是首要的,它决定原子轨道有无组合成分子轨道的可能性。能量近似原则和轨道最大重叠原则是在符合对称性匹配原则的前提下,决定分子轨道组合效率的问题。

电子在分子轨道中的排布也遵守原子轨道电子排布的同样原则,即泡利不相容原理、能量最低原理和洪特规则。具体排布时,应先知道分子轨道的能级顺序。目前这个顺序主要借助于分子光谱实验来确定。

3. 电子跃迁类型

分子轨道的能量大小关系如图 2.9 所示,$\sigma<\pi<n<\pi^*<\sigma^*$。通常情况下,分子中能产生跃迁的电子都处于较低的能量状态,如 σ 轨道、π 轨道和 n 轨道。当电子受到紫外 - 可见光的作用后,吸收辐射能量,发生电子跃迁,可以从成键轨道跃迁到反键轨道,或者从非键轨道跃迁到反键轨道。具体包括以下六种跃迁:$n\to\pi^*$、$\pi\to\pi^*$、$n\to\sigma^*$、$\pi\to\sigma^*$、$\sigma\to\pi^*$、$\sigma\to\sigma^*$。其中 $n\to\pi^*$、$\pi\to$

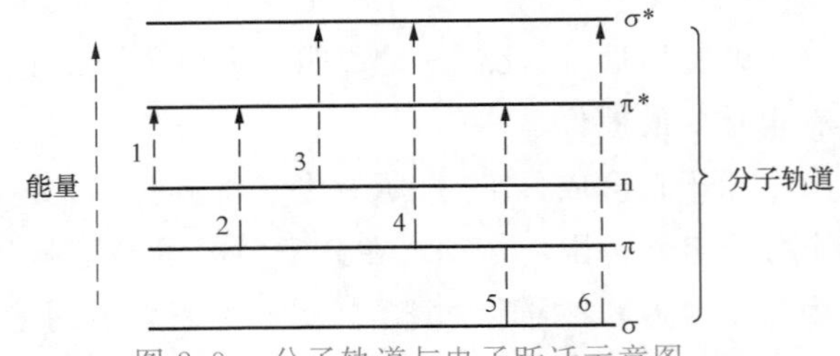

图 2.9 分子轨道与电子跃迁示意图

π^* 两种跃迁的能量相对较小，相应波长多出现在紫外 - 可见光区域。而其他四种跃迁能量相对较大，所产生的吸收谱多位于真空紫外区（0 ～ 200 nm）。也就是说，不同的电子跃迁类型对应不同的跃迁能量，即吸收谱位置不一样。显然，电子跃迁类型和分子的结构及其基团密切相关，可以根据分子结构来预测可能产生的电子跃迁类型。反之，特殊的结构就会有特殊的电子跃迁，对应着不同的能量（波长），反映在紫外 - 可见吸收光谱图上就有一定位置、一定强度的吸收峰，根据吸收峰的位置和强度就可以推知待测样品的结构信息。

4. 朗伯 - 比尔定律

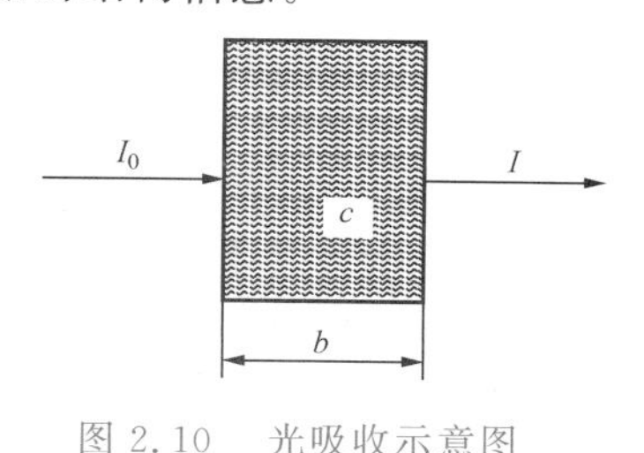

图 2.10　光吸收示意图

当一束平行单色光（只有一种波长的光）照射有色溶液时，光的一部分被吸收，一部分透过溶液（图 2.10）。设入射光的强度为 I_0，溶液的浓度为 c，液层的厚度为 b，透射光强度为 I，则

$$\lg\frac{I_0}{I}=Kcb \tag{2-8}$$

式中，$\lg(I_0/I)$ 表示光线透过溶液时被吸收的程度，一般称为吸光度（A）或消光度（E）。因此，式（2-8）又可写为

$$A=Kcb \tag{2-9}$$

式（2-9）为朗伯 - 比尔定律（Lambert-Beer’s law）的数学表示式。它表示一束单色光通过溶液时，溶液的吸光度与溶液的浓度和液层厚度的乘积成正比。式中，K 为吸光系数，当溶液浓度 c 和液层厚度 b 的数值均为 1 时，$A=K$，即吸光系数在数值上等于 c 和 b 均为 1 时溶液的吸光度。对于同一物质和一定波长的入射光而言，它是一个常数。

比色法中常把 I/I_0 称为透光度，用 T 表示，透光度和吸光度的关系如下：

$$A=\lg\frac{I_0}{I}=\lg\frac{1}{T}=-\lg T \tag{2-10}$$

当 c 以 $mol\cdot L^{-1}$ 为单位时，吸光系数称为摩尔吸光系数，用 ε 表示，单位是 $L\cdot mol^{-1}\cdot cm^{-1}$。当 c 以质量体积浓度（$g\cdot mL^{-1}$）表示时，吸光系数称为百分吸光系数，单位是 $mL\cdot g^{-1}\cdot cm^{-1}$。吸光系数越大，表示溶液对入射光越容易吸收，当 c 有微小变化时就可使 A 有较大的改变，故测定的灵敏度较高。一般 ε 值在 103 以上即可进行比色分析。

2.3.2　紫外 - 可见吸收光谱法的特点及其影响因素

紫外 - 可见吸收光谱所对应的电磁波长较短，能量大，它反映了分子中价电子能级跃迁情况，主要应用于共轭体系（共轭烯烃和不饱和羰基化合物）及芳香族化合物的分析。由于电子能级改变的同时，往往伴随有振动能级的跃迁，所以电子光谱图比较简单，但峰形较宽。一般来说，利用紫外 - 可见光吸收光谱进行定性分析信号较少。紫外 - 可见吸收光谱常用于共轭体系的定量分析，灵敏度高，检出限低。

影响紫外 - 可见光吸收光谱的因素有共轭效应、超共轭效应、溶剂效应和溶剂 pH。各种因素对吸收谱带的影响表现为谱带位移、谱带强度的变化、谱带精细结构的出现或消失等。

谱带位移包括蓝移(或紫移)和红移。蓝移(或紫移)指吸收峰向短波长移动,红移指吸收峰向长波长移动。吸收峰强度变化包括增色效应和减色效应。前者指吸收强度增加,后者指吸收强度减小。各种因素对吸收谱带的影响结果如图 2.11 所示。

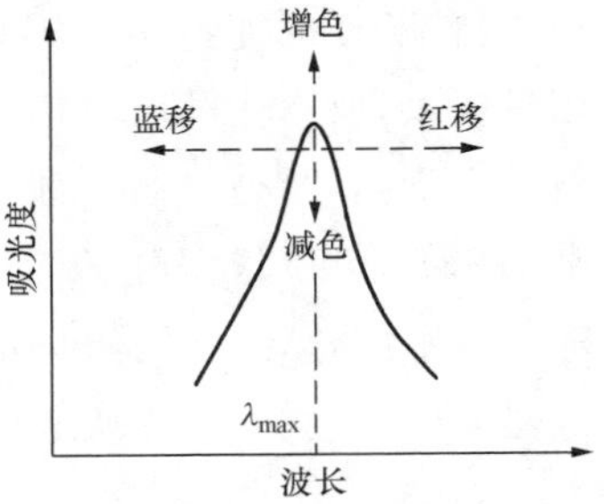

图 2.11　蓝移、红移、增色、减色效应示意图

2.3.3　紫外 - 可见吸收光谱仪的工作原理

紫外 - 可见吸收光谱仪由光源、单色器、吸收池、检测器以及数据处理及记录(计算机)等部分组成,如图 2.12 所示。为得到全波长范围(200 ～ 800 nm)的光,使用分立的双光源,其中氘灯的波长为 185 ～ 395 nm,钨灯的波长为 350 ～ 800 nm。绝大多数仪器都通过一个动镜实现光源之间的平滑切换,可以平滑地在全光谱范围扫描。光源发出的光通过光孔调制成光束,然后进入单色器;单色器由色散棱镜或衍射光栅组成,光束从单色器的色散元件发出后成为多组分不同波长的单色光,通过光栅的转动分别将不同波长的单色光经狭缝送入样品池,然后进入检测器(检测器通常为光电管或光电倍增管),最后由电子放大电路放大,从微安表或数字电压表读取吸光度,或通过驱动记录设备,得到光谱图。

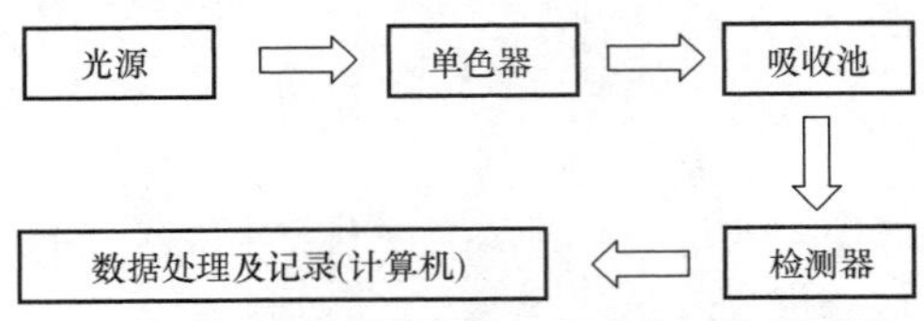

图 2.12　紫外 - 可见分光光度计的工作原理图

2.3.4　紫外 - 可见吸收光谱法的应用

物质的紫外吸收光谱基本上是其分子中生色团及助色团的特征,而不是整个分子的特征。生色团是指分子中含有的能对光辐射产生吸收,具有跃迁的不饱和基团。某些有机化合物分子中存在含有不饱和键团,能够在紫外及可见光区域内(200 ～ 800 nm)产生吸收,且吸收系数较大,这种吸收具有波长选择性,吸收某种波长(颜色)的光,而不吸收另外波长(颜色)的光,从而使物质显现颜色,所以称为生色团,又称发色团。分子本身不吸收辐射,而能使分子中生色基团的吸收峰向长波长移动,并增强其强度的基团有羟基、氨基和卤素等。当吸电子基(如 $—NO_2$)或给电子基(含未成键 p 电子的杂原子基团,如 —OH、$—NH_2$ 等)连接到分子中的共轭体系时,都能导致共轭体系电子云的流动性增大,分子中 $\pi \rightarrow \pi^*$ 跃迁的能级差减小,最大吸收波长移向长波,颜色加深,这些基团称为助色团。助色团可分为吸电子助色团和给电子助色团。

如果物质组成的变化不影响生色团和助色团,就不会显著地影响其吸收光谱,如甲苯和乙苯具有相同的紫外吸收光谱。另外,外界因素如溶剂的改变也会影响吸收光谱,在极性溶剂中某些化合物吸收光谱的精细结构会消失,成为一个宽带。所以只根据紫外光谱不能完全确定物质的分子结构,还必须与红外吸收光谱、核磁共振波谱、质谱以及其他化学、物理方法共同配合才能得出可靠的结论。

（1）化合物的鉴定

利用紫外光谱可以推导有机化合物的分子骨架中是否含有共轭结构体系，如C═C—C═C、C ═ C—C ═ O、苯环等。利用紫外光谱鉴定有机化合物远不如利用红外光谱有效，因为很多化合物在紫外没有吸收或者只有微弱的吸收，并且紫外光谱一般比较简单，特征性不强。紫外光谱可以用来检验一些具有大的共轭体系或发色官能团的化合物，可以作为其他鉴定方法的补充。

（2）纯度检查

如果有机化合物在紫外 - 可见光区没有明显的吸收峰，而杂质在紫外区有较强的吸收，那么可利用紫外光谱检验化合物的纯度。

（3）异构体的确定

对于异构体的确定，可以通过经验规则计算出 λ_{max} 值，与实测值比较，即可证实化合物是哪种异构体。

（4）位阻作用的测定

由于位阻作用会影响共轭体系的共平面性质，当组成共轭体系的生色基团近似处于同一平面，两个生色基团具有较大的共振作用时，λ_{max} 不改变，ε_{max} 略为降低，空间位阻作用较小；当两个生色基团具有部分共振作用，两共振体系部分偏离共平面时，λ_{max} 和 ε_{max} 略有降低；当连接两个生色基团的单键或双键被扭曲得很厉害，以致两个生色基团基本未共轭，或具有极小共振作用或无共振作用，剧烈影响其紫外光谱特征时，情况较为复杂。在多数情况下，该化合物的紫外光谱特征近似等于它所含孤立生色基团光谱的“加合”。

（5）氢键强度的测定

溶剂分子与溶质分子缔合生成氢键时，对溶质分子的紫外光谱有较大影响。对于羰基化合物，根据在极性溶剂和非极性溶剂中 R 带的差别，可以近似测定氢键的强度。

（6）定量分析

朗伯 - 比尔定律是紫外 - 可见吸收光谱法进行定量分析的理论基础。

第3章

探针型显微镜分析类

3.1 场离子显微镜与原子探针

所有显微成像或分析技术的共同要求是尽量减少同时被检测的样品质量，避免过多的信息被激发和记录，以提高它的分辨率。在现阶段，把固体内的原子直接分辨成像，可以认为是一个现实的目标。例如，在透射电子显微镜和扫描透射电子显微镜中，利用衍射和相位衬度效应，以及对透射电子的特征能量损失谱分析，显示固体薄膜样品中原子或原子面的图像(晶格像和结构像)，以及在适当的基底膜上单个原子的成像等，均已取得许多重大的进展。由米勒(Müler)在20世纪50年代开创的场离子显微镜及其有关技术，是别具一格的原子直接成像方法。它能清晰地显示样品表层的原子排列和缺陷，并在此基础上进一步发展到利用原子探针鉴定其中单个原子的元素类别。

3.1.1 场离子显微镜的结构

场离子显微镜(Field ion microscope,FIM)的结构示意图如图3.1所示。它由一个玻璃真空容器组成，平坦的底部内侧涂有荧光粉，用于显示图像。样品一般采用单晶细丝，通过电解抛光得到曲率半径约为100 nm的尖端(图3.2)，以液氮、液氢或液氦冷却至深低温，减小原子的热振动，使原子的图像稳定可辨。样品接(10～40) kV高压作为阳极，而容器内壁(包括观察荧光屏)通过导电镀层接地，一般用氧化锡，以保持透明。

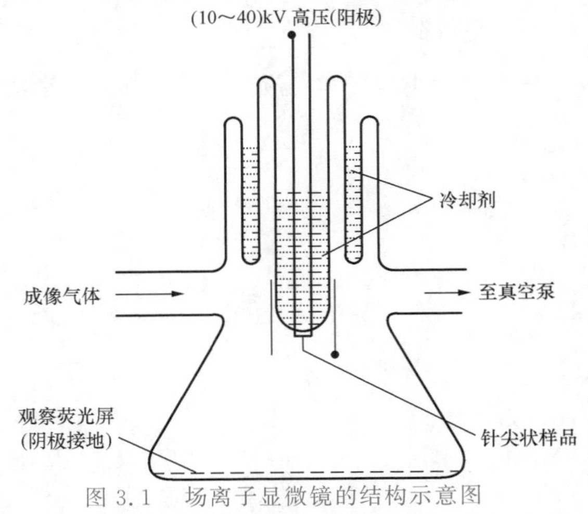

图3.1 场离子显微镜的结构示意图

仪器工作时，首先将容器抽到 1.33×10^{-6} Pa的真空度，然后通入压力约 1.33×10^{-1} Pa的成像气体，如惰性气体氦。对样品加上足够高的电压时，气体原子发生极化和电离，荧光屏上即可显示出样品尖端表层原子的清晰图像，其中每一亮点都是单个原子的像。图3.3为Fe-Ni-Cr

系钢中奥氏体相的场离子显微镜图像。

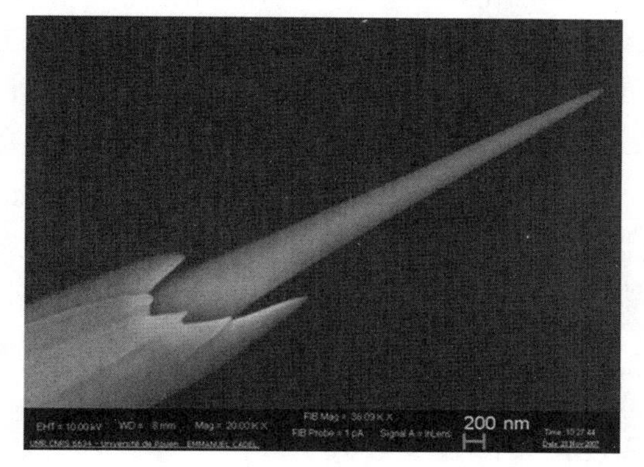

图 3.2 场离子显微镜的样品

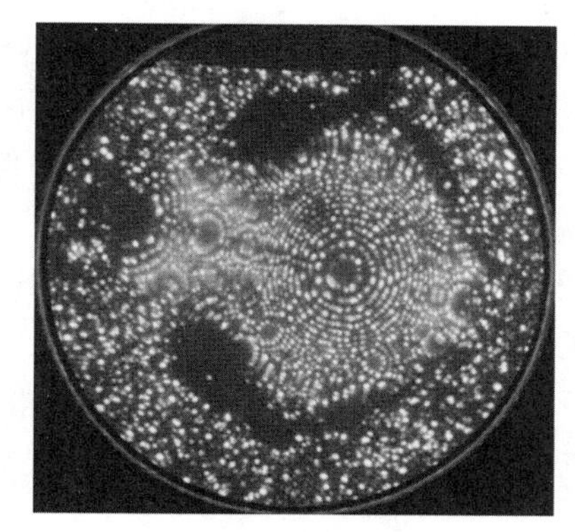

图 3.3 Fe-Ni-Cr 系钢中奥氏体相的场离子显微镜图像

3.1.2 场离子显微镜的成像原理

1. 场致电离和原子成像原理

如果样品细丝被加上数值为 U 的正电位，它与接地的阴极之间将存在一个发散的电场，并以曲率半径 r 极小的尖端表面附近产生的场强为最高：

$$E \approx \frac{U}{5r} \tag{3-1}$$

当成像气体进入容器后，受到自身动能的驱使会有一部分到达阳极附近，在极高的电位梯度作用下气体原子发生极化，即使中性原子的正、负电荷中心分离而成为一个电偶极子。极化原子被电场加速并撞击样品表面，由于样品处于深低温，所以气体原子在表面经历若干次弹跳的过程中也将被冷却而逐步丧失能量，如图 3.4 所示。

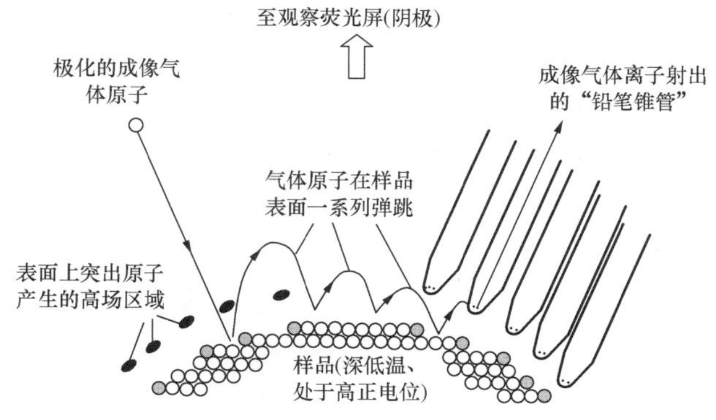

图 3.4 场致电离过程和表面上突出原子像亮点的形成

尽管单晶样品的尖端表面近似呈半球形，可是由于原子单位的不可分性，使得这一表面实质上是由许多原子平面的台阶所组成，处于台阶边缘的原子(图 3.4 中有阴影的原子)总是突出于平均的半球形表面而具有更小的曲率半径，在其附近的场强亦更高。当弹跳中的极化原子陷入突出原子上方某一距离的高场区域时，若气体原子的外层电子能态符合样品中原子的空能级能态，该电子将有较高的概率通过“隧道效应”(Tunnel effect) 而穿过表面位垒进入样品，气体原子则发生场致电离变为带正电的离子。此时，成像气体的离子由于受到电场的加速而径向射出，当它们撞击观察荧光屏时，可激发光信号。

显然，在突出原子的高场区域内极化原子最易发生电离，由这一区域径向投射到观察屏的“铅笔锥管”内，其中集中着大量射出的气体离子，因此图像中出现的每一个亮点对应着样品尖端表面的一个突出原子。

使极化气体电离所需要的成像场强 E_i 主要取决于样品材料、样品温度和成像气体外层电子的电离激发能。几种典型的气体的成像场强见表 3.1。对于常用的惰性气体氦和氖，$E_i \approx 400\ \mathrm{MV \cdot cm^{-1}}$。根据式 (3-1)，当 $r = 10 \sim 300$ nm 时，在尖端表面附近产生这样高的场强所需要的样品电位 U 并不很高，仅为 $5 \sim 50$ kV。

表 3.1 几种典型气体的成像场强

气体	E_i /($\mathrm{MV \cdot cm^{-1}}$)	气体	E_i /($\mathrm{MV \cdot cm^{-1}}$)
He	450	Ar	230
Ne	370	Kr	190
H_2	230		

2. 图像的解释

如上所述，场离子显微镜图像中每一亮点实际上是样品尖端表面一个突出原子的像。由图 3.3 可以看到，整个图像由大量环绕若干中心的圆形亮点环所构成，其形成的机理可由图 3.5 得到解释。设想某一立方晶体单晶样品细丝的长轴方向为[011]，则以[011] 为法线方向的原子平面[即(011) 晶面] 与半球形表面的交线即为一系列同心圆环，它们同时也就是表面台阶的边缘线。因为图像中同一圆环上亮点正是同一台阶边缘位置上突出原子的像，而同心亮点环的中心则为该原子平面法线的径向投影极点，可以用它的晶面指数表示。

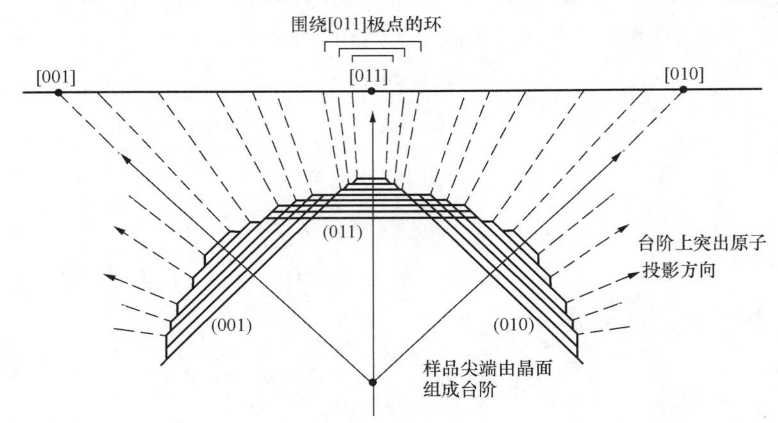

图 3.5 立方单晶体场离子显微镜图像中亮点环的形成及其极点的解释

图 3.5 也画出了另外两个低指数晶向及其相应的晶面台阶。不难看到，平整的观察荧光屏上所显示的同心亮点环中心的位置就是许多不同指数的晶向投影极点。如果回忆一下晶体学中有关“极射赤面投影图”的概念，便可以理解，二者极点所构成的图形是完全一致的。所以对于已知点阵类型的晶体样品，它的场离子图像的解释将是毫不困难的，尽管由于尖端表面不可能是精确的半球形，所得极点图形会有某种程度的畸变。事实上，场离子图像

总是直观地显示了晶体的对称性质。据此可以方便地确定样品的晶体学位向和各极点的指数，金属钨的场离子显微镜图像（图 3.6）中箭头所指位置就是极点位置，它对应晶向。

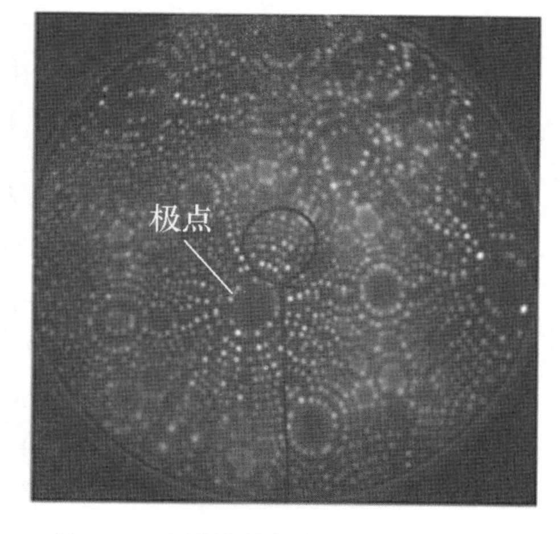

图 3.6　金属钨的场离子显微镜图像

从图 3.5 还可以看到，场离子显微镜图像的放大倍率可简单地表达为

$$M = R/r \tag{3-2}$$

其中，R 是样品至观察屏的距离，典型的数值为 5 ~ 10 cm，所以 M 大约是 10^6 倍。

3. 场致蒸发和剥层分析

在场离子显微镜中，如果场强超过某一临界值，将发生场致蒸发。E_e 称为临界场致蒸发场强，它主要取决于样品材料的某些物理参数（如结合键强度）和温度。当极化的气体原子在样品表面弹跳时，其负极端总是朝向阳极，因而在表面附近存在带负电的“电子云”对样品原子的拉曳作用，使之电离并通过“隧道效应”或热激活过程穿越表面位垒而逸出，即样品原子以正离子形式蒸发，并在电场的作用下射向观察屏。某些金属的蒸发场强 E_e 见表 3.2。

表 3.2　某些金属的蒸发场强

金 属	难熔金属	过渡族金属	Sn	Al
E_e / (MV · cm^{-1})	400 ~ 500	300 ~ 400	220	160

显然，表面吸附的杂质原子将首先蒸发，因而利用场致蒸发可以净化样品的原始表面。由于表面的突出原子具有较高的位能，比那些不处于台阶边缘的原子更容易蒸发，是最有利于引起场致电离的原子。所以，当一个处于台阶边缘的原子被蒸发之后，与它相邻的一个或几个原子将突出于表面，并随后逐个被蒸发。因此，场致蒸发可以用来对样品进行剥层分析，显示原子排列的三维结构。图 3.7 为某 Fe-Cr 系钢中 Cr、Mn 和 Cu 的三维排列情况。

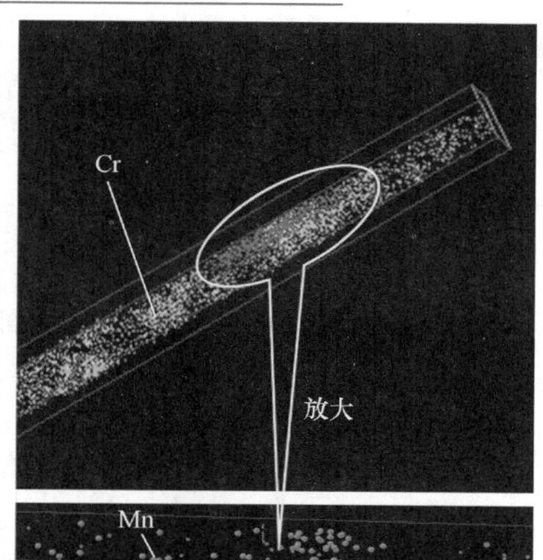

图 3.7　某 Fe-Cr 系钢中 Cr、Mn 和 Cu 的三维排列结构

为了获得稳定的场离子图像，除了必须将样品深冷以外，表面场强必须保持在低于 E_e 而高于 E_i 的水平。对于不同的金属，通过选择适当的成像气体和样品温度，目前已能实现大多数金属的清晰场离子成像，其中难熔金属被研究得最多。显然，像 Sn 和 Al 这样的金属，稳定成像是困难的。采用较低的气体压强，以适当降低表面“电子云”密度，也许可以缓和场致蒸发，但同时又使像点亮度减弱，曝光

时间延长,因此必须引入高增益的像增强装置。

3.1.3 场离子显微镜的应用

场离子显微镜技术的主要优点在于表面原子的直接成像,通常只有其中约 10% 的台阶边缘原子给出像亮点。在某些理想情况下,台阶平面的原子也能成像.但衬度较差。对于单晶样品,图像的晶体学位向特征是十分明显的,台阶平面或极点的指数化是简单的几何方法。

由于参与成像的原子数有限,实际分析体积仅约为 10^{-21} m^3,因而场离子显微镜只能研究大块样品内分布均匀和密度较高的结构细节,否则观察到某一现象的概率有限。例如,若位错的密度为 10^8 cm^{-2},则在 10^{-10} cm^2 的成像表面内将难以被发现。对于结合键强度或熔点较低的材料,由于蒸发场强太低,不易获得稳定的图像;对于多元合金,常常因为浓度起伏等造成图像的某种不规则性,其中组成元素的蒸发场强也不相同,图像不稳定,分析较困难。此外,在成像场强作用下,样品经受着极高的应力(如果 E_i =47.5 MV/cm,应力高达 10 kN/mm^2),可能使样品发生组织结构的变化,如位错形核重新排列、产生高密度的假象空位或形变孪晶等,甚至引起样品的崩裂。

尽管场离子显微镜技术存在着上述一些困难和限制,由于它能直接给出表面原子的排列图像,因此在材料科学许多理论问题的研究中,仍不失为一种独特的分析手段。

(1) 点缺陷的直接观察

目前只有场离子显微镜可直接以使空位或空位集合、间隙或置换的溶质原子等点缺陷成像。在图像中,它们表现为缺少一个或若干个聚集在一起的像亮点,或者出现某些衬度不同的像亮点。但是很可能出现假象,例如荧光屏的疵点以及场致蒸发,都会产生虚假的空位点;同时,在大约 10^4 个像亮点中发现多个空位也不容易,如果空位密度高,又难以计数完全,不能给出精确的定量信息。目前在淬火空位、辐照空位、离子注入等方面,场离子显微镜提供了可用于比较分析的定性信息。

(2) 位错

场离子显微镜不能用来研究形变样品内的位错排列及其交互作用。但是,当有位错在样品尖端表面露头时,场离子图像能够给出与位错模型非常符合的结果。

(3) 界面缺陷

界面原子结构的研究是场离子显微镜最早的、也是十分成功的应用之一。现有的晶界构造理论在很大程度上依赖于它的许多观察结果,因为图像可以清晰地显示界面两侧原子的排列和位向的关系(精度达 $\pm 2°$)。亚晶界、孪晶界和层错界面等,场离子显微镜都给出了界面缺陷的许多细节结构图像。

3.1.4 原子探针

场致蒸发现象的另一应用是所谓的"原子探针",可以用来鉴定样品表面单个原子的元素类别，其工作原理如图 3.8 所示。

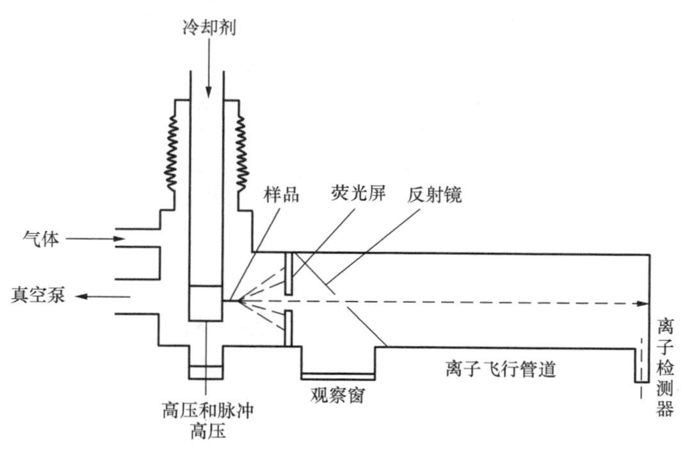

图 3.8　原子探针结构示意图

首先，在低于 E_e 的成像条件下获得样品表面的场离子图像，通过观察窗监视样品位向的调节，使欲分析的某一原子像点对准荧光屏的小孔，它可以是偏析的溶质原子或细小沉淀物相等。当样品被加上一个高于蒸发场强的脉冲高压时，该原子的离子可被蒸发，穿过小孔到达飞行管道的终端而被高灵敏度的离子检测器所检测。若离子的价数为 n，质量为 m，则其动能为

$$E_k = neU = \frac{1}{2}mv^2 \tag{3-3}$$

其中，U 为脉冲高压。可见，离子的飞行速度取决于离子的质量。如果测得其飞行时间为 t，样品到检测器的距离为 s（通常长 1 ～ 2 m），则有

$$t \approx \frac{s}{v} = \frac{s}{\sqrt{\dfrac{2neU}{m}}} \tag{3-4}$$

由此可以计算离子的质量 m，从而达到原子分辨水平的化学成分分析的目的。

3.1.5　三维原子探针应用举例

为了在原子分辨的水平上研究合金中沉淀或有序化转变过程，必须区分不同元素的原子类别，所以原子探针法应用于此将十分适宜。有关无序－有序转变中结构的变化，反相畴界的点阵缺陷以及细小的畴尺寸（约 7 nm）的观察，都是非常成功的例子。通过三维原子探针技术可以准确地获得微区成分信息。图 3.9 为 Fe-Ni-Al 基超强钢时效样品的三维原子重构图：(a) 50% Al＋Ni 等浓度面反应粒子分布；(b) Mo 和 P、B、C 的偏聚；(c) 截取 10 nm 厚薄片显示位错附近第二相分布。由图可以观察到大量的尺寸极小的 NiAl 相。通过对位错附近截取薄片，同时发现 P、B、C 等微量间隙元素在位错线上偏聚，且 NiAl 相在位错线或位错附近析出。

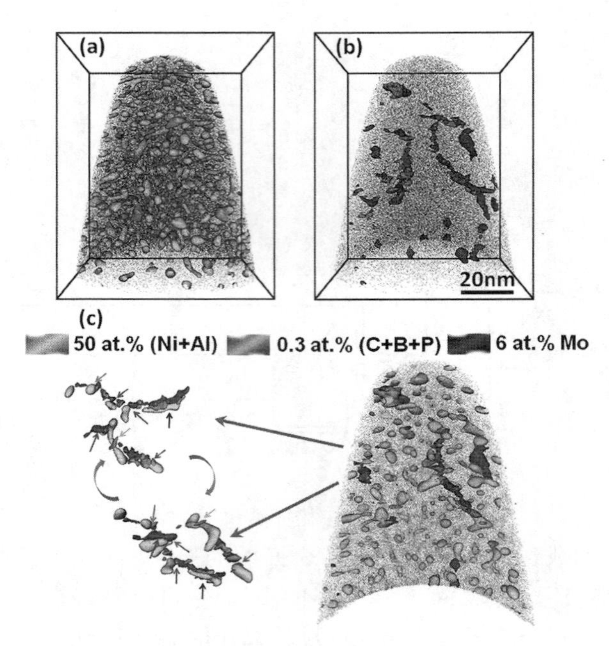

图 3.9 Fe-Ni-Al 基超强钢时效样品的三维原子重构图；(a) 50% Al+Ni 等浓度面反应粒子分布；(b) Mo 和 P、B、C 的偏聚；(c) 截取 10 nm 厚薄片显示位错附近第二相分布[56]

3.2 扫描探针型显微镜

扫描探针显微镜是通过检测探针和样品之间的物理量，测量样品表面微区的形貌和物理特性的显微镜总称。例如，检测探针和样品之间的隧道电流的扫描隧道显微镜和检测探针和样品之间原子间作用力的原子力显微镜。

3.2.1 扫描隧道显微镜

扫描隧道显微镜(Scanning tunneling microscope, STM)是哥德·宾尼格(Gerd Binning)博士等于1983年发明的一种新型表面测试分析仪器。扫描隧道显微镜使人类第一次能够实时地观察单个原子在物质表面的排列状态和与表面电子行为有关的物化性质。它在表面科学、材料科学、生命科学等领域的研究中有着重大的意义和广泛的应用前景，被国际科学界公认为 20 世纪 80 年代世界十大科技成就之一。

1. 扫描隧道显微镜的特点

(1) 具有原子级高分辨率，扫描隧道显微镜在平行和垂直于样品表面方向上的分辨率分别可达 0.1 nm 和 0.01 nm，即可以分辨出单个原子。

(2) 可实时得到实空间中样品表面的三维图像，可用于具有周期性或不具有周期性的表面结构的研究，这种可实时观察的性能可用于表面扩散等动态过程的研究。

(3) 可以观察单个原子层的局部表面结构，而不是对整体或整个表面的平均性质，因而可直接观察到表面缺陷，表面重构、表面吸附体的形态和位置，以及由吸附体引起的表面重构等。

(4) 可在真空、大气、常温等不同环境下工作，样品甚至可浸在水和其他溶液中，不需要特别的制样技术，并且探测过程对样品无损伤。这些特点特别适用于研究生物样品和在不同实验条件下对样品表面的评价，例如对于多相催化机理、电化学反应过程中电极表面变化的监测等。

(5) 配合扫描隧道谱(STS)可以得到有关表面电子结构的信息，例如表面不同层次的态密度。表面电子阱、电荷密度波、表面势垒的变化和能隙结构等。

(6) 利用扫描隧道显微镜针尖，可实现对原子和分子的移动和操纵，这为纳米科技的全面发展奠定了基础。

(7) 在技术本身，扫描隧道显微镜具有设备相对简单、体积小、价格便宜、对安装环境要求较低、对样品无特殊要求、制样容易、检测快捷、操作简便等特点，同时扫描隧道显微镜的日常维护和运行费用也十分低廉。

(8) 不能探测深层信息，无法直接观察绝缘体。

2. 常用分析测试仪器的比较

表 3.3 列出了扫描隧道显微镜、扫描电子显微镜、透射电子显微镜、场离子显微镜及俄歇电子能谱仪等分析测试仪器的特点及分辨本领。

表 3.3　常用分析测试仪器的特点及分辨本领

分析技术	分析本领	工作环境	工作温度	对样品的破坏程度	检测深度
扫描隧道显微镜	可直接观察原子 横向分辨率：0.1 nm 纵向分辨率：0.01 nm	大气、溶液、真空均可	低温 室温 高温	无	1～2 个原子层
透射电子显微镜	横向点分辨率：0.3～0.5 nm 横向晶格分辨率：0.1～0.2 nm 纵向分辨率：无	高真空	低温 室温 高温	中	等于样品厚度(<100 nm)
扫描电子显微镜	采用二次电子成像 横向分辨率：1～3 nm 纵向分辨率：低	高真空	低温 室温 高温	小	1 μm
场离子显微镜	横向分辨率：0.2 nm 纵向分辨率：低	超高真空	30～80 K	大	原子厚度
俄歇电子能谱仪	横向分辨率：6～10 nm 纵向分辨率：0.5 nm	超高真空	室温 低温	大	2～3 个原子层

3. 扫描隧道显微镜的结构

扫描隧道显微镜是利用尖锐金属探针在样品表面扫描，根据针尖-样品间纳米间隙的量子隧道效应引起隧道电流与间隙大小呈指数关系，获得原子级样品表面形貌特征图像。其结构如图 3.10 所示，由图可以看出，对于计算机控制的扫描隧道显微镜主要由五部分组成：

(1) 隧道针尖

针尖的大小、形状和化学同一性不仅影响扫描隧道显微镜图像的分辨率和图像的形状，而且也影响着测定的电子态，主要要求：

① 针尖的宏观结构应使得针尖具有高的弯曲共振频率，从而可以减少相位滞后，提高采集速度。

② 如果针尖的尖端只有一个稳定的原子而不是有多重针尖，那么隧道电流就会很稳定，而且能够获得原子级分辨的图像。

③ 针尖的化学纯度高，就不会涉及系列势垒。例如，针尖表面若有氧化层，则其电阻可能会高于隧道间隙的阻值，从而导致针尖和样品间产生隧道电流之前，二者就发生碰撞。

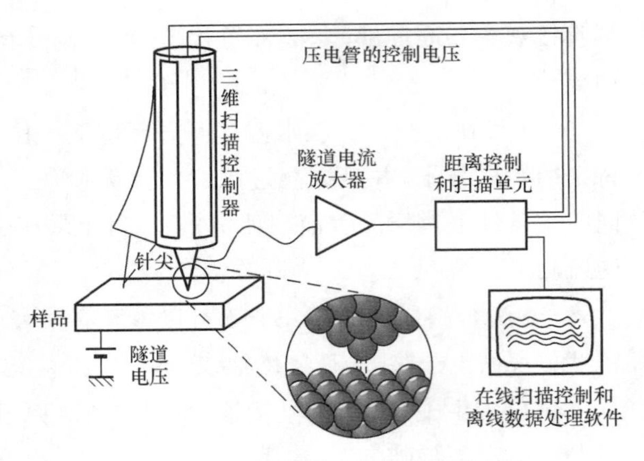

图 3.10　扫描隧道显微镜的结构图

目前主要有电化学腐蚀法制备的钨针尖和机械成型法制备的铂-铱合金针尖(一般直接用剪刀剪切而成)。不论哪一种针尖，表面往往都覆盖着氧化层或吸附一定的杂质，这经常是造成隧道电流不稳、噪声大和扫描隧道显微镜图像不理想的原因。因此，每次实验前，都要对针尖进行处理，一般用化学法清洗表面的氧化层及杂质，保证针尖具有良好的导电性。

(2) 三维扫描控制器

由于仪器中要控制针尖在样品表面进行高精度的扫描，用普通机械的控制是很难达到这一要求的。目前普遍使用压电陶瓷材料作为 x-y-z 扫描控制器件。只要控制电压连续变化，针尖就可以在垂直方向或水平面上做连续的升降或平移运动，其控制精度要求达到 0.001 nm。

压电陶瓷利用了压电现象，即某种类型的晶体在受到机械力发生形变时会产生电场，或给晶体加一电场时晶体会产生物理形变的现象。许多化合物的单晶，如石英等都具有压电性质，但目前广泛采用的是多晶陶瓷材料，如 $Pb(Ti,Zr)O_3$(简称 PZT)和钛酸钡等。压电陶瓷材料能以简单的方式将 1 mV ～ 1 000 V 的电压信号转换成十几分之一纳米到几微米的位移。

(3) 减振系统

由于仪器工作时针尖与样品的间距一般小于 1 nm，同时隧道电流与隧道间隙成指数关系，因此任何微小的振动都会对仪器的稳定性产生影响。必须隔绝的两种类型的扰动是振动和冲击，其中振动隔绝是最主要的。隔绝振动主要从考虑外界振动的频率与仪器的固有频率入手。

(4) 电子学控制系统

扫描隧道显微镜是一个纳米级的振动系统，因此电子学控制系统也是一个重要的部分。扫描隧道显微镜要用计算机控制步进电机的驱动，使探针逼近样品，进入隧道区，而后要不断采集隧道电流，在恒电流模式中还要将隧道电流与设定值相比较，再通过反馈系统控制探针的进与退，从而保持隧道电流的稳定。所有这些功能都是通过电子学控制系统来实现的。

（5）在线扫描控制和离线数据处理软件

在扫描隧道显微镜的软件控制系统中，计算机软件所起的作用主要分为“在线扫描控制”和“离线数据分析”两部分。

4. 扫描隧道显微镜的基本原理及工作方式

扫描隧道显微镜的工作原理如图 3.11 所示，图中 S 为针尖与样品间距，I_T、V_T 为隧道电流和工作偏压，V_z 为控制针尖在 z 方向高度的反馈电压，A 为具有原子尺度的针尖，B 为被分析样品。扫描隧道显微镜工作时，在样品和针尖间加一定电压，当样品与针尖间距小于一定值时，由于量子隧道效应，样品和针尖之间产生隧道电流。

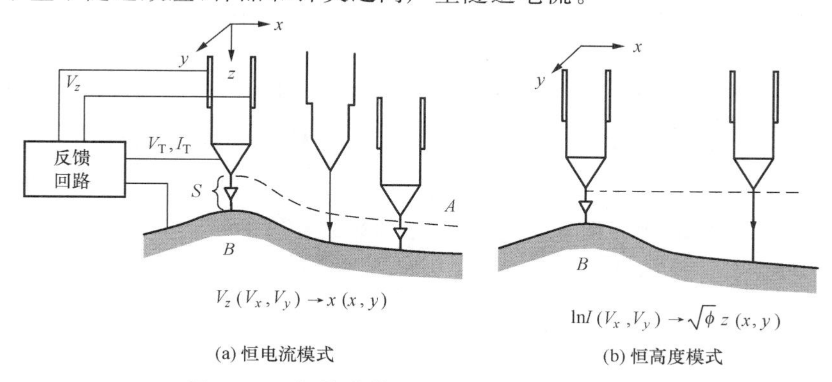

图 3.11　扫描隧道显微镜的工作原理示意图

在低温低压下，隧道电流 I 可近似地表达为

$$I \propto \exp(-2kd) \tag{3-5}$$

式中，I 为隧道电流；d 为样品与针尖间距；k 为常数，在真空隧道条件下，k 与有效局部功函数 ϕ 有关，可近似表示为

$$k = \frac{2\pi}{h}\sqrt{2m\phi} \tag{3-6}$$

式中，m 为电子质量；ϕ 为有效局部功函数；h 为普朗克常量。

典型条件下，ϕ 近似为 4 eV，$k = 10\ \text{nm}^{-1}$，间距 d 每增加 0.1 nm 时，隧道电流 I 将下降一个数量级。

需要指出，式(3-5) 是非常近似的。扫描隧道显微镜工作时，针尖与样品间距一般约为 0.4 nm，此时隧道电流 I 可更准确地表达为

$$I = \frac{2\pi e}{h^2}\sum_{\mu\nu} f(E_\mu)[1 - f(E_\nu + eU)] \mid M_{\mu\nu} \mid^2 \delta(E_\mu - E_\nu) \tag{3-7}$$

式中，$M_{\mu\nu}$ 为隧道矩阵元；$f(E_\mu)$ 为费米函数；U 为跨越能垒的电压；E_μ 表示状态 μ 的能量。μ、ν 表示针尖和样品表面的所有状态，$M_{\mu\nu}$ 可表示为

$$M_{\mu\nu} = \frac{h^2}{2m}\int \mathrm{d}s \cdot (\psi_\mu^* \ \nabla\psi_\nu - \psi_\nu^* \psi_\mu^*) \tag{3-8}$$

式中,ψ 为波函数。

由此可见,隧道电流 I 并非样品表面起伏的简单函数,它表征样品和针尖电子波函数的重叠程度。隧道电流 I 与针尖和样品间距 d 以及平均功函数 Φ 之间的关系可表示为

$$I \propto V_b \exp(-A\Phi^{1/2} d) \tag{3-9}$$

式中,V_b 为针尖与样品之间所加的偏压;Φ 为针尖与样品的平均功函数;A 为常数,在真空条件下,A 近似为 1。根据量子力学的有关理论,由式(3-9)也可算得:当间距 d 减小 0.1 nm 时,隧道电流 I 将增加一个数量级,即隧道电流 I 对样品表面的微观起伏特别敏感。

根据扫描过程中针尖与样品间相对运动的不同,可将扫描隧道显微镜的工作方式分为恒电流模式和恒高度模式。

(1) 恒电流模式

若控制样品与针尖间距不变,则当针尖在样品表面扫描时,由于样品表面高低起伏,势必引起隧道电流变化。此时通过一定的电子反馈系统,驱动针尖随样品高低变化而做升降运动,以确保针尖与样品间距保持不变,此时针尖在样品表面扫描时的运动轨迹[如图 3.11(a) 中虚线所示]直接反映了样品表面态密度的分布。而在一定条件下,样品的表面态密度与样品表面的高低起伏程度有关,此即恒电流模式。

(2) 恒高度模式

若控制针尖在样品表面某一水平面上扫描,针尖的运动轨迹如图 3.11(b) 所示,随着样品表面高低起伏,隧道电流不断变化。通过记录隧道电流的变化,可得到样品表面的形貌图,此即恒高度模式。

恒电流模式是目前扫描隧道显微镜仪器设计时常用的工作模式,适合于观察表面起伏较大的样品;恒高度模式适合于观察表面起伏较小的样品,一般不能用于观察表面起伏大于 1 nm 的样品。但是恒高度模式下,扫描隧道显微镜可进行快速扫描,而且能有效地减少噪声和热漂移对隧道电流信号的干扰,从而获得更高分辨率的图像。

5. 扫描隧道显微镜的应用举例

图 3.12 为对硅片进行高温加热和退火处理后,硅表面的原子进行重新组合,结构发生重构的扫描隧道显微镜图像。

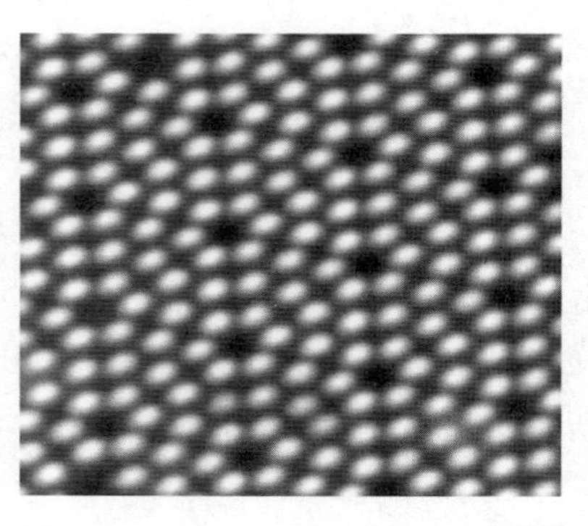

图 3.12　硅(111) 面原子重构像[57]

3.2.2　原子力显微镜

为了克服扫描隧道显微镜不能测量绝缘体表面形貌的缺点。1986 年 G. Binnig 提出原子力显微镜的概念，它是利用微悬臂感受和放大悬臂上的尖细探针与样品表面原子之间的作用力，从而达到检测样品表面的目的。它不但可以测量绝缘体表面形貌，达到接近原子分辨，还可以测量表面原子间的力，测量表面弹性、塑性、硬度、黏着力、摩擦力等性能[58]。

1. 原子力显微镜的基本结构

原子力显微镜的基本结构如图 3.13 所示，主要由三部分组成，分别为力检测部分、位置检测与调节部分和信息处理与控制部分。

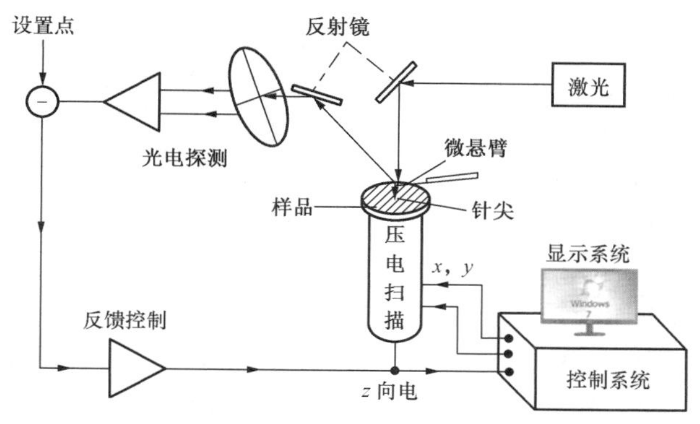

图 3.13　原子力显微镜的基本结构

(1) 力检测部分

原子力显微镜使用微悬臂来检测原子之间力的变化量。微悬臂通常由一个 100 ～ 500 μm 长和 500 nm ～ 5 μm 厚的硅片或氮化硅片制成，顶端有一个尖锐针尖，用来检测样品与针尖间的相互作用力。实际检测时，需要依照样品的特性和操作模式的不同来选择微悬臂的规格（长度、宽度、弹性系数以及针尖的类型和形状）。原子力显微镜所要检测的力是原子间的范德华力，在不同的情况下，也可能是机械接触力、毛吸力、化学键、静电力、喀希米尔效应力、溶剂力等。

(2) 位置检测与调节部分

位置检测与调节部分的作用是合理地控制样品与探针之间的距离，主要通过一组步进马达、压电陶瓷、激光器和激光探测装置实现。在原子力显微镜的系统中，当探针靠近样品表面一定距离时，悬臂会因为受到探针头和样品表面的交互作用力而遵从胡克定律弯曲偏移。通常，偏移会由射在微悬臂上的激光束反射至光敏二极管阵列而测量到，较薄的悬臂表面常镀上反光材质（如铝）以增强其反射，如图 3.14 所示。在整个系统中依靠激光

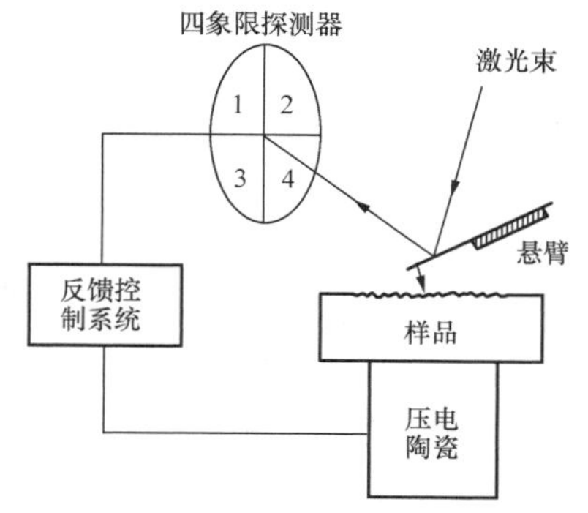

图 3.14　原子力显微镜的工作原理图

光斑位置检测器将偏移量记录下并转换成电的信号，通过控制器做信号处理，然后驱动马达进行运动调节位置。

(3) 信息处理与控制部分

原子力显微镜的系统中，信号经由激光检测器探测，并传入控制器，在控制器中进行分析处理，然后反馈回去，作为内部的调整信号，并驱使由压电陶瓷管制作的扫描器做适当的移动，使样品与针尖保持合适的作用力，测试结果与操作指令通过计算机程序控制。

2. 原子力显微镜的基本原理及工作方式

(1) 原子力显微镜的基本原理

将一个对微弱力极敏感的微悬臂一端固定，另一端有一微小的针尖，针尖与样品表面轻轻接触或达到一定距离时，由于针尖尖端原子与样品表面原子间存在极微弱的排斥力，通过在扫描时控制这种力的恒定，带有针尖的微悬臂将对应于针尖与样品表面原子间作用力的等位面而在垂直于样品的表面方向起伏运动。利用光学检测法，可测得微悬臂对应于扫描各点的位置变化，从而可以获得样品表面形貌的信息。

当针尖与样品充分接近，相互之间存在短程相互斥力时，检测该斥力可获得表面原子级分辨图像，一般情况下分辨率也在纳米级水平。原子力显微镜测量对样品无特殊要求，可测量固体表面、吸附体系等。

(2) 原子力显微镜的工作模式

① 接触模式(contact mode)：针尖始终与样品保持接触，二者相互接触的原子中电子间存在库仑排斥力，大小通常为 $10^{-8} \sim 10^{-11}$ N。虽然它可以形成稳定的高分辨率的图像，但针尖在样品表面上的移动以及针尖与样品间的黏附力，同样使样品产生相当大的形变并对针尖产生较大损害，从而在图像数据中产生假象。

② 非接触模式(Non-contact mode)：控制探针在样品表面上方 5 nm ～ 20 nm 处扫描，所检测的是范德华吸引力和静电力等对成像样品没有破坏的长程作用力，但是由于针尖和样品间距比较大，分辨率也较接触模式低。实际上由于针尖容易被样品表面的黏附力所捕获，因而非接触模式的操作是很困难的。

③ 轻敲模式(Tapping mode)：此模式介于接触模式和非接触模式之间。针尖同样品接触，分辨率几乎和接触模式一样好，同时因接触时间短暂而使剪切力引起的样品破坏几乎完全消失。轻敲模式的针尖在接触样品表面时，有足够的振幅(大于 20 nm)来克服针尖与样品之间的黏附力。目前轻敲模式不仅用于真空、大气，在液体环境中应用也不断增多。

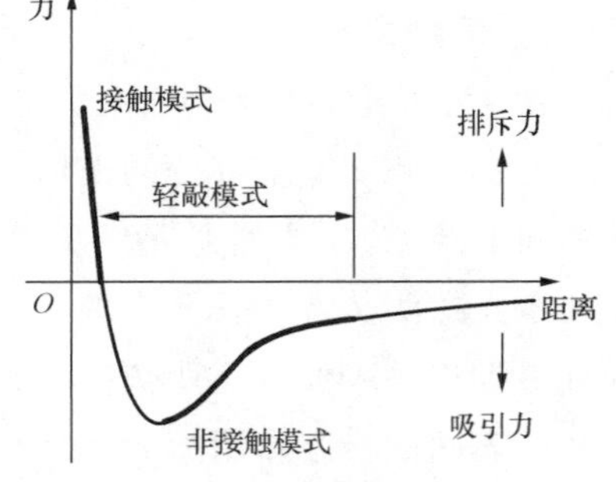

图 3.15　接触模式与力 - 距曲线

综上，非接触模式工作距离较大，并且针尖和样品的作用力始终是吸引力。接触模式则相反，工作在斥力区，而轻敲模式由于探针保持一定振幅振动，并且和样品间隙接触，所以和样品的距离在一定范围内变化，样品和针尖的作用力是引力和斥力交互作用，如图 3.15 所示。

3. 原子力显微镜的应用与实例

原子力显微镜可进行表面微观形貌观察，用于分析颗粒的大小、孔径尺寸、表面粗糙度等。图3.16为变V含量$NbMoTaWV_X$高熵合金薄膜的原子力显微镜形貌，可以很明显地看出粗糙度的变化。另外，生物医学样品和生物大分子的研究中，原子力显微镜已成为重要工具之一。

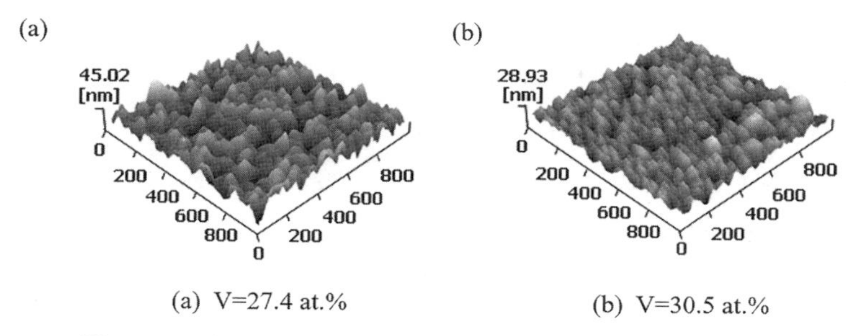

(a) V=27.4 at.%　(b) V=30.5 at.%

图3.16　变V含量$NbMoTaWV_X$高熵合金薄膜形貌图[59]

3.2.3　综合型扫描探针显微镜

随着仪器制备技术的不断进步，目前越来越多生产厂商将扫描隧道显微镜(STM)和原子力显微镜(AFM)的功能结合在一起，生产各种综合型号的新式扫描探针显微镜(SPM)。这类显微镜的纵向分辨率达到0.01 nm，面内分辨率达到0.02 nm，分辨率远超其他观察设备，可以开展更广泛的物理性能的测量和评价。

1. 新式扫描探针显微镜的功能

(1) 纳米尺度的质量控制

主要包括表面粗糙度的测量，间距的测量，台阶高度的测量，角度的测量，颗粒分析等几个方面。可应用于有机和无机薄膜，透明电极，精细陶瓷，玻璃，聚合物，硅片，纳米压印，器件，微观粗糙度等。

(2) 纳米材料的分散性评价

主要包括微相分离结构，共混聚合物，纳米复合材料，薄膜，微颗粒表面以及界面。

(3) 纳米级加工应用

较为适用于下一代纳米加工制备的纳米刻蚀和纳米操纵技术。例如，阳极氧化刻蚀，划痕加工等。

(4) 纳米级电气特性的评价

主要包括表面电势、导电性、电阻、漏电电流、静电电容、极化、掺杂分布，多种电气特性的成像等。可应用于复合材料，导电聚合物，液晶冷光屏，软材料，电池材料，电子器件以及有机半导体。例如，高分子薄膜(电池材料)导电性成像评价，荷电调色剂表面的电势分布评价等。

(5) 环境控制条件下的形貌和物理性能评价

不仅可以在一定的条件下控制测量环境，也可以在连续的条件下自动控制环境参数完成样品物理特性的高灵敏度检测。其真空气压达到10^{-5} Pa，加热冷却温度约为$-120\sim300$ ℃，高温范围为室温至800 ℃，湿度$0\sim80\%$ RH。

(6) 力曲线 / 杨氏模量测量

将力曲线转换为加载－嵌入距离曲线，根据模型计算样品的杨氏模量。通过具有探针弹性系数校正，探针曲率半径计算功能的力曲线 / 模量测定软件，实现了微小区域的杨氏模量在 10 MPa-10 GPa 范围内的定量化。

2. 新式扫描探针显微镜的测量模式

(1) 形貌测量模式

①STM 隧道电流(扫描隧道显微镜)

当金属探针和导电样品的距离小于几个纳米时，通过在二者之间施加偏压就可以形成隧道电流。在扫描时控制隧道电流保持不变就可以获得样品表面的形貌，同时样品表面的电子状态也可以被观察到。

②AFM 接触模式(原子力显微镜)

探针与样品之间的作用力被转换成悬臂的弯曲程度而被检测。通过控制悬臂的弯曲程度，扫描样品表面即可获得形貌图像。

③DFM 非接触 / 间歇接触(动态力显微镜)

DFM 模式下探针悬臂不停地振动，当探针靠近样品时，探针与样品间的作用力会发生变化，引起探针振动振幅的变化。探针振幅的变化可以被检测和控制，在扫描时控制振幅不变即可获得样品表面的形貌。DFM 模式的应用范围很广，如一些软材料和表面吸引力较强的样品都可以观察。

④SIS(智能取样扫描)

SIS 模式只在需要测量的点将探针迫近样品，获得形貌和物理性能，而在其他时候都将探针抬起远离样品；同时 SIS 模式具有智能扫描功能，可以根据样品形貌调节扫描速度。

SIS 模式解决了普通 SPM 扫描时探针对样品的影响(如拖拽和变形)以及探针与样品间相互作用带来的影响。这使得测量过程变得更加稳定，尤其对一些软材料、大面积不均匀或者黏性的样品更有利。

在电流测量模式下，当样品较软时，SIS 模式可以在不破坏样品的同时获得电流图像和稳定的形貌图像；在相图模式下没有了扫描时形貌假象的影响，可以获得更优异的物理性能。

(2) 机械 / 热学性能测量

① PM(相位像)

DFM 模式中，样品的吸附力，硬度等对探针的共振相位产生影响，通过检测探针共振相位的延迟，对样品表面的物性差进行观察。

② FFM(摩擦力)

在 AFM 模式下，将探针和样品间的摩擦力转换成探针的扭曲量进而检测，可以同时得到形貌像和摩擦力像，如图 3.17 所示。

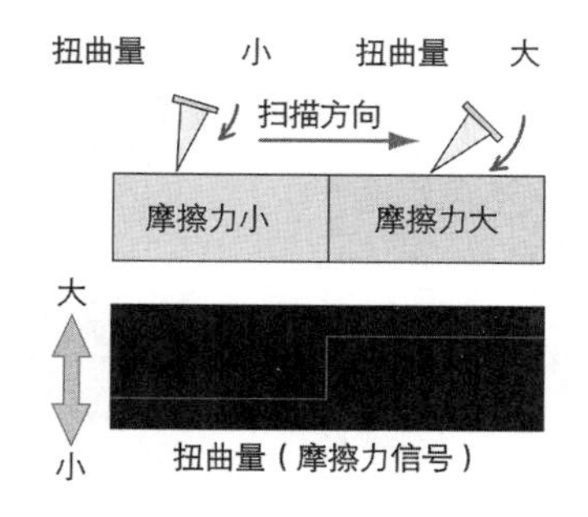

图 3.17　探针移动状态和 FFM 信号

③LM-FFM（横向振动摩擦力）

在横向使样品产生微小的振动，通过检测探针横向的扭曲量达到摩擦力像。这种扫描模式消除了样品凹凸和扫描方向对测量的影响。

④ VE-AFM/DFM（黏弹性）

在垂直方向上使样品振动，通过检测由于样品的黏弹性所引起的探针的弯曲振幅变化得到黏弹性像。

⑤Adhesion（吸附力）

样品在垂直方向上振动，并使探针与样品处在周期性的接触和非接触的状态下，通过检测探针和样品从接触状态变化至非接触状态瞬间的探针弯曲量以观察样品的吸附力分布。

（3）电 / 磁性能测试模式

①Current/Pico-current/CITS（电流谱）

在样品上加偏压的同时进行扫描，检测探针和样品之间的电流，观察电流的分布。通过测定样品面内各个点的 I/V 曲线，可以观察任意电压下的电流分布。如图 3.18 为 CuNiAl 合金表面电流分布，可以看出不同组织区域的电流差异。

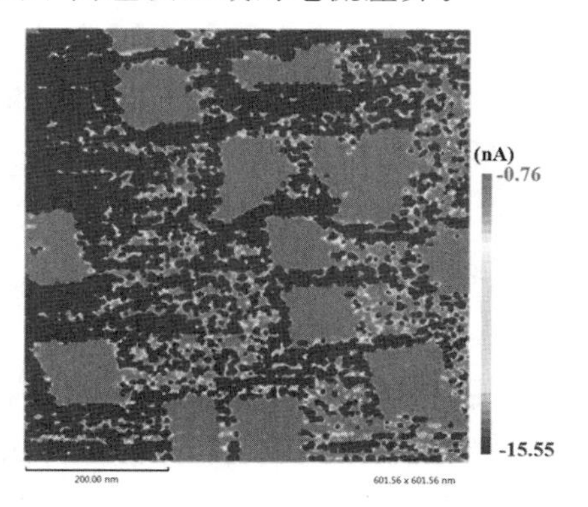

图 3.18　CuNiAl 合金表面电流分布[60]

② SSRM（扩散电阻）

在样品上加偏压，通过使用高导电性和高硬度的探针检测探针与样品接触位置的微小电流，可以观察样品表面的电阻分布，检测范围可以达到 6 位数以上。完全满足实用半导体掺杂浓度测定的要求。

③ SNDM(介电率)

在探针和样品之间加交流电压,通过检测探针下的非线性介电率的频率的变化,可以观察铁电材料的极化状态和半导体掺杂浓度分布。

④ HSSNDM(高灵敏度 SNDM 测量)

SNDM 的灵敏度主要依赖检测器,FM 调节器,锁相放大器的性能。由于搭载了最高性能的硬件设备,测量灵敏度与普通 SNDM 相比提高了近 50 倍。

⑤ PRM(压电响应力显微镜)

在探针与样品间加交流电的同时,通过扫描检测铁电材料的应变成分,以观察应变的分布。

⑥ KFM(表面电位显微镜)

在导电性探针和样品间加交流和直流电压,控制由交流电压所引起的静电力为零,检测直流电压,并作为表面电位图像化。如图 3.19 显示了不同成分高熵合金薄膜表面电位分布。

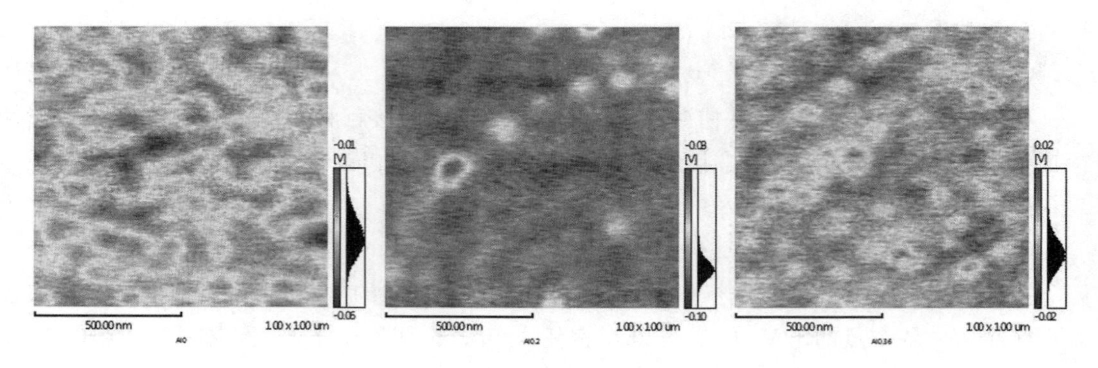

图 3.19 不同成分高熵合金薄膜表面电位分布

⑦ EFM(静电力显微镜)

在导电性探针和样品之间加交流电或直流电,将交流电压所引起的静电力成分图像化。

KFM 可直接检测样品表面的电位。虽然 EFM 并不是直接检测样品的表面电位,但响应性比 KFM 要好,所以作为定性分析样品的电势十分便利。

⑧ MFM(磁力显微镜)

磁力探针和样品在磁场的作用下,磁性探针的位相将发生变化。MFM 就是检测这一变化并将其图像化。在真空中,可以获得更高灵敏度和分辨率的磁畴像。如图 3.20 为磁力模式下 Nb-Fe-B 厚膜的 SPM 分析,薄膜在不同沉积温度及退火条件下展现出截然不同的磁畴分布。

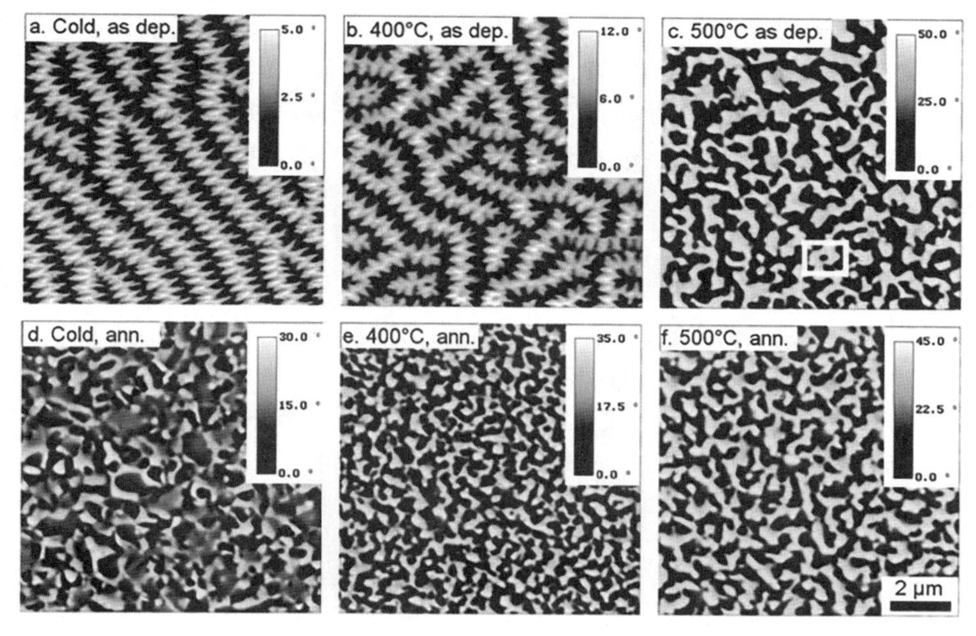

图 3.20　Nd-Fe-B 厚膜不同温度沉积及退火后的磁畴变化[61]

人物简介：吴大猷

吴大猷(1907—2000)，笔名洪道、学立，广东高要人，物理学家、教育家，被誉为中国物理学之父。

吴大猷 1929 年毕业于南开大学。1931—1933 年在美国密歇根大学获得硕士和博士学位。在美国密歇根大学物理系求学时，他随系主任 *H.M.* 兰德尔教授进行红外光谱实验研究。这期间，他把红外光谱仪的直线狭缝改为弯形的，提高了它的分辨本领。这项发明后来被制造红外光谱仪的帕金·埃尔末工厂采用。1933—1934 年在美国作光谱学、原子和原子核物理学方面的研究。吴大猷的学者生涯可大致分为三个时期：北京大学时期(1934—1946)、北美时期(1946—1978)和“台湾”时期(1978 年起)。他的研究领域涉及原子和分子理论、相对论、经典力学和统计力学的各个方面。尤其在原子和分子理论、散射理论和统计力学方面有独创性。他的两项研究为后来的工作开辟了道路，一项是关于重原子 f 态的计算，另一项是闭壳层电子激发态的计算。

吴先生毕生献身科学研究和教育事业，为中国科学发展做出了重大贡献，在世界物理学界享有盛誉。吴先生关心国家统一，致力于民族富强，并且为海峡两岸科技学术交流做出了杰出的贡献，为两岸同胞所赞誉。（时任国家主席江泽民评）。从1941年开始的八年期间，吴大猷在西南联大任教，主要负责的科目为电磁学、近代物理、量子力学和古典力学等等，培育出许多杰出的人才，他的研究生黄昆在固体物理学的发展方面做出了卓越的贡献，还有一批骨干物理学家，如朱光亚、马仕俊、郭永怀、马大猷、虞福春等都曾从他那里受益过，李政道和杨振宁是其中最著名的两位。

主要著作有：

(1) 吴大猷. 理论物理(共七册)[M]. 北京:科学出版社,1983.

(2) 吴大猷. 物理学的历史和哲学[M]. 北京:中国大百科全书出版社,1997.

(3) 吴大猷. 多原子分子的结构及振动光谱(重排本)[M]. 北京:北京大学出版社,2014.

(4) 吴大猷. 科学和教育[M]. 台湾:联经出版事业公司，1979.

(5) 吴大猷. 吴大猷科学哲学文集[M]. 北京:社会科学文献出版社,1996.

参考文献

[1] Phillips F. C. Introduction to crystallography[M]. London: Longman, 1971.

[2] 周公度. 晶体结构的周期性和对称性[M]. 北京：高等教育出版社，1992.

[3] Buerger M. J. Introduction to crystal geometry[M]. New York: McGraw-Hill, 1971.

[4] 俞文海. 晶体结构的对称群[M]. 合肥：中国科学技术大学出版社，1991.

[5] 王仁卉，郭可信. 晶体学中的对称群[M]. 北京：科学出版社，1990.

[6] Glazer M., Burns G., Glazer A. N. Space groups for solid state scientists [M]. New York: Academic Press, 2012.

[7] Milburn G. International tables for X-ray crystallography[J]. Structural Science, 1983.

[8] Hahn T., Shmueli U., Arthur J. W. International tables for crystallography[M]. Dordrecht: Reidel, 1983.

[9] Villars P., Calvert L. D. Pearson's handbook of crystallographic data for intermediate phases[J]. American Society of Metals, Cleveland, OH, 1985.

[10] 王富耻. 材料现代分析测试方法[M]. 北京：北京理工大学出版社，2006.

[11] 祁景玉. X射线结构分析[M]. 上海：同济大学出版社，2003.

[12] 周玉. 材料分析方法[M]. 3版. 北京：机械工业出版社，2011.

[13] 姜传海，杨传铮. X射线衍射技术及其应用[M]. 上海：华东理工大学出版社，2010.

[14] 范雄. X射线金属学[M]. 北京：机械工业出版社，1981.

[15] 梁敬魁. 相图与相结构. 下册：多晶X射线衍射和结构测定[M]. 北京：科学出版社，1993.

[16] Li X. N., Ding J. X., Xu L. Y., et al. Carbon-doped Cu films with self-forming passivation layer[J]. Surface and Coatings Technology, 2014, 244: 9-14.

[17] Hubbard C. R., O'Connor B. H. International centre for diffraction data (ICDD). [J]. 2002.

[18] 王晓春，张希艳，卢利平. 材料现代分析与测试技术[M]. 北京：国防工业出版社，2010.

[19] 张定铨，何家文. 材料中残余应力的X射线衍射分析和作用[M]. 西安：西安交通大学出版社，1999.

[20] 王煜明. 非晶体及晶体缺陷的X射线衍射[M]. 北京：科学出版社，1988.

[21] David B. Williams, Barry Carter C. Transmission electron microscopy[M]. New York: Plenum Press, 1996.

[22] 叶恒强. 透射电子显微学进展[M]. 北京：冶金工业出版社，2003.

[23] 章晓中. 电子显微分析[M]. 北京：清华大学出版社，2006.

[24] 陈世朴. 金属电子显微分析[M]. 北京：机械工业出版社，1982.

[25] 进藤大辅，及川哲夫. 材料评价的分析电子显微方法[M]. 刘安生，译. 北京：冶金工业出版社，2001.

[26] 郭可信. 高分辨电子显微学[M]. 北京：科学出版社，1985.

[27] Edington J. W. Monographs in Practical Electron Microscopy in Materials Science [M]. London: Macmillan, 1974.

[28] Qiang J B, Wang D H, Bao C M, et al. Formation rule for Al-based ternary quasi-crystals: Example of Al-Ni-Fe decagonal phase[J]. Journal of Materials Research, 2001, 16(9): 2653-2660.

[29] 刘文西，黄孝瑛，陈玉如. 材料结构电子显微分析[M]. 天津：天津大学出版社，1989.

[30] Li Xiaona, He Huan, Hao Shengzhi, et al. TEM investigation of nitrided inconel 690 prepared by low temperature plasma assisted processes[J]. Journal of the Korean Physical Society, 2005, 46: S75-S79.

[31] 郭可信. 电子衍射图在晶体学中的应用[M]. 北京：科技出版社，1983.

[32] Wright S. I., Zhao J., Adams B. L. Automated determination of lattice orientation from electron backscattered Kikuchi diffraction patterns[J]. Textures and Microstructures, 1970, 13: 123-131.

[33] Li X. N., Zhao L. R., Li Z., et al. Barrierless Cu-Ni-Nb thin films on silicon with high thermal stability and low electrical resistivity[J]. Journal of Materials Research, 2013, 28(24): 3367-3373.

[34] 黄孝瑛，侯耀永. 电子衍衬分析原理与图谱[M]. 山东：山东科学技术出版社，2000.

[35] 胡冰，李晓娜，董闯，等. 磁控溅射法合成纳米β-FeSi2/a-Si多层结构[J]. 物理学报，2007，(12)：7188-7194.

[36] 进藤大辅，平贺贤二. 材料评价的高分辨电子显微方法[M]. 刘安生，译. 北京：冶金工业出版社，1998.

[37] 李斗星. 透射电子显微学的新进展Ⅱ Z衬度像、亚埃透射电子显微学、像差校正透射电子显微学[J]. 电子显微学报，2004，(03)：278-292.

[38] 张清敏，濮徐. 扫描电子显微镜和X射线微区分析[M]. 天津：南开大学出版社，1988.

[39] 戈尔茨坦 J I. 扫描电子显微技术与X射线显微分析[M]. 张大同，译. 北京：科技出

版社，1988.

[40] 杜学礼，潘子昂．扫描电子显微镜分析技术[M]．北京：化学工业出版社，1986.

[41] https://www.jeol.co.jp/.

[42] 左演声，陈文哲，梁伟．材料现代分析方法[M]．北京：北京工业大学出版社，2000.

[43] 杨平．电子背散射衍射技术及其应用[M]．北京：冶金工业出版社，2007.

[44] 孟庆昌．EDAX 第 3 届全国用户会-电子背散射衍射技术及应用[R]．哈尔滨：哈尔滨工业大学分析测试中心，2011.

[45] Schwartz A. J., Kumar M., Adams B. L., et al. Electron backscatter diffraction in materials science[M]. New York: Springer, 2009.

[46] Hough P. V. Method and means for recognizing complex patterns[J]. Dec. 18, 1964 3,069,654,US Patent. 1962.

[47] 刘永康．电子探针 X 射线显微分析[M]．北京：科学出版社，1973.

[48] 张大同．扫描电镜与能谱仪分析技术[M]．广州:华南理工大学出版社，2009.

[49] Zheng Y H, Li X N, Jin L J, et al. Effects of distribution and growth orientation of precipitates on oxidation resistance of Cu-Cu12-[Crx/(12+x)Ni12/(12+x)]5 alloys[J]. Journal of Materials Research, 2015, 30(21): 3299-3306.

[50] 李晓娜，郑月红，李震，等．基于团簇模型设计的 Cu-Cu12-[Mx/(12+x)Ni12/(12+x)]5(M=Si,Cr,Cr+Fe)合金抗高温氧化研究[J]．物理学报，2014,63(02): 332-343.

[51] McGuire G E. Auger electron spectroscopy reference manual[M]. New York: Plenum press, 1980.

[52] Nie L F, Li X N, Chu J P, et al. High thermal stability and low electrical resistivity carbon-containing Cu film on barrierless Si [J]. Applied Physics Letters, 2010, 96(18): 182105.

[53] Chastain J, King Jr R C. Handbook of X-ray photoelectron spectroscopy[J]. the United States of America: Perkin-Elmer, 1992.

[54] 朱和国，杜宇雷，赵军．材料现代分析技术[M]．北京：国防工业出版社，2012.

[55] Jorio A, Pimenta M A, Souza Filho A G, et al. Characterizing carbon nanotube samples with resonance Raman scattering[J]. New Journal of Physics, 2003, 5(1): 139.

[56] Jiang S., Wang H., Wu Y., et al. Ultrastrong steel via minimal lattice misfit and high-density nanoprecipitation[J]. Nature, 2017,544(7651): 460-464.

[57] Voigtländer B. Scanning probe microscopy: Atomic force microscopy and scanning tunneling microscopy[M]. Berlin: Springer, 2015.

[58] 白春礼．扫描力显微术[M]．北京：科学出版社，2000.

[59] Bi Linxia, Li Xiaona, Hu Yinglin, et al. Weak enthalpy-interaction-element-modulated NbMoTaW high-entropy alloy thin films[J]. Applied Surface Science, 2021, 565: 150462.

[60] Li Z. M., Li X. N., Hu Y. L., et al. Cuboidal γ'phase coherent precipitation-strengthened Cu-Ni-Al alloys with high softening temperature[J]. Acta Materialia, 2021,203: 116458.

[61] Woodcock T. G., Khlopkov K., Walther A., et al. Interaction domains in high-performance NdFeB thick films[J]. Scripta Materialia, 2009,60(9): 826-829.

附　录

附录Ⅰ　晶面间距计算公式

三斜晶系：$\frac{1}{d_{hkl}^2}=\frac{1}{(1+2\cos\alpha\cos\beta\cos\gamma-\cos^2\alpha-\cos^2\beta-\cos^2\gamma)}\times$

$$\left[\frac{h^2\sin^2\alpha}{a^2}+\frac{k^2\sin^2\beta}{b^2}+\frac{l^2\sin^2\gamma}{c^2}+\frac{2hk}{ab}(\cos\alpha\cos\beta-\cos\gamma)+\frac{2kl}{bc}(\cos\beta\cos\gamma-\cos\alpha)+\frac{2hl}{ac}(\cos\gamma\cos\alpha-\cos\beta)\right]$$

单斜晶系：$\frac{1}{d_{hkl}^2}=\frac{1}{\sin^2\beta}\left(\frac{h^2}{a^2}+\frac{k^2\sin^2\beta}{b^2}+\frac{l^2}{c^2}-\frac{2hl\cos\beta}{ac}\right)$

菱方晶系：$\frac{1}{d_{hkl}^2}=\frac{(h^2+k^2+l^2)\sin^2\alpha+2(hk+kl+lh)(\cos^2\alpha-\cos\alpha)}{a^2(1+2\cos^3\alpha-3\cos^2\alpha)}$

六方晶系：$\frac{1}{d_{hkl}^2}=\frac{4}{3}\left(\frac{h^2+hk+k^2}{a^2}\right)+\frac{l^2}{c^2}$

正交晶系：$\frac{1}{d_{hkl}^2}=\frac{h^2}{a^2}+\frac{k^2}{b^2}+\frac{l^2}{c^2}$

四方晶系：$\frac{1}{d_{hkl}^2}=\frac{h^2+k^2}{a^2}+\frac{l^2}{c^2}$

立方晶系：$\frac{1}{d_{hkl}^2}=\frac{h^2+k^2+l^2}{a^2}$

附录 Ⅱ　晶面夹角计算公式

设晶面$(h_1k_1l_1)$和晶面$(h_2k_2l_2)$的面间距分别为d_1、d_2。则两晶面的夹角ϕ按下列公式计算(V为单胞体积)。

立方晶系：

$$\cos\phi=\frac{h_1h_2+k_1k_2+l_1l_2}{\sqrt{(h_1^2+k_1^2+l_1^2)(h_2^2+k_2^2+l_2^2)}}$$

正方晶系：

$$\cos\phi=\frac{\dfrac{h_1h_2+k_1k_2}{a^2}+\dfrac{l_1l_2}{c^2}}{\sqrt{\left(\dfrac{h_1^2+k_1^2}{a^2}+\dfrac{l_1^2}{c^2}\right)\left(\dfrac{h_2^2+k_2^2}{a^2}+\dfrac{l_2^2}{c^2}\right)}}$$

六方晶系：

$$\cos\phi=\frac{h_1h_2+k_1k_2+\dfrac{1}{2}(h_1k_2+h_2k_1)+\dfrac{3a^2}{4c^2}l_1l_2}{\sqrt{\left(h_1^2+k_1^2+h_1k_1+\dfrac{3a^2}{4c^2}l_1^2\right)\left(h_2^2+k_2^2+h_2k_2+\dfrac{3a^2}{4c^2}l_2^2\right)}}$$

正交晶系：

$$\cos\phi=\frac{\dfrac{h_1h_2}{a^2}+\dfrac{k_1k_2}{b^2}+\dfrac{l_1l_2}{c^2}}{\sqrt{\left(\dfrac{h_1^2}{a^2}+\dfrac{k_1^2}{b^2}+\dfrac{l_1^2}{c^2}\right)\left(\dfrac{h_2^2}{a^2}+\dfrac{k_2^2}{b^2}+\dfrac{l_2^2}{c^2}\right)}}$$

菱方晶系：

$$\cos\phi=\frac{a^4d_1d_2}{V^2}[\sin^2\alpha(h_1h_2+k_1k_2+l_1l_2)]+$$
$$(\cos^2\alpha-\cos\alpha)(k_1l_2+k_2l_1+l_1h_2+l_2h_1+h_1k_2+h_2k_1)$$

单斜晶系：

$$\cos\phi=\frac{d_1d_2}{\sin^2\beta}\left[\frac{h_1h_2}{a^2}+\frac{k_1k_2\sin^2\beta}{b^2}+\frac{l_1l_2}{c^2}-\frac{(l_1h_2+l_2h_1)\cos\beta}{ac}\right]$$

三斜晶系：

$$\cos\phi=\frac{d_1d_2}{V^2}[S_{11}h_1h_2+S_{22}k_1k_2+S_{33}l_1l_2+S_{23}(k_1l_2+k_2l_1)+$$
$$S_{13}(l_1h_2+l_2h_1)+S_{12}(h_1k_2+h_2k_1)]$$

附录Ⅲ　质量吸收系数 μ_m/ρ

元素	原子序数	密度 $\rho/(g \cdot cm^{-3})$	质量吸收系数 $/(cm^2 \cdot g^{-1})$				
			Mo K_α $\lambda=$ 0.071 07 nm	Cu K_α $\lambda=$ 0.154 18 nm	Co K_α $\lambda=$ 0.179 03 nm	Fe K_α $\lambda=$ 0.193 73 nm	Cr K_α $\lambda=$ 0.229 09 nm
B	5	2.3	0.45	3.06	4.67	5.80	9.37
C	6	2.22(石墨)	0.70	5.50	8.05	10.73	17.9
N	7	$1.164\ 9\times10^{-3}$	1.10	8.51	13.6	17.3	27.7
O	8	$1.331\ 8\times10^{-3}$	1.50	12.7	20.2	25.2	40.1
Mg	12	1.74	4.38	40.6	60.0	75.7	120.1
Al	13	2.70	5.30	48.7	73.4	92.8	149
Si	14	2.33	6.70	60.3	94.1	116.3	192
P	15	1.82(黄)	7.98	73.0	113	141.1	223
S	16	2.07(黄)	10.03	91.3	139	175	273
Ti	22	4.54	23.7	204	304	377	603
V	23	6.0	26.5	227	339	422	77.3
Cr	24	7.19	30.4	259	392	490	99.9
Mn	25	7.43	33.5	284	431	63.6	99.4
Fe	26	7.87	38.3	324	59.5	72.8	114.6
Co	27	8.9	41.6	354	65.9	80.6	125.8
Ni	28	8.90	47.4	49.2	75.1	93.1	145
Cu	29	8.96	49.7	52.7	79.8	98.8	154
Zn	30	7.13	54.8	59.0	88.5	109.4	169
Ca	31	5.91	57.3	63.3	94.3	116.5	179
Ce	32	5.36	63.4	69.4	104	128.4	196
Zr	40	6.5	17.2	143	211	260	391
Nb	41	8.57	18.7	153	225	279	415
Mo	42	10.2	20.2	164	242	299	439
Rh	45	12.44	25.3	198	293	361	522
Pb	46	12.0	26.7	207	308	376	545
Ag	47	10.49	28.6	223	332	402	585
Cd	48	8.65	29.9	234	352	417	608
Sn	50	7.30	33.3	265	382	457	681
Sb	51	6.62	35.3	284	404	482	727
Ba	56	3.5	45.2	359	501	599	819
La	57	6.19	47.9	378	—	632	218
Ta	73	16.6	100.7	164	246	305	440
W	74	19.3	105.4	172	258	320	456
Ir	77	22.5	117.9	194	292	362	498
Au	79	19.32	128	214	317	390	537
Pb	82	11.34	141	241	354	429	585

附录 Ⅳ　原子散射因子 f

轻原子	$\lambda^{-1}\sin\theta/\text{nm}^{-1}$											
或离子	0.0	1.0	2.0	3.0	4.0	5.0	6.0	7.0	8.0	9.0	10.0	11.0	12.0
B	5.0	3.5	2.4	1.9	1.7	1.5	1.4	1.2	1.2	1.0	0.9	0.7	
C	6.0	4.6	3.0	2.2	1.9	1.7	1.6	1.4	1.3	1.16	1.0	0.9	
N	7.0	5.8	4.2	3.0	2.3	1.9	1.65	1.54	1.49	1.39	1.29	1.17	
Mg	12.0	10.5	8.6	7.25	5.95	4.8	3.85	3.15	2.55	2.2	2.0	1.8	
Al	13.0	11.0	8.95	7.75	6.6	5.5	4.5	3.7	3.1	2.65	2.3	2.0	
Si	14.0	11.35	9.4	8.2	7.15	6.1	5.1	4.2	3.4	2.95	2.6	2.3	
P	15.0	12.4	10.0	8.45	7.45	6.5	5.65	4.8	4.05	3.4	3.0	2.6	
S	16.0	13.6	10.7	8.95	7.85	6.85	6.0	5.25	4.5	3.9	3.35	2.9	
Ti	22	19.3	15.7	12.8	10.9	9.5	8.2	7.2	6.3	5.6	5.0	4.6	4.2
V	23	20.2	16.6	13.5	11.5	10.1	8.7	7.6	6.7	5.9	5.3	4.9	4.4
Cr	24	21.1	17.4	14.2	12.1	10.6	9.2	8.0	7.1	6.3	5.7	5.1	4.6
Mn	25	22.1	18.2	14.9	12.7	11.1	9.7	8.4	7.5	6.6	6.0	5.4	4.9
Fe	26	23.1	18.9	15.6	13.3	11.6	10.2	8.9	7.9	7.0	6.3	5.7	5.2
Co	27	24.1	19.8	16.4	14.0	12.1	10.7	9.3	8.3	7.3	6.7	6.0	5.5
Ni	28	25.0	20.7	17.2	14.6	12.7	11.2	9.8	8.7	7.7	7.0	6.3	5.8
Cu	29	25.9	21.6	17.9	15.2	13.3	11.7	10.2	9.1	8.1	7.3	6.6	6.0
Zn	30	26.8	22.4	18.6	15.8	13.9	12.2	10.7	9.6	8.5	7.6	6.9	6.3
Ca	31	27.8	23.3	19.3	16.5	14.5	12.7	11.2	10.0	8.9	7.9	7.3	6.7
Ce	32	28.8	24.1	20.0	17.1	15.0	13.2	11.6	10.4	9.3	8.3	7.6	7.0
Nb	41	37.3	31.7	26.8	22.8	20.2	18.1	16.0	14.3	12.8	11.6	10.6	9.7
Mo	42	38.2	32.6	27.6	23.5	20.3	18.6	16.5	14.8	13.2	12.0	10.9	10.0
Rh	45	41.0	35.1	29.9	25.4	22.5	20.2	18.0	16.1	14.5	13.1	12.0	11.0
Pb	46	41.9	36.0	30.7	26.2	23.1	20.8	18.5	16.6	14.9	13.6	12.3	11.3
Ag	47	42.8	36.9	31.5	26.9	23.8	21.3	19.0	17.1	15.3	14.0	12.7	11.7
Cd	48	34.7	37.7	32.2	27.5	24.4	21.8	19.6	17.6	15.7	14.3	13.0	12.0
In	49	44.7	38.6	33.0	28.1	25.0	22.4	20.1	18.0	16.2	14.7	13.4	12.3
Sn	50	45.7	39.5	33.8	28.7	25.6	22.9	20.6	18.5	16.6	15.1	13.7	12.7
Sb	51	46.7	40.4	34.6	29.5	26.3	23.5	21.1	19.0	17.0	15.5	14.1	13.0
La	57	52.6	45.6	39.3	33.8	29.8	26.9	24.3	21.9	19.7	17.0	16.4	15.0
Ta	73	67.8	59.5	52.0	45.3	39.9	36.2	32.9	29.8	27.1	24.7	22.6	20.9
W	74	68.8	60.4	52.8	46.1	40.5	36.8	33.5	30.4	27.6	25.2	23.0	21.3
Pt	78	72.6	64.0	56.2	48.9	43.1	39.2	35.6	32.5	29.5	27.0	24.7	22.7
Pb	82	76.5	67.5	59.5	51.9	45.7	41.6	37.9	34.6	31.5	28.8	26.4	24.5

附录 Ⅴ　粉末法的多重性因子 P_{HKL}

晶系指数	$H00$	$0K0$	$00L$	HHH	$HH0$	$HK0$	$0KL$	$H0L$	HHL	HKL
立方指数	6			8	12	24①			24	48①
六方和菱方晶系	6		2		6	12①	12①		12①	24①
正方晶系	4		2		4	8①	8		8	16①
斜方晶系	2	2	2			4	4	4		8
单斜晶系	2	2	2			4	4	2		4
三斜晶系	2	2	2			2	2	2		2

① 指通常的多重性因子，在某些晶体中具有此种指数的两族晶面，其晶面间距相同，但结构因数不同，因而每族晶面的多重性因数应为上列数值的一半。

附录 Ⅵ　标准电子衍射花样

1. 体心立方晶体标准电子衍射花样

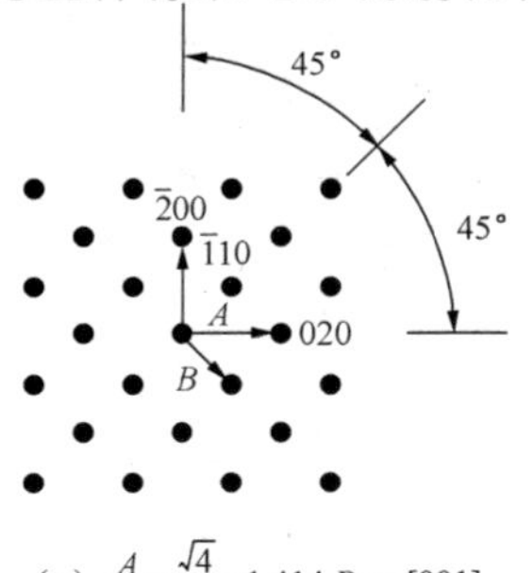

(a) $\frac{A}{B}=\frac{\sqrt{4}}{\sqrt{2}}=1.414$ $B=z=[001]$

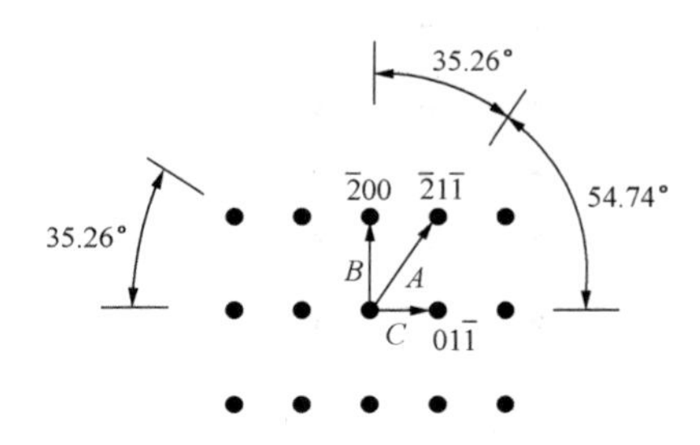

(b) $\frac{A}{C}=\frac{\sqrt{6}}{\sqrt{2}}=1.732$ $\frac{B}{C}=\frac{\sqrt{4}}{\sqrt{2}}=1.414$ $B=z=[011]$

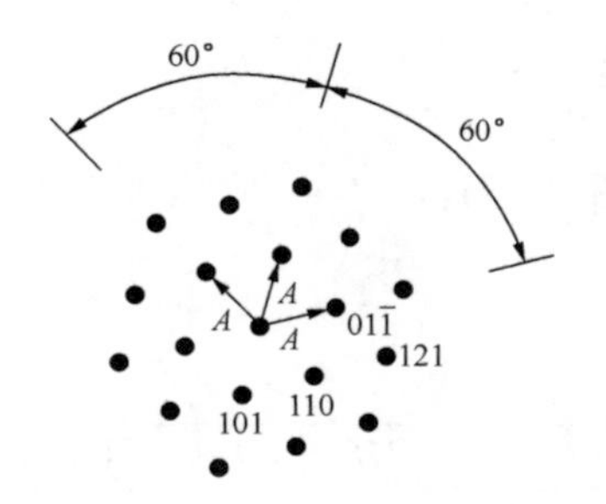

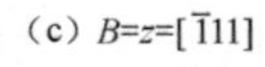

(c) $B=z=[\bar{1}11]$

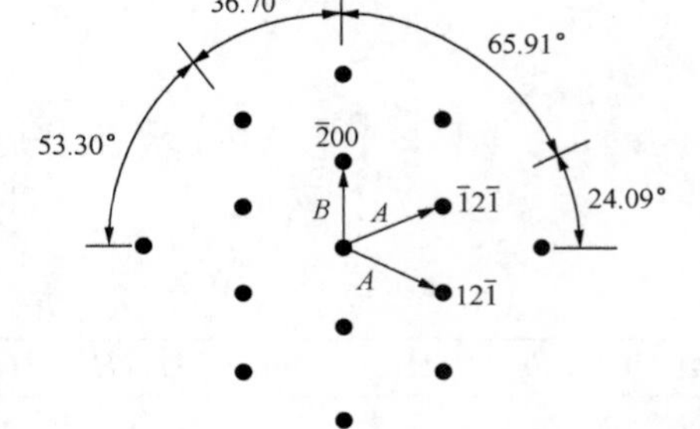

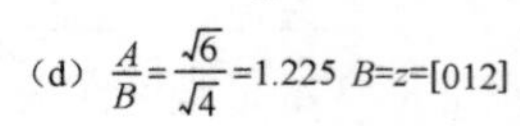

(d) $\frac{A}{B}=\frac{\sqrt{6}}{\sqrt{4}}=1.225$ $B=z=[012]$

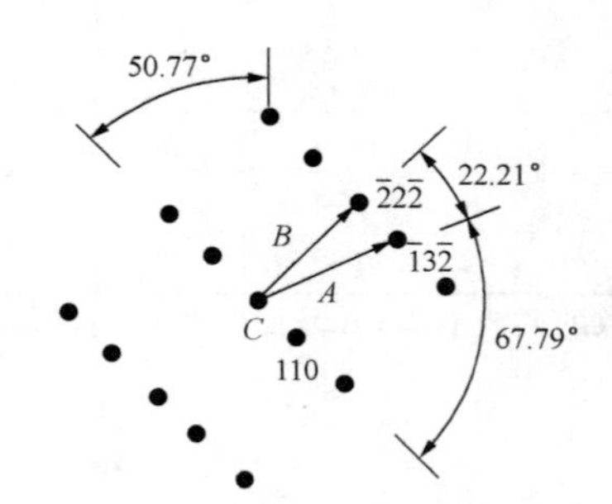

(e) $\frac{A}{C}=\frac{\sqrt{14}}{\sqrt{2}}=2.646$ $\frac{B}{C}=\frac{\sqrt{12}}{\sqrt{2}}=2.450$
$B=z=[2\bar{1}1]$

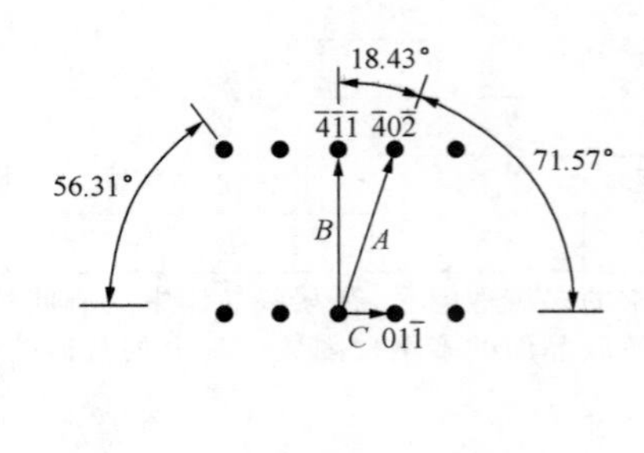

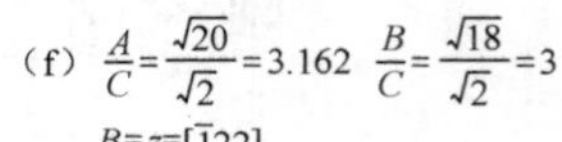

(f) $\frac{A}{C}=\frac{\sqrt{20}}{\sqrt{2}}=3.162$ $\frac{B}{C}=\frac{\sqrt{18}}{\sqrt{2}}=3$
$B=z=[\bar{1}22]$

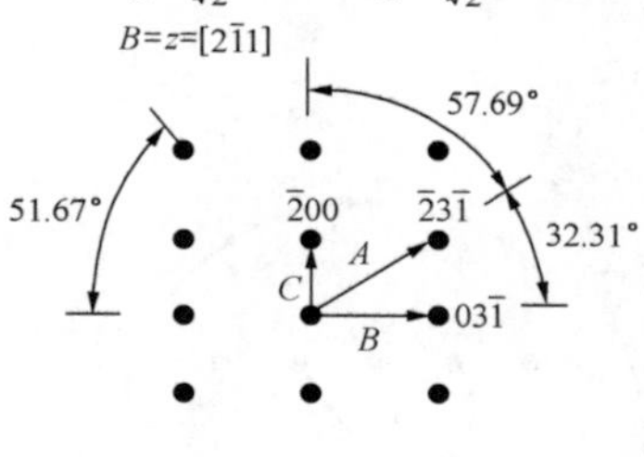

(g) $\frac{A}{C}=\frac{\sqrt{14}}{\sqrt{4}}=1.871$ $\frac{B}{C}=\frac{\sqrt{10}}{\sqrt{4}}=1.581$
$B=z=[013]$

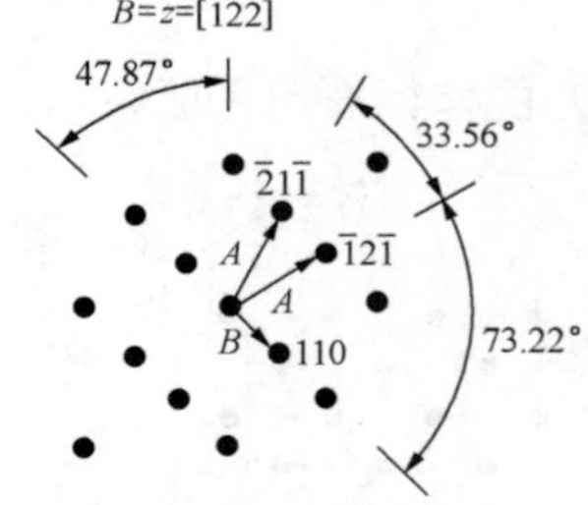

(h) $\frac{A}{B}=\frac{\sqrt{6}}{\sqrt{2}}=1.732$ $B=z=[\bar{1}13]$

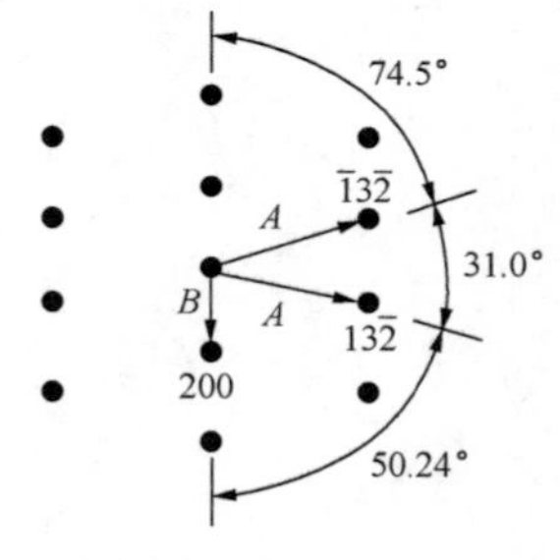

(i) $\frac{A}{B}=\frac{\sqrt{14}}{\sqrt{4}}=1.871$ $B=z=[023]$

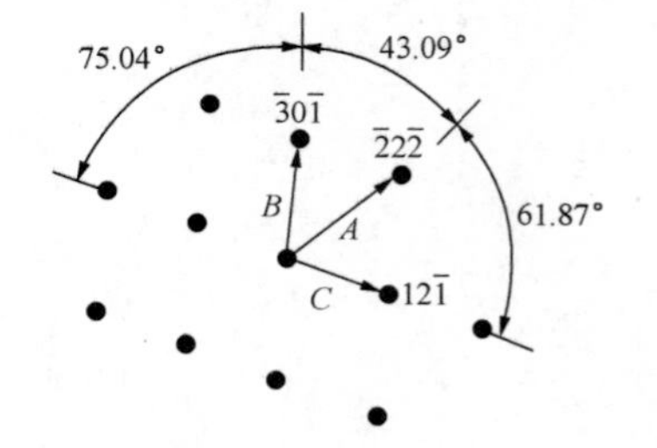

(j) $\frac{A}{C}=\frac{\sqrt{12}}{\sqrt{6}}=1.414$ $\frac{B}{C}=\frac{\sqrt{10}}{\sqrt{6}}=1.291$
$B=z=[\bar{1}23]$

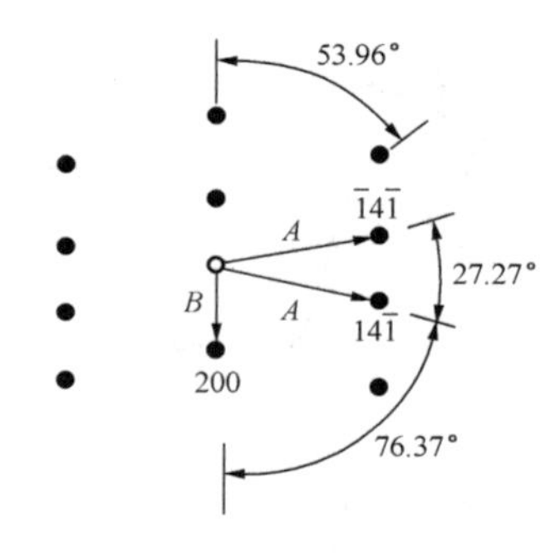

（k）$\frac{A}{B}=\frac{\sqrt{18}}{\sqrt{4}}=2.121$ $B=z=[014]$

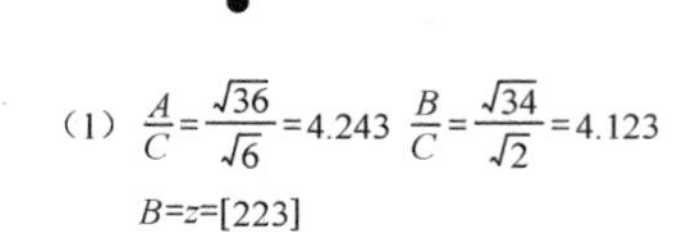

（l）$\frac{A}{C}=\frac{\sqrt{36}}{\sqrt{6}}=4.243$　$\frac{B}{C}=\frac{\sqrt{34}}{\sqrt{2}}=4.123$

$B=z=[223]$

2. 面心立方晶体标准电子衍射花样

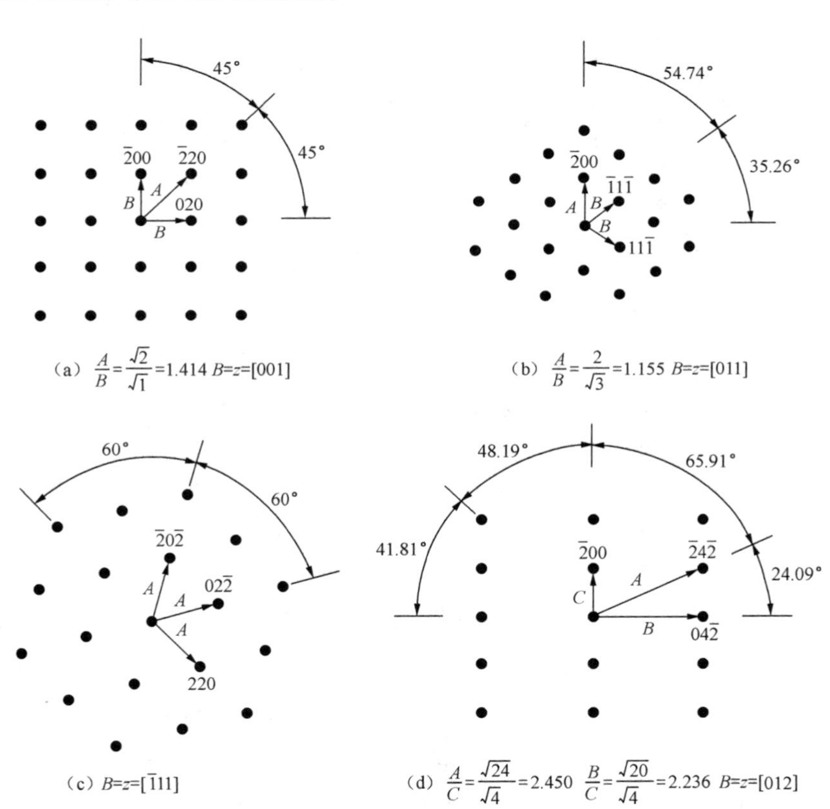

（a）$\frac{A}{B}=\frac{\sqrt{2}}{\sqrt{1}}=1.414$ $B=z=[001]$

（b）$\frac{A}{B}=\frac{2}{\sqrt{3}}=1.155$ $B=z=[011]$

（c）$B=z=[\bar{1}11]$

（d）$\frac{A}{C}=\frac{\sqrt{24}}{\sqrt{4}}=2.450$　$\frac{B}{C}=\frac{\sqrt{20}}{\sqrt{4}}=2.236$ $B=z=[012]$

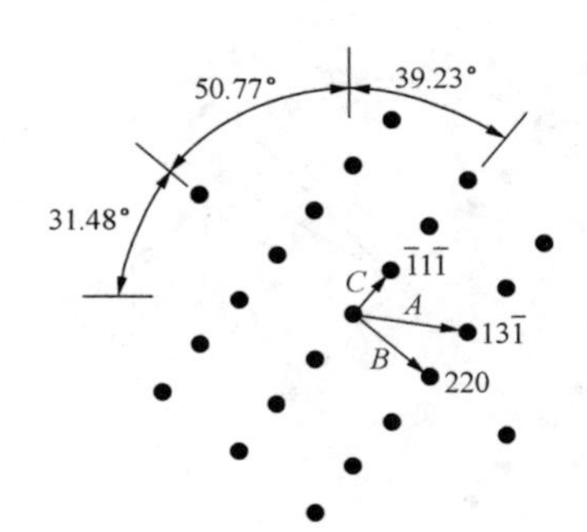

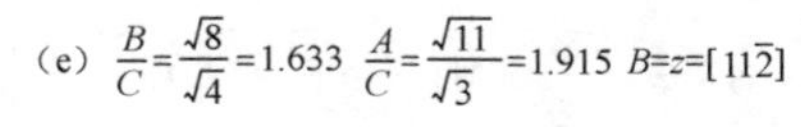
（e）$\frac{B}{C}=\frac{\sqrt{8}}{\sqrt{4}}=1.633$　$\frac{A}{C}=\frac{\sqrt{11}}{\sqrt{3}}=1.915$　$B=z=[11\bar{2}]$

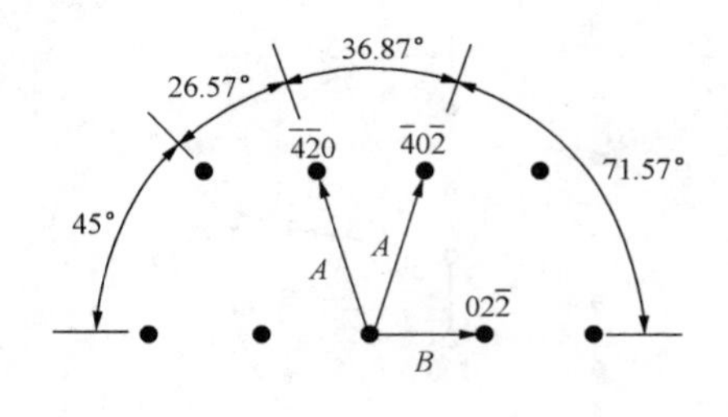

（f）$\frac{A}{B}=\frac{\sqrt{20}}{\sqrt{8}}=1.581$　$B=z=[\bar{1}22]$

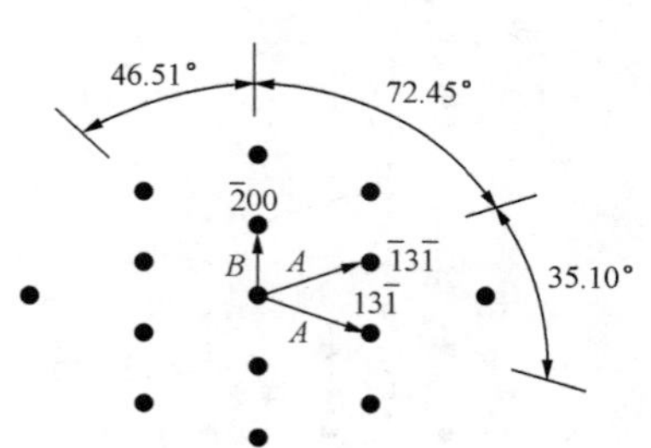

（g）$\frac{A}{B}=\frac{\sqrt{11}}{\sqrt{4}}=1.658$　$B=z=[013]$

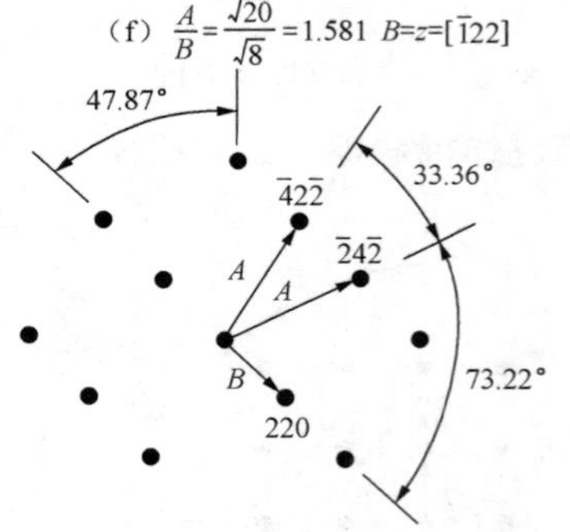

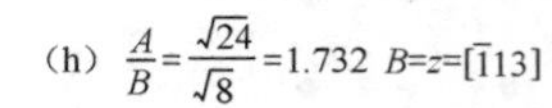
（h）$\frac{A}{B}=\frac{\sqrt{24}}{\sqrt{8}}=1.732$　$B=z=[\bar{1}13]$

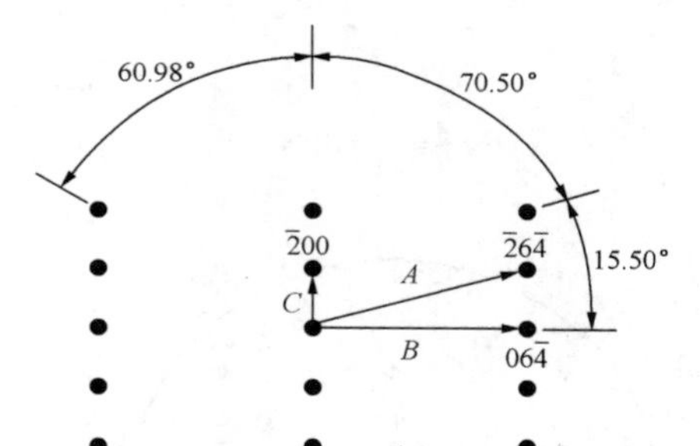

（i）$\frac{A}{C}=\frac{\sqrt{56}}{\sqrt{4}}=3.242$　$\frac{B}{C}=\frac{\sqrt{52}}{\sqrt{4}}=3.606$　$B=z=[023]$

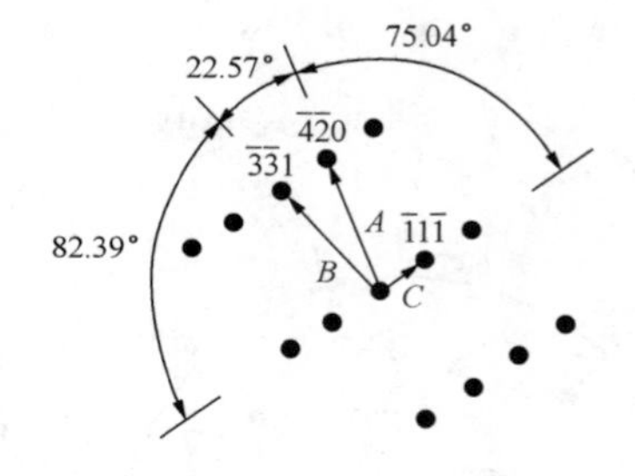

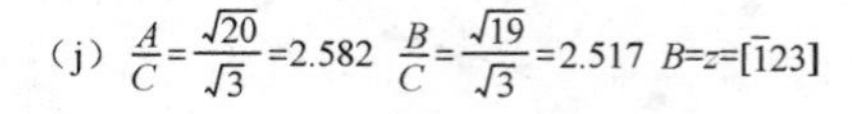
（j）$\frac{A}{C}=\frac{\sqrt{20}}{\sqrt{3}}=2.582$　$\frac{B}{C}=\frac{\sqrt{19}}{\sqrt{3}}=2.517$　$B=z=[\bar{1}23]$

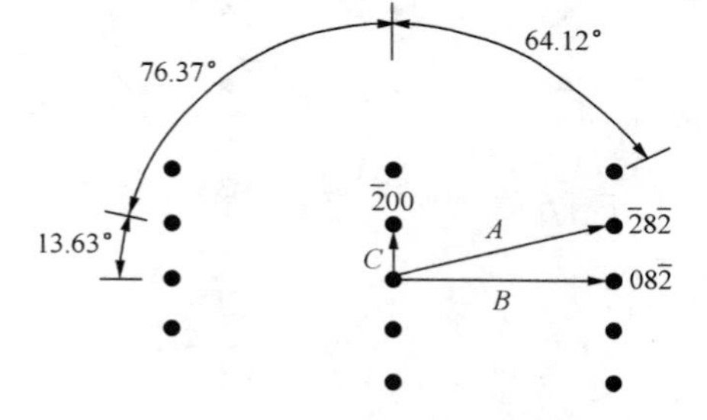

（k）$\frac{A}{C}=\frac{\sqrt{72}}{\sqrt{4}}=4.243$　$\frac{B}{C}=\frac{\sqrt{68}}{\sqrt{4}}=4.123$　$B=z=[014]$

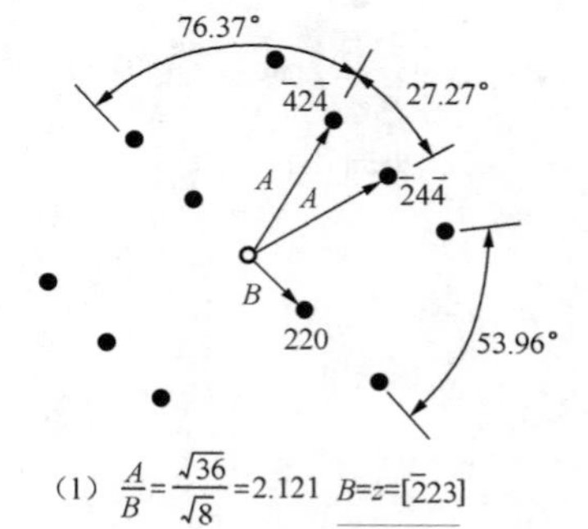

（l）$\frac{A}{B}=\frac{\sqrt{36}}{\sqrt{8}}=2.121$　$B=z=[\bar{2}23]$

3. 密排六方($c/a=1.633$)晶体标准电子衍射花样

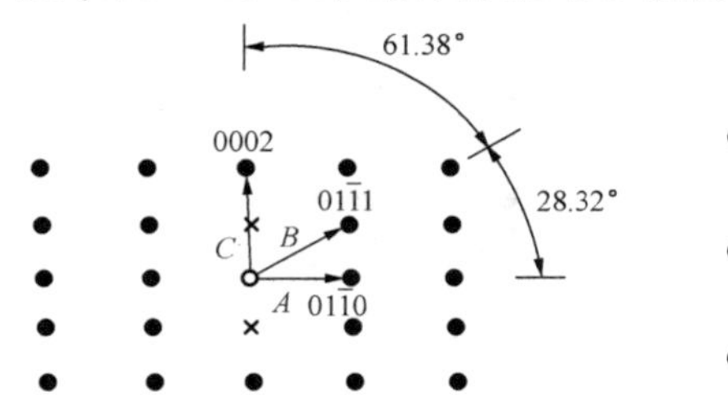

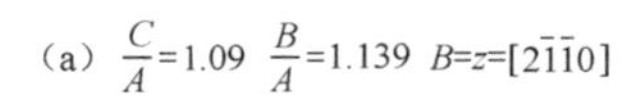

(a) $\frac{C}{A}=1.09$ $\frac{B}{A}=1.139$ $B=z=[2\bar{1}\bar{1}0]$

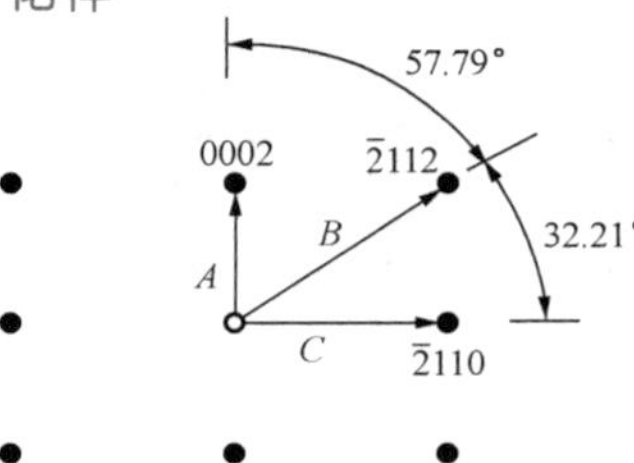

(b) $\frac{C}{A}=1.587$ $\frac{B}{A}=1.876$ $B=z=[01\bar{1}0]$

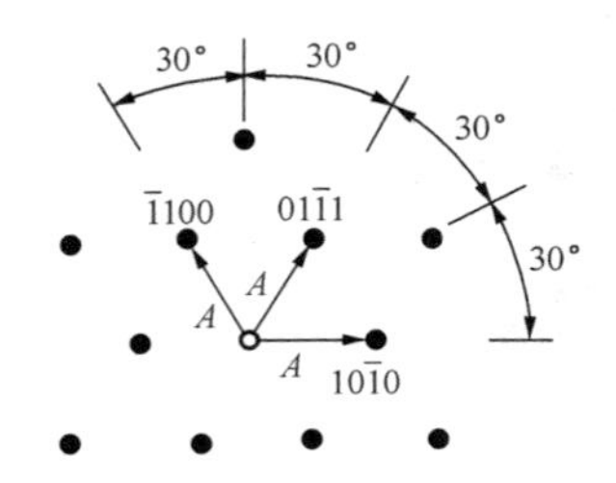

(c) $B=z=[0001]$

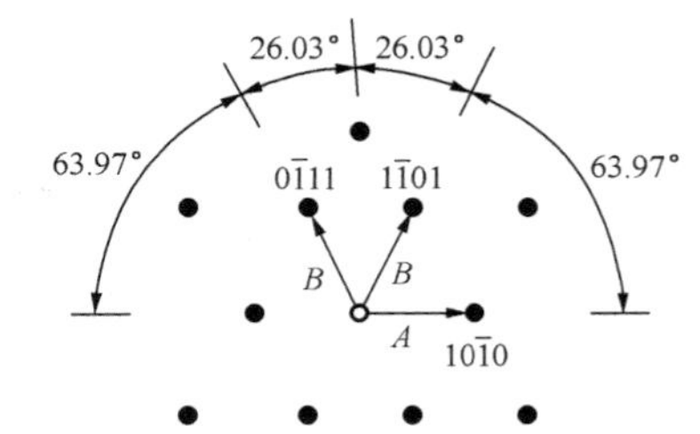

(d) $\frac{B}{A}=1.139$ $B=z=[1\bar{2}1\bar{3}]$

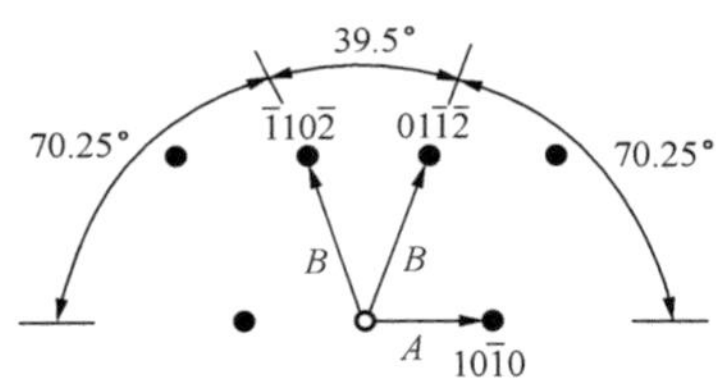
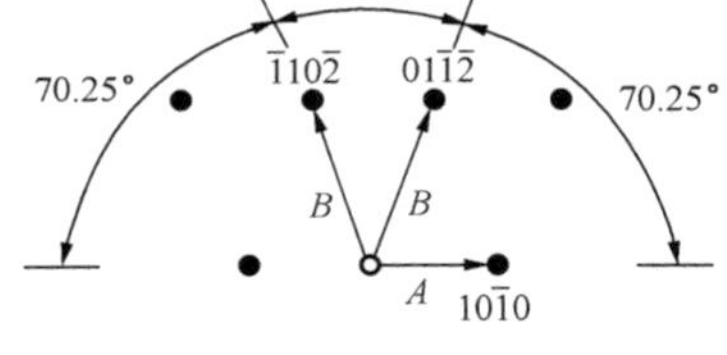

(e) $\frac{B}{A}=1.180$ $B=z=[\bar{2}4\bar{2}3]$

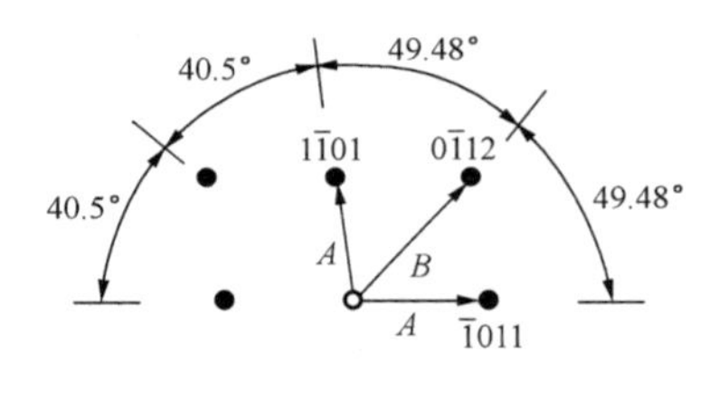

(f) $\frac{B}{A}=1.299$ $B=z=[01\bar{1}1]$

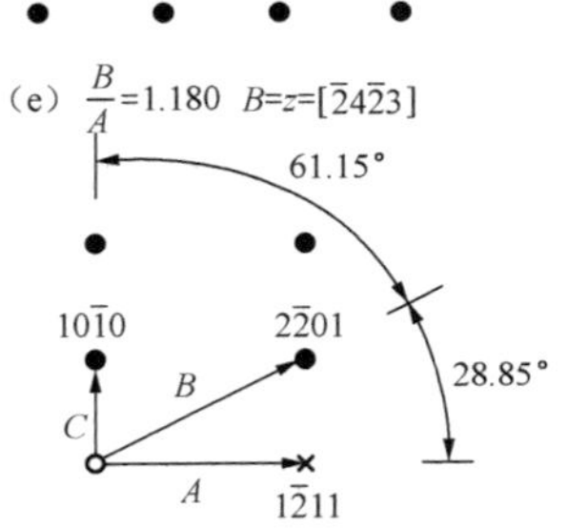

(g) $\frac{A}{C}=1.816$ $\frac{B}{C}=2.073$ $B=z=[\bar{1}2\bar{1}6]$

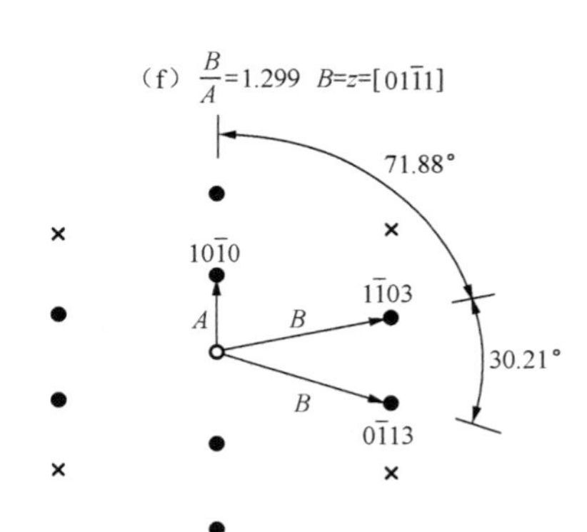

(h) $\frac{B}{A}=1.917$ $B=z=[\bar{1}2\bar{1}1]$

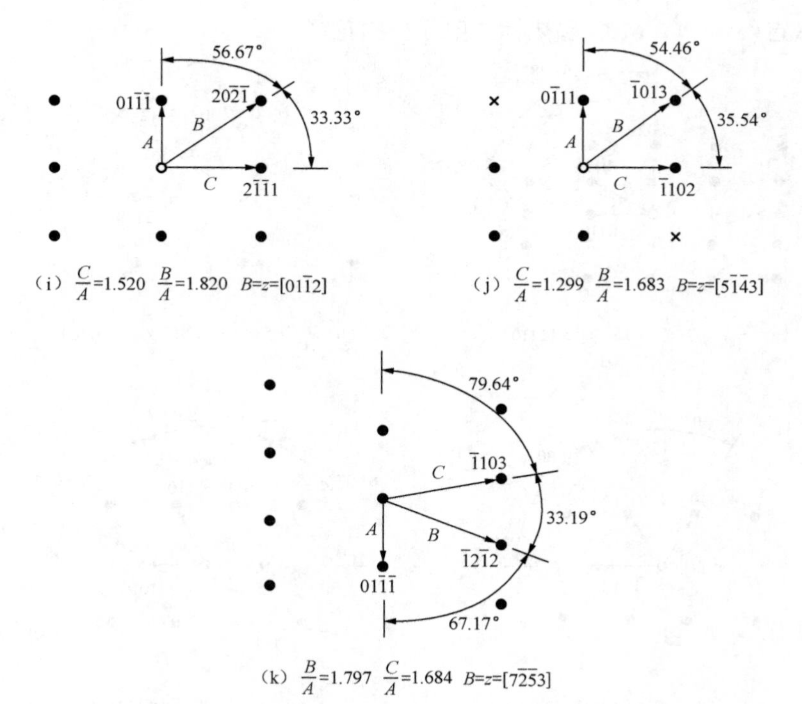

（i）$\frac{C}{A}=1.520$ $\frac{B}{A}=1.820$ $B=z=[01\bar{1}2]$

（j）$\frac{C}{A}=1.299$ $\frac{B}{A}=1.683$ $B=z=[5\bar{1}\bar{4}3]$

（k）$\frac{B}{A}=1.797$ $\frac{C}{A}=1.684$ $B=z=[7\bar{2}\bar{5}3]$